普通高等教育“十一五”国家级规划教材

高等学校制药工程专业系列教材

工业药物分析（第三版）

□主 编 贺浪冲
□副主编 傅 强 宋 航

高等教育出版社·北京

GONGYE YAOWU
FENXI

内容提要

本书为普通高等教育"十一五"国家级规划教材,也是教育部制药工程专业教学指导分委员会组织编写的高等学校制药工程专业系列教材之一。本书分纸质教材和网上资源两部分,网上资源主要为教学课件,可供读者下载。

本书根据制药工程专业本科生培养目标编写,全书共分十五章,分别为绪论、制药过程质量控制体系、常用分析化学方法、样品采集与前处理、药物的鉴别、药物的杂质检查、分析数据处理与分法方法验证、化学药物分析、抗生素类药物分析、中药与天然药物分析、生物药物和放射性药物分析、药用辅料分析、制药过程在线分析、制药工业排放物分析、工业药物分析信息系统。各章后附有本章提要、关键词与思考题。

本书可供制药工程专业、药物制剂专业和药学专业本科生作为专业课教材使用,也可供相关专业科研人员参考。

图书在版编目(CIP)数据

工业药物分析 / 贺浪冲主编. ﹣﹣3 版. ﹣﹣ 北京:高等教育出版社,2018.10
ISBN 978﹣7﹣04﹣049745﹣8

Ⅰ.①工… Ⅱ.①贺… Ⅲ.①制药工业-药物分析-高等学校-教材 Ⅳ.①TQ460.7

中国版本图书馆 CIP 数据核字(2018)第 105217 号

Gongye Yaowu Fenxi

策划编辑 刘 佳	责任编辑 刘 佳	封面设计 姜 磊	版式设计 杜微言
插图绘制 邓 超	责任校对 张 薇	责任印制 田 甜	

出版发行	高等教育出版社	网 址	http://www.hep.edu.cn
社 址	北京市西城区德外大街 4 号		http://www.hep.com.cn
邮政编码	100120	网上订购	http://www.hepmall.com.cn
印 刷	北京宏伟双华印刷有限公司		http://www.hepmall.com
开 本	787mm×1092mm 1/16		http://www.hepmall.cn
印 张	31	版 次	2006 年 7 月第 1 版
字 数	760 千字		2018 年 10 月第 3 版
购书热线	010﹣58581118	印 次	2018 年 10 月第 1 次印刷
咨询电话	400﹣810﹣0598	定 价	58.00 元

本书如有缺页、倒页、脱页等质量问题,请到所购图书销售部门联系调换
版权所有 侵权必究
物 料 号 49745﹣00

工业药物分析

（第三版）

主　编
贺浪冲
副主编
傅　强　宋　航

1　计算机访问http://abook.hep.com.cn/12310823，或手机扫描二维码、下载并安装Abook应用。

2　注册并登录，进入"我的课程"。

3　输入封底数字课程账号（20位密码，刮开涂层可见），或通过Abook应用扫描封底数字课程账号二维码，完成课程绑定。

4　单击"进入课程"按钮，开始本数字课程的学习。

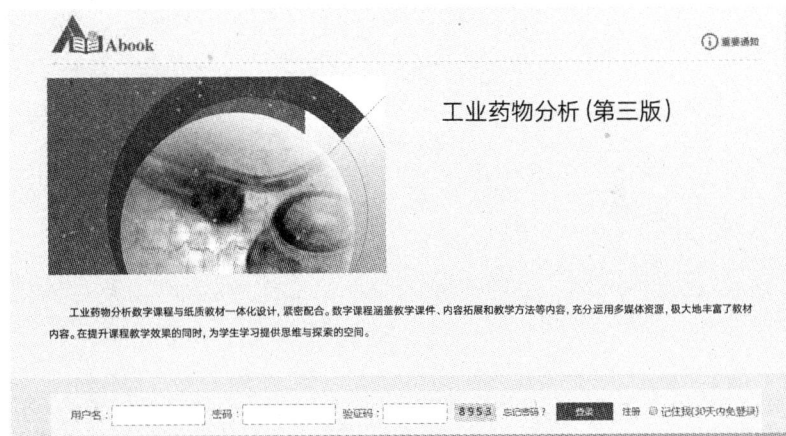

课程绑定后一年为数字课程使用有效期。受硬件限制，部分内容无法在手机端显示，请按提示通过计算机访问学习。

如有使用问题，请发邮件至abook@hep.com.cn。

扫描二维码
下载Abook应用

编委会成员

主　编　贺浪冲

副主编　傅　强　宋　航

编委（以姓氏笔画为序）

第三版前言

　　《工业药物分析》的编写是我国制药工程专业发展的迫切需要,按照教育部高等学校化学与化工学科教学指导委员会制药工程专业教学指导分委员会的决定,2005 年启动了《工业药物分析》教材编写工作,于 2006 年正式出版了第一版。至 2011 年,鉴于制药工程专业教学指导分委员会起草了新的《制药工程专业规范》和国家药典委员会修订颁发了《中华人民共和国药典》(2010 年版),对第一版进行了必要修订并推出了第二版。本书坚持从制药工程专业人才培养的发展需求出发,在注重基础理论知识培养的同时,着重加强工程技术能力的培养,因此,一直受到高等学校制药工程专业师生的广泛欢迎和认可。时至 2017 年,为适应新颁布的《中华人民共和国药品管理法》(2015 年修订)、《药品生产质量管理规范》(2015 年修订)及《中华人民共和国药典》(2015 年版)等系列法典法规的变化,衔接现行执业药师考试大纲,以及满足药品生产、新药研制、制药工程设计与管理的最新需求,增强教材的实用性,对第二版进行了修订。

　　第三版保持了第二版的结构框架,共 15 章。第一章介绍了工业药物分析的任务、内容及药品生产质量管理体系,由西安交通大学贺浪冲编写。第二章介绍了制药过程质量控制体系的组成部分,由西安交通大学傅强编写。第三章介绍了工业药物分析中常用的分析化学方法,由武汉大学陈子林编写。第四章介绍了样品的采集、保存及前处理方法,由内蒙古医科大学王玉华编写。第五章介绍了判断药物真伪的常用鉴别试验,由广东药科大学宋粉云编写。第六章介绍了药物的一般杂质和特殊杂质检查方法,由佳木斯大学任恒鑫编写。第七章结合统计学知识,介绍了分析数据的处理方法,由山东师范大学张金娥编写。第八章根据化学药物的特点,介绍了原材料、中间体、原料药及制剂的分析技术和方法,由中国药科大学狄斌编写。第九章介绍了抗生素类药物的生产过程检测和理化、生物分析方法,由西安交通大学卢闻编写。第十章介绍了中药与天然药物的分析方法,由沈阳药科大学孙立新编写。第十一章介绍了生物药物和放射性药物的生产质量控制和检测方法,由郑州大学张振中编写。第十二章介绍了药用辅料分析的基本方法和原理,由泰山医学院齐永秀编写。第十三章介绍了常用的在线分析技术及其在药品生产中的应用,由四川大学宋航编写。第十四章介绍了制药工业排放物监测的标准和方法,由山东大学刘秀美编写。第十五章介绍了工业药物分析信息的来源与信息体系的建立,由浙江大学瞿海斌编写。

　　本次教材修订过程中,得到了高等教育出版社刘佳编辑的指导和帮助,以及西安交通大学药学院的支持。同时,各位编委所在学校对修订工作提供了大力支持和保障,编者对此深表感谢!对参加了(第二版)修订的老师表示谢意!西安交通大学药学院张东东、代秉玲、包涛、王程、杨晓莹、窦桃艳等老师和同学参加了部分文稿的校对工作,编者在此谨致谢意。

　　由于知识和水平有限,本书缺点和错误在所难免,恳请广大读者指正。

编　者

2017 年 10 月

第二版前言

第一版《工业药物分析》自 2006 年正式出版发行以来,受到全国设置有制药工程专业高等院校的普遍认可和好评。但这期间,教育部高等学校制药工程专业教学指导分委员会起草了新的《制药工程专业规范(征求意见稿)》,国家药典委员会修订颁发了《中国药典》(2010 年版);另外制药工程专业的教学内容需要更加注重生产实践能力培养,需要与执业药师考试大纲相衔接等。因此,有必要对第一版《工业药物分析》进行修订。

修订后的《工业药物分析》力求在第一版的基础上更加突出教材的基础性、实用性和时代性特点,在符合本教材编写原则的基础上更能够适应制药工程专业的发展与变化。如增加了样品的采集与处理、药物的鉴别、药物的杂质检查、分析数据的处理与分析方法验证和制药辅料的分析等内容,教材也由 11 章增加至 15 章,国内 13 所高校的教授学者参加了编写工作。其中第 1 章和第 3 章由西安交通大学贺浪冲编写,第 2 章由西安交通大学傅强编写,第 4 章由内蒙古医学院王玉华编写,第 5 章由广东药学院宋粉云编写,第 6 章由上海交通大学王彦编写,第 7 章由南开大学侯媛媛编写,第 8 章由复旦大学梁建英编写,第 9 章由华南理工大学吴晓英编写,第 10 章由沈阳药科大学孙立新编写,第 11 章由郑州大学张振中编写,第 12 章由泰山医学院齐永秀编写,第 13 章由四川大学宋航、姚舜编写,第 14 章由山东大学王唯红编写,第 15 章由中山大学姚美村和浙江大学张玉峰编写。

本教材可供制药工程专业本科生使用,也可供药学或相关专业本科生、研究生,以及制药企业从事药品生产管理与技术的相关人员学习和参考。

本教材编写过程中,得到了制药工程专业教学指导分委员会各位委员和高等教育出版社付春江编辑的支持和指导。2010 年 5 月在山东大学召开的教材编写会,得到了徐文方教授的支持和鼓励;2010 年 9 月在上海交通大学召开的教材定稿会,得到了王彦老师的支持和复旦大学段更利教授的协助;各位编委所在学校对编写工作提供了大力支持和保障,编者对此深表感谢!对参加了第一版《工业药物分析》编写的老师表示谢意!西安交通大学医学院石娟、郭琦、胡震老师参加了编写大纲的讨论,张彦民、侯晓芳、贺怀贞、张杰、罗文娟、展颖转、黄萍、郁崇、李亚、刘梦、刘晶等老师和同学参加了部分文字校对和绘图工作,编者在此谨致谢意。

由于编者知识和水平有限,本版教材中缺点和错误在所难免,恳请广大读者指正。

编 者

2012 年 2 月

第一版前言

  药品生产质量是保证药品质量的基础,有效地控制了药品生产过程,则可从源头上确保药品符合质量要求。工业药物分析是药品生产质量控制的重要组成部分,侧重于为药品生产过程提供有效的监测、分析和控制方法与技术等。同时,由于药品生产的特殊性、复杂性和多样性等特点,以及分析技术的局限性,实难对药品生产过程进行全面分析与控制,仍然面临诸多新的挑战和问题。《工业药物分析》作为首次编写的教材,力求体现教材的系统性、实用性和先进性特点。

  《工业药物分析》教材共分十一章。第一章绪论,针对我国制药工业发展的特点提出了工业药物分析的基本内容与任务;第二章介绍了制药过程中的质量控制体系;第三、四章分别介绍了工业药物分析常用的分析化学方法与样品处理方法;按药物来源分类,从第五到第八章分别介绍了化学类药物、抗生素类药物、中药与天然药物和其他类药物的分析方法;第九章介绍了制药过程中的自动化控制方法;制药工业中的污染问题值得重视,第十章介绍制药工业中的排放标准与排放物分析;21世纪是信息化的时代,专设第十一章介绍与工业药物分析相关的信息系统相关知识。另外,各章后均附有本章提要、关键词与思考题,有利于总结复习相关内容。

  本教材编写过程中,得到了制药工程专业教学指导分委员会各位委员和高等教育出版社岳延陆编审与翟怡编辑的指导和帮助。浙江大学药学院曾苏教授在百忙中抽出时间对本教材进行审阅,提出了宝贵的修改意见,特此深表感谢! 西安交通大学医学院领导和同仁们在编写中也提供了支持与协助,研究生刘佳、王嗣岑、邓婷、李迎春、段华燕、吉喆、李强、陈琴华和张卓等参与了部分绘图和文字校对工作,编者在此谨致谢意!

  由于知识和水平有限,首版教材中缺点和错误在所难免,恳请广大读者指正。

编 者

2006 年 3 月

目　　录

第一章 绪 论

　　药品是用于预防、治疗和诊断人的疾病,有目的地调节人的生理功能并规定有适应证或功能主治、用法和用量的物质,按照来源分类,有化学合成药物与抗生素,生物技术药物,中药与天然药物。药品是一种关系到人民生命健康的特殊商品。为保证用药的安全、合理和有效,药品必须达到规定的质量要求。而药品质量主要依赖于生产过程的质量控制,只对最终产品的检验,是难以达到质量要求的。工业药物分析(pharmaceutical analysis in industry)是药品生产质量控制的重要组成部分,是依照一定的标准采用分析化学的方法和技术,对药品生产的原材料、中间体、原料药和成品进行质量检验,对生产过程进行监测、分析和控制,以确保药品符合质量要求的一门应用性学科。药品的质量是在生产过程中形成的,本章主要介绍制药工业与工业药物分析、药品生产质量管理和药品检验的基本程序等内容。

第一节 制药工业与工业药物分析

一、制药工业概况

　　制药工业(pharmaceutical industry)是药品的生产部门,主要包括原料药生产部门和药物制剂生产部门等。在我国,制药工业还包括中药的药材、饮片及其制剂的生产等。由于制药工业不仅是一个国家国民经济的重要组成部分,而且是一项特殊的治病、防病、保健、计划生育等的社会福利事业,受到全世界各个国家的高度重视。

　　制药工业是在药品生产的基础上逐步建立和发展起来的。药品生产从传统医药开始,经过漫长的历史进程后,到19世纪初开始从天然物质中提取分离天然药物,这一时期药品生产的特征是分离提取天然药物,并直接用于临床治疗。与此同时,有机化学和生理学的快速发展及化学工业的兴起,为化学合成药物的创制提供了技术基础,促使化学制药工业的形成和生产体系的建立,并使其成为制药工业的主体。之后,随着药物制剂工业、生物制品工业与其他相关工业的发展,逐步形成了较为完整的制药工业体系并成为国民经济发展的主导产业。

(一) 制药工业发展简史

　　人类发现并使用药物开始于天然产物,我国从"神农尝百草"起,已有应用植物药的记载。19世纪初,西方进入以天然产物为主的药物发现时期,如1805年从阿片中分离出镇痛药吗啡(morphine);1820年从金鸡纳树皮中分离的抗疟疾药奎宁(quinine);1831年从颠茄等茄科植物中分离的抗胆碱药阿托品(atropine);1855年从南美植物古柯中发现了局部麻醉药可卡因(cocaine)等。

　　从19世纪初到20世纪50年代,药物发展进入了以合成药物为主的时期,在此期间发明与发现了许多有效的化学药物,其中有标志性意义的例子有:1921年德国Dumagk发明磺胺药;

1921 年胰岛素首次得到分离;1928 年英国 Fleming 发现青霉素;1938 年维生素的人工合成;1955 年激素的人工合成和生产;1972 年我国科学家成功地从植物青蒿中分离出抗疟药青蒿素。其后,各种抗结核药、降血压药、抗心绞痛药、抗精神失常药、合成降血糖药、安定药、抗肿瘤药、抗病毒药和非甾体消炎药等相继出现。

20 世纪 70 年代,随着临床上对多品种、有效性和靶向性药物制剂的不断需求,同时由于制剂理论的快速发展,药物制剂技术已由经典的被动载体技术向主动控制技术的方向发展,并逐步形成了控缓释、靶向、透皮和黏膜给药制剂技术,以及计算机辅助药物制剂开发系统,脉冲式、自调式给药等新兴技术。同时,生物制药、中药制剂技术也有很大发展,从而进一步推动了制药工业的快速发展。

20 世纪 70 年代以来,制药工业随着分子生物学和生物技术的发展有了长足的进步。1973 年成功地建立了重组 DNA 技术,1975 年建立了单克隆抗体技术,之后蛋白质工程、抗体工程和基因治疗技术的建立与发展,产生了新型的生物技术药物产业。自从 1982 年美国第一个生物技术药物重组人胰岛素批准上市至今,人们已成功地开发出治疗肿瘤的干扰素、预防和治疗肝炎的基因工程乙肝疫苗、治疗肾性贫血的重组人红细胞生成素等 500 多种生物技术药物并应用于临床。生物技术制药已成为 21 世纪潜力巨大的制药工业新兴发展领域之一。

从 19 世纪后期至今,虽然各种不同种类的药品均有长足的发展,但就现状而言,发源于西欧的化学制药工业(chemical drug industry)仍然是世界制药工业的主体。

(二)我国制药工业发展现状

我国化学制药工业基础弱、起步晚,1949 年以前,生产化学药品的原料药基本上需依赖进口。中华人民共和国成立后的 10 年间,从抗生素、磺胺药、维生素、解热镇痛药等生产开始,逐步在全国的主要大城市重点建设了一批大型制药企业,形成了初步的制药工业基地。20 世纪 60 年代,化学制药工业实行有计划的统一管理,并集中技术优势,合理区域布局,药品生产水平、种类和产量均有较大提高。80 年代,化学原料药和制剂生产企业大幅度增加,从事药品研究、技术开发和制药装备的专业研究院所逐步设立,培养药学专业人才的高等药学院校(系)逐步健全,在全国范围内相对完整的化学制药工业体系已基本形成。

目前,我国化学药品的生产已跻身于世界医药生产大国行列,特别是在非专利化学药品生产方面已形成技术研究、生产和销售较完整的体系。作为世界化学原料药第一大生产和出口国,化学原料药种类已达 1600 多种,维生素、抗生素类等世界市场的占有率高。化学原料药生产技术水平显著提高,例如,维生素 C 两步发酵法已经处于国际领先地位。然而,绿色发展与低碳环保方面压力巨大,原料药生产附加值偏低与产能过剩问题也日益凸显,与世界发达国家相比差距仍然较大。

另外,我国将中药、天然药物和生物制品的生产也列入制药工业范畴。中华人民共和国成立以来,我国一直在中医理论指导下研究开发传统中药,但低水平重复现象十分严重。中药各类产品占国际市场份额偏低。因此,传统中药需要现代化,要形成科技先导型现代中药产业,进入国际医药市场。目前,植物来源的天然药物已有 100 多种,如山莨菪碱、青蒿素、喜树碱、紫杉醇等。由天然先导化合物合成并开发的创新药物有联苯双酯、长春酰胺、蒿甲醚等。天然药物生产已成为我国制药工业的重要增长点。我国生物制品制药工业正处于发展初期,但随着基因工程、细胞工程、发酵工程和酶工程等技术的发展,生物技术药物必将逐步成为我国制药工业新的增长点。

二、工业药物分析的基本任务

工业药物分析是药品生产质量控制的重要组成部分，是依照一定的标准采用分析化学尤其是现代仪器分析的方法和技术，对药品生产的原材料、中间体、原料药和成品进行质量检验，重点是对生产过程进行有效监测、分析和控制，以确保药品符合质量要求的一门应用性学科。在药品生产质量控制中，工业药物分析主要是对生产药品所涉及的物质与生产过程中所形成的物质进行质量检验，对生产过程进行质量检测，并应用分析技术实现生产过程的自动化控制，因此，工业药物分析一般应包括以下基本任务。

（一）分析检验产品质量

药品生产涉及的原材料、辅料、中间体、原料药和成品，需要按照药品质量标准要求，进行质量的合格性检验。分析化学中的常量分析方法和技术，适用于对这些产品质量的分析检验。符合质量标准要求后，才能投料或进行下一生产工序，之后进行制剂加工，最后进入成品包装工序。

（二）分析生产单元间质量传递关系

药品生产尤其是化学类药物和生物制品生产，其生产流程一般由多个生产单元构成，前一生产单元的产品将是后一生产单元的起始原料。由于单元生产过程的产率限制，必须经过分析检验步骤，测定产品质量如纯度、理化性状、含量等，计算单元生产的产量，确定生产单元间的质量传递关系，才能保证生产流程的正常运行。

（三）分析控制生产过程

依照生产流程生产出的药品，其质量称为生产质量。生产流程确定后，生产质量就是一定的。一般在离线状态下测定的产品质量称为检验质量，反映的是某一生产单元或某一生产流程完成后，已处于终结状态的产品质量。所以，产品的检验质量在很大程度上难以真实地反映出生产质量。为了保证药品质量，必须通过对生产过程进行有效监控，及时掌握生产过程的动态变化，随时调整和控制生产参数，才能达到生产预期。

一般仪器分析中的快速检测技术和在线检测技术，适用于在动态条件下进行连续的检测，均可用于监测和控制生产过程。

（四）生产自动控制

生产自动控制是指在没有人直接参与的情况下，利用外加的装置和控制系统，使生产过程的某个工作状态自动地按照预定的参数运行。在药品生产中，自动控制技术起着越来越重要的作用。因为生产自动控制不仅可以解决人工控制的局限性与生产工艺要求复杂性之间的矛盾，提高药品生产质量，而且可以提高劳动生产效率，降低生产成本，节约能源消耗，减少环境污染。

自20世纪50年代以来，随着自动控制系统及技术的发展，药品生产的环境自动控制和制剂生产自动控制发展较快，自动化程度也较高，如药品生产的洁净车间中空调系统的温度、湿度及新风比的自动调节与控制；注射用水生产中对其温度、电导率的自动检测与控制；注射剂生产中对灭菌温度、灭菌时间的自动控制和程序控制等。但是，由于化学类原料药生产的多样性、特殊性和复杂性，目前生产过程的自动化程度和技术控制水平还比较低，尤其是适用于自动控制的分析监测技术研究与开发还不够，在一定程度上制约了自动化控制的进程。

三、工业药物分析的基本内容

工业药物分析的基本内容涉及分析方法与技术、产品与成品检验、生产过程监测与分析、过程控制与自动化监测技术,以及与药品生产相关的质量信息系统等。所以,工业药物分析一般应包括以下基本内容。

(一)分析方法与技术的建立

工业药物分析中主要应用分析化学尤其是现代仪器分析的方法和技术。对分析化学的原理、方法和应用将在第三章中专门介绍。

在药品生产中,如分析对象不可能或难以用物理的或化学的方法检验时,可采用生物学方法。生物学检验是指利用健康的动物、动物制品、离体组织或微生物对分析对象进行定性或定量判定的过程。如《中国药典》(2015 年版)收载的抗生素抑菌试验、药物小鼠异常毒性试验、静脉注射剂兔热原检查、灭菌制剂灭菌检查、肝素抗凝血试验等。生物学检验一般耗时长、费用高、不便捷,而且分析结果的准确度和精密度不及仪器分析法。

(二)产品与成品检验分析

对药品生产过程中涉及的产品或成品,如中药材、饮片、原料药、辅料、半成品和制剂进行检验分析。其中原料药分析主要包括化学原料药分析和抗生素原料药分析。化学原料药分析的主要内容包括性状、鉴别、检查和含量测定等。抗生素原料药分析主要包括 β-内酰胺类抗生素、氨基糖苷类抗生素和四环素类抗生素原料药分析等内容。制剂是药品的最终给药形式,种类较多。制剂分析主要是利用物理、化学或生物测定方法对不同剂型的药物进行检验分析。一般分析程序包括性状、鉴别、检查和含量测定方法等。

(三)生产过程控制

药品生产过程通常包括原料药生产过程和制剂生产过程。按照《药品生产质量管理规范》(GMP)要求,重点是加强药品生产质量控制,即强化生产过程控制,提高药品生产质量。所以,单纯地只对终端产品的离线检验与控制已远远不能满足现代化药品生产要求,建立生产过程控制系统已成为药品生产过程的基本组成部分。其中,各种适用于进行动态监测和在线测量的现代分析技术,是解决过程控制的必备手段。

由于许多药品生产过程尤其化学原料药生产过程,物料流与能量流都是在密闭的管道与容器中传递、反应或分离,控制因素众多,控制对象多变,而且有些物料又具有易燃、易爆、腐蚀性和毒性,使得生产过程的变量不易确定,也很难在线测量。大部分影响产品质量的参数,只能通过取样后进行离线测量而获得。所以,研究和应用在线分析技术,为控制药品生产过程提供检测手段是工业药物分析的重点内容之一。

(四)产品质量自动控制

在利用自动分析技术对药品生产的关键环节或过程进行在线控制的基础上,研究药品生产过程的自动控制技术,从而实现对产品质量的自动控制。众所周知,药品质量控制关键是对原料药生产质量的控制,其次是对制剂生产质量的控制。但是,目前对原料药生产的自动控制还有许多技术问题难以解决,仍然用离线的产品检测作为主要质量控制手段。相比之下,制剂生产的自动化程度较高,较易实现生产过程的自动控制。

在制剂生产过程中,应用自动控制技术对产品进行连续检测,控制和保证产品质量或检测生产状况。例如:物料的加热;灭菌温度的自动测量、记录和控制;片剂生产中,对片重差异及包衣均匀性的自动检测和自动剔除;对注射用水的温度、电导率的自动检测和控制;注射剂生产中,对灭菌温度、灭菌时间的自动控制和程序控制;洁净车间中空调系统的温度、湿度及新风比的自动调节等。

(五) 药品生产质量信息系统

建立药品生产质量信息系统,是医药企业应对新形式的重要措施之一。质量管理的信息系统应包括生产全过程信息化监控软件的基础信息管理、库存管理、采购管理、销售管理、工艺及配方配套、质量管理、生产管理、药品电子监管码管理、组织架构与人员管理、设备管理、文档管理、系统环境与用户界面、系统整合、系统管理、信息系统质量保证等内容。信息系统具有高度综合化和集成化,各子系统能独立进行正常工作,完成各自的职能和任务,并且互相联系、互联支持、互相提供所需的信息,实现数据的交换和共享,实现质量信息及时快速查询、共享和追溯,助力管理者高效正确决策。

第二节 药品生产质量管理

一、药品的种类

随着科学技术的进步和社会经济的发展,以及药品本身的更新换代,药品种类在不断增多。药品种类按照来源主要分为中药与天然药物、化学药物、生物制品三大类。

(一) 中药与天然药物

中药是指在中医药理论指导下,用以预防、诊断、治疗疾病及康复保健使用的来源于植物、动物和矿物等的药用原材料及其加工品。天然药物是指来源于天然产物(植物、动物和矿物)及原料药材并在现代医学理论指导下使用的天然药用物质、天然提取物及复合物。《中国药典》(2015年版)一部收载的中药及天然药物包括药材和饮片、植物油脂和提取物、成方制剂和单味制剂等。常用的中药与天然药物见表1-1。

表1-1 常见的中药与天然药物

类别	大类	典型药物
药材及饮片	植物药	人参、三七、天冬、马钱子、鱼腥草、茵陈、酸枣仁、薄荷等
	动物药	牛黄、蟾酥、麝香、地龙、斑蝥、水蛭、牡蛎、海马等
	矿物药	石膏、明矾、云母、芒硝、雄黄、白矾、炉甘石、钟乳石、滑石等
植物油脂		八角茴香油、肉桂油、松节油、香果脂、蓖麻油等
提取物	提取物	连翘提取物、黄芩提取物、银杏叶提取物等
	浸膏	大黄流浸膏、甘草浸膏、刺五加浸膏、益母草流浸膏、颠茄浸膏等

类别	大类	典型药物
成方制剂	丸剂	二妙丸、七珍丸、女金丸、大山楂丸、左金丸、归脾丸、再造丸、华佗再造丸等
	散剂	九分散、玉真散、乌贝散、五虎散、冰硼散、红灵散、保赤散等
	膏剂	二冬膏、川贝雪梨膏、狗皮膏、枇杷叶膏、夏枯草膏等
	丹剂	定坤丹、灵宝护心丹等
	片剂	三七片、三黄片、丹参片、心宁片、小柴胡片、安胃片、护肝片等
	胶囊剂	三宝胶囊、万应胶囊、牛黄上清胶囊、安神胶囊、抗骨增生胶囊等
	颗粒剂	小儿咳喘颗粒、小儿感冒颗粒、小建中颗粒、小柴胡颗粒、妇宝颗粒等
	口服液	双黄连口服液、心通口服液、通天口服液、银黄口服液等
	其他制剂	万应锭、化痔栓、生脉饮、杏仁止咳糖浆、藿香正气水等
单味制剂		丹参片、乌灵胶囊、石淋通片、北豆根片、独一味胶囊等

(二)化学药物

化学药物是制药工业的主体,包括原料药和制剂。《中国药典》(2015 年版)二部收载化学药品、抗生素、生化药品及放射性药品等,其中占大部分的是化学药品和抗生素。化学药物可以根据原料来源和生产方式分类,也可以按治疗用途和药理作用分类。表 1-2 是按后者分类方法列出的常用化学药物。

表 1-2　常用化学药物的分类

大类	典型药物
抗微生物药物	磺胺嘧啶、头孢氨苄、舒巴坦、美他环素、氯霉素、磺胺嘧啶、阿西洛韦、两性霉素 B、异烟肼、甲硝唑等
抗寄生虫病药物	氯喹、青蒿素、依米丁、六氯对二甲苯、阿苯达唑等
中枢神经系统药物	阿司匹林、地西泮、氯氮䓬及其制剂、尼克刹米、吗啡、左旋多巴、氯丙嗪、苯妥英钠、卡马西平、苯巴比妥等
麻醉药及辅助药物	盐酸普鲁卡因、苯巴比妥、司可巴比妥钠、注射用硫喷妥钠、麻醉乙醚、硫喷妥钠、肌安松、丁卡因、氟烷、依诺伐等
植物神经系统药物	阿托品、拉贝洛尔、普萘洛尔、美托洛尔、塞他洛尔、艾司洛尔等
循环系统药物	洋地黄毒苷、地高辛及其制剂、维拉帕米、尼卡地平、硝酸甘油、川芎嗪、烟酸、可乐定、去甲肾上腺素、利贝特等
呼吸系统药物	氯化铵、可待因、麻黄碱、异丙肾上腺素、克伦特罗、托普司特、倍氯米松、酮替芬等
消化系统药物	碳酸氢钠、氢氧化铝、溴甲阿托品、胃蛋白酶、硫酸镁、谷氨酸、苯丙醇、维酶素等
泌尿系统药物	呋塞米、依他尼酸、氢氯噻嗪、螺内酯、西氯他宁、甘露醇、尿素、尿崩停等
生殖系统药物	垂体后叶素、缩宫素、地诺前列酮、麦角、普拉睾酮、利托君、溴隐亭等
血液系统药物	亚硫酸氢钠甲萘醌、氨基己酸、枸橼酸钠、右旋糖酐 40、硫酸亚铁、氯贝丁酯等

大类	典型药物
抗变态反应药物	氯苯那敏、苯海拉明、异丙嗪、色甘酸钠、酮替芬等
激素及有关药物	醋酸地塞米松、丙酸睾酮、黄体酮、炔雌醇、氢化可的松、泼尼松龙、雌二醇、炔诺酮、氯地孕酮、米非司酮等
维生素	维生素 B_1、维生素 C、维生素 A、维生素 E 等
酶类及生化制剂	胰蛋白酶、胶原酶、三磷腺苷、脑活素等
抗肿瘤药物	氮芥、甲氨蝶呤、放线菌素 D、他莫昔芬、顺铂等
营养药物	水解蛋白、氨基酸注射液 833、安达美、派达益儿等
免疫功能药物	环孢素、溶链菌制剂、泼尼松、卡介苗、伤寒杆菌脂多糖、香菇多糖、左旋咪唑等

（三）生物制品

生物制品是以微生物、细胞、动物或人源组织和体液等为原料,应用传统技术或现代生物技术制成,用于人类疾病的预防、治疗和诊断的药物。《中国药典》(2015 年版)三部收载生物制品,具体包括病毒类、细菌类、生物技术类、血液制品、抗毒素及抗血清、体内诊断类和体外诊断类等。表 1-3 是按分类列出的典型生物制品。

表 1-3 典型生物制品的分类

类别	典型药物
病毒类	乙型脑炎减毒疫苗、人用狂犬病疫苗、麻疹减毒活疫苗等
细菌类	伤寒疫苗、卡介苗、吸附破伤风疫苗等
生物技术类	重组乙型肝炎疫苗、重组链激酶、重组人表皮生长因子等
血液制品类	破伤风人免疫球蛋白、人血白蛋白、人免疫球蛋白等
抗毒素及抗血清类	肉毒抗毒素、白喉抗毒素、抗蝮蛇毒血清、抗炭疽血清等
体内诊断类	锡克试验菌素、布氏菌纯蛋白衍生物、卡介菌纯蛋白衍生物等
体外诊断类	乙型肝炎病毒表面抗原诊断试剂盒、梅毒快速血浆反应素诊断试剂等

二、药品的生产过程

生产过程(production process)是指从准备生产产品开始,到产品产出的全过程,是劳动者借助于劳动资料直接或间接地作用于劳动对象,使之成为产品的过程。药品的生产过程是将原料加工制成能供医疗使用的药品的全过程,包括由原料加工成原料药,再由原料药加工制备成药物制剂的生产过程。一般前者称为原料药生产(drug raw material production),后者称为药物制剂生产(drug preparation production)。药品生产过程一般包括生产准备过程、基本生产过程、辅助生产过程和生产服务过程。在每个过程内部和各过程之间,均有严格的技术规范要求和质量指标要求,并实行系统的过程管理。生产流程也称工艺流程,是指从原料投入到成品产出,顺序通过设备或管道进行的加工过程。一般药品生产流程分为原料药生产流程和制剂生产流程,均是在特定的环境和规定的条件下进行的加工过程。一般的药品生产流程示意图如图1-1所示。

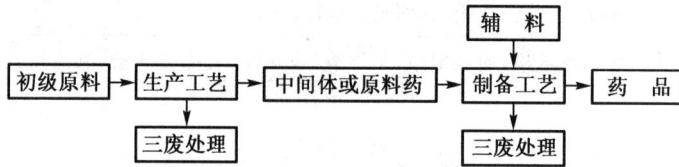

图1-1 药品生产流程示意图

(一)原料药的生产流程

原料药有植物、动物、矿物、生物产品、无机和有机化合物等,品种众多,生产流程各异。有用炮制方法,有用提取分离方法,有用化学合成或半合成法,有用发酵及提取技术,有用生物技术,也有发酵产品再化学合成法等。

原料药生产的一般特点是:① 品种众多、工艺复杂、生产流程长;② 一种产品生产往往需要多种原料和辅料;③ 一种产品往往由多个生产单元共同完成;④ 生产过程自动化控制难度大;⑤ 对产品质量标准要求高;⑥ 对生产工艺、设备和环境要求严格,副产物、有害物和"三废"等较多。

硫酸小诺霉素生产工艺流程如图1-2所示。

(二)制剂生产流程

原料药需进一步加工制备成适合于预防或治疗疾病的药物制剂,才能用于临床。常用的药物制剂包括:口服固体制剂、灭菌制剂、外用制剂、生物制剂,还有一些新型制剂和其他制剂等。种类繁多,生产流程同样有异。

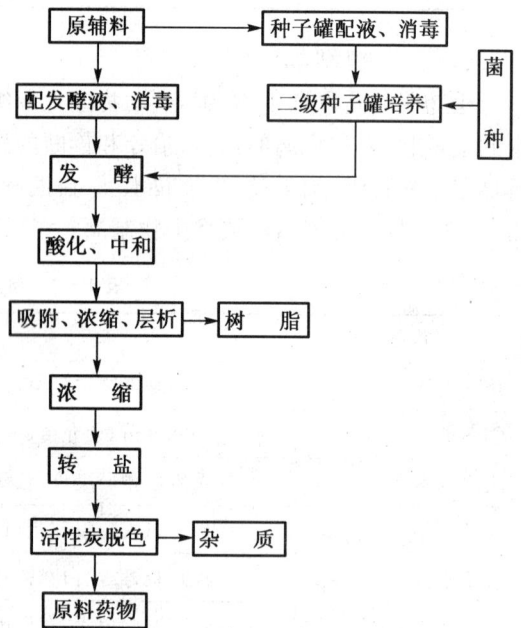

图1-2 硫酸小诺霉素生产工艺流程示意图

制剂生产的一般特点是:①剂型较多、生产工艺的共性程度较高;②制剂辅料在制剂生产中作用显著;③制剂单元操作可有机地组成生产线,进行连续生产;④机械化程度高,较易实现生产过程自动化控制;⑤对产品质量标准要求高;⑥对生产工艺、设备和环境要求严格。

胶囊剂生产流程如图1-3所示。

注射剂生产流程如图1-4所示。

三、全面控制药品质量的科学管理

由于药品是高科技产品,同时又是一种特殊的商品,所以,药品生产需要在相关的法律法规、环境条件和科技水平等基本保障前提下,经过规范的药品生产过程,完善的过程控制体系,有效的产品检验体系,才能获得合格的药品。

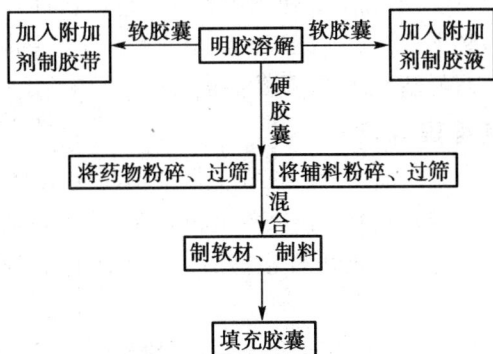

图 1-3　胶囊剂生产流程示意图

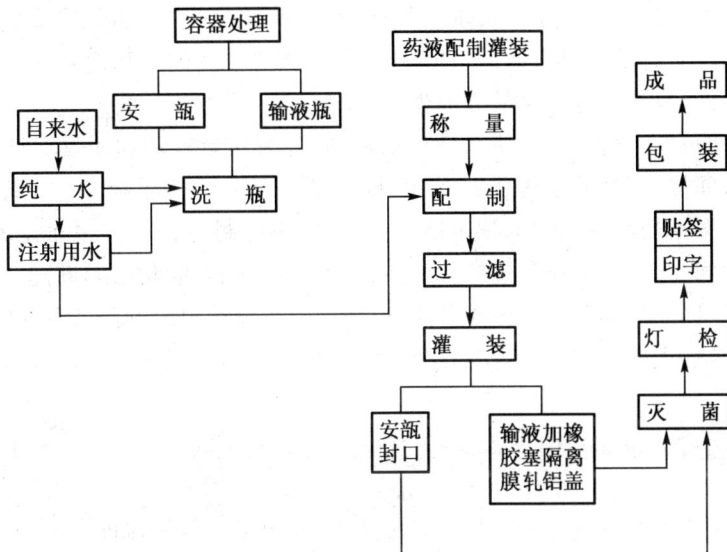

图 1-4　注射剂生产流程示意图

质量（quality）是指产品、过程或服务的固有特性满足规定或潜在要求的程度。药品的质量涉及药物研制、生产、贮运、供应、调配和应用等各个环节，必须进行全面质量控制（total quality control，TQC）。为了实行有效的质量管理，除各个环节都应按照一定的质量标准进行分析检验外，许多国家都根据自身的实际情况制定了相应的法规文件并要求遵照执行。

（一）《药品管理法》

1985 年颁布的《中华人民共和国药品管理法》（以下简称《药品管理法》），是第一部通过现代立法制定的药品管理法律。2001 年修订并颁布的《药品管理法》标志着我国药品立法的重大发展，为推进药品的监督管理和药品价格管理的改革，2013 年对《药品管理法》进行了第一次修正，2015 年进行了第二次修正。修正后的《药品管理法》共分 10 章 104 条，其中第二章"药品生产企业管理"共 7 条（7—13 条），对药品生产许可证制度、开办药品生产企业的法定程序、开办药品生产企业必须具备的条件、《药品生产质量管理规范》（good manufacturing practice，GMP）制度及药品生产必须遵守的规定等,作了明确的法律规定。凡经药品监督管理部门批准并发给《药品生产许可证》的药品生产企业,必须依据《药品管理法》制定的《药品生产质量管理规范》组织生产。《药品管理法》是药品管理方面的基本法律,是药品监督管理、药品质量控制的根本依据。

(二)《药品生产质量管理规范》

《药品生产质量管理规范》是药品生产全过程中保证药品质量的管理制度,是在药品生产过程质量管理的实践中不断总结、归纳、概括出来的规范化条款,其目的是指导药品生产企业规范生产过程,避免劣质药品生产,保证生产出合格药品。我国现行的《药品生产质量管理规范》是2010年国家卫生部颁布的。

《药品生产质量管理规范》的中心指导思想是:任何药品的质量形成是生产出来的,而不是检验出来的。所以,在实施GMP中,重点是加强药品生产质量控制,即在质量保证前提下,对"生产过程"进行全面质量控制,对影响药品质量的因素加强管理。同时,GMP的各条款具有目标管理特征,即各条款明确了药品生产要求的目标,而达到目标的解决办法需要制药企业结合生产实际具体制定。GMP各条款具有时效性,即GMP条款要依据国家和地区现有的一般水平而制定,采用目前可行的、具有实际意义的方面做出规定。

从管理专业的角度,《药品生产质量管理规范》应分为质量管理和质量保证两部分。质量管理是对原材料、中间体、产品的系统质量控制,即所谓药品生产质量控制(quality control,QC),其基本内容包括:根据药品及相关的技术质量标准,应用控制与分析方法和技术,在药品生产过程中对原材料、中间体、产品的质量进行检验,对生产过程进行质量控制,并随之产生的一系列工作质量管理。质量保证(quality assurance,QA)是对生产过程中影响药品质量的外部因素、易产生的人为差错和易引入的污物与异物等,进行系统严格管理,以保证生产出合格药品。

第三节 药品检验的基本程序

药品检验是药品生产质量管理的基本方法之一,其根本目的是保证人民用药的安全、合理和有效。虽然连续的在线分析技术是工业药物分析的发展方向,但目前药品检验依然以间歇式的离线分析为主。药品检验的基本程序为:取样、检验(包括鉴别、检查和含量测定等)、写出报告。药品检验人员在检验之前,必须了解供试品的来源、用途和检验目的,全面熟悉所检药品的质量标准,掌握检验方法、仪器的操作技术及注意事项,从而保证药品检验的公正性和准确性。

一、取样

分析检验工作的第一个过程是取样(sampling),即从大量的物料中抽取少许供试品进行分析。取样应注意科学性,即所采取的供试品应具有真实性和代表性,否则就失去了检验的意义。采集的供试品一般应立即进行分析,否则应妥善保存,以防供试品在放置过程中受温度、湿度、光照、氧化等环境因素影响而发生理化性质的改变。

生产过程中的固体原料药常使用取样探子随机取样。对于供试品量较小的固体粉末或细颗粒状固体药品可采取"四分法"取样:将药品堆成锥状,而后用适当的器皿从上面压平,在被压平的平面上十字状垂直向下切开,分成均等的四份,取出对角的两等份,混合均匀,如此重复操作,直到所取供试品量适于检验。液体药品一般情况下分散均匀性要比固体好,较容易得到均匀性的供试品,但对于黏度较大或浑浊的供试品,往往均匀性较差,可用大容量的玻璃吸管取样,混匀后作为供试品。

取样量因产品数量的不同而有所区别,对进厂原料按批(或件数)取样。若设进厂总件数为 n,则当 $n \leqslant 3$ 时,每件取样;当 $3 < n \leqslant 300$ 时,按 $\sqrt{n} + 1$ 取样件数随机取样;当 $n > 300$ 时,按 $\frac{1}{2}\sqrt{n} + 1$ 取样件数随机取样。制剂的取样按照具体情况而定。除另有规定外,一般为等量取样,混合后作为样品进行检验,一次取得的样品至少可供 3 次检验使用。取样时必须填写记录,取样容器和被取样包装上均应贴上标签。

二、检验

对于进厂原料和成品检验应按照质量标准的要求,依次进行性状、鉴别、检查和含量测定。用鉴别试验来判断药物的真伪,用检查和含量测定来判断药物的优劣。判断某供试品质量是否符合要求,必须全面考虑性状、鉴别、检查与含量测定综合的检验结果。生产过程的检验一般只对某些物理参数和化学成分的变化进行分析,以判断生产过程是否正常,故检验过程要迅速,以便将结果反馈给生产线,调节生产条件,确保生产出合格的产品。

三、记录和报告

检验操作记录为检验所得的数据记录及运算等原始资料。记录内容包括:品名、规格、批号、数量、来源、检验依据;取样日期、报告日期;检验项目、测定数据、结果、计算;判定;检验人、复核人。检验操作记录要求:记录完整、真实;字迹清晰,色调一致;书写正确;无涂改;改正后有签章;有检验数据;有计算式;有判定和依据;有检验人、复核人签章。检验记录完成后,应由第二人对记录内容、计算结果进行复核。复核后的记录,属内容、计算错误,复核人要负责。检验操作记录和台账应由专人保管,按批号保存三年或药品有效期后一年。

检验报告是对药品质量检验结果的证明书,判断必须明确、肯定、有依据。检验报告一般包括的内容和顺序如下:品名、规格、批号、数量、来源、检验依据、检验证号;取样日期、报告日期;检验结果;结论;检验人、复核人、负责人。检验报告要求:报告完整无缺页损角;有检验数据;计量单位采用《中华人民共和国法定计量单位》;有检验人、复核人、负责人签章;字迹清晰,色调一致;书写正确;无涂改;有依据;有结论,有检验专用章。检验报告必须一份留底,并按检验原始记录的规定保存。

本章提要

本章以工业药物分析的性质和任务为出发点,通过对制药工业情况的概述,引出了药品生产中的质量管理问题,最后介绍了药品检验的基本程序。药品是一种关系到人民生命健康的特殊商品,为保证人民用药的安全、合理和有效,药品必须达到一定的质量要求。药品生产质量管理规范是生产出合格药品的保证。制药工业史上发生过很多具有里程碑意义的事件,虽然我国的制药工业有很大发展,但与发达国家相比仍存在较大差距。提高药品生产过程中的动态监测与设备间的协调控制对提高药品生产质量有重要意义。

关键词

药品;药品种类;工业药物分析;生产过程控制

思 考 题

1. 试述我国制药工业的发展特点。
2. 简述生产过程控制对药品生产质量的意义。
3. 工业药物分析的基本任务与基本内容是什么?

（西安交通大学　贺浪冲）

第二章 制药过程质量控制体系

随着人类社会的进步和科学技术的发展，人们对产品质量提出了越来越严格的要求，对药品质量的要求更是如此。药品的质量涉及药物研制、生产、贮运、供应、调配和应用等各个环节，必须进行全面质量控制（total quality control，TQC）。全面质量控制是一项涉及多方面、多学科的综合性工作，分析检验只是其中的一个环节。为了实行有效的质量管理，除各个环节都应按照一定的质量标准进行分析检验外，许多国家都根据自身的实际情况制定了相应的法规文件并要求遵照执行。我国自 1985 年颁布实施了中华人民共和国第一部药品管理法以来，国家、国务院和药品管理行政主管部门也陆续颁布实施了各种法律、法规和规章，如《中华人民共和国药品管理法》的修订、《中华人民共和国药品管理法实施条例》、《新药审批办法》、《药品非临床研究质量管理规范》（good laboratory practice，GLP）、《药品临床研究质量管理规范》（good clinical practice，GCP）、《药品生产质量管理规范》（good manufacturing practice，GMP）和《药品经营质量管理规范》（good supply practice，GSP）等。药品质量控制体系就是为使药品达到这些标准、法规文件规定的要求，所建构的由组织机构、程序、活动、能力和资源等组成的有机整体。由于药品质量是在生产过程中形成的，因此生产过程质量控制是保证和提高药品质量的关键环节。本章主要介绍药品质量管理的基本概念、《中华人民共和国药品管理法》、药品生产质量管理规范和药品质量标准。

第一节 质量控制体系概述

药品是特殊的商品，但也具有一般产品的性质。长期以来人们在产品质量方面积累的经验同样适用于药品质量控制。

一、质量有关概念

1. 质量的定义

质量（quality）是指产品、过程或服务的固有特性满足规定或潜在要求的程度。在这个定义中，质量不仅指产品的质量，还包括过程或服务的质量。制药过程的产品包括原料、辅料、成品和包装材料等。"固有特性"是指"可区分的特征"，是产品、过程或服务的一个部分，如药品的安全性（safety）、有效性（efficacy）、稳定性（stability）和均一性（uniformity）等。"规定或潜在要求"是指明确的或隐含的必须履行的需求或期望。

2. 质量管理

质量管理（quality management，QM）是指在质量控制方面指挥和控制组织的协调活动。质量管理是管理体系的一个部分，主要内容包括：质量方针和质量指标的制定，以及质量策划、质量控制、质量保证和质量改进等。

3. 质量控制

质量控制(quality control,QC)是为保持某一产品、过程或服务的质量能满足规定质量要求所采取的作业技术和活动。质量控制是质量管理的一个部分,致力于使产品满足质量要求。质量控制的主要内容包括:明确质量要求;编制作业规范或控制计划;制定判断标准;实施作业规范和控制计划;按照判断标准进行监督和评价。药品的原材料、中间体和成品的检验均属药品质量控制的范围。

4. 质量保证

质量保证(quality assurance,QA)是为使人们确信某一产品、过程或服务能满足规定的质量要求所必需的有计划、有系统的全部活动。同质量控制一样,质量保证也是质量管理的一个部分,其目的是向顾客和其他相关方面提供质量要求会得到满足的信任。质量保证的主要内容包括:质量保证计划,产品的质量审核,质量管理体系认证,由国家认可的检测机构提供产品合格的证据和质量控制活动的验证等。

5. 质量改进

质量改进(quality improvement,QI)是质量管理的一部分,致力于增强满足质量要求的能力。质量改进贯穿于整个与质量有关的活动之中,主要内容包括:产品改进和开发,人员素质的提高,减少差错和提高效率等。

二、质量管理

(一)质量管理模式

质量管理模式的发展反映了人类对质量认识的不断深入和对完美生活质量的不断追求,产品质量管理是企业生存的基础,是企业发展的动力。其模式的发展大致经历了质量检验、建立质量控制系统模式和"零缺陷"质量管理模式三个阶段。

1. 质量检验阶段

工业革命前,产品的质量基本依靠操作者的个人技艺和经验来保证。到了 20 世纪初,由于生产的发展、生产与检验分工,检验人员按照技术标准的要求,对产品进行全数或抽样检查,将不合格品从产品中挑出来。这种质量管理方式是"事后检验",在生产过程中无法起到预防和控制作用,是质量控制的初级阶段。

2. 建立质量控制系统模式阶段

通过建立较为完善的质量控制系统,从原料供应,生产过程和客户服务整个过程进行质量管理,从体系上保证产品和服务的质量。本阶段兴起于 20 世纪 80 年代,目前普遍采用的 ISO 9000 质量体系认证和药品生产质量管理规范就是典型的模式。与检验质量控制模式相比,本模式通过建立质量控制系统对整个过程进行控制,预防不合格产品,是质量管理的一次飞跃。

ISO 是国际标准化组织(international standard organization)的简称。ISO 的主要功能是在世界范围内为人们制订统一的国际标准提供一种机制。ISO 9000 质量管理和质量保证系列标准是 ISO 在总结世界各国,特别是经济发达国家的经验,于 1987 年 3 月颁布的一项有关管理的国际标准,称为 ISO 9000 系列标准。ISO 9000 系列标准分别于 1994 年、2000 年和 2008 年进行了三次修改。在 ISO 9000 系列标准中提出了质量管理的八项原则,包括:以顾客为关注的焦点,组织中领导的作用,全员参与质量管理,采用过程方法,采用系统方法,持续改进,基于事实的决策方法,以及与供方互利的原则等内容。这些质量管理原则对于成功地领导和运作一个组织,保证产品质量,增强产品市场竞争力具有重要的指导意义。

我国作为 ISO 标准制定组织 TC176 技术委员会的正式成员国,于 1992 年等同采用 ISO 9000 系列标准,颁布了 GB/T 19000—ISO 9000 质量管理保证系列标准,并于 1994 年和 2000 年进行了修改和补充。在标准编号中"GB"代表国家标准,"T"代表推荐标准。"等同采用国际标准"是指技术内容完全相同,不作或稍作编辑性修改。

3. "零缺陷"质量管理模式阶段

"零缺陷"质量管理是通过对劳动者意识的教育,使人们认识到工作的重要性和工作的要求,使人们自觉自愿地生产合格商品,使不合格产品为零。自克劳士比(Philip B. Crosby)提出此模式后,世界上许多顶级公司已采纳这种模式,并深受其利。"零缺陷管理"的主要内涵包括:改变传统的"人总要犯错误"理念,树立"只要主观尽最大努力就可以不犯错误"的理念,动员全体员工追求无缺点目标,自觉避免工作失误;打破生产与质检的分离格局,要求每个操作者同时也是质检者,规定上游工序不得向下游工序传送有缺陷的产品;追求超前防患,事先排除可能产生缺点的各种原因和条件,提前采取改正措施,做到防患于未然;打破生产过程中各工序各员工各自为战、各行其是的工作习惯,要求树立全局观念,主动配合,密切合作,从总体上保证实现无缺点的结果。"零缺陷"模式是以人为本的质量管理模式,是质量管理的高级阶段。

(二) 过程控制系统

1. 过程

质量管理是通过过程(process)来实施的,质量控制也是在过程中的控制。GB/T 对过程的定义是:将输入转化为输出的一组彼此相关的资源和活动。这也就是说所有的工作都通过一个过程来完成的。图 2-1 为工作过程示意图。由原材料出发,在生产中根据顾客的要求,按照一定的标准实现转化,以产品的形式输出。在一个过程中输入的原材料和输出的成品不但可以是有形的,也可以是无形的,并且在一个过程中还伴随着信息的相互流动。

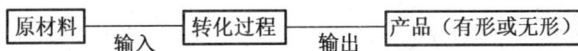

原材料 → 输入 → 转化过程 → 输出 → 产品(有形或无形)

图 2-1　工作过程

药品生产(drug production)是将原料加工制备成药品的过程,包括原料药生产和制剂生产两个主要过程。人们在过程中工作,利用相关资源,在转换中创造价值。过程的每一个阶段都可能对最终产品质量产生影响。过程质量控制的根本目的就是要使过程转化过程真正达到预想的计划,实现价值的增值转换。

2. PDCA 循环

PDCA 循环,又称戴明环,是管理学中的一个通用模型,最早由休哈特(Walter A. Shewhart)提出,后来被美国质量管理专家戴明(Edwards Deming)运用于持续改善产品质量的过程中。戴明认为:全面质量管理活动的全部过程,就是质量计划的制订和组织实现的过程。如图 2-2 所示,PDCA 循环包含四个阶段:第一阶段为计划(plan),即按照要求,结合自身条件制订计划和方针;第二阶段为执行(do),即按计划组织实施,实现计划的内容;第三阶段为检查(check),即对计划实施和执行情况进行检查;第四阶段为评价与处理(action),即根据检查结果和体系的实际情况,对结果作综合评价和改善建议,为下一轮生产做好准备。

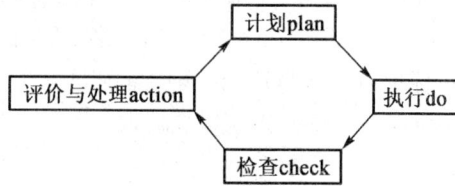

图 2-2　PDCA 循环

在药品生产过程中,不论提高产品质量,还是减少不合格品,都要先提出目标,制订计划和实现目标需要采取的措施;计划实施之后,就要按照计划进行检查,看是否实现了预期效果,有没有达到预期的目标;通过检查找出问题和原因;最后根据问题和原因进行处理,将经验和教训制定成标准,形成制度。

3. 质量螺旋曲线

质量螺旋曲线,又称朱兰质量螺旋,由美国朱兰(J M Juran)提出。质量螺旋曲线按照产品质量形成过程的规律,建立了产品寿命周期过程控制体系。如图 2-3 所示,一个典型产品的形成包括了营销和市场调研、产品设计和开发、过程策划和开发、采购、生产和制造、检验与验证、包装与储存、销售与分发、安装与投入运作、技术服务与维护、使用寿命结束时的处置或再生利用等11 种活动。每一种活动既相互联系,又相互影响,相互制约,并构成循环。该曲线把产品生产全过程中各质量职能按照逻辑顺序串联起来,用以表征产品质量形成的整个过程及其规律性。朱兰质量螺旋反映了产品质量形成的客观规律,是质量管理的理论基础,对于现代质量管理的发展

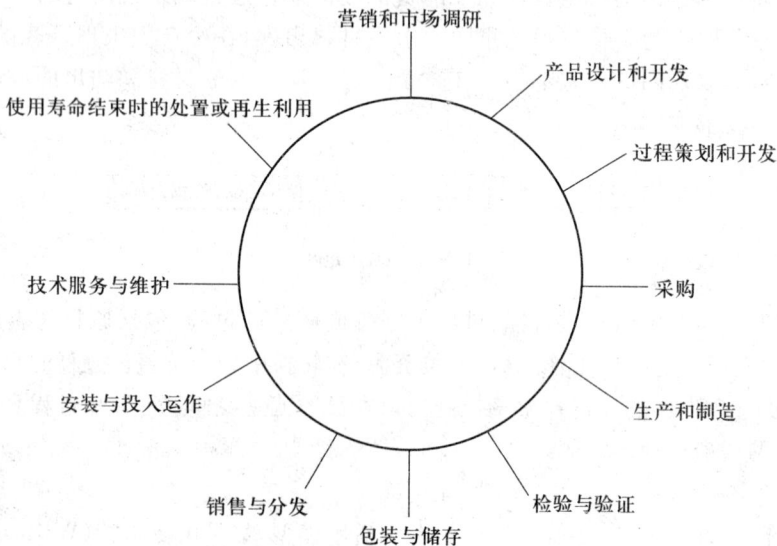

图 2-3　典型产品的形成过程

具有重大意义。各企业应根据相关法律、法规和规章的要求,结合企业自身特点,产品的特点,影响质量的主要因素设计企业的过程控制体系。

（三）质量体系及其要素

1. 质量体系应满足的要求

质量体系（quality system）是企业为保证产品、过程或服务满足规定或潜在的要求,由组织机构、职责、程序、活动、能力和资源等构成的有机整体,它是对产品质量可能产生影响的各个方面综合起来考虑的一个完整系统,包括了企业的各种硬件和软件。建立质量体系的根本目的是向消费者提供合格的商品,为达到这个目标,企业必须考虑到顾客和企业双方的需求、风险、成本和利益,还要结合企业和产品自身的特点。质量体系应满足以下要求:

（1）质量体系应具有系统性和有效性。为保证质量目标的实现,质量体系应具有系统性和有效性。质量体系应包括对产品质量可能产生影响的各个方面。包括建立组织机构,各机构的职责范围和相互联系的方法,对各个岗位上人员的要求,配备合理的资源,规定实施质量活动的方法和对产品形成的各个过程进行控制。为使质量体系发挥作用,企业的人、财、物和管理制度应有机地结合起来,高效率工作,预防、发现和解决质量问题,稳定产品质量。

（2）质量体系应突出预防性。防患于未然是建立质量体系的初衷。质量体系应使生产活动在受控状态下按照预定的计划和过程完成,使质量缺陷减少到最低限度或消灭在生产过程中。

（3）质量体系应符合经济性原则。质量体系不但要满足顾客的需要,也要考虑到企业的利益,符合经济性原则。理想的状态应是产品质量的最优化与产品经济性相结合。

（4）质量体系应具有适合性。建立质量体系应考虑企业、产品和生产工艺的特点。ISO 9000 与 GB/T 19000 系列标准是通用性较强的标准,列出的质量体系要素应尽可能满足各种企业,企业在应用时可根据自己的情况适当增减。制药企业质量体系的核心是 GMP,制药企业的质量体系必须符合 GMP 的要求。

2. 质量体系要素

在 ISO 9000 和 GB/T 19000 系列标准中涉及了质量体系的各种要素,包括管理职责、质量体系、合同评审、设计评审、文件和资料的控制、产品标志和可追溯性、过程控制、检验和试验、测量和实验设备的控制、检验和实验状态、不合格品的控制、纠正和预防措施、搬运、储存、包装、防护和交付,质量记录和控制、内部质量审核、培训、服务和统计服务等。

对药品生产企业来说,质量体系包括以下要素:机构与人员,厂房与设施,设备,物料（主药、辅料、包装材料）,卫生（环境、工艺和个人）,验证,文件,生产管理,质量管理,产品的销售与收回,投诉与不良反应报告和自检等内容。

3. 质量管理体系

考虑质量体系的各种要素,按照工作性质可将质量管理的工作分为质量控制、质量保证和质量工程三部分,如图 2-4 所示。这些部分既相互区别、相互制约,又相互联系,共同构成了产品质量管理体系。

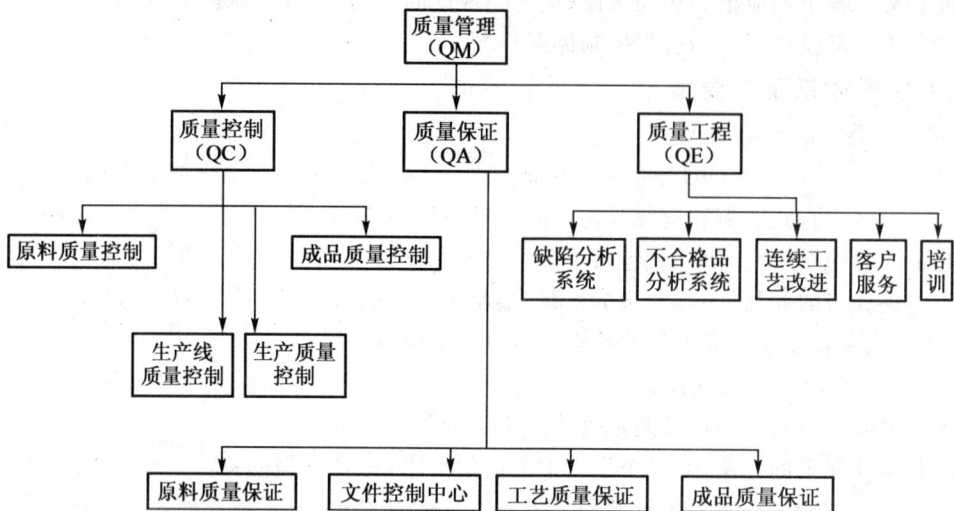

图 2-4　产品质量管理体系

第二节　中华人民共和国药品管理法

我国宪法规定："国家发展医疗卫生事业,发展现代医药和传统医药,鼓励和支持农村集体经济组织,国家企事业组织和街道组织举办各种医疗卫生设施,开展群众性卫生活动,保证人民健康。"以宪法为依据制定的《中华人民共和国药品管理法》(以下简称《药品管理法》)是药品管理方面的基本法律,是药品监督管理、药品质量控制的根本依据。《药品管理法》是我国的第一个药品管理法,该法由中华人民共和国第六届全国人民代表大会常务委员会第七次会议于 1984 年 9 月 20 日通过,自 1985 年 7 月 1 日起实施。随着我国社会主义市场经济的建立和发展,药品管理工作出现了一些新情况和新问题,在 2001 年 2 月对其进行了第一次修订。2015 年 4 月 24 日第十二届全国人民代表大会常务委员会第十四次会议通过了第二次修订的《中华人民共和国药品管理法》,并于公布之日起实施。新修订的《药品管理法》共十章,分别为:总则、药品生产企业管理、药品经营企业管理、医疗机构的药剂管理、药品管理、药品包装的管理、药品价格和广告的管理、药品监督、法律责任和附则。以下简要介绍总则、药品生产企业管理、药品管理、药品包装的管理等方面的内容。

一、立法目的

根据《药品管理法》组织生产药品,是控制和保证药品质量的基石。《药品管理法》总则第一条明确指出制定《药品管理法》的目的是"为加强药品监督管理,保证药品质量,保障人体用药安全,维护人民身体健康和用药的合法权益"。这个表述阐明了药品监督管理、药品质量与保障用药安全,维护人民身体健康之间的关系。

二、适用范围

药品生产必须符合《药品管理法》的规定。《药品管理法》在总则中规定:在中华人民共和国境内从事药品研制、生产、经营、使用和监督管理的单位或者个人,必须遵守本法。

三、国家对药品管理的宏观政策

(1) 国家发展现代药和传统药,充分发挥其在预防、医疗和保健中的作用;

(2) 国家保护野生药材资源,鼓励培育中药材;

(3) 国家鼓励研究和创制新药,保护公民、法人和其他组织研究、开发新药的合法权益。

四、药品监督管理与药品检验机构

《药品管理法》规定:国务院药品监督管理部门主管药品监督管理工作。国务院有关部门在各自的职责范围内负责与药品有关的监督管理工作。省、自治区、直辖市人民政府药品监督管理部门负责本行政区域内的药品监督管理工作。省、自治区、直辖市人民政府有关部门在各自的职责范围内负责与药品有关的监督管理工作。

药品监督管理部门设置或者确定药品检验机构,承担依法实施药品审批和药品质量监督检查所需的药品检验工作。检验工作包括:

1. 药品审批时的药品检验

(1) 新药审批过程中的药品检验;

(2) 对仿制已有国家标准药品品种进行审批时的检验;

(3) 对进口药品按照规定进行有关的检验。

2. 药品质量监督检查过程中的药品检验

(1) 根据药品质量抽查检验计划进行的检验;

(2) 对药品在销售前进行的检验;

(3) 对进口药品的检验。

五、药品生产企业管理

1. 开办药品生产企业的程序

开办药品生产企业,需经企业所在地省、自治区、直辖市人民政府药品监督管理部门批准并发给《药品生产许可证》。无《药品生产许可证》的,不得生产药品。《药品生产许可证》标明有效期和生产范围,到期重新审查发证。

2. 开办药品生产企业必须具备的条件

(1) 具有依法经过资格认定的药学技术人员、工程技术人员及相应的技术工人;

(2) 具有与其药品生产相适应的厂房、设施和卫生环境;

(3) 具有能对所生产药品进行质量管理和质量检验的机构、人员及必要的仪器设备;

(4) 具有保障药品质量的规章制度。

3. 对生产企业认证的要求

药品生产企业必须按照国务院药品监督管理部门依据本法制定的《药品生产质量管理规范》组织生产。药品监督管理部门按照规定对药品生产企业是否符合《药品生产质量管理规范》的要求进行认证。对认证合格的,发给 GMP 认证证书。

4. 关于生产标准

（1）除中药饮片的炮制外，药品必须按照国家药品标准和国务院药品监督管理部门批准的生产工艺进行生产，生产记录必须完整准确。药品生产企业改变影响药品质量生产工艺的，必须报原批准部门审核批准。

（2）中药饮片必须按照国家药品标准炮制。国家药品标准没有规定的，按照省、自治区、直辖市人民政府药品监督管理部门制定的炮制规范炮制。省、自治区、直辖市人民政府药品监督管理部门制定的炮制规范应当报国务院药品监督管理部门备案。

5. 关于药品生产所需原辅料

生产药品所需原料、辅料必须符合药用要求。

6. 关于药品出厂前的质量检验

药品生产企业必须对其生产的药品进行质量检验；不符合国家药品标准或者不按省、自治区、直辖市人民政府药品监督管理部门制定的中药饮片炮制规范炮制的，不得出厂。

质量检验的标准：国家药品标准；省级药监部门制定的中药饮片炮制规范。

7. 关于委托生产药品的规定

委托生产药品实行批准制度，批准部门为省级药品监督管理部门。

六、药品管理

1. 关于新药研制和审批

新药从研究到被批准的一般程序为：药品非临床安全性试验研究→新药临床研究→药品审评中心审核→专家审评、技术复核→国务院药品监督管理部门审核批准→核发新药证书。《药品管理法》规定：研制新药必须按照国务院药品监督管理部门的规定如实报送研制方法、质量指标、药理及毒理试验结果等有关资料和样品，经国务院药品监督管理部门批准后，方可进行临床试验。药物临床试验机构资格的认定办法，由国务院药品监督管理部门、国务院卫生行政部门共同制定。完成临床试验并通过审批的新药，由国务院药品监督管理部门批准，发给新药证书。

《药品管理法》规定：药物的非临床安全性评价研究机构在药物的非临床安全性试验研究阶段必须执行《药物非临床研究质量管理规范》（GLP）；临床试验机构必须执行《药物临床研究质量管理规范》（GCP）。药品非临床研究质量管理规范、药品临床研究质量管理规范由国务院确定的部门制定。

国务院药品监督管理部门组织药学、医学和其他技术人员，对新药进行评审，对已经批准生产的药品进行再评价。

2. 实行药品生产批准文号管理的规定

除没有实施批准文号管理的中药材和中药饮片外，生产新药或者已有国家标准的药品，须经国务院药品监督管理部门批准，并取得药品批准文号。实施批准文号管理的中药饮片和中药材，其品种目录由国务院药品监督管理部门会同国务院中医药管理部门制定。药品生产企业必须在取得药品批准文号后，方可生产该药品。

除购进没有实施批准文号管理的中药材外，药品生产企业、药品经营企业、医疗机构必须从具有药品生产、经营资格的企业购进药品。

3. 关于国家药品标准的规定

药品必须符合国家药品标准。国务院药品监督管理部门颁布的《中华人民共和国药典》和药品标准为国家药品标准。国家药品标准的制定和修订,由国务院药品监督管理部门组织的国家药典委员会负责;国家药品标准品、对照品的标定,由国务院药品监督管理部门的药品检验机构负责。

4. 关于特殊管理的药品

国家对麻醉药品、精神药品、医疗用毒性药品、放射性药品实行特殊管理,管理办法由国务院制定。

5. 关于中药管理的规定

(1) 国家实行中药品种保护制度,授权国务院制定管理办法;

(2) 新发现和从国外引种的药材,经国务院药品监督管理部门审核批准后,方可销售;

(3) 地区性民间习用药材的管理办法,由国务院药品监督管理部门会同国务院中医药管理部门制定。

地区性民间习用药材是指国家药品标准没有收载而在局部地区有生产、使用习惯的药材。包括汉族医药及藏药、蒙药、维药等。地区性民间习用药材,由于涉及因素较多,对其管理也有特殊性。因此法律授权国务院有关管理部门制定管理办法。

6. 禁止生产、销售假药

禁止生产(包括配制)销售假药。有下列情形之一的为假药:

(1) 药品所含成分与国家药品标准规定的成分不符的;

(2) 以非药品冒充药品或者以他种药品冒充此种药品的。

除上述两种情形外,有以下情形之一的药品,按假药论处:

(1) 国务院药品监督管理部门规定禁止使用的;

(2) 依照本法必须批准而未经批准生产、进口,或者依照本法必须检验而未经检验即销售的;

(3) 变质的;

(4) 被污染的;

(5) 使用依照本法必须取得批准文号而未取得批准文号的原料药生产的;

(6) 所标明的适应症或者功能主治超出规定范围的。

7. 禁止生产、销售劣药

药品成分的含量不符合国家药品标准的为劣药。此外,以下情形之一的药品,按劣药论处:

(1) 未标明有效期或者更改有效期的;

(2) 不注明或者更改生产批号的;

(3) 超过有效期的;

(4) 直接接触药品的包装材料和容器未经批准的;

(5) 擅自添加着色剂、防腐剂、香料、矫味剂及辅料的;

(6) 其他不符合药品标准规定的。

8. 工作人员的健康检查

药品生产企业、药品经营企业和医疗机构直接接触药品的工作人员,必须每年进行健康检查。患有传染病或者其他可能污染药品的疾病的,不得从事直接接触药品的工作。

9. 药品包装管理

对直接接触药品的包装材料和容器的质量要求:

（1）必须符合药用要求；

（2）必须符合保障人体健康、安全的标准；

（3）必须由药品监督管理部门在审批药品时一并审批。药品生产企业不得使用未经批准的直接接触药品的包装材料和容器。

药品包装必须适合药品质量的要求，方便储存、运输和医疗使用。发运中药材必须有包装，在每件包装上，必须注明品名、产地、日期、调出单位，并附有质量合格的标志。

药品包装必须按照规定印有或者贴有标签并附有说明书。药品标签或者说明书上必须注明药品的通用名称、成分、规格、生产企业、批准文号、生产日期、有效期、适应症或者功能主治、用法、用量、禁忌、不良反应和注意事项。麻醉药品、精神药品、医疗用毒性药品、放射性药品、外用药品和非处方药的标签，必须印有规定的标志。

第三节　药品生产质量管理规范

目前的质量管理处于建立和完善质量控制系统来保证产品质量的阶段。根据《药品管理法》的规定，我国药品生产企业必须按照国务院药品监督管理部门制定的《药品生产质量管理规范》（GMP）组织生产并实行认证制度。GMP 是在药品生产的全过程中，用科学、合理和规范化的条件和方法来保证生产优良药品的一整套系统的管理规范，是药品生产和质量管理的基本准则，是制药企业确保和提高药品质量的重要措施。GMP 所规定的条件、要求和达到这些条件、要求所采取的途径、方式、方法是制药过程质量控制系统的重要组成部分。本节简要介绍 GMP 在文件管理、物料管理、厂房与设备管理、清洁卫生管理和生产过程管理等方面的内容。

一、GMP 概述

1. GMP 的产生

药品生产企业实施 GMP 是保证药品质量、保证用药安全和促进我国制药工业与国际接轨的根本措施。GMP 是社会发展中医药实践经验教训的总结和人类智慧的结晶。自 1963 年美国国会颁布世界上第一部 GMP 以来，日本、英国、德国、法国、瑞士、澳大利亚、韩国、新西兰、马来西亚及中国台湾等 100 多个国家和地区，也先后制定和实施了 GMP。我国于 1982 年由当时负责行业管理的中国医药公司制订了《药品生产管理规范（试行本）》。1985 年经修改，由国家中医药管理局作为《药品生产管理规范》推行本颁发；由中国医药工业公司等编制了《药品生产管理规范实施指南》（1985 年版），于当年 12 月颁发。1988 年卫生部颁布《药品生产质量管理规范》，1992 年颁布了修订版。1992 年中国医药工业公司等颁布了修订的《药品生产管理规范实施指南》。我国卫生部 1995 年 7 月 11 日下达卫药发（1995）第 53 号文件"关于开展药品 GMP 认证工作的通知"。同年，成立中国药品认证委员会（China Certification Committee for Drugs，CCCD）。1998 年国家药品监督管理局成立后，建立了国家药品监督管理局药品认证管理中心，并于 1999 年 6 月 18 日颁发了《药品生产质量管理规范（1998 年修订）》，加大了实施药品 GMP 工作力度，确定了分剂型、分步骤、限期实施药品 GMP 的工作部署，1999 年至 2002 年分别完成了血液制品、大输液、粉针剂和小容量注射剂的 GMP 认证工作。2001 年 2 月 28 日开始修订通过的《中华人民共和国药品管理法》，首次以法律条文的形式明确了药品生产企业必须符合 GMP 的要求。

在此基础上,国家药监局发文要求,所有药品制剂和原料药生产企业必须在 2004 年 6 月 30 日前取得"药品 GMP 证书",2004 年 7 月 1 日起,凡未取得药品制剂或原料药 GMP 证书的药品生产企业,一律停止其生产。通过实施 GMP 认证提高了药品生产行业的准入门槛,优化了整个医药生产行业的产业结构,在提高药品质量的同时也提升了制药企业的管理水平和竞争能力。新版GMP 于 2011 年 1 月 17 日由卫生部发布并于 2011 年 3 月 1 日起施行。

2. GMP 的分类

按照 GMP 的性质可分为两类:

(1) 将 GMP 作为法典规定,如美国、日本和我国的 GMP;

(2) 将 GMP 作为建议性的规定,如联合国世界卫生组织的 GMP。

按照 GMP 的适用范围可分为三类:

(1) 国际组织颁布的 GMP,如联合国世界卫生组织的 GMP、欧洲自由贸易联盟制定的GMP、东南亚国家联盟颁布的 GMP;

(2) 国家权力机构颁布的 GMP,如我国国家食品药品监督管理局、美国食品药品监督管理局(FDA)、英国卫生和社会保险部、日本厚生省等行政机关代表国家制定和颁布的 GMP;

(3) 各国工业行业组织颁布的 GMP,如美国制药工业联合会制定的 GMP。

3. GMP 的主导思想

(1) 药品的质量形成是生产出来的,而不是检验出来的;

(2) 对影响药品质量的生产全过程进行控制;

(3) 保证所生产的药品在符合质量要求、不混杂、无污染、均匀一致的条件下生产,经取样检验合格后,这批药品才合格。

二、文件管理

1. 文件分类

文件(document)是信息的载体,是 GMP 的重要组成部分。GMP 要求药品生产企业应有切实可行的生产管理、质量管理的各项制度和记录,用各类文件全面规范和记录生产过程的各项活动。文件种类很多,大体可分为标准和记录两大类。

2. 生产工艺规程

生产工艺规程(manufacturing technical procedure,MTP)是指规定为生产一定数量成品所需起始原料和包装材料的数量,以及工艺、加工说明、注意事项和生产过程中控制的一个或一套文件。生产工艺规程作为重要的技术标准,是制定其他生产文件的重要依据,应囊括该产品的各项技术参数、工艺条件与质量标准。

生产工艺规程的主要内容:

(1) 产品概述:包括产品名称、剂型、类别规格、批准文号、用途、用法与用量、储存条件等,对具有有效期的产品还应标明其有效期;

(2) 工艺流程图;

(3) 处方;

(4) 操作要点与工艺要求;

(5) 质量标准:包括原料、辅料、包装材料、成品、中间产品的法定标准、企业内控标准;

（6）设备与计量：可由设备一览表与设备两部分组成，设备一览表应展示主要设备的名称、型号、材质、制造单位、生产能力、数量等；

（7）物料平衡的计算方法，如收率、原料消耗、成品率、灯检合格率等；

（8）安全与环保。

生产工艺规程由车间主任组织编写，厂技术部门组织专业审查，经厂技术负责人批准后颁布执行。工艺规程编制时应依据该产品药品监督管理部门的批文；研究开发过程的技术资料；国家的相关法规；法定标准；设备操作规程（手册）；设备、工艺验证的结果等。工艺规程编制应简明扼要，主要应表述出各产品重要的技术参数、工艺条件、质量标准等。每个产品都应制定生产工艺规程。

3. 标准操作规程

标准操作规程（standard operating procedure，SOP）指经批准用以指示操作的通用性文件或管理办法。标准操作规程是企业用于指导员工进行管理与操作的管理与操作标准。

标准操作规程的主要内容：

（1）规程名称；

（2）规程编号；

（3）制定人、制定日期；

（4）审核人、审核日期；

（5）批准人、批准日期；

（6）颁发部门；

（7）分发部门；

（8）有效日期；

（9）正文。

标准操作规程由车间技术人员组织编写，经车间技术主任批准，报厂技术部门备案后执行。标准操作规程编制时主要应依据工艺规程、设备操作规程。与工艺规程不同，标准操作规程应详细地叙述每步操作的过程，应达到的标准等，以供操作人员方便使用。

4. 批生产记录

批生产记录（batch production record，BPR）指一个批次的待包装成品的所有生产记录。它能提供该批产品的生产历史，以及与质量有关的情况。

批生产记录的主要内容：

（1）批生产记录名称；

（2）生产工序；

（3）品种名称、规格、剂型；

（4）生产批号；

（5）批量；

（6）生产日期；

（7）操作时间；

（8）操作指令与使用设备；

（9）各步生产的产品数量与物料平衡计算；

（10）过程监控及特殊问题记录；

（11）操作人、复核人签名。

批生产记录由操作人员填写，填写时应内容真实、数据完整，使其具有可追踪性。

5. 产品质量管理文件

（1）药品的申请和审批文件；

（2）物料、中间产品和成品质量标准及其检验操作规程；

（3）产品质量稳定性考察；

（4）批检验记录。

6. 文件管理要求

（1）各类文件应统一编号，并能从编号中反映出文件类别、文本等相关信息；

（2）文件印刷所用纸张规格应力求规范，装订形式应统一；

（3）文件应由制定部门颁发，建立文件发放记录，领发件人应签名；

（4）新版文件发下，旧版文件应及时收回，使用部门应仅有现行版本的文件，不应出现过时的文件；

（5）收回的旧版文件除留档备查外，其他应及时销毁；

（6）批生产记录填写后应设专人及时审核，审核的内容应包括：填写是否符合要求；各步操作是否按规定进行；过程是否有偏差，如有偏差应分析其属于何种程度，是否影响产品质量等；

（7）经审核符合要求的批生产记录应及时归档，建立批生产档案，其内容应包括：原料、辅料、包装材料领用记录；各工序批生产记录；生产过程监控记录；中间产品检验记录；各工序清场记录等。

三、厂房与设施管理

（一）厂房

1. 厂房的设计与环境

厂房与设施是药品生产的硬件，是保证药品质量的根本条件。GMP 要求：药品生产企业必须有整洁的生产环境；厂区的地面、路面及运输等不应对药品的生产造成污染；生产、行政、生活和辅助区的总体布局应合理，不得互相妨碍；厂房应按生产工艺流程及所要求的空气洁净级别进行合理布局；同一厂房内及相邻厂房之间的生产操作不得相互妨碍；厂房应有防止昆虫和其他动物进入的设施；生产区和储存区应有与生产规模相适应的面积和空间用以安置设备、物料，便于生产操作，存放物料、中间产品、待验品和成品，应最大限度地减少差错和交叉污染；在设计和建设厂房时，应考虑使用时便于进行清洁工作。

2. 洁净室（区）

洁净室（区）是指对尘埃及微生物污染按照规定需进行环境控制的房间或区域。其建筑结构、装备及其使用均具有减少对该区域内污染源的介入、产生和滞留的功能。不同使用途径或不同剂型的药品对洁净室（区）的要求可能不同，见表 2-1 和表 2-2。GMP 要求：洁净室（区）的内表面应平整光滑、无裂缝、接口严密、无颗粒物脱落，并能耐受清洗和消毒，墙壁与地面的交界处宜成弧形或采取其他措施，以减少灰尘积聚和便于清洁；洁净室（区）内各种管道、灯具、风口及其他公用设施，在设计和安装时应考虑使用中避免出现不易清洁的部位；洁净室（区）应根据生产要求提供足够的照明，厂房应有应急照明设施；进入洁净室（区）的空气必须净化，并根据生产工艺要求划分空气洁净级别;洁净室(区)内空气的微生物数和尘粒数应定期监测,监测结果应记录存档。洁净室(区)的窗户、天棚及进入室内的管道、风口、灯具与墙壁或天棚的连接部位均应密封;空气洁净级别不同的相邻房间之间的静压差应大于 5 Pa,洁净室(区)与室外大气的静压差应大于 10 Pa,并应有指示压差的装置;洁净室(区)的温度和相对湿度应与药品生产工艺要求相适应;无特殊要求时,温度应控制在 18~26℃,相对湿度控制在 45%~65%。洁净室(区)内安装的水池、地漏不得对药品产生污染;不同空气洁净度级别的洁净室(区)之间的人员及物料出入,应有防止交叉污染的措施。

表 2-1　洁净室(区)空气洁净级别与规定

洁净度级别/级	尘粒最大允许数/m³		微生物最大允许数	
	≥0.5 μm	≥5 μm	浮游菌/m³	沉降菌/皿
100	3500	0	5	1
10000	350000	2000	100	3
100000	3500000	20000	500	10
300000	10500000	60000	1000	15

表 2-2　各种药品生产工艺对空气洁净度的要求

药品类别		100 级	10000 级	100000 级	300000 级
无菌药品	最终灭菌药品	大容量注射剂(≥50 mL)的灌封	注射剂的稀配、滤过;小容量注射剂的灌封;直接接触药品的包装材料的最终处理	注射剂浓配或采用密闭系统的稀配	
	非最终灭菌药品	灌装前不需除菌滤过的药液配制;注射剂的灌封、分装和压塞;直接接触药品的包装材料最终处理后的暴露环境	灌装前需除菌滤过的药液配制	轧盖,直接接触药品的包装材料最后一次精洗的最低要求	
	其他无菌药品		供角膜创伤或手术用滴眼剂的配制和灌装		
非无菌药品				非最终灭菌口服液体药品的暴露工序;除直肠用药外的腔道用药的暴露工序	最终灭菌口服液体药品的暴露工序;口服固体药品的暴露工序;表皮外用药品暴露工序;直肠用药的暴露工序

3. 对部分药品生产的特别要求

（1）β-内酰胺结构类药品：生产青霉素类等高致敏性药品必须使用独立的厂房与设施，分装室应保持相对负压，排至室外的废气应经净化处理并符合要求，排风口应远离其他空气净化系统的进风口；生产 β-内酰胺结构类药品必须使用专用设备和独立的空气净化系统，并与其他药品生产区域严格分开。

（2）避孕药品：避孕药品的生产厂房应与其他药品生产厂房分开，并装有独立的专用的空气净化系统。生产激素类、抗肿瘤类化学药品应避免与其他药品使用同一设备和空气净化系统；不可避免时，应采用有效的防护措施和必要的验证。

（3）放射性药品：放射性药品的生产、包装和储存应使用专用的、安全的设备，生产区排出的空气不应循环使用，排气中应避免含有放射性微粒，符合国家关于辐射防护的要求与规定。

（4）生化药品：生产用菌毒种与非生产用菌毒种、生产用细胞与非生产用细胞、强毒与弱毒、死毒与活毒、脱毒前与脱毒后的制品和活疫苗与灭活疫苗、人血液制品、预防制品等的加工或灌装不得同时在同一生产厂房内进行，其储存要严格分开。不同种类的活疫苗的处理及灌装应彼此分开。强毒微生物及芽孢菌制品的区域与相邻区域应保持相对负压，并有独立的空气净化系统。

（5）中药材：中药材的前处理、提取、浓缩及动物脏器、组织的洗涤或处理等生产操作，必须与其制剂生产严格分开。中药材的蒸、炒、炙、煅等炮制操作应有良好的通风、除烟、除尘、降温设施。筛选、切片、粉碎等操作应有有效的除尘、排风设施。

（二）设备

1. 设备的设计、选型、安装

设备的设计、选型、安装应符合生产要求，放射性药品易于清洗、消毒或灭菌，便于生产操作和维修、保养，并能防止差错和减少污染。设备本身不得对药品或容器造成污染。与药品直接接触的设备表面应光洁、平整、易清洗或消毒、耐腐蚀，不与药品发生化学变化或吸附药品。

2. 设备主要管道

应标明管内物料名称、流向。储罐和输送管道所用材料应无毒、耐腐蚀。管道的设计和安装应避免死角、盲管。纯化水、注射用水的制备、储存和分配应能防止微生物的滋生和污染。设备及工艺用水储罐和管道要规定清洗、灭菌周期。

3. 对纯化水与注射用水的要求

纯化水、注射用水的制备、储存和分配应能防止微生物的滋生和污染。储罐和输送管道所用材料应无毒、耐腐蚀。管道的设计和安装应避免死角、盲管。储罐和管道要规定清洗、灭菌周期。注射用水储罐的通气口应安装不脱落纤维的疏水性除菌滤器。

4. 用于生产和检验的设备

用于生产和检验的仪器、仪表、量具、衡器等，其适用范围和精密度应符合生产和检验要求，有明显的合格标志，并定期校验。

5. 设备的管理

生产设备应有明显的状态标志，并定期维修、保养和验证。设备安装、维修、保养的操作不得影响产品的质量。不合格的设备如有可能应搬出生产区，未搬出前应有明显标志。

四、物料管理

物料是指原料、辅料、包装材料、中间产品及成品。物料管理是生产管理的重要内容,物料管理失控必定造成产品的混淆与差错。

1. 原辅料与包装材料的管理

根据规定的质量标准,企业采购人员向资质审计合格的供货单位按计划采购。原辅料与包装材料入库前由仓库管理人员进行核对验收,填写验货记录。验收合格的物料及时运送到规定货位,并建立原辅料、包装材料总账,填写请验单,交质量检查部门取样检查,并填写取样记录。检验合格的物料填写原辅料、包装材料分类账。

原辅料包装材料应分品种、规格、批号存放。各货位之间应有一定间距,设明显标志,标明品名、规格、批号、数量、进货日期、收货人、待检验或合格状态等。原辅料、包装材料储存过程中应有防潮、防鼠及防其他昆虫进入的措施。应有温、湿度记录。使用单位退回原辅料应及时封闭,防止污染。标签、说明书设专柜或专库储存,设专人管理。

原辅料、包装材料遵循先进先出的原则,按生产指令发放。发放时,发料人与领料人双方应认真核对确认。标签、说明书应计数发放,印有批号的残损或剩余标签应由专人负责销毁。

2. 成品管理

成品应按交接凭证入库。入库时交货人与收货人应认真核对品名、规格、批号、数量与实物相符,包装应完好无损。应建立成品总账。

储存保管成品应分类、分品种、分批号存放。成品码放时应离墙、离地,货行间需留有一定间距。货位前应有明显标志,标明品名、规格、批号、数量。

成品发放应遵守先进先出的原则。按凭证发放,发放时应核对品名、规格、批号、数量正确无误。建立成品发放记录。

3. 不合格物料的管理

不合格原辅料、包装材料、成品应设专库或专区分类、分品种、分批存放。并设明显标志,标明品名、规格、批号、数量、不合格项目等。不合格原辅料、包装材料应按企业规定程度及时处理。分别建立不合格原辅料、包装材料、成品台账,内容包括:品名、规格、批号、数量、进货日期、供货单位、检验证号、处理日期、处理方法、经办人等。

4. 特殊物料的管理

对温度、湿度有特殊要求的物料应按规定条件储存。麻醉药品、精神药品、医用毒性药品、放射性药品及易燃、易爆和其他危险品的验收、储存、保管要严格执行国家有关的规定。菌毒种的验收、储存、保管、使用、销毁,应执行国家有关医学微生物菌种保管的规定。

五、清洁卫生管理

1. 生产环境卫生

根据不同空气洁净级别的生产区域制定厂房、设备的清洁卫生规程,内容应包括:清洁对象、地点、清洁方法、程序、采用的清洁剂或消毒剂、清洁工具及存放地点、清洁频次、应达到的标准、检查人。

生产区内保持环境清洁、无积水、无尘土、无杂物,废弃物及时处理;生产区内不得带入非生产用品,严禁吸烟及饮食。

2. 洁净室(区)卫生

洁净室(区)应定期消毒,使用的消毒剂应定期更换,防止产生耐药菌株;洁净室(区)使用的卫生工具应无纤维或颗粒脱落、易清洗、消毒,并限于本区域内使用,存放于规定地点;物料进入洁净室(区)前应做清洁处理,按规定途径进入洁净室(区)。进入无菌作业区的物料应进行灭菌。

3. 人员卫生

生产人员应按规定的净化程度着装进入各生产区域。洁净室(区)的工作服的选材、式样及穿戴方法应与生产操作和空气洁净度级别要求相适应,并不得混用。不同空气洁净度级别使用的工作服应分别清洗、清理,必要时消毒或灭菌。工作服洗涤、灭菌时不应带入附加的颗粒物质。工作服应制定清洗周期。

进入洁净室(区)的人员不得化妆和佩戴饰物。100级层流下不宜裸手操作;操作中不能用手直接接触药品及已清洗干净的内包装材料;直接接触药品的生产人员每年至少体检一次。传染病、皮肤病患者和体表有伤口者不得从事直接接触药品的生产。

4. 设备卫生

应制定设备、容器具的清洁卫生规程,内容包括:清洗对象、位置、清洁方法、清洗剂、清洗频次、检查标准等;设备容器使用后应立即清洗,清洗后的设备应密封存放以免再次污染;清洗好的设备容器具应有状态标志;无菌作业区的设备、容器具清洗后应立即灭菌,并应规定灭菌后设备、容器具的放置时间,超过规定时间需重新灭菌后使用。

六、生产过程管理

1. 生产批号的编制

在规定限度内具有同一性质和质量,并在同一连续生产周期中生产出来的一定数量的药品为一批。例如:大小容量注射剂以同一配制罐一次所配制的药液所生产的均质产品为一批(无菌检查必须按灭菌柜次取样);固体、半固体制剂以在成型或分装前使用同一台混合设备一次混合量所生产的均质产品为一批;液体制剂以灌装(封)前经最后混合的药液所生产的均质产品为一批。批号由一组数字或字母加数字所组成,根据批号可追溯和审查该药品的生产历史,每批药品均应编制生产批号。

2. 工艺用水管理

工艺用水根据纯度不同,分为饮用水、纯化水、注射用水和灭菌注射用水四种,每种水的用途不同,见表2-3。

表2-3　工艺用水的类别和用途

类别	定义	用途
饮用水	符合饮用标准的水	可作纯化水水源;内包装材料、容器具的初洗
纯化水	蒸馏水,或离子交换法、反渗透或其他适宜的方法制得供药用的水,不含任何附加剂	可作注射用水的水源;非无菌药品配料及直接接触药品的设备、容器具、内包装材料的终洗;无菌药品内包装材料的初洗;非无菌原料药的精制等

类别	定义	用途
注射用水	纯化水经蒸馏所得的符合《中国药典》注射用水标准的水	无菌药品的配料及直接接触药品的设备、容器具的终洗；无菌原料药的精制及直接接触药品的设备、容器具的终洗
灭菌注射用水	注射用水按照注射剂生产工艺制备所得的水	注射用灭菌粉末的溶剂或注射剂的稀释剂

药品生产企业应制定工艺用水管理规程，内容包括：适用范围、监测项目、监测周期、取样位置、储存条件、储罐与管路的清洗与消毒方法及周期等。应定期对工艺用水进行监测，建立监测记录。注射用水应密闭储存；并在65℃以上保温循环或80℃以上、4℃以下保存。定期对注射用水、纯化水的储罐、输送管路清洗与消毒，并建立记录。

3. 防止药品污染、混淆及发生差错的措施

为防止药品被污染和混淆，生产操作应采取必要的措施。例如：生产前应确认无上次生产遗留物；应防止尘埃的产生和扩散；不同产品品种、规格的生产操作不得在同一生产操作间同时进行；有数条包装线同时进行包装时，应采取隔离或其他有效防止污染或混淆的设施；生产过程中应防止物料及产品所产生的气体、蒸气、喷雾物或生物体等引起的交叉污染；每一生产操作间或生产用设备、容器应有所生产的产品或物料名称、批号、数量等状态标志；拣选后药材的洗涤应使用流动水，用过的水不得用于洗涤其他药材。不同药性的药材不得在一起洗涤。洗涤后的药材及切制和炮制品不宜露天干燥。

七、药品生产质量管理

（一）质量管理部门的职责

药品生产企业的质量管理部门应负责药品生产全过程的质量管理和检验，接受企业负责人直接领导。质量管理部门应配备一定数量的质量管理和检验人员，并有与药品生产规模、品种、检验要求相适应的场所、仪器、设备。质量管理部门的主要职责：制定和修订物料、中间产品和成品的内控标准和检验操作规程；制定取样和留样制度；制定检验用设备、仪器、试剂、试液、标准品（或对照品）、滴定液、培养基、试验动物等管理办法；决定物料和中间产品的使用；审核成品发放前批生产记录，决定成品发放；审核不合格品处理程序；对物料、中间产品和成品进行取样、检验、留样，并出具检验报告；监测洁净室（区）的尘粒数和微生物数；评价原料、中间产品及成品的质量稳定性，为确定物料储期、药品有效期提供数据；制定质量管理和检验人员的职责。

（二）质量标准的制定及内容

企业除执行药品的法定标准外，还应制定：成品的企业内控标准；中间产品的质量标准；原辅料、包装材料的质量标准和工艺用水的质量标准。

企业质量标准一般由质量管理部门组织制定，经企业质量管理负责人批准签章后颁发执行。企业内控标准是各生产企业根据本企业的实际生产能力和现有技术水平，制定的高于法定标准的产品质量标准。制定时应遵循以下原则：成品质量标准必须符合质量法规和强制性标准的要求；对质量不稳定产品或项目，必须通过稳定性考查，有针对性地提高标准水平，以保证产品在使用期内能符合法定标准的要求;要力争达到国内外同类产品的先进水平,并能够反映企业的生产技术的成果,使产品在国内外市场具有竞争力。

中间产品质量标准一般应根据成品质量标准而制定,并应根据各品种的生产情况及工艺特点对成品标准的项目进行适当增减,以保证成品达到标准。

(三)质量检验

1. 取样

取样(sampling)是指从一批产品中按取样规则抽取一定数量具有代表性样品的过程。取样是分析检验的第一步,要从大量药品中取出少量样品分析,应考虑取样的科学性、真实性和代表性,否则分析就失去了意义。GMP 要求对原辅料、中间产品、成品、副产品及包装材料分别制定取样办法。

2. 检验操作规程

检验应按操作规程执行。原辅料(包括工艺用水)、中间产品、成品、副产品及包装材料的检验操作规程由质量检验部门组织制定,经质量管理部门负责人批准、签章后下达执行。检验操作规程内容有:检品名称(中、外文名)、代号、结构式、分子式、相对分子质量、性状、鉴别、检验项目与限度、检验操作方法等。检验操作方法必须规定检验使用的试剂、设备和仪器、操作原理及方法、计算方式和允许误差等。

滴定溶液、标准溶液、指示剂、试剂及酸碱度、热原、生物效价等单项检验操作方法参阅《中国药典》或有关规定,编入检验规程附录。

3. 检验操作记录

检验操作记录为检验所得的数据记录及运算等原始资料。检验操作记录和台账应专人保管,按批号保存三年或药品有效期后一年。

4. 检验报告

检验报告是对药品质量检验结果的证明书。检验报告必须一份留底,并按检验原始记录的规定保存。

(四)检验管理制度

药品生产企业应建立完善的检验管理制度,包括:化验室管理制度;检验用仪器、仪表、设备、小容量玻璃仪器管理制度;检验用标准物质管理制度;检验用特殊药品、毒品的管理制度;实验动物管理和检验事故管理制度等。例如:生产和检验用仪器、仪表、设备需由专人负责验收、保管、使用、维修和定期校验并应记录签名。校验后的仪器、仪表、设备、小容量玻璃仪器应贴上合格证并规定使用期限。仪器、仪表、设备需建立使用和维修记录,并建立档案,其使用环境应满足说明书要求。

(五)质量监控

1. 原辅料、包装材料、标签的质量监控

GMP 规定:质量管理部门应对原辅料、包装材料、标签的购入、储存、发放、使用各环节进行监控,并应填写各项检查记录。不合格物料要专区存放,有易于识别的明显标志,并按有关规定及时处理。

2. 生产过程的质量监控

    各级质量管理人员,应按照工艺要求和质量标准检查中间产品、成品质量和工艺卫生情况,做好质量抽查及控制记录,填写中间产品的质量月报及成品质量月报。质量管理部门有权制止不合格的原辅料投入生产,不合格的中间产品流入下道工序,不合格的成品出厂;有权对产生疑问的供应或生产环节的原料或中间产品取样送检,配合判断。

    3. 留样观察

    留样观察是对产品质量变化进行考察,为评定产品优劣或提高产品质量,改进工艺路线,为确定物料储存条件和药品有效期提供数据。质检部门应设有留样观察室,建立产品留样观察制度。

    4. 质量档案

    质量管理部门必须建立产品质量档案,并指定专人负责。质量档案内容一般应包括:产品简介,质量标准沿革,主要原辅料、中间产品、成品质量标准,历年质量情况及评比,留样观察情况,与国内外同类产品对照情况,重大质量事故,用户访问意见,检验方法变更情况,提高质量的试验总结等。

    药品生产企业应定期组织自检,企业自检应设立自检领导小组,由企业主管领导组织熟悉GMP工作的有关人员参加。自检应按预定程序进行检查,检查项目为:人员、厂房、设备、文件、生产、质量控制、药品销售、用户投诉和产品回收的处理等。自检每年至少一次,平时也可以根据企业情况检查部分项目。

    自检应有记录。自检完成后,应形成自检报告,内容包括:自检的结果、评价的结论及改进措施。自检报告应归档保存。

第四节 药品质量标准

    国家药品质量标准(drug quality standard)是对药品质量、规格及检验方法所作的技术规定,是药品生产、供应、使用、检验和药品监督管理部门共同遵循的法定依据。制定药品标准的根本目的是保证药品的安全性和有效性。《药品管理法》规定:药品必须符合国家标准。国家药品标准是药品应达到的最低标准,凡被国家药品标准收载的药品,其质量不符合标准规定的均不得出厂、不得销售、不得使用。国家设立了各级药品检验的法定机构(各级药品检验所),并要求药品生产企业、药品经营企业及医疗机构也必须建立药品质量检查部门,负责药品质量的检验及管理。

一、药品质量标准的分类与制定原则

(一) 分类

    国务院药品监督管理部门颁布的《中华人民共和国药典》(简称《中国药典》,英文名称Pharmacopoeia of The People's Republic of China,英文简称 Chinese Pharmacopoeia,缩写 ChP.)和药品标准为国家药品标准,包括《中国药典》、卫生部部颁标准及国家食品药品监督管理总局局颁标准、注册标准和补充标准。部颁标准是由卫生部批准颁布的药品质量标准,局颁标准是由国家食品药品监督管理总局批准颁布的药品质量标准。新药研究的不同阶段应制定相应的新药质量标准。新药质量标准可分为临床研究用质量标准、生产用试行质量标准和生产用正式质量标准。

（二）制定原则

药品质量标准反映了药品研究和生产的水平，由于不同国家所处的经济发展水平的差异，药品质量标准也有差异。我国是一个发展中国家，药品质量标准的制定遵循"安全有效、技术先进、经济合理"的原则。

1. 安全有效性原则

药品质量标准的制定必须体现质量第一的原则，所规定的指标和限度应能保证药品的安全性和有效性。应从生产、流通和使用的各个环节考察影响药品质量的因素，有针对性地规定检测项目和指标限度，加强对药品内在质量的控制。

2. 技术先进性原则

应根据"准确、灵敏、简便、快速"的原则选择质量标准的分析方法，在考虑方法适用性的前提下，尽可能采用先进的方法。

3. 经济合理性原则

质量标准中所采用的方法既应注意吸收国内科研成果和国外的先进经验，也要考虑当前国内的实际条件。标准限度的规定，要在保证药品质量的前提下，根据生产能够达到的实际水平来制定。值得注意的是从《中国药典》(2010 年版)起，国家药品标准放弃了要照顾大多数企业药品质量现状的做法，药品标准制定遵循"就高不就低"的原则，这是我国药品质量标准制定观念上的重大变化。

二、药品质量标准的主要内容

药品质量标准的主要内容一般包括品名、药物的结构式、分子式和相对分子质量、来源或药物的化学名称、含量或效价的规定、处方、制法、性状、鉴别、检查、含量或效价测定、类别、规格、储藏和制剂等，其中性状、鉴别、检查、含量（效价）测定是质量标准的核心内容。

（一）名称

我国药品质量标准中药品的名称包括中文名称、汉语拼音名称和英文名称。中文名称按照《中国药品通用名称》(Chinese Approved Drug Names, CADN) 收载的名称和命名原则进行命名；英文名称一般按照世界卫生组织制定的"国际非专利药名"(International Nonproprietary Names for Pharmaceutical Substances, INN) 命名。中文名称与英文名称尽量相互对应。

（二）性状

性状 (description) 是质量标准中根据药品的性质和特点及生产实际对药品的物理常数和外表感观的规定，包括药物的外观与嗅味、溶解度及物理常数等。物理常数又包括相对密度、馏程、熔点、凝点、比旋度、折射率、黏度、吸收系数、碘值、皂化值和酸值等。外观性状是药品质量的外在表现，不仅具有鉴别的意义，而且在一定程度上也反映了药品的内在质量。

溶解度是药品的一种物理性质。《中国药典》正文中各药品项下收载的溶解度描述，可供精制或制备溶液时参考；对在特定溶剂中的溶解性能需作质量控制时，则列于检查项下。《中国药典》所用溶解度术语的含义见表 2-4。

表 2-4 《中国药典》溶解度术语的含义

术语	溶质量/g（mL）	溶解所需溶剂量/mL
极易溶解	1	1
易溶	1	1～10
溶解	1	10～30
略溶	1	30～100
微溶	1	100～1000
极微溶解	1	100～10000
几乎不溶或不溶	1	10000 mL 中不能完全溶解

溶解度试验方法：除另有规定外，称取研成细粉的供试品或量取液体供试品，置于一定容量的溶剂[（25±2）℃]中，每隔 5 min 强力振摇 30 s；观察 30 min 内的溶解情况，如看不见溶质颗粒或液滴时，即视为完全溶解。

（三）鉴别

鉴别（identification）是指用规定的试验方法来辨别药物真伪的质量控制过程。常用的鉴别试验方法有化学方法、物理化学方法和生物学方法等。化学方法如显色反应、沉淀反应、生成气体的反应和制备衍生物测定熔点的反应等；物理化学的方法主要是仪器分析方法，如紫外分光光度法、红外分光光度法、薄层色谱法、气相色谱法和高效液相色谱法等；生物学的方法主要是利用微生物或动物试验对药物进行鉴别，可用于抗生素和生化药物的鉴别。由于辨别药物的真伪是保证药品安全、有效的前提条件，所以鉴别是药物分析的首项工作。由于方法专属性的限制，质量标准鉴别项下的要求是该药物应具备的必要条件，而不是充分条件。

（四）检查

检查围绕着药品的安全性、有效性、纯度和均一性四个方面进行。反映药品安全性检查的项目如"微生物限度"、"无菌"、"热原"、"细菌内毒素"、"降压物质"等。微生物限度（microbial limit）检查是指对非规定灭菌制剂及其原料、辅料受到微生物污染程度进行控制的检查项目，包括染菌量和控制菌的检查。反映药品有效性检查的项目如"制酸力"、"含氟量"、"乙炔基"、"粒度"等检查，这些项目与药物的疗效密切相关，但通过其他指标又不能有效控制。反映药品均一性的指标如固体制剂的"重量差异"、"含量均匀度"等，常用于衡量药物制剂的均匀程度。

纯度检查是检查项下的重要内容。对于规定中的各种杂质检查项目，系指该药品在按既定工艺进行生产和正常储存过程中可能含有或产生并需要控制的杂质，改变生产工艺时需另考虑增修订有关项目。药物纯度（purity）指药物纯净的程度，它是判定药品质量优劣的一个重要指标，药物的杂质（impurity）是指药物中存在的无治疗作用或影响药物疗效和稳定性，甚至对人体健康有害的物质。药物的纯度是相对的，药品在不影响疗效，不影响人体健康的前提下，一般允许杂质存在，但要通过限度检查（limit test）控制其限量。杂质主要来源于药物的生产和储存两个过程，按照来源分类可分为一般杂质和特殊杂质。

（五）含量测定

含量测定是指用规定的方法测定药物中主要有效成分的含量。在药物鉴别无误，检查符合要求的基础上，定量测定以确定药物是否符合质量标准的规定要求。含量测定常用的方法可分为化学分析法、仪器分析法和生物学方法等。在药品标准中,用理化方法测定药物含量的称为含量测定(assay);用生物学方法,如生物检定、微生物检定和酶反应测定药物效价的,称为效价测定(assay of potency)。含量测定在选择方法的过程中,应根据检验目的、待测样品与分析方法的特点和实验室的条件,建立适当的方法进行测定。

三、《中国药典》概况

(一) 沿革

药典(pharmacopoeia)是记载药品标准和规格的国家法典。药典通常由专门的药典委员会组织编写,由政府颁布实施。世界上第一部药典是公元659年我国唐朝的《新修本草》,比国外最早的《佛罗伦萨药典》(1498年)要早839年。

自1949年以来,我国已出版了10版药典,分别为1953、1963、1977、1985、1990、1995、2000、2005、2010和2015年版。1953年版为一册,收载药品531种。1963年版药典分为两部,一部收载常用的中药材和中药成方制剂197种;二部收载化学药品及其制剂667种。《中国药典》(2005年版)分为三部,一部收载药材及饮片、植物油脂和提取物、成方制剂和单味制剂1146种;二部收载化学药品、抗生素、生化药品、放射性药品及其制剂和药用辅料1967种;三部收载生物制品101种。《中国药典》(2010年版)分成三部,共收载品种4567种,其中新增1386种。药典一部收载药材和饮片、植物油脂和提取物、成方制剂和单味制剂等,收载品种2165种,其中新增1019种(包括439个饮片标准);二部收载化学药品、抗生素、生化药品、放射性药品和药用辅料等,品种共计2271种;三部收载生物制品,品种共计131种。从药典的沿革看,药典收载的品种逐版增加,方法越来越先进,对药品的安全性和有效性也越来越重视。

(二)《中国药典》(2015年版)的主要进展

《中国药典》(2015年版)由一部、二部、三部和四部构成,收载品种总计5608种。一部收载药材和饮片、植物油脂和提取物、成方制剂和单味制剂等;二部收载化学药品、抗生素、生化药品及放射性药品等;三部收载生物制品。为解决长期以来各部药典检测方法重复收录,方法间不协调、不统一、不规范的问题,2015年版药典对各部药典共性附录进行整合,将原附录更名为通则,包括制剂通则、检定方法、标准物质、试剂试药和指导原则。重新建立规范的编码体系,并首次将通则、药用辅料单独作为《中国药典》四部。四部收载通则总计317个,其中制剂通则38个,检验方法240个,指导原则30个,标准物质和试剂试药相关通则9个,药用辅料270种。

1. 收载品种显著增加

2015年版药典进一步扩大了收载品种的范围,基本实现了国家基本药物目录品种生物制品全覆盖,中药、化学药物覆盖率达到90%以上。对部分标准不完善、多年无生产、临床不良反应多、剂型不合理的品种加大调整力度,不再收载2010年版药典品种共计43种。

2. 药典标准体系更加完善

将过去药典各部附录进行整合,归为本版药典四部。完善了以凡例为总体要求、通则为基本规定、正文为具体要求的药典标准体系。首次收载"国家药品标准物质制备"、"药包材通用要求"及"药用玻璃材料和容器"等指导原则,形成了涵盖原料药及其制剂、药用辅料、药包材、标准物质等更加全面、系统、规范的药典标准体系。

3. 现代分析技术的扩大应用

2015年版药典在保留常规检测方法的基础上，进一步扩大了对新技术、新方法的应用，以提高检测的灵敏度、专属性和稳定性。采用液相色谱法-串联质谱法、分子生物学检测技术、高效液相色谱-电感耦合等离子体质谱法等用于中药的质量控制。采用超临界流体色谱法、临界点色谱法、粉末X射线衍射法等用于化学药物的质量控制。采用毛细管电泳分析测定重组单克隆抗体产品分子大小异构体，采用高效液相色谱法测定抗毒素抗血清制品分子大小分布等。在检测技术储备方面，建立了中药材DNA条形码分子鉴定法、色素测定法、中药中真菌毒素测定法、近红外分光光度法、基于基因芯片的药物评价技术等指导方法。

4. 药品安全性保障进一步提高

2015年版药典完善了"药材和饮片检定通则"、"炮制通则"和"药用辅料通则"；新增"国家药品标准物质通则"、"生物制品生产用原材料及辅料质量控制规程"、"人用疫苗总论"、"人用重组单克隆抗体制品总论"等，增订了微粒制剂、药品晶型研究及晶型质量控制、中药有害残留物限量制定等相关指导原则。一部制定了中药材及饮片中二氧化硫残留量限度标准，建立了珍珠、海藻等海洋类药物标准中有害元素限度标准，制定了人参、西洋参标准中有机氯等16种农药残留的检查，对柏子仁等14味易受黄曲霉毒素感染药材及饮片增加了"黄曲霉毒素"检查项目和限度标准。二部进一步加强了对有关物质的控制，增强了对方法的系统适用性要求，同时还增加了约500个杂质的结构信息；增加对手性杂质的控制；静脉输液及滴眼液等增加渗透压物质的量浓度的检测，增加对注射剂与滴眼剂中抑菌剂的控制要求等。三部加强对生物制品生产用原材料及辅料的质量控制，规范防腐剂的使用，加强残留溶剂的控制等。

5. 药品有效性控制进一步完善

2015年版药典对检测方法进行了全面增修订。一部部分中药材增加了专属性的显微鉴别检查、特征氨基酸含量测定等；在丹参等30多个标准中建立了特征图谱。二部采用离子色谱法检测硫酸盐和盐酸盐原料药中的酸根离子含量；采用专属性更强、准确度更高的方法测定制剂含量；增修订溶出度和释放度检查法，加强对口服固体制剂和缓控释制剂有效性的控制。

6. 药用辅料标准水平显著提高

2015年版药典收载药用辅料更加系统化、多规格化，以满足制剂生产的需求，增订可供注射用等级辅料21种。加强药用辅料安全性控制，如增加残留溶剂等控制要求。更加注重对辅料功能性控制，如增订多孔性、粉末细度、粉末流动、比表面积、黏度等检查项，并强化药用辅料标准适用性研究的要求。

7. 进一步强化药典标准导向作用

2015年版药典通过对品种的遴选和调整、先进检测方法的收载、技术指导原则的制定等，强化对药品质量控制的导向作用；同时，紧跟国际药品质量控制和标准发展的趋势，兼顾我国药品生产的实际状况，在检查项目和限度设置方面，既要保障公众用药的安全性，又要满足公众用药的可及性，从而引导我国制药工业健康科学发展。

（三）《中国药典》的标准体系

《中国药典》的标准体系由凡例、正文、通则等三部分组成。

1. 凡例

凡例是解释和正确地使用药典进行质量检定的基本原则，并把与正文及质量检定的共性问题加以规定。凡例同正文一样具法律约束力。凡例的主要内容有：名称及编排、项目与要求、检验方法和限度、标准品与对照品、计量、精确度、试药、试液、指示剂、动物试验、说明书、包装、标签等。

(1) 项目与要求：《中国药典》在凡例中规定了正文中性状、鉴别、检查、含量测定、制剂规格、储藏等项目的含义。

制剂的规格系指每一支、片或其他每一个单位制剂中含有主药的重量（或效价）或含量（％）或装量；注射液项下，如为"1 mL：10 mg"，系指 1 mL 中含有主药 10 mg.

储藏项下的规定，系对药品储存与保管的基本要求，以下列名词表示："遮光"系指用不透光的容器包装，例如棕色容器或黑纸包裹的无色透明或半透明容器；"密闭"系指将容器密闭，以防止尘土及异物进入；"密封"系指将容器密封以防止风化、吸潮、挥发或异物进入；"熔封或严封"系指将容器熔封或用适宜的材料严封，以防止空气与水分的侵入并防止污染；"阴凉处"系指不超过 20℃；"凉暗处"系指避光并不超过 20℃；"冷处"系指 2～10℃。

制剂中使用的原料药和辅料，均应符合《中国药典》的规定；《中国药典》未收载者，必须制定符合药用要求的标准，并须经国务院药品监督管理部门批准。

(2) 检验方法和限度：《中国药典》收载的原料药及制剂，均应按规定的方法进行检验；如采用其他方法，应将该方法与规定的方法作比较试验，根据实验结果掌握使用，但在仲裁时仍以《中国药典》规定的方法为准。

标准中规定的各种纯度和限度数值及制剂的重（装）量差异，系包括上限和下限两个数值本身及中间数值。规定的这些数值不论是百分数还是绝对数字，其最后一位数字都是有效位。

原料药的含量（％），除另有注明外，均按重量计。如规定上限为 100％ 以上时，系指用《中国药典》规定的分析方法测定时可能达到的数值，它为《中国药典》规定的限度或允许偏差，并非真实含有量；如未规定上限时，系指不超过 101.0％。制剂的含量限度范围，系根据主药含量的多少、测定方法、生产过程和储存期间可能产生偏差或变化而制定的，生产中应按标示量的 100％ 投料。如已知某一成分在生产或储存期间含量会降低，生产时可适当增加投料量，以保证在有效期（或使用期限）内含量能符合规定。

(3) 标准品与对照品：对照品、标准品系指用于鉴别、检查、含量测定的标准物质，均由国务院药品监督管理部门指定的单位制备、标定和供应。标准品是指用于生物检定、抗生素或生化药品中含量或效价测定的标准物质，按效价单位（或 μg）计，以国际标准品进行标定。对照品是指除另有规定外，均按干燥品（或无水物）进行计算后使用的标准物质。

(4) 计量：试验用的计量仪器均应符合国务院质量技术监督部门的规定。

本版药典使用的滴定液和试液的浓度，以 mol·L^{-1}（摩尔·升$^{-1}$）表示者，其浓度要求精密标定的滴定液用"XXX 滴定液（YYYmol·L^{-1}）"表示；作其他用途不需精密标定其浓度时，用"YYYmol·L^{-1} XXX 溶液"表示，以示区别。

温度以摄氏度（℃）表示。"水浴温度"除另有规定外，均指 98～100℃；"热水"系指 70～80℃；"微温或温水"系指 40～50℃；"室温"系指 10～30℃；"冷水"系指 2～10℃；"冰浴"系指约 0℃；"放冷"系指放冷至室温。

百分比用"％"符号表示,系指质量的比例[①];但溶液的百分比,除另有规定外,系指溶液 100 mL 中含有溶质的质量(单位 g);乙醇的百分比,系指在 20℃时容量的比例。乙醇未指明浓度时,均系指 95 % $\left(\dfrac{V}{V}\right)$[②]的乙醇。

液体的滴,是指 20℃时,以 1.0 mL 水为 20 滴进行换算的体积。溶液后标示的"(1→10)"等符号,系指固体溶质 1.0 g 或液体溶质 1.0 mL 加溶剂使成 10 mL 的溶液;未指明用何种溶剂时,均系指水溶液;两种或两种以上液体的混合物,名称间用半字线"-"隔开,其后括号内所示的"："符号,系指各液体混合时的体积(质量)比例。

(5) 精确度:本版药典规定了取样量的准确度和精密度。试验中供试品与试药等"称重"或"量取"的量,均以阿拉伯数字表示,其精确度可根据数值的有效数位来确定。如称取"0.1 g",系指称取质量可为 0.06～0.14 g;称取"2 g",系指称取质量可为 1.5～2.5 g;称取"2.0 g",系指称取质量可为 1.95～2.05 g;称取"2.00 g",系指称取质量可为 1.995～2.005 g。

"精密称定"系指称取质量应准确至所取质量的千分之一;"称定"系指称取质量应准确至所取质量的百分之一;"精密量取"系指量取体积的准确度应符合国家标准中对该体积移液管的精密度要求;"量取"系指可用量筒或按照量取体积的有效数位选用量具。取用量为"约"若干时,系指取用量不得超过规定量的±10 %。

"恒重"一般是指供试品连续两次干燥或炽灼后的质量差异在 0.3 mg 以下的质量;干燥至恒重的第二次及以后各次称重均应在规定条件下继续干燥 1 h 后进行;炽灼至恒重的第二次称重应在继续炽灼 30 min 后进行。

规定"按干燥品(或无水物,或无溶剂)计算"时,除另有规定外,应取未经干燥(或未失水,或未去溶剂)的供试品进行试验,并将计算中的取用量按检查项下测得的干燥失重(或水分,或溶剂)扣除。

规定"空白试验",系指在不加供试品或以等量溶剂替代供试液的情况下,按同法操作所得的结果;含量测定中的"并将滴定的结果用空白试验校正",系指按供试品所耗滴定液的量(mL)与空白试验中所耗滴定液的量(mL)之差进行计算。

实验时的温度,未注明者,系指在室温下进行;温度高低对实验结果有显著影响者,除另用规定外,应以(25±2)℃为准。

2. 正文

正文部分为所收载药品或其制剂的质量标准,根据品种和剂型的不同,分别列有药品的品名(包括中文名、汉语拼音名和英文名)、有机药物的结构式、分子式与相对分子质量、来源或有机药物的化学名称、含量或效价的规定、处方、制法、性状、鉴别、检查含量或效价测定、类别、规格、储藏和制剂等。正文部分的主要内容详见示例。

3. 通则

通则主要内容包括制剂通则、通用检测方法和指导原则等。

《中国药典》收载有片剂、注射剂等制剂 41 种。制剂通则系按照药物剂型分类,针对剂型特

---

① 即质量比。
② 即体积比。

点所规定的基本技术要求。

通用检测方法系各正文品种进行相同检查项目的检测时所应采用的统一的设备、程序、方法及限度等。主要方法包括:光谱法、色谱法、物理常数测定法、限量检查法、生物学相关检测法、中药相关检查法、生物制品相关检查法、化学残留物测定法、微生物检查法、生物活性/效价测定法、试剂与标准物质等。

指导原则系为执行药典、考察药品质量、起草与复核药品标准等所制定的指导性规定,不作为强制的法定标准。《中国药典》收载有原料药物与制剂稳定性试验指导原则、药物制剂人体生物利用度和生物等效性试验指导原则、药品质量标准分析方法验证指导原则、药品微生物检验替代方法验证指导原则、国家药品标准物质制备指导原则等。

(四) 示例

以《中国药典》(2015 年版)地西泮的质量标准为例,示例如下。

地西泮

dixipan

diazepam

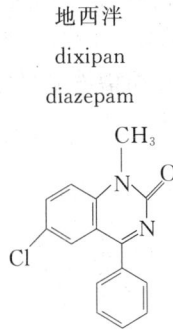

$C_{16}H_{13}ClN_2O$　284.74

本品为 1 -甲基- 5 -苯基- 7 -氯- 1,3 -二氢- 2H - 1,4 -苯并二氮杂䓬- 2 -酮。按干燥品计算,含 $C_{16}H_{13}ClN_2O$ 不得少于 98.5%。

【性状】　本品为白色或类白色的结晶性粉末;无臭,味微苦。

本品在丙酮或氯仿中易溶,在乙醇中溶解,在水中几乎不溶。

熔点　本品的熔点(《中国药典》通则 0612 第一法)为 130～134℃。

吸收系数　取本品,精密称定,加 0.5% 硫酸的甲醇溶液溶解并定量稀释使成 1 mL 中约含 10 μg 的溶液,照紫外-可见分光光度法(《中国药典》通则 0401),在 284 nm 的波长处测定吸光度,吸收系数($E_{1\,cm}^{1\%}$)为 440～468。

【鉴别】　(1) 取本品约 10 mg,加硫酸 3 mL 振摇使溶解,在紫外光灯(365 nm)下检视,显黄绿色荧光。

(2) 取本品,加 0.5% 硫酸的甲醇溶液制成 1 mL 中含 5 μg 的溶液,照紫外-可见分光光度法(《中国药典》通则 0401)测定,在 242 nm、284 nm 与 366 nm 的波长处有最大吸收;在 242 nm 波长处的吸光度约为 0.51,在 284 nm 波长处的吸光度约为 0.23。

(3) 本品的红外光吸收图谱应与对照的图谱(《药品光谱集》138 图)一致。

(4) 取本品 20 mg,用氧瓶燃烧法(《中国药典》通则 0703)进行有机破坏,以 5% 氢氧化钠溶液 5 mL 为吸收液,燃烧完全后,用稀硝酸酸化,并缓缓煮沸 2 min,溶液显氯化物的鉴别反应(《中国药典》通则 0301)。

【检查】 乙醇溶液的澄清度与颜色 取本品 0.1 g,加乙醇 20 mL,振摇使溶解,溶液应澄清无色;如显色,与黄色 1 号标准比色液(《中国药典》通则 0901 第一法)比较,不得更深。

氯化物 取本品 1.0 g,加水 50 mL,振摇 10 min,滤过,分取滤液 25 mL,依法检查(《中国药典》通则 0801)与标准氯化钠溶液 7.0 mL 制成的对照液比较,不得更浓(0.014%)。

有关物质 取本品,加甲醇溶解并稀释制成 1 mL 中含 1 mg 的溶液作为供试品溶液,精密量取 1 mL,置 200 mL 量瓶中,用甲醇稀释至刻度,摇匀,作为对照溶液。照高效液相色谱法(《中国药典》通则 0512)测定。用十八烷基硅烷键合硅胶为填充剂;以甲醇-水(70:30)为流动相;检测波长为 254 nm。理论板数按地西泮峰计算不低于 1500。精密量取供试品溶液与对照溶液各 10 μL,分别注入液相色谱仪,记录色谱图至主成分峰保留时间的 4 倍。供试品溶液色谱图中如有杂质峰,各杂质峰面积的和不得大于对照溶液主峰面积的 0.6 倍(0.3%)。

干燥失重 取本品,在 105℃ 干燥至恒重,减失质量不得过 0.5%(《中国药典》通则 0831)。

炽灼残渣 不得过 0.1%(《中国药典》通则 0841)。

【含量测定】 取本品约 0.2 g,精密称定,加冰醋酸与醋酐各 10 mL 使溶解,加结晶紫指示液 1 滴,用高氯酸滴定液(0.1 mol·L^{-1})滴定至溶液显绿色。1 mL 高氯酸滴定液(0.1 mol·L^{-1})相当于 28.47 mg 的 $C_{16}H_{13}ClN_2O$。

【类别】 抗焦虑药、抗惊厥药。

【贮藏】 密封保存。

【制剂】 (1)地西泮片 (2)地西泮注射液

四、常见的外国药典

(一)美国药典及美国国家处方集

《美国药典》(United States Pharmacopoeia, USP)和《美国国家处方集》(National Formulary, NF)是美国国家药品标准,由美国药典委员会(United States Pharmacopoeial Convention,简称 USPC)编纂。目前,世界许多国家都以《美国药典》作为药品质量检验的标准,故该药典具有一定的国际性。

《美国药典》历史悠久,首版于 1820 年,其后每 10 年左右修订 1 次,自 1940 年改为每 5 年修订 1 次,《美国国家处方集》同《美国药典》一样,也是每 5 年修订 1 次。自 2002 年起,USP-NF 改为每年出一个新版本。

《美国药典》由凡例、正文、通则等组成。USP 收载有原料药(drug substances)和剂型(dosage forms)的标准,NF 收载药用辅料(excipients)的标准;食品补充剂(dietary supplements)的标准列于 USP 标准之后。

(二)英国药典及英国副药典

《英国药典》(British Pharmacopoeia, BP)和《英国副药典》(British Pharmacopoeia Code, BPC)是英国国家药品标准。《英国药典》由英国药典委员会编纂。《英国副药典》(BPC),收载英国药典以外的药品,并提供英国药典中所没有的原料药规格标准以及各种详细的处方。

《英国药典》首版于 1894 年,目前版本为 2014 年版,分为 6 卷。第 1 卷和第 2 卷收载原料药和药用辅料;第 3 卷和第 4 卷收载制剂通则、药物制剂、血液制品、免疫制品、放射性药品、手术用药、植物药和辅助治疗药品;第 5 卷收载标准红外光谱、附录和指导原则、第 6 卷为兽药典。

《英国药典》凡例的内容分为三个部分:第一部分说明了欧洲药典品种(包含 BP 药典中所载入的欧洲药典品种)的标志;第二部分为适用于 BP 正文和附录的共同要求;第三部分为欧洲药典的凡例。

《英国药典》正文部分原料药质量标准的组成为:英文名,结构式,分子式和分子量,CA 登记号,化学名称,作用和用途,含量限度,性状,鉴别,检查,含量测定,储藏,杂质名称和结构式;制剂质量标准的组成为:英文名,含量限度,性状,鉴别,检查,含量测定,储藏,制剂类别。

附录列出了检查和检定的一般方法和要求。

(三) 日本药局方及日本药局方解说书

《日本药局方》(Japanese Pharmacopoeia,JP)是日本官方颁布的具有法律效力的药典。

《日本药局方》首版于 1892 年,目前版本为 16 版。一部主要收载原料药及其基础制剂,包括凡例、制剂总则、一般试验法和各医药品;二部主要收载生药、家庭药制剂和制剂原料,包括通则、生药总则、制剂总则、一般试验法和各医药品,相对原子质量表、附录和索引。一部和二部均附有红外光谱图。

原料药质量标准的组成为:日文名、英文名、结构式、分子式和相对分子质量、性状、鉴别、检查、含量测定和储存方法(保存条件和容器),少量品种列出了有效期限;制剂质量标准的组成为:日文名、英文名、含量限度、制法、性状、鉴别、检查、含量测定和储存方法。

本章提要

本章介绍了制药过程质量控制体系的主要组成部分。在《中华人民共和国药品管理法》的框架下,《中华人民共和国药典》、《药品生产质量管理规范》、《药品非临床研究管理规范》、《药品临床研究质量管理规范》、《药品经营质量管理规范》等标准、法规文件和所规定达到的要求是药物质量控制体系的重要内容。按照质量控制理论,药品生产过程质量管理包括质量控制(QC)和质量保证(QA)等内容。《中华人民共和国药品管理法》是药品监督管理、药品质量与保障用药安全的根本依据。药品的质量是生产出来的而不是检验出来的,《药品生产质量管理规范》是药品生产和质量管理的基本准则。生产出来的药品,必须按照药品标准进行检验,检验合格的药品才能销售和使用。药典是记载药品标准和规格的法典,是国家对药品质量、规格及检验方法所作的技术规定,也是药品生产、供应、使用、检验和管理的法定依据。常用的国外药典有《美国药典》、《英国药典》和《日本药局方》等。

关键词

药品质量管理体系;药品生产过程控制;药品法律、规章;药品标准。

思考题

1. 根据产品质量管理的基本理论,试述药品质量控制体系的要素。

2. QC 和 QA 的含义是什么？两者有何联系，又有何区别？

3. 《药品管理法》规定药品监督管理部门设置的药品检验机构其检验工作范围有哪些？

4. 试述药品检验时取样的基本原则。

5. 试述药品生产企业质量管理部门的工作职责。

6. 试述《中国药典》的基本结构和 2015 年版的主要进展。

7. 试分析我国国家药品标准体系的现状和存在的问题，谈谈你的建议。

（西安交通大学 傅强）

第三章 常用分析化学方法

在《药品生产质量管理规范》中,为了保证药品质量,需要应用分析化学尤其是现代仪器分析的方法和技术,对药品生产的原材料、中间体、原料药和成品进行质量检验,对生产过程进行有效监测、分析和控制,它是工业药物分析的主要内容。所以,必须学习和掌握分析化学的基本原理、方法和应用,才能有效地分析和解决药品生产质量控制的实际问题。

分析化学按照分析原理,一般分为化学分析法和仪器分析法。化学分析法包括重量分析法和容量分析法,是化学分析的基础,也称经典分析法。仪器分析法主要包括光谱分析法、色谱分析法、电化学分析法、质谱分析法等。当前,随着科学技术的快速发展与计算机技术的广泛应用,分析化学中的仪器分析技术与经典分析方法相比,具有灵敏度高、重现性好、分析速度快、样品用量少、自动化程度高等特点。尤其是各种集分离和测定于一体的色谱分析技术,如高效液相色谱/紫外检测(HPLC/UV)、高效液相色谱/质谱检测(HPLC/MS)、气相色谱/质谱检测(GC/MS)等;另外,一些动态和在线分析技术,如流动注射分析和近红外光谱分析等,不仅可以准确分析药品的组成和含量,研究和解决中药复杂体系的质量控制问题,而且还广泛地用于药品生产过程的监测和分析。

建立在被分析对象化学和物理性质基础上的分析化学方法与技术很多,根据制药工程专业中工业药物分析本科教学要求并结合实际工作条件,本章简要介绍化学分析,重点介绍仪器分析中常用的光谱分析、色谱分析、电化学分析和流动注射分析等。

第一节 化学分析

化学分析法是以化学反应为基础建立起的测定待测物质含量的方法。主要有重量分析法和容量分析法。化学分析法作为一种常量分析方法,对药品生产中的原材料、中间体、原料药和成品进行质量检验时,仍然经常应用。

一、重量分析

重量分析法(gravimetric analysis)是指通过物理或化学反应将待测组分从样品中分离出来,然后称量测定该组分含量的方法。重量分析法具有准确度高、精密度好的优点,但操作较为复杂,耗时较长。依据待测组分被分离时采取的手段不同,重量分析法一般分为沉淀法、挥发法和萃取法等,本节中主要介绍沉淀法。

(一)基本概念

沉淀法(precipitation)是通过沉淀反应将待测组分以难溶物的形式沉淀出来,再将沉淀过滤、洗涤、烘干或灼烧,最后称量并计算其含量,是最常用的重量分析法之一。应用沉淀法时应注意:① 沉淀反应要完全,形成沉淀的溶解度要小;② 沉淀形式易转变为称量形式,且后者的稳定性要高。

例如:测定 K_2SO_4,将 $BaCl_2$ 溶液加入 K_2SO_4 溶液中生成 $BaSO_4$ 沉淀。将 $BaSO_4$ 沉淀过滤、洗涤之后,灼烧至恒重并称量,根据沉淀的质量计算出 K_2SO_4 的含量。

又如:测定甲磺酸酚妥拉明,将 10%三氯醋酸溶液加入一定量的甲磺酸酚妥拉明溶液中,放置 2 h,沉淀用垂熔玻璃坩埚滤过,分别用少量 10%三氯醋酸溶液和冷水洗涤,置五氧化二磷干燥器中减压干燥至恒重,精密称定,计算甲磺酸酚妥拉明含量。

由上述例子可见,用重量分析法进行定量分析时,应注意下列影响因素:① 沉淀反应后分离出的沉淀形式与干燥恒重后的称量形式之间的差异;② 反应体系的氢离子浓度和共离子效应等对沉淀反应的影响;③ 沉淀剂用量的影响;④ 沉淀称量形式的热稳定性对分析结果的影响。

(二)阳离子重量分析

原则上,利用适当的沉淀剂与阳离子发生定量沉淀反应,均可用于阳离子的重量分析。但是考虑到上述影响因素等问题,并不是所有的阳离子沉淀反应都能进行重量分析。常见的阳离子重量分析如对 Al^{3+},Fe^{3+},Cr^{3+},Zn^{2+},Ba^{2+},Ca^{2+},Hg^{2+},Pb^{2+},Mg^{2+} 等离子的分析。

(三)阴离子重量分析

阴离子重量分析主要采用氯化钡($BaCl_2$)和硝酸银($AgNO_3$)溶液作为沉淀剂,与阴离子进行沉淀反应。另外,用来分析阳离子的重量分析方法,也可作为阴离子的重量分析。常见的阴离子重量分析如对 Cl^-,Br^-,I^-,CN^-,SCN^-,SO_4^{2-} 等离子的分析。

二、容量分析

容量分析(volumetric analysis)又称滴定分析,此法将一种已知浓度的标准溶液滴加到待测物质的试液中,直到所加的标准溶液与待测物质按化学计量关系定量反应为止,然后测量标准溶液消耗的体积,算出待测物质的含量。容量分析法具有以下特点:① 操作简便、快速、准确,仪器设备简单;② 滴加标准溶液物质的量与待测物质的量呈化学计量关系;③ 适于组分含量在 1%以上各种物质的测定;④ 耐用性高,用途广泛,但专属性较差。确定反应终点可利用指示剂法或光学和电化学的方法。在滴定分析中,将观察到的反应结束点称为滴定终点(end point)。滴定终点与反应终点越接近,滴定方法越准确。

滴定分析法根据所利用的不同化学反应,一般分为:中和滴定法、沉淀滴定法、氧化还原滴定法、络合滴定法和非水滴定法。

(一)中和滴定法

用已知浓度的碱或酸的标准溶液滴定待测液中的酸或碱的容量分析方法,称为中和滴定法(neutralization titration)。其中,标准溶液(standard solution)又称滴定剂(滴定液),是指浓度准确已知的溶液。中和滴定法一般包括:强酸碱滴定强碱酸、强碱滴定弱酸、强酸滴定弱碱、多元弱酸或多元弱碱的滴定及水解盐的滴定等。

1. 常用指示剂

在进行中和滴定时为确定反应终点而加到反应体系里的试剂称为指示剂(indicator)。指示剂多为有机色素,在 pH 不同的溶液中呈现不同的颜色,因此就能指示该反应的终点。因指示剂的变色区域跨在某一范围内,所以要准确确定反应终点是困难的,实际上是把变色点作为终点来判断反应结束的手段。指示剂在变色范围以内所呈现的颜色叫中间色,比中间色 pH 范围偏酸性方面所呈现的颜色称为酸色;比中间色 pH 范围偏碱性方面所呈现的颜色称为碱色。在中和滴定时经常使用的指示剂有甲基橙(变色范围 pH3.1~4.4)、甲基红(变色范围 pH4.2~6.2)、酚酞(变色范围 pH8.3~10.0)。

2. 中和滴定曲线

在中和滴定反应中,表示滴定过程溶液 pH 随滴定体积变化的曲线称为中和滴定曲线。酸与碱的滴定反应在反应终点前后,将出现 pH 的突跃性变化,在这个 pH 突跃区间加入变色指示剂,根据指示剂颜色的变化可求出滴定终点。图 3-1 表示出滴定曲线与指示剂的关系。常见的滴定类型如下。

(1) 强碱滴定强酸:强碱与强酸之间进行中和滴定反应,滴定曲线如图 3-1 中的 A-B 曲线。一般强酸与强碱滴定曲线的 pH 突跃范围较宽,可用甲基红等作为指示剂指示滴定终点。

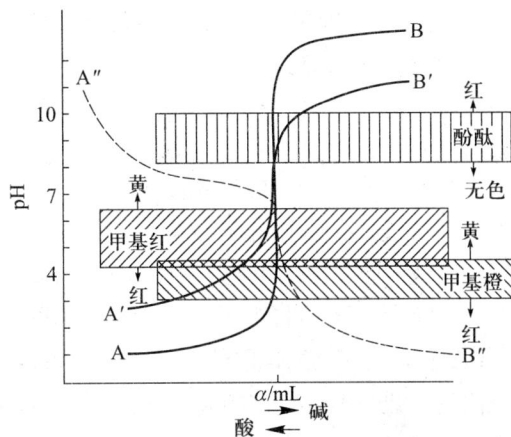

图 3-1 中和滴定与指示剂选择
A-B—强酸-强碱滴定曲线;A″-B″—弱碱-强酸滴定曲线
A′-B—弱酸-强碱滴定曲线

例如:盐酸的测定,取盐酸约 3 mL,置贮有水约 20 mL 并已精密称定质量的具塞锥形瓶中,精密称定,加水 25 mL 与甲基红指示剂溶液 2 滴,用氢氧化钠滴定液(1 mol·L^{-1})滴定。1 mL 氢氧化钠滴定液相当于 36.46 mg 的盐酸。

(2) 强碱滴定弱酸:弱酸(如解离常数 $K_a = 10^{-5}$)用强碱中和时,滴定曲线如图 3-1 中的 A′-B 曲线。一般滴定 pH 突跃范围随酸的解离常数减小而变窄。

例如:酮洛芬的测定,取酮洛芬约 0.5 g,精密称定,加中性乙醇 25 mL 溶解,加酚酞指示剂溶液 3 滴,用氢氧化钠滴定液(0.1 mol·L^{-1})滴定。1 mL 氢氧化钠滴定液相当于 25.43 mg 的酮洛芬。

(3) 强酸滴定弱碱:与强碱滴定弱酸的情形类似,滴定曲线如图 3-1 中的 A″-B″曲线。

例如:双氯芬酸钠的测定,取双氯芬酸钠约 0.5 g,精密称定,加水 50 mL 溶解,加甲基红-溴甲酚绿混合指示剂溶液 10 滴,用硫酸滴定液(0.05 mol·L^{-1})滴定。1 mL 硫酸滴定液相当于 31.81 mg 的双氯芬酸钠。

(二)沉淀滴定法

依据沉淀反应原理建立的滴定方法称为沉淀滴定法(precipitation titration)。由于沉淀反应后,形成的沉淀无固定的组成,与其他离子共沉淀现象严重或溶解度较大;沉淀反应速率较慢;缺少合适的终点指示方法等原因,使沉淀滴定法的应用受到了限制,这里仅对常用的银量法(argentimetry)作简要介绍。

1. 银量法滴定曲线

图 3-2 表示 0.1 mol 硝酸银(AgNO₃)滴定 0.1 mol 氯化钠(NaCl)和 0.1 mol 碘化钠(NaI)的滴定曲线。其中,pCl 及 pI 分别表示 Cl$^-$离子浓度和 I$^-$离子浓度的负对数。与中和滴定曲线相同,在反应终点附近如果选用适当的指示剂,则可进行滴定分析。

2. 银量法指示剂

铬酸钾（K_2CrO_4）指示剂，利用 K_2CrO_4 与 $AgNO_3$ 的沉淀反应，生成红色 Ag_2CrO_4 沉淀指示滴定终点。Fe^{3+} 离子（铁铵矾）指示剂，利用 Fe^{3+} 与 SCN^- 的反应生成红色的 $Fe(SCN)^{2+}$ 而指示滴定终点。

例如：丙硫异烟胺片的测定，取丙硫异烟胺供试品 20 片，精密称定，研细，精密称取适量（约相当于丙硫异烟胺 0.3 g），置具塞锥形瓶中，加丙酮 20 mL 使溶解，精密加入硝酸银滴定液（$0.1 \, mol \cdot L^{-1}$）50 mL，摇匀，放置 15 min，加水 50 mL、硝酸 3 mL、硝基苯 5 mL 与硫酸铁铵指示剂溶液 2 mL，用硫氰酸铵滴定液（$0.1 \, mol \cdot L^{-1}$）滴定，并将滴定的结果用空白试验校正。1 mL 硝酸银滴定液（$0.1 \, mol \cdot L^{-1}$）相当于 9.014 mg 的丙硫异烟胺。

图 3-2　银量法滴定曲线

（三）氧化还原滴定法

依据氧化还原反应原理建立的滴定方法称为氧化还原滴定法（redox titration）。由于可用作氧化剂或还原剂进行氧化还原反应的种类很多，该方法的应用范围较为广泛。如高锰酸盐法、重铬酸盐法、碘量滴定法、碘酸盐法、铈量法、溴酸盐法、亚硝酸盐法、草酸盐法等，这里仅对高锰酸盐法、重铬酸盐法和碘量滴定法作简要介绍。

1. 高锰酸钾法

高锰酸钾法（permanganate titration）是指在强酸性溶液中，$KMnO_4$ 发生如下反应起氧化作用。

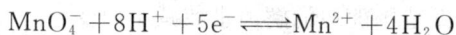

$$MnO_4^- + 8H^+ + 5e^- \rightleftharpoons Mn^{2+} + 4H_2O$$

高锰酸钾的标准氧化还原电势为 1.52 V，因其氧化作用很强而被广泛应用。对于高锰酸钾来说由于高锰酸根离子的颜色很深，而 Mn^{2+} 又近乎无色，所以滴定终点可以通过微过量的 MnO_4^- 溶液的浅红色判定。高锰酸钾标准溶液的标定可采用 $Na_2C_2O_4$、金属 Fe、As_2O_3 等作为基准物质。

高锰酸钾滴定时应注意：① 在酸性溶液中进行，若酸度不够，则定量反应不能进行完全；② 有 Cl^- 共存时，易被氧化而产生 Cl_2，造成较大滴定误差；③ 由于氧化反应的速率较慢，当滴加 MnO_4^- 过快时，容易与 Mn^{2+} 发生反应。

例如：硫酸亚铁的测定，取硫酸亚铁供试品约 0.5 g，精密称定，加稀硫酸与新沸过的冷水各 15 mL 溶解后，立即用高锰酸钾滴定液（$0.02 \, mol \cdot L^{-1}$）滴定至溶液显持续的粉红色。1 mL 高锰酸钾滴定液（$0.02 \, mol \cdot L^{-1}$）相当于 27.80 mg 的硫酸亚铁。

2. 重铬酸盐法

重铬酸盐法（dichromate titration）通常用于 Fe^{2+} 的测定。重铬酸钾氧化 Fe^{2+} 的反应可表示如下。

$$Cr_2O_7^{2-} + 6Fe^{2+} + 14H^+ \rightleftharpoons 2Cr^{3+} + 6Fe^{3+} + 7H_2O$$

重铬酸钾氧化还原电势为 1.36 V。其特点是能够在常温下进行滴定，且在低浓度盐酸（小于 $1\sim2 \, mol \cdot L^{-1}$）下，氯离子不与重铬酸钾反应，不影响滴定反应。重铬酸根离子的颜色不深，

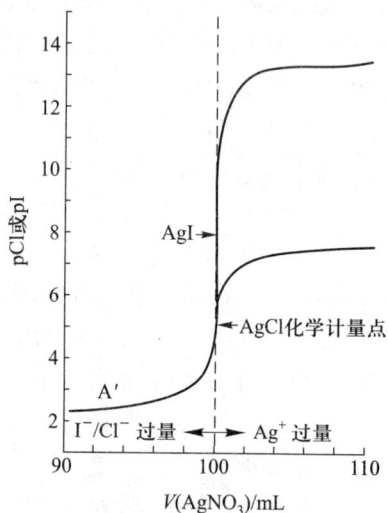

所以必须使用指示剂。可采用二苯胺磺酸钠作为指示剂。

例如:盐酸小檗碱的测定,取盐酸小檗碱供试品约 0.3 g,精密称定,置烧杯中,加沸水150 mL使溶解,放冷,移至 250 mL 量瓶中。精密加重铬酸钾滴定液($0.01667\ mol \cdot L^{-1}$)50 mL,加水至刻度,振摇 5 min,用干燥滤纸滤过,精密量取续滤液 100 mL,置 250 mL 具塞锥形瓶中,加碘化钾 2 g,振摇使溶解,加盐酸($1 \rightarrow 2$)10 mL,密塞,摇匀,在暗处放置 10 min,用硫代硫酸钠滴定液($0.1\ mol \cdot L^{-1}$)滴定至近终点时,加淀粉指示液 2 mL,继续滴定至蓝色消失,溶液显亮绿色,并将滴定的结果用空白试验校正。1 mL 重铬酸钾滴定液($0.01667\ mol \cdot L^{-1}$)相当于 12.39 mg 的盐酸小檗碱。

3. 碘量滴定法

碘量滴定法(iodimetric titration)是指依据碘的氧化和还原特性进行的滴定方法。由于碘与碘离子是一对可逆电对,碘作为氧化剂,可以氧化其他还原性化合物,碘被还原为碘离子;而碘离子作为还原剂,可被其他氧化性化合物氧化为碘。

$$I_2 + 2e^- \rightleftharpoons 2I^-$$

碘的标准氧化还原电势为 0.5345 V。

一般碘作为氧化剂进行直接滴定的方法称为直接碘量法(direct iodimetry);把碘离子当成还原剂,与氧化剂作用生成的碘再用硫代硫酸钠进行滴定的方法叫间接碘量法(indirect iodometry)。

由于单质碘难溶于水,不能直接配成水溶液,通常在有碘离子共存时,可以形成三碘络离子而溶解。

$$I_2 + I^- \rightleftharpoons I_3^-$$

当碘被消耗时,上式的平衡向左移动又生成碘,因此可以把它作为碘溶液使用。在进行实验时,碘标准溶液是采用碘的碘化钾水溶液,因为这样可以降低碘的挥发性。碘作为基准物可以用来直接配制标准溶液,需要标定时可采用氧化砷作为基准物。

一般碘量法用淀粉指示剂指示滴定终点。溶液中加入淀粉时,可生成碘淀粉的吸附化合物而显蓝色,通过判断颜色的变化指示滴定终点。值得注意的是淀粉不参与氧化还原反应,它在高温下褪色并且在强酸性溶液里不显色,大量乙醇存在降低显色反应灵敏度。

例如:过氧苯甲酰的测定,取过氧苯甲酰供试品约 0.25 g,精密称定,置 250 mL 碘瓶中,加丙酮 30 mL,振摇使溶解,加碘化钾试液 5 mL,密塞,摇匀,置暗处 15 min,用硫代硫酸钠滴定液($0.1\ mol \cdot L^{-1}$)滴定至无色,并将滴定结果用空白试验校正。1 mL 硫代硫酸钠滴定液相当于 12.11 mg 的过氧苯甲酰。

(四)络合滴定法

依据金属离子与络合剂间产生的络合反应所建立的滴定方法称为络合滴定法(complexometric titration)。一般络合反应是分步进行的,反应过程中存在着一系列络合平衡。这里仅以常见的乙二胺四乙酸(ethylenediamine tetraacetic acid,EDTA)为络合剂的滴定法为例作简要介绍。

EDTA 是四元酸,一般简写为 H_4Y。络合滴定时,一般用 EDTA 的二钠盐(Na_2H_2Y)与金属离子形成 1∶1 的络合物。由于 EDTA 是多元弱酸,溶液的 pH 不仅影响 EDTA 的存在形式,而且也影响与金属离子形成络合物的稳定性。EDTA 与无色金属离子生成的络合物是无色的,与有色金属离子生成颜色更深的络合物。用 EDTA 进行络合滴定时常用的指示剂是铬黑 T (eriochrome black T,EBT),是一种含有两个酚羟基的弱酸性化合物,在 pH=7~11 的范围内显蓝色,与二价金属离子络合形成红色或紫红色的络合物,可指示滴定终点的到达。

例如:十一烯酸锌的测定,取十一烯酸锌供试品约 0.5 g,精密称定,加 1 mol·L^{-1}盐酸 10 mL 与水 10 mL,煮沸 10 min 后,趁热滤过,滤渣用热水洗涤,合并滤液与洗液,放冷,加 0.025% 甲基红的乙醇溶液 1 滴,加氨试液适量至溶液显微黄色,加水使全量约为 35 mL,再加氨-氯化铵缓冲液(pH≈10.0)10 mL 与铬黑 T 指示剂少许,用 EDTA 滴定液(0.05 mol·L^{-1})滴定至溶液自紫红色变为纯蓝色。1 mL EDTA 滴定液相当于 21.60 mg 的十一烯酸锌。

(五)非水滴定法

通常所讨论的滴定反应均是在水溶液中进行的。不溶于水的物质难于进行滴定,而弱酸和弱碱类的物质在水溶液中滴定常常也是困难的。用水以外的其他溶剂作为介质进行滴定分析的方法称为非水(溶液)滴定法(titration in nonaqueous solution)。同样可以采用中和滴定、沉淀滴定、氧化还原滴定、络合滴定等滴定方式,下面仅就应用最广泛的中和滴定和卡尔·费休滴定法作简要介绍。

1. 非水中和滴定法

以冰醋酸作溶剂,使用的标准酸溶液一般为高氯酸,以邻苯二甲酸氢钾标定。作为碱标准溶液一般使用以安息香酸标定过的甲醇钠、氢氧化四甲铵或氢氧化四丁铵等。滴定终点的确定方法和水溶液里滴定的终点确定法相同,最常用的指示剂为结晶紫(crystal violet),其酸式色为黄色,碱式色为紫色;以及喹哪啶红(quinaldine red)的 1%甲醇溶液,其酸式色为无色,碱式色为红色。

例如:乙胺嘧啶的测定,取乙胺嘧啶供试品约 0.15 mg,精密称定,加冰醋酸 20 mL,加热溶解后,放冷至室温,加喹哪啶红指示剂溶液 2 滴,用高氯酸滴定液(0.1 mol·L^{-1})滴定至溶液几乎无色,并将滴定的结果用空白试验校正。1 mL 高氯酸滴定液相当于 24.87 mg 的乙胺嘧啶。

2. 卡尔·费休滴定法

1935 年卡尔·费休(Karl Fischer)在研究 SO$_2$ 里的水分测定法时发明的卡尔·费休滴定法属于非水滴定中的氧化还原滴定法,它是快速而准确的水分测定方法之一。

滴定中使用的卡尔·费休试剂,由碘、二氧化硫、吡啶及甲醇等制成。测定时反应分两步进行,分别生成 C$_5$H$_5$NH(I) 和 C$_5$H$_5$NH(SO$_4$CH$_3$)。滴定终点可通过观察滴定时溶液的颜色变化来进行判断。卡尔·费休试剂含有碘而使溶液呈暗褐色,与水反应变为橙黄色,反应结束溶液变为琥珀色。

第二节 光学分析

光谱分析法是应用光谱学的原理和实验方法确定物质结构和成分的分析方法。光谱学是通过光谱来研究电磁波与物质之间的相互作用。实验证明,光是一种电磁辐射或称电磁波,它具有波动性和粒子性(或波粒二象性)。电磁波和物质间相互作用及能量转换关系可以用下式表示:

$$E=\frac{hc}{\lambda} \tag{3-1}$$

式中,E 为电磁波能量(焦耳,J),h 为 Planck 常量(6.63×10^{-34} J·s),c 为光速(3×10^{10} cm·s^{-1}),λ 为电磁波波长(nm,1 cm=10^7 nm),每厘米(cm)长度内所含波长的数目,即波长的倒数 $\left(\frac{1}{\lambda}\right)$ 定义为波数(σ)。(3-1)式表明电磁波的波长与其能量成反比。

　　将电磁辐射按波长的大小顺序排列成电磁波谱,可划分为不同的电磁波区。常见的有:紫外光区、可见光区和红外光区,其波长依次增长,而能量依次变小。利用不同电磁波区的电磁辐射可以建立不同的光谱分析方法。

　　当电磁辐射与物质作用时,将物质粒子(原子、离子和分子)吸收或发射光子的过程称为能级跃迁。当物质粒子的低能态(基态)与高能态(激发态)间的能量差与电磁辐射的能量相同时,则光子被粒子选择性地吸收,从而使粒子由基态跃迁到激发态,这个过程称为吸收过程或吸收现象;处在激发状态的物质粒子是不稳定的,在很短的时间内(大约 10^{-8} s),又从激发态回到基态,而将吸收的能量以光的形式释放出来,这个过程称为发射过程或发射现象。利用物质粒子对光的吸收现象而建立起的分析方法称为吸收光谱法,如紫外-可见吸收光谱法、红外吸收光谱法和原子吸收光谱法等。同样利用发射现象建立起的分析方法称为发射光谱法,如荧光发射光谱法等(表 3-1)。

表 3-1　电磁波与光谱分析方法的关系

电磁波区	电磁波特性与光谱分析方法					
	波长 λ	能量/eV	作用对象	利用吸收现象	利用发射现象	其他作用
γ 射线区	<0.005 nm	>2.5×10^5	原子核	γ 射线吸收分析	活化分析	电子射线分析
X 射线区	0.005~10 nm	2.5×10^5~1.2×10^2	内层电子	X 射线吸收分析	X 射线荧光分析	X 射线衍射分析
紫外光区	10~400 nm	1.2×10^2~3.1	外层电子	原子吸收、紫外吸收分析	原子荧光分析、发射光谱分析	比浊分析
可见光区	400~800 nm	3.1~1.6	分子轨道电子	可见光度分析	荧光分析、拉曼分析	旋光光谱分析
红外光区	800 nm~1000 μm	1.6~1.2×10^{-3}	分子振动、转动	红外吸收分析	—	—
微波区	1000 μm~300 cm	1.2×10^{-3}~4.1×10^{-6}	磁场中未成对电子的偶极矩	顺磁共振分析	—	—
无线电波区	>300 cm	<4×10^{-6}	磁场中原子核的偶极矩	核磁共振分析	—	—

　　以光的波长或波数为横坐标,以物质粒子对光的吸收或发射强度为纵坐标所绘制的谱图称为吸收光谱或发射光谱。反映分子能级跃迁的光谱称为分子光谱,由此建立的分析方法称为分子光谱法,如紫外-可见吸收光谱法、荧光发射光谱法和红外吸收光谱法等。反映原子能级跃迁的光谱称为原子光谱,由此建立的分析方法称为原子光谱法,如原子吸收光谱法等。由于不同物质的原子、离子和分子的能级分布是特征的,则吸收光子和发射光子的能量也是特征的。所以,利用不同光谱分析法的特征光谱可以进行定性分析,光谱强度可以进行定量分析。

一、紫外-可见分光光度法

　　当物质分子吸收一定波长的光能,分子外层电子或分子轨道电子由基态跃迁到激发态,产生的吸收光谱一般在紫外-可见光区,称为紫外-可见光谱(ultraviolet/visible spectrum,UV/

VIS)。紫外-可见光谱为一种分子吸收光谱,吸收波长在 200~800 nm 范围内。利用物质的紫外-可见吸收光谱特性而建立的分析方法称为紫外-可见分光光度法。由表 3-1 可见,分子产生电子能级跃迁时所需能量较高。所以,发生电子能级跃迁的同时,总是伴随着分子振动能级与转动能级的跃迁。因而在紫外-可见吸收光谱中,包含有各种振动能级与转动能级跃迁而产生的若干谱线,从而形成了吸收谱带,若干条吸收谱带就构成了整个分子的电子光谱。所以,从紫外-可见光谱图的形状来看,是一种带状光谱,可提供的结构信息量十分有限。

(一)光吸收定律

1. 朗伯-比尔(Lambert-Beer)定律

当一定波长的单色光通过含吸光物质的被测溶液时,一部分光被吸光物质所吸收而使光强度减弱,减弱的程度用透光率(transmittance,T)表示。

$$T = \frac{I}{I_0} = 10^{-Ecl} \tag{3-2}$$

式中,I 为透射光强度;I_0 为入射光强度;E 为吸收系数;c 为吸光物质浓度;l 为吸光物质溶液的液层厚度或称光程长度。(3-2)式表明透光率与吸光物质的浓度和液层厚度之间是一种指数函数关系,如果将其转换为对数形式,则为

$$\lg T = \lg\left(\frac{I}{I_0}\right) = -Ecl \tag{3-3}$$

定义透光率的负对数为吸光度(absorbance,A),所以,(3-3)式可以表示为

$$A = -\lg T = -\lg\left(\frac{I}{I_0}\right) = Ecl \tag{3-4}$$

(3-4)式则为通常所称的朗伯-比尔定律,是分子光谱法的基本定律,它表明吸光度与浓度或液层厚度之间是简单的正比关系。

2. 吸收系数

在波长、溶剂和温度等一定条件下,吸光物质在单位浓度、单位液层厚度时的吸收度称为吸收系数(absorptivity,E)。它随波长的改变和被测物质性质不同而变化,是反映物质吸光性质的重要参数。利用吸收系数,若被测溶液只含单一吸光物质时,将被测溶液放入一光程长度为 l 的吸收池中,由实验测得吸光度 A,根据(3-4)式换算,即 $c = \frac{A}{El}$,可方便地测出溶液中该物质的浓度 c。由于物质浓度的计量单位不同,物质的吸光系数有几种不同的表示方式。如摩尔吸收系数(molar absorptivity)是吸光物质浓度为 1 mol·L^{-1},光程长度为 1 cm 时的吸收系数,用 κ 表示;百分吸收系数(percentile absorptivity,$E_{1\ cm}^{1\%}$)又称比吸收系数,是吸光物质的质量分数为 1%[①],光程长度为 1 cm 时的吸收系数。在实际应用中,物质的吸收系数值可引用文献值,也可用已知浓度的对照品或标准品测定。

3. 吸光度的加和性

当溶液中含有两种对光产生吸收的组分,且各组分间不存在相互作用时,则该溶液对波长 λ 光的总吸光度为溶液中每一组分的吸光度之和,这种性质称为吸光度的加和性。可以表示为

---

① 在药物分析中,也指吸光物质的质量浓度为 1 g·(100 mL)$^{-1}$ 时的吸收系数。

$$A_T = \kappa_1 c_1 l + \kappa_2 c_2 l \tag{3-5}$$

式中，A_T 为总吸光度，$\kappa_1 c_1$ 和 $\kappa_2 c_2$ 分别为第一种和第二种组分的摩尔吸收系数和物质的量浓度。吸光度的加和性在多组分的定量测定中是十分有用的。

（二）紫外-可见吸收光谱

1. 产生过程

有机分子吸收紫外-可见光的过程可分为两步，第一步为激发过程，即基态电子（M）吸收光（$h\upsilon$）后至激发态（M^*）的过程；第二步为弛豫过程，即激发态的电子通过释放热能后回到基态的过程。可用如下方程表示：

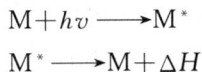

$$M + h\upsilon \longrightarrow M^*$$
$$M^* \longrightarrow M + \Delta H$$

由于分子对紫外-可见光的吸收一般都涉及价电子的激发，因此吸收峰的波长与分子中存在的化学键类型相关，从而可以鉴定分子中的官能团并定量测定含有吸收官能团的化合物。

2. 电子跃迁类型

在有机化合物分子中有形成单键的 σ 电子、有形成双键的 π 电子、有未成键的孤对 n 电子。分子的空轨道包括反键 σ^* 轨道和反键 π^* 轨道，因此可能产生的电子跃迁类型主要有：$\sigma \to \sigma^*$，$\pi \to \pi^*$，$n \to \sigma^*$，$n \to \pi^*$ 等。

（1）$\sigma \to \sigma^*$ 跃迁：分子成键 σ 轨道中电子被激发到相应的反键轨道。这类跃迁需要的能量较高，一般发生在真空紫外光区。饱和烃中的—C—C—键属于这类跃迁。

（2）$n \to \sigma^*$ 跃迁：非键电子被激发到 σ 反键轨道。这类跃迁所需的能量比 $\sigma \to \sigma^*$ 跃迁要小，饱和有机化合物中的—C—O—键属于这类跃迁。通常可由 $150 \sim 250$ nm 区域内的辐射引起。

（3）$\pi \to \pi^*$ 跃迁：分子不饱和键 π 轨道中电子被激发到相应的反键轨道。需要的能量低于 $\sigma \to \sigma^*$ 的跃迁，吸收峰一般处于近紫外光区，为强吸收带。

（4）$n \to \pi^*$ 跃迁：非键电子被激发到 π 反键轨道。这类跃迁发生在近紫外光区和可见光区，为弱吸收带。它是简单的生色团，如羰基、硝基等中的孤对电子向反键轨道跃迁。

从图 3-3 可以看出，由于电子跃迁的类型不同，实现跃迁需要的能量也不同，因而吸收的波长范围也不相同。其中，$\sigma \to \sigma^*$ 跃迁所需能量最大，$n \to \pi^*$ 及配体场跃迁所需能量最小，因此，它们的吸收带分别落在远紫外和可见光区。从图中纵坐标可知，$\pi \to \pi^*$ 及电荷迁移跃迁产生的谱

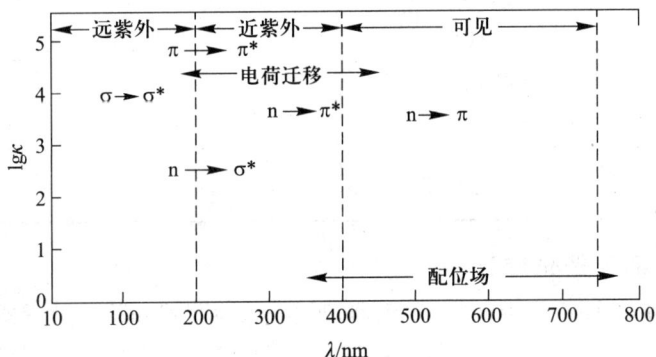

图 3-3　紫外-可见光谱区产生的吸收带类型

带强度最大,$\sigma \rightarrow \sigma^*$、$n \rightarrow \pi^*$、$n \rightarrow \sigma^*$ 跃迁产生的谱带强度次之,配体场跃迁的谱带强度最小。

3. 光谱特征性

有机分子的紫外吸收主要由 $\pi \rightarrow \pi^*$ 与 $n \rightarrow \pi^*$ 跃迁产生。分子中能产生紫外吸收电子跃迁的基团称发色团。一些带有杂原子的饱和基团与发色团相连时,能使分子的吸收波长向长波长移动并使其吸光强度增加,这些基团称为助色团。

(1) 光谱吸收带:由不饱和烃及共轭烯烃的 $\pi \rightarrow \pi^*$ 跃迁所产生的吸收带称 K 带;由羰基化合物$\left(\diagdown C = O \diagup \right)$的 $n \rightarrow \pi^*$ 跃迁所产生的吸收带称 R 带;芳环化合物的 $n \rightarrow \pi^*$ 跃迁可引起三个吸收带,分别为出现在 180 nm 的 E_1 带、出现在 204 nm 的 E_2 带和出现在 255 nm 的 B 带。另外,饱和杂环化合物及不含共轭双键的化合物,一般吸收波长小于 200 nm,若分子中含有卤素或硝基等基团时,其吸收波长可大于 200 nm。

(2) 吸收光谱参数:描述光谱吸收曲线特征的参数主要有:吸收曲线上吸光度值最大处吸收峰所在波长称为最大吸收波长(λ_{max});吸收曲线上谷的波长为最小吸收波长(λ_{min});形状如肩的平坦吸收峰,称为肩峰;在短波长端呈现的强吸收,称为末端吸收。吸收光谱参数值及整个吸收光谱图的形状是化合物定性鉴别的重要依据。

(3) 溶剂的影响:化合物的紫外吸收光谱图一般是在溶液中测绘的,溶解化合物的溶剂应该有较好的透光性。常用纯溶剂能够产生吸收的最短波长称为溶剂紫外吸收截止波长(表 3 - 2)。溶剂的极性能影响一些化合物的紫外吸收光谱,而且溶剂不同时,吸收光谱的形状和峰位都可能有变化。一般而论,溶剂极性强可使 $\pi \rightarrow \pi^*$ 的吸收峰长移(或称红移),使 $n \rightarrow \pi^*$ 的吸收峰短移(或称紫移)。许多有机分子的共轭体系中有强弱不同的酸碱基团,溶液酸碱性对其紫外吸收光谱也有明显影响。利用这些影响因素,将有助于对有机分子的定性鉴别。

表 3 - 2 溶剂紫外吸收截止波长

溶剂	最低波长极限/nm	溶剂	最低波长极限/nm
乙腈	190	1,4 -二氧六环	225
水	200	二氯甲烷	235
正己烷	200	氯仿	245
乙醇	205	醋酸乙酯	255
环己烷	210	四氯化碳	265
庚烷	210	苯	(250~300)280
正丁醇	210	二甲苯	295
甲醇	215	吡啶	305
异丙醇	215	丙酮	(300~350)330
乙醚	220	二硫化碳	380

(三) 紫外-可见分光光度计

紫外-可见分光光度计主要由光源、单色器、吸收池、检测器和信号处理器等部件组成。

1. 光源

对光源的基本要求是发射的光线处在紫外或可见光区,并具有连续性、稳定性和一定的强度,光能量随波长的变化波动较小,且有较长的使用寿命。常用的光源是氘灯和钨灯,氘灯用于190~400 nm紫外光范围,钨灯用于350~1000 nm范围。

2. 单色器

单色器是将光源发射出的混合光进行色散并选择出所需波长单色光的装置。单色器是分光光度计的核心部件,主要由进口狭缝、准直镜、色散元件、聚焦透镜和出口狭缝组成。目前色散元件多采用光栅。

3. 吸收池

测定波长在紫外光区,应使用以熔融石英为材料制成的吸收池。测定波长大于350 nm,可使用玻璃吸收池。

4. 检测器

检测器也称光电转换器,一般常用光电倍增管将光信号转换成电信号。

5. 信号处理器

将较弱的电信号经放大、转换等处理过程,以某种方式将测量结果显示出来的仪器。

紫外-可见分光光度计类别很多。按绘制光谱图的检测方式分为分光扫描检测与二极管阵列全谱检测。一般分光光度计采用分光扫描检测方式,其元件的排列次序为光源—单色器—吸收池—光度计。它通过转动色散元件,使单色器出光狭缝面上的光谱带左右移动以选择所需波长的光。扫描一幅光谱图需使不同波长的光依次通过出光狭缝,逐一进入检测器。这种装置的优点是可调节单色光纯度。二极管阵列全谱检测方式元件排列次序为光源—吸收池—单色器—光度计。光源的混合光先通过吸收池吸收后再由色散元件分散成光谱带,不需转动色散元件一次可得全光谱信息,但单色光谱带宽的调节受到一定的限制。

(四) 方法与应用

紫外-可见吸收光谱常用于研究不饱和有机化物,特别是具有共轭体系的有机化合物。许多药物是含有芳环或不饱和共轭结构的有机分子,大都有紫外吸收。但是,紫外吸收光谱是宽谱带光谱,所提供的信息量少。另外,药材中含有多种有紫外吸收的杂质,处理不完全时可能干扰测定,使本方法的单独应用产生了一定的局限性。

1. 定性分析

许多药物的紫外吸收光谱特征是其定性分析的依据。具体的分析步骤如下。

(1)制备供试品溶液:药物用适当的方法处理后,制备成一定浓度的供试品溶液。如被分析的药物有对照品,则应同时制备对照品溶液。

最常使用的溶剂有$0.1 \ mol \cdot L^{-1}$的酸液、碱液、乙醇、正己烷等,应根据被测物的性质选择适当的溶剂。如酚、芳胺、吡啶、不饱和杂环胺和巴比妥类等在酸溶液和在碱溶液中的吸收光谱明显不同。

(2)绘制吸收光谱图:例如制备木犀草素的供试品溶液,测定其紫外吸收光谱,如图3-4所示。由吸收光谱可以测定其最大吸收波长、最小吸收波长、末端吸收、吸收峰数量等光谱特征参数,并确定其吸收带。

由于仪器不同、杂质干扰和检测误差等因素影响,供试品溶液的吸收峰波长一般可能有2~5 nm误差。

(3)结构信息分析:根据其光谱特征,对照药物的标准光谱,推断化合物可能的母体结构、相关的发色基团和助色基团等结构信息。

　　因为在化学结构相似的一类药物中,往往具有共同的母体结构和相似的药理作用。而这类药物紫外光谱的主要特征是相同的或相似的,利用其可以获得药物类别的信息。如巴比妥类药物的紫外光谱特征主要是由于丙二酰脲结构特性所引起,吩噻嗪类药物则是由吩噻嗪母体结构所决定等。

　　(4) 联用其他方法确认:因为具有相似紫外光谱特征的一类药物,其性质或来源却不一定相同。另外,不同的吸光基团由于其电子跃迁能量相近,会产生相似的吸收光谱特性。一般仅用紫外吸收光谱是难以鉴别药材中未知药物的化学结构,通常需要与其他分析方法联用,从不同角度联合确认。

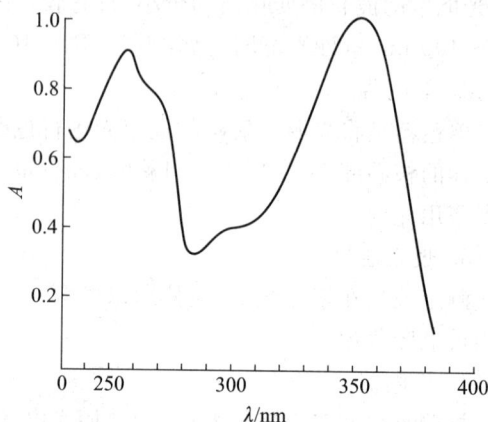

图 3-4　木犀草素的紫外吸收光谱图

　　2. 定量分析

　　光吸收定律是对药物进行定量检测的依据。一般的分析步骤如下。

　　(1) 制备供试品溶液:准确称取一定量的药品,用适当的方法处理后,制备成一定浓度的供试品溶液。同时制备被测药物的对照品溶液。

　　有的样品如中药材和体内样品组成复杂,须采用适当的提取分离方法,以最大限度地消除样品中各种杂质对测定的干扰,尤其是当被测药物的含量较低时。如体液或组织中的蛋白质、色素、各种代谢物及分解产物等对测定有干扰。一般蛋白质在 200 nm 附近和 240~300 nm 间、色素类在大于 300 nm、甾体激素类在 240~300 nm 间均有不同程度的吸收,而干扰测定。

　　(2) 制备标准曲线:一般用与样品组成相同或相近的、不含被测药物的材料为基质,配制药物标准品系列浓度,绘制标准曲线或计算线性回归方程。当然,在基质条件不具备的情况下,也可用药物的对照品溶液直接绘制或计算。

　　(3) 考察分析方法:所建立的药物测定方法是否准确、可靠和可行,一般需要对方法的精密度、重现性、准确度、稳定性等进行考察,并经过统计学分析其误差符合规定要求后,方可应用。

　　(4) 测定:在最佳的测定条件和一定的测定波长下,对不少于三份样品的供试品溶液进行测定。用标准曲线法或吸光系数法计算药物的含量。

　　在定性鉴别的基础上,对于两种或两种以上吸光物质的同时测定,可利用吸光度的加和性,采用双波长法、差示光谱法或导数光谱法等。

二、红外分光光度法

　　当物质分子吸收一定波长的光能,能引起分子振动和转动能级跃迁,产生的吸收光谱一般在 2.5~25 μm 或 4000~400 cm^{-1} 的中红外光区,称为红外分子吸收光谱,简称红外光谱(infrared spectrum,IR)。利用红外光谱对物质进行定性分析或定量测定的方法称为红外分光光度法。

　　由于物质分子发生振动和转动能级跃迁所需的能量较低,几乎所有的有机化合物在红外光区均有吸收。而且分子中不同官能团在发生振动和转动能级跃迁时所需的能量各不相同,产生的吸收谱带其波长位置就成为鉴定分子中官能团特征的依据,其吸收强度则是定量检测的依据。所以,红外分光光度法对未知药物的结构分析、纯度鉴定具有重要价值。

(一)傅里叶变换红外光谱仪

目前,傅里叶变换红外光谱仪(Fourier transform infrared spectrometers,FTIR)是最常用的红外分光光度计,具有分析速度快、分辨率高、灵敏度高和波长精度高等优点,而且特别适于与气相色谱和高效液相色谱仪联机使用。其主要部件(图 3-5)包括:光源、干涉仪、样品池、检测器、计算机和记录仪等部分。

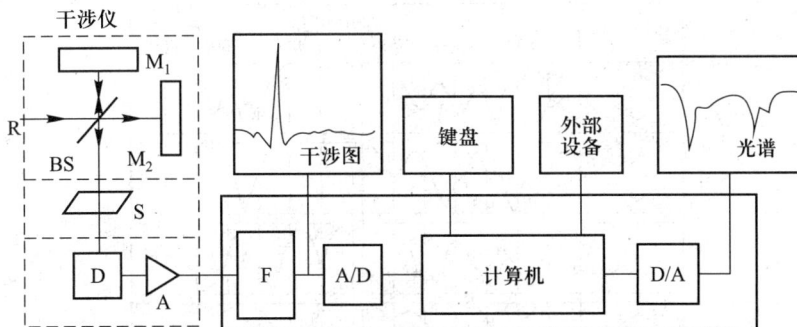

图 3-5 傅里叶转换光谱仪工作原理

R—红外光源;M_1—定镜;M_2—动镜;BS—光束分裂器;S—样品;D—检测器;
A—放大器;F—滤光器;A/D—模数转换器;D/A—数模转换器

(1)光源:一般为硅碳棒和高压汞灯;

(2)干涉仪:一般采用快扫描型的迈克尔逊干涉仪分光;

(3)样品池:一般为氯化钠插入式盐窗;

(4)检测器:一般用热电偶、辐射热测定器或热变电阻器等;

(5)计算机系统:主要作用是控制仪器的操作,从检测器截取干涉谱数据,累加平均扫描信号,对干涉谱进行相位校正和傅里叶变换计算,记录并处理光谱数据等。

(二)特征吸收区域

化合物的红外光谱是其分子结构的反映,通过比较大量已知化合物的红外光谱,总结出各种官能团的吸收规律。在红外光谱中,将能反映化合物特定官能团红外吸收特性的区域,称为特征吸收区域。为了便于分析比较,将红外 $4000 \sim 400$ cm^{-1} 的红外光区,按吸收特征划分为两部分。

1. 官能团区

将化合物特定官能团在 $4000 \sim 1300$ cm^{-1} 范围内产生吸收的区域,称为官能团区。该区域内吸收峰比较稀疏,是鉴定官能团最有价值的区域。如羟基(O—H)在官能团区有两个强吸收,$3700 \sim 3600$ cm^{-1} 的伸缩振动吸收和 $1450 \sim 1300$ cm^{-1} 的面内变形振动吸收峰。

2. 指纹区

将化合物各基团在 $1300 \sim 600$ cm^{-1} 范围内产生吸收的区域,称为指纹区。由于分子结构的细微差异,在该区域内的吸收均会产生复杂的微小变化,就像每个人都有不同的指纹一样。所以,指纹区对于区别结构类似的化合物是很有帮助的。

（1）1300～900 cm^{-1}指纹区：包括 C—O、C—N、C—F、C—P、C—S、P—O、Si—O 等键的伸缩振动和 C=S、S=O、P=O 等双键的伸缩振动吸收。如与羟基(O—H)相关的是 C—O 在指纹区 1160～1000 cm^{-1}的伸缩振动吸收峰。因此，用红外光谱来确定化合物的官能团时，首先应注意在官能团区它的特征峰是否存在，同时也应注意发现其相关峰作为旁证。

（2）900～600 cm^{-1}指纹区：如苯环的 C—H 面外变形振动在 900～600 cm^{-1} 区域的吸收。另外，苯环的倍频或组合在 2000～1667 cm^{-1} 区域也有吸收，两者配合可以确定苯环及其取代基类型(图 3-6)。

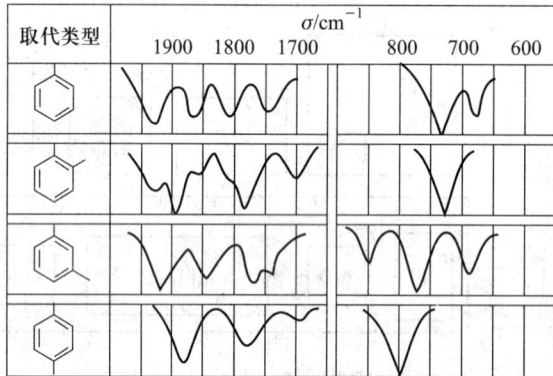

图 3-6　苯环取代类型在 2000～1667 cm^{-1}和
900～600 cm^{-1}区域的指纹区

（三）方法与应用

红外分光光度法广泛地用于药物的定性鉴别。但其应用最广的是对未知化合物的结构鉴定。

1. 与已知物对照鉴定

通常在得到样品的红外谱图后，与纯物质的谱图进行对照，如果两张谱图各吸收峰的位置和形状完全相同，峰的相对强度一样，就可认为样品是该种已知物。相反，如果两谱图曲线不吻合，或者峰位不对，则说明两者不为同一物，或样品中含有杂质。

2. 未知物结构的确定

主要是对红外图谱进行解析，在解析图谱前，必须收集样品的有关资料和数据，如样品的纯度、外观、来源，样品的元素分析结果及其他物理性质（相对分子质量、沸点、熔点等）。在此基础上，根据特征吸收峰进行分析，作出判断。

3. 聚氯乙烯的红外光谱特征

聚氯乙烯的红外光谱如图 3-7 所示。

三、近红外光谱法

近红外光谱法(near-infrared spectrum，NIR)是利用物质对近红外光的吸收特性进行定性和定量分析的方法。近红外光谱是一种介于可见光谱与中红外光谱之间的分子振动光谱，一般物质的近红外吸收光谱强度较弱，影响因素较多，无法通过比较样品与标准品的谱图进行定性鉴别，但可以提供物质的整体特征信息，如物质的化学组成、结构、晶形、粒度、水分和纯度等理化参

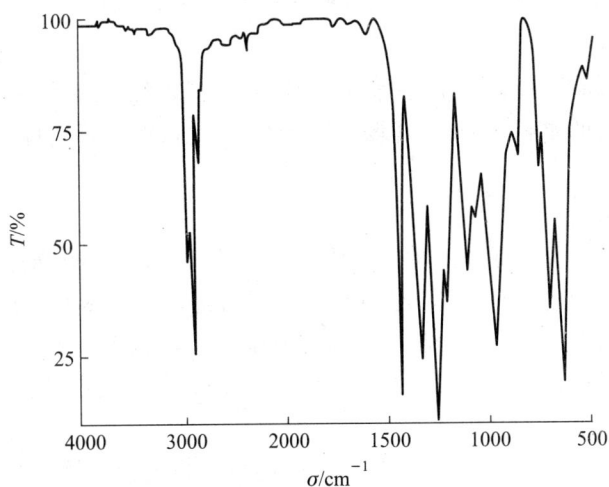

图 3-7 聚氯乙烯的红外吸收光谱图

数的信息。

（一）近红外光谱仪

20 世纪 80 年代后,随着计算机技术和化学计量学的发展,出现了现代近红外光谱仪,同时近红外光谱分析技术也迅速发展。近红外光谱仪按应用场合可分为实验室仪器、现场仪器和在线仪器等;按分光方式可分为滤光片型、光栅扫描型、傅里叶变换型、阵列检测型和声光调谐型等。一般均由光源、取样器、单色器、检测器和计算机等部分组成。

1. 光源

光源发射一定强度的稳定光辐射,其发射波长应在测量光谱区内。最常用的光源是卤钨灯;另一种新型光源是发光二极管,其波长范围可以设定,线性度较好,适于在线或便携式仪器使用。

2. 取样器

取样器是指承载样品或与样品作用的器件。一般液体样品用玻璃或石英样品池;固体样品使用积分球或漫反射探头;现场分析或在线分析时,常用光纤取样器。

3. 单色器

单色器是将复合光色散为单色光的元件。主要有滤光片、光栅、干涉仪、声光调谐滤光器等。

4. 检测器

检测器是将带有样品信息的光信号转变为电信号输出。检测器的光谱范围与其构成材料有关。

5. 计算机

近红外光谱仪通过计算机实现对信号的采集、传输和处理。

（二）特征吸收谱带

近红外吸收光谱区在 750～2500 nm 的波长范围内,一般含有 C—H、N—H、O—H 和 S—H 等含氢基团的物质,在这一光谱区产生近红外吸收。通常在 1450～2050 nm 光谱区内产生主谐波,在 780～1050 nm 和 1050～1700 nm 光谱区内产生副谐波。这些谐波的组合构成了被测物质在近红外光谱区内的特征吸收谱带。但是,其吸收强度一般比在中红外光谱中的吸收强度弱

10～100 倍，并且易受物质颗粒大小、状态、残留试剂和湿度等多种因素的影响。

（三）应用示例

近红外光谱分析具有分析速度快、试验成本低、样品无需预处理等特点，适用于固体、液体、胶体和粉末等不同样品的实验室分析、现场分析和在线分析，在食品、制药、环境等领域得到越来越广泛的应用。

1. 原料药生产过程监控

控制原料药的生产过程是保证药品生产质量的关键环节，近红外光谱法可以对生产过程实施有效的监控。例如：在原料药生产工艺过程中，用近红外分析技术判断化学反应程度和反应终点；在生化制药中，应用在线近红外分析仪可监控发酵反应过程中营养素的变化；原料药质量控制中，对原料药及辅料的结晶度、粒度、密度及旋光度等物理性状进行全面的分析。

2. 制剂生产过程监控

利用制剂生产原料和辅料的理化性质，对生产过程进行监控。例如：在制剂生产中，可对片剂的包衣成分乙基纤维素（羟丙基纤维素）进行无损检测，可检查生产中片剂厚度，对片剂生产工艺进行动态监控；因为近红外光谱法能够直接检测固体样品，因此可用于直接检测在线产品混料的混合均匀度；在药品干燥过程中，可直接在线检测产品的残留水分，以确定样品的干燥终点，实施对冷冻干燥过程和微波真空干燥的过程监控；在注射剂生产中，对注射剂的无菌分装过程进行在线监控等。

3. 药用包装材料分析

利用近红外光谱法可对药用包装材料的高分子进行鉴别。如常用的高密度聚乙烯、聚氯乙烯、聚偏二氯乙烯、锡箔、铝塑板等，通过测定其交联度、密度、结晶度等性质，对其质量进行评价。

4. 中药分析

中药成分众多，组成复杂，质量难控。尤其是无法确定生产过程中有效的质控指标，而难以实现动态的在线检测。近年来，近红外光谱分析技术以其能提供"整体特征信息"的优点，初步显示了其在中药分析领域应用的潜力。

（1）中药材真伪鉴别：我国中药资源丰富，产地众多，成分复杂，质量各异。传统的形态和理化鉴别方法，以及常用的仪器分析方法，均不能完全地解决中药的快速、简便和有效地鉴别问题。利用近红外光谱法结合聚类分析法，可以快速、准确地鉴别多种常用药材的真伪。例如：用近红外光谱分析技术快速鉴别丹参、高丽参、肉桂、天麻、天门冬根等中药材的真伪；对红参、麦冬和丹参等药材的水分含量进行快速检测。

（2）中药生产过程监控：利用近红外光谱分析技术，以中药复杂体系中某一种或几种有效成分为检测指标，对中药生产过程进行在线监控，或对中药有效部位的色谱纯化过程进行快速动态检测等；将近红外光谱分析技术与药物分析信息学相结合，对中药提取和浓缩过程中的特定化学组分进行在线监测和实时分析，提高中药生产过程质量控制水平。通过对这些方法的进一步研究和推广，可以逐步成为中药生产过程在线分析控制的有效方法，对于发展中药生产过程质量控制技术和提高中药制药行业的技术水平具有积极意义。

在药品生产过程的全面质量控制方面，近红外光谱法已显示出巨大的潜力。然而，近红外光谱技术仍是一门发展中的分析技术，还有许多理论性、基础性和技术性问题需要进一步研究和积累。同时在药品生产中,应用近红外光谱技术还需考虑药品的特殊性、复杂性和多样性问题。

四、荧光分光光度法

当物质分子吸收了一定波长的紫外光能之后,基态电子跃迁到第一激发态,处于激发态的电子首先以无辐射的方式下降到第一激发态的低能级,而后再回到基态时,所发射出的光称为荧光(fluorescence)。由此可见,荧光是一种以光能为激发源的发射光,且波长比激发光波长更长,一般处于可见光区(图3-8)。荧光现象是物质的属性之一,并非能吸收激发光的物质都能产生荧光现象。利用物质的荧光现象而建立的分析方法称为荧光分光光度法。

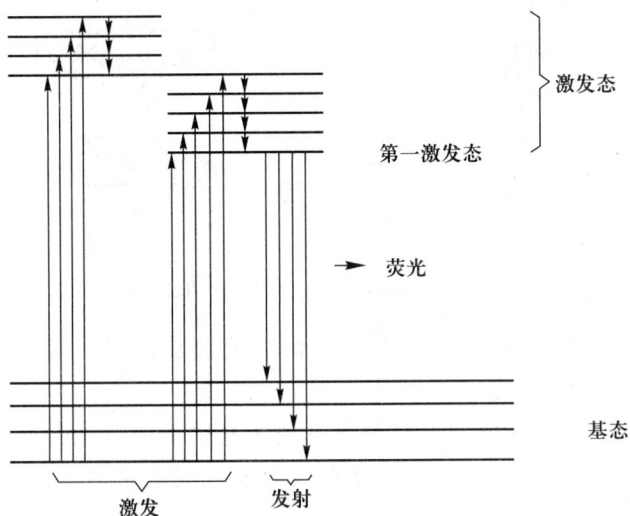

图3-8 荧光产生示意图

(一) 基本原理

荧光是由物质在吸收光能之后产生的发射光。其荧光强度应与物质吸收光能的程度和产生荧光的物质有关。当一溶液中的荧光物质被入射光(I_0)激发后,可以在溶液的各个方向观察荧光强度(I_f)。一般是在与激发光光源垂直的方向检测,以避免透射光(I)对检测的干扰。另外,荧光效率(fluorescence efficiency)是反映荧光强度的重要参数,定义为

$$\phi = \frac{发射荧光的光子数}{吸收激发光的光子数} \tag{3-6}$$

而荧光强度 I_f 应与荧光物质的吸光强度($I_0 - I$)和荧光效率 ϕ 成正比,即

$$I_f = \phi(I_0 - I) \tag{3-7}$$

根据朗伯-比尔定律,荧光强度可以表示为

$$I = I_0 10^{-Ecl}$$

$$I_f = \phi I_0 (1 - 10^{-Ecl}) \tag{3-8}$$

由(3-7)式和(3-8)式进行展开运算与合理舍取,并在一定条件下,得到

$$I_f = 2.3\phi I_0 Ecl = Kc \tag{3-9}$$

式中，K 在一定的实验条件下为常数，c 为溶液中荧光物质的浓度。

(3-9)式表明，在一定的浓度范围内，荧光强度与荧光物质的浓度呈线性关系。因此，荧光法定量的依据是荧光强度与浓度的线性关系。值得注意的是吸收紫外光的物质只有一部分具有较高的荧光效率，可用荧光法测定。

（二）荧光分光光度计

常用的荧光分光光度计主要由激发光源、样品池、检测器、单色器和信号处理器等部件组成（图 3-9）。

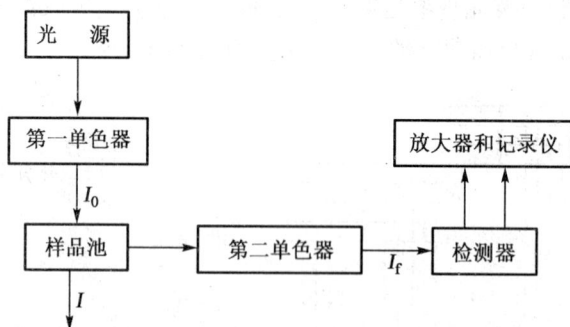

图 3-9　荧光分光光度计结构示意图

荧光分光光度计的工作原理是：由光源发射出一定波长范围的紫外光，经第一单色器色散后，得到所需波长和一定强度（I_0）的激发光；通过样品池后，部分激发光被荧光物质吸收，透射过的激发光强度（I）减弱。同时被激发的荧光物质向各个方向发射荧光，为消除透射激发光对荧光纯度的影响，检测器一般设在与激发光成直角的方向上。经第二单色器色散后，通过检测器测定不同波长下的荧光强度（I_f）；最后，经信号处理器，以某种方式将测量结果显示出来。

（三）方法与应用

由于荧光分光光度法具有检测灵敏度高、专属性较强的特点，常用于微量甚至痕量药物的定量分析。

1. 直接荧光法

对在一定条件下能产生较强荧光的药物，可以用荧光光度法直接测定。如巴比妥类、苯并二氮杂卓类、香豆素类和一些生物碱类药物等。

2. 间接荧光法

对在一定条件下不能产生荧光或荧光很弱的药物，可通过与荧光试剂的衍生化反应形成具有较强荧光的衍生物后，再进行检测。如荧光试剂荧光胺（fluorescamine）可与含伯氨基的药物生成荧光衍生物，用于检测普鲁卡因、苯丙胺等。

例如：吩噻嗪类药物的测定。吩噻嗪类药物与过氧化氢作用生成的化合物具有荧光，其激发波长和发射波长见表 3-3，当浓度在 $1\sim10~\mu g \cdot mL^{-1}$ 范围内，荧光强度与浓度呈线性关系。具体的分析步骤一般包括：供试品和对照品溶液制备、实验条件的选择、标准曲线制备、分析方法学考察、样品测定等。

表 3 - 3 吩噻嗪类药物的激发波长和发射波长

药物	激发波长/nm	发射波长/nm
氯丙嗪	340	380
异丙嗪	340	380
奋乃静	340	380
三氟拉嗪	350	405

五、原子吸收分光光度法

原子吸收分光光度法(atomic absorption spectrophotometry,AAS)是基于从光源辐射出具有待测元素特征谱线的光,通过样品蒸气时被待测元素基态原子所吸收,由辐射谱线被减弱的程度来测定待测元素含量的方法。每种元素都有自己的特征谱线,而且特征谱线宽度很窄(0.002~0.005 nm),任何一种通常的单色器无法提供有效的供原子吸收的特征谱线,使原子吸收的测量不宜采用分子光谱吸收的测量方法。所以,根据气态自由原子对同种原子辐射的特征谱线产生的自吸现象,用带宽窄于吸收峰的锐线光源解决了上述测量中遇到的困难,并使原子吸收光谱法成为一种选择性很好的分析方法,广泛用于金属元素测定。

(一)双光束原子吸收光谱仪

原子吸收光谱仪主要由:光源、原子化器、单色器、检测器和信号处理器等部件组成(图 3 - 10)。

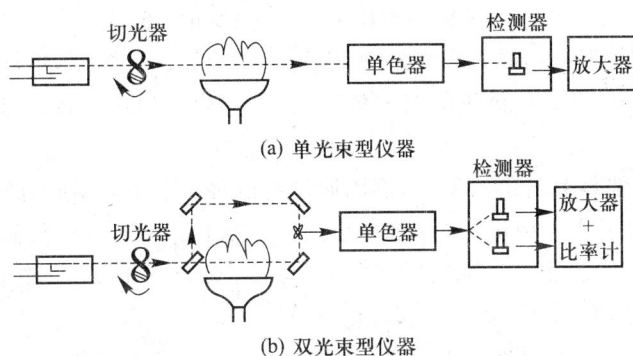

图 3 - 10 原子吸收光谱仪的组成示意图

1. 光源

空心阴极灯(hollow cathode lamp,HCL)是由一个阳极和一个空心圆筒状的阴极组成的气体放电管。其阴极是用待测元素为材料制成的,能发射相应待测元素的特征谱线,又称为锐线光源。但是,每测一种元素需用该待测元素的空心阴极灯。

2. 原子化器

原子化器是使样品汽化并将待测元素转化为气态的基态原子的装置。空心阴极灯发射的特征谱线通过原子化器后被基态原子吸收。

(1)火焰原子化器:是由化学火焰提供能量的原子化器。具体过程:样品溶液经雾化器喷成雾状,与助燃气和燃气充分混合后,进入燃烧器燃烧并解离成气态原子。

(2) 石墨炉原子化器:是一种非火焰原子化器。具体过程为:样品溶液加到石墨管中,在流通的氮气或氩气等惰性气体中用电加热,在较低温度下使样品蒸干、灰化,升高石墨炉温度至 3000 K,使待测元素原子化。与火焰原子化器相比,石墨炉原子化器有取样量少、灵敏度高、分析过程简单等特点。

3. 单色器

原子吸收光度法中光源的波长范围在紫外和可见光区,常以光栅为单色器。由于采用了谱线较为简单的锐线光源,对单色器的分辨率要求不高。

4. 检测器和信号处理器

检测器为光电倍增管。一般采用选频放大电路来分离和放大调频检测信号,由计算机对测量数据进行处理,并输出测量结果。

(二) 方法与应用

原子吸收分光光度法具有灵敏度高和选择性强的特点,适用于微量或痕量金属物,如砷(arsenic,As)、汞(hydrargyrum,Hg)、钡(barium,Ba)等的定量分析。

1. 定量分析方法

根据朗伯-比尔定律,进行定量分析的基本关系式为

$$A = Kc \qquad\qquad (3-10)$$

式中,A 为吸光度,K 在一定的实验条件下为常数,c 为待测元素的浓度。可见待测元素的吸光度与其浓度成正比。以此为基础,实验中常用标准曲线法和标准加入法。

(1) 标准曲线法:配置一组系列标准溶液,在一定实验条件下测定,根据(3-10)式绘制 A-c 标准曲线。在相同条件下测定供试品溶液的吸光度,用内插法由标准曲线求得药品中待测金属物的含量。

(2) 标准加入法:当样品的组成复杂,难以通过空白对照来扣除本底对测定痕量元素的影响时,可采用标准加入法。分取 $n(n \geqslant 5)$ 份的待测样品,依次加入不同量的待测元素标准,其中第一份不加标准,分别测定其吸光度,绘制吸光度对加入元素量的校正曲线。用外推法将校正曲线向左延至与横坐标轴相交处,而交点至原点距离所相当的浓度或含量,就等于样品中待测元素的含量。

对火焰原子化器,一般用氧瓶燃烧法,以矿物酸和强氧化剂为溶剂,将样品溶解或分解成溶液后测定;对石墨炉原子化器,样品可以直接原子化后测定。如血液、尿液等体液样品可直接定量移入石墨管内灰化及原子化。如脏器组织、头发等固体样品可直接用钽舟称量后,置于石墨管内灰化及原子化。

2. 金属汞测定

一般采用标准曲线法。汞离子经氯化亚锡还原为金属汞,汞蒸气对波长 253.7 nm 的紫外线具有强烈的吸收作用,根据其吸收度测定汞的含量。本法十分灵敏,可测量 1 ng 的汞。因此,要求试剂和器皿必须十分洁净,所用蒸馏水必须是无汞离子水。

六、有机质谱法

有机质谱法(organic mass spectroscopy,OMS)通常采用高能电子束使汽化的有机分子生成带

正电荷的阳离子,加速后导入质量分析器,在磁场作用下以离子的质荷比$\left(\dfrac{m}{z}\right)$大小顺序进行收集并记录得到质谱图。利用质谱图中离子峰位置进行定性和结构分析,利用离子峰强度进行定量分析。

(一)质谱仪

由进样系统、离子源(解离室)、质量分析器、离子检测器和记录系统等部分组成(图3-11)。质谱仪系统须在高真空条件下运行。

1. 进样系统

在高真空条件下,以一定方式将气态、液态或固态样品引入离子源的系统。

2. 离子源

在一定条件下,使样品中的有机分子汽化后解离成离子,或直接转化成气态离子的装置。

3. 质量分析器

将气态离子通过磁场作用实现离子的方向聚焦,使离子按质荷比$\left(\dfrac{m}{z}\right)$大小分离,并形成一定强度离子流的装置。其基本原理如下:

$$R = \frac{1}{B}\sqrt{2V\frac{m}{z}} \qquad (3-11)$$

式中,R为离子运动半径,B为磁感应强度,$\dfrac{m}{z}$为离子的质荷比,V为加速电压。若B和V固定不变,则离子运动的半径R仅取决于离子的$\dfrac{m}{z}$。所以,不同质荷比的离子,由于运动半径不同,在质量分析器中被分离。当质谱仪出射狭缝的位置固定时,通过采用磁场扫描法(固定加速电压V,连续改变磁感应强度B)或电压扫描法(固定磁感应强度B,连续改变加速电压V),使不同质荷比的离子依次通过出射狭缝,进入离子检测器。

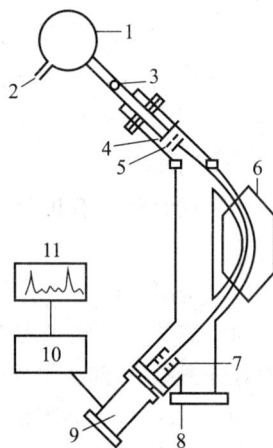

图3-11　质谱仪示意图
1—储样器；2—进样系统；3—漏孔；
4—离子源；5—加速电极；6—磁场；
7—离子检测器；8—接真空系统；
9—前置放大器；10—放大器；
11—记录系统

4. 离子检测器与记录系统

不同质荷比的离子流,通过一离子收集极直接检测,经放大后以质谱图的形式进行记录。

(二)质谱图和离子峰

1. 质谱图

在质谱分析中,以相对离子强度为纵坐标,正离子的质荷比为横坐标的图谱称为质谱图。一般用条(棒)图形式表示质谱数据。相对离子强度通常是把原始质谱图上最强的离子峰定为基峰,规定其相对强度为100%,其他离子峰以此基峰的相对百分数表示。

2. 主要离子峰类型

在有机质谱分析中,一个纯化合物经离子源电离后产生的各种离子,在质谱图上对应的离子峰类型除分子离子峰和碎片离子峰外,还有同位素离子峰、重排离子峰、亚稳离子峰及多电荷离子峰等,限于篇幅,仅对前两类离子峰作简单介绍。

(1)分子离子峰:化合物分子电离后,失去一个电子而生成带正电荷的离子称为分子离子,由此产生的质谱峰称为分子离子峰。一般用 M^+ 表示,其 $\dfrac{m}{z}$ 的数值相当于该化合物的相对分子质量。有机化合物的分子离子峰一般出现在质谱图的右端,其相对强度取决于分子离子的稳定性。一般稳定性次序为:芳香环>共轭多烯>烯>环状化合物>羰基化合物>醚>酯>胺>酸>醇>烃类。

(2) 碎片离子峰:当离子源提供的能量超过分子的电离能时,处于激发状态的分子离子,其原子间的化学键断裂,生成各种质量数低于分子离子的碎片离子,由此产生的质谱峰称为碎片离子峰。在质谱图上,有机化合物的碎片离子峰应位于分子离子峰的左侧。分子的碎裂过程与其结构有密切的关系。所以,碎片离子峰能提供被分析化合物更多的结构信息。

(三) 应用

质谱法是研究有机化合物结构的有力工具之一。在对药物的定性鉴别和纯度检测中有重要应用价值。

1. 一般应用

通常有机质谱法可用于纯化合物的结构分析。如利用质谱图上的分子离子峰,可测得化合物的相对分子质量;确认了分子离子峰和相对分子质量,可进一步确定化合物的分子式;通过碎片离子峰,可提供各种官能团是否存在的信息;通过与标准化合物质谱图比较,可确认该化合物结构等。

2. 欧前胡素的质谱法测定

欧前胡素的质谱图如图 3-12 所示,其中 $\dfrac{m}{z}$ 为 202 的峰为基峰, $\dfrac{m}{z}$ 为 270 的峰为分子离子峰。

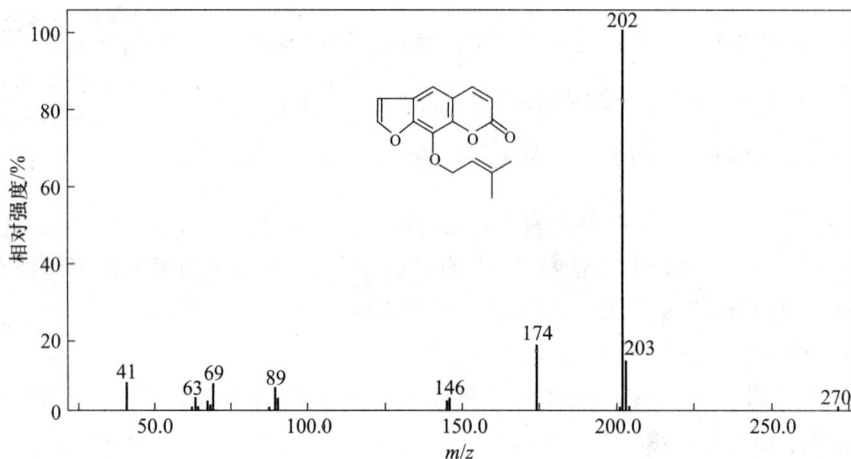

图 3-12　欧前胡素的质谱图

七、旋光与折光分析法

(一) 旋光分析法

旋光分析法(polarimetric analysis)是基于旋光活性物质能使平面偏振光改变偏振方向的性质所建立的光学分析法。主要用于研究分子结构的非对称性,并能对具有旋光性质的药物进行定性和定量分析。

一束平面偏振光通过含有旋光活性的物质,透过的平面偏振光的偏振方向发生偏转的现象称为旋光性,能产生旋光现象的物质称为旋光活性物质。通常旋光活性物质对平面偏振光的左、右圆偏振光的折射率是不同的,当平面偏振光的左、右圆偏振光以不同的传播速度通过含有旋光活性物质的溶液时,透过后的平面偏振光应是透过后的左、右圆偏振光矢量和,如图 3-13 所示。

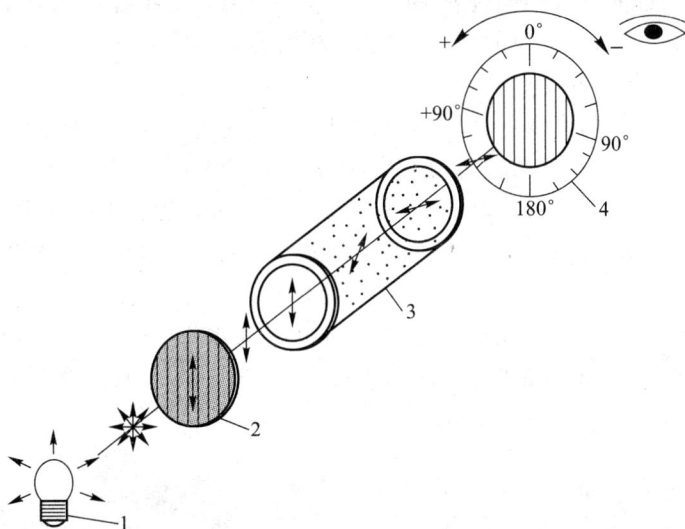

图 3-13 旋光分析原理示意图

1—光源;2—起偏镜(固定);3—样品管;4—可旋转偏镜

由图 3-13 可见,平面偏振光透过旋光活性物质后,其偏振方向与原来的平面偏振光的振动方向间形成的旋转角度称为旋光度(α)。一般旋光度受温度和偏振光波长的影响,所测定的旋光度应标明测定时的温度和波长,表示为 α_λ^t。

比旋度是指偏振光通过长 1 dm 且每毫升含旋光物质 1 g 的溶液,在一定的波长和温度下的旋光度称为比旋度。计算公式为

$$[\alpha]_\lambda^t = \frac{\alpha_\lambda^t}{d\rho} \tag{3-12}$$

式中,d 为介质的厚度,ρ 为介质的密度。对于溶液中溶质的比旋度,可用下式表示:

$$[\alpha]_\lambda^t = \frac{100\alpha_\lambda^t}{d\rho} \tag{3-13}$$

式中,ρ 为溶液的质量浓度,单位为 g·(100 mL)$^{-1}$。

旋光计(polarimeter)是用来测定物质旋光性质的装置。一般由光源、起偏镜、样品管、检偏镜和检测器等组成。光源使用钠蒸气灯,起偏镜和检偏镜用尼可尔(Nicol)棱镜,起偏镜固定不动用于产生平面偏振光,检偏镜用于测定偏振光。

例如:右旋糖酐-20 的测定,精密量取右旋糖酐-20 供试品 10 mL,置 25 mL(6% 规格)或 50 mL(10% 规格)量瓶中,加水稀释至刻度,摇匀,用旋光计测定旋光度,计算含量。

(二) 折光分析法

光从空气射入另一介质时的入射角与光在该介质中的折射角的余弦之比,称为折射率(n),是物质的一种通性。折光分析法(refraction analysis)是利用物质的折射率与物质的纯度或组成

关系进行分析的方法。

影响折射率测定因素有温度、光的波长和压力等。温度的变化影响介质密度,从而影响光在介质中的传播速度。折射率一般在 20℃ 或 25℃ 恒温下测定,并要求标明测定的温度条件,如 n^{20} 或 n^{25} 等。

物质对不同波长的光具有不同折射率的现象称为色散。由于存在色散现象,通常在引用或测定折射率时,要求标明所用光束的波长。例如:常用钠光灯的 D 线($\lambda = 589.3$ nm)来测定折射率,则标记为 n_D^{20} 。

由于压力能影响物质的密度,所以也影响折射率。一般地讲,压力对液体和固体的密度影响极小,可以忽略不计。但是对气体物质,压力的影响就很显著,应严格控制。

测定折射率仪器为折射计(refractometer),常用阿贝折射计。主要由两个具有较大折射率的直角棱镜组成,装有温度计控制棱镜恒温,一般通过消色散装置可直接利用日光进行操作,也可使用钠光灯。

例如:丙戊酸钠的鉴别,取丙戊酸钠供试品约 1 g,加水 10 mL 溶解后,加盐酸(9→50) 约 4 mL 使呈酸性,加乙醚 15 mL,振摇后,取乙醚液,置蒸发皿中,使乙醚挥发,取残留物照折射率测定法测定,折射率应为 1.423~1.426。

第三节　色谱分析

1903 年,俄国植物学家茨维特(M. S. Tswett)首先发明了柱吸附色谱技术,并应用于植物色素的分离分析;1941 年以后,马丁(Martin)、辛格(Synge)和詹姆斯(James)等发明了分配色谱的理论和技术成为现代色谱发展的标志;在此基础上,1956 年范第姆特(van Deemter)等提出的色谱速率理论,以及色谱仪器与色谱固定相的发展使高效液相色谱应运而生;1980 年以后,现代色谱分析的理论和技术日趋成熟,已成为对复杂体系中组分进行分离分析的主要手段,应用领域十分广泛。

色谱法(chromatography)是建立在被分离组分在两相间具有不同分配特性基础上的分析方法。其中:静止不动的一相称为固定相(stationary phase),参与运动的另一相称为流动相(mobile phase)。如按流动相的物理状态可将色谱法分为:气相色谱法、液相色谱法和超临界流体色谱法;在液相色谱法中,按固定相的赋存形式和特征可将色谱法分为柱色谱法和薄层色谱法。本节将对薄层色谱法、气相色谱法和高效液相色谱法作简要介绍。

一、分离原理

(一) 分配平衡

在色谱分离过程中,当温度一定时,认为组分在两相间的分配可以达到热力学平衡,此时组分在固定相中的浓度(c_s)与在流动相中的浓度(c_m)之比为一个常数,表示为

$$K_D = \frac{c_s}{c_m} \tag{3-14}$$

式中,K_D 为平衡常数(equilibrium constant)。当色谱体系的固定相和流动相一定时,K_D 是反映组分保留特性的参数,K_D 值大,表明组分与固定相的作用强,易于保留;反之,则组分与固定相的作用弱,易于进入流动相而被洗脱。由于不同组分其化学性质各异,就具有不同的保留特性或不同的 K_D 值,从而通过色谱方法得以分离。

（二）保留参数

色谱图（chromatogram）是指待测分离组分，流经色谱柱和检测器，所得到的检测信号随时间分布图。描述曲线特征的各种保留参数（retention parameter），反映了组分在色谱柱中的作用和分离特性（图 3-14）。

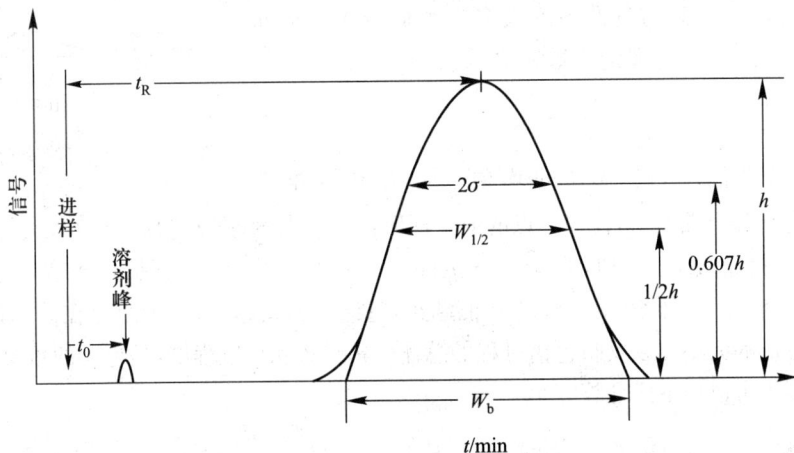

图 3-14　保留参数间的关系及色谱峰不同高处的峰宽

1. 保留时间

组分从进样开始到柱后该组分出现峰值浓度时，所需的时间称为保留时间（retention time，t_R）。不被保留样品通过整个色谱系统所需的时间称为死时间（void time，t_0）。

可见保留体积与保留时间的关系为：$V_R = q_V \cdot t_R$ 与 $V_0 = q_V \cdot t_0$，其中 q_V 为流动相的体积流量（mL·min^{-1}）。

2. 容量因子

由于保留体积的大小与柱的尺寸有关，不能完全反映组分的保留特性，所以引入容量因子（capacity factor，k'）的概念。根据分配平衡定义的容量因子为在一定温度下，组分在两相间的分配达到平衡时，其在两相中的绝对量之比，表示为

$$k' = \frac{组分在固定相的量（Q_s）}{组分在流动相的量（Q_m）} \qquad (3-15)$$

根据保留参数定义的容量因子为组分在固定相中的净保留时间与死时间的比值，表示为

$$k' = \frac{t_R - t_0}{t_0} = \frac{t_R}{t_0} - 1 \qquad (3-16)$$

或

$$t_R = t_0(k' + 1) \qquad (3-17)$$

可见，容量因子与平衡常数间的关系为

$$k' = \frac{Q_s}{Q_m} = K_D \frac{V_s}{V_m} = K_D \varphi \qquad (3-18)$$

式中，V_s 和 V_m 分别表示柱内固定相和流动相所占的体积，$\varphi = \dfrac{V_s}{V_m}$ 称为色谱柱的相比，色谱柱体积一定时 φ 为常数。

（三）理论板数

两个组分被分离的条件首先是它们有不同的 K_D 值或 k' 值,但也与峰的形状和宽度有关(图 3-15)。

为了描述色谱峰的宽度,引入理论板数(n)的概念。由于组分经色谱柱分离后得到的色谱图绝大多数类似于正态分布曲线,可用统计学的方法对理论板数定义为

$$n = \frac{\mu^2}{\sigma^2} \tag{3-19}$$

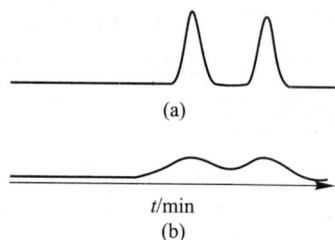

(a)

(b)

t/min

图 3-15　色谱峰宽与保留示意图

式中,μ^2 和 σ^2 分别表示色谱峰的均值(mean)和标准差(variance)。在色谱流出曲线上,任何一点的横坐标值若用 t 表示,则 μ 为曲线最高点的横坐标值,即 $\mu = t_R$。而 σ 则是拐点的横坐标值,即 $\sigma = |t - \mu|$ 或 $\sigma = |t - t_R|$。由此可见,σ 值越大,色谱峰越矮越宽,表示组分在分离过程中扩散作用较强;σ 值越小,色谱峰越高越窄,表示组分在分离过程中聚集作用较强。所以 n 值的大小可以反映色谱过程的总体聚集趋势和扩散程度,是色谱的重要参数。

在实际应用中可以用下式计算 n 值:

$$n = \left(\frac{\mu}{\sigma}\right)^2 \tag{3-20}$$

因为 $\mu = t_R$,$W_{1/2} = 2.354\sigma$,代入上式可以得到

$$n = 5.54 \left(\frac{t_R}{W_{1/2}}\right)^2 \tag{3-21}$$

又因为 $W_b = 4\sigma$,还可以得到

$$n = 16 \left(\frac{t_R}{W_b}\right)^2 \tag{3-22}$$

式中,$W_{1/2}$ 为色谱峰的半峰宽,W_b 为峰底宽。

理论板数与柱长(column length,L)成正比。所以,柱的性能还可用板高度(plate height,H)来表示,即

$$H = \frac{L}{n} \tag{3-23}$$

理论板概念被广泛用来描述色谱柱的特性,性能良好的色谱柱,其理论板数高,板高度值小,峰形窄而对称。

（四）范氏方程

1956 年,范第姆特(van Deemter)提出了色谱中塔板高度受三方面的因素影响,并总结出了与流动相线速(u)有关的经验表达式称为范氏方程,表示为

$$H = A + \frac{B}{u} + Cu \tag{3-24}$$

式中各参数均以不同方式影响色谱柱的塔板高度,造成色谱峰的展宽,进而影响色谱柱效(如图 3-16 所示)。

1. 涡流扩散项(A)

A 与固定相的粒度大小和均匀度有关,与流动相的性质无关。气相色谱中使用空心毛细管

柱(又称空心柱)时,由于无填充颗粒,A 项为零。

2. 分子扩散项$\left(\dfrac{B}{u}\right)$

$\dfrac{B}{u}$项与组分在柱中的浓度梯度和分子的扩散运动有关,增加流速有利于克服由$\dfrac{B}{u}$项引起的色谱峰展宽。气相色谱中,$\dfrac{B}{u}$项是色谱峰展宽的主要因素;而液相色谱中,由于液态分子的扩散运动较低,$\dfrac{B}{u}$项可以忽略不计。

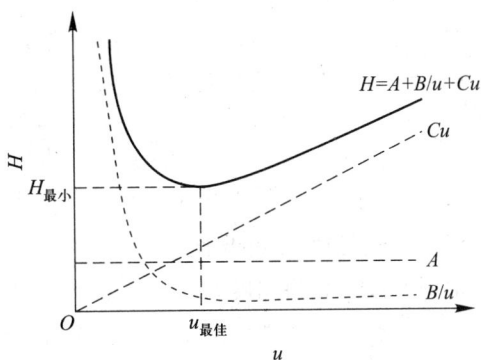

图 3-16 塔板高度(H)和流速(u)的关系

3. 传质阻力项(Cu)

Cu 与固定相的液层厚度和柱中流动相的迁移速度有关。组分进入固定相和从固定相返回流动相均需要一定的时间,所以增加流速将会造成分子质量迁移速度的差异,而引起色谱峰展宽。液相色谱中,Cu 项是色谱峰展宽的主要因素。

(五) 分离度(resolution,R_s)

在给定色谱条件下,相邻的两个色谱峰被分离的程度用分离度来表示。定义为

$$R_s = \frac{2(t_{R2} - t_{R1})}{W_{b1} + W_{b2}} \tag{3-25}$$

式中,t_{R1},t_{R2},W_{b1} 和 W_{b2} 分别表示第一个和第二个色谱峰保留时间和峰底宽度。一般 $R_s > 1.5$,认为两峰完全基线分离。

分离度 R_s 还可以表示为

$$R_s = \frac{\alpha - 1}{\alpha + 1} \cdot \frac{k}{1+k} \cdot \frac{\sqrt{n}}{2} \tag{3-26}$$

式中,k 为两峰容量因子的均值$\dfrac{k_1 + k_2}{2}$,α 为相对保留值(relative retention)$\dfrac{t_{R1}}{t_{R2}}$。

二、薄层色谱法

薄层色谱法(thin layer chromatography,TLC)是将固定相铺于平板上,利用流动相的毛细现象推动组分迁移,由于不同组分在两相间分配特性或吸附作用的差异,而得以分离的色谱方法。与其他色谱方法相比,薄层色谱法具有操作简便、分析快速、应用广泛等特点,至今仍是药物分析中常用的微量分离分析技术。

(一) 色谱展开与比移值

1. 色谱展开

在流动相的作用下,组分在铺有固定相的平板上进行差速迁移而逐步被分离的过程称为色谱展开(development)。通常将铺有固定相的平板称为薄层板,将流动相称为展开剂(developer)。对展开后的薄层板,组分斑点在薄层板中的位置是其定性分析的依据,而组分斑点的面积或吸收光强度则是其定量测定的依据。

2. 比移值(R_f)

在薄层色谱法中,引入了能够反映组分斑点在薄层板中位置的保留参数称为保留比(retention ratio,R_f),或称比移值。定义为

$$R_f = \frac{\text{组分原点中心至展开后斑点中心的距离}}{\text{组分原点中心至展开剂前沿的距离}} \quad (3-27)$$

可见 R_f 的大小应在 0～1 之间。当薄层色谱条件一定时,组分的 R_f 值为常数。

(二)固定相与展开剂

常用的固定相为粒度在 5～50μm 的分散性颗粒。如各类吸附剂、键合相硅胶等。展开剂则要根据固定相的种类和待测组分性质选择,一般为混合溶剂。

1. 吸附剂

最常用的吸附剂包括硅胶、氧化铝、硅藻土、粉末纤维素和聚酰胺等。由于在药物分析中使用最多的是硅胶和氧化铝,故仅对其作简单介绍。

(1)硅胶:二氧化硅($SiO_2 \cdot H_2O$)经特殊处理后,成为具有均匀孔径和适当比表面积的刚性颗粒。硅胶表面的硅羟基具有较强的极性和微弱的酸性,是其产生吸附作用的活性基团或称活性位点(active site)。活性位点愈多,吸附力愈强。硅胶吸附水分(包括空气中的水分)后,吸附力会有所减弱。所以,硅胶在使用前,一般应在 105～110℃ "活化"一定时间,以部分地除去水分,增加其吸附力。

(2)氧化铝:为三氧化二铝(Al_2O_3)经不同方法处理后,制备成的刚性颗粒。分为微酸性(pH 约为 4)、中性(pH 约为 7)或微碱性(pH 约为 9)氧化铝。通常酸性吸附剂对碱性组分有很强吸附力,反之亦然。一般酸性吸附剂适用酸性和中性组分的分离,碱性吸附剂适用碱性和中性组分的分离,应避免吸附力过强的现象。

(3)商品吸附剂:如薄层色谱用硅胶-G 为加有煅石膏(gypsum)作黏合剂的吸附剂,硅胶-H 为不加黏合剂的吸附剂,硅胶-GF₂₅₄ 或硅胶-GF₃₆₅ 分别为加有荧光物质并能在 254 nm 或 365 nm 波长下产生荧光的吸附剂等。同时,还有各种不同规格的预制商品薄层板。一般亲脂性药物选用硅胶或氧化铝薄层板,其中酸性药物首选硅胶板,碱性药物先用氧化铝板。

2. 展开剂

一般由混合溶剂组成的展开剂是推动组分迁移的原始动力,展开剂的推动力、吸附剂的吸附力与组分的作用力三者之间相互制约又相互竞争。所以,薄层吸附色谱的分离过程是一个"吸附、解离,再吸附、再解离"的往复循环过程。在此过程中,当组分和吸附剂一定时,展开剂的极性增加,组分的 R_f 值增大,反之 R_f 值减小。一般组分的 R_f 值在 0.2～0.7 的范围内为宜。

(1)展开剂的极性:吸附薄层色谱中常用一种或多种溶剂按比例混合后作为展开剂。其极性由小到大的顺序为:石油醚、环己烷、甲苯、苯、氯仿、乙醚、醋酸乙酯、正丁醇、正丙醇、丙酮、异丙醇、乙醇、醋酸、甲醇、甲酸、水。而混合展开剂的极性应介于各单一溶剂的极性之间,并随混合比例不同而有差异。

(2)展开剂的选择:通常展开剂、吸附剂和组分三者之间的分子间作用力是相当复杂的。在分析药物时,一般要根据文献资料和药物性质进行预实验后选择确定展开剂。当然,通过实践经验而归纳总结出的"三角形方法"也可以作为展开剂选择的参考方法和一般原则。如图 3-17 所示,以组分(溶质)的极性为起点,极性较小的组分,可选择活性较高的吸附剂和极性较弱的展开剂;而极性较大的组分,则宜用活性较低的吸附剂和极性较强的展开剂。

（三）方法与应用

大部分非挥发性药物可以用薄层色谱法进行定性分析和定量检测。通常供体内药物分析用的组织如血液、尿液、脏器、内容物等，一般需要用适当的方法净化处理，再用易挥发的有机溶剂（如甲醇、乙醇、氯仿等）溶解，制备成供试品溶液后进行分析测定。

1. 定性分析

用薄层色谱法对药物进行定性鉴别，一般包括以下过程。

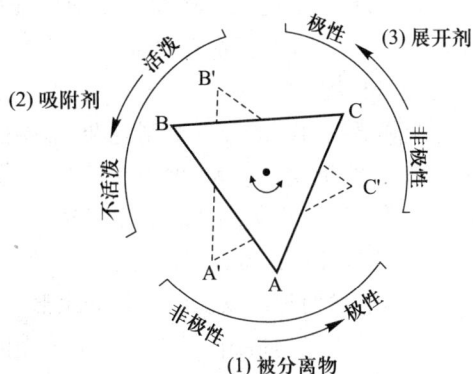

图 3-17　化合物的极性、吸附剂活性和展开剂极性间的关系

（1）薄层板制备：实验用薄层板一般的实验室可以用商品吸附剂自制。常用的规格有 5 cm× 20 cm、10 cm×20 cm 和 20 cm×20 cm 等，薄层板的涂层厚度应在 0.2～0.5 mm 之间。一般采用湿法制板，即取一定量的吸附剂，用 0.1%～ 0.5% 羧甲基纤维素钠（CMC）水溶液调成糊状，以适当的厚度直接均匀地涂于平板上，室温下自然晾干。使用前于烘箱中活化 0.5～1 h。另外，商品薄层板在使用前也须活化。

（2）分析步骤：薄层色谱分析的基本步骤包括：点样、展开、斑点检视、鉴别和测定等。

1）点样：常用点样器或定量毛细管进行点样。一般手工点样要求样品"点"圆正，直径小于 3 mm，点样量在 10 μL 以下，点样原点线高度为 2 cm。在多次点样时应注意，点样不能点成空心圆，不要损伤薄层板面。目前常用的自动薄层点样器，样品可点成条状。

2）展开：薄层板应在专用的层析缸中展开。上行法是最常用的展开方式，即将薄层板倾斜放入盛有展开剂的缸内，待展开剂蒸气达到饱和后，再将展开剂浸没薄层板下端，高度不超过 0.5 cm。展开到规定距离后，将薄层板取出，标记展开剂前沿位置，晾干。有时需要更换展开剂进行第二次展开。用过的展开剂不能重复使用。

3）斑点检视：① 待测药物自身有颜色，展开后可直接观察斑点的位置；② 有些药物自身有荧光，展开后可在紫外光（254 nm 或 365 nm）灯下观察斑点的位置；③ 对于自身不具有荧光药物，可在荧光薄层板（硅胶-GF$_{254}$ 或硅胶-GF$_{365}$）上展开后，在紫外光灯下观察，可看到荧光背景上的暗色斑点；④ 对于有些药物，展开后可以应用显色剂，使斑点显色或产生荧光。如碘化铋钾显色剂能与多种含氮有机物形成橙红色的产物，10% 的硫酸乙醇也是常用的通用型显色剂。

4）定性鉴别：① 原位鉴别法，即在同一薄层板上设有可疑药物对照品点，在相同的条件下展开并进行比较，其主斑点的 R_f 值和颜色须一致，有时需要用几种不同的展开剂系统验证其一致性后，方可作出较为准确的判断；② 洗脱后鉴别法，即对于展开后难以判断的组分斑点，将其从吸附剂上洗脱下来，再借助其他分析手段加以鉴别。具体方法为：在同一薄层板上设有药物对照品点（必要时可将对照品斑点显色，但洗脱斑点不显色），以确定洗脱斑点的位置，将与对照品斑点平行位置的吸附剂从薄层板上刮下，用适当溶剂将待测组分斑点洗脱下来，再用其他特异性的方法鉴别。

例如：中药鸡血藤中芒柄花素的鉴别。将鸡血藤制备成供试品溶液，芒柄花素对照品用甲醇制成对照品溶液（1 mg·mL^{-1}）。分别吸取供试品溶液和对照品溶液各 5 μL，点于同一硅胶 G

薄层板上,以三氯甲烷-甲醇(30∶1)为展开剂,展开,取出,晾干,置紫外光灯(254 nm)下检视。供试品溶液中,在与对照品色谱相应的位置上,显相同颜色的荧光斑点。

2. 定量检测

由于薄层色谱法的分离机制复杂,影响因素众多,一般主要用于药物的定性分析。作为定量检测方法,其检测误差较大,重现性较差,须要特别注意控制实验条件和消除影响因素。常用的定量方法是薄层扫描法和洗脱后定量法。

(1) 薄层扫描法:是直接对薄层板上的斑点用薄层扫描仪进行测定的方法。测定方式分为反射法和透射法两种。反射法是将光束照到薄层斑点上,测量反射光的强度。该法对吸收可见光和紫外光的斑点均适用,对于能产生荧光的斑点一般也用反射法测定;透射法是将光束照到薄层斑点上,测量透射光的强度。由于制备薄层板的平板玻璃吸收紫外光,透射法只适用于能吸收可见光的斑点。目前,新一代的薄层色谱扫描仪采用了全自动的操作系统、多样化的扫描模式和成像系统,使检测结果的准确性和重现性有了较大提高。

例如:六味地黄丸颗粒中山茱萸的含量测定。

取水蜜丸、小蜜丸 5 g,精密称定,或取质量差异项下的大蜜丸 5 g,精密称定。加水 30 mL,60℃水浴温热使充分溶散,加硅藻土 2 g,搅匀,滤过,残渣用水 30 mL 洗涤,100℃烘干,研成细粉,连同滤纸一并置索氏提取器内,加乙醚适量,加热回流提取 4 h,提取液回收乙醚至干,残渣用石油醚(30~60℃)浸泡两次,每次 15 mL(浸泡约 2 min),倾去石油醚,残渣加适量无水乙醇-氯仿(3∶2)混合液,微热使溶解,定量转移至 5 mL 容量瓶内,并稀释至刻度,摇匀,作为供试品溶液。

另取熊果酸对照品适量,精密称定,加无水乙醇制成 1 mL 含 0.5 mg 的溶液,作为对照品溶液。

吸取供试品溶液 5 μL 与 10 μL,对照品溶液 4 μL 与 8 μL,分别交叉点于同一硅胶 G 薄层板上,以环己烷-乙酸乙酯-甲酸(20∶5∶8∶0.1)为展开剂,展开,取出,晾干,喷以 10% 硫酸乙醇溶液,在 110℃加热 5~7 min,至斑点显色清晰,取出,在薄层板上覆盖同样大小的玻璃板,并固定之。用薄层扫描仪进行测定,扫描波长:$\lambda_S = 520$ nm,$\lambda_R = 700$ nm,测量其吸光度积分值,并计算。

(2) 洗脱后定量法:对于展开后难以判断的组分斑点,将其从吸附剂上洗脱下来,再借助其他分析手段加以鉴别。

三、气相色谱法

气相色谱法(gas chromatography,GC)是以气体为流动相的色谱法。主要有两类:气-固色谱法(gas-solid chromatography,GSC)和气-液色谱法(gas-liquid chromatography,GLC)。其中最常用的是气-液色谱法,待测样品组分在气液两相之间通过多次分配而得以分离。气相色谱法具有分离效率高、分析速度快、样品用量少、检测灵敏度高、应用范围广等特点,可用于微量或痕量药物的分离、检测。但对于挥发性小、热稳定性差和极性过大的药物,该方法的应用受到一定限制。

(一) 气相色谱仪

气相色谱仪主要由气路系统、进样系统、色谱柱、检测器和色谱工作站等部件组成,示意图一般如图 3-18 所示。其中进样系统、色谱柱和检测器由控温系统控制其温度。

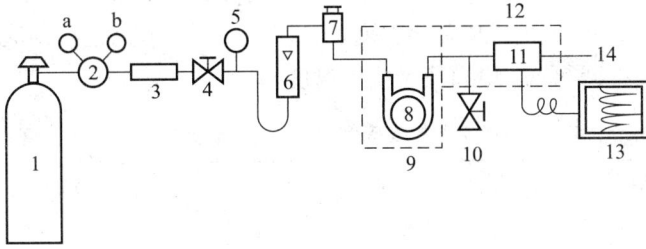

图 3-18 气相色谱仪示意图
1—载气瓶;2—压力调节器(a—瓶压,b—输出压力);3—净化器;4—稳压阀;
5—柱前压力表;6—转子流量计;7—进样器;8—色谱柱;9—柱温箱;10—馏分收集器;
11—检测器;12—检测器恒温箱;13—记录器;14—尾气出口

1. 气路系统

作为流动相的载气(carrier gas)是化学惰性的氦气或氮气等,常用高压储气钢瓶经过压力调节、净化过滤、流速控制等过程提供。

2. 进样系统

进样系统包括进样器与汽化室。样品用注射器由色谱柱顶端的进样器进样后,进入汽化室,使液体样品加热汽化,再由载气带入色谱柱。

3. 色谱柱

汽化后的样品在色谱柱中被分离,随载气进入检测器。色谱柱是气相色谱仪的核心部件。

4. 检测器

将载气中被测组分的数量或浓度转换成相应强度的电信号并输出。根据组分的性质和要求可选用不同类型的检测器。

5. 色谱工作站

将放大处理后的电信号输入工作站,同步记录组分信号强度与保留时间的色谱流出曲线(色谱图)。另外,色谱工作站还有其他强大的色谱数据储存、处理和运算等功能。

(二)气相色谱柱

色谱柱一般分为填充柱(packed column)和毛细管柱(capillary column)两大类型。

1. 填充柱

在气-液色谱法中,应用的是填装了固定相的色谱柱。通常柱长 1~3 m,内径 3~6 mm,一般短柱用玻璃管,长柱用不锈钢管。固定相为液体称为固定液,支撑固定液的惰性多孔固体称为载体。

(1)载体:是具有较高的化学惰性和热稳定性,一定的机械强度和比表面积的固体颗粒。常用的是硅藻土载体,颗粒大小一般在 60~120 目,其负载的固定液量通常以百分比来表示。

(2)固定液:是具有较高的热稳定性和化学稳定性,对载体有较强的浸渍能力的高沸点液态有机聚合物。通常填充柱需要经过:固定液均匀涂布在载体表面、填充到柱管内制成色谱柱、通载气加热并充分老化(固化)等操作过程,对操作者的经验水平要求较高。一般根据被分析药物的性质、固定液极性和使用范围等因素,可选用商品填充柱。

1) 固定液参数:固定液的种类繁多,性质各异。一般反映固定液特性的参数有:① McRaynolds 常数简称麦氏常数(ΔI),是表示固定液相对极性大小的参数,ΔI 值大,固定液的极性强;② 最高使用温度(T_{max}),是表示固定液的上限使用温度,超过 T_{max} 值使用,固定液将迅速流失。表 3 - 4 列出一些常用固定液的麦氏常数(ΔI)和最高使用温度(T_{max})。

表 3 - 4 常用固定液的麦氏常数 ΔI 值和最高使用温度 T_{max} 值

固定液名称	型号	ΔI 值	T_{max} 值/ ℃
角鲨烷	SO	0	150
甲基硅油或甲基硅橡胶	* SE - 30,OV - 101	205～229	350
苯基(10%)甲基聚硅氧烷	OV - 3	423	350
苯基(20%)甲基聚硅氧烷	OV - 7	592	350
苯基(50%)甲基聚硅氧烷	DC - 710,* OV - 17	827～884	375
苯基(60%)甲基聚硅氧烷	OV - 22	1075	350
三氟丙基(50%)甲基聚硅氧烷	OV - 210,* QF - 1	1500～1520	275
β -氰乙基(25%)甲基聚硅氧烷	XE - 60	1785	250
聚乙二醇 2000	* Carbowax - 20M	2308	225
聚己二酸二乙二醇酯	DEGA	2764	200
聚丁二酸二乙二醇酯	* DEGS	3504	200
1,2,3 -三(2 -氰乙氧基)丙烷	TCEP	4145	175

2) 固定液选择:实际工作中,通常根据文献资料和工作经验来选用固定液。对于同时需顾及多种药物分离的筛选性分析,一般采用非极性固定液,如可选用 SE - 30 固定液。因为一般非极性固定液的最高使用温度较高,适于分析的药物范围宽;而对于性质相似的同类药物的分离,则采用选择性和特异性较好的固定液。通常根据"相似相溶"的原则,选用与组分在极性、官能团和化学性质等相似的固定液,一般能得到有较好的分离效果。当选用一种固定液不能达到理想的分离效果时,还可采用混合固定液。

2. 毛细管柱

毛细管柱是用玻璃或熔融石英拉制成毛细管的色谱柱。柱长 20～50 m,内径 0.1～0.5 mm。常分为填充毛细管柱和开管毛细管柱两大类。

(1) 填充毛细管柱:先在较粗的厚壁玻璃管中装入松散的载体,拉制成毛细管后,再涂渍固定液的色谱柱。由于填充毛细管柱会引起涡流扩散和传质阻抗,故使柱效降低。

(2) 开管毛细管柱:是将固定液直接涂渍毛细管的管壁上形成的"空心"色谱柱。主要分为以下两类。

1) 涂壁毛细管柱:将固定液直接涂在经处理的毛细管内壁上构成。涂壁毛细管柱(wall-coated open tubular,WCOT)的固定液易流失,柱寿命短。

2) 载体涂层毛细管柱:将载体(如硅藻土)黏附在厚壁玻璃或石英管内壁上,拉制成毛细管后,再涂渍上固定液构成。目前,用石英材料制备的载体涂层毛细管柱(support-coated open tubular,SCOT)弹性极强,固定液采用交联聚合,不易流失,柱寿命长,是最佳的 SCOT 柱。

（3）毛细管柱特点：尤其是开管毛细管柱一般具有：① 柱效高，理论板数可达 $10^4 \sim 10^6$；② 分析速度快，由于"空心"，柱阻力小，可在高载气流速下进行分析；③ 柱使用寿命长，固定液经交联聚合处理，不易流失；④ 易实现 GC/MS 联用，由于载气流量小，易维持质谱离子源的高真空；⑤ 柱容量小及定量重复性不如填充柱。

（三）检测器

检测器的输出信号强度与进入检测器组分的量成比例关系。对检测器的基本要求是灵敏度高，稳定性好，线性范围宽，噪声低。一般按检测方式将其分为两大类型。

1. 浓度型检测器

浓度型检测器是输出信号强度与载气中组分的浓度成正比的检测器。可见当进样量一定时，这类检测器给出的色谱峰面积与载气流速成反比，因为流速增大单位时间内的载气量增加，使组分浓度相对降低。但色谱峰高与载气流速无关。

（1）热导检测器（thermal conductance detector，TCD）：是利用各种物质具有不同的热导系数而设计的检测器。是气相色谱经典检测器，但检测灵敏度较低。

（2）电子捕获检测器（electron capture detector，ECD）：是一种用 ^{63}Ni 或氚为放射源的离子化检测器，它能对含有卤素或其他亲电基团的物质有选择性地产生信号的高灵敏检测器。基本工作原理是：放射性同位素发射的 β 射线将载气（如 N_2）分子电离，产生正离子和电子，并在正负电极间形成电流即称为基流；当有电负性较强的组分进入检测器时，它捕捉检测池中的电子而使基流下降，形成色谱峰，色谱峰的强度与组分的浓度成正比。当载气中含有杂质（如氧或水）时，会减小基流而降低灵敏度，故对载气纯度要求高。

2. 质量型检测器

质量型检测器是输出信号强度与载气中组分的质量成正比的检测器。可见当进样量一定时，这类检测器的峰高与载气流速成正比，因为流速增大单位时间内由载气引入检测器的组分数量增加。但峰面积与载气流速无关。

（1）氢火焰离子化检测器（flame ionization detector，FID）：是能检测含碳有机物的通用性检测器。基本工作原理是：载气携带被分离组分进入氢火焰被燃烧，组分在燃烧过程中直接或间接产生离子，并在具有电位差的收集极与极化极之间形成离子流，经放大器处理并放大后输出，信号强度与进入检测器中组分的质量成正比。以氮气作载气时，通常要用与载气相近流量的氢气作燃气，以 5~10 倍流量的空气作助燃气。

（2）氮磷检测器（nitrogen phosphorus detector，NPD）：是专门用于检测含氮或含磷化合物的检测器，其灵敏度比 FID 高 $10^2 \sim 10^4$ 倍，但使用时要求样品的溶剂中不应含卤素。该检测器的结构与 FID 相似，只是在火焰上方有一个能通电加热的含有碱金属盐的陶瓷珠。当火焰中有含磷或含氮化合物时，可增强碱金属盐受热解离的离子化过程，而使在电场中形成的电流强度增加。所形成的电流大小与碱金属盐温度有关，因而要维持加热电流稳定并控制氢气流量在所规定的小流量范围。一般来说，载气和空气流量增加，检测灵敏度降低。

（四）气相色谱-质谱联用仪

气相色谱-质谱联用（gas chromatography-mass spectrometry，GC/MS）系统中，气相色谱仪相当于一个分离和进样装置，质谱仪则相当于检测器。由于前者的出口处于常压并含有大量的载气，而后者必须在高真空条件下工作。所以，将两者相互匹配地连接起来的"接口"技术是

GC/MS 的关键技术。GC/MS 是分析和确证组织中微量或痕量药物的有力工具,在很大程度上弥补了普通气相色谱法的不足和缺陷。

　　GC/MS 仪主要由色谱系统、接口、质谱系统和色谱工作站组成。典型的 GC/MS 仪如图 3-19 所示,其中色谱系统和质谱系统的功能与单独的气相色谱仪和质谱仪相同。下面主要对接口和色谱工作站作一简单介绍。

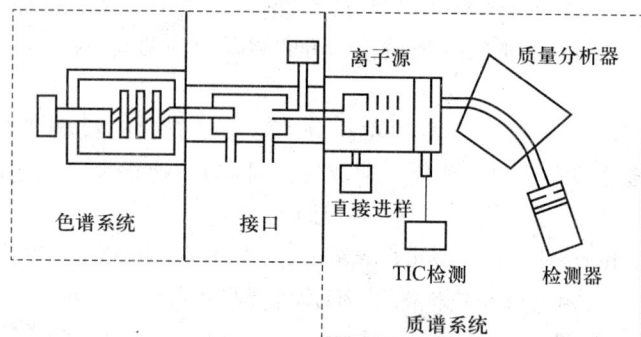

图 3-19　典型的 GC/MS 仪示意图

　　1. 喷射式接口

　　喷射式接口是在气相色谱仪和质谱仪的连接处设计的一个过渡装置。接口的形式很多,喷射式接口是其中常用的一种(图 3-20)。基本工作原理是:基于在膨胀的超音速喷射气流中,不同相对分子质量的气体有不同的扩散速率。当色谱流出物经第一级喷嘴喷出后,载气的相对分子质量小,扩散速率大,容易被真空抽走,待测组分的相对分子质量大,扩散速率小,不易被真空抽走,继续前行。再经第二级喷嘴喷射后,被浓缩的组分气体进入质谱仪分析。

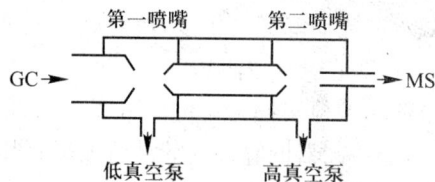

图 3-20　喷射式接口示意图

为了便于在接口除去大量载气,一般 GC/MS 仪所用的载气应是小分子的惰性气体,如氦气。

　　2. 色谱工作站

　　GC/MS 仪是在计算机控制下进行的,并配有强大功能的色谱工作站,自动进行数据采集、处理和储存等常规操作。可以给出被分离样品组分的总离子流色谱图和其中各组分的质谱图。同时工作站的化合物库和识别系统,根据测定的质谱数据,对未知化合物进行比较鉴别,并给出可能的结构信息。

　　(1) 总离子流色谱图:被分离组分经离子源电离后的所有离子产生的离子流信号,经放大后与组分的流出时间所作的色谱图,与普通的气相色谱图类似,称为总离子流(total ion current,TIC)色谱图。由图 3-20 可见,在 GC/MS 仪的离子源出口狭缝设有总离子流检测器,当某一组分出现时,总离子流检测器发出触发信号,同时启动质谱仪开始扫描而获得该组分的质谱图。图 3-21 为 3 种抗惊厥药物的总离子流色谱图和各自的质谱图。

　　(2) 差项质谱图:对 TIC 色谱图中的某一色谱峰,用其峰顶的质谱图数据减去峰谷的数据,然后在显示器上显示出这一色谱峰的差项质谱图。利用这种方式可以部分地消除其他因素造成的杂峰。

（3）质量色谱图：当组分离子流进入质量分析器时，只允许选定的一个或几个特征质荷比的离子进入检测器，可以给出特征离子的质量色谱图。利用选择离子检测（select ion monitoring, SIM）方式可以消除大量未选定离子的影响，提高了分析方法的选择性和灵敏度，一般最小检测量低于纳克（ng）数量级。

（4）谱库检索：GC/MS仪均附有较为强大的化合物质谱图库和质谱图搜索系统，它能将实验所得的质谱图与图库的质谱图进行比对，并按匹配率次序列出若干可能化合物的结构和名称，也能给出可能化合物的标准质谱图，大大地方便和提高了对未知组分的定性鉴别。

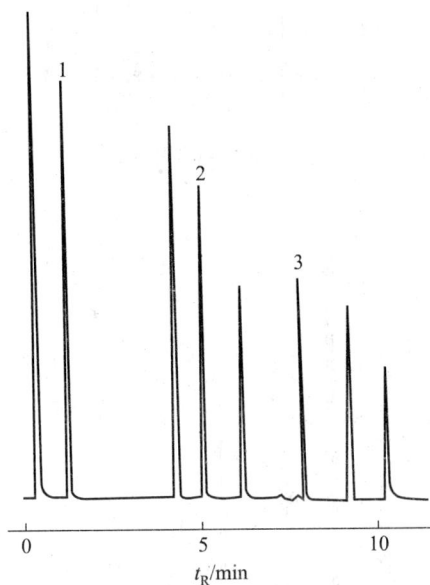

(a) 总离子流色谱图

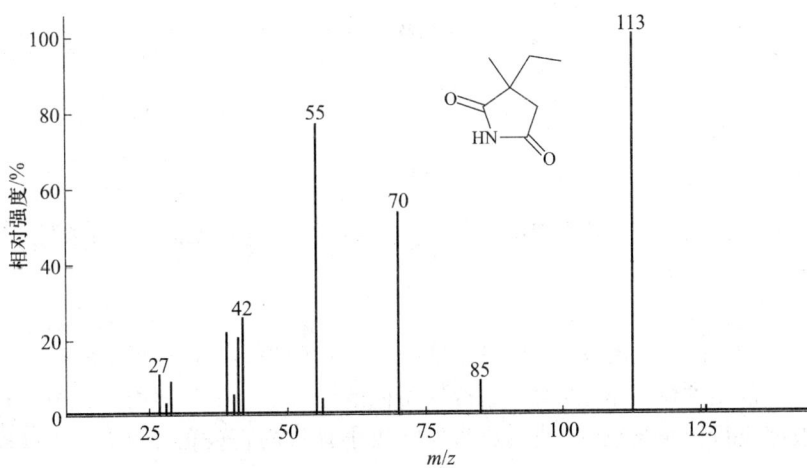

(b) 乙琥胺的质谱图

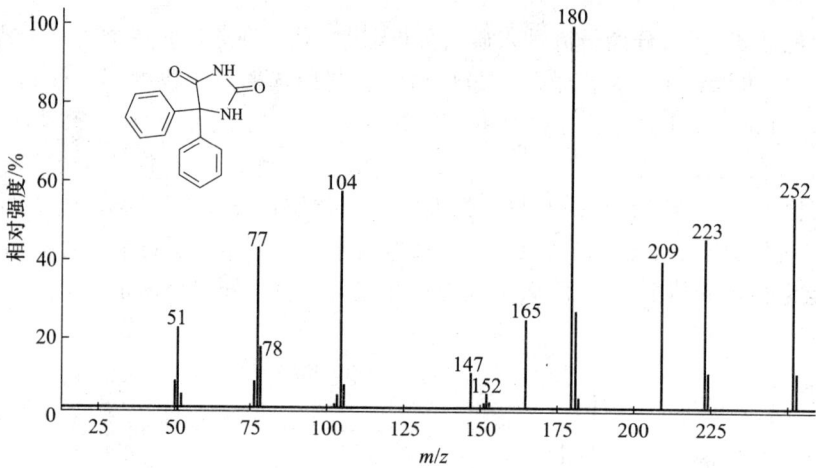

(c) 苯妥因的质谱图

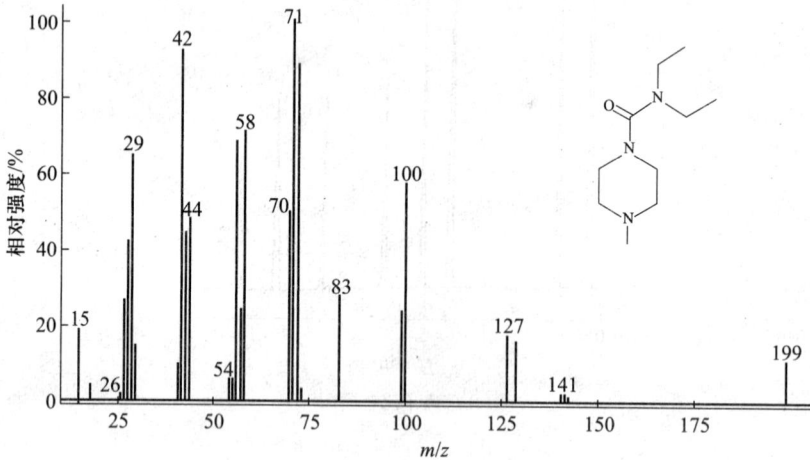

(d) 乙胺嗪的质谱图

图 3-21　3 种抗惊厥药物的总离子流色谱图和各自的质谱图

（五）方法与应用

用气相色谱法对药物进行定性和定量分析，一般包括样品预处理、色谱条件选择、定性方法确定、定量方法学考察等分析过程。

1. 样品预处理

供药物分析的样品一般比较复杂，需经过分离富集处理，以除去大量杂质同时浓集待测组分，并制备成适当浓度的供试溶液，然后进行气相色谱分析。如果待测组分是极性很强或难挥发性的物质，一般需进行衍生化反应，使其成为极性较小且较易挥发的衍生物。例如：羧基化合物可用重氮甲烷与之反应形成甲酯；含羧基、羟基或氨基的化合物可用硅烷化试剂处理，使其成为稳定且较易挥发的化合物；对检测器不够敏感的化合物，也可通过衍生化反应的方法提高检测灵敏度。

2. 色谱条件选择

一般需要根据待测药物的性质和文献资料,选定和优化色谱条件。通常包括色谱柱固定液、载气流速、检测器工作参数和柱温的选择等。在其他条件确定之后,柱温是最重要的气相色谱条件。通常采用程序升温(temperature programming)的方法,即在规定时间使柱温以一定的方式和速度从低温升到高温,以适应样品中不同极性与沸程的组分快速汽化。通过程序升温能改善分离效果,使各组分能在最佳柱温下快速汽化并分离,从而缩短分析周期,改善峰形,提高检测灵敏度。如图 3-22 所示,等温色谱和程序升温色谱的气相色谱图有明显的差别。

3. 定性鉴别

气相色谱法主要适用于对脂溶性的易挥发药物的分析。主要利用色谱保留值和 GC/MS 联用等进行鉴别。

(1)用保留值鉴别:即在相同的色谱条件下,两个相同的化合物应具有相同的保留值。在具体实验中,可分别取供试品溶液和对照品溶液在同一色谱条件下进样,记录色谱图,供试品溶液待定峰的保留时间应与对照品溶液完全一致。

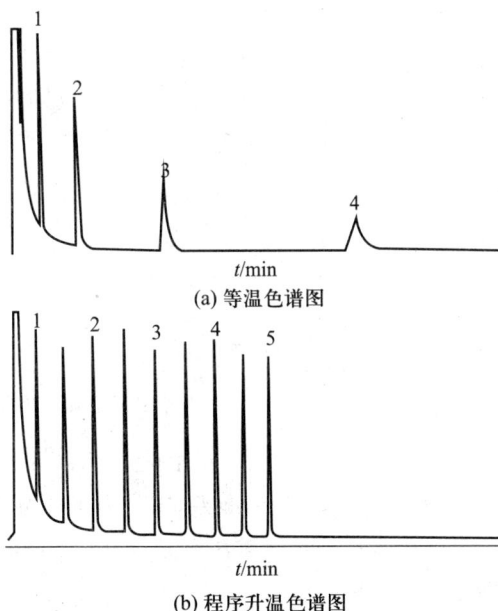

图 3-22 正构烷烃的等温色谱图和程序升温色谱图

(a) 100℃等温加热: 1—$C_{10}H_{22}$ 2.39 min;
2—$C_{11}H_{24}$ 4.82 min; 3—$C_{12}H_{26}$ 10.53 min;
4—$C_{13}H_{28}$ 23.44 min

(b) 程序升温(80～200℃,6℃/min):1—C_9H_{20} 2.1 min;
2—$C_{11}H_{24}$ 5.99 min; 3—$C_{13}H_{28}$ 10.04 min;
4—$C_{15}H_{32}$ 14.01 min; 5—$C_{17}H_{36}$ 17.68 min

由于影响保留时间的因素很多,具有相同保留时间的两个色谱峰不一定是同一化合物,常需要通过改变色谱条件的方法进行多次测定或配合其他方法,加以确证。

(2)用 GC/MS 联用鉴别:由于 GC/MS 仪在获得待测样品各组分总离子流色谱图的同时,还可以给出任一组分的质谱图,由此与谱库中的已知化合物比较,从而确定样品中是否含有药物,可能是何种药物。

图 3-23 是中药材川芎中正丁烯酞内酯的选择离子扫描图与其质谱图。

4. 定量测定

利用气相色谱法进行定量测定的依据是:在实验条件一定时,任一组分的色谱峰面积(A_i)与该组分的量(w_i)成正比,即

$$A_i = \frac{w_i}{f_i} \quad 或 \quad f_i = \frac{w_i}{A_i} \tag{3-28}$$

式中,f_i 称为组分 i 的校正因子(calibration factor),即单位色谱峰面积所代表的组分量,通常用已知量对照品的色谱峰面积求出校正因子。而色谱峰面积一般由色谱工作站直接给出,或根据下式计算。

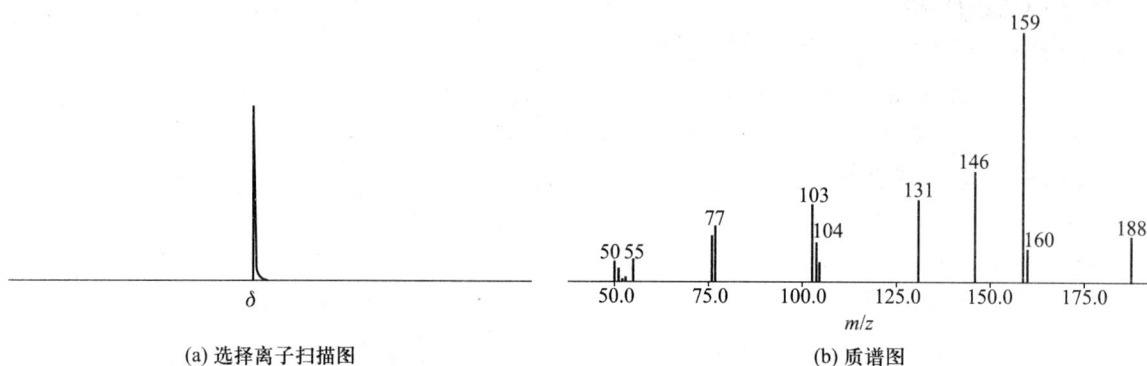

(a) 选择离子扫描图　　　　　　　　(b) 质谱图

图 3-23　川芎中正丁烯酞内酯的选择离子扫描图与其质谱图

$$A = 2.507\ h \cdot \sigma = 1.064\ h \cdot W_{1/2} \tag{3-29}$$

式中,h 为色谱峰高,σ 为标准差,$W_{1/2}$ 为半峰宽。

药物分析常用的定量方法有外标法(external standard method)和内标法(internal standard method)。

(1) 外标法:主要为外标工作曲线法,即先测定一系列不同浓度对照品峰面积($A_{标}$),以峰面积对其浓度($c_{标}$)作线性回归,求出线性回归方程或绘制工作曲线($A_{标}$-$c_{标}$ 曲线),一般要求线性系数(linearity coefficient)应大于 0.99,再测定供试液的峰面积,并由回归直线得出其浓度,最后计算出组织中待测物的浓度。

(2) 内标法:主要为内标工作曲线法,即在一系列不同浓度对照品溶液中加入相同量的内标物,分别测定其峰面积,以对照品峰面积($A_{标}$)与内标物峰面积($A_{内}$)的比值$\left(\dfrac{A_{标}}{A_{内}}\right)$对对照品溶液浓度($c_{标}$)作线性回归,求出线性回归方程或绘制工作曲线$\left(\dfrac{A_{标}}{A_{内}}-c_{标}\ 曲线\right)$,一般要求线性系数应大于 0.99,再测定供试液与内标物的峰面积比值,并由回归直线得出其浓度,最后计算出组织中待测物的浓度。

能作为内标物的化合物应是药材中不含有的。内标物的保留时间应接近待测物的保留时间,并且内标物色谱峰应能与各组分的色谱峰分开($R_s > 1.5$)。

例如:维生素 E 的含量测定。取正三十二烷适量,加正己烷溶解并稀释成 1 mL 中含 1.0 mg 的溶液,摇匀,作为内标溶液。取维生素 E 约 20 mg,精密称定,置棕色具塞瓶中,精密加入内标溶液 10 mL,密塞,振摇使溶解,取 1~3 μL 注入气相色谱仪测定。色谱条件:硅酮(OV-17)为固定相,涂布浓度为 2%,柱温为 265℃。理论板数按维生素 E 峰计算应不低于 500,维生素 E 峰与内标物质峰的分离度应大于 2。

四、高效液相色谱法

以液体为流动相的色谱法通称为液相色谱法。采用高压泵输送流动相,径小粒径(3~10 μm)固定相,使分离效率和分析速度明显提高的液相色谱法称为高效液相色谱法(high performance liquid chromatography,HPLC)。与气相色谱法比较,高效液相色谱法不受待测样品挥发性和热稳定性的限制,适用于大部分的有机药物的分析检测;另外,高效液相色谱法中的流动相的选择范围较大,可以更有效地控制和改善分离条件,提高分离效率。

(一)高效液相色谱仪

高效液相色谱仪由输液泵、进样器、色谱柱、检测器及色谱工作站等组成。流程如图 3-24 所示。

1. 输液泵

常用的是往复式恒流泵,即在一定操作条件下,输出流动相的流量保持恒定,且与色谱柱等引起的阻力变化无关。实验中,一般采用流动相组成不变的等度洗脱(isocratic elution)方式;对于复杂的药材也可采用梯度洗脱(gradient elution)方式,即一个分析周期中,按一定程序不断改变流动相组分的配比,其作用与气相色谱的程序升温类似。

2. 进样器

多采用六通阀进样。并备有不同规格(10~200 μL)的定量进样环。

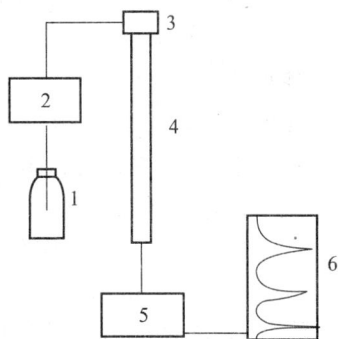

图 3-24 高效液相色谱流程示意图
1—流动相储瓶;2—输液泵;3—进样器;
4—色谱柱;5—检测器;6—色谱工作站

3. 色谱柱

有多种规格的色谱柱,一般分析柱内径 2~5 mm,长 10~30 cm,填料粒径 3~10 μm。

4. 检测器

常用的有紫外检测器、荧光检测器和电化学检测器等。由于要求在线检测,检测池的体积很小(1~8 μL),并能耐一定压强。

5. 色谱工作站

将放大处理后的电信号输入工作站,同步记录组分信号强度与保留时间的色谱流出曲线(色谱图)。另外,色谱工作站还有色谱数据储存、处理和运算等功能。

(二)色谱固定相和流动相

高效液相色谱法的基本原理是:不同组分在固定相和流动相之间具有不同的作用特性,而造成差速迁移后被分离。所以,不同性质的固定相与流动相的组合,就构成了不同的分离体系,从而形成了不同的高效液相色谱分离方法。药物分析较常使用的有液-固吸附色谱法和液-液分配色谱法。

1. 液-固吸附色谱法

一般固定相为吸附剂(如硅胶),流动相为极性较小的有机溶剂(如烷烃类)构成的分离体系,不同组分与吸附剂之间的"吸附与解吸附"作用大小是其分离的基础。例如,当待测组分一定时,硅胶的吸附作用大,则容量因子大,保留时间增长;若流动相的极性大,则解吸附作用强,保留时间缩短。

2. 液-液分配色谱法

固定相和流动相为两种互不相溶的液体构成的分离体系,不同组分在两相间的分配作用大小是其分离的基础。目前,使用的固定相是通过化学键合反应合成的、表面键合有不同有机基团的刚性颗粒,称为化学键合固定相。根据化学键合固定相和流动相的极性,将液-液分配色谱法分为正相色谱法和反相色谱法两类,而后者是最常用的高效液相色谱方法。

(1)正相色谱法:流动相极性小于固定相极性的色谱方法。正相色谱法(normal phase

chromatography，NPC)主要用于分离溶于有机溶剂的极性及中等极性的分子型化合物。在色谱条件一定时，极性小的组分保留时间短，极性大的组分保留时间长；在固定相一定时，流动相的极性增大，洗脱能力增强。一般常用的正相色谱固定相是氰基(—CN)和氨基(—NH₂)键合相。

(2) 反相色谱法：流动相极性大于固定相极性的色谱方法。反相色谱法(reverse phase chromatography，RPC)主要用于分离溶于有机溶剂的极性、中等极性及非极性的分子型化合物，组分在反相色谱中的保留顺序与正相色谱相反。在色谱条件一定时，极性大的组分保留时间短，极性小的组分保留时间长。典型的反相色谱固定相是十八烷基硅烷(octadecylsilane，ODS)键合相；反相色谱中使用与水互溶的混合溶剂为流动相，常用的为甲醇-水和乙腈-水不同比例混合体系，其中甲醇和乙腈是流动相体系中的强溶剂，一般在固定相一定时，增加其浓度，洗脱能力增强。

为了利用反相色谱法对有机弱酸、弱碱及其盐等离子型化合物进行分离检测，通常需要通过调节流动相的酸碱度和组成等，以增加待测组分亲脂性，改善其色谱保留特性。常用的方法有：① 离子抑制法，即在流动相中加入少量弱酸(如醋酸)、弱碱(如氨水)或缓冲液，使待测的弱酸或弱碱的解离受到抑制，并获得适当的保留。一般流动相的 pH 需控制在 2~8 之间，以防损坏反相色谱固定相。② 离子对法，即在流动相中加入与待测离子的电性相反，并与其能生成中性离子对的离子试剂(或称离子对试剂)，从而增强了待测离子的保留作用。离子对试剂在流动相中浓度一般控制在 $0.003\sim0.01$ mol·L⁻¹之间，pH 需控制在 2~8 之间。如检测碱类药物时，可用烷基磺酸盐为离子对试剂；检测酸类药物时，可用四丁基铵磷酸盐为离子对试剂。

图 3-25 为口服 200 mg 环丙沙星 3 h 后人血浆样品的 HPLC 色谱图。

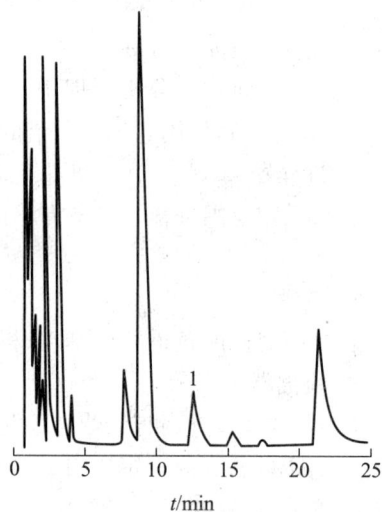

图 3-25　口服 200 mg 环丙沙星 3 h 后
人血浆样品的 HPLC 色谱图
1—环丙沙星

(三) 方法与应用

1. 定性鉴别

HPLC 的定性鉴别方法可分为：色谱保留值鉴别法、分离后化学鉴别法和两谱联用鉴别法等。

(1) 色谱保留值鉴别法：同 GC 一样，色谱保留值是其定性鉴别的基础。通过考察待测组分与对照品的保留时间是否一致，或将对照品与待测样品混合后进样，考察对应的色谱峰是否增大，即可进行鉴别。

(2) 分离后化学鉴别法：对色谱分离后收集的待测组分，利用专属性化学反应再进行"离线"鉴别的方法。

(3) 两谱联用鉴别法：对于复杂药材中的未知药物虽能有效分离，但有时定性鉴别却很困难。而红外吸收光谱、核磁共振光谱、质谱及二极管阵列紫外光谱等则是鉴定未知药物的有力工具。因此，研究开发高效液相色谱联用技术是分析仪器发展的重要方向。

1) HPLC/DAD-UV 联用：紫外吸收光谱是化合物定性鉴别的依据之一。普通的紫外检测器只能给出待分离组分在特定波长下的吸收强度信息,而二极管阵列检测器(diode array detector, DAD)配合计算机能在几毫秒的瞬间内,同时给出待分离组分在全波长下的紫外吸收光谱。由此可以对待分离组分进行定性和定量分析。利用色谱工作站可以同时显示待分离组分的色谱图和紫外吸收光谱图,并可在一张三维坐标(吸收度-时间-波长)图上反映出来,称为三维光谱-色谱图(3D - spectro-chromatogram),如图 3 - 26 所示。

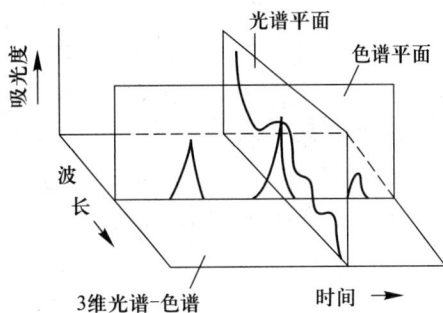

图 3 - 26　三维光谱-色谱图

2) HPLC/MS 联用:目前,高效液相色谱-质谱(high performance liquid chromatography/mass spectrometer,HPLC/MS)联用仪已有商品仪器上市,随着联用系统中接口技术的成熟,应用范围在逐步增加。

2. 定量检测

HPLC 常用的定量检测方法为外标法和内标法,其基本检测方法和要求同 GC 法。

五、电泳法

电泳(electrophoresis)是指溶液中带电粒子在电场作用下发生电迁移的现象。利用组分的电泳现象建立的分离分析方法称为电泳法。一般电泳法的分离形式有传统的平板电泳和现代的毛细管电泳两大类。

(一)基本原理

在外电场的作用下,带电粒子的电泳迁移速率 $v(\mathrm{cm \cdot s^{-1}})$ 为

$$v = \mu E \tag{3 - 30}$$

式中,μ 为电泳迁移率(或电泳淌度),E 为电场强度($\mathrm{V \cdot cm^{-1}}$)。

由(3 - 30)式可见,μ 是单位电场强度下带电粒子的迁移速率,在相同电场强度下,不同离子的 μ 值不同,则迁移速率亦不同,这是电泳法分离的基础。组分的电泳迁移率与其所带电荷呈正比,与其在体系中的摩擦阻力系数呈反比。所以,两种组分被分离的条件是:带有不同的电荷或通过缓冲溶液移动引起不同的摩擦力。一般组分离子的摩擦力取决于离子的大小、形状、迁移时介质的黏度等因素。显然中性组分不能被分离。

(二)区带电泳

电泳法被广泛地用于蛋白质、氨基酸、核酸、多糖等带电大分子离子的检测,在多种类型的平板电泳方法中,区带电泳(zone electrophoresis,ZE)是常用的方法之一。

区带电泳的基本分离过程是:在电场的作用下,不同的离子成分在均一的缓冲溶液(或称载体电解质)系统中分离成独立的区带,分离后的区带可以用染色等方法显示出来,也可以用光密度扫描法测定其吸收强度,类似于薄层斑点的扫描。电泳区带随时间延长和距离加大而扩散严重,影响分辨率。加不同的介质可以减少扩散,特别是在凝胶中进行,它兼具分子筛的作用,使分辨率大大提高。

(三)毛细管区带电泳

在毛细管中填充缓冲溶液,在电场作用下利用组分电泳淌度的差异进行分离的方法称为毛

细管区带电泳法(capillary zone electrophoresis,CZE)。CZE 是毛细管电泳中最基本的分离模式,具有操作简便、分析快速、分离效率高和应用范围广等特点。从理论上讲 CZE 可适用于所有具有不同电泳淌度的离子型化合物的分离,相对分子质量范围可从几十的小分子离子到几十万的生物大分子。

1. 分离过程

毛细管电泳装置如图 3-27 所示。

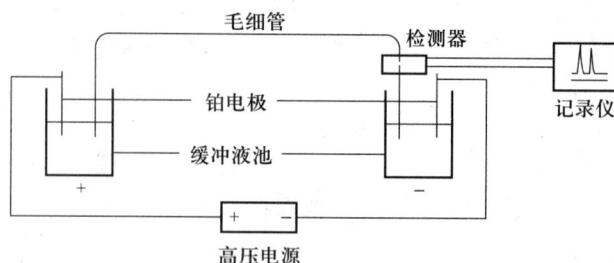

图 3-27 毛细管电泳装置示意图

在毛细管区带电泳系统中,将一根长 40～1000 cm,内径 10～100 μm 的毛细管柱中充入适当的缓冲溶液,柱的两端置于两个缓冲液池中。在两个缓冲液池之间接有两个铂电极,并由直流高压电源提供 1 000～30 000 V 的高电压,构成一个导电回路。样品溶液从进样端缓冲液池进入,在检测端缓冲液池检测,紫外-可见光吸收是最常用的检测方式。

2. 14 种氨基酸的 CZE 分离

如图 3-28 所示,电泳条件:分离电压 25 kV,缓冲溶液 pH=10.0,采用电压进样方式,在 2 kV 下持续进样 10 s。

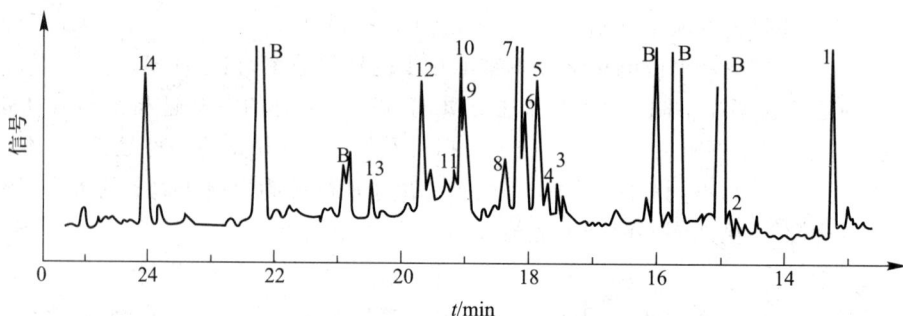

图 3-28 14 种氨基酸混合物的电泳分离图

B—溶剂的空白峰;1—精氨酸;2—赖氨酸;3—亮氨酸;4—色氨酸;5—蛋氨酸;6—苯丙氨酸、缬氨酸和脯氨酸;7—苏氨酸;8—丝氨酸;9—半胱氨酸;10—丙氨酸;11—甘氨酸;12—碘化酪氨酸;13—谷氨酸;14—天冬氨酸

第四节 电化学分析

电化学分析(electrochemical analysis)是根据物质的电化学性质,通过测量电流、电位、电荷量和电导等变化进行定量分析的方法。本节介绍电位分析法和电导分析法。

一、基本概念

电化学分析是与构成化学电池中溶液的电学性质(电流、电位、电荷量和电导等)和化学性质(组成和浓度等)有关的。通常正是利用这两种性质,以电极作为传感器将待测物质的浓度变化直接转化为电信号而进行测定的方法。

(一) 化学电池

化学电池是化学能与电能相互转化的装置,一般由两组金属/溶液体系构成,通常每一组金属/溶液体系称为一个电极或半电池。两个电极的金属部分与外电路连接,而溶液部分应相互连通。如果两个电极分别在不同的电解质溶液中,则需要用盐桥连接。化学电池分为原电池和电解池两种。

原电池(galvanic cell)能够自发地将化学能转变成电能,当外电路接通时,电化学反应可以自发地进行并同时向外电路提供电能。如锌铜原电池:

$$(-)Zn|ZnSO_4(a_1) \mathbin{\|} CuSO_4(a_2)|Cu(+)$$

式中,(−)和(+)分别表示原电池的负、正电极,$Zn|ZnSO_4$ 和 $CuSO_4|Cu$ 分别表示锌电极和铜电极,a_1 和 a_2 分别表示 $ZnSO_4$ 和 $CuSO_4$ 溶液的活度,并以"|"表示金属和溶液的两相界面,以"‖"表示盐桥。

(二) 电极电位

给定电极通过与另一个作为标准的电极相连构成一个原电池,用补偿法或在电流等于零的条件下测得电动势,该电动势作为该电极的电极电位。所以,任何电极电位均是一个相对于标准电极的参比值,无法单独测定其绝对值。

1. 标准电极电位

国际纯粹与应用化学联合会(IUPAC)规定的标准电极为标准氢电极,其工作条件为:氢离子活度为 1 mol·L^{-1},H_2 的压力为 $1.01325×10^5$ Pa(1 atm)。规定在任何温度下,该电极的电位值等于 0 V($\varphi^{\ominus}=0.0000$ V)。

对于任何给定电极的电极电位,则通过与标准氢电极构成一个原电池,测定其电动势值作为该电极的电极电位。

在 298.15 K,以水为溶剂,当物质的氧化态和还原态的活度等于 1 时的电极电位称为标准电极电位($\varphi^{\ominus}$)。用标准电极电位可以判断其氧化还原强度,$\varphi^{\ominus}$ 值正值越大,表示该物质越容易得到电子,是较强的氧化剂;$\varphi^{\ominus}$ 值负值越小,表示该物质越容易失去电子,是较强的还原剂。

2. 条件电位

由于化合物的活度和浓度之间存在差异,而实验中一般测得的是化合物的浓度,应用标准电极电位有一定的局限性,所以引入条件电位的概念。条件电位(φ')是指氧化态和还原态的浓度等于 1 mol·L^{-1} 时体系的实际电位。条件电位校准了体系中多种因素(离子强度、络合效应和pH 等)对电极电位的影响,更便于在实际工作中应用。

3. 液接电位

液接电位存在于两种不同离子(浓度相同或不同)或两种离子相同而浓度不同的溶液界面上。液接电位与离子的浓度、电荷数、迁移速率和溶剂的性质有关。由于离子的运动速率不同,将引起界面上正、负电荷数不等而产生电位差。电位差使扩散速率快的离子减慢,慢的加快,最后达到平衡,使两溶液界面上存在一稳定电位差,该电位差称为液接电位。

(三)电极类型

电极是电化学分析中的重要传感器,是将溶液浓度变化转换为电信号的装置。在一个测量电池中,需要使用两支或三支电极。根据电极在电化学分析中的性质和用途,电极可分为指示电极、工作电极、参比电极与辅助电极。

(1)指示电极与工作电极:在电化学分析过程中,当体系内无电极反应发生且溶液本体浓度不发生变化时,用于该体系测定的电极称为指示电极(indicator electrode),如电位分析法中使用的离子选择电极。当体系内有电极反应发生且溶液本体浓度发生变化时,用于该体系测定的电极称为工作电极(working electrode)。如电导分析法中使用的铂电极。

(2)参比电极与辅助电极:在电化学测试过程中,其电位基本不发生变化,被用于提供标准电位的电极称为参比电极(reference electrode)。饱和甘汞电极和银/氯化银电极是电化学分析中最常用的参比电极。在电化学测试过程中,当通过的电流很小时,一般直接由工作电极和参比电极组成电池,构成两电极体系;但是当通过的电流较大时,参比电极将不能负荷,其电位不再稳定不变,此时需再引入一个辅助电极(auxiliary electrode)来构成三电极体系,由辅助电极与工作电极组成电池,形成通路,参比电极上不再有电流通过,只提供标准电位。

二、电位分析法

电位分析法(potentiometry)是通过测量电池的电极电位,利用电极电位与浓度间的关系符合能斯特(Nernst)方程来求得待测物质含量的方法。

一般电位分析法中需要一支指示电极(如离子选择电极)和一支参比电极(如饱和甘汞电极)组成测量电池进行测定,并根据电池的电动势或指示电极的电极电位的变化对待测物质进行分析。

(一)离子选择电极

离子选择电极(ion selective electrode)是一种电化学传感器。在测量电池中,它具有可将溶液中某种离子的浓度转变成一定电极电位的能力。一般离子选择电极由敏感膜、电极杆、内参比电极和内参比溶液等组成。其中,敏感膜是对某种离子有选择性响应的薄膜,是离子选择电极的关键部分。

离子选择电极的电极电位可以用能斯特方程表示:

$$\varphi = \varphi^{\ominus} + \frac{RT}{zF} \ln \frac{a_{\mathrm{O}}}{a_{\mathrm{R}}} \tag{3-31}$$

式中,$\varphi^{\ominus}$ 是标准电极电位,R 是摩尔气体常数($8.314\ 5\ \mathrm{J \cdot mol^{-1} \cdot K^{-1}}$),$T$ 是热力学温度,F 是法拉第常数,z 是电极反应中转移的电子数,a_{O} 和 a_{R} 是氧化态和还原态的活度。把各常数的数值代入并转换成以 10 为底的对数,在 25℃时方程式可写成

$$\varphi = \varphi^{\ominus} + \frac{0.059\ 15\mathrm{V}}{z} \lg \frac{a_{\mathrm{O}}}{a_{\mathrm{R}}} \tag{3-32}$$

由于制备离子选择电极的敏感膜材料、性质和形式各不相同,其响应机理也各有特点。电位分析法在药品生产的检验和监测中,玻璃电极、晶体膜电极、液膜电极、气敏电极和生物电极等为常用的离子选择电极。

1. 玻璃电极

玻璃电极(glass electrode)一般用于测定溶液的 pH,其选择性源于玻璃敏感膜的组成不同。

(1) 基本构造:常用的玻璃电极是由一种特定配方的玻璃吹制成的球形膜电极,其敏感膜厚约 0.1 mm。图 3-29 是一种典型的 pH 玻璃电极,玻璃球内盛有特定 pH 的缓冲溶液作为内参比溶液,以 Ag-AgCl 电极作为内参比电极。

(2) 响应机理:玻璃膜的主要成分是 SiO_2,构成玻璃的基本骨架,无可供离子交换的电荷点,当组成玻璃膜的成分中加入 Na_2O 时,部分 ≡Si—O—Si 键断裂,就形成了带负电荷的 ≡Si—O⁻ 骨架,Na^+ 就可以在骨架网络中活动,并承担起电荷传导的作用。当玻璃电极浸泡在水溶液中时,由于 ≡Si—O⁻ 结构与 H^+ 的结合强度大于 Na^+,原来骨架网络中的 Na^+ 与水中的 H^+ 发生离子交换反应:

$$H^+ + Na^+GI^- \Longrightarrow Na^+ + H^+GI^-$$

图 3-29 玻璃电极
1—内充液;2—玻璃膜;
3—Ag-AgCl 参比电极

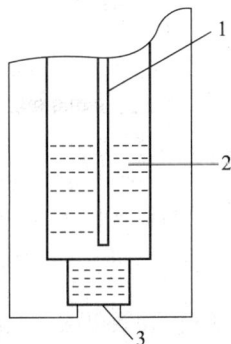

此反应的平衡常数很大,有利于硅酸(H^+GI^-)水化层或水化敏感玻璃膜的形成。一般水化敏感玻璃膜可用分层膜式表示为

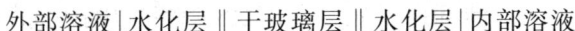

外部溶液|水化层‖干玻璃层‖水化层|内部溶液

其中,在干玻璃层内,由 Na^+ 传导电流;在水化层表面是离子扩散传导电流;水化层和干玻璃层之间是过渡层,过渡层中 H^+ 的活动性很小,电阻较大。

水化层表面上硅羟基(≡Si—OH)的解离平衡,是玻璃膜电位的决定因素。硅羟基上 H^+(形成水合离子)从水化层表面向溶液中进行扩散,破坏了界面附近的正负电荷的均匀分布,在两相界面之间形成双电层结构,从而产生了电位差。由于其他阴离子和阳离子难以进入玻璃膜的表面,所以玻璃膜对氢离子具有选择性响应。

一般 pH 玻璃电极的适用测量范围在 1~10,当试液的 pH 大于 10 时,测量值偏低,此现象称为"碱差"。它源于过高浓度 Na^+ 的扩散作用,故又称为"钠差"。pH 玻璃电极在使用前,必须在待测离子的稀溶液中浸泡活化 2 h 以上,以形成水化层,利于离子的稳定扩散。

2. 晶体膜电极

晶体膜电极(crystal membrane electrode)是由难溶盐的晶体制成,这种晶体具有离子导电功能。如用难溶盐 Ag_2S 与 AgX(X 为 F^-、Cl^-、Br^- 和 I^-)和 AgS 与 MS(M 为 Cu^{2+}、Pb^{2+} 和 Cd^{2+}),分别制成硫和卤素离子选择电极。最典型的是氟离子选择电极(图 3-30)。

氟离子选择电极的敏感膜主要由 LaF_3 单晶制成,一般晶体中加入 0.1%~0.5% 的 EuF_2 和 1%~5% 的 CaF_2,以改善其导电性能。晶体膜中的晶格离子 F^- 承担导电功能,少量的 Eu^{2+} 和 Ca^{2+} 可代替晶格中的 La^{3+},形成晶格缺陷,以降低晶体膜的电阻。

将氟离子选择电极插入待测溶液中,待测离子可以吸附在晶体膜的表面,与膜上相同的离子进行交换,而扩散进入膜相。同时,由于膜相中存在晶格缺陷,其上的离子也可以扩散进入溶液相,则在晶体膜与溶液界面上形成了双电层结构,产生相界面电位。

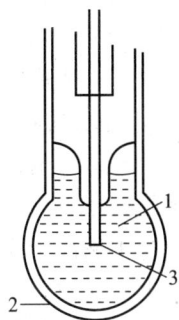

图 3-30 氟离子选择电极
1—Ag-AgCl 参比电极;2—内充液;
3—掺 EuF_2 的 LaF_3 单晶

$$\varphi = 常数 - \frac{RT}{F} \ln a_{F^-} \tag{3-33}$$

氟离子选择电极对 F^- 有良好的选择性,其线性响应范围为 $5 \times 10^{-7} \sim 1 \times 10^{-1}$ mol·L^{-1},pH 范围为 $5 \sim 5.5$,常用柠檬酸盐缓冲溶液来控制测量体系的 pH。由于柠檬酸盐能与铁、铝等金属离子形成配合物,可消除与 F^- 生成配合物而产生的干扰。

3. 流动载体电极

流动载体电极也称液膜电极,敏感膜是由电活性物质、增塑溶剂和微孔支持体(基体)构成。敏感膜将待测溶液与内充液分开,膜中的液体离子交换剂与待测离子结合,并能在膜中迁移。这时溶液中该离子伴随的电荷相反的离子被排斥在膜相之外,结果引起相界面电荷分布不均匀,在界面上形成膜电位。一般响应离子的迁移数大,电极的选择性强;电活性物质的分配系数大,电极的灵敏度高。其结构如图 3-31 所示。

常见的流动载体电极有硝酸根离子电极、钙离子电极和钾离子电极等。其电极电位与待测离子间的定量关系仍符合能斯特方程。

4. 气敏电极

气敏电极(gas-sensing electrode)用于测定溶液中气体的含量,其结构如图 3-32 所示。电极的敏感膜是一种微多孔性气体渗透膜,一般由乙酸纤维等具有憎水性的材料制成,并具有透气性能。测量时,当电极浸入待测溶液时,溶液中的气体通过渗透膜进入管内中介液,引起电解液中的离子活度的变化,这种变化由其中的复合电极进行检测。一般复合电极由离子指示电极和参比电极组成。

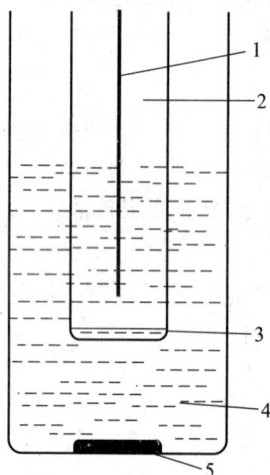

图 3-31 液膜电极
1—Ag-AgCl 参比电极;2—内充液;3—膜或盐桥;
4—离子交换液;5—多孔膜

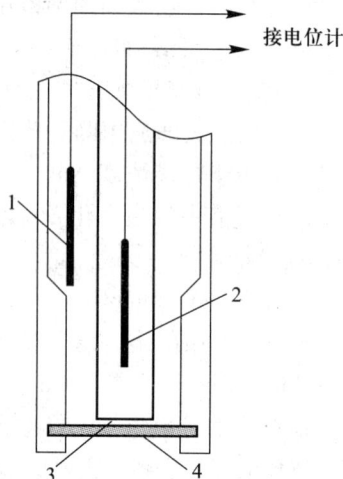

图 3-32 气敏电极
1—Ag-AgCl 参比电极;2—离子指示电极;
3—内充液;4—气敏膜

如 CO_2 气敏电极,采用 pH 玻璃电极作为指示电极,介质溶液为 0.01mol·L^{-1} 碳酸氢钠。

(二) 直接电位法

直接电位法(direct potentiometric method)是利用离子选择电极的电位值进行定量分析的方法。由于能斯特方程表示的是电极电位与离子活度之间的关系,在实际分析工作中测定离子浓度时,需要用标准溶液消除因活度系数未知对测量准确度的影响。所以,直接电位法定量分析一般采用标准曲线法和标准加入法进行测量。

1. 标准曲线法

配制一系列含不同浓度待测组分的标准溶液,用选定的指示电极和参比电极插入溶液中,分别测定其电位值(φ),绘制 φ - $\lg c$ 曲线。在相同条件下测定样品溶液的电位值,在标准曲线上查得其相应浓度,称为标准曲线法。

标准曲线法简便、快速、准确,一般适用于常规分析。为了消除样品本底中离子强度变化的影响,通常在待测溶液中加入惰性电解质,称为总离子强度调节剂(TISAB),其作用是:① 调节待测溶液的总离子强度基本恒定;② 保持一定的 pH 范围,消除酸碱性变化的影响;③ 使待测离子处于易被检测的游离状态等。

2. 标准加入法

将样品的标准溶液加入样品溶液中进行测定的方法称为标准加入法。当待测溶液的组成比较复杂,难以配置与其相一致的标准溶液时,一般采用标准加入法。通常要求加入的标准溶液体积应小,而浓度应大。

3. 溶液 pH 测定

测定溶液 pH 时,将 pH 玻璃电极与饱和甘汞电极直接插入待测溶液中,组成测量电池,用 pH 计直接测定。

在实际测定时,需先用 pH 标准缓冲溶液定位校准 pH 计后,再测定未知溶液的 pH。pH 玻璃电极测定 pH 的最佳范围在 3~10 之间,pH 大于 10 时,将出现测得值低于实际值的碱差现象,pH 小于 3 时,将出现测得值高于实际值的酸差现象。

(三) 电位滴定法

电位滴定法(potentiometric titration)实际是用电位法指示滴定分析终点的方法,即在滴定溶液中插入指示电极和参比电极,由滴定过程中指示电极的电位突跃来指示滴定终点的方法。电位滴定法的主要特点是:① 准确度高,测定的相对误差一般小于 0.2%;② 可用于有色或浑浊试液的分析;③ 适用于非水滴定体系的分析;④ 可用于连续滴定和自动滴定,并适用于微量分析。

1. 滴定曲线

通常在搅拌条件下,将滴定过程中测得的电位值(φ)对消耗的滴定剂体积(V)作图,绘制成的曲线称为滴定曲线。由曲线上的电位突跃部分来确定滴定的终点。一般电位滴定的基本装置如图 3-33 所示。

通常用作图法来确定电位滴定终点的到达。例如:① φ-V 曲线,其中横坐标为滴定剂体积(V),纵坐标为电位值(φ),滴定终点为曲线的拐点;② $\dfrac{\Delta\varphi}{\Delta V}$-$V$ 曲线,纵坐标为一级微商值 $\left(\dfrac{\Delta\varphi}{\Delta V}\right)$,曲线极大值所对应的体积为滴定终点;③ $\dfrac{\Delta^2\varphi}{\Delta V^2}$-$V$ 曲线,

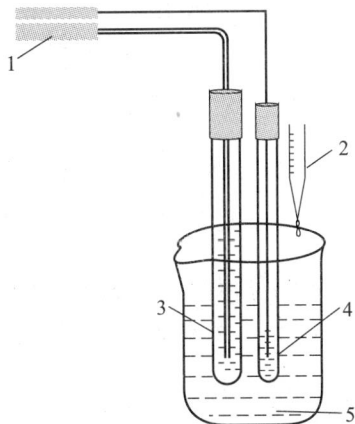

图 3-33 电位滴定基本装置
1—接电位仪;2—滴定溶液;3—参比电极;
4—指示电极;5—待测溶液

纵坐标为二级微商值 $\left(\dfrac{\Delta^2 \varphi}{\Delta V^2}\right)$，当 $\dfrac{\Delta^2 \varphi}{\Delta V^2}=0$ 时所对应的体积为滴定终点。如图 3-34 所示。

电位滴定曲线描述了滴定过程，根据所描述的过程设计制造自动电位滴定仪，自动控制滴定终点。当到达终点时，自动关闭滴定装置，并显示滴定剂用量，自动记录滴定曲线。

2. 滴定分析

酸碱滴定时，选择 pH 玻璃电极作为指示电极，采用甘汞电极为参比电极，与试液组成电池。在氧化还原滴定中，可选择铂电极作为指示电极。在配合滴定中，采用 EDTA 作为滴定剂，用金属基电极作指示电极。在沉淀滴定中，如以硝酸银滴定卤素离子时，可用银电极作为指示电极。

例如：五氟利多的测定，取五氟利多供试品约 0.1 g，精密称定，加乙醇 30 mL 溶解后，以 pH 玻璃电极为指示电极，用盐酸滴定液（0.025 mol·L^{-1}）滴定至 pH 为 5.1，并将滴定的结果用空白试验校正。1 mL 盐酸滴定液相当于 13.10 mg的五氟利多。

三、电导分析法

电导分析法（conductometric analysis）是利用电解质溶液电导率与电解质性质及其浓度的关系，进行定量分析的方法。

（一）基本概念

1. 溶液电导率

电解质溶液中存在正、负离子，是一种导电体，其导电是靠溶液中的离子迁移来完成的。所以，电解质溶液（导电体）的导电能力可用电导（G）来表示，是电阻（R）的倒数，即

$$G=\frac{1}{R} \tag{3-34}$$

电导的单位是西门子（S）。导电体的电阻率 ρ 定义为

$$\rho=\frac{RA}{l} \tag{3-35}$$

式中，A 为导体的横截面积，l 为导体的长度，ρ 的单位为 $\Omega\cdot m$。

导体的电导率是电阻率的倒数，即

$$\kappa=\frac{1}{\rho}=\frac{Gl}{A} \tag{3-36}$$

式中，κ 的单位是 $S\cdot m^{-1}$，$\dfrac{l}{A}$ 为电导池常数。

电解质溶液的电导率与电解质的性质及其浓度有关。具体与离子的电荷数、迁移速率和浓

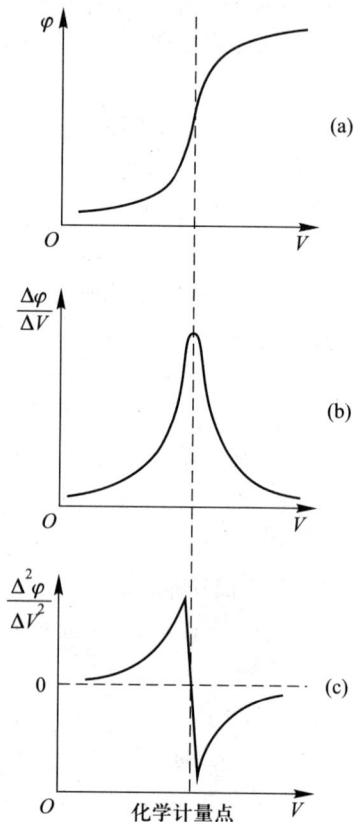

图 3-34　电位滴定曲线

度有关,其值越大,电导率越大。

2. 离子摩尔电导率

离子摩尔电导率(Λ_m)是指在两平行电极间距离为 1 cm,1 mol 离子溶液所具有的电导,是描述电解质导电能力的参数,在无限稀释的溶液中,当溶剂和温度一定时,离子摩尔电导率是一个定值,与溶液中共存的其他任何离子无关。

一般电解质溶液的电导率、电解质的离子摩尔电导率($S \cdot m^2 \cdot mol^{-1}$)和电解质溶液浓度$c$($mol \cdot L^{-1}$)之间的关系可以表示为

$$\kappa = \frac{\Lambda_m c}{1\,000} \tag{3-37}$$

(3-37)式是用电导法进行定量分析的基础。

(二)电导仪

电导仪是采用分压法原理测量电解质溶液电阻的装置。分压法测量原理如图 3-35 所示。将两个电极插入电解质溶液,构成电导池,电导池的电阻与一个标准电阻串联在由高频电源输出的交流电压上,交流电流是依靠电极与电解质溶液之间的界面所构成的电容在两相间进行传导。

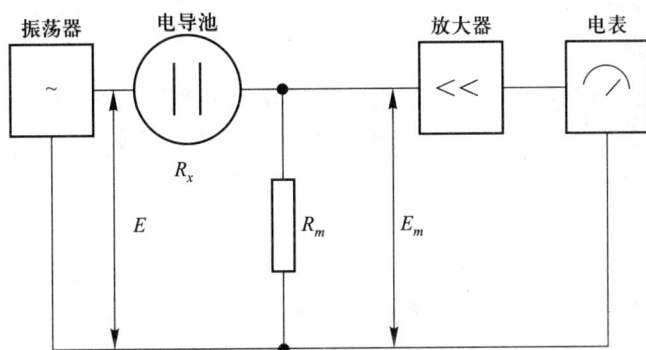

图 3-35 电阻分压法测量电导

电导仪中,采用高频电源可以防止电极极化,从而防止组分电解;电极的作用是将电解质溶液连接到电路中去,一般要求电极和电解质溶液之间的容抗极小;在标准电阻上的分压是经过放大器放大后由检测器显示,电解质溶液的电导值可以直接从检测器上获得。

(三)分析方法

1. 电导法

电导法是直接利用电导与电解质浓度间的关系进行分析的方法。电导法主要用于水的纯度鉴定、某些生产流程的控制和自动分析。

纯水不含电解质,它的电导率很小,普通蒸馏水的电导率为$2 \times 10^{-6}\ S \cdot cm^{-1}$,离子交换水的电导率为$5 \times 10^{-7}\ S \cdot cm^{-1}$。电导率是纯水的基本指标之一。

2. 电导滴定法

电导滴定法(conductometric titration)是以溶液的电导变化作为指示滴定终点的分析方法。容量分析中那些能引起溶液中离子浓度变化的反应,如生成水、难解离的化合物或沉淀等反应,都能使溶液的电导在反应终点出现转折,电导滴定曲线的转折点用来指示滴定终点。

电导滴定法一般应用于酸碱滴定和沉淀滴定,特别是在溶液浓度很稀、溶液有色或浑浊、没有合适的指示剂及反应生成物解离度大等情况下,用电导滴定法较其他方法有利。

第五节　流动注射分析

流动注射分析(flow injection analysis,FIA)是向流路中直接注入一个由样品溶液形成的流体带(液塞),在连续非隔断的试剂载流中分散而形成浓度梯度,同时与试剂进行混合并发生化学反应,通过检测器进行连续检测的技术。

1974 年丹麦的卢济卡(J. Ruzicka)等首次提出了流动注射分析的概念,是基于化学分析可在非平衡的动态条件下进行的假设,摆脱了化学反应必须在稳态条件下进行且必须反应完全的传统观念。因此,流动注射分析法具有如下特点:① 分析速度快,在实际操作中,一般每小时进样 100~300 次,进样间的响应间隔时间极短(≤1 min);② 分析效率高,可实现批量样品的连续检测;③ 样品用量少,作为一种良好的微量分析技术,一般每次测定仅需 25~100 μL 样品溶液;④ 设备简单且操作简便;⑤ 易于实现自动化和在线分析。

一、基本原理

流动注射分析的关键点是把一定体积的样品溶液注入无气泡间隔的流动试剂(载液)中,以确保混合过程与反应时间等条件的高度重现性,并在非平衡状态下高效率地完成样品的在线处理与测定。FIA 流路系统包括单通道系统和多通道系统。

(一)流路系统

单通道系统(single–channel system)是 FIA 流路系统中最简单的一种。其基本组成一般包括流体驱动单元、进样阀、微型反应器和检测器。

实际应用中还有双通道系统(two–channel system)、三通道系统(three–channel system)等流路系统。

(二)分析过程

根据流动注射分析的基本流路,其分析过程为:流体驱动泵(蠕动泵)驱动载液以恒定流速流过细微的管路,进样系统将一定体积的样品溶液注入载液中,微型反应器则使注入的样品带在其中适当地分散,并与载液(或试剂)中某些组分进行反应,生成能使检测器产生适量响应值的产物,检测器和信号记录装置测量和记录响应值数据。

二、流动注射分析仪

流动注射分析仪是完成流动注射分析过程的基本装置。一般由流体驱动泵、进样系统、微型反应器、检测器和数据处理系统等组成。

1. 流体驱动泵

用蠕动泵(peristaltic pump)驱动溶液在流动注射体系中最常见。蠕动泵可以进行几个管子的同时操作,特别适于应用多种试剂但又不能预先混合的情况。FIA 也可以用活塞泵,但价格较贵,且只允许单流路传送,对于多路管线,则需多个单独的泵。

2. 进样系统

进样系统（sample injection system）通常用旋转式六通阀。注入样品的体积可以为 $5\sim200\ \mu L$，典型的是 $10\sim30\ \mu L$，用具有适当长度和内径的外部环管计量。这种"塞式"注入的进样方式对载液流动干扰很小，取样和注入过程均可精确重复。

3. 微型反应器

微型反应器（microreactor）一般由内径为 $0.5\sim0.8\ mm$ 的聚四氟乙烯管作为反应管道组成。通常反应管呈盘绕状，以增强径向扩散，减小轴向扩散，减弱因样品流体带分散而引起的样品峰展宽，从而提高检测灵敏度和进样频率。

4. 检测器

检测器（detector）是一种在动态条件下检测反应物响应的装置。根据待测物的理化性质，一般各种类型的检测器均可用于 FIA 之中。如紫外-可见分光光度计、荧光光度计、离子选择电极、原子吸光光度计、化学发光检测器、折射计检测器等。

无论何种类型的检测器，一般要求其流通池体积应小，液体流通区域内无"死角"，可实现动态、连续检测。

三、分散系数

在 FIA 体系中，原始样品溶液被分散或被稀释的程度可用分散系数（dispersion coefficient，D）来表征。

（一）D 的定义

这里用图 3-36 来说明样品溶液进样后，其浓度与信号峰高度的变化关系。在进样之前，样品溶液的浓度为 c_0，是一个均匀的流体带，如果此时检测，则会产生一个类似于方波的信号峰，其峰高度可代表样品溶液的浓度 c_0；当样品流体带注入 FIA 系统中后，则在试剂载液中分散而形成一个浓度连续变化的浓度梯度，同时检测则得到一条展宽的峰形响应曲线。曲线上各点浓度为 c，峰浓度为 c_{max}。

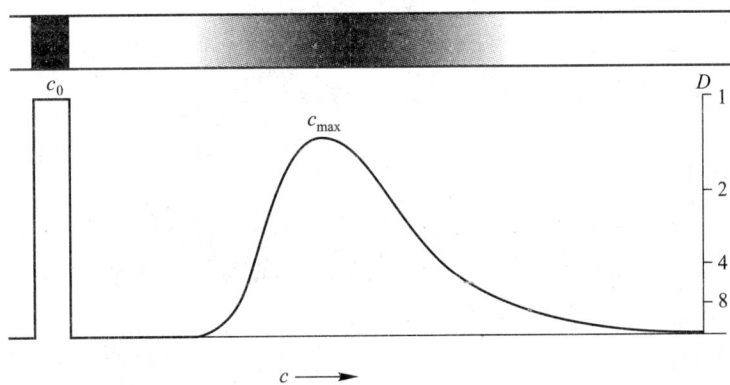

图 3-36　浓度与信号峰高度的变化关系

为了合理地设计 FIA 体系，需要了解样品流体带的分散程度，所以引入分散系数的概念，并具体定义为

$$D = \frac{c_0}{c} \qquad (3-38)$$

式中，c_0 为分析样品的起始浓度，c 为检测到的样品浓度。

（二）D 的测量

在实际分析中，测定一个给定的 FIA 体系的分散系数常用的方法是：用分光光度计作为检测器，一种有色染料作为检测样品溶液。首先将已知体积的样品溶液注入无色的试剂载液中，连续监测分散样品流体带的吸光度，测量并记录其吸光度值（峰高度）；其次将未稀释的样品溶液直接充满流通池，测量并记录其吸光度值，用两个吸光度值之比求得分散系数 D。

分散系数可以定量地描述 FIA 管线、检测器和检测方法。如当 $D=2$ 时，表示样品溶液已经被载液 1∶1 稀释。在 FIA 中，用分散系数的大小，可将样品分散程度大致划分为三种情形：有限分散（$D=1\sim3$）、中度分散（$D=3\sim10$）和高度分散（$D>10$），使设计的 FIA 体系适合于应用到各种不同的分析检测之中。

（三）影响 D 的因素

由(3-38)式可见，分散系数 D 仅考虑的是分散的物理过程，而未考虑化学反应。实际上，FIA 峰的形成应是两种动力学过程同时发生的结果，即流体带（液塞）分散的物理过程和其与试剂载液间发生反应的化学过程。所以，在用 D 值描述分散过程时，必须严格控制操作过程，使每一次的注入循环过程完全相同，并形成注入样品的浓度梯度，从而产生可重现的、用峰值表示的分析信号。

一般分散系数 D 主要受样品体积、管线长度和流动速度等变量的影响：① 注入样品体积越大，D 值越趋向于 1。表明样品分散过程小，与载液无明显混合或未发生明显稀释。② 反应器管线长度增加，D 值增大。样品从注入检测器流经的线路增长，液塞在管路中分散混合时间增加。③ 管路集合形状越复杂，D 值越大。样品在管路中流动方向改变越多。④ 载流速度增加，D 值减小。虽然会引起对流扩散增强，但因留存时间减少使分散度急剧降低，综合结果导致 D 值下降。

因此，在设计 FIA 体系时，需要根据实验目的来综合考虑上述因素的影响，以确定最佳流路系统，优化分析过程，获得准确结果。

四、实际应用

FIA 作为一种动态分析方法，通过选择反应剂、检测方式和流路系统，以及在系统中接入反应器、萃取器、分离器等，可以设计合理有效的 FIA 模式，使分析方法更为简便、灵活、有效，应用范围也更为广泛，更适合于药品生产过程分析。

（一）有限分散方式

在 FIA 体系中，分散系数 D 为 $1\sim3$ 的有限分散是最常用的 FIA 模式。实际分析中，当注入样品只需要简单地被载运到检测器进行分析时，可采用有限分散方式。一般用原子吸收分光光度计和离子选择电极等作为检测器。

例如：有限分散注入用于电化学检测器中。以动态方式操作的很多离子选择电极容易获得快速、重现的读数。应用 FIA 体系获得 pH、pCa 或 pNO_3 仅需小体积样品（$25~\mu L$ 左右）和很短的测量时间(10 s 左右)。也就是说在稳态平衡建立前就被测定了。离子选择电极的一般特性是需要相当长的时间(1 min 或更长)才能达到稳态条件,因此读数时间难以严格确定,但在 FIA 中这一问题完全由仪器来解决,因为样品是在由选定的管线控制的确定时间后才到达检测器的。实验表明,血清 pH 的测量可达 240 样·h^{-1},精度为 ±0.002 pH,样品注入后 5 s 内即可显示结果。通常有限分散可通过尽可能减少注入口与检测器间的距离、降低泵速及增加样品体积来实现。因此对于上述的 pH 测量,0.5 mm 管的长度仅 10 cm,样品体积为 30 μL。离子选择电极也常常对所研究的离子和干扰物质表现出动力学分辨能力。由于在样品与电极短的作用时间里,传感器可能对不同物质的响应明显不同,所以可改善传感器的选择性和检测下限。

(二) 中度分散方式

分散系数 D 为 3~10 的中度分散,是注入样品必须与试剂载液混合并发生反应,才能形成可检测的产物时,所采用的 FIA 模式。对于这类 FIA 体系,要求样品流体带既快速分散,与试剂部分混合且发生反应,又不能过度分散,造成待测物过度稀释,使检测灵敏度降低。

1. FIA 均相转换技术

一般中度分散方式中需采用均相转换技术,将样品中不能被直接检测的待测组分,只通过液相反应转化成可被检测的成分后,进行分析。

例如:分析氯酸盐是依据下列反应:

$$2ClO_3^- + 10Ti^{3+} + 12H^+ \longrightarrow 10Ti^{4+} + Cl_2 + 6H_2O$$

$$Cl_2 + LMB \longrightarrow MB$$

$$MB + Ti^{3+} \longrightarrow LMB + Ti^{4+}$$

该测试过程是:将氯酸盐样品注入酸性 Ti(Ⅲ)载液中,接着与无色美蓝(LMB)液流合并,生成蓝色物质 MB,这两步反应非常快。MB 经第三步反应被还原的速率是慢的。因此通过测量第二步反应产生的 MB 的吸收,很容易对氯酸盐定量。当 MB 被还原时,样品带已经通过了检测池。

2. FIA 多相转换技术

通过固定化酶、气体扩散和溶剂萃取等多相转换技术,将样品待测组分转变成可检测的成分,以提高 FIA 测定的选择性。

在 FIA 模式中,利用高浓度的固定化酶作为反应器,使底物在样品稀释度最小时充分而快速地转化为待测成分,进行分析。图 3-37 给出了应用化学发光的例子:这是一个用固定化葡萄糖氧化酶测定葡萄糖的体系。样品经阀注入缓冲溶液载液,然后导入酶反应器,在反应器中葡萄糖降解生成过氧化氢,接着与鲁米诺和六氰高铁(Ⅲ)酸盐混合,从而产生了可用一组光二极管检测的化学发光。由此可见,酶在分析链中被用来提供选择性,而 FIA 则是定量分析的有利工具。

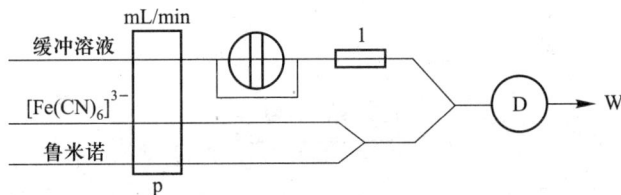

图 3-37 化学发光测定葡萄糖的流程图

1—装有固定化葡萄糖氧化酶的反应器

样品中不能被直接检测的待测组分,在一种液流(给体液流)中转变为气体并扩散到另一种液流(受体液流)中,与其中的试剂反应而被检测。如水溶液中总碳酸盐的测定。样品被注入稀硫酸载液中,然后导入气体扩散装置,其释放出的 CO_2 扩散到含酸碱指示剂的受体液流中。通过光度计检测,产生的信号正比于样品中碳酸盐含量。

FIA 模式中的溶剂萃取方法是在密闭体系中连续进行的,通过在 FIA 流路中设计一组有机溶剂加入装置、萃取盘管和相分离装置等,使样品中待测组分分离富集后,再进行分析检测。FIA 溶剂萃取技术一般使用有机溶剂较少,是实现样品自动化萃取的良好途径。

(三)高度分散方式

分散系数 $D > 10$ 为高度分散。只有当注入样品必须稀释到一定的程度,才可落到合适的测量范围内时,采用高度分散方式。其典型的应用是流动注射滴定法。

在流动注射装置中可以连续滴定(continuum titration)。如图 3-38 所示,将待滴定的样品直接加入滴定剂载液中,在混合室中很好地混合,产生适当的浓度梯度,在分散的样品带的头部和尾部均可存在着使待测物和滴定剂达到化学计量点的流体单元,这两个流体单元的分散系数相同。两点间的距离随注入样品浓度的增大而增大,随载液中滴定剂浓度的增大而减小。

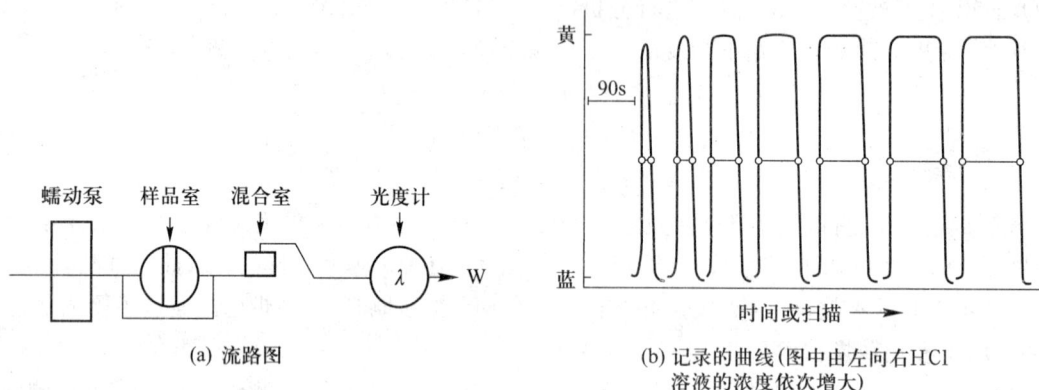

(a) 流路图

(b) 记录的曲线(图中由左向右HCl溶液的浓度依次增大)

图 3-38　NaOH 滴定 HCl 溶液的流路图及记录的曲线

例如:用 NaOH 溶液(1×10^{-3} mol·L^{-1})滴定 HCl 溶液($0.007 \sim 0.1$ mol·L^{-1}),滴定剂液流中含有指示剂溴百里酚蓝。滴定过程中指示剂颜色从碱的蓝色到酸的黄色,再回到蓝色。以分光光度计监测颜色变化,即可获得图 3-38(b)记录的信号,半高峰处的峰宽与被滴定物质浓度成正比。这类滴定可以 60 样·h^{-1} 的速度进行。而且所有传统的滴定方法均可在 FIA 滴定体系中得到体现。

本章提要

本章介绍了工业药物分析中常用的分析化学原理、方法和应用,包括利用化学反应及化学计量关系来确定被分析物含量的化学分析方法,如重量分析法和容量分析法等常量分析方法;根据物质的理化性质来确定其组成、含量、结构等相关信息的仪器分析方法,如光学分析、色谱分析和电化学分析等微量或痕量分析方法,特别介绍了适用于在线分析、过程分析和自动分析的分析方法,如旋光与折光分析、近红外光谱分析和流动注射分析等。为在药品生产过程中合理有效地应用分析技术和方法,提高药品生产质量奠定基础。

关 键 词

重量分析法;容量分析法;紫外-可见分光光度法;近红外光谱分析法;荧光分光光度法;原子吸收分光光度法;有机质谱法;薄层色谱法;气相色谱法;高效液相色谱法;电化学分析法;流动注射分析法

思 考 题

1. 在一定波长处,用 2.0 cm 吸收池测得某试液的透光率为 71%,若改用 3.0 cm 吸收池时,请计算该试液的吸光度。

2. 试述在红外光谱中化学键的振动频率与吸收峰的关系。

3. 简述溶剂极性对荧光物质光谱的影响。

4. 原子吸收光谱仪的主要部件有哪些?

5. 如何判断分子离子峰?

6. 简述薄层色谱法对药物进行定性鉴别时的一般过程。

7. 什么是正相色谱与反相色谱?

8. 试述区带电泳的基本分离过程。

9. 将下列几种物质构成一个电池:银电极、未知银离子溶液、盐桥、饱和氯化钾溶液、氯化亚汞、汞。

(1) 写出电池的表示形式;

(2) 若该电池的银电极的电位校正,在 298 K 测得该电池的电动势为 0.323 V,试计算未知银离子溶液的浓度;

(3) 哪一个电极是参比电极?另一个电极是指示电极还是工作电极?

(4) 盐桥内通常应充什么电解质?在该电池中盐桥内应充何种电解质?盐桥的作用是什么?

10. 简述药品生产的检验和监测中常用的离子选择电极及其工作原理。

11. 简述流动注射分析的原理及分散系数的影响因素。

12. 试述流动注射分析在工业药物分析中的应用。

(武汉大学　陈于林)

第四章 样品采集与前处理

医药工业的发展使药物分析技术的应用领域不断扩大,涵盖了化学合成药物、中药与天然药物、生物技术药物。就不同类型的药品而言,除了药物成品的分析之外,还涉及原辅料、药用中间体、药用包装材料的质量分析。对药品质量要求的不断提高也为分析方法提出了越来越高的技术要求。在药品的质量分析中,样品的采集、保存及样品的前处理方法是否适当,将直接影响分析的结果。为了满足各类样品的分析要求,对分析样品的采集、保存及前处理方法进行研究具有重要意义。本章介绍制药工业中分析样品的种类、采集与保存,以及前处理的基本方法。

第一节 样品种类

在药品生产过程中,依据相关质量标准对药物的原辅料、半成品和成品进行检验及质量控制是规范药品生产、控制药品质量的重要环节。按照我国《药品生产质量管理规范》的要求,药品生产企业的质量管理部门应负责生产全过程的质量控制。不符合质量标准的原辅料及半成品均不得投料生产;不符合质量标准的成品不准出厂、不准销售、不准使用。同时,需要对原辅料、半成品及成品的储存条件和稳定性进行考察,为产品储存条件的完善和有效期的确定提供依据。

一、药用原辅料

(一)原料及原料药

1. 原料

药品生产中使用的原料主要是指生产原料药的初级化学产品和溶媒。《中国药典》只收入部分原料,未收入药典的大部分原料,其标准可根据化工原料标准制订,可参考《中国无机化工产品质量标准全书》等;在合成原料药的过程中使用的大量化学试剂,其标准可参考《化学试剂标准大全》或其他化学试剂标准制订。

化学合成药物的原材料,是指用来生产药品的关键原料。生物药物的原料以天然的生物材料为主,包括动物、植物、微生物及各种海洋生物等,其中,人工制得的生物原料也是生物药物原料的重要来源,如基因工程技术制得的微生物及其他细胞原料等。药用植物、动物、矿物既可作为原料投入生产,也可以作为原料药直接应用。

2. 原料药

原料药属于药品的范畴。大部分原料药已收入《中国药典》。未收入《中国药典》的原料药可参考其他药典标准,如《美国药典》、《欧洲药典》、《英国药典》和《日本药局方》,制订符合药用要求的标准。

药典收载的化学合成原料药,按结构进行分类,主要有以下种类:巴比妥类药物、芳酸及其酯类药物、芳胺类药物、杂环类药物、维生素类药物、甾体激素类药物、抗生素类药物等。

(二)辅料

药品生产中使用的大部分辅料(70余种)已收入《中国药典》。收入《中国药典》的辅料,按《中国药典》的要求进行质量控制;未收入《中国药典》的辅料,可参考《药用辅料手册》进行质量管理;对暂无药用标准的辅料,可参考食品标准等制订符合药用要求的标准。

药用辅料是指能将药理活性物质制备成各种药物制剂的添加剂。药用辅料应具有化学稳定性较高、与主药不发生理化反应、对人体无害、不影响主药的疗效等性质。在制药工业中,药用辅料具有提高药物的稳定性和有利于制剂形态形成等重要作用。根据各种辅料相对分子质量的大小,将辅料分为以下两类:

1. 药用低分子辅料

(1) 蒸馏水(distilled water):蒸馏水能与乙醇、甘油、丙二醇等溶剂以任意比例混合;能溶解大多数的无机盐类和极性大的有机药物;能溶解药材中的生物碱盐类、苷类、糖类、树胶、黏质液、鞣质、蛋白质、有机酸类及色素等。蒸馏水是最常用的药用辅料。蒸馏水无毒、无味、便宜,但干燥温度高、干燥时间长,对遇水易水解的药物非常不利。如果处方中的水溶性成分较多时,以水作辅料可能出现发黏、结块、湿润不均匀、干燥后颗粒发硬等现象。此时最好选择适当浓度的乙醇－水混合溶液以克服上述不足。

(2) 乙醇(ethanol):乙醇可用于遇水易分解的药物或遇水黏性太大的药物。中药浸膏的制粒中常用乙醇－水混合溶液作润湿剂。随着乙醇浓度的增大,润湿后所产生的黏性降低。乙醇的常用浓度为30%~70%。

(3) 无机盐类:用作药用辅料的无机盐类有硫酸钙、磷酸氢钙及碳酸钙等,其中,二水硫酸钙的性质较稳定、无臭无味、微溶于水。硫酸钙对某些主药的含量测定有影响,如四环素类药物制剂中不宜加入硫酸钙作为辅料。

2. 药用高分子辅料

药用高分子辅料在药用辅料中占有很大的比重。在制药工业中,从复杂的药物制剂制备到包装材料,都离不开药用高分子辅料。药用高分子辅料按其来源分为三类:天然高分子,包括蛋白质类(如明胶等)、多糖类(如淀粉、纤维素)、天然树胶(如阿拉伯胶等);半合成高分子,包括淀粉、纤维素的衍生物(如羧甲基淀粉钠、羧甲基纤维素钠);合成高分子,包括热固性树脂、热塑性树脂、硅橡胶等。现将常用的高分子辅料介绍如下:

(1) 明胶(gelatin):明胶溶于水形成胶浆,其黏性较大。在制粒时,明胶溶液应保持较高温度以防止胶凝。明胶适用于松散且不易制粒的药物及在水中不需崩解或延长作用时间的口含片等。

(2) 淀粉(starch):淀粉包括玉米淀粉、马铃薯淀粉、小麦淀粉,其中,常用的是玉米淀粉。淀粉的性质稳定、吸湿性小、外观色泽好、价格便宜,但可压性较差,因此常与可压性较好的糖精、糊精、乳糖等混合使用。

(3) 纤维素(cellulose):纤维素是植物纤维的主要组分之一,广泛存在于自然界中。药用纤维素的主要原料来自棉纤维,少数来自木材。棉纤维含纤维素91%以上,木材含纤维素较低,约在40%以上。药用纤维素分为粉状纤维素和微晶纤维素两种。

粉状纤维素可用作片剂的稀释剂、硬胶囊和散剂的填充剂。

微晶纤维素(microcrystalline cellulose,MCC),系指由纤维素部分水解而制备的结晶性粉末,具有较强的结合力与良好的可压性,亦有"干黏合剂"之称。

(4) 阿拉伯胶(acacia):阿拉伯胶是糖及半纤维素的复杂聚集体,其主要成分为阿拉伯酸的钙盐、镁盐、钾盐的混合物。阿拉伯胶常用作乳化剂、增稠剂、助悬剂、黏合剂和保护胶体,不宜作为注射剂的辅料。

(5) 羧甲基淀粉钠(carboxymethyl starch sodium,CMS-Na):CMS-Na 的吸水膨胀作用非常显著,其吸水后膨胀率为原体积的 300 倍,是一种性能优良的崩解剂。

(6) 羧甲基纤维素钠(carboxymethyl cellulose sodium,CMC-Na):CMC-Na 是纤维素羧甲基醚化物的钠盐,易溶于水而不溶于乙醇。常应用于水溶性和水不溶性物料的制粒。

(7) 硅橡胶(silicone rubber):硅橡胶是以高相对分子质量的线型聚合有机硅氧烷为基础,添加某些特定成分,再按照一定工艺要求加工后,制成具有一定强度和伸长率的橡胶态弹性体。用作医药材料的硅橡胶,主要是已交联的聚烃基硅氧烷橡胶。硅橡胶具有耐高温、耐氧化、疏水性、透过性和柔软性等特点。

以上 7 种是常用的高分子辅料,它们在分析样品中与主药共存。分析工作者对辅料的物理化学性质有充分的认识才能在样品的采集、保存和处理环节中针对辅料进行考虑,从而排除辅料对主药测定的干扰。

(三) 制药用水

制药用水(也叫制药工艺用水)包括纯化水、注射用水及灭菌注射用水。纯化水为原水经蒸馏法、离子交换法、反渗透法或其他适宜方法制得的供药用的水,不含任何附加剂;注射用水为纯化水经蒸馏所得的无热原水;灭菌注射用水为注射用水经灭菌所得的水。

对制药用水的水质要定期检查。纯化水每 2h 在制水工序抽样检查部分项目一次;注射用水至少每周全面检查一次。

在通常情况下,《中国药典》的标准及其他原辅料标准只是药品生产中必须满足的最低标准。药品生产企业还应根据实际条件和生产要求制订出更为严格、合理的内控标准,以保证药品生产的质量。

二、药用中间体

化学合成药是以一定的原料为出发点,按照设定的路线合成出目标化合物。在各种药物的生产中,相同的药物可以通过不同的合成路线、不同的工艺而获得,所以就会有不同的中间产品;有时,某一路线中的起始原料在另一路线中也可能就是一中间产品。中间体由于是在药物合成过程中产生的,或多或少会被带到产品中去。中间体常常会具有和产物相同或类似的基团或特征。

示例　阿司匹林的合成

在碱性条件下,苯酚经羧基化、酸化、乙酰化后得到阿司匹林。合成路线如下:

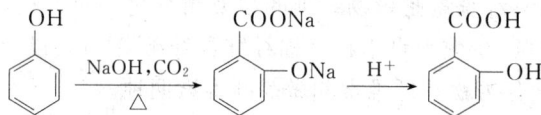

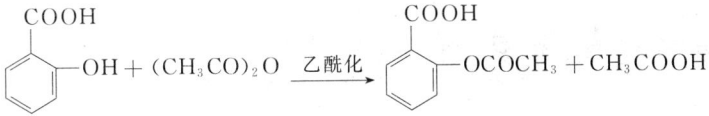

在合成过程中,未反应完全的酚类、生成的中间体水杨酸和副产物醋酸苯酯、水杨酸苯酯及乙酰水杨酸苯酯等成为阿司匹林的特殊杂质。

三、药物制剂

原料药经过一定的工艺制成适合应用的形式,称为药物制剂。药物制剂是一种关系到人类生命健康的特殊商品,是直接供药用的形式。为保证用药的安全、合理和有效,药物制剂必须达到一定的质量要求。药物制剂的种类繁多,常用剂型有四十余种,按形态分为液体制剂,如芳香水剂、溶液剂、注射剂、合剂、洗剂、搽剂等;气体制剂,如气雾剂、喷雾剂等;固体制剂,如散剂、丸剂、片剂、膜剂等。

四、药用包装材料

药品包装分为内包装、中包装及外包装。药品的内包装容器也称直接容器,常采用塑料、玻璃、金属、复合材料等;中包装一般采用纸板盒等;外包装一般采用内加衬垫的瓦楞纸箱、塑料桶、胶合板桶等。在药品包装中,包装材料的稳定性能、阻隔性能、结构性能和加工性能对药品的质量有重要影响。常用的药品包装材料有如下几种。

1. 纸

纸系指植物纤维和其他纤维经过加工制造而成的材料。在制剂生产中,几乎所有的中包装和大包装均采用纸包装材料。常用的药品包装用纸有蜡纸、玻璃纸(PT)、过滤纸、可溶性滤纸、白纸板、牛皮箱纸板和瓦楞纸板等。

2. 塑料

塑料系指合成树脂经过加工形成塑料材料或固化交联形成刚性的材料。常用的塑料包装材料有聚乙烯(PE)、聚丙烯(PP)、聚氯乙烯(PVC)、聚偏二氯乙烯(PVDC)、聚酯(PET)、聚碳酸酯(PC)和聚苯乙烯等,均为药用高分子包装材料。常见的药用高分子包装有五种,分别为单层药袋、复合药袋、泡罩包装、中空包装及特殊包装。

3. 玻璃

玻璃系指一种过冷液体以固体状态存在的非晶态物质,不耐氢氟酸和强碱。玻璃中的钠离子可以被水浸析出来产生 $NaOH$,另外玻璃中的 Na_2O 也可能在大气中析出而产生脱片,但硼硅玻璃可减少上述现象。

4. 金属

在药用包装中,常用的金属材料有铁质包装材料和铝质包装材料。前者多用于药品包装盒、罐等;后者由于易压延,可制成更多形状的容器,如气雾剂容器、软膏剂容器等。

第二节 样品采集与保存

一、概述

（一）样品采集原则

样品分析工作的首要任务是样品采集。从大量样品中取出少量进行分析，要考虑取样的科学性、真实性和代表性。采集样品的基本原则是均匀、合理。采集样品的部位不当或方法不合理会影响所取得样品的代表性，使分析结果无法正确地反映整批样品的质量情况。

采集样品时，需根据样品的性质、物理状态以及分析方法的具体情况，确定不同的取样方法和取样量，如生产规模的固体原料药的取样采用取样探子。取样量依据分析方法灵敏度的不同而不同，见表 4 - 1。

表 4 - 1 各种分析方法的样品用量

分析方法	样品用量	试液体积
常量分析法	大于 0.1 g	大于 10 mL
半微量分析法	0.01～0.1 g	10～1 mL
微量分析法	0.1～10 mg	1～0.01 mL
超微量分析法	小于 0.1 mg	小于 0.01 mL

采样的设备和容器均应按规定进行清洁，不得对样品造成污染。设备和容器的清洁规程应遵循以下原则：

（1）有明确的洗涤方法和洗涤周期；

（2）明确关键设备和容器的清洗验证方法；

（3）清洗过程及清洗后检查的有关数据应有记录；

（4）采集无菌样品时，设备和容器应进行清洗、消毒和灭菌。同一仪器连续采集同一无菌样品时，每批次之间也应清洗灭菌。

最后，采集样品时还应对各样品的名称、批号、规格、数量、来源、取样方法和送样日期作详细记录。

（二）样品保存方法

采集的样品如不能立即进行分析时，应妥善保存，以防止样品在放置过程中受温度、湿度、光照、氧化等环境因素影响而发生理化性质改变。由于样品保存时间不仅取决于样品本身性质，同时还取决于保存条件和检测项目的要求，因此，需根据样品情况，通过试验来确定合适的保存方法。常用的保存方法有：

1. 常温保存法

在常温下较稳定的样品可采用常温保存法。样品采集后置于干燥洁净的具盖（塞）容器中保存，必要时可用胶带或石蜡封口，易吸潮的样品可置干燥器中保存，需避光的样品应避光保存。应注意容器材料不得影响样品的理化性质。

2. 低温保存法

热稳定性差的或易变质的样品可采用低温保存法。低温保存法可有效地使化学和生化反应变慢,并使样品的最终变化很小。样品采集后置于干燥洁净的具盖(塞)容器中,进行冷藏或冷冻保存。

3. 化学保存法

在采集的样品中加入适量的抗氧剂、防腐剂、酸碱调节剂等化学试剂可以防止或减缓有关化学反应发生及微生物代谢过程的进行。

同时,按照国家《药品生产质量管理规范》要求,还应对采集样品的储存条件及稳定性进行考察,以便为样品储存条件的完善及有效期的确定提供试验依据。

二、各类样品采集与保存方法

在药品生产中常会遇到性状和均匀性不同的分析对象。从其性状而言,有液体、固体和气体样品;从待测组分在样品中的分布而言,有分布较为均匀的样品和均匀性较差的样品。对于不同类型的样品应采用不同的采样与保存方法。

(一)液体样品

液体样品中各组分的均匀性比固体样品好,因此采集比较简单,易得到均匀样品。若液体样品分装于小容器内,应从各容器取样并混匀后作为分析样品;若装在大容器内,应从容器的不同部位(深度)取样并混匀后作为分析样品;若在容器底部有沉渣,则应彻底混(搅)匀,使沉渣均匀分布后再从不同部位取样,混匀后作为分析样品;若样品为悬浊液和黏度较大的液体,则样品的均匀性往往较差,可用玻璃吸管分层取样,混匀后作为分析样品;若液体样品由于温度降低凝固或结冻,应将其缓慢融化再进行采样,但应特别注意加热对样品的物理、化学性质的影响。采样次数可参照固体法确定,样品分留 500～1 000 mL,装入小口洁净干燥瓶中并标注封签。不同的液体样品,其采用的保存方法不同。

1. 水样

纯化水的原水为饮用水。对饮用水样的采集与保存是药物制剂分析工作的重要组成部分。

采集水样的体积取决于分析项目。通常应超过各项测定所需水样总体积的 20%～30%。一般来说,简单分析需水 500～1 000 mL;全分析需 3 000 mL;特殊测定则应根据分析的项目来确定。盛水的容器应使用无色硬质玻璃瓶或聚乙烯塑料瓶。在取样前先用洗液、热肥皂水、漂白粉溶液或合成洗涤剂等任何一种将玻璃瓶洗干净,再用水样洗涤样瓶和塞子至少 3 次。玻璃瓶的塞子最好是磨口玻璃塞,也可以用橡胶塞(事先必须用 10%碳酸钠溶液煮过,再以 1:5 盐酸煮过,并用蒸馏水洗干净)或软木塞(用蒸馏水洗过并冲洗干净),禁止使用木料、纸团或金属制的塞子。取样时,水样应缓缓注入瓶中,不要起泡和用力搅动水源,不能把瓶子完全装满,至少留有 2 cm(或 10～20 mL)的空间,以防水温或气温改变时将瓶塞挤掉。将取好的水样塞好瓶塞(保证不漏水),用石蜡或火漆封口。如欲采取平行分析水样,则必须在同样条件下同时取样。

如不能立即分析水样,应妥善保存,具体保存方法见表 4-2。

表 4 − 2　水样保存方法

测定项目	要求体积 V/mL	储存用的容器		保存温度	保存剂	可保存时间
		塑料	玻璃			
酸碱度	100	＋	＋	4℃冷存		24 h
沉降物	1 000	＋	＋			24 h
溶解氧（电极法）	300	－	＋	现场测定		
氯化物	50	＋	＋			7 d
氨氮	1 000	＋	＋	4℃冷存	硫酸至 pH<2	24 h
硝酸根	100	＋	＋	4℃冷存	硫酸至 pH<2	24 h
亚硝酸根	50	＋	＋	4℃冷存		24 h
硫酸根	50	＋	＋	4℃冷存		7 d
重金属（砷）	100	＋	＋		硝酸至 pH<2	6 个月

注："＋"表示可用，"－"表示不可用。

2. 液体药物制剂

液体药物制剂包括液体中药制剂（口服液、酊剂、酒剂、糖浆）、注射液等，可根据药典或药品质量标准相关规定取样。

对于液体中药制剂而言，取样体积一般为 200 mL，同时须注意容器底是否有沉渣，如有沉渣应搅匀后均匀取样。

对于注射剂而言，配制后在灌注、熔封、灭菌前进行一次取样，灭菌后再按原方法取样一次，分析检验合格方可供药用。已封好的安瓿取样量按《中国药典》规定进行：注射液的标示量为 2 mL 或 2 mL 以下者取供试品 5 支，2 mL 以上至 10 mL 者取供试品 3 支，10 mL 以上者取供试品 2 支。

注射液应防止变质，如污染微生物、热原等。已调配好的药液应在当日内完成灌注、灭菌，如不能在当日内完成，必须将药液在不变质与不易繁殖微生物的条件下保存；供静脉及椎管注射用的注射剂，更应严格控制；接触空气易变质的药物，容器内应排出空气并填充二氧化碳或氮等气体后熔封。注射剂应按规定的条件避光保存。

（二）固体样品

对于固体样品的保存，应注意保存条件（如温度、湿度等），除另有规定，样品一般宜密封保存，以防止受潮、发霉、变质。凡属挥发性或遇热分解的药物，应避免受热损失；凡光敏性强的药物，应避光，以防止见光分解。

固体样品的取样一般采用"四分法"，另有规定除外。"四分法"基本步骤是：将彻底混匀的样品摊成正方形或堆成圆锥状再压成圆饼状，依对角线划"×"字或对圆饼面划"＋"字，使分为四等份，取用对角两份；再如上操作，反复数次至最后剩余的量足够完成所有必要的试验及留样数为止（供试品的量一般不得少于试验所需用量的 3 倍，即 $\frac{1}{3}$ 供分析用，$\frac{1}{3}$ 供复核用，$\frac{1}{3}$ 供留样保存）。

几种固体样品的取样方法如下：

1. 固体原辅料

在药品生产中，每一批号的原辅料往往有几件（桶、箱等）至几十件不等，要采集到具有代表性的样品，可用采样器在各件的上、中、下三层及周围间隔相等的部位取样若干，将所采集的样品彻底混匀，然后按"四分法"获得所需的供试品。对半成品、副产品及特殊要求的原辅料，则按具体情况另行规定。

2. 中药材

取样前，应注意品名、产地、规格及包件式样是否一致，检查包装的完整性、清洁程度、污染、水迹、霉变等情况，进行详细记录。凡有异常情况的包件，应单独检验。

从同批药材包件中抽取供试品的原则如下：药材总包件数不足 5 件的，逐件取样；在 100 件以下的，取样 5 件；100～1 000 件的，按 5% 取样；超过 1 000 件的，超过部分按 1% 取样；贵重药材，不论包件多少均逐件取样。

每个包件的取样量一般按下列规定：一般药材 100～500 g；粉末药材 25～50 g；贵重药材5～10 g；体积大的药材则根据实际情况抽取代表性供试品。

为了采集到具有代表性的中药材样品，同样需在包件的不同部位（包件大的应从 10 cm 以下的深处）分别抽取。然后将所取供试品混合均匀，即为总供试品。对个体体积较小的药材，采用"四分法"获取平均供试品；对个体体积较大的药材，可用其他适当方法获取平均供试品，如采用破碎、过筛、混合和缩分等步骤。

3. 固体药物制剂

固体药物制剂包括丸剂、片剂、颗粒剂、散剂、胶囊剂、注射用无菌粉末等，可根据《中国药典》或《药品质量标准》相关规定取样。

对于片剂，一般取 10～20 片，精密称定总质量（糖衣片需预先除去糖衣），求出平均片重，研细，精密称取适量，作为供试品。

对于胶囊剂，一般取 20 粒，精密称定总质量后，倾出内容物（不得损失囊壳）；硬胶囊用小刷或其他适宜用具拭净，软胶囊用乙醚等易挥发性溶剂洗净，置通风处使溶剂自然挥尽；再精密称定囊壳总质量，求出平均装量；精密称取混合均匀的内容物适量，作为供试品。

对于颗粒剂或散剂，一般取 10～20 包（瓶），除去包装，精密称定总质量，求出平均装量；研细，精密称取混合均匀的内容物适量，作为供试品。

对于注射用无菌粉末，一般取 5 瓶（支），除去标签、铝盖，容器外壁用乙醇洗净，干燥。开启时注意避免玻璃屑等异物落入容器中，迅速精密称定；倾出内容物，容器可用水、乙醇洗净，在适宜条件下干燥后，精密称定容器的质量，求出平均装量；精密称取混合均匀的内容物适量，作为供试品。

（三）气体样品

气体样品易于挥发、不易保存，包括气雾剂、与气雾剂类似剂型（喷雾剂、粉雾剂）等。气雾剂是借助抛射剂的压力将内容物以定量或非定量地喷出，药物喷出多为雾状气溶胶，气溶胶的采集常用静电沉降法，属于富集采样法。

气体样品的采集方法包括直接采样法、富集采样法和无动力采样法。

1. 直接采样法

当气体样品中的待测组分浓度很高或所用分析方法灵敏度高而直接进样即能满足药物分析要求时,可用直接采样法。常用的采样容器有注射器、塑料袋、球胆等。注射器采样后样品不宜长时间存放,最好当天分析完毕。

2. 富集采样法

当气体样品的浓度很低($1\sim10^{-3}\,mg\cdot m^{-3}$)而所用的分析方法又不能直接测出其含量时,需用富集采样法进行气体样品的采集。富集采样的时间一般比较长,所得的分析结果是在富集采样时间内的平均浓度。富集采样法有溶液吸收法、固体吸收法、冷冻浓缩法、静电沉降法、个体剂量器法等。

(1) 溶液吸收法:溶液吸收法是用吸收液采集气态、蒸气态样品组分及某些气溶胶的方法。常用的吸收液有水和有机溶剂。当有机溶剂作吸收液时,采样过程中溶剂会有明显的损失,故应添加有机溶剂至原有体积。

(2) 固体吸收法:固体吸收法是用固体吸附剂采集空气中待测物质的方法。固体吸附剂主要有以下三种:① 颗粒状吸附剂:对气态和蒸气态物质的采样靠吸附作用,而对气溶胶的采样则靠阻留作用和碰撞作用。常用种类有硅胶、活性炭、素陶瓷及高分子多孔微球。② 纤维状滤料:是由天然或合成纤维素互相重叠交织形成的材料,主要用于采集气溶胶。滤纸、玻璃纤维滤膜及过滤乙烯滤膜为常用滤料,其作用各不相同,有直接阻截、惯性碰撞、扩散沉降、静电吸引、重力沉降等。③ 筛孔状滤料:是由纤维素基质交联形成的具有筛孔的材料。结构上不同于纤维状滤料,包括微孔滤膜、核孔滤膜及银滤膜。

(3) 冷冻浓缩法:冷冻浓缩法主要用于低沸点物质的采集。用此法采集样品时,空气中的水蒸气会凝结在收集器中,从而对测定结果产生影响。

(4) 静电沉降法:静电沉降法常用于采集气溶胶。当气体样品通过 12 000~20 000 V 电压的电场时,气体分子电离所产生的离子附着于气溶胶粒子上使粒子带电;带电粒子在电场作用下沉降到收集电极上,然后将收集电极表面沉降物质洗脱下来进行分析。该法的采样效率高、速度快,但仪器设备的维护要求较高,且不能在有易爆气体、蒸气、粉尘的场合使用。

(5) 个体剂量器法:个体剂量器法适用于气态和蒸气态样品的采集。该法利用待测物质分子自身的运动(扩散或渗透)到达吸收液或吸收剂表面而被吸收或吸附。

3. 无动力采样法

无动力采样法常用于单一的某个检测项目。例如:过氧化铅法采集含硫化物的气体样品;石灰滤纸法采集微量氟化物等。

第三节 样品前处理

一、概述

药品在进行定量分析之前,一般根据分析方法的特点、化学原料药的结构与性质及药物制剂的处方组成采用不同的方法对样品进行前处理,以满足所选用的分析方法对样品的要求。

含金属及含卤素、氮、硫、磷等的药物,如十一烯酸锌、双氯非那胺、丙氧硫嘧啶、甘油磷酸钠等,根据待测元素在药物分子中结合的牢固程度不同,采用不同的前处理方法。

二、不经有机破坏分析法

(一) 直接测定法

金属原子不直接与碳原子相连的含金属药物或某些 C—M(金属原子直接与碳原子相连)键结合不牢固的有机金属药物,在水溶液中可以解离,因而不需要有机破坏,可直接选用适当的方法进行测定。

示例 富马酸亚铁的含量测定

富马酸亚铁在水中几乎不溶。它能溶于热稀矿酸,同时分解释放出亚铁离子。用硫酸铈滴定液滴定亚铁离子,指示剂为邻二氮菲。邻二氮菲与亚铁离子形成红色配位化合物,遇微过量氧化剂(硫酸铈)被氧化生成浅蓝色高铁离子配位化合物指示终点。测定过程中生成的富马酸对测定没有干扰。

(二) 经水解后测定法

1. 碱水解后测定法

本法是将含卤素的有机药物溶于适当溶剂(如乙醇)中,加氢氧化钠溶液后,加热回流使其水解,将有机结合的卤素经水解作用转变为无机的卤素离子,然后选用间接银量法进行测定。本法适用于含卤素有机药物结构中卤素原子结合不牢固的药物,如卤素和脂肪碳链相连者。

示例 三氯叔丁醇的含量测定

本品在氢氧化钠溶液中加热回流使分解产生氯化钠,与硝酸银作用生成氯化银沉淀,过量的硝酸银用硫氰酸铵溶液滴定。

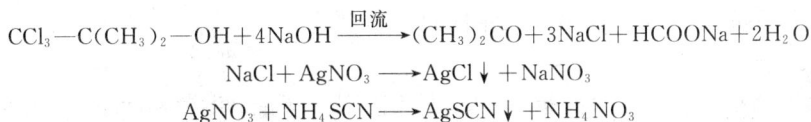

$$CCl_3-C(CH_3)_2-OH+4NaOH \xrightarrow{\text{回流}} (CH_3)_2CO+3NaCl+HCOONa+2H_2O$$

$$NaCl+AgNO_3 \longrightarrow AgCl\downarrow+NaNO_3$$

$$AgNO_3+NH_4SCN \longrightarrow AgSCN\downarrow+NH_4NO_3$$

2. 酸水解后测定法

示例 硬脂酸镁的含量测定

硬脂酸镁与定量硫酸共沸,水解生成硬脂酸和硫酸镁,剩余的硫酸以氢氧化钠溶液滴定。

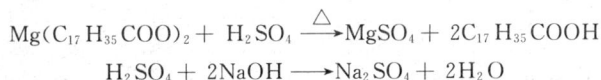

$$Mg(C_{17}H_{35}COO)_2 + H_2SO_4 \xrightarrow{\triangle} MgSO_4 + 2C_{17}H_{35}COOH$$

$$H_2SO_4 + 2NaOH \longrightarrow Na_2SO_4 + 2H_2O$$

(三) 经氧化还原后测定法

1. 碱性还原后测定

卤素结合于芳环上时,由于分子中碘的结合较牢固,需在碱性溶液中加还原剂(如锌粉)回流使碳-碘键断裂,形成无机碘化物后测定。泛影酸、胆影酸、碘番酸、胆影葡胺、泛影葡胺、碘他拉酸等均可以采用此法测定。

示例 泛影酸的含量测定

反应式如下:

$$NaI + AgNO_3 \longrightarrow AgI\downarrow + NaNO_3$$

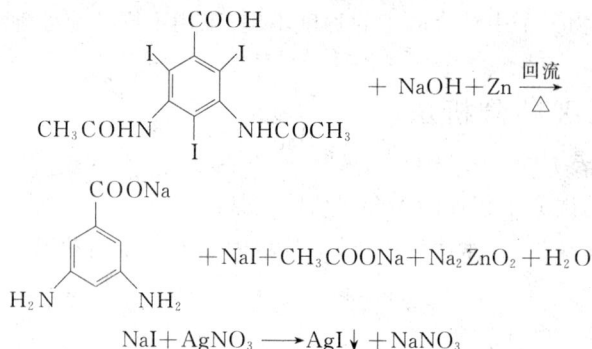

测定方法 取本品约 0.4 g,精密称定,加氢氧化钠试液 30 mL 与锌粉 1.0 g,加热回流 30 min,放冷,冷凝管用少量水洗涤,滤过,烧瓶与滤器用水洗涤 3 次,每次 15 mL,洗液与滤液合并,加冰醋酸 5 mL 与曙红钠指示液 5 滴,用硝酸银滴定液($0.1\ mol \cdot L^{-1}$)滴定。每 1 mL 的硝酸银滴定液($0.1\ mol \cdot L^{-1}$)相当于 20.46 mg 的 $C_{11}H_9I_3N_2O_4$。

2. 酸性还原后测定法

示例 碘番酸的含量测定

碘番酸在醋酸酸性条件下用锌粉还原使碳-碘键断裂,有机碘转化为无机碘,采用银量法测定。

测定方法 取本品约 0.3 g,精密称定,如氢氧化钠试液 30 mL 与锌粉 1.0 g,加热回流 30 min,放冷,冷凝管用少量水洗涤,滤过,烧瓶与滤器用水洗涤 3 次,每次 15 mL,合并洗液与滤液,加冰醋酸 5 mL 与曙红钠指示液 5 滴,用硝酸银滴定液($0.1\ mol \cdot L^{-1}$)滴定。每 1 mL 硝酸银滴定液($0.1\ mol \cdot L^{-1}$)相当于 19.03 mg 的 $C_{11}H_{12}I_3NO_2$。

3. 利用药物中可游离金属离子的氧化性测定法

（1）含锑药物

示例 葡萄糖酸锑钠的含量测定

利用五价锑有机药物中可游离的 Sb^{5+} 的氧化性,在酸性溶液中氧化碘化钾,并定量释放出碘,可用硫代硫酸钠滴定液滴定。反应式如下:

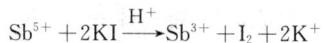

$$Sb^{5+} + 2KI \xrightarrow{H^+} Sb^{3+} + I_2 + 2K^+$$

$$I_2 + 2Na_2S_2O_3 \longrightarrow 2NaI + Na_2S_4O_6$$

（2）含铁药物 含铁药物加酸溶解便游离出 Fe^{3+}。Fe^{3+} 在酸性溶液中氧化碘化钾使释放出碘,用硫代硫酸钠滴定液滴定。反应式如下:

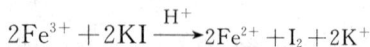

$$2Fe^{3+} + 2KI \xrightarrow{H^+} 2Fe^{2+} + I_2 + 2K^+$$

$$I_2 + 2Na_2S_2O_3 \longrightarrow 2NaI + Na_2S_4O_6$$

（四）溶剂萃取法

溶剂萃取(提取)法在中药材及其制剂的分析中应用较多。该法是将疏水性的有机溶剂与样品水溶液充分混合,药物即在水相和有机相间进行分配。通过萃取可将待测组分自复杂样品基质中分离出来,减少共存组分对测定的干扰;挥干有机溶剂,将残留物用少量溶剂定量溶解,使待测组分浓集,提高了测定的灵敏度。

选择合适的萃取溶剂对提高萃取回收率和选择性有着重要意义。首先,应选择对待测组分有较好溶解性能的溶剂,可根据相似性原则进行选择;其次,应选择与水不相混溶,且互溶性应尽可能小的溶剂,如甲醇、乙醇、乙腈等与水完全混溶,无法分层萃取;乙醚与水有一定的互溶性,萃取后可混入 1‰~2‰ 的水分,可带入一些水溶性杂质,但由于乙醚萃取能力强,易于挥干浓集,是常用的萃取溶剂。常用的溶剂还有醋酸乙酯、三氯甲烷、甲苯、二氯甲烷等。另外,应选择沸点适中且毒性小的溶剂,溶剂的沸点最好低于水的沸点,若接近或高于水的沸点,则很难挥去溶剂达到浓集组分的目的;应尽量选择毒性较低的溶剂。如果使用对人体有害的溶剂时,操作应在通风橱内进行。

样品溶液的 pH 也是影响萃取回收率的重要因素。根据 pK_a 值不同,有机药物可分成酸性、中性、碱性三类。溶液 pH 将直接影响到弱酸或弱碱性药物在水相与有机相中的分配比。

酸性药物在酸性条件下与质子缔合使药物在水相的分配减小,容易从水相提取到有机相中;在碱性条件下发生解离使其在水相的分配增加,不能或不完全被有机溶剂提取。

碱性药物在酸性条件下发生解离而在水相的分配增加,在碱性条件下则主要以分子形式存在而被有机溶剂萃取。

药物被有机溶剂萃取的最佳 pH 应根据药物的 pK_a 值进行选择。从理论计算来说,当 pH=pK_a 时,则 50% 的药物以非解离形式存式。为了使 90% 以上药物以分子形式存在并被有机溶剂萃取,碱性药物的最佳 pH 应高于 pK_b 值的 1~2 单位,酸性药物最佳 pH 应低于 pK_a 值的 1~2 单位,中性药物 pH 对萃取影响不大。

三、经有机破坏分析法

对有机金属药物及有机卤素药物结构中的目标原子与碳原子结合牢固者,必须采用有机破坏法使其转化为可供分析的无机金属离子及卤素离子,方可选用合适的分析方法进行测定。有机破坏法一般分为湿法破坏和干法破坏。

(一) 湿法破坏

湿法破坏是将样品置于凯氏烧瓶中,加入适量无机混合强酸或强酸-强酸盐,利用其强酸性和强氧化性进行有机破坏。该法所用试剂及蒸馏水均不应含有待测金属离子或干扰测定的其他金属离子。根据所用的破坏试剂不同可分为以下几种方法:

1. 硫酸-硫酸盐法

该法采用浓硫酸作氧化剂,加入硫酸钾(或无水硫酸钠)提高硫酸的沸点,以增强浓硫酸的氧化破坏能力。经该法破坏分解得到的金属离子多呈低价态,常用于含砷或含锑有机药物的破坏分解,得到三价砷或三价锑。

2. 硫酸-硝酸法

该法采用硫酸-硝酸混合体系以增强氧化破坏能力,可以使金属元素与碳原子结合牢固的键断裂,适合于大多数有机药物的破坏。由于硝酸是一种强氧化剂,因此经破坏转化得到的金属离子均呈高价态。碱土金属可与硫酸生成难溶性的硫酸盐而吸附待测金属离子,因此,该法不适宜含碱土金属有机药物的破坏。

3. 硝酸-高氯酸法

　　该法破坏力强且反应激烈。实验过程必须避免蒸干,蒸干会引起爆炸。该法适用于血、尿、组织等样品的破坏。

　　应用示例:凯氏定氮法。

　　凯氏定氮法(Kjeldahl nitrogen determination)是由 Kjeldahl 首创,并经过了多次改进,其破坏方法属于湿法破坏(硫酸-硫酸盐法)。凯氏定氮法包括有机破坏和水蒸气蒸馏测定两个部分。其原理是将含氮药物与硫酸(含硫酸盐)在凯氏烧瓶中共热,药物分子中有机结构被氧化分解(亦称"消解"或"消化")成二氧化碳和水,有机结合的氮则转变为无机氮,并与硫酸结合为硫酸氢铵及硫酸铵,经氢氧化钠碱化后释放出氨气,并随水蒸气馏出,用硼酸溶液或定量的酸滴定液吸收后,再用酸或碱滴定液滴定。本法适合于含氮有机药物及蛋白质类药物的分析。凯氏定氮法不能用于硝基化合物、亚硝基化合物、偶氮化合物的测定。

1. 仪器装置

　　凯氏烧瓶为 30~50 mL(半微量法)或 500 mL(常量法)硅玻璃或硼玻璃制成的硬质茄形烧瓶。蒸馏装置由 1 000 mL 的圆底烧瓶(A)、安全瓶(B)、连有氮气球的蒸馏器(C)、漏斗(D)、直形冷凝管(E)、100 mL 锥形瓶(F)和橡胶管夹(G、H)组成,如图 4-1 所示。

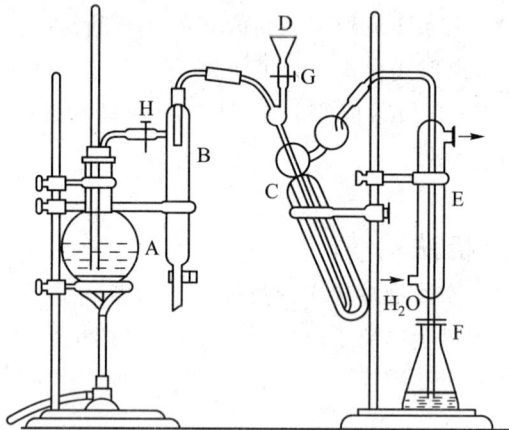

图 4-1　凯氏定氮蒸馏装置

2. 操作法

　　根据含氮量和样品实际情况,操作时采用常量法和半微量法。

　　(1) 常量法:取供试品适量(相当于含氮量 25~30 mg),精密称定,如供试品为固体或半固体,可用滤纸称取,并连同滤纸置于干燥的 500 mL 凯氏烧瓶中;然后依次加入硫酸钾(或无水硫酸钠)10 g 和硫酸铜粉末 0.5 g,再沿瓶壁缓缓加入硫酸 20 mL;在凯氏烧瓶口放一小漏斗,并使凯氏烧瓶成 45°斜置,用直火缓缓加热,使溶液的温度保持在沸点以下,等泡沸停止,强热至沸腾,至溶液呈澄明的绿色后,除另有规定外,继续加热 30 min,放冷。沿瓶壁缓缓加水 250 mL,振摇使混合,放冷后,从 D 漏斗加到蒸馏器 C 中,加 40%氢氧化钠溶液 75 mL,注意使沿瓶壁流至瓶底,自成一液层,加锌粒数粒,用氮气球将凯氏烧瓶与冷凝管连接;另取 2%硼酸溶液 50 mL,置 500 mL 锥形瓶中,加甲基红-溴甲酚绿混合指示液 10 滴;将冷凝管的下端插入硼酸溶液的液面下,轻轻摆动凯氏烧瓶,使溶液混合均匀,加热蒸馏,至接收液的总体积约为 250 mL 时,将冷凝管尖端提出液面,用蒸汽冲洗约 1 min,用水淋洗尖端后停止蒸馏;馏出液用硫酸滴定液(0.05 mol·L⁻¹)滴定至溶液由蓝绿色变为灰紫色,并将滴定结果用空白试验校正。1 mL 硫酸滴定液(0.05 mol·L⁻¹)相当于1.401 mg 的氮。

(2)半微量法:取供试品适量(相当于含氮量 1.0~2.0 mg),使用 30~50 mL 的干燥凯氏烧瓶;消解剂用量相应减少,加硫酸钾(或无水硫酸钠)0.3 g 与 30%硫酸铜溶液 5 滴,再沿瓶壁滴加硫酸 2.0 mL;在凯氏烧瓶口放一小漏斗,并使凯氏烧瓶成 45°斜置,用小火缓缓加热使溶液保持在沸点以下,等泡沸停止,逐步加大火力,沸腾至溶液呈澄明的绿色后,除另有规定外,继续加热10 min,放冷,加水 2 mL;另取 2%硼酸溶液 10 mL,置 100 mL 锥形瓶中,加甲基红-溴甲酚绿混合指示液 5 滴,将冷凝管的下端插入液面下。然后将凯氏烧瓶中的内容物经由 D 漏斗转入蒸馏瓶 C 中,用少量水淋洗凯氏烧瓶及漏斗数次,再加入 40%氢氧化钠溶液 10 mL,用少量水再洗漏斗数次,关 G 夹,加热 A 瓶,进行水蒸气蒸馏,至硼酸溶液开始由酒红色变为蓝绿色时起,继续蒸馏约 10 min 后,将冷凝管尖端提出液面,使蒸汽继续冲洗约 1 min,用水淋洗尖端后停止蒸馏。馏出液用硫酸滴定液(0.005 mol·L⁻¹)滴定至溶液由蓝绿色变为灰紫色,并将滴定的结果用空白试验(空白和供试品所得馏出液容积应基本相同,为 70~75 mL)校正。1 mL 硫酸滴定液(0.005 mol·L⁻¹)相当于 0.140 1 mg 的氮。

3. 消解剂的选择

为使有机药物中的氮定量转化,必须使有机结构破坏完全。消解时间长可导致铵盐分解,故在硫酸中加入硫酸钾(或无水硫酸钠)以提高硫酸的沸点,从而提高消解温度以缩短消解时间。同时,硫酸钾具有催化剂的作用,可以加快消解的速度。

常用催化剂有汞或汞盐、硒粉、铜盐、二氧化锰等,其中,汞或汞盐的催化作用最强。

汞盐容易和氨作用生成硫酸氨汞配位化合物[Hg(NH₃)₂]SO₄,使氨不易被碱游离,而且当样品中有卤素存在时,则卤素可与汞结合成难解离的卤化汞(HgX)。这些是汞盐作催化剂时需要注意的内容。硫酸铜价廉易得且无挥发性和毒性,因而成为常用催化剂。

对某些难分解的药物,如氮杂环结构药物,在消解过程中需加入辅助氧化剂,以使分解完全并缩短消解时间。常用的辅助氧化剂有 30%过氧化氢和高氯酸。其中,高氯酸为强氧化剂,用量不宜过大。高氯酸用量过大时,可能生成高氯酸铵而将氮氧化生成氮气(N₂)使测定结果偏低,且高氯酸在高温加热时易发生爆炸,要特别注意。

4. 操作注意事项

凯氏定氮法主要用于测定含有氨基或酰胺结构的药物含量。操作时应注意以下几点:

(1)对于以偶氮或肼等结构存在的含氮药物,因在消解过程中易于生成氮气而损失,需在消解前加锌粉还原后再依法处理;而杂环中的氮,因不易断键而难以消解,可用氢碘酸或红磷还原为氢化杂环后再进行消解。

(2)辅助氧化剂的使用应慎重,且不能在高温时加入,应待消解液放冷后加入,并再次加热继续消解。

(3)对于含氮量较高(超过 10%)的样品,可在消解液中加入少量多碳化合物,如蔗糖、淀粉等作为还原剂,以利于氮转化为氨。

示例 扑米酮的含量测定

扑米酮为取代丙二酰亚胺,具有 2 个酰胺氮。《中国药典》采用凯氏定氮法测定扑米酮的含量。扑米酮的结构如下：

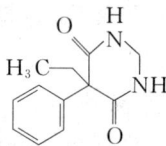

$$C_{12}H_{14}N_2O_2 \quad 218.26$$

测定法 取本品约 0.2 g，精密称定，照凯氏定氮法测定。1 mL 硫酸滴定液（0.05 mol·L⁻¹）相当于 10.91 mg 的扑米酮。

（二）干法破坏

根据破坏方式的不同，干法破坏分为高温炽灼法和氧瓶燃烧法。

1. 高温炽灼法

将样品直接灼烧破坏或加入适当试剂后再灼烧破坏。具体方法是将适量样品置于瓷坩埚或铂坩埚中，可加适量无水碳酸钠或氧化镁等以助灰化，混匀后先小火加热使样品完全炭化，然后放入高温炉中灼烧至完全灰化。应用该法时应注意以下几点：

（1）温度不宜太高，以防某些金属化合物挥发。一般加热或灼烧温度应低于 420℃；

（2）应灰化完全，若灼烧破坏不完全将影响测定结果的准确性。灼烧不完全时还有部分金属或卤素未转化为无机离子；

（3）经本法破坏后，所得灰分往往不易溶解，但此时切勿弃去。

本法主要适用于湿法不易破坏完全的有机药物（如含氮杂环类）及某些不能用硫酸进行破坏的有机药物。不适用于含挥发性金属（如汞、砷等）有机药物的破坏。

2. 氧瓶燃烧法

氧瓶燃烧法（oxygen flask combustion method）属于干法有机破坏。该法将含有待测元素的有机药物置于充满氧气的密闭燃烧瓶中充分燃烧，使有机结构部分彻底分解为二氧化碳和水，而待测元素根据电负性的不同转化为不同价态的氧化物（或无氧酸），被吸收于适当的吸收液中（多以酸根离子形式存在），再根据其性质和存在形式采用适宜的方法进行分析。

本法是快速分解有机结构的简单方法。它不需要复杂的设备，在极短的时间内即可使有机结合的待测元素定量转化为无机形式。本法被各国药典所收载，适用于含卤素或硫、磷等元素的有机药物的测定。

（1）仪器装置：燃烧瓶（a）为 500 mL、1 000 mL 或 2 000 mL 的磨口、硬质玻璃锥形瓶，瓶塞应严密、空心，底部熔封一根铂丝（直径为 1 mm），铂丝下端做成网状或螺旋状，长度约为瓶身长度的 $\frac{2}{3}$。氧瓶燃烧装置与样品包裹操作过程如图 4-2 所示。

燃烧瓶容积大小的选择取决于被燃烧分解样品量的多少。通常取样量为 10～20 mg，使用 500 mL 燃烧瓶；加大样品取样量（200 mg）时可选用 1 000 mL 或 2 000 mL 的燃烧瓶。燃烧瓶在使用之前应检查瓶塞是否严密。

（2）称样。

1）固体供试品：精密称取适量供试品（称量前应研细），除另有规定外，置于无灰滤纸（图 4-2(b)）中心，按虚线折叠（图 4-2(c)）后，固定于铂丝下端的网内或螺旋处，使尾部露出。

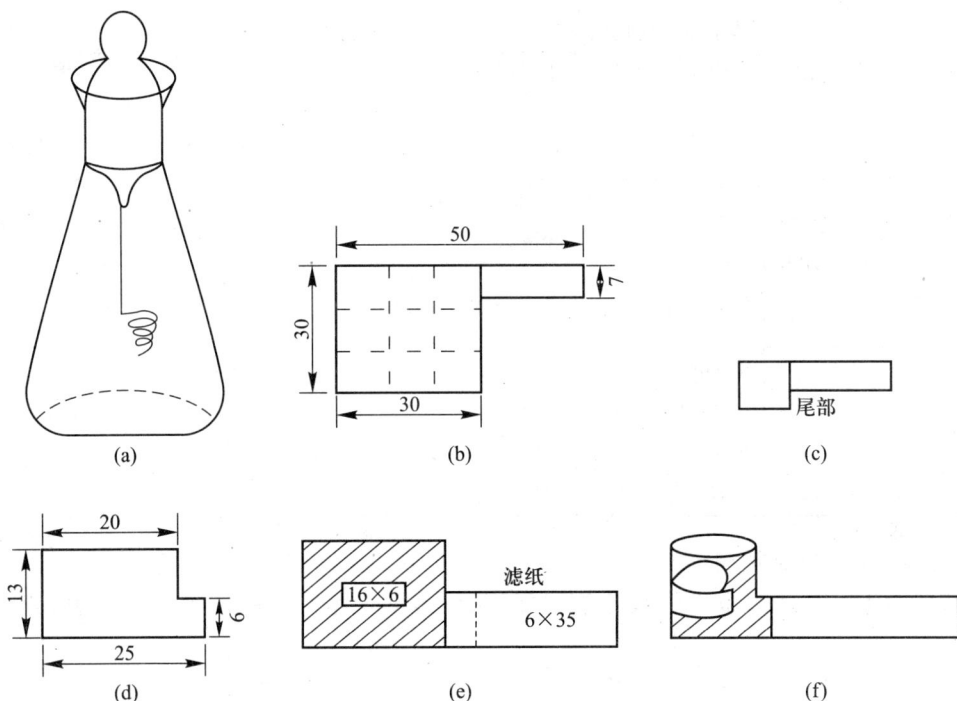

图 4-2 氧瓶燃烧装置与样品包裹操作图(单位:mm)

2) 液体供试品:液体供试品在透明胶纸和滤纸做成的纸袋中称样。将透明胶纸剪成规定的大小和形状(图 4-2(d)),中部贴一约 16 mm×6 mm 的无灰滤纸条,并于其突出部分贴一6 mm×35 mm 的无灰滤纸条(图 4-2(e)),将胶纸对折,紧粘住底部及另一边,并使上口敞开(图 4-2(f))。精密称定质量,用滴管将供试品从上口滴在无灰滤纸条上,立即捏紧粘住上口,再精密称定质量,两次质量之差即为供试品质量。将含有供试品的纸袋固定于铂丝下端的网内或螺旋处,使尾部露出。

(3) 氧瓶燃烧操作法:在燃烧瓶内按各品种项下的规定加入吸收液,并将瓶口用水湿润,小心急速通入氧气约 1 min(通气管应接近液面,螺旋式缓慢上提,使瓶内空气排尽);点燃包有供试品的滤纸尾部,迅速放入燃烧瓶中,按紧瓶塞,用少量水封闭瓶口,待燃烧完毕(应无黑色碎片),充分振摇,使生成的烟雾完全吸入吸收液中,放置 15 min;移开瓶塞,用少量水冲洗瓶塞及铂丝,合并洗液及吸收液。同法另做空白试验,然后按各品项下规定的方法进行测定。

(4) 吸收液的选择:根据待测元素的种类与所选用的分析方法选择适当的吸收液,吸收液的选择见表 4-3。样品经燃烧分解所生成的不同价态的待测元素定量地被吸收并转变为单一价态,使能满足分析方法的要求。

表 4-3 氧瓶燃烧操作法吸收液的选择

药物	燃烧产物	分析方法	吸收液	说明
含 F	HF	茜素氟蓝比色法	水	
含 Cl	HCl	银量法	水-氢氧化钠溶液	
含 Br	Br_2，HBr	银量法	水-氢氧化钠溶液-二氧化硫饱和溶液	SO_2 把 Br_2 还原为 Br^-
含 I	主要为 I_2，少量 HIO_3 和 HIO，微量 HI	银量法	水-氢氧化钠溶液-二氧化硫饱和溶液	不同价态的碘转变为 NaI
		间接碘量法	水-氢氧化钠溶液	不同价态的碘转变为 $NaIO_3$ 和 NaI
含 S	SO_3	重量法	水-浓过氧化氢溶液	燃烧产物转变为 H_2SO_4
含 P	P_2O_5	钼蓝（磷钼蓝）比色法	水	加少量 HNO_3 加热煮沸，使转化为磷酸
含 Se	SeO_2，少量 SeO_3	二氨基萘比色法	硝酸溶液（1→30）	转变为 H_2SeO_4

示例 碘苯酯的含量测定

碘苯酯为 10-对碘苯基十一酸乙酯与邻、间位的碘苯基十一酸乙酯的混合物，其结构式如下：

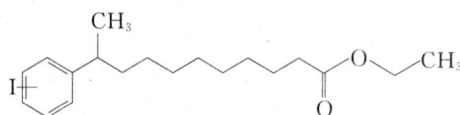

$C_{19}H_{29}IO_2$ 416.34

原理 本品系有机碘化合物，经氧瓶燃烧转变为单质碘（同时存在多价态），被定量吸收于吸收液中，并在氢氧化钠作用下生成碘化钠和碘酸钠，然后在醋酸溶液中经溴氧化全部转变为碘酸，过量的溴用甲酸还原后通入空气去除。加入碘化钾，与碘酸定量反应析出游离碘，再用硫代硫酸钠滴定液滴定。

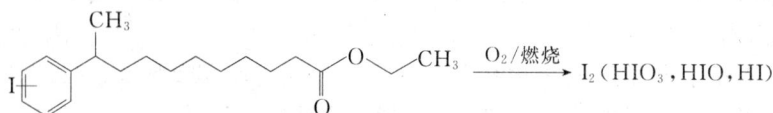

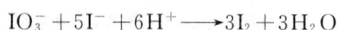

$$I_2 + 2NaOH \longrightarrow NaIO + NaI + H_2O$$

$$3NaIO \xrightarrow{OH^-} NaIO_3 + 2NaI$$

$$3Br_2 + I^- + 3H_2O \longrightarrow IO_3^- + 6HBr$$

$$Br_2(过量) + HCOOH \longrightarrow 2HBr + CO_2 \uparrow$$

$$IO_3^- + 5I^- + 6H^+ \longrightarrow 3I_2 + 3H_2O$$

$$I_2 + 2Na_2S_2O_3 \longrightarrow 2NaI + Na_2S_4O_6$$

测定法 取本品约 20 mg，精密称定，照氧瓶燃烧法进行有机破坏，以氢氧化钠试液 2 mL 与水 10 mL 为吸收液，待吸收完全后，加溴醋酸溶液（取醋酸钾 10 g，加冰醋酸适量使溶解，加溴 0.4 mL，再加冰醋酸至 100 mL）10 mL，密塞，振摇，放置数分钟，加甲酸约 1 mL，用水洗涤瓶口，并通入空气流 3～5 min 以除去产生的气体。加碘化钾 2 g,密塞,摇匀,用硫代硫酸钠滴定液 $(0.02 \text{ mol} \cdot \text{L}^{-1})$ 滴定,至近终点时,加淀粉指示液,继续滴定至蓝色消失,并将滴定结果用空白试验校正。每 1 mL 硫代硫酸钠滴定液 $(0.02 \text{ mol} \cdot \text{L}^{-1})$ 相当于 1.388 mg 的 $C_{19}H_{29}IO_2$。

本章提要

本章主要介绍样品的种类、采集和保存及样品的前处理方法。样品的采集、保存及样品的前处理方法是否适当直接影响分析的结果。此项工作是药品分析的重要组成部分。在药品生产过程中,依据相关质量标准对药品的原辅料、半成品和成品、包装材料进行检验及质量控制是规范药品生产、控制药品质量的重要环节。

在分析任何样品之前,首先涉及样品的采集和保存问题。从大量样品中取出少量进行分析,应考虑取样的科学性、真实性和代表性。取样的基本原则是做到均匀、合理。样品采集的方法因被分析样品的理化性质不同而不同。采集的样品一般应立即进行分析,否则应妥善保存。样品保存条件亦取决于样品本身的理化性质。样品在进行定量分析之前,要根据分析方法的特点、化学原料药的结构和性质采用不同的方法对样品进行前处理,以满足所选分析方法对样品的要求。

关键词

样品种类;样品采集;样品保存;样品前处理

思考题

1. 简述工业药物分析样品的种类。
2. 简述样品的采集原则及保存方法。
3. 为什么要对样品进行分析前处理?针对含金属药物和含卤素药物,不经有机破坏的分析方法有哪些?经有机破坏的分析方法有哪些?
4. 简述凯氏定氮法的基本原理及其适用范围和注意事项。
5. 氧瓶燃烧法测定含卤素有机药物时,吸收液的作用是什么?选择吸收液的基本原则是什么?

(内蒙古医科大学 王玉华)

第五章 药物的鉴别

药物的鉴别(identification)是药品质量检验工作的首项任务,是根据药物的分子结构、理化性质,采用物理、化学、物理化学或生物学方法来判断药物的真伪。《中国药典》凡例规定:鉴别项下规定的试验方法,系根据反映该药品某些物理、化学或生物学等特性所进行的药物鉴别试验,不完全代表对该药品化学结构的确证。因此《中国药典》和世界各国药典所收载的药品项下的鉴别试验方法,均为证明已知药物的真伪,而不是对未知物进行定性分析。

第一节 鉴别试验条件

一、溶液的酸碱度

溶液的酸碱度常常影响药物分子的解离状态,或影响具有氧化还原性质的药物的电极电位,或催化某些化学反应,因此许多鉴别反应需在一定酸碱度的条件下才能进行。在鉴别试验中,应调节溶液酸碱度使各反应物有足够的浓度处于易于反应的状态,使反应生成物处于稳定和易于观测的状态。

二、溶液的浓度

许多鉴别试验利用药物的化学反应(如沉淀的生成或溶解、颜色的变化或气体的产生等)、光谱或色谱的特征参数来判断结果,如果药物或试剂的浓度影响鉴别试验,均应严格控制。

三、反应的温度

温度对化学反应的速率影响很大,一般温度每升高 10℃,可使反应速率增加 2～4 倍。但温度的升高也可使某些生成物分解,导致颜色变浅,甚至观察不到阳性结果。因此应根据反应的要求确定反应温度。

四、反应的介质

大多数鉴别试验是将供试品制备成溶液后进行的,应选择价廉易得、低毒的溶剂作为反应介质,避免使用低沸点、易挥发的溶剂。一般以水为溶剂,乙醇等有机溶剂也偶见使用。

第二节 鉴别试验方法

在药品质量标准中,药物的鉴别包括性状(description)观察和鉴别试验(identification

test)。药物的性状反映了药物特有的物理性质,性状项下记述药品的外观、臭味、溶解度及物理常数等。鉴别试验则由确证药物理化特性的具体试验构成,常用化学法、光谱法、色谱法。原料药的鉴别应结合性状项下的外观和物理常数进行确认。下面重点阐述药物的物理常数测定法、化学鉴别法、光谱鉴别法和色谱鉴别法。

一、物理常数测定法

药物的物理常数(physical constant)是药物的特性常数,收载于质量标准的性状项下。《中国药典》(2015 年版)通则中收载了相对密度、馏程、熔点、凝点、比旋光度、折射率、黏度、吸收系数、碘值、皂化值和酸值等物理常数的测定方法。物理常数测定结果不仅对药品具有鉴别意义,也反映药品的纯度,是评价药品质量的主要指标之一。

(一) 熔点

1. 基本概念

熔点(melting point,mp)是指按照规定的方法测定,待测药物由固体熔化成液体的温度、熔融同时分解的温度或在熔化时自初熔至全熔的一段温度。

"初熔"系指供试品在毛细管内开始局部液化出现明显液滴时的温度。"全熔"系指供试品全部液化时的温度。"熔融同时分解"是指供试品在一定温度下熔融同时分解产生气泡、变色或浑浊等现象。

2. 测定方法

《中国药典》(2015 年版)通则根据供试品性质的不同,共收载三种测定方法:第一法用于测定易粉碎的固体药品;第二法用于测定不易粉碎的固体药品(如脂肪、脂肪酸、石蜡、羊毛脂等);第三法用于测定凡士林或其他类似物质。一般未注明者均指"第一法"。第一法包括传温液加热法和电热块空气加热法。传温液加热法的测定方法为:

取供试品适量,研成细粉,除另有规定外,应按照各品种项下干燥失重的条件进行干燥。若该品种为不检查干燥失重、熔点范围低限在 135℃ 以上、受热不分解的供试品,可采用 105℃ 干燥;熔点在 135℃ 以下或受热分解的供试品,可在五氧化二磷干燥器中干燥过夜或用其他适宜的干燥方法干燥,如恒温减压干燥。

分取供试品适量,置熔点测定用毛细管中,轻击管壁或借助长短适宜的洁净玻璃管,垂直放在表面皿或其他适宜的硬质物体上,将毛细管自上口放入使自由落下,反复数次,使粉末紧密集结在毛细管的熔封端,装入供试品的高度为 3 mm。另将温度计放入盛装传温液的容器中,使温度计汞球部的底端与容器的底部距离 2.5 cm 以上(用内加热的容器,温度计汞球与加热器上表面距离 2.5 cm 以上),加入传温液以使传温液受热后的液面适在温度计的分浸线处。将传温液加热,待温度上升至较规定的熔点低限约低 10℃ 时,将装有供试品的毛细管浸入传温液,贴附在温度计上(可用橡胶圈或毛细管夹固定),位置须使毛细管的内容物部分适在温度计汞球中部;继续加热,调节升温速率为每分钟上升 1.0~1.5℃,加热时须不断搅拌使传温液温度保持均匀,记录供试品在初熔至全熔时的温度,重复测定 3 次,取其平均值,即得。

测定熔融同时分解的供试品时,方法如上述;但调节升温速率使每分钟上升 2.5~3.0℃;供试品开始局部液化时(或开始产生气泡时)的温度作为初熔温度;供试品固相消失全部液化时的温度作为全熔温度。遇有固相消失不明显时,应以供试品分解物开始膨胀上升时的温度作为全熔温度。某些药品无法分辨其初熔、全熔时,可以其发生突变时的温度作为熔点。

3. 注意事项

(1) 毛细管:由中性硬质玻璃管制成,长 9 cm 以上,内径 0.9～1.1 mm,壁厚 0.10～0.15 mm,一端熔封。当所用温度计浸入传温液在 6 cm 以上时,管长应适当增加,使露出液面 3 cm 以上。

(2) 温度计:应为分浸型,具有 0.5℃ 刻度,并经熔点测定用对照品校正。

(3) 传温液:熔点在 80℃ 以下者,用水;熔点在 80℃ 以上者,用硅油或液状石蜡。

(4) 影响熔点测定的因素:传温液的种类和升温速率,毛细管的内径和壁厚及其洁净与否,供试品装入毛细管内的高度及其紧密程度,温度计的准确度,以及结果判断的正确性等均可影响测定结果。为使测定结果准确,应严格按照《中国药典》(2015 年版)通则的规定进行操作。

4. 应用

熔点是大多数固体有机药物的重要物理常数。药物若纯度差,则熔点下降,熔距增长。因此通过测定药物的熔点,不仅可以鉴别药品真伪,也可用于检查药品的纯度。如维生素 C(vitamin C)的性状项下规定:

本品的熔点(《中国药典》通则 0612)为 190～192℃,熔融时同时分解。

(二) 比旋光度

1. 基本概念

平面偏振光通过含有某些光学活性化合物的液体或溶液时,能引起旋光现象,使偏振光的平面向左或向右旋转,旋转的度数,称为旋光度(optical rotation)。使偏振光向右旋转者(顺时针方向)为右旋,以“+”符号表示;使偏振光向左旋转者(反时针方向)为左旋,以“-”符号表示。

偏振光透过长 1 dm 且 1 mL 中含有旋光性物质 1 g 的溶液,在一定波长与温度下测得的旋光度称为比旋光度(specific rotation)。

旋光度与比旋光度间的关系式如下:

对液体供试品
$$[\alpha]_D^t = \frac{\alpha}{l \cdot d}$$

对固体供试品
$$[\alpha]_D^t = \frac{100\alpha}{l \cdot \rho}$$

式中,$[\alpha]$ 为比旋光度,D 为钠光谱的 D 线,t 为测定时的温度(℃),l 为测定管长度(dm),α 为测得的旋光度,d 为液体的相对密度,ρ 为每 100 mL 溶液中含有待测物质的质量(按干燥品或无水物计算,g)。

2. 测定方法

除另有规定外,本法系采用钠光谱的 D 线(589.3 nm)测定旋光度,测定管长度为 1 dm(如使用其他管长,应进行换算),测定温度为 20℃。

测定旋光度时,将测定管用供试液体或溶液(取固体供试品,按各品种项下的方法制成)冲洗数次,缓缓注入供试液体或溶液适量(注意勿使产生气泡),置于旋光计内检测读数,即得供试液的旋光度。用同法读取旋光度 3 次,取 3 次的平均值,按公式计算。

3. 注意事项

(1) 使用读数至 0.01° 并经过检定的旋光计。旋光计的检定,可用标准石英旋光管进行,读数误差应符合规定。

（2）每次测定前应以溶剂作空白校正，测定后，再校正 1 次，以确定在测定时零点无变动；如第 2 次校正时发现零点有变动，则应重新测定旋光度。

（3）配制溶液及测定时，均应调节温度至 20℃±0.5℃（或各品种项下规定的温度）。

（4）供试的液体或固体物质的溶液应充分溶解，供试液应澄清。

（5）物质的比旋光度与测定光源、测定波长、溶剂、浓度和温度等因素有关，因此，表示物质的比旋光度时应注明测定条件。

4. 应用

比旋光度是反映光学活性药物特性及其纯度的重要指标，测定比旋光度（或旋光度）可以区别或检查某些药品的纯杂程度，亦可用以测定含量。

如葡萄糖（glucose）有多个手性碳原子，具有旋光性，为右旋体。《中国药典》（2015 年版）在性状项下规定了比旋光度的测定。方法：取本品约 10 g，精密称定，置 100 mL 量瓶中，加水适量与氨试液 0.2 mL，溶解后，用水稀释至刻度，摇匀，放置 10 min，在 25℃ 时，依法测定（《中国药典》通则 0621），比旋光度为＋52.6°～＋53.2°。

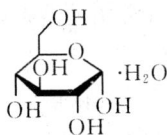

葡萄糖有 α 和 β 两种互变异构体，其比旋光度相差甚远，在水溶液中逐渐达到变旋平衡：

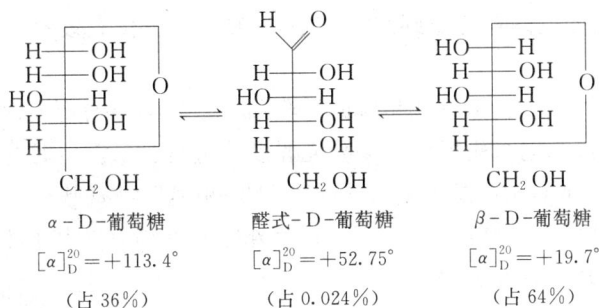

α-D-葡萄糖	醛式-D-葡萄糖	β-D-葡萄糖
$[\alpha]_D^{20} = +113.4°$	$[\alpha]_D^{20} = +52.75°$	$[\alpha]_D^{20} = +19.7°$
（占 36%）	（占 0.024%）	（占 64%）

此时比旋光度趋于恒定，为 ＋52.6°～＋53.2°。一般放置 6 h 变旋方可达到平衡，加酸、加弱碱或加热，可加速变旋平衡的到达，《中国药典》（2015 年版）采用加氨试液的方法。

（三）吸收系数

1. 基本概念

吸收系数（absorption coefficient）是指在给定波长、溶剂和温度等条件下，吸光物质在单位浓度、单位液层厚度时的吸光度。根据朗伯-比尔（Lambert-Beer）定律：

$$E = \frac{A}{cl}$$

式中，E 为吸收系数，A 为吸光度，c 为物质的浓度，l 为液层厚度（cm）。吸收系数有两种表示方式：摩尔吸收系数（molar absorption coefficient，κ）和百分吸收系数（specific absorption coefficient，$E_{1\,cm}^{1\%}$）。《中国药典》（2015 年版）采用百分吸收系数表示，其物理意义为，在一定的波长下，当溶液浓度为

$1\%(g \cdot mL^{-1})$,液层厚度为 1cm 时的吸光度数值。

2. 测定方法

用紫外-可见分光光度计(ultraviolet-visible spectrophotometer)测定。方法:取精制样品,精密称取一定量(两份),用规定的溶剂溶解并定量稀释制成一定浓度的供试品溶液,使供试品溶液吸光度在 0.6~0.8;然后精密吸取适量,用同批溶剂将溶液稀释 1 倍,使溶液吸光度在 0.3~0.4,以配制供试品溶液的同批溶剂为空白,在规定的波长处分别将高低浓度的溶液于 5 台不同型号的紫外-可见分光光度计上测定吸光度,并注明测定时的温度;计算吸收系数($E_{1\,cm}^{1\%}$),同一台仪器测定两份供试品溶液结果的偏差应不超过 1%,对 5 台仪器测得 $E_{1\,cm}^{1\%}$ 值进行统计,相对标准差应不超过 1.5%,取平均值作为该药物的吸收系数。

3. 注意事项

(1) 一般取干燥的供试品测定,但如果供试品不稳定,可取未经干燥的供试品测定,然后再另取供试品干燥失重后测定,计算时扣除即可。

(2) 配制供试品溶液所用溶剂必须能充分溶解供试品、与供试品无相互作用、挥发性小;除此之外,在测定波长处溶剂的吸光度也应符合要求。应选择在测定波长处吸收无干扰、易得、价廉、低毒的溶剂,避免使用低沸点、易挥发的溶剂。常用的溶剂有 $0.1\ mol \cdot L^{-1}$ 的盐酸、$0.1\ mol \cdot L^{-1}$ 氢氧化钠溶液或缓冲溶液。

(3) 为减小测定误差,应调整供试品溶液的浓度,使供试品溶液的吸光度在 0.3~0.7 之间。

(4) 测定前,应严格按照《中国药典》(2015 年版)通则要求对紫外-可见分光光度计进行校正和检定,并检查吸收池的配对性。

(5) 吸收系数限度的范围要考虑到测定误差,一般采用三位有效数字。

4. 应用

物质对光的选择性吸收波长,以及相应的吸收系数是该物质的物理常数,不仅用于原料药的鉴别,也可作为原料药或制剂采用紫外可见分光光度法进行含量测定时的计算依据。

如维生素 B_1(vitamin B_1)为氯化 4-甲基-3-[(2-甲基-4-氨基-5-嘧啶基)甲基]-5-(2-羟基乙基)噻唑鎓盐酸盐,结构中有共轭体系,具紫外吸收性质,《中国药典》(2015 年版)在性状项下规定了吸收系数的测定,方法为

取本品,精密称定,加盐酸(9→1 000)溶解并定量稀释制成 1 mL 中约含 12.5 μg 的溶液,照紫外-可见分光光度法(《中国药典》通则 0401),在 246 nm 的波长处测定吸光度,吸收系数($E_{1\,cm}^{1\%}$)应为 406~436。

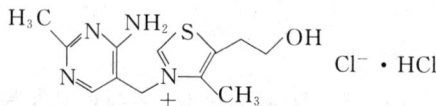

(四) 折射率

1. 基本概念

折射率(refractive index)系指光线在空气中进行的速度与在供试品中进行速度的比值。根据折射定律,折射率是光线入射角的正弦与折射角的正弦的比值,即

$$n = \frac{\sin i}{\sin r}$$

式中,n 为折射率,$\sin i$ 为光线的入射角的正弦,$\sin r$ 为光线的折射角的正弦。

物质的折射率因温度或入射光波长的不同而不同,透光物质的温度升高,折射率变小;入射光的波长越短,折射率越大。折射率以 n_D^t 表示,D 为钠光谱的 D 线,t 为测定时的温度。

2. 测定方法

除另有规定外,本法系用钠光谱的 D 线(589.3 nm)测定供试品相对于空气的折射率(如用阿培折光计,可用白光光源),除另有规定外,供试品温度为 20℃。用阿培折光计或与其相当的仪器测定,方法为:将仪器置于有充足光线的平台上,装上温度计,置 20℃ 恒温室中(或各药品项下规定的温度)至少 1 h。使折射棱镜上透光处朝向光源,将镜筒拉向观察者,使成一适当倾斜度,对准反射镜,使视野内光线最明亮为止。将上下折射棱镜拉开,用玻璃棒或吸管蘸取供试品 1~2 滴,滴于下棱镜面上,然后将上下棱镜关合并拉紧扳手。转动刻度尺调节钮,使读数在供试品折射率附近,旋转补偿旋钮,使视野内虹彩消失,并有清晰的明暗分界线。再转动刻度尺的调节钮,使视野的明暗分界线恰位于视野内十字交叉处,记下刻度尺上的读数。重复读数 3 次,取平均值,即为供试品的折射率。

3. 注意事项

(1) 测定用的折光计需能读数至 0.000 1,测量范围 1.3~1.7。

(2) 测定前,折光计读数应使用校正用棱镜或水进行校正。水的折射率 20℃ 时为 1.333 0,25℃ 时为 1.332 5,40℃ 时为 1.330 5。

4. 应用

测定折射率可以区别不同的油类或检查某些药品的纯杂程度。如尼可刹米(nikethamide)为无色至淡黄色的澄清油状液体,其性状项下规定:

本品的折射率(《中国药典》通则 0622)在 25℃ 时为 1.522~1.524。

二、化学鉴别法

化学鉴别法(chemical identification)是根据药物的化学结构与性质,通过化学反应鉴别药物的真伪,具有操作简便、快速、实验成本低等优点,广泛应用于药物的鉴别。

化学鉴别法按照所观察反应现象的不同,分为颜色变化鉴别法、沉淀生成鉴别法、气体生成鉴别法、荧光反应鉴别法和制备衍生物测定熔点鉴别法等。

(一) 颜色变化鉴别法

颜色变化鉴别法是在供试品溶液中加入适当的试剂,在一定条件下进行反应,观察反应过程中产生的颜色或颜色消褪进行鉴别的方法。

示例　黄体酮鉴别

取本品约 5 mg,加甲醇 0.2 mL 溶解后,加亚硝基铁氰化钠的细粉约 3 mg、碳酸钠与醋酸铵各约 50 mg,摇匀,放置 10~30 min,应显蓝紫色。

黄体酮为孕激素类药物,其分子结构中含有甲酮基,与亚硝基铁氰化钠反应显蓝紫色,该反应是黄体酮专属、灵敏的鉴别方法,可与其他甾体激素类药物相区别。

示例　维生素 C 鉴别

取本品 0.2 g,加水 10 mL 溶解后,分成二等份,在一份中加二氯靛酚钠试液 1~2 滴,试液的颜色即消失。

该反应是利用维生素 C 分子结构中的烯二醇基具有极强的还原性,可将有色的 2,6 -二氯靛酚(酸性为红色,碱性为蓝色)还原成无色的酚亚胺。

(二)沉淀生成鉴别法

沉淀生成鉴别法是在供试品溶液中加入适当的试剂,在一定条件下进行反应,观察所生成沉淀的鉴别方法。

示例　醋酸去氧皮质酮鉴别

取本品约 5 mg,加乙醇 0.5 mL 溶解后,加氨制硝酸银试液 0.5 mL,即生成黑色沉淀。

醋酸去氧皮质酮为肾上腺皮质激素类药物,其 C_{17} 位上的 α -醇酮基具有还原性,能还原氨制硝酸银生成黑色沉淀银,可用于鉴别。

(三)气体生成鉴别法

气体生成鉴别法是在供试品溶液中加入适当的试剂,在一定条件下进行反应,观察所生成气体的鉴别方法。

示例　尼可刹米鉴别

取本品 10 滴,加氢氧化钠试液 3 mL,加热,即产生二乙胺的臭气,能使湿润的红色石蕊试纸变蓝色。

尼可刹米分子结构中吡啶环 β 位上的酰胺基,与氢氧化钠试液加热,分解产生碱性的二乙胺气体,有臭味,并能使湿润的红色石蕊试纸变蓝色。

(四)荧光反应鉴别法

荧光反应鉴别法是将供试品溶解在适当溶剂中,直接观察或加入试剂反应后观察荧光的鉴别方法。本法灵敏度较高、专属性较强。

示例　维生素 B_1 鉴别

取本品约 5 mg,加氢氧化钠试液 2.5 mL 溶解后,加铁氰化钾试液 0.5 mL 与正丁醇 5 mL,强力振摇 2 min,放置使分层,上面的醇层显强烈的蓝色荧光;加酸使成酸性,荧光即消失;再加碱使成碱性,荧光又显出。

该反应为硫色素反应,是维生素 B_1 特征的鉴别反应。原理为:维生素 B_1 分子结构中的噻唑环在碱性介质中开环,再与嘧啶环上的氨基环合,经铁氰化钾氧化生成具有荧光的硫色素,在正丁醇(或异丁醇等)中显蓝色荧光。

(五)制备衍生物测定熔点

测定熔点是一种简便、专属的鉴别方法。对于某些熔点过高、对热不稳定或熔点不敏锐的药物,可通过加入试剂使药物与试剂反应生成衍生物再测定熔点的方法予以鉴别。

示例　盐酸丁卡因鉴别

取本品约 0.1 g,加 5%醋酸钠溶液 10 mL 溶解后,加 25%硫氰酸铵溶液 1 mL,即析出白色结晶;滤过,结晶用水洗涤,在 80℃ 干燥,依法测定(《中国药典》通则 0612 第一法),熔点约为 131℃。

此外根据化学鉴别方法的专属性不同,又可分为一般鉴别试验(general identification test)和专属鉴别试验(specific identification test)。一般鉴别试验收载于药典通则,是依据某一类药物的化学结构或理化性质的特征,通过化学反应来鉴别药物的真伪。对无机药物是根据其组成的阴离子和阳离子的特殊反应;对有机药物则大都采用典型的官能团反应;一般鉴别试验只能证实是某一类药物,而不能证实是哪一种药物,但根据一般鉴别试验可区别不同类别的药物。专属鉴别试验是根据每一种药物化学结构的特点和性质,选用其特有的灵敏的定性反应来鉴别药物的真伪,列于药典正文各品种项下。专属鉴别试验是在一般鉴别试验的基础上,利用各种药物的化学结构差异,来鉴别药物,以区别同类药物或具有相同化学结构部分的各个药物单体,达到最终确证药物真伪的目的。本章论述一般鉴别试验,其原理与方法见"第三节"。

三、光谱鉴别法

(一)紫外-可见分光光度法

1. 概述

紫外-可见光谱是物质分子吸收适宜能量的光子后,引起电子能级的跃迁所产生的吸收光谱。基于物质分子对 190～800 nm 光谱区的吸收特性建立起来的定性、定量分析的方法称为紫外-可见分光光度法(ultraviolet-visible spectrometry,UV-Vis)。紫外-可见吸收光谱与物质的结构有关,同一物质在相同的条件下测得的吸收光谱应具有完全相同的特征,故常用于药物的鉴别。

2. 方法

紫外吸收光谱的形状、吸收峰数目、吸收峰(或谷)波长的位置、吸光强度及吸收系数等均可作为鉴别的依据。常用方法为:

(1) 核对吸收光谱的特征参数:即核对供试品溶液的最大吸收波长(λ_{max})、最小吸收波长(λ_{min})、最大吸收波长处的吸光度(A)、肩峰等是否符合规定。如果供试品具有多个峰位,可同时用几个峰位进行鉴别。

1) 核对一定浓度药物的 λ_{max}。

示例　萘普生鉴别

取本品,加甲醇制成 1 mL 中含 30 μg 的溶液,照紫外-可见分光光度法(《中国药典》通则 0401)测定,在 262 nm、271 nm、317 nm 与 331 nm 的波长处有最大吸收。

2) 核对一定浓度药物的 λ_{max}、λ_{min}。

示例　头孢地尼胶囊鉴别

取本品内容物适量(约相当于头孢地尼 10 mg),置 100 mL 量瓶中,加 0.1 mol·L^{-1}磷酸盐缓冲溶液 [0.1 mol·L^{-1}磷酸氢二钠溶液-0.1 mol·L^{-1}磷酸二氢钾溶液(2:1)] 溶解并稀释至刻度,摇匀,滤过,量取续滤液适量,用上述溶剂稀释制成 1 mL 中约含头孢地尼 10 μg 的溶液,照紫外-可见分光光度法(《中国药典》通则 0401)测定,在 287 nm 与 224 nm 波长处有最大吸收,在 248 nm 波长处有最小吸收。

3) 核对一定浓度药物的 λ_{max}、λ_{min} 及肩峰。

示例　布洛芬鉴别

取本品,加 0.4% 氢氧化钠溶液制成 1 mL 中含 0.25 mg 的溶液,照紫外-可见分光光度法(《中国药典》通则 0401)测定,在 265 nm 与 273 nm 的波长处有最大吸收,在 245 nm 与 271 nm

的波长处有最小吸收,在 259 nm 的波长处有一肩峰。

4) 核对一定浓度药物的 λ_{max} 及其吸光度(A)。

示例 盐酸布比卡因鉴别

取本品,精密称定,按干燥品计算,加 0.01 mol·L^{-1}盐酸溶解并定量稀释制成 1 mL 中约含 0.40 mg 的溶液,照紫外-可见分光光度法(《中国药典》通则 0401)测定,在 263 nm 与 271 nm 的波长处有最大吸收;其吸光度分别为 0.53~0.58 与 0.43~0.48。

(2) 比较吸光度比值:规定一定浓度药物在两波长处的吸光度比值,用于鉴别。

示例 二氟尼柳鉴别

取本品,加 0.1 mol·L^{-1}的盐酸乙醇溶液溶解并稀释制成 1 mL 中含 20 μg 的溶液,照紫外-可见分光光度法(《中国药典》通则 0401)测定,在 251 nm 与 315 nm 的波长处有最大吸收,吸光度比值应为 4.2~4.6。

(3) 比较吸收光谱:即分别测定供试品溶液和对照品溶液在一定波长范围内的吸收光谱,要求两者的吸收光谱要一致。

示例 地蒽酚软膏鉴别

取含量测定项下的溶液,照紫外-可见分光光度法(《中国药典》通则 0401)测定,供试品溶液在 440~470 nm 波长范围内的吸收光谱应与对照品溶液的吸收光谱一致。

以上方法可以单个应用,也可几个结合起来使用,以提高方法的专属性。

示例 丙酸倍氯米松鉴别

取本品,精密称定,加乙醇溶解并定量稀释制成 1 mL 中约含 20 μg 的溶液,照紫外-可见分光光度法(《中国药典》通则 0401)测定,在 239 nm 的波长处有最大吸收,吸光度为 0.57~0.60;在 239 nm 与 263 nm 波长处的吸光度比值应为 2.25~2.45。

此外还可利用测定化学反应后产物的吸收光谱进行鉴别。

示例 苯妥英钠鉴别

取本品约 10 mg,加高锰酸钾 10 mg、氢氧化钠 0.25 g 与水 10 mL,小火加热 5 min,放冷,取上清液 5 mL,加正庚烷 20 mL,振摇提取,静置分层后,取正庚烷提取液,照紫外-可见分光光度法(《中国药典》通则 0401)测定,在 248 nm 的波长处有最大吸收。

其原理为:苯妥英钠在碱性、加热的条件下,被高锰酸钾氧化为二苯甲酮,用正庚烷提取后,在 248 nm 的波长处有最大吸收。

3. 注意事项

(1) 由于《中国药典》(2015 年版)采用核对吸收光谱的特征参数或吸光度比值,所以应注意仪器的校正和检定。

(2) 用紫外光谱法鉴别药物时应注意溶剂的种类、溶液 pH 及溶液浓度对试验结果的影响,需严格按照药典方法进行试验。

(3) 结构完全相同的化合物应具有完全相同的吸收光谱,但吸收光谱完全相同的化合物却不一定是同一个化合物。因此,紫外光谱鉴别专属性差,不能单独使用,应与其他方法配合,才能对药物的真伪做出判断。

(二)红外光谱法

1. 概述

红外光谱是由物质分子的振动和转动能级跃迁所产生的光谱。利用红外光谱对物质进行分析的方法称为红外分光光度法(infrared spectrometry,IR)。按照红外光能量的不同分为三个区域:近红外区(泛频区)、中红外区(基本振动-转动区)和远红外区(转动区)。其中中红外区的波长范围为 2.5～25 μm(按波数计为 4000～400 cm^{-1}),常用于药物的质量控制。红外光谱法特征性强,专属性高,主要用于结构明确、组分单一的原料药的鉴别,特别适合于结构复杂、结构间差别较小的药物的鉴别与区别,如磺胺类、甾体激素类和半合成抗生素类药物。此外,越来越多的制剂经提取后也采用红外光谱法鉴别。红外光谱法也常用于药物晶型的鉴别。

2. 方法

在用红外光谱进行鉴别试验时,《中国药典》(2015 年版)一般采用标准图谱对照法,即按规定绘制供试品的红外光谱图,然后与《药品红外光谱集》中的对照图谱对比,对照关键谱带的有无及各谱带的相对强度,若供试品光谱图与对照光谱图关键谱带的峰型、峰位、相对强度均一致,通常判定两个化合物为同一物质。

示例　司可巴比妥钠鉴别

本品的红外光吸收图谱应与对照的图谱(光谱集 137 图)一致。

《中国药典》(2015 年版)中部分药物采用对照品对比法,即取药物的供试品、对照品在相同条件下绘制红外光谱图,两者应一致。

示例　氯唑西林钠鉴别

取本品约 30 mg,加甲醇 0.1 mL 使溶解,滴到蒸发皿上,待甲醇自然挥发完后,真空干燥,按照红外分光光度法(《中国药典》通则 0402)测定,其红外光吸收图谱应与同法处理的氯唑西林对照品的图谱一致。

示例　苯妥英钠鉴别

取本品约 150 mg,加水 20 mL 使溶解,加 3 mol·L^{-1}盐酸 5 mL,加三氯甲烷 20 mL 提取,分取三氯甲烷层,用水 20 mL 洗涤三氯甲烷层,取三氯甲烷液,置水浴上蒸干,残渣置 105℃ 干燥 1 h,残渣的红外光吸收图谱应与苯妥英对照品的图谱一致(《中国药典》通则 0402)。

USP 主要采用对照品对比法;BP 多采用对照品对比法,少部分采用对照图谱对比法;JP 一般采用标准图谱对照法。

3. 注意事项

(1) 样品的纯度应大于 98%,应不含水分。测定时应注意二氧化碳和水汽等的干扰,必要时,应采取适当措施(如采用干燥氮气吹扫)予以改善。

(2) 红外光谱鉴别,样品制备方法有压片法、糊法、膜法和溶液法。采用压片法时,影响图谱形状的因素较多,使用光谱集对照时,应注意供试品的制备条件对图谱形状及各谱带的相对吸收强度可能产生的影响。有机碱的盐酸盐用溴化钾压片时可能发生复分解反应而生成有机碱的氢溴酸盐,因此采用氯化钾压片。

示例　盐酸普鲁卡因鉴别

本品的红外光吸收图谱应与对照的图谱(光谱集 397 图)一致。

盐酸普鲁卡因的红外吸收图谱如图 5-1 所示。其分析可见表 5-1。

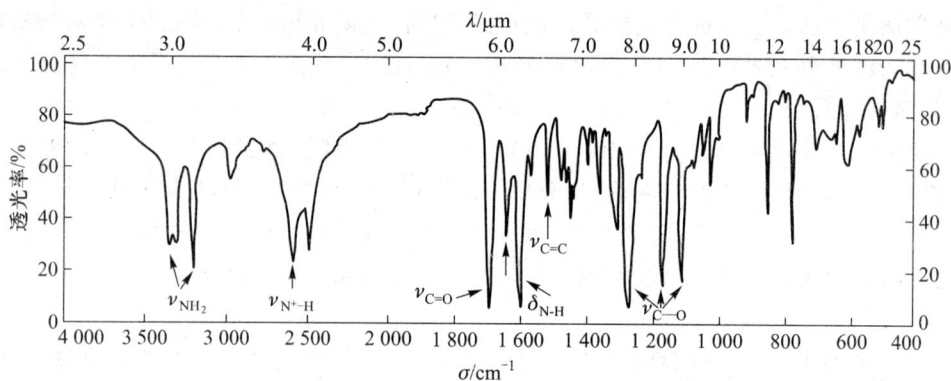

图 5-1　盐酸普鲁卡因的红外吸收图谱(氯化钾压片)

表 5-1　盐酸普鲁卡因红外吸收图谱分析

峰位/cm^{-1}	归属	峰位/cm^{-1}	归属
3315,3200	ν_{NH_2}　　(伯胺)	1645	δ_{N-H}　　(胺基)
2585	ν_{N^+-H}　(胺基)	1604,1520	$\nu_{C=C}$　　(苯环)
1692	$\nu_{C=O}$　(酯羰基)	1271,1170,1115	ν_{C-O}　　(酯基)

（3）各品种项下规定"应与对照的图谱(光谱集××图)一致"，系指《药品红外光谱集》第一卷(1995 年版)、第二卷(2000 年版)、第三卷(2005 年版)、第四卷(2010 年版)和第五卷(2015 年版)所载的图谱。同一化合物的图谱若在不同卷上均有收载时，则以后卷所载的图谱为准。

（4）对于具有同质异晶现象的药品，应选择有效晶型的图谱，或分别比较。

示例　棕榈氯霉素鉴别

取本品(A 晶型或 B 晶型)，用糊法测定，其红外光吸收图谱应与同晶型对照的图谱(光谱集 37 图或 38 图)一致。

对于晶型不一致，需要转晶的药品，应规定转晶条件，并给出处理方法。

示例　阿苯达唑鉴别

本品的红外光吸收图谱应与对照的图谱(光谱集 1092 图)一致。如发现在 1380 cm^{-1} 处的吸收峰与对照的图谱不一致时，可取本品适量溶于无水乙醇中，置水浴上蒸干，减压干燥后测定。

（5）制剂一般采用溶剂提取法提取，再经适当方法干燥后进行鉴别。提取时应选择适宜的溶剂，以尽可能减少辅料的干扰，并力求避免可能产生的晶型转变。比对时应注意以下四种情况：

1）辅料无干扰，待测成分的晶型不变化，此时可直接与原料药的对照的光谱进行比对。

示例　对乙酰氨基酚栓鉴别

取本品适量(约相当于对乙酰氨基酚 100 mg)，加热水 10 mL，研磨溶解，冰浴冷却，滤过，滤液水浴蒸干，残渣经减压干燥，依法测定。本品的红外光吸收图谱应与对照的图谱(光谱集 131 图)一致。

示例　曲安奈德注射液鉴别

取本品适量(约相当于曲安奈德 40 mg),加水 5 mL,混匀,加乙醚 10 mL,振摇提取后,取水层,水浴蒸干,残渣经减压干燥,依法测定。本品的红外光吸收图谱应与对照的图谱(光谱集 603 图)一致。

示例 硫酸特布他林吸入气雾剂鉴别

取装量项下的内容物,加三氯甲烷适量,用 5 号垂熔玻璃漏斗滤过,滤液备用;滤渣用三氯甲烷 25 mL 洗涤。照红外分光光度法(《中国药典》通则 0402)测定,其红外光吸收图谱应与对照的图谱(光谱集 668 图)一致。

2)辅料无干扰,但待测成分的晶型有变化,此种情况可用对照品经同法处理后的光谱比对。

3)待测成分的晶型不变化,而辅料存在不同程度的干扰,此时可参照原料药的对照图谱,在指纹区内选择 3~5 个不受辅料干扰的待测成分的特征谱带作为鉴别的依据。鉴别时,实测谱带的波数误差应小于规定值的 0.5%。

4)待测成分的晶型有变化,辅料也存在干扰,此种情况一般不宜采用红外光谱鉴别。

(6)由于各种型号的仪器性能不同,供试品制备时研磨程度的差异或吸水程度不同等原因,均会影响光谱的形状。因此,进行光谱对比时,应考虑各种因素可能造成的影响。

四、色谱鉴别法

色谱鉴别法是将供试品与对照品(或经确证的已知药物)在相同条件下进行色谱分离,并进行比较,根据两者保留行为和检测结果是否一致来验证药品的真伪。色谱法鉴别不如红外光谱法专属性强,需与其他方法相配合进行鉴别。常用的色谱鉴别方法有:

(一)薄层色谱法

薄层色谱法(thin-layer chromatography,TLC)系将供试品溶液点于薄层板上,在展开容器内用展开剂展开,使供试品所含成分分离,所得包谱图与适宜的标准物质按同法所得的色谱图对比。方法为:

(1)将供试品溶液与同浓度的对照品溶液,在同一块薄层板上点样、展开与检视,供试品色谱图中所显斑点的位置和颜色(或荧光)应与标准物质色谱图的斑点一致。

(2)将供试品溶液与对照品溶液等体积混合,点样、展开,与标准物质相应斑点应为单一、紧密斑点。

薄层色谱法具有简便、快速、灵敏、专属性强等优点,可用于化学药物制剂的鉴别,尤其在中药及其制剂的鉴别中被广泛应用。

(二)高效液相色谱法

高效液相色谱法(high performance liquid chromatography,HPLC)系采用高压输液泵将规定的流动相泵入装有填充剂的色谱柱,对供试品进行分离测定的色谱方法。注入的供试品,由流动相带入柱内,各组分在柱内被分离,并依次进入检测器,由积分仪或数据处理系统记录和处理色谱信号。

高效液相色谱法具有分离效能高、专属性强、重现性好、精密准确等优点,现已成为药物分析中发展最快、应用最广的方法。当药物采用高效液相色谱法测定含量时,可同时进行鉴别。

一般规定按供试品含量测定项下的色谱条件进行试验,要求供试品和对照品色谱峰的保留时间应一致。含量测定方法为内标法时,可要求供试品溶液和对照品溶液色谱图中药物峰的保留时间与内标物峰的保留时间的比值应一致。

当 HPLC 法和 TLC 法同时备选时,一般两项选做一项。

示例 苯甲酸雌二醇注射液的鉴别

(1) 取本品适量(约相当于苯甲酸雌二醇 1 mg),加无水乙醇 10 mL,强力振摇,置冰浴中放置使分层,取上层乙醇溶液,置离心管中,离心,取上清液,作为供试品溶液;另取苯甲酸雌二醇对照品,加无水乙醇溶解并稀释制成 1 mL 中含 0.1 mg 的溶液,作为对照品溶液。照薄层色谱法(《中国药典》通则 0502)试验,吸取上述两种溶液各 10 μL,分别点于同一硅胶 G 薄层板上,以苯-乙醚-冰醋酸(50∶30∶0.5)为展开剂,展开,晾干,喷浓硫酸-无水乙醇(1∶1),于 105℃ 加热10~20 min,取出,放冷,置紫外光灯(365 nm)下检视。供试品溶液所显主斑点的位置和颜色应与对照品溶液的主斑点相同。

(2) 在含量测定项下记录的色谱图中,供试品溶液主峰的保留时间应与对照品溶液主峰的保留时间一致。

苯甲酸雌二醇注射液为油溶液,溶剂油对分离有影响,所以应先用乙醇萃取出药物,再进行鉴别。

(三)气相色谱法

气相色谱法(gas chromatography,GC)系采用气体为流动相(载气)流经装有填充剂的色谱柱进行分离测定的色谱方法。物质或其衍生物汽化后,被载气带入色谱柱进行分离,各组分先后进入检测器,用数据处理系统记录色谱信号。

气相色谱法具有分离效能高、专属性强、灵敏度高、重现性好、分析速度快等优点,但受样品蒸气压限制,主要用于具有挥发性药物的含量测定,同时可进行鉴别。方法同高效液相色谱法。

示例 维生素 E 的鉴别

在含量测定项下记录的色谱图中,供试品溶液主峰的保留时间应与对照品溶液主峰的保留时间一致。

第三节 一般鉴别试验

一、常见无机离子的鉴别

(一)钠盐

1. 焰色反应

钠的火焰光谱在可见光区有 589.0 nm 和 589.6 nm 等主要谱线,故其燃烧的火焰显黄色。本反应灵敏,最低检出量为 0.1 ng 钠离子。

方法:取铂丝,用盐酸湿润后,蘸取供试品,在无色火焰中燃烧,火焰即显鲜黄色。

2. 焦锑酸钾反应

钠离子与焦锑酸钾作用生成难溶的焦锑酸钠沉淀。由于反应中生成物的溶解度较大,所以反应后应置冰水浴中冷却,必要时,还需用玻璃棒摩擦试管壁,以促进沉淀的生成。反应式为

$$2Na^+ + K_2H_2Sb_2O_7 \longrightarrow 2K^+ + Na_2H_2Sb_2O_7 \downarrow$$

方法:取供试品约 100 mg,置 10 mL 试管中,加水 2 mL 溶解,加 15％碳酸钾溶液 2 mL,加热至沸,应不得有沉淀生成;加焦锑酸钾试液 4 mL,加热至沸,置冰水中冷却,必要时,用玻璃棒摩擦试管内壁,应有致密的沉淀生成。

(二) 钾盐

1. 焰色反应

钾的火焰光谱在可见光区有 766.49 nm 和 769.90 nm 等主要谱线,故钾盐的燃烧火焰显紫色。如有钠盐共存,需透过蓝色钴玻璃将钠焰黄色滤去,此时观察到的火焰显粉红色。

方法:取铂丝,用盐酸湿润后,蘸取供试品,在无色火焰中燃烧,火焰即显紫色;但有少量的钠盐混存时,须隔蓝色玻璃透视,方能辨认。

2. 四苯硼钠反应

钾离子与四苯硼钠溶液反应产生白色沉淀。如有 NH_4^+ 存在,显相同反应,故必须预先加热炽灼除去。反应式为

$$K^+ + [B(C_6H_5)_4]^- \longrightarrow K[B(C_6H_5)_4] \downarrow$$

方法:取供试品,加热炽灼除去可能杂有的铵盐,放冷后,加水溶解,再加 0.1％四苯硼钠溶液与醋酸,即生成白色沉淀。

(三) 钙盐

1. 焰色反应

钙的火焰光谱在可见光区有 622 nm、602 nm、554 nm 与 442.67 nm 几条主要谱线,其中以 622 nm 波长的谱线最强,故钙盐的燃烧火焰显砖红色。

方法:取铂丝,用盐酸湿润后,蘸取供试品,在无色火焰中燃烧,火焰即显砖红色。

2. 与草酸铵反应

钙离子与草酸铵试液反应产生白色草酸钙沉淀,在醋酸中不溶,在盐酸等强酸中可生成草酸而使沉淀溶解。反应式为

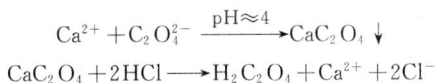

$$Ca^{2+} + C_2O_4^{2-} \xrightarrow{pH \approx 4} CaC_2O_4 \downarrow$$
$$CaC_2O_4 + 2HCl \longrightarrow H_2C_2O_4 + Ca^{2+} + 2Cl^-$$

方法:取供试品溶液(1→20),加甲基红指示液 2 滴,用氨试液中和,再滴加盐酸至恰呈酸性,加草酸铵试液,即生成白色沉淀;分离,沉淀不溶于醋酸,但可溶于稀盐酸。

(四) 铁盐

1. 亚铁盐

(1) 滕氏蓝反应:亚铁离子与铁氰化钾反应生成深蓝色沉淀,不溶于盐酸,但与氢氧化钠反应生成棕色氢氧化铁沉淀。反应式为

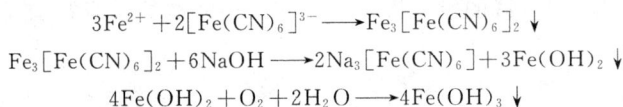

$$3Fe^{2+} + 2[Fe(CN)_6]^{3-} \longrightarrow Fe_3[Fe(CN)_6]_2 \downarrow$$
$$Fe_3[Fe(CN)_6]_2 + 6NaOH \longrightarrow 2Na_3[Fe(CN)_6] + 3Fe(OH)_2 \downarrow$$
$$4Fe(OH)_2 + O_2 + 2H_2O \longrightarrow 4Fe(OH)_3 \downarrow$$

方法:取供试品溶液,滴加铁氰化钾试液,即生成深蓝色沉淀;分离,沉淀在稀盐酸中不溶,但加氢氧化钠试液,即生成棕色沉淀。

(2) 与邻二氮菲反应:亚铁离子与邻二氮菲反应呈深红色。反应式为

$$Fe^{2+} + 3 \left[\quad \right] \Longleftrightarrow \left[\left(\quad \right)_3 Fe \right]^{2+}$$

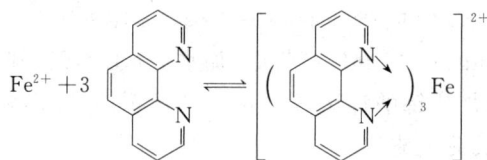

方法：取供试品溶液，加 1‰邻二氮菲的乙醇溶液数滴，即显深红色。

2. 铁盐

（1）普鲁士蓝反应：铁离子与亚铁氰化钾反应生成深蓝色沉淀，不溶于盐酸，但与氢氧化钠反应生成棕色氢氧化铁沉淀。反应式为

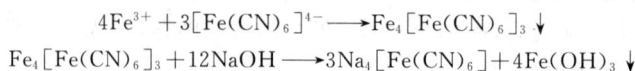

$$4Fe^{3+} + 3[Fe(CN)_6]^{4-} \longrightarrow Fe_4[Fe(CN)_6]_3 \downarrow$$

$$Fe_4[Fe(CN)_6]_3 + 12NaOH \longrightarrow 3Na_4[Fe(CN)_6] + 4Fe(OH)_3 \downarrow$$

方法：取供试品溶液，滴加亚铁氰化钾试液，即生成深蓝色沉淀；分离，沉淀在稀盐酸中不溶，但加氢氧化钠试液，即生成棕色沉淀。

（2）与硫氰酸铵反应：铁离子在酸性条件下与硫氰酸铵反应，生成血红色硫氰酸铁配离子。反应式为

$$Fe^{3+} + nSCN^- \xrightarrow{H^+} [Fe(SCN)_n]^{3-n} \quad (n=1\sim6)$$

方法：取供试品溶液，滴加硫氰酸铵试液，即显血红色。

（五）铵盐

1. 石蕊试纸及硝酸亚汞试纸变色法

铵离子在碱性条件下，加热产生氨气，可使湿润的红色石蕊试纸变蓝色，使硝酸亚汞试纸变黑色。反应式为

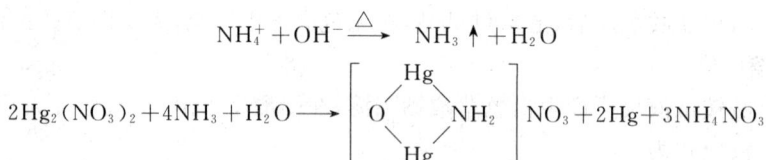

$$NH_4^+ + OH^- \xrightarrow{\triangle} NH_3 \uparrow + H_2O$$

$$2Hg_2(NO_3)_2 + 4NH_3 + H_2O \longrightarrow \left[O \begin{matrix} Hg \\ \\ Hg \end{matrix} NH_2 \right] NO_3 + 2Hg + 3NH_4NO_3$$

方法：取供试品，加过量的氢氧化钠试液后，加热，即分解，发生氨臭；遇用水湿润的红色石蕊试纸，能使之变蓝色，并能使硝酸亚汞试液湿润的滤纸显黑色。

2. 碱性碘化汞钾沉淀法

铵离子与碱性碘化汞钾反应产生红棕色沉淀。反应式为

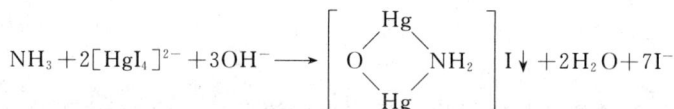

$$NH_3 + 2[HgI_4]^{2-} + 3OH^- \longrightarrow \left[O \begin{matrix} Hg \\ \\ Hg \end{matrix} NH_2 \right] I \downarrow + 2H_2O + 7I^-$$

方法：取供试品溶液，加碱性碘化汞钾试液 1 滴，即生成红棕色沉淀。

《中国药典》（2015 年版）收载的氯化铵及氯化铵片用铵盐的反应鉴别。

（六）氯化物

1. 与硝酸银反应

氯离子与硝酸银反应生成氯化银的白色沉淀，不溶于硝酸，加氨试液生成银氨络离子而溶解；加稀硝酸酸化，又生成氯化银的白色沉淀。如供试品为生物碱或其他有机碱的盐酸盐，须先加氨试液使成碱性，将析出的沉淀滤过除去，取滤液进行试验。反应式为

$$Cl^- + Ag^+ \longrightarrow AgCl\downarrow$$

$$AgCl + 2NH_3 \longrightarrow [Ag(NH_3)_2]^+ + Cl^-$$

$$[Ag(NH_3)_2]^+ + Cl^- + 2HNO_3 \longrightarrow AgCl\downarrow + 2NH_4NO_3$$

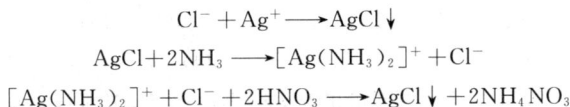

方法:取供试品溶液,加稀硝酸使成酸性后,滴加硝酸银试液,即生成白色凝乳状沉淀;分离,沉淀加氨试液即溶解,再加稀硝酸酸化后,沉淀复生成。

2. 与二氧化锰反应

氯离子在酸性下与二氧化锰反应产生氯气,能使湿润的碘化钾淀粉试纸显蓝色。反应式为

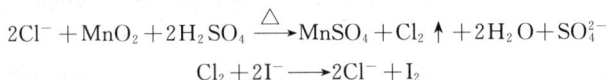

$$2Cl^- + MnO_2 + 2H_2SO_4 \xrightarrow{\triangle} MnSO_4 + Cl_2\uparrow + 2H_2O + SO_4^{2-}$$

$$Cl_2 + 2I^- \longrightarrow 2Cl^- + I_2$$

方法:取供试品少量,置试管中,加等量的二氧化锰,混匀,加硫酸湿润,缓缓加热,即发生氯气,能使用水湿润的碘化钾淀粉试纸显蓝色。

含有氯元素的药物很多。有些药物是以有机氯的形式存在,但更多的是有机药物为增加溶解性而制备成的盐酸盐。无机盐一般可直接取样进行鉴别,有机氯的药物则需先行有机破坏后进行鉴别。

(七)硫酸盐

1. 与氯化钡反应

硫酸根离子与钡离子反应生成硫酸钡的白色沉淀,在盐酸和硝酸中均不溶解。反应式为

$$SO_4^{2-} + Ba^{2+} \longrightarrow BaSO_4\downarrow$$

方法:取供试品溶液,滴加氯化钡试液,即生成白色沉淀;分离,沉淀在盐酸或硝酸中均不溶解。

2. 与醋酸铅反应

硫酸根离子与铅离子反应生成硫酸铅的白色沉淀。沉淀遇醋酸生成解离度极小的能溶于水的醋酸铅;铅具有酸碱两性,硫酸铅可与氢氧化钠反应而溶解。反应式为

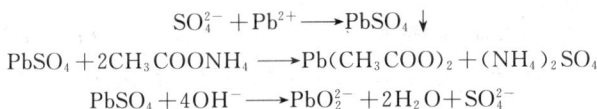

$$SO_4^{2-} + Pb^{2+} \longrightarrow PbSO_4\downarrow$$

$$PbSO_4 + 2CH_3COONH_4 \longrightarrow Pb(CH_3COO)_2 + (NH_4)_2SO_4$$

$$PbSO_4 + 4OH^- \longrightarrow PbO_2^{2-} + 2H_2O + SO_4^{2-}$$

方法:取供试品溶液,滴加醋酸铅试液,即生成白色沉淀;分离,沉淀在醋酸铵试液或氢氧化钠试液中溶解。

3. 与盐酸反应

硫代硫酸盐加盐酸生成硫的白色沉淀,而硫酸盐与盐酸反应不生成白色沉淀,可与硫代硫酸盐相区别。

方法:取供试品溶液,加盐酸,不生成白色沉淀(与硫代硫酸盐区别)。

《中国药典》(2015 年版)收载的硫酸盐类药物可直接取样进行鉴别,含硫元素的有机药物经处理成硫酸盐的形式后,也可采用硫酸盐的反应进行鉴别。

(八)硝酸盐

1. 界面显色反应

硝酸根离子在浓硫酸存在下与硫酸亚铁发生氧化还原反应,产生棕色环状物。反应式为

$$3Fe^{2+} + NO_3^- + 4H^+ \longrightarrow 3Fe^{3+} + NO\uparrow + 2H_2O$$

$$FeSO_4 + NO \longrightarrow Fe(NO)SO_4$$

方法:取供试品溶液,置试管中,加等量的硫酸,小心混合,冷后,沿管壁加硫酸亚铁试液,使成两液层,接界面显棕色。

2. 与铜丝反应

硝酸根离子在硫酸存在下,与金属铜反应,被还原生成红棕色的二氧化氮。反应式为

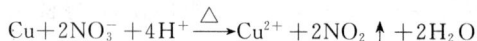

$$Cu + 2NO_3^- + 4H^+ \xrightarrow{\triangle} Cu^{2+} + 2NO_2\uparrow + 2H_2O$$

方法:取供试品溶液,加硫酸与铜丝(或铜屑),加热,即产生红棕色的蒸气。

3. 与高锰酸钾反应

亚硝酸根具有还原性,可使高锰酸钾还原褪色;硝酸根不具有还原性,不能使高锰酸钾紫色褪去,以此反应区别硝酸盐与亚硝酸盐。

方法:取供试品溶液,滴加高锰酸钾试液,紫色不应褪去(与亚硝酸盐区别)。

(九) 磷酸盐

1. 与硝酸银反应

磷酸根离子与硝酸银反应生成浅黄色磷酸银沉淀,沉淀在氨试液或稀硝酸中溶解。反应式为

$$PO_4^{3-} + 3Ag^+ \longrightarrow Ag_3PO_4\downarrow$$

$$Ag_3PO_4 + 6NH_3 \cdot H_2O \longrightarrow 3[Ag(NH_3)_2]OH + H_3PO_4 + 3H_2O$$

$$Ag_3PO_4 + 2H^+ \longrightarrow 3Ag^+ + H_2PO_4^-$$

方法:取供试品的中性溶液,加硝酸银试液,即生成浅黄色沉淀;分离,沉淀在氨试液或稀硝酸中均易溶解。

2. 与氯化铵镁反应

氯化铵镁试液又称镁混合试剂,由 $MgCl_2$、NH_3 和 NH_4Cl 组成,与磷酸根离子反应生成白色结晶性沉淀。反应式为

$$PO_4^{3-} + NH_4^+ + Mg^{2+} + 6H_2O \longrightarrow MgNH_4PO_4 \cdot 6H_2O\downarrow$$

方法:取供试品溶液,加氯化铵镁试液,即生成白色结晶性沉淀。

3. 与钼酸铵反应

磷酸根离子与钼酸铵试液在硝酸溶液中反应产生黄色沉淀,沉淀在氨试液中溶解。反应式为

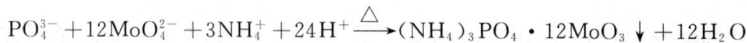

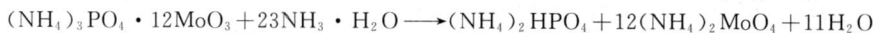

$$PO_4^{3-} + 12MoO_4^{2-} + 3NH_4^+ + 24H^+ \xrightarrow{\triangle} (NH_4)_3PO_4 \cdot 12MoO_3\downarrow + 12H_2O$$

$$(NH_4)_3PO_4 \cdot 12MoO_3 + 23NH_3 \cdot H_2O \longrightarrow (NH_4)_2HPO_4 + 12(NH_4)_2MoO_4 + 11H_2O$$

方法:取供试品溶液,加钼酸铵试液与硝酸后,加热即生成黄色沉淀;分离,沉淀能在氨试液中溶解。

二、常见有机酸根的鉴别

(一) 水杨酸盐

1. 三氯化铁反应

含酚羟基的水杨酸及其盐在中性或弱酸性条件下,可与三氯化铁试液反应,生成紫堇色配位化合物。反应式为

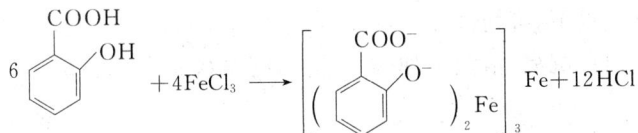

$$6\left[\begin{array}{c}\text{COOH}\\\text{OH}\end{array}\right]+4FeCl_3 \longrightarrow \left[\left(\begin{array}{c}\text{COO}^-\\\text{O}^-\end{array}\right)_2 Fe\right]_3 Fe+12HCl$$

方法:取供试品的中性或弱酸性稀溶液,加三氯化铁试液 1 滴,即显紫色。

2. 与稀盐酸反应

水杨酸盐加稀盐酸后,即析出游离水杨酸的白色沉淀,沉淀加醋酸铵试液生成可溶性的水杨酸铵。反应式为

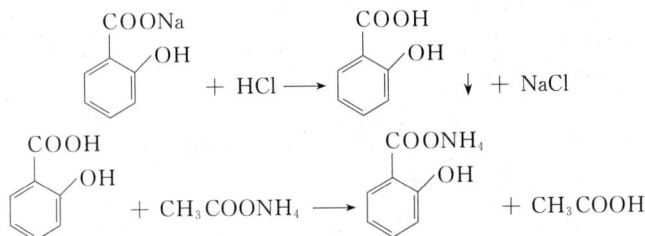

$$\begin{array}{c}\text{COONa}\\\text{OH}\end{array} + HCl \longrightarrow \begin{array}{c}\text{COOH}\\\text{OH}\end{array} \downarrow + NaCl$$

$$\begin{array}{c}\text{COOH}\\\text{OH}\end{array} + CH_3COONH_4 \longrightarrow \begin{array}{c}\text{COONH}_4\\\text{OH}\end{array} + CH_3COOH$$

方法:取供试品溶液,加稀盐酸,即析出白色水杨酸沉淀;分离,沉淀在醋酸铵试液中溶解。

(二) 苯甲酸盐

1. 与三氯化铁反应

苯甲酸盐的中性溶液,与三氯化铁试液反应,生成碱式苯甲酸铁盐的赭色沉淀;沉淀加稀盐酸分解为苯甲酸的白色沉淀。反应式为

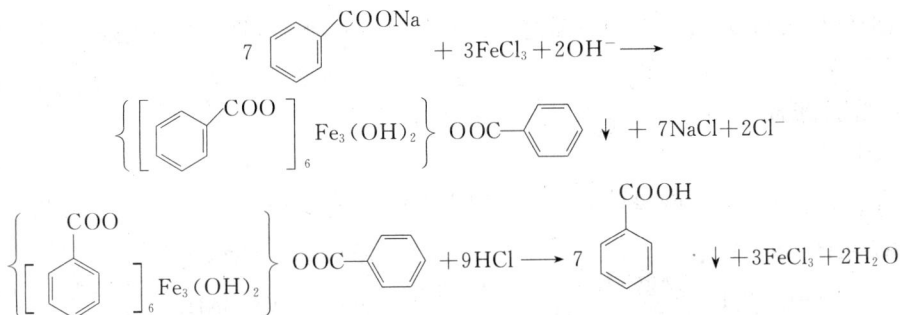

$$7\left[\begin{array}{c}\text{COONa}\end{array}\right] + 3FeCl_3 + 2OH^- \longrightarrow$$

$$\left\{\left[\begin{array}{c}\text{COO}\end{array}\right]_6 Fe_3(OH)_2\right\} OOC\text{—} \downarrow + 7NaCl + 2Cl^-$$

$$\left\{\left[\begin{array}{c}\text{COO}\end{array}\right]_6 Fe_3(OH)_2\right\} OOC\text{—} + 9HCl \longrightarrow 7\left[\begin{array}{c}\text{COOH}\end{array}\right] \downarrow + 3FeCl_3 + 2H_2O$$

方法:取供试品的中性溶液,滴加三氯化铁试液,即生成赭色沉淀;再加稀盐酸,变为白色沉淀。

2. 升华作用

苯甲酸盐加硫酸分解为苯甲酸升华物。反应式为

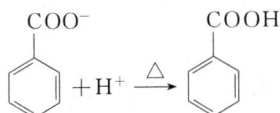

$$\begin{array}{c}\text{COO}^-\end{array} + H^+ \xrightarrow{\triangle} \begin{array}{c}\text{COOH}\end{array}$$

方法:取供试品,置干燥试管中,加硫酸后,加热,不炭化,但析出苯甲酸,并在试管内壁凝结成白色升华物。

（三）枸橼酸盐

1. 与高锰酸钾反应

枸橼酸盐在酸性条件下,可与高锰酸钾反应,生成 3-氧代戊二酸,使高锰酸钾紫色消失;溶液中加入硫酸汞生成白色沉淀;溶液中加入溴试液,则溴水氧化产生五溴丙酮的白色沉淀。反应式为

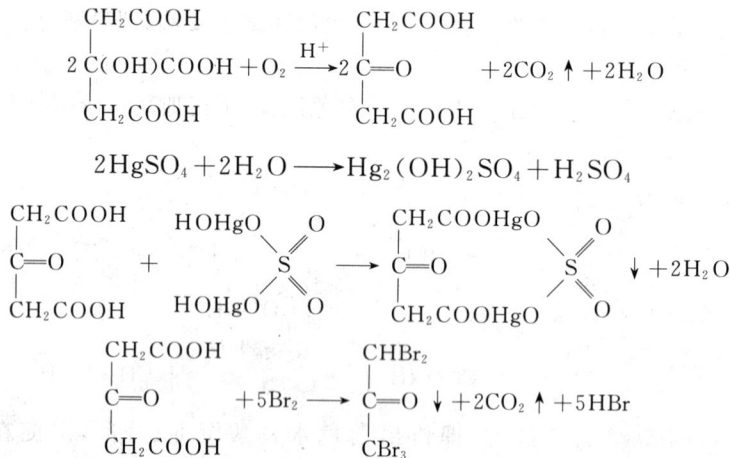

$$2\;\underset{\substack{|\\ \text{CH}_2\text{COOH}\\ \text{C(OH)COOH}\\ |\\ \text{CH}_2\text{COOH}}}{}+\text{O}_2 \xrightarrow{\text{H}^+} 2\;\underset{\substack{|\\ \text{CH}_2\text{COOH}\\ \text{C}=\text{O}\\ |\\ \text{CH}_2\text{COOH}}}{} +2\text{CO}_2\uparrow +2\text{H}_2\text{O}$$

$$2\text{HgSO}_4 + 2\text{H}_2\text{O} \longrightarrow \text{Hg}_2(\text{OH})_2\text{SO}_4 + \text{H}_2\text{SO}_4$$

$$\underset{\substack{|\\ \text{CH}_2\text{COOH}\\ \text{C}=\text{O}\\ |\\ \text{CH}_2\text{COOH}}}{} + \text{HOHgO}{\Large >}\!\!\overset{O}{\underset{O}{S}}\! \longrightarrow \underset{\substack{|\\ \text{CH}_2\text{COOHgO}\\ \text{C}=\text{O}\\ |\\ \text{CH}_2\text{COOHgO}}}{}\!\!{\Large >}\!\!\overset{O}{\underset{O}{S}}\!\downarrow +2\text{H}_2\text{O}$$

$$\underset{\substack{|\\ \text{CH}_2\text{COOH}\\ \text{C}=\text{O}\\ |\\ \text{CH}_2\text{COOH}}}{} + 5\text{Br}_2 \longrightarrow \underset{\substack{|\\ \text{CHBr}_2\\ \text{C}=\text{O}\\ |\\ \text{CBr}_3}}{}\downarrow +2\text{CO}_2\uparrow +5\text{HBr}$$

方法:取供试品溶液 2 mL(约相当于枸橼酸 10 mg),加稀硫酸数滴,加热至沸,加高锰酸钾试液数滴,振摇,紫色即消失;溶液分成两份,一份中加硫酸汞试液 1 滴,另一份中逐滴加入溴试液,均生成白色沉淀。

2. 与吡啶-醋酐反应

枸橼酸盐与吡啶-醋酐反应生成黄色到紫红色产物,反应机理不明。

方法:取供试品约 5 mg,加吡啶-醋酐(3:1)约 5 mL,振摇,即生成黄色到红色或紫红色的溶液。

（四）酒石酸盐

1. 银镜反应

酒石酸溶液中加氨制硝酸银试液,加热,即产生银镜反应。反应式为

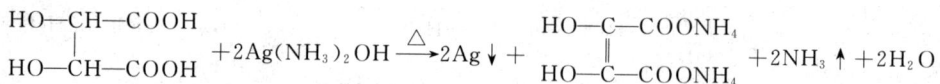

$$\underset{\substack{\text{HO}-\text{CH}-\text{COOH}\\ |\\ \text{HO}-\text{CH}-\text{COOH}}}{} + 2\text{Ag}(\text{NH}_3)_2\text{OH} \xrightarrow{\triangle} 2\text{Ag}\downarrow + \underset{\substack{\text{HO}-\text{C}-\text{COONH}_4\\ \|\\ \text{HO}-\text{C}-\text{COONH}_4}}{} + 2\text{NH}_3\uparrow + 2\text{H}_2\text{O}$$

方法:取供试品的中性溶液,置洁净的试管中,加氨制硝酸银试液数滴,置水浴中加热,银即游离并附在试管的内壁成银镜。

2. 生成配位化合物的反应

酒石酸盐在醋酸溶液中,加硫酸亚铁和过氧化氢试液,再加氢氧化钠试液碱化,生成紫色配位化合物。反应式为

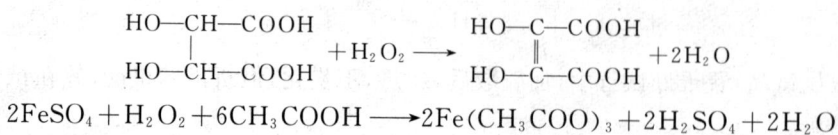

$$\underset{\substack{\text{HO}-\text{CH}-\text{COOH}\\ |\\ \text{HO}-\text{CH}-\text{COOH}}}{} + \text{H}_2\text{O}_2 \longrightarrow \underset{\substack{\text{HO}-\text{C}-\text{COOH}\\ \|\\ \text{HO}-\text{C}-\text{COOH}}}{} + 2\text{H}_2\text{O}$$

$$2\text{FeSO}_4 + \text{H}_2\text{O}_2 + 6\text{CH}_3\text{COOH} \longrightarrow 2\text{Fe}(\text{CH}_3\text{COO})_3 + 2\text{H}_2\text{SO}_4 + 2\text{H}_2\text{O}$$

$$3 \begin{array}{c} HO-C-COOH \\ \| \\ HO-C-COOH \end{array} +Fe(CH_3COO)_3+6NaOH \longrightarrow$$

$$\left[\begin{array}{c} HO-C-COO \\ \| \\ HO-C-COO \end{array} \underset{\uparrow}{\overset{OOC}{\underset{OOC}{\underset{OOC}{Fe}}}} \overset{OH}{\underset{C-OH}{\overset{C}{\underset{\parallel}{}}}} \begin{array}{c} OH \\ C \\ \parallel \\ C-OH \\ \\ C \\ \parallel \\ C-OH \\ OH \end{array} \right] Na_3 +3CH_3COONa+6H_2O$$

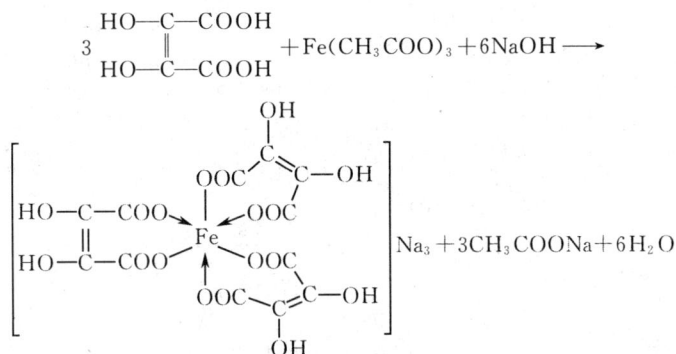

方法:取供试品溶液,加醋酸成酸性后,加硫酸亚铁试液 1 滴和过氧化氢试液 1 滴,待溶液褪色后,用氢氧化钠试液碱化,溶液即显紫色。

(五)醋酸盐

1. 酯化反应

醋酸根离子和乙醇在硫酸作用下,加热,产生乙酸乙酯的香气。反应式为

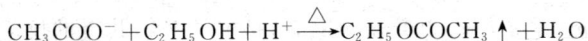

$$CH_3COO^- +C_2H_5OH+H^+ \overset{\triangle}{\longrightarrow} C_2H_5OCOCH_3 \uparrow +H_2O$$

方法:取供试品,加硫酸和乙醇后,加热,即产生乙酸乙酯的香气。

2. 与三氯化铁反应

醋酸根离子与三氯化铁试液反应产生深红色,加稀无机酸红色褪去。反应式为

$$3CH_3COO^- +Fe^{3+} \longrightarrow (CH_3COO)_3Fe$$

方法:取供试品的中性溶液,加三氯化铁试液 1 滴,溶液呈深红色,加稀无机酸,红色即褪去。

(六)乳酸盐

乳酸经溴试液氧化后生成乙醛,再与亚硝基铁氰化钠反应,在接界面处出现暗绿色的环。反应式为

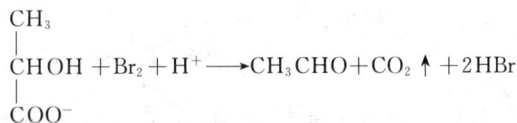

$$\begin{array}{c} CH_3 \\ | \\ CHOH \\ | \\ COO^- \end{array} +Br_2+H^+ \longrightarrow CH_3CHO+CO_2 \uparrow +2HBr$$

$$CH_3CHO+[Fe(CN)_5NO]^{2-} +2OH^- \longrightarrow [Fe(CN)_5ON=CHCHO]^{4-} +2H_2O$$

方法:取供试品溶液 5 mL(约相当于乳酸 5 mg),置试管中,加溴试液 1 mL 与稀硫酸 0.5 mL,置水浴上加热,并用玻璃棒小心搅拌至褪色,加硫酸铵 4 g,混匀,沿管壁逐滴加入 10% 亚硝基铁氰化钠的稀硫酸溶液 0.2 mL 和浓氨试液 1 mL,使成两液层;在放置 30 min 内,两液层的接界面处出现一暗绿色环。

三、其他的鉴别试验

(一)有机氟化物

有机氟化物经氧瓶燃烧法破坏,被碱性溶液吸收成为无机氟化物,与茜素氟蓝、硝酸亚铈在 pH 4.3 的弱酸性条件下生成蓝紫色配位化合物。反应式为

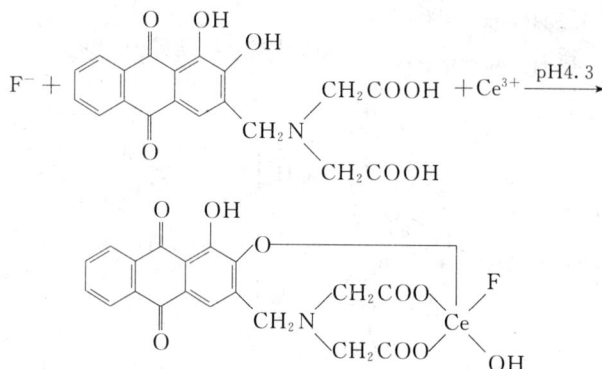

含氟的有机药物可用该反应鉴别。方法:取供试品约 7 mg,照氧瓶燃烧法(《中国药典》通则 0703)进行有机破坏,用水 20 mL 与 0.01 mol·L^{-1}氢氧化钠溶液 6.5 mL 为吸收液,待燃烧完毕后,充分振摇;取吸收液 2 mL,加茜素氟蓝试液 0.5 mL,再加 12%醋酸钠的稀醋酸溶液 0.2 mL,用水稀释至 4 mL,加硝酸亚铈试液 0.5 mL,即显蓝紫色,同时做空白对照试验。

(二)丙二酰脲类

丙二酰脲类反应是巴比妥类药物母核的反应,是本类药物共有的反应。反应如下

1. 与银盐的反应

在碳酸钠溶液中,巴比妥类药物与硝酸银试液反应,生成可溶性的一银盐,加入过量的硝酸银试液,则生成难溶性的二银盐白色沉淀。反应式为

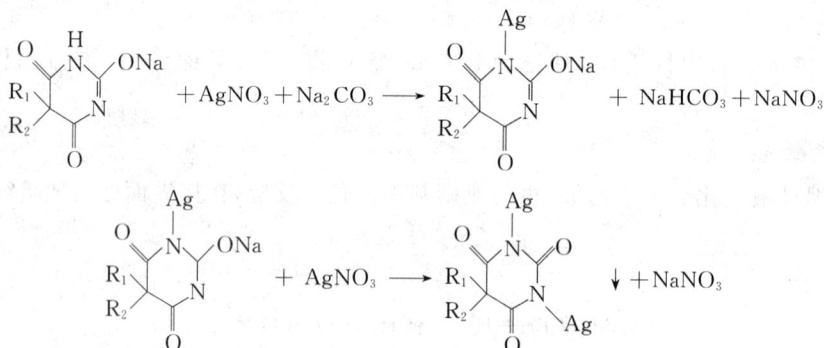

方法:取供试品约 0.1 g,加碳酸钠试液 1 mL 与水 10 mL,振摇 2 min,滤过,滤液中逐滴加入硝酸银试液,即生成白色沉淀,振摇,沉淀即溶解;继续滴加过量的硝酸银试液,沉淀不再溶解。

2. 与铜盐的反应

巴比妥类药物在吡啶溶液中生成烯醇式异构体,与铜吡啶试液反应,形成稳定的配位化合物,产生类似双缩脲的颜色反应。反应式为

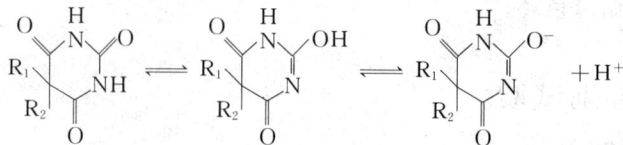

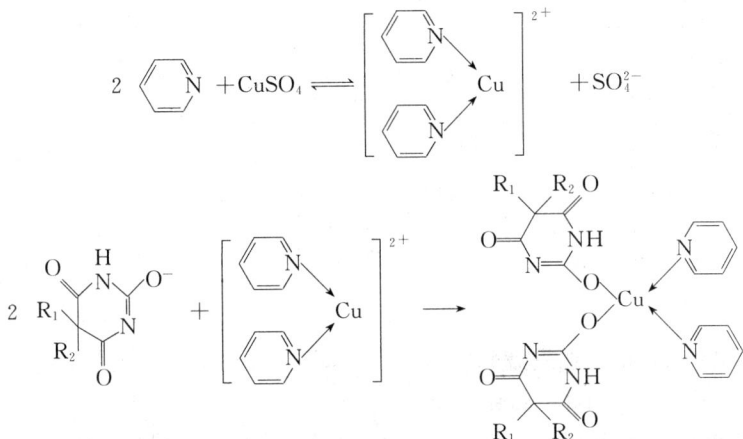

方法：取供试品约 50 mg，加吡啶溶液（1→10）5 mL，溶解后，加铜吡啶试液 1 mL，即显紫色或生成紫色沉淀。

《中国药典》（2015 年版）收载的苯巴比妥、异戊巴比妥及其钠盐、司可巴比妥钠均用该反应鉴别。

（三）芳香第一胺类

具有芳伯氨基的药物在酸性条件下与亚硝酸钠反应生成重氮盐，后者再在碱性条件下，与 β-萘酚偶合生成颜色鲜艳的偶氮染料。以盐酸普鲁卡因鉴别为例，反应式为

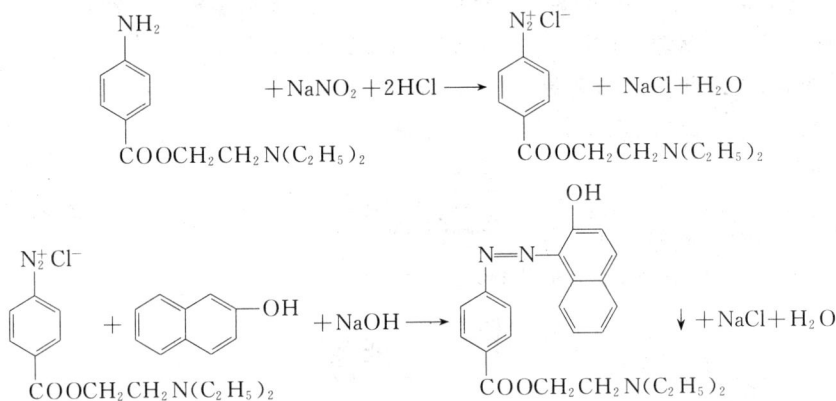

方法：取供试品约 50 mg，加稀盐酸 1 mL，必要时缓缓煮沸使溶解，加 0.1 mol·L^{-1} 亚硝酸钠溶液数滴，加与 0.1 mol·L^{-1} 亚硝酸钠溶液等体积的 1 mol·L^{-1} 脲溶液，振摇 1 min，滴加碱性 β-萘酚试液数滴，视供试品不同，生成由粉红到猩红色沉淀。

该反应又称为重氮化-偶合反应，用于具有游离芳伯氨基或潜在芳伯氨基药物的鉴别。如《中国药典》（2015 年版）收载的苯佐卡因、盐酸普鲁卡因结构中含有芳伯氨基，可直接用该反应鉴别；对乙酰氨基酚、醋氨苯砜结构中有潜在的芳伯氨基，须先水解后，才能用该反应鉴别。

（四）托烷生物碱类

托烷生物碱类的酯键水解生成莨菪酸，莨菪酸与发烟硝酸共热得到黄色的莨菪酸三硝基衍生物，与氢氧化钾醇溶液或固体氢氧化钾作用转变成醌型产物，呈深紫色。反应式为

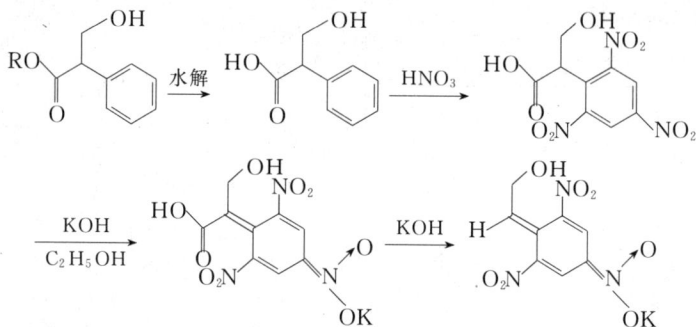

方法：取供试品约 10 mg，加发烟硝酸 5 滴，置水浴上蒸干，得黄色的残渣，放冷，加乙醇 2～3 滴湿润，加固体氢氧化钾一小粒，即显深紫色。

该反应又称 Vitali 反应，是托烷生物碱类药物的特征反应，《中国药典》(2015 年版)收载的硫酸阿托品、丁溴东莨菪碱、消旋山莨菪碱、氢溴酸山莨菪碱及氢溴酸东莨菪碱均用该反应进行鉴别。

本章提要

鉴别试验是用合适的方法证明已知药物的真伪。在药品质量标准中，药物的鉴别包括性状观察和鉴别试验。药物性状项下物理常数的测定结果不仅对药品具有鉴别意义，也反映药品的纯度，是评价药品质量的主要指标之一。鉴别试验常用化学法、光谱法、色谱法。化学鉴别法操作简便、快速，实验成本低，因此在鉴别试验中应用较广，按化学鉴别试验的专属性不同可分为一般鉴别试验和专属鉴别试验；红外光谱法专属性强，绝大多数有机药物的原料药及部分制剂用该法鉴别；紫外光谱法、色谱法需与其他方法相配合进行鉴别；薄层色谱法主要用于中药及其制剂的鉴别；当药物采用高效液相色谱法或气相色谱法测定含量，才用该法同时进行鉴别。

关键词

物理常数；化学鉴别法；光谱鉴别法；色谱鉴别法

思考题

1. 药物的鉴别在药物分析中有何意义？
2. 药品质量标准中，常用药物的鉴别方法有哪些？各有什么特点？为什么说红外光谱法在药物的鉴别中占有重要地位？
3. 《中国药典》收载的物理常数有哪些？测定物理常数有何意义？
4. 对化学鉴别试验的要求是什么？举例说明化学鉴别试验中最常用的反应类型。
5. 什么是一般鉴别试验？什么是专属鉴别试验？请举例说明。
6. 采用紫外光谱鉴别药物有哪些方法？如何提高紫外光谱鉴别法的专属性？
7. 为什么中药及其制剂的鉴别首选色谱法？
8. 简述水杨酸盐、有机氟化物、丙二酰脲类、托烷生物碱类、芳香第一胺类鉴别试验的方法、原理及应用。

（广东药科大学　宋粉云）

第六章　药物的杂质检查

任何影响药物纯度的物质统称为杂质。药物的杂质检查是利用各种分析技术,对药物中无治疗作用、影响药物稳定性和疗效及危害人体健康的物质进行检查。它是控制药品质量、确保用药安全有效的重要手段,也为生产和流通过程中的药品质量管理提供依据。

第一节　杂质和杂质限量检查

药物中的杂质是生产或储藏过程中引入的,是客观存在的,将其控制在一个安全、合理的限度范围之内,是规范进行杂质研究的重要内容。

一、药物纯度

药物的纯度是指药物的纯净程度。药物的纯度检查需要将药物的外观性状、理化常数、杂质检查和含量测定等多方面作为一个整体来进行综合评定。其中,药物中的杂质是影响药物纯度非常重要的一个因素,所以药物的纯度检查也可称为杂质检查。如果药物中所含杂质超过质量标准规定的纯度要求,就有可能使药物的外观性状、物理常数发生变化,甚至影响药物的稳定性,使活性降低、毒副作用增加。例如:青霉素在发酵过程中引入的微量聚合物杂质易引起过敏性反应,严重时造成休克、心衰等不良后果;异烟肼中的游离肼既可在生产过程中引入,又可在储藏过程中降解产生,它对人体的磷酸吡哆醛酶系统有抑制作用,能引起局部刺激,也可致敏或致癌。因此,药物的杂质检查是药品质量标准中非常重要的一项内容。

人类对药物纯度的认识是在防治疾病的实践中逐渐积累起来的,随着分离检测技术的提高,能进一步发现药物中存在的新杂质,从而不断提高对药物纯度的要求。例如:在 1848 年发现阿片中的盐酸罂粟碱,1981 年采用合成法进行生产,《中国药典》(1985 年版)采用目视比色法检查盐酸罂粟碱中的吗啡。后来发现,在提取盐酸罂粟碱的过程中除了混有吗啡外,还有其他生物碱如可待因等。进一步采用薄层色谱和红外光谱法进行分析,发现还含有一个未知的碱性物质。所以《中国药典》(1990 年版)将检查吗啡改为检查有关物质,检查方法为薄层色谱法,《中国药典》(2010 年版)又将有关物质的检查方法改为 HPLC 法,进一步提高了检测方法的专属性和灵敏度。另外,随着生产原料的改变或生产方法与工艺的改进,对药物中杂质的项目或要求也要相应地改变或提高。总之,对于药物纯度的要求不能一成不变,而应随着临床应用的实践和分析测试技术的发展不断改进与完善。

另外,化学试剂的纯度与药物的纯度不能混淆。化学试剂不考虑杂质的生理和毒理作用,其杂质限量只是从可能引起的化学变化对使用的影响来限定,对试剂的使用范围和使用目的加以规定;而药物纯度主要从用药安全、有效和对药物稳定性的影响等方面考虑。例如:化学试剂规格的硫酸钡($BaSO_4$)不检查可溶性钡盐,而药用规格的硫酸钡要做酸溶性钡盐、重金属、砷盐等的检查，如果存在可溶性钡盐则会导致医疗事故。因此，化学试剂是不能代替药品来使用的。

二、杂质来源

由于杂质检查项目是根据药品中可能存在的杂质确定的，因此，只有了解药物中杂质的来源，才能针对性的制定出杂质检查项目。药物中的杂质主要来源于两个途径：一是由生产过程引入；二是在储藏过程中受外界条件的影响，引起药物理化特性发生变化而产生的。

（一）生产过程引入的杂质

在药品生产过程中，主要可由以下途径引入杂质。

1. 由起始原料引入

若起始原料不纯或精制不好，则可能将杂质带入。如以工业氯化钠为原料生产注射用的氯化钠，若精制不好，则可能将起始原料中的溴化物、碘化物、硫酸盐、钾盐、钙盐、镁盐、铁盐等杂质引入。

2. 由合成过程产生

在药物合成过程中，未反应完全的起始原料、试剂、中间体或副产物，若在精制时未能完全除去，则可能残留在产品中。例如：以 2,6-二甲苯酚为原料合成盐酸美西律时，若在首步与 1,2-环氧丙烷反应不完全，则可能使原料 2,6-二甲苯酚残留在盐酸美西律中；在泛影酸的合成工艺中，用一氯化碘碘化，同时脱去氯化氢，其后用盐酸处理，故产品中可能残留卤化物；肾上腺酮（酮体）为肾上腺素的合成中间体，若反应中未氢化完全，酮体则会在肾上腺素中残留。

在药物生产过程中，所用的试剂、溶剂、还原剂等可能也会残留在产品中而成为杂质。如地塞米松磷酸钠在生产过程中使用了大量的甲醇和丙酮，有可能残留在成品中。

3. 由制剂过程产生

药物在制剂过程中也可能产生新的杂质。例如：盐酸普鲁卡因分子结构中有酯键，易发生水解反应。其注射液在高温灭菌过程中，可能水解为对氨基苯甲酸和二乙氨基乙醇。其中，对氨基苯甲酸随储藏时间的延长或高温加热，可进一步脱羧转化成苯胺，而苯胺又可氧化为有色物，使注射液变黄，疗效下降，毒性增加。故《中国药典》（2015 年版）中盐酸普鲁卡因原料药不检查对氨基苯甲酸，注射液应检查对氨基苯甲酸。又如：碘解磷定注射液虽加有 5% 葡萄糖作为稳定剂，但经高温灭菌或自然光照射一段时间后，仍会产生分解产物，因此《中国药典》（2015 年版）中碘解磷定原料药不检查分解产物，而其注射剂则要求进行分解产物的检查。

4. 由生产设备引入

在生产过程中使用的金属器皿、装置及不耐酸碱的金属工具，均可能在产品中引入砷盐、铅、铁、铜、锌等金属杂质。

（二）储藏过程中引入的杂质

储藏条件不当或储藏时间过长，在外界条件如温度、湿度、日光、酸碱、空气的影响或微生物的作用下，药品可能发生水解、氧化、分解、异构化、晶型转变、聚合、潮解或霉变等变化，从而产生有关杂质。

酯类、酰胺类及苷类等药物在水分存在时易产生水解，在酸碱或高温下水解反应更易发生。

如阿司匹林为酯类药物,易水解为水杨酸,《中国药典》(2015 年版)中阿司匹林原料药和各类制剂(片剂、胶囊剂、栓剂)均要检查游离水杨酸;吲哚美辛为环酰胺类药物,遇酸、碱易水解生成 5 -甲氧基 - 2 -甲基吲哚 - 3 -乙酸和对氯苯甲酸,且经日光照射一定时间也会产生分解,《中国药典》(2015 年版)在吲哚美辛有关物质检查项下采用 HPLC 法检查吲哚美辛的降解产物及其他杂质。

具有酚羟基、巯基、亚硝基、醛基及长链共轭双键等结构的药物,在空气中易被氧化,使药物变质。如银屑病用药地恩酚具有酚羟基结构,将其露置日光及空气中易氧化分解,颜色由黄色逐渐变为棕色,主要氧化产物为二羟基蒽醌,《中国药典》(2015 年版)在地蒽酚检查项下采用紫外光谱法检查二羟基蒽醌。

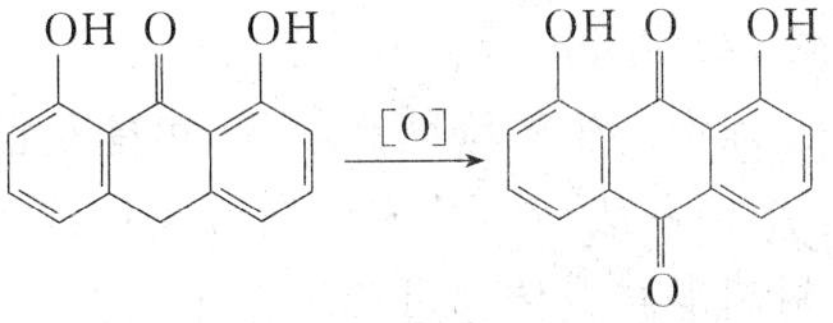

地蒽酚　　　　　　　　二羟基蒽醌

同样具有酚羟基结构的抗结核病药对氨基水杨酸钠也不稳定,在潮湿的空气中,露置日光或遇热受潮时,颜色会逐渐变深。其原因为对氨基水杨酸钠失去二氧化碳,生成间氨基酚,再被氧化形成二苯醌型化合物,此化合物的氨基易被羟基取代而生成红棕色的 3, 5,3′,5′-四羟基联苯醌:

对氨基水杨酸钠　　　　　间氨基酚

二苯醌型化合物　　　　3,5,3′,5′-四羟基联苯醌
　　　　　　　　　　　　　　（红棕色）

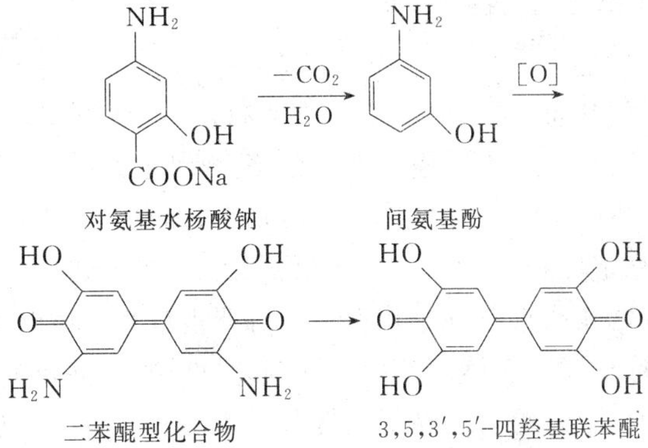

由于分解产物间氨基酚既无疗效,且有毒性,同时间氨基酚的存在也导致产品变色,故《中国药典》(2015 年版)运用 HPLC 法检查对氨基水杨酸钠中的间氨基酚。

在药物纯度研究中,必须重视异构体和多晶形对药物有效性和安全性的影响,控制药物中低效、无效甚至具有毒性的异构体和多晶形。还要指出的是,药品质量标准中杂质不包括变更生产工艺或变更原辅料而产生的新杂质,也不包括掺入或污染的外来物质。

三、杂质分类

药物中的杂质多种多样,其分类方法也有很多种。根据杂质的来源,可将药物中的杂质分为一般杂质和特殊杂质。一般杂质是指在自然界中分布较广泛,在多种药物的生产和储藏过程中易引入的杂质。《中国药典》通则中规定了氯化物、硫酸盐、硫化物、硒、氟、氰化物、铁盐、重金属、砷盐、铵盐及酸碱度、干燥失重、水分、炽灼残渣、易炭化物、残留溶剂、溶液颜色、澄清度等项目的检查方法。特殊杂质是指在特定药物的生产和储藏过程中产生的杂质,如阿司匹林在生产和储藏过程中易引入水杨酸,氟胞嘧啶在生产工程中易引入氟尿嘧啶等。按来源的不同,杂质还可分为工艺杂质(包括合成中未反应完全的反应物及试剂、中间体和副产物等)、降解产物、从反应物及试剂中混入的杂质等。

根据杂质的毒性,杂质又可分为毒性杂质和普通杂质。普通杂质为在存在量下无显著不良生物作用的杂质,如氯化物、硫酸盐等,但其含量高低可反映出药物的纯度情况,如含量过高,则提示该药的生产工艺或生产控制可能有问题。而毒性杂质为具有强烈不良生物作用的杂质,如砷盐、重金属等,应严格控制。

根据杂质的化学类别和特性,杂质又可分为有机杂质、无机杂质和残留溶剂。有机杂质包括生产工艺中引入的杂质和储藏过程中产生的降解产物等,可能是已知的或未知的,挥发性的或非挥发性的,由于这类杂质的化学结构一般与活性成分类似或具有渊源关系,故通常称其为有关物质。无机杂质是指在原料药及制剂生产或传递过程中产生的杂质,包括反应试剂、配体、催化剂、重金属、无机盐等,它们一般是已知和确定的。由于许多无机杂质直接影响药品的稳定性,并可反映生产工艺本身的情况,了解药品中无机杂质的情况对评价药品生产工艺的状况有重要意义。残留溶剂是指在原料药及制剂生产过程中使用的有机溶剂。

四、杂质限量检查

(一) 杂质限量

药物中的杂质虽然无效甚至有害,但由于杂质来源复杂,种类较多,要完全除去既不可能也无必要。因此,在不影响药物疗效、不产生毒性和保证药物质量的前提下,允许药物中存在一定量的杂质。药物中所含杂质的最大允许量称为杂质限量,即在此限度内存在的杂质,不致对人体有毒害,不会影响药物的稳定性和疗效。

杂质限量通常用百分之几或百万分之几表示。对严重危害人体健康或影响药物稳定性的杂质须严格控制其限量,如重金属易在体内蓄积,易引起慢性中毒,并影响药物的稳定性,其限量一般不超过百万分之五。杂质限量的制定除了根据杂质本身的性质外,还应考虑杂质的安全性和产品的稳定性,同时还应与生产的可行性及分析能力相一致。

(二) 杂质限量检查

杂质的限量控制一般有两种方法,一种为限量检查(limit test),另一种是对杂质含量的定量测定。限量检查一般不要求测定其含量,只检查杂质的量是否超过杂质限量,大多数情况下采用对照法,此外还有灵敏度法和比较法。

1. 对照法

采用对照法进行杂质限量检查时,可取一定量被检杂质的标准溶液与一定量供试品,在相同条件下进行处理和反应,通过比较反应结果以确定杂质含量是否超过限量。此法多用于氯化物、硫酸盐、砷盐、重金属等一般杂质检查,有时也用于特殊杂质的检查。采用此法进行检查时,应严格遵循"平行原则",即标准溶液与供试品溶液应在完全相同的条件下进行处理、反应、比色、比浊等,只有在平行操作条件下比较反应结果,才能得出正确结论。若检查合格,仅说明其杂质含量在质量标准允许的范围内,并不说明药品中不含该项杂质。杂质限量可按下式计算:

$$杂质限量(L)=\frac{杂质的最大允许量}{供试品质量}\times100\% \qquad (6-1)$$

$$=\frac{标准溶液的质量浓度(\rho)\times标准溶液体积(V)}{供试品质量(m)}\times100\% \qquad (6-2)$$

《中国药典》中一般杂质检查大多采用这种方法。如对氨基水杨酸钠中氯化物的检查:取本品 1.0 g,加水 25 mL 溶解后,加稀硝酸 2 mL,必要时滤过,取滤液 25 mL,依法检查氯化物(通则0801),所发生的浑浊与标准氯化钠溶液 5.0 mL(1 mL 相当于 10 μg 的 Cl)制成的对照溶液比较,不得更浓(氯化物的限量是 0.005%)。

2. 灵敏度法

灵敏度法系指在供试品溶液中加入试剂,在一定反应条件下观察反应结果,不得有正反应出现,即以检测条件下的反应灵敏度来控制杂质限量。如纯化水中氯化物的检查:在 50 mL 纯化水中加入硝酸及硝酸银试液,不发生浑浊为合格。该法是利用氯离子与银离子生成氯化银沉淀反应的灵敏度来控制纯化水中氯化物的限量。本法的特点是无需用杂质对照溶液进行对比。

3. 比较法

比较法系指取供试品一定量依法检查,测得待检杂质的参数(如吸光度或旋光度等)与规定值比较,不得更大。如盐酸土霉素中异构体和降解产物的检查:取本品,加 0.1 mol·L⁻¹ 盐酸的甲醇溶液(1 → 100)制成 1 mL 中含 2.0 mg 的溶液,照紫外-可见分光光度法(《中国药典》通则0401),于 1 h 内,在 430 nm 的波长处测定,吸光度不得超过 0.50。另取本品,加上述盐酸-甲醇溶液溶解并定量稀释制成 1 mL 中含 10 mg 的溶液,在 490 nm 的波长处测定,吸光度不得超过 0.20。

药物中杂质限量的计算示例:

示例　氯化钠中砷盐检查

取氯化钠适量,加水 23 mL 溶解后,加盐酸 5 mL,依法检查砷盐,并与标准砷溶液 2.0 mL (1 mL 相当于 1 μg 的 As)制备的标准砷斑相比较,不得更深。如规定氯化钠中含砷量不得过千万分之四(0.00004%),问应取供试品多少克?

$$m=\frac{\rho V}{L}=\frac{1\times10^{-6}\,g\cdot mL^{-1}\times2.0\,mL}{4\times10^{-7}}=5.0g$$

示例　磷酸可待因中硫酸盐检查

取磷酸可待因 0.2 g,加水溶解使成约 40 mL,依法检查硫酸盐,如发生浑浊,与标准硫酸钾溶液(1 mL 相当于 100 μg 的 SO_4^{2-})2.0 mL 制成的对照溶液比较,不得更浓。问硫酸盐的限量是多少?

$$L=\frac{\rho V}{m}=\frac{100\,\mu g\cdot mL^{-1}\times2.0\,mL}{0.2\,g}\times100\%=0.1\%$$

示例　氯化钙中重金属检查

取氯化钙 2.0 g,加醋酸盐缓冲溶液(pH 3.5)2 mL 与水适量使溶解成 25 mL,依法检查重金属,含重金属不得过百万分之十。问应取标准铅多少毫升?(1 mL 相当于 10 μg 的 Pb)

$$V=\frac{Lm}{\rho}=\frac{10\times10^{-6}\times2.0\,g}{10\times10^{-6}\,g\cdot mL^{-1}}=2.0\,mL$$

示例　磷酸可待因中吗啡检查

取磷酸可待因 0.1 g，加盐酸（9→1000）使溶解成 5 mL，加亚硫酸钠试液 2 mL，放置 5 min，加氨试液 3 mL，所显颜色与吗啡溶液（取无水吗啡 2.0 mg，加盐酸（9→1000）使溶解成 100 mL）5.0 mL 用同一方法制成的对照溶液比较，不得更深。问吗啡的限量是多少？

$$L = \frac{\rho V}{m} = \frac{\dfrac{2.0 \text{ mg}}{100 \text{ mL}} \times 5.0 \text{ mL}}{0.1 \times 10^3 \text{ mg}} \times 100\% = 0.1\%$$

五、ICH 技术要求简介

人用药物注册技术要求国际协调会议（international conference on harmonization of technical requirements for registration of pharmaceuticals for human use，ICH）公布的指导原则中 Q3 是与杂质研究相关的要求，其中包括对新化合物中杂质测定的要求（Q3A），对不同制剂中杂质测定的要求（Q3B）和对溶剂残留量限度的要求（Q3C）。

ICH 要求在药品质量标准中应详细说明各杂质的检测方法及其限度。对在新原料药中实际存在的表观量大于或等于 0.1% 的杂质（例如，以原料药的响应因子计算）要描述其结构特征，对表观量 0.1% 以下的杂质没有必要进行鉴定。然而，对那些含量低于 0.1%，但可能产生不寻常功效或毒性药理作用的潜在杂质，则应力求鉴定它们。当某个杂质的含量在 0.05%～0.09% 之间，这些值可不被修约到 0.1%，这个杂质可以不鉴定。表 6-1 和表 6-2 分别为原料药和制剂的杂质限度规定。

表 6-1　原料药的杂质限度

最大日剂量	报告限度	鉴定限度	质控限度
≤2 g	0.05%	0.10%或 1.0 mg(取最小值)	0.15%或 1.0 mg(取最小值)
>2 g	0.03%	0.05%	0.05%

表 6-2　制剂的杂质限度

	最大日剂量		>1 g		
报告限度	限度		0.1%		0.05%
鉴定限度	最大日剂量	<1 mg	1～10 mg	>10 mg～2 g	>2 g
	限度	1.0%或 5 μg (取最小值)	0.5%或 20 μg (取最小值)	0.2%或 2 mg (取最小值)	0.10%
质控限度	最大日剂量	<10 mg	10～100 mg	>100 mg～2 g	>2 g
	限度	1.0%或 50 μg (取最小值)	0.5%或 200 μg (取最小值)	0.2%或 3 mg (取最小值)	0.15%

表 6-1 和表 6-2 中报告限度（reporting threshold）为超出此限度的杂质均应在检测报告中报告，并应报告具体的检测数据；鉴定限度（identification threshold）为超出此限度的杂质均应进行定性分析，确定其化学结构；质控限度为（qualification threshold）质量标准中一般允许的杂质限度，如制定的限度高于此限度，则应有充分的依据。

　　ICH 规定在制定质量标准杂质限度时,首先应考虑安全性,尤其对于有药理活性或毒性的杂质;其次应考虑生产的可行性及批与批之间的正常波动;还要考虑药品本身的稳定性。在质量标准的制定过程中应充分论证在质量标准中是否收载某一杂质检测项目及其限度制定的合理性。可根据稳定性考察、原料药的制备工艺、制剂工艺、降解途径等的研究及批次检测结果来预测正式生产时产品的杂质概况。当杂质有特殊的药理活性或毒性时,分析方法的定量限及检出限应与该杂质的控制限度相适应。设定的杂质限度不能高于安全性数据所能支持的水平,同时也要与生产的可行性及分析能力相一致。在确保产品安全的前提下,杂质限度的确定主要基于中试规模以上产品的实测情况,考虑到实际生产情况的误差及产品的稳定性,往往对限度做适当放宽。如果各批次间的杂质含量相差很大,则应以生产工艺稳定后的产品为依据,确定杂质限度。

　　ICH Q3A 中的决策树可以对杂质的鉴定与限定进行直观的判断,如图 6-1 所示。

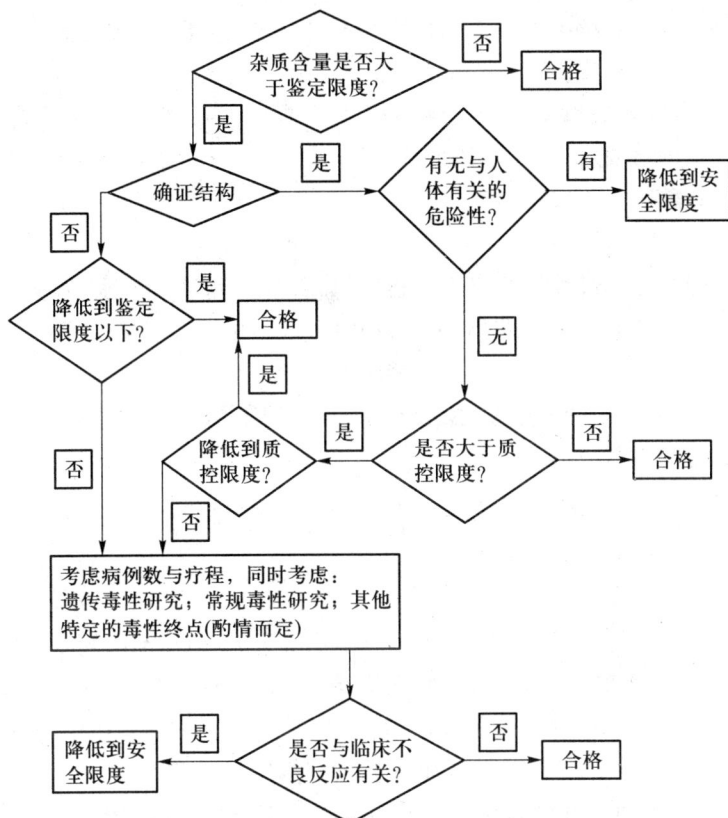

图 6-1　杂质检查中的决策树

第二节　特殊杂质的检查方法

一、物理法

(一)颜色差异

利用药物与杂质颜色的差异进行检查。比如某些药物无色,但在生产中引入了有色的杂质,或其分解产物有色,通过检查药物溶液的颜色可控制有色杂质的量。如注射用对氨基水杨酸钠溶液颜色的检查:取供试品 1 瓶,加水溶解制成每 1 mL 中含对氨基水杨酸钠 0.2 g 的溶液,溶液应澄清无色。如显色,与黄色 6 号标准比色液(通则 0902 第一法)比较,不得更深。对氨基水杨酸钠的原料及分解产物间氨基酚,露置日光或遇热受潮,可被氧化成醌型化合物,成为有色杂质。

又如盐酸胺碘酮中游离碘的检查:取本品 0.50 g,加水 10 mL,振摇 30 s,放置 5 min,滤过,滤液加稀硫酸 1 mL 与三氯甲烷 2 mL,振摇,三氯甲烷层不得显色。游离碘是合成中未反应完全或氧化引入的,它溶于三氯甲烷显紫红色。

(二)臭味及挥发性差异

药物中如存在某些具有特殊气味的杂质,可由其气味判断该杂质的存在。如麻醉乙醚中异臭的检查:取本品 10 mL,置瓷蒸发皿中,使自然挥发,挥散完毕后,不得有异臭。麻醉乙醚由乙醇经酯化、醚化所得,原料乙醇中的杂醇油挥发性弱且有异臭,所以麻醉乙醚在常温下挥发,杂醇油则在瓷蒸发皿上留下异臭味。

药物的挥发性如与杂质存在差异,也可用来检查。如乙醇中不挥发物的检查:取本品 40 mL,置 105℃恒重的蒸发皿中,于水浴上蒸干后,在 105℃干燥 2 h,遗留残渣不得超过 1 mg。此项系检查乙醇中糠醛等不挥发物。

(三)溶解度差异

利用溶解行为的差异也可检查药物中的杂质,如有的药物可溶于水、有机溶剂或酸、碱溶液中,而其杂质不溶,反之,杂质可溶而药物不溶。如阿司匹林中溶液澄清度的检查:取本品 0.50 g,加热至约 45℃的碳酸钠试液 10 mL 溶解后,溶液应澄清。它的检查是利用了阿司匹林溶于碳酸钠试液,而生产过程中引入的杂质苯酚、醋酸苯酯、水杨酸苯酯及乙酰水杨酸苯酯等不溶于碳酸钠试液的特性完成的。

二、化学法

(一)酸碱反应

利用药物中特殊杂质的酸碱性进行检查。可采用 pH 法、指示剂法和限定体积法等。如《中国药典》对枸橼酸钾酸碱度的检查采用指示剂法,方法为:取枸橼酸钾 2.0 g,加水 25 mL 溶解后,加麝香草酚蓝指示液 1 滴;如显蓝色,加盐酸滴定液(0.1 mol·L^{-1})0.20 mL,应变为黄色(表明其碱度小于 0.01mmol HCl·g^{-1});加氢氧化钠滴定液(0.1 mol·L^{-1})0.20 mL,应变为蓝色(表明其酸度小于 0.01 mmol NaOH·g^{-1})。此项主要是检查枸橼酸钾中游离的枸橼酸或碳酸钾。

《中国药典》对己酸羟孕酮酸度的检查采用限定体积法,方法:取本品 0.20 g,加中性无水乙醇(对溴麝香草酚蓝指示液显中性)25 mL 溶解后,立即加溴麝香草酚蓝指示液数滴并用氢氧化钠滴定液(0.02 mol·L^{-1})滴定至显微蓝色,消耗氢氧化钠滴定液(0.02mol·L^{-1})不得超过 0.50 mL(表明其酸度小于 0.05 mmol NaOH·g^{-1})。此项主要是检查己酸羟孕酮中过量的正己酐及对甲苯磺酸等。

(二)呈色反应

利用药物中特殊杂质与一定试剂的呈色反应进行检查。检查原理是根据杂质限量的规定,既在一定条件下供试品不得产生某种颜色;或供试品与杂质对照品在相同条件下反应,供试品的颜色不得超过杂质对照品。此法简便易行,在杂质检查中应用广泛。

《中国药典》检查贝诺酯中的对氨基酚时,利用对氨基酚在碱性条件下可与亚硝基铁氰化钠生成蓝色配合物,而贝诺酯无此反应的特点进行限量检查。方法:取本品 1.0 g,加甲醇溶液(1→2)20 mL,搅匀,加碱性亚硝基铁氰化钠试液 1 mL,摇匀,放置 30 min,不得显蓝绿色。

《中国药典》检查贝诺酯中的游离水杨酸时,利用贝诺酯无酚羟基不能与高铁盐溶液作用,而水杨酸可与 Fe^{3+} 形成紫堇色配合物,与一定量水杨酸标准溶液在相同条件下呈现的颜色进行比较,控制游离水杨酸限量为 0.1%。方法:取本品 0.1 g,加乙醇 5 mL,加热溶解后,加水适量,摇匀,滤入 50 mL 比色管中,加水适量使成 50 mL,立即加新制的稀硫酸铁铵溶液(取 1 mol·L^{-1} 盐酸 1 mL 加硫酸铁铵指示液 2 mL,再加水适量使成 100 mL)1 mL,摇匀,30 s 内如显色,与对照溶液(精密称取水杨酸 0.1 g,置 1000 mL 量瓶中,加水溶解后,加冰醋酸 1 mL,摇匀,再加水适量至刻度,摇匀,精密量取 1 mL,加乙醇 5 mL 与水 44 mL,再加上述新制的稀硫酸铁铵溶液 1 mL,摇匀)比较,不得更深(0.1%)。

(三)沉淀反应

利用药物中特殊杂质与一定试剂产生沉淀(或浑浊)反应进行检查。该法多利用反应本身的检测限对杂质量进行控制。一般规定在一定条件下,供试品溶液不得产生某种沉淀或浑浊。

如间苯二酚中邻苯二酚的检查。间苯二酚中邻苯二酚系合成时引入的杂质。邻苯二酚具有一特征反应,即在醋酸酸性条件下,可与铅离子形成白色不溶性铅盐,而间苯二酚由于结构中二酚羟基距离较远,不与醋酸铅发生沉淀,根据这一差异,《中国药典》规定:取供试品 0.5 g,加水 10 mL 溶解后,加稀醋酸 2 滴与醋酸铅试液 0.5 mL,不得发生浑浊。

如醇合三氯乙醛是制备各水合氯醛的中间产物,可用碘仿反应进行检查。水合氯醛加水和氢氧化钠试液生成三氯甲烷、甲酸钠和乙醇,滤去三氯甲烷,滤液中加碘试液,如有黄色的碘仿结晶性沉淀析出则表示含有醇合三氯乙醛:

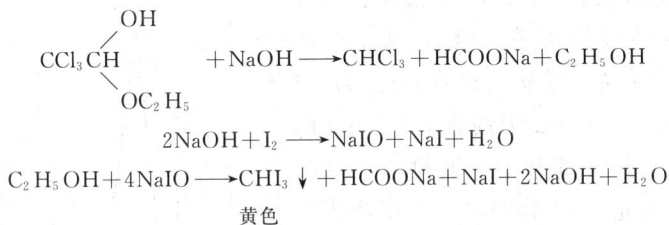

$$CCl_3CH \begin{matrix} OH \\ \\ OC_2H_5 \end{matrix} +NaOH \longrightarrow CHCl_3 + HCOONa + C_2H_5OH$$

$$2NaOH + I_2 \longrightarrow NaIO + NaI + H_2O$$

$$C_2H_5OH + 4NaIO \longrightarrow CHI_3\downarrow + HCOONa + NaI + 2NaOH + H_2O$$
$$\text{黄色}$$

《中国药典》规定:取本品 1.0 g,加水 4 mL 与氢氧化钠试液 2 mL,摇匀,滤过,滤液加碘试液至显深棕色,放置 1 h,不得生成黄色结晶性沉淀。

(四)产生气体

利用药物中特殊杂质与一定试剂反应产生某种气体进行检查。《中国药典》采用此法对药物中的微量砷、硫、碳酸盐、氨或铵盐及氰化物进行检查。

如检查药物中氨或铵盐,在碱性条件下加热,释放出氨的臭味,或用红色石蕊试纸检视,或加碱性碘化汞钾试液显色等手段进行检查。

如《中国药典》检查甘油在生产过程中引入的铵盐,方法为:取本品 4.0 g,加 10%氢氧化钾溶液 5 mL,混匀,在 60℃放置 5 min,不得发生氨臭。

检查乌洛托品在生产过程中引入的铵盐,方法为:取本品 0.50 g,加无氨蒸馏水 10 mL 溶解后,立即加碱性碘化汞钾试液 1.0 mL,摇匀,在 20~25℃放置 2 min,溶液的颜色与对照溶液(碱性碘化汞钾试液 1.0 mL,加无氨蒸馏水 10 mL)比较,不得更深。

三、光学分析法

利用药物中特殊杂质本身的光学性质或与药物在光学性质上的差异进行分析的方法,主要有旋光法、紫外-可见分光光度法及红外光谱法。

(一) 旋光法

利用药物与杂质间旋光性质的差异进行检查的方法。若药物与杂质均为光学活性物质,则可利用比旋度(旋光度)数值来反映药物的纯度,限定杂质的含量。

如维生素 B_2 的核糖醇侧链 2,3,4 位有三个手性碳原子,具光学活性,在碱性溶液中呈左旋,在 0.05 mol·L^{-1} 氢氧化钠溶液中的比旋度应为 $-115°$ 至 $-135°$,如供试品的测定值不在此范围内,则表明其纯度不符合要求,可能含有合成中间体等光学杂质。

若药物本身无旋光性,而杂质系光学活性物质,则可通过限定一定浓度供试品溶液的旋光度值来控制杂质含量。如硫酸阿托品中可能存在由消旋不完全引入的莨菪碱,莨菪碱具左旋性,而硫酸阿托品为消旋体,利用此光学差异即可检查供试品中的莨菪碱。《中国药典》规定:取本品,按干燥品计算,加水溶解并制成 1 mL 中含 50 mg 的溶液,依法测定(通则 0621),旋光度不得过 $-0.40°$。

(二) 紫外-可见分光光度法

利用杂质本身的紫外-可见光谱特征或杂质与药物的光谱差异进行检查的方法。一般杂质峰处的吸光度值或峰-谷吸光度比值为检查限度,以满足此限度为合格。

如地蒽酚中二羟基蒽醌的检查。二羟基蒽醌为地蒽酚合成工艺的原料及氧化分解产物。由于该杂质的三氯甲烷溶液在 423 nm 波长处有最大吸收,而地蒽酚在该波长处几乎无吸收。《中国药典》采用紫外-可见分光光度法进行检查,方法为:取本品,加三氯甲烷制成每 1 mL 中约含 0.10 mg 的溶液,照紫外-可见分光光度法(通则 0401)在 423 nm 波长处测定吸光度,不得过 0.12,即相当于含二羟基蒽醌的量不大于 2.0%。

如肾上腺酮(酮体)为肾上腺素合成过程中未反应完全的中间体,其盐酸溶液在 310 nm 波长处有最大吸收,其吸收系数($E_{1cm}^{1\%}$)约为 453,而肾上腺素在此波长处几乎无吸收,如图 6-2 所示。利用此光谱差异即可检查肾上腺素中的酮体。《中国药典》规定:取本品,加盐酸(9→2000)制成 1 mL 中含 2.0 mg 的溶液,照紫外-可见分光光度法(通则 0401),在 310 nm 的波长处测定,吸光度不得过 0.05(即相当于酮体的量低于 0.06%)。

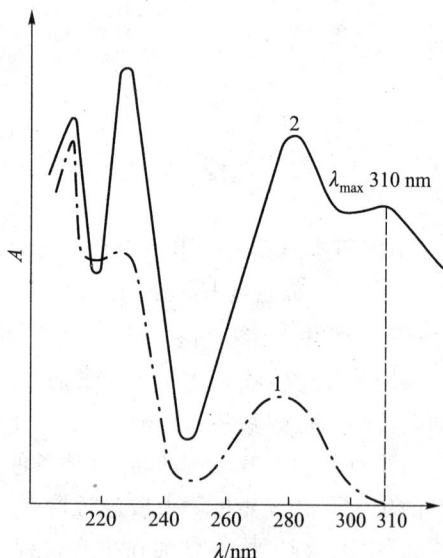

图 6-2　肾上腺素和肾上腺酮的紫外吸收光谱
1—肾上腺素;2—肾上腺酮

如碘解磷定(0.1mol·L⁻¹盐酸)在 294 nm 波长处有最大吸收,在 262 nm 波长处有最小吸收,碘解磷定中的杂质(顺式异构体、中间体、水解产物等)在 294nm 波长处几乎无吸收,而在 262 nm 波长处有最大吸收。由于碘解磷定注射液的稳定性较差,高温或光照均会产生降解,结果使 294 nm 处的吸光度下降,262 nm 波长处的吸光度增加,因此测定 294 nm 与 262 nm 处吸光度的比值(碘解磷定精制品的吸光度比值为 3.39),可用以检查分解产物。《中国药典》对碘解磷定注射液中分解产物的检查方法为:避光操作,精密量取本品 5 mL,置 250 mL 量瓶中,用盐酸(9→1000)稀释至刻度,摇匀,精密量取 5 mL,置另一 250 mL 量瓶中,再用盐酸(9→1000)稀释至刻度,摇匀,在 1 h 内,照紫外-可见分光光度法(通则 0401),在294 nm 与 262 nm 的波长处分别测定吸光度,其比值应不小于3.1。

(三)红外分光光度法

红外分光光度法在杂质检查中主要用于药物中无效或低效晶型的检查。某些多晶型药物由于晶型结构不同,某些化学键的键长、键角发生不同程度的变化,可导致红外吸收光谱中的某些特征峰的频率、峰形和强度出现显著差异。利用这些差异,检查药物中低效或无效晶型杂质,方法简单,结果可靠。

甲苯咪唑存在多晶型现象,其中 C 为有效晶型,A 为无效晶型。《中国药典》对 A 晶型的检查就是利用在 640cm⁻¹ 处 A 晶型有强吸收,C 晶型有弱吸收;在 662cm⁻¹ 处 A 晶型有弱吸收,C 晶型有强吸收,如图 6-3 所示。当供试品中有 A 晶型时,在上述二波数处吸光度比值将发生改变。采用供试品与对照品同法操作,供试品的吸光度比值小于对照品吸光度的比值的方法,检查 A 晶型的限量。检查方法是:取本品与含 A 晶型为 10% 的甲苯咪唑对照品各约 25 mg,分别加液状石蜡 0.3 mL,研磨均匀,制成厚度约 0.15 mm 的石蜡糊片,同时制作厚度相同的空白液状石蜡糊片作参比,照红外分光光度法(通则 0402)测定,并调节供试品与对照品在 803 cm⁻¹ 波数处的透光率为 90%～95%,分别记录 620～803cm⁻¹ 波数处的红外光吸收图谱。在约 620 cm⁻¹ 和 803cm⁻¹ 波数处的最小吸收峰之间连接一基线,再在约 640 cm⁻¹ 和 662 cm⁻¹ 波数处的最大吸收峰之顶处作垂线使与基线相交,用基线吸光度法求出相应吸收峰的吸光度值,供试品在约

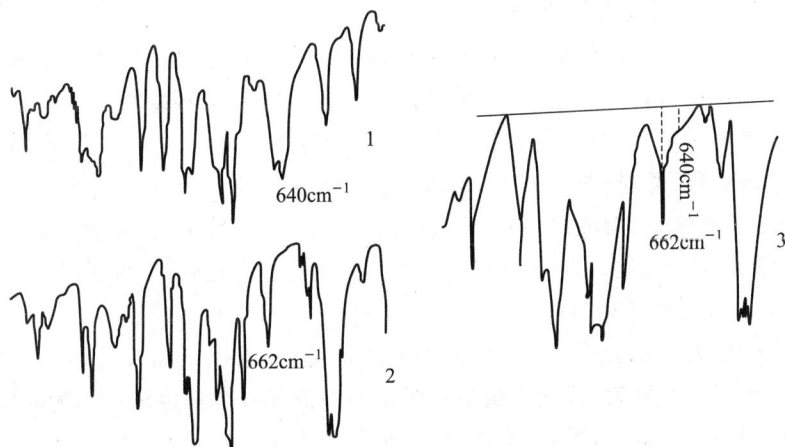

图 6-3　甲苯咪唑多晶型检查的红外吸收光谱
1—A 晶型;2—C 晶型;3—A 晶型的限量检查法

640 cm^{-1}和 662 cm^{-1}波数处吸光度之比,不得大于含 A 晶型为 10% 的甲苯咪唑对照品在该波数处的校正吸光度之比。

四、色谱分析法

利用药物与杂质在色谱固定相上吸附及分配能力的差异进行检查的方法。色谱法能将与药物结构相近的中间体、副产物、分解产物等分离后检测,具有较高的专属性和灵敏度,因而广泛应用于药物特殊杂质的检查中。主要方法有薄层色谱法(TLC)、高效液相色谱法(HPLC)及气相色谱法(GC)。

(一)薄层色谱法

由于薄层色谱法操作简便,灵敏度高,无需特殊设备,因此在杂质检查中应用十分广泛,常用的方法有:

1. 杂质对照品法

适用于待检杂质为已知并能制备杂质对照品的情况。方法为:按杂质限量,取供试品溶液和一定浓度的杂质对照品溶液,分别点在同一薄层板上,展开、斑点定位,比较。供试品溶液除主斑点外的其他斑点应与相应杂质对照溶液或系列浓度杂质对照溶液的相应主斑点比较,不得更深。

如抗结核药异烟肼中游离肼的检查,肼是一种致癌物质,必须严格控制其含量,《中国药典》采用 TLC 杂质对照品比较法检查异烟肼中的游离肼。方法:取本品,加丙酮-水(1∶1)制成 1 mL 中约含 100 mg 的溶液,作为供试品溶液。另取硫酸肼对照品,加丙酮-水(1∶1)溶解并稀释成 1 mL 中含 0.08 mg(相当于游离肼 20 μg)的溶液,作为对照溶液。取异烟肼和硫酸肼各适量,加丙酮-水(1∶1)溶解并稀释成 1 mL 中分别含异烟肼 100 mg 及硫酸肼 0.08 mg 的混合溶液,作为系统适用性试验。照薄层色谱法(《中国药典》通则 0502)试验,吸取上述三种溶液各 5 μL,分别点于同一硅胶 G 薄层板上,以异丙醇-丙酮(3∶2)为展开剂,展开后,晾干,喷以乙醇制对二甲氨基苯甲醛试液,15 min 后检视。系统适用性试验溶液所显游离肼与异烟肼的斑点应完全分离,游离肼的 R_f 值约为 0.75,异烟肼的 R_f 值约为 0.56。在供试品主斑点前方与对照溶液主斑点相应的位置上,不得显黄色斑点。

如抗真菌药克霉唑中咪唑的检查,咪唑为克霉唑合成工艺中的原料,《中国药典》采用 TLC 杂质对照品法对其进行检查。方法:取本品,加三氯甲烷制成 1 mL 中约含 100 mg 的溶液,作为供试溶液。另取咪唑对照品,加三氯甲烷制成 1 mL 中约含 0.50 mg 的溶液,作为对照溶液。照薄层色谱法(《中国药典》通则 0502)试验,吸取上述两种溶液各 5 μL,分别点于同一硅胶 G 薄层板上,以二甲苯-正丁醇-浓氨溶液(180∶20∶1)为展开剂,展开,晾干,在碘蒸气中显色。供试品溶液如显与对照溶液相应的杂质斑点,其颜色与对照溶液的主斑点比较,不得更深(0.5%)。

2. 供试品溶液自身稀释对照法

适用于待检杂质为未知杂质或无杂质对照品的情况,要求供试品及待检杂质与显色剂显示的颜色应相同或相近。方法为:按杂质限量将供试品溶液稀释至一定浓度作为对照溶液,与供试品溶液分别点在同一薄层板上,展开、斑点显色、定位。供试品溶液除主斑点外的其他斑点应与供试品溶液的自身稀释对照溶液或系列浓度自身稀释对照溶液的相应主斑点比较,不得更深。

如呋喃妥因中有关物质的检查,主要检查合成工艺最后一步缩合反应中带入的硝基呋喃甲醛二醋酸酯,经试验比较,采用硝基呋喃甲醛二醋酸酯对照品与供试品稀释液的检出结果一致,因此《中国药典》采用 TLC 供试品自身稀释对照法进行检查。方法:避光操作。取本品 0.25 g,置 10 mL 量瓶中,加二甲基甲酰胺 5 mL 使溶解,用丙酮稀释至刻度,作为供试品溶液;精密量取 1 mL,置 100 mL 量瓶中,用丙酮稀释至刻度,作为对照溶液。照薄层色谱法(通则 0502)试验,吸取上述两种溶液各 3 μL,分别点于同一硅胶 GF₂₅₄ 薄层板上,以硝基甲烷-甲醇(9:1)为展开剂,展开,晾干,在 105℃干燥 5 min,置紫外光灯(254 nm)下检视,再喷以盐酸苯肼溶液(取盐酸苯肼 0.75 g,加水 50 mL 溶解后,用活性炭脱色,滤过,取全部滤液加盐酸 25 mL,加水至 200 mL),在 105℃加热 10 min。供试品溶液如显杂质斑点,与对照溶液的主斑点比较,不得更深。

对多个杂质的检查,可同时配制两种限量的对照溶液进行比较。如门冬氨酸中其他氨基酸的检查。方法为:取本品 0.10 g,置 10 mL 量瓶中,加浓氨溶液 2 mL 使溶解,用水稀释至刻度,摇匀,作为供试品溶液;精密量取 1 mL,置 200 mL 量瓶中,用水稀释至刻度,摇匀,作为对照溶液;另取门冬氨酸对照品 10 mg 与谷氨酸对照品 10 mg,置同一 25 mL 量瓶中,加氨试液 2 mL 使溶解,用水稀释至刻度,摇匀,作为系统适用性溶液。照薄层色谱法(通则 0502)试验,吸取上述三种溶液各分别点于同一硅胶 G 薄层板上,以冰醋酸-水-正丁醇(1:1:3)为展开剂,展开至少 15 cm,晾干,喷以 0.2 % 茚三酮的正丁醇-2 mol·L⁻¹ 醋酸溶液(95:5)混合溶液,在 105 ℃加热约 15 min 至斑点出现,立即检视。对照溶液应显一个清晰的斑点,系统适用性溶液应显两个清晰分离的斑点。供试品溶液如显杂质斑点,其颜色与对照溶液的主斑点比较,不得更深(0.5 %)。

3. 杂质对照品法与供试品自身稀释对照法并用

当供试品中存在多个杂质时,其中已知杂质有对照品,可采用杂质对照品法检查;共存的未知杂质或没有对照品的杂质,可采用供试品自身稀释对照法。

(二)高效液相色谱法

高效液相色谱法不仅灵敏度高、专属性强,而且可准确测定各杂质峰面积,能定量地反映出药物中杂质的变化情况,同时,随着高效液相色谱法分析技术的成熟、仪器的普及和对药品中杂质控制要求的提高,该法在杂质检查中应用增长迅速,已逐渐成为化学药品中特殊杂质检查的主要方法。

常用的检查方法有内标法、外标法、加校正因子的主成分自身对照法、不加校正因子的主成分自身对照法和面积归一化法。

1. 内标法

内标法适用于有杂质对照品与合适的内标物,测定供试品中已知杂质的含量。

测定方法:按各品种项下规定,精密称(量)取杂质对照品和内标物质,分别制成溶液。精密量取各适量,混合配成校正因子测定用的对照溶液。取一定量注入仪器,记录色谱图。测量杂质对照品和内标物质的峰面积或峰高,按下式计算出校正因子。

$$校正因子(f) = \frac{A_S/c_S}{A_R/c_R} \qquad (6-3)$$

式中,A_S、c_S 分别是内标物质的峰面积(峰高)、浓度;A_R、c_R 分别是杂质对照品的峰面积(峰高)、浓度。

再将含有内标物质的供试品溶液,注入仪器,记录色谱图,测量供试品中待测杂质和内标物质的峰面积或峰高,按下式计算杂质的含量。

$$含量(c_X) = f \cdot \frac{A_X}{A'_s/c'_s} \tag{6-4}$$

式中,A_X、c_X 分别是供试品溶液中待测杂质的峰面积(峰高)、浓度,A'_s、c'_s 分别是供试品溶液中内标物的峰面积(峰高)、浓度;f 为校正因子。

采用内标法,可避免因样品前处理及进样体积误差对测定结果的影响。

2. 外标法

此方法定量比较准确,适用于有对照品的杂质,但进样量需要精确控制,宜以定量环或自动进样器进样。

方法:按各品种项下的规定,配制杂质对照溶液和供试品溶液,分别量取一定量注入仪器,测量对照品和供试品中杂质的峰面积,按外标法计算该杂质的含量。

$$含量(c_X) = c_R \times \frac{A_X}{A_R} \tag{6-5}$$

式中,A_X 为供试品的峰面积或峰高,c_X 为供试品的浓度,A_R 为对照品的峰面积或峰高,c_R 为对照品的浓度。

示例 阿司匹林中游离水杨酸检查

取本品约 0.1 g,精密称定,置 10 mL 量瓶中,加 1% 冰醋酸甲醇溶液适量,振摇使溶解,并稀释至刻度,摇匀,作为供试品溶液(临用新制);取水杨酸对照品约 10 mg,精密称定,置 100 mL 量瓶中,加 1% 冰醋酸甲醇溶液适量使溶解并稀释至刻度,摇匀,精密量取 5 mL,置 50 mL 量瓶中,用 1% 冰醋酸甲醇溶液稀释至刻度,摇匀,作为对照溶液。照高效液相色谱法(通则 0512)试验。用十八烷基硅烷键全硅胶为填充剂,以乙腈-四氢呋喃-冰醋酸-水(20∶5∶5∶70)为流动相,检测波长为 303 nm。理论板数按水杨酸计算不低于 5000,阿司匹林与水杨酸的分离度应符合要求。立即精密量取供试品溶液、对照溶液各 10 μL,分别注入液相色谱仪,记录色谱图。供试品溶液色谱图中如有与水杨酸保留时间一致的色谱峰,按外标法以峰面积计算,不得过 0.1%。

3. 加校正因子的主成分自身对照法

建立色谱方法时,需用杂质对照品对校正因子进行严格测定,但在实际样品中的杂质检查时,可以不用杂质对照品。

方法:建立方法时,按各药品项下的规定,精密称(量)取杂质对照品和待测成分对照品各适量,制成测定杂质校正因子的溶液,进样,记录色谱图,按内标法求出杂质相对于主成分的校正因子。

$$校正因子(f) = \frac{A_s/c_s}{A_R/c_R} \tag{6-6}$$

式中各符号意义同上。此校正因子可直接载入各药品质量标准中,用于校正杂质的实测峰面积。这些需作校正计算的杂质,通常以主成分为参照,采用相对保留时间定位,其数值一并载入各药品项下。

测定杂质含量时,按各药品项下规定的杂质限量,将供试品溶液稀释成与杂质限度相当的溶液作为对照溶液,进样,调节检测灵敏度或进样量,使对照溶液的主成分色谱峰的峰高约达满量程的 10%～25%或其峰面积能够准确积分(通常含量低于 0.5%的杂质,峰面积的相对标准偏差(RSD)应小于 10%;含量在 0.5%～2%的杂质,峰面积的 RSD 应小于 5%;含量大于 2%的杂质,峰面积的 RSD 应小于 2%)。然后,取供试品溶液和对照溶液适量,分别进样。供试品溶液的记录时间,除另有规定外,应为主成分色谱峰保留时间的 2 倍,测量供试品溶液色谱图上各杂质的峰面积,分别乘以相应的校正因子后与对照溶液主成分的峰面积比较,依法计算各杂质的含量或限量。

此法的优点是杂质检查时省去了杂质对照品,而又考虑了杂质与主成分的响应因子可能不同而引起的误差,准确度好。

示例 红霉素中相关物质的检查

方法:取本品约 40 mg,置 10 mL 量瓶中,加甲醇 4 mL 使溶解,用 pH 8.0 磷酸盐溶液(取磷酸氢二钾 11.5 g,加水 900 mL 使溶解,用 10%磷酸溶液调节 pH 至 8.0,用水稀释成 1000 mL)稀释至刻度,摇匀,作为供试品溶液;精密量取 1 mL 置 100 mL 量瓶中,用上述 pH8.0 磷酸盐溶液-甲醇(3:2)稀释至刻度,摇匀,作为对照溶液;精密量取对照溶液适量用 pH8.0 磷酸盐溶液-甲醇(3:2)定量稀释制成每 1 mL 中约含 4 µg 的溶液,作为灵敏度溶液。照红霉素组分检查项下的色谱条件,量取灵敏度溶液注入液相色谱仪,记录色谱图,主成分色谱峰高的信噪比应大于 10。精密量取供试品溶液和对照溶液各 100 µL,分别注入液相色谱仪,记录色谱图。供试品溶液色谱图中如有杂质峰,杂质 C 面积不得大于对照溶液主峰面积的 3 倍(3.0%),杂质 E 与杂质 F 校正后的峰面积(乘以校正因子 0.08)均不得大于对照溶液主峰面积的 2 倍(2.0%),杂质 D 校正后的峰面积(乘以校正因子 2)不得大于对照溶液主峰面积的 2 倍(2.0%),杂质 A 其他单个杂质的峰面积均不得大于对照溶液主峰面积的 2 倍(2.0%),各杂质校正后的峰面积之和不得大于对照溶液主峰面积的 7 倍(7.0%)。供试品溶液色谱图中小于灵敏度溶液主峰面积的峰忽略不计。

4. 不加校正因子的主成分自身对照法

适用于待检杂质为未知杂质或无杂质对照品的情况,但前提是假定杂质与主成分的响应因子基本相同。在一般情况下,如杂质与主成分的结构相似,其响应因子的差异不会太大,因此,该法对化学药物中合成中间体、副产物、降解物等有关物质检查中应用较多。

方法:按照杂质限量将供试品溶液稀释作为对照溶液,进样,调节检测灵敏度。取供试品溶液和对照溶液适量,分别进样。供试品溶液的记录时间,除另有规定外,应为主成分色谱峰保留时间的 2 倍,测量供试品溶液色谱图上各杂质的峰面积并与对照溶液主成分的峰面积比较,计算杂质含量。

示例 阿洛西林钠中有关物质的检查

取本品适量,精密称定,用流动相溶解并稀释成 1 mL 中约含阿洛西林 0.5 mg 的溶液,作为供试品溶液;精密量取适量,用流动相定量稀释制成 1 mL 中含阿洛西林 10 µg 的溶液,作为对照溶液。照含量测定项下的色谱条件,取对照溶液 20 µL 注入液相色谱仪,调节检测灵敏度,使主成分色谱峰的峰高为满量程的 25%;再精密量取供试品溶液与对照溶液各 20 µL,分别注入液相色谱仪,记录色谱图至主成分峰保留时间的 3 倍。供试品溶液色谱图中如有杂质峰,单个杂质峰面积不得大于对照溶液主峰面积的 0.75 倍(1.5%),各杂质峰面积的和不得大于对照溶液主峰面积的 1.5 倍(3.0%)。

5. 面积归一化法

此法简便快捷,但因各杂质与主成分响应因子不一定相同,杂质量与主成分量不一定在同一线性范围内,仪器对微量杂质和常量主成分的积分度及准确度不相等等因素,所以该法仅用于粗略考察供试品中的杂质。除另有规定外,一般不宜用于微量杂质的检查。

方法:按各药品项下的规定,配置供试品溶液,取一定量注入仪器,记录色谱图。测量各峰的面积和色谱图上除溶剂峰以外的总色谱峰面积,计算各峰面积占总峰面积的百分数。

(三) 气相色谱法

气相色谱法主要用于药品中挥发性特殊杂质的检查,特别是药物中残留有机溶剂的检查,均采用气相色谱法。

方法:与高效液相色谱法相同的检查方法有内标法、外标法、面积归一化法。不同的有标准溶液加入法,其操作如下:

精密称(量)取某个杂质或待测成分对照品适量,配制成适当浓度的对照溶液,取一定量,精密加入供试品溶液中,根据外标法或内标法测定杂质或主成分含量,再扣除加入的对照溶液含量,即得供试品溶液中某个杂质和主成分含量。也可按下述公式进行计算,加入对照溶液前后校正因子应相同,即

$$\frac{A_{is}}{A_X} = \frac{c_X + \Delta c_X}{c_X} \qquad (6-7)$$

则待测组分的浓度 c_X 可通过如下公式进行计算:

$$c_X = \frac{\Delta c_X}{(A_{is}/A_X)-1} \qquad (6-8)$$

式中,c_X 为供试品中组分 X 的浓度,A_X 为供试品中组分 X 色谱峰面积,Δc_X 为所加入的已知浓度的待测组分对照品的浓度,A_{is} 为加入对照品后组分 X 的色谱峰面积。

气相色谱法定量分析,当标准溶液加入法与其他定量方法结果不一致时,应以标准加入法结果为准。

示例 七氟烷中有关物质的检查(采用内标法)

方法:取 25 mL 量瓶,加本品至刻度后,再精密称取并加内标物异丙醇 12 mg(约相当于 15 μL),摇匀,作为供试品溶液;另取七氟烷对照品、六氟异丙醇对照品与异丙醇各适量,分别精密称定,用二氯乙烷定量稀释制成 1 mL 中含七氟烷 1.5 mg、六氟异丙醇 1.5 mg、异丙醇 0.6 mg 的混合溶液作为对照溶液。照气相色谱法(通则 0521)试验,以 6%氰丙基苯基-94%甲基聚硅氧烷(或极性相近)为固定液的毛细管柱为色谱柱(膜厚 3.0 μm);起始温度为 50℃,维持 10 min,以每分钟 10℃的速率升温至 140℃,维持 5 min;进样口温度 200℃;检测器温度 220℃。取对照溶液 1 μL,注入气相色谱仪,调节检测灵敏度,使七氟烷峰高约为满量程的 25%,出峰顺序依次为七氟烷、异丙烷、二氯乙烷与六氟异丙醇,理论板数按七氟烷计算不低于 5000,各相邻峰之间的分离度均应符合要求。精密量取对照溶液与供试品溶液各 1 μL,分别注入气相色谱仪,记录色谱图。供试品溶液的色谱图中如有与六氟异丙醇峰保留时间一致的色谱峰,按内标法以六氟异丙醇校正因子计算不得过 0.03%(质量分数);其他单个杂质峰按内标法以七氟烷校正因子计算不得过 0.05%(质量分数);杂质总量不得过 0.1%(质量分数)。

示例 大豆油(供注射用)中脂肪酸的检查(面积归一化法)

　　方法:取本品 0.1 g,精密称定,置 50 mL 锥形瓶中,加 0.5 mol/L 氢氧化钾甲醇溶液 2 mL,在 65℃ 水浴中加热回流 30 min,放冷,加庚烷 4 mL,继续在 65℃ 水浴中加热回流 5 min 后,放冷,加饱和氯化钠溶液 10 mL 洗涤,摇匀,静置使分层,取上层液,用水洗涤 3 次,每次 2 mL,上层液经无水硫酸钠干燥。照气相色谱法(通则 0521)试验,以键合聚乙二醇为固定液,起始温度为 230℃,维持 11 min,以每分钟 5℃ 的速度升温至 250℃,维持 10 min,进样口温度为 260℃,检测器温度为 270℃。分别取十四烷酸甲酯、棕榈酸甲酯、棕榈油酸甲酯、硬脂酸甲酯、油酸甲酯、亚油酸甲酯、亚麻酸甲酯、花生酸甲酯、二十碳烯酸甲酯与山嵛酸甲酯对照品,加正己烷溶解并稀释制成 1 mL 中含上述对照品各 0.1 mg 的溶液,取 1 μL 注入气相色谱仪,记录色谱图,理论板数按亚油酸峰计算应不低于 5000,各色谱峰的分离度应符合要求。取上层液 1 μL 注入气相色谱仪,记录色谱图,按面积归一化法以峰面积计算,供试品中含小于十四碳的饱和脂肪酸不大于 0.1%、十四烷酸不大于 0.2%、棕榈酸应为 9.0%～13.0%、棕榈油酸不大于 0.3%、硬脂酸应为 3.0%～5.0%、油酸应为 17.0%～30.0%、亚油酸应为 48.0%～58.0%、亚麻酸应为 5.0%～11.0%、花生酸不大于 1.0%、二十碳烯酸不大于 1.0%、山嵛酸不大于 1.0%。

第三节　一般杂质检查方法

　　一般杂质是指在自然界分布比较广泛,在多种药物的生产或储藏过程中容易引入的杂质。它们的检查方法收载在《中国药典》通则中,需要时可直接引用。以下介绍药物中杂质检查的一般检查项目、原理、方法和注意事项。

一、氯化物

　　在药物的生产中常常用到盐酸或将药物制成盐酸盐的形式。氯离子本身对人体无害,但它的存在及含量能够反映药品的纯度,以及生产过程是否正常。因此,氯化物常作为信号杂质进行检查。

　　原理:药物中微量氯化物在硝酸酸性溶液中与硝酸银作用,生成氯化银的白色浑浊,与一定量标准氯化钠溶液在相同条件下生成的氯化银浑浊比较,判断供试品中的氯化物是否超过了规定的限量。

　　反应式:
$$Cl^- + Ag^+ \longrightarrow AgCl\downarrow$$

　　检查方法:除另有规定外,取各药品项下规定量的供试品,加水溶解使成 25 mL(溶液如显碱性,可滴加硝酸使成中性),再加稀硝酸 10 mL;溶液如不澄清,应滤过;置 50 mL 纳氏比色管中,加水使成约 40 mL,摇匀,即得供试品溶液。另取各药品项下规定量的标准氯化钠溶液,置 50 mL 纳氏比色管中,加稀硝酸 10 mL,加水使成 40 mL,摇匀,即得对照溶液。于供试品溶液与对照溶液中,分别加入硝酸银试液 1.0 mL,用水稀释使成 50 mL,摇匀,在暗处放置 5 min,同置黑色背景上,从比色管上方向下观察、比较,即得。

　　注意事项:
　　(1) 检查中加入硝酸可避免弱酸银盐如碳酸银、磷酸银及氧化银沉淀的形成而干扰检查,同时还可加速氯化银沉淀的生成,并产生较好的乳浊。酸度以 50 mL 供试溶液中含稀硝酸 10 mL 为宜。

（2）操作时,应当严格按照顺序进行,即先制成 40 mL 水溶液,再加入硝酸银试液 1.0 mL,以免在较大的氯化物浓度下产生较大颗粒的浑浊,沉积在底部影响比浊;为了避免光线使单质银析出,加硝酸银后应在暗处放置 5 min;由于氯化银为白色浑浊,观察时应将比色管同置黑色背景上,自上而下观察。

（3）在测定条件下,氯化物浓度以 50 mL 中 50～80 μg 的 Cl 为宜,在此范围内浑浊梯度明显,便于比较。相当于标准氯化钠溶液(10 μgCl·mL^{-1})取用量为 5.0～8.0 mL。因此在设计检查方法时,应考虑供试品的取用量,使氯化物的含量在适宜的比浊范围内。

（4）供试品溶液如带颜色,除另有规定外,可用内消色法进行处理。取供试品溶液两份,分置 50 mL 纳氏比色管中,一份中加硝酸银试液 1.0 mL,摇匀,放置 10 min,如显浑浊,可反复滤过,至滤液完全澄清,再加规定量的标准氯化钠溶液与水适量使成 50 mL,摇匀,在暗处放置 5 min,作为对照溶液;另一份中加硝酸银试液 1.0 mL 与水适量使成 50 mL,摇匀,在暗处放置 5 min,按上述方法与对照溶液比较,即得。

（5）用滤纸过滤时,滤纸中如含有氯化物,可预先用含有硝酸的水溶液洗净后使用。

（6）应注意供试品的溶解性。对溶于水的供试品,可按药典规定方法直接检查;对不溶于水的供试品,多采用加水振摇或适当加热,使所含氯化物溶解,放冷,滤过,取滤液检查;若检查供试品中的有机氯杂质,需进行有机破坏或水解处理,使有机氯转变为离子状态再依法检查。

二、硫酸盐

药物中存在的微量硫酸盐杂质也是一种信号杂质。

原理:药物中微量硫酸盐在稀盐酸酸性溶液中与氯化钡生成硫酸钡浑浊,与一定量的标准硫酸钾溶液在相同条件下生成的浑浊液比较,判断供试品中的硫酸盐是否超过了限量。

反应式:
$$SO_4^{2-} + Ba^{2+} \longrightarrow BaSO_4 \downarrow$$
$$\text{(白色)}$$

检查方法:除另有规定外,取各药品项下规定量的供试品,加水溶解使成约 40 mL(溶液如显碱性,可滴加盐酸使成中性);溶液如不澄清,应滤过;置 50 mL 纳氏比色管中,加稀盐酸 2 mL,摇匀,即得供试品溶液。另取各药品项下规定量的标准硫酸钾溶液,置 50 mL 纳氏比色管中,加水使成约 40 mL,加稀盐酸 2 mL,摇匀,即得对照溶液。于供试溶液与对照溶液中,分别加入 25% 氯化钡溶液 5 mL,用水稀释至 50 mL,充分摇匀,放置 10 min,同置黑色背景上,从比色管上方向下观察、比较,即得。

注意事项:

（1）反应是在稀盐酸酸性溶液中进行,加入盐酸可避免碳酸钡、磷酸钡等沉淀的形成而干扰检查。酸度以 50 mL 供试溶液中含稀盐酸 2 mL 为宜,此时溶液的 pH 约为 1,酸度过大,灵敏度下降。

（2）在本试验条件下,硫酸盐的浓度以 0.1～0.5 mg·(50 mL)$^{-1}$ 为宜,相当于标准硫酸钾溶液(100 μg SO$_4$·mL^{-1})1.0～5.0 mL。

（3）供试品溶液如不澄清,可用含盐酸的水洗净滤纸中可能带来的硫酸盐。

（4）供试品溶液如带颜色,可同氯化物检查一样,用"内消法"进行处理。即取供试品溶液两份,分置 50 mL 纳氏比色管中,一份中加 25% 氯化钡溶液 5 mL,摇匀,放置 10 min,如显浑浊,可反复滤过,至滤液完全澄清,再加规定量的标准硫酸钾溶液与水适量使成 50 mL,摇匀,放置 10 min,作为对照溶液;另一份中加 25%氯化钡溶液 5 mL 与水适量使成 50 mL,摇匀,放置 10 min,按上述方法与对照溶液比较,即得。

(5)氯化钡溶液在 10%~25%浓度范围内所显浑浊度差异不大,《中国药典》采用 25%氯化钡溶液。新制备的氯化钡溶液可放置一个月,加入氯化钡试液后应充分振摇,以防局部过浓而影响产生浑浊的程度。

三、铁盐

微量铁盐的存在会加速药物的氧化和分解,因此需要控制其限量。《中国药典》与《美国药典》均采用硫氰酸盐法。

原理:铁盐在盐酸酸性溶液中与硫氰酸盐作用产生红色可溶性的硫氰酸铁配位化合物,与一定量标准铁溶液用同法处理后进行比色,判断供试品中的铁盐是否超过了限量。

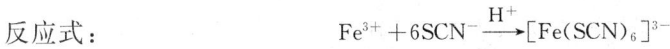

反应式: $$Fe^{3+} + 6SCN^- \xrightarrow{H^+} [Fe(SCN)_6]^{3-}$$

检查方法:除另有规定外,取各药品项下规定量的供试品,加水溶解使成 25 mL,移置 50 mL 纳氏比色管中,加稀盐酸 4 mL 与过硫酸铵 50 mg,用水稀释使成 35 mL 后,加 30%硫氰酸铵溶液 3 mL,再加水适量稀释成 50 mL,摇匀;如显色,立即与标准铁溶液一定量制成的对照溶液(取各药品项下规定量的标准铁溶液,置 50 mL 纳氏比色管中,加水使成 25 mL,加稀盐酸 4 mL 与过硫酸铵 50 mg,用水稀释使成 35 mL,加 30%硫氰酸铵溶液 3 mL,再加水适量稀释成 50 mL,摇匀)比较,即得。

注意事项:

(1)检查在盐酸酸性溶液中进行,可以防止 Fe^{3+} 水解,干扰检查。酸度以 50 mL 供试品溶液中含稀盐酸 4 mL 生成的淡红色最显著。

(2)在测定条件下,铁盐浓度以 50 mL 中 10~50 μg 的 Fe^{3+} 为宜,相当于标准铁溶液 (10 μg Fe·mL^{-1})取用量 1.0~5.0 mL,在此范围内色泽梯度明显,易于区别。

(3)检查中加入氧化剂过硫酸铵可氧化供试品中的 Fe^{2+} 成 Fe^{3+},同时,可防止由于光线促使硫氰酸铁还原而褪色。

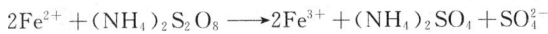

$$2Fe^{2+} + (NH_4)_2S_2O_8 \longrightarrow 2Fe^{3+} + (NH_4)_2SO_4 + SO_4^{2-}$$

某些药物(如葡萄糖、碳酸氢钠、糊精、磺胺嘧啶锌)在检查过程中加硝酸处理,则不再加过硫酸铵,但必须加热煮沸除去氧化氮,否则亚硝酸与硫氰酸铵作用生成红色亚硝酰硫氰化物(NOSCN)而影响比色测定。

$$HNO_2 + SCN^- + H^+ \longrightarrow NOSCN + H_2O$$

(4)本法用硫酸铁铵 $[FeNH_4(SO_4)_2 \cdot 12H_2O]$ 配制标准溶液,为防止其水解,加入 2.5 mL 的硫酸,使其易于保存。

(5)如供试管与对照管色调不一致时,或所显颜色太浅,可分别用正丁醇提取后,分取醇层比色。这主要是因为硫氰酸铁配离子在正丁醇中的溶解度大,可使红色加深,提高反应的灵敏度,并能排除其他物质的干扰,如磷酸苯丙哌林、磷酸哌嗪等。

(6)某些具环状结构或不溶于水的有机药物,须经炽灼破坏,使铁盐成三氧化二铁留于残渣,处理后再依法检查,如色氨酸等。

四、重金属

重金属是指在规定实验条件下能与硫代乙酰胺或硫化钠作用显色的金属杂质,包括银、铅、汞、铜、镉、铋、锑、锡、砷、钴和锌等。药物中存在重金属将直接影响药物的稳定性及用药的安全性。由于在药品生产中遇到铅的机会较多,且铅易在人体内蓄积中毒,故以铅为代表检查重金属的限量。

根据实验条件与方法的不同,《中国药典》通则中规定了三种重金属的检查方法:第一法,硫代乙酰胺法;第二法,炽灼残渣法;第三法,硫化钠法。

(一) 硫代乙酰胺法

原理:硫代乙酰胺在弱酸性条件下水解产生硫化氢,与微量重金属离子(以 Pb^{2+} 为代表)生成从黄色到棕黑色的硫化物混悬液,与一定量标准硝酸铅溶液经同法处理后所呈颜色进行比较,不得更深。

反应式:

$$CH_3CSNH_2 + H_2O \longrightarrow CH_3CONH_2 + H_2S$$

$$H_2S + Pb^{2+} \xrightarrow{pH=3.5} PbS \downarrow + 2H^+$$

$$Pb^{2+} + Na_2S \longrightarrow PbS \downarrow + 2Na^+$$

$$As^{3+} + 3Zn + 3H^+ \longrightarrow AsH_3 \uparrow + 3Zn^{2+}$$

$$AsO_3^{3-} + 3Zn + 9H^+ \longrightarrow AsH_3 \uparrow + 3Zn^{2+} + 3H_2O$$

$$AsH_3 + 3HgBr_2 \longrightarrow 3HBr + As(HgBr)_3$$

$$AsH_3 + 2As(HgBr)_3 \longrightarrow 3AsH(HgBr)_2$$

$$AsH_3 + As(HgBr)_3 \longrightarrow 3HBr + As_2Hg_3$$

$$I_2 + SO_2 + 2H_2O \longrightarrow 2HI + H_2SO_4$$

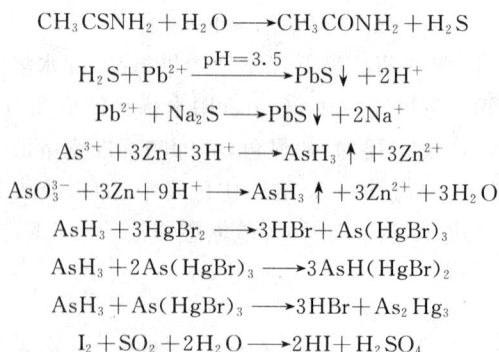

此法适用于溶于水、稀酸和乙醇的药物,是大多数药物重金属检查的方法。

方法:除另有规定外,取 25 mL 纳氏比色管三支,甲管中加标准铅溶液一定量与醋酸盐缓冲溶液(pH 3.5)2 mL 后,加水或各药品项下规定的溶剂稀释成 25 mL;乙管中加入按各药品项下规定的方法制成的供试品溶液 25 mL;丙管中加入与乙管相同量的供试品,加配置供试品溶液的溶剂适量使溶解,再加与甲管相同量的标准铅溶液与醋酸盐缓冲溶液(pH 3.5)2 mL 后,用溶剂稀释成 25 mL;若供试品溶液带颜色,可在甲管中滴加少量的稀焦糖溶液或其他无干扰的有色溶液,使之与乙管、丙管一致;再在甲、乙、丙三管中分别加硫代乙酰胺试液各 2 mL,摇匀,放置 2 min,同置白纸上,自上向下透视,当丙管中显出的颜色不浅于甲管时,乙管中显出的颜色与甲管比较,不得更深。如丙管中显出的颜色浅于甲管,应取样按第二法重新检查。

注意事项:

(1) 重金属检查是用硝酸铅制成 1 mL 含 10 μg Pb 的标准铅溶液,在测定条件下,重金属浓度以 25 mL 中 10~20 μg 的 Pb 为宜,标准铅溶液取用量为 1~2 mL,在此范围内色泽梯度明显,呈色太浅或太深均不利于目视比较。为了便于比较,标准铅溶液取用量一般为 2.0 mL。在设计检查方法应根据重金属的限量考虑供试品的取用量。

(2) 检查是在弱酸条件(pH 3.5)下测定,试验中应严格控制溶液的酸度,因为在 pH 3.0~3.5 时硫化铅的沉淀最完全。若酸度增大,重金属离子与硫化氢呈色变浅,酸度太大时甚至不显色。因此,供试品若用强酸溶解,或在处理中用了强酸,在加入硫代乙酰胺试液之前,应先加氨水调节溶液至酚酞显中性,再加 pH 3.5 醋酸盐缓冲溶液调节溶液的酸度。

(3) 检查方法中,甲管为标准对照管,乙管为供试品管,丙管为监测管(加入相同量的标准溶液和供试品)。三管依法同样操作,供试品管显色不得深于标准对照管,监测管显色应深于标准管或与标准管一致。若监测管显色浅于标准管,则可能供试品中重金属杂质与供试品络合,不呈游离状态存在而未被检出,应取样按第二法检查。

(4) 若供试品溶液带颜色,可在标准对照管中滴加少量的稀焦糖溶液或其他无干扰的有色溶液,使之与供试品管、监测管一致;如在标准对照管中滴加稀焦糖溶液或其他无干扰的有色溶液,仍不能使颜色一致时,应取样按第二法检查。

(5) 供试品如含高铁盐影响重金属检查时,可在标准对照管、供试品管、监测管三管中分别加入相同量的维生素 C 0.5~1.0 g,再依法检查。

(6) 配制供试品溶液时,如使用的盐酸超过 1 mL,氨试液超过 2 mL,或加入其他试剂进行处理者,除另有规定外,标准对照管溶液应取同样同量的试剂置瓷皿中蒸干后,加醋酸盐缓冲溶液(pH 3.5)2 mL 与水 15 mL,微热溶解后,移置纳氏比色管中,加标准铅溶液一定量,在用水或各药品项下规定的溶剂稀释成 25 mL。

(7) 配制与储存用的玻璃容器均不得含铅。

(二) 炽灼残渣法

原理:重金属可能会与芳环或杂环形成较牢固的共价键,需先将供试品进行有机破坏后,取炽灼残渣项下的残渣,再按第一法进行检查。第二法适用于含芳环或杂环及难溶于水、稀酸、乙醇的有机药物。

方法:除另有规定外,当需改用第二法检查时,取各药品项下规定量的供试品,按炽灼残渣检查法(通则 0841)进行炽灼处理,然后取遗留的残渣;或直接取炽灼残渣项下遗留的残渣;如供试品为溶液,则取各品种项下规定量的溶液,蒸发至干,再按上述方法处理后取遗留的残渣;加硝酸 0.5 mL,蒸干,至氧化氮蒸气除尽后(或取供试品一定量,缓缓炽灼至完全炭化,放冷,加硫酸 0.5~1 mL,使恰湿润,用低温加热至硫酸除尽后,加硝酸 0.5 mL,蒸干,至氧化氮蒸气除尽后,放冷,在 500~600℃炽灼使完全灰化),放冷,加盐酸 2 mL,置水浴上蒸干后加水 15 mL,滴加氨试液至对酚酞指示液显微粉红色,再加醋酸盐缓冲溶液(pH 3.5)2 mL,微热溶解后,移置纳氏比色管中,加水稀释成 25 mL;另取配制供试品溶液的试剂,置瓷皿中蒸干后,加醋酸盐缓冲溶液(pH 3.5)2 mL 与水 15 mL,微热溶解后,移置纳氏比色管中,加标准铅溶液一定量,再用水稀释成 25 mL,作为乙管;再在甲、乙两管中分别加硫代乙酰胺试液各 2 mL,摇匀,放置 2 min,同置白纸上,自上向下透视,甲管中显出的颜色与乙管比较,不得更深。

注意事项:

(1) 炽灼残渣加硝酸加热处理后,必须蒸干除去氧化氮,否则,亚硝酸可氧化硫化氢析出硫,影响比色检查。蒸干后残渣加盐酸处理,使重金属氧化物转化为氯化物,在水浴上蒸干,除去多余盐酸,加水溶解,加入酚酞指示液 1 滴,再逐滴加入氨试液,边加边搅拌,直到溶液刚显浅红色为止,再加 pH 3.5 的醋酸盐缓冲溶液。

(2) 炽灼温度对重金属检查影响较大,温度越高,重金属损失越多,因此,应控制炽灼温度在 500~600℃。

(3) 某些供试品(如安乃近、对氨基水杨酸钠等)在炽灼时能腐蚀瓷坩埚而带入较多的重金属,影响检查结果的准确性,应改用铂坩埚或硬质玻璃器皿。

《中国药典》中乙酰半胱氨酸、二氟尼柳、盐酸地匹福林等都采用第二法检查重金属。

(三)硫化钠法

原理:在碱性介质中,以硫化钠为显色剂,与 Pb^{2+} 生成 PbS 微粒的混悬液,与一定量标准铅溶液经同法处理后所呈颜色进行比较,不得更深。

反应式:
$$Pb^{2+} + Na_2S \longrightarrow PbS \downarrow + 2Na^+$$

本法适用于溶于碱性水溶液而难溶于稀酸或在稀酸中即生成沉淀的药物,如磺胺类、巴比妥类药物等。

检查方法:除另有规定外,取供试品适量,加氢氧化钠试液 5 mL 与水 20 mL 溶解后,置纳氏比色管中,加硫化钠试液 5 滴,摇匀,与一定量的标准铅溶液同样处理后的颜色比较,不得更深。

注意事项:因碱性条件下硫化氢易被分解产生硫单质沉淀,故用硫化钠显色。硫化钠对玻璃有腐蚀,久置会产生絮状物,应临用新制。

五、砷盐

砷盐多由药物生产过程所使用的无机试剂引入,砷为毒性物质,所以多种药物中要求检查砷盐,并严格控制其限量。

《中国药典》采用第一法古蔡氏(Gutzeit)法和第二法二乙基二硫代氨基甲酸银(Ag-DDC)法检查药物中的微量砷。

(一)古蔡氏法

原理:金属锌与酸作用产生新生态氢,与药物中微量砷盐生成具有挥发性的砷化氢,遇溴化汞试纸产生黄色至棕色的砷斑,与一定量标准砷溶液在同一条件下所产生的砷斑比较,以判断供试品的含砷限度。

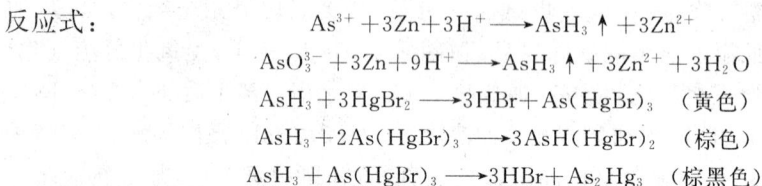

反应式:
$$As^{3+} + 3Zn + 3H^+ \longrightarrow AsH_3 \uparrow + 3Zn^{2+}$$
$$AsO_3^{3-} + 3Zn + 9H^+ \longrightarrow AsH_3 \uparrow + 3Zn^{2+} + 3H_2O$$
$$AsH_3 + 3HgBr_2 \longrightarrow 3HBr + As(HgBr)_3 \quad (黄色)$$
$$AsH_3 + 2As(HgBr)_3 \longrightarrow 3AsH(HgBr)_2 \quad (棕色)$$
$$AsH_3 + As(HgBr)_3 \longrightarrow 3HBr + As_2Hg_3 \quad (棕黑色)$$

仪器装置如图 6-4 所示。A 为 100 mL 标准磨口锥形瓶;B 为中空的标准磨口塞,上连导气管 C(外径 8.0 mm,内径 6.0 mm),全长约 180 mm;D 为具孔的有机玻璃旋塞,其上部为圆形平面,中央有一圆孔,孔径与导气管 C 的内径一致,其下部孔径与导气管 C 的外径相适应,将导气管 C 的顶端套入旋塞下部孔内,并使管壁与旋塞的圆孔相吻合,黏合固定;E 为中央具有圆孔(孔径 6.0 mm)的有机玻璃旋塞盖,与 D 紧密吻合。

检查方法:

(1)测试时,于导气管 C 中装入醋酸铅棉花 60 mg(装管高度为60~80 mm),再于旋塞 D 的顶端平面上放一片溴化汞试纸(试纸大小以能覆盖孔径而不露出平面外为宜),盖上旋塞盖 E 并旋紧,即得。

(2)标准砷溶液的制备:称取三氧化二砷 0.132 g,置 1000 mL 量瓶中,加 20%氢氧化钠溶液 5 mL 溶解后,用适量的稀硫酸中和,再加稀硫酸 10 mL,用水稀释至刻度,摇匀,作为储备液。

　　临用前,精密量取储备液 10 mL,置 1000 mL 量瓶中,加稀硫酸 10 mL,用水稀释至刻度,摇匀,即得(1 mL 相当于 1 μg 的 As)。

　　(3) 标准砷斑的制备:精密量取标准砷溶液 2 mL,置 A 瓶中,加盐酸 5 mL 与水 21 mL,再加碘化钾试液 5 mL 与酸性氯化亚锡试液 5 滴,在室温放置 10 min 后,加锌粒 2 g,立即将照上法装妥的导气管 C 密塞于 A 瓶上,并将 A 瓶置 25~40℃ 水浴中,反应 45 min,取出溴化汞试纸,即得。

　　(4) 样品砷斑的制备:取照各药品项下规定方法制成的供试液,置 A 瓶中,照标准砷斑的制备,自"再加碘化钾试液 5 mL"起,依法操作。将生成的砷斑与标准砷斑比较,不得更深。

　　注意事项:

　　(1) 所用的仪器和试液等照本法检查时,均不应生成砷斑。

　　(2) 标准砷斑:用三氧化二砷配制储备液。临用前取储备液新鲜配制标准砷溶液(1 μg As·mL⁻¹)。本法反应灵敏度为 1 μg(以砷计),《中国药典》规定用 2 mL 标准砷溶液(相当于 2 μg 的 As)制备标准砷斑,所得砷斑清晰,色度适中,便于分辨。药物含砷限量不同时,应按规定限量改变供试品取用量。制备标准砷斑或标准砷溶液,应与供试品检查同时进行。

单位:mm

图 6-4　古蔡氏法砷盐检查的装置图

　　(3) 锌粒:本法所用锌粒应无砷,以能通过一号筛的细粒为宜,如使用的锌粒较大时,用量应酌情增加,反应时间亦应延长为 1 h。

　　(4) 醋酸铅棉花:供试品及锌粒中可能含有少量的硫化物。在酸性条件下会产生硫化氢气体,与溴化汞试纸产生硫化汞的色斑,干扰检查,故在导气管 C 中装入醋酸铅棉花吸收硫化氢。《中国药典》通则规定用醋酸铅棉花 60 mg,填装高度为 60~80 mm,以控制醋酸铅棉花的松紧度,既能使之消除硫化氢(100 μg S 存在也不干扰测定)的干扰,又能使砷化氢以适当的速度通过。

　　(5) 碘化钾和氯化亚锡:药品中存在的微量砷盐常以三价的亚砷酸盐或五价的砷酸盐形式存在,五价的砷在酸性溶液中也能被金属锌还原为砷化氢,但生成砷化氢速度比三价砷慢,故加入碘化钾和氯化亚锡使五价砷还原为三价砷。碘化钾被氧化生成的碘又可被氯化亚锡还原成碘离子,碘离子可与反应中生成的锌离子形成稳定的配位离子,有利于生成砷化氢的反应不断进行。氯化亚锡还可在锌粒表面形成锌锡齐,起去极化作用,使氢气均匀连续地发生,有利于砷斑的形成,增加反应的灵敏度和准确性。

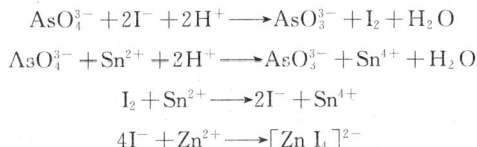

$$AsO_4^{3-} + 2I^- + 2H^+ \longrightarrow AsO_3^{3-} + I_2 + H_2O$$
$$AsO_4^{3-} + Sn^{2+} + 2H^+ \longrightarrow AsO_3^{3-} + Sn^{4+} + H_2O$$
$$I_2 + Sn^{2+} \longrightarrow 2I^- + Sn^{4+}$$
$$4I^- + Zn^{2+} \longrightarrow [ZnI_4]^{2-}$$

　　氯化亚锡与碘化钾存在,可抑制锑化氢生成,因为锑化氢也和溴化汞试纸作用生成锑斑,在试验条件下,100 μg 锑存在不致干扰测定。

　　(6) 溴化汞试纸:溴化汞试纸与砷化氢作用,较灵敏,但所呈的砷斑不够稳定,在反应中应保持干燥及避光,并立即与标准砷斑比较。另一方面,滤纸的质量对生成砷斑的色泽也有影响,用定性滤纸,所显砷斑色调较暗,深浅梯度无规律;用定量滤纸质地疏松者,所显砷斑色调鲜明,梯

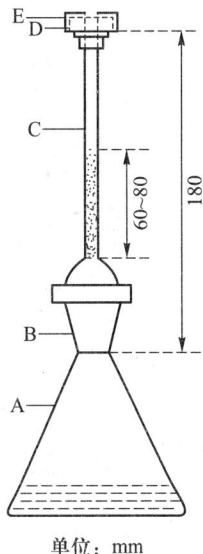

度规律,因此必须选用质量较好,组织疏松的中速定量滤纸浸入乙醇制溴化汞试液中制备溴化汞试纸,溴化汞试纸应置棕色磨口塞玻璃瓶内保存。

(7)反应温度:一般控制在25～40℃,反应可置水浴中保持温度。反应时间为45 min。

(8)供试品若为硫化物、亚硫酸盐、硫代硫酸盐等,在酸性溶液中可生成硫化氢或二氧化硫气体,与溴化汞试纸作用生成黑色硫化汞或金属汞,干扰检查。反应前应先加硝酸处理,使氧化成硫酸盐,除去干扰。如硫代硫酸钠中砷盐的检查。

(9)供试品若为铁盐,可消耗还原剂(碘化钾、氯化亚锡),影响检查,并能氧化砷化氢干扰测定。反应前应先加酸性氯化亚锡试液,将 Fe^{3+} 还原为 Fe^{2+} 而除去干扰,再依法检查。如枸橼酸铁铵中砷盐的检查。

(10)供试品若为锑盐,如葡萄糖酸锑钠,则用白田道夫(Betterdorff)法检查。方法原理是氯化亚锡在盐酸中将砷盐还原成棕褐色的胶态砷,与一定量的标准砷溶液用同法处理后的颜色比较。

$$2As^{3+} + 3SnCl_2 + 6HCl \longrightarrow 2As\downarrow + 3SnCl_4 + 6H^+$$

此反应灵敏度低,以三氧化二砷计为 20 μg,加入少量氯化汞可提高方法的灵敏度。

(11)在有机药物中,氨基酸及其盐类,可溶于水的脂肪族有机酸,如枸橼酸、乳酸及其盐、葡萄糖酸钙等一般可不经有机破坏直接依法检查砷盐。供试品若为环状结构,因砷在分子中可能以共价键结合,需先进行有机破坏后再依法检查,否则检出结果偏低或难以检出。《中国药典》砷盐检查采用碱性破坏法,即石灰法破坏,于供试品中加氢氧化钙先小火炽灼炭化,再于 500～600℃ 炽灼至灰化,砷变成非挥发性的亚砷酸钙后依法检查。如呋塞米、阿胶、胆固醇中砷盐的检查。

某些药物(如环状结构的有机酸碱金属)的钠盐,用石灰法破坏不完全,应以无水碳酸钠进行熔融破坏。方法为取无水碳酸钠约 1 g,铺于坩埚底部或四周,将供试品置于无水碳酸钠上,加少量水湿润、干燥后,小火炭化,炽灼 500～600℃ 至灰化后再依法检查。如对氨基水杨酸钠、富马酸亚铁、苯甲酸钠、芬布芬中砷盐的检查。

此外,也可用硝酸镁-乙醇进行药物的有机破坏。硝酸镁是目前应用最多的助灰化剂,它还有氧化作用和疏松作用,在灰化加热过程中,砷与硝酸镁形成焦砷酸镁($Mg_2As_2O_7$)而被固定下来。检查方法有两种。第一法:硝酸镁以乙醇溶液的形式加入,点燃乙醇,再加热灰化。样品若能被乙醇溶解渗透,这种加入混合方式非常方便快捷。如苯溴马隆中砷盐的检查。第二法:供试品中加入硝酸镁,再用氧化镁覆盖,灰化加热,加入盐酸适量以中和氧化镁并溶解灰分,再依法检查。如多烯酸乙酯中砷盐的检查。

(二)二乙基二硫代氨基甲酸银法

二乙基二硫代氨基甲酸银法(silver diethydithiocarbamate),简称为 Ag-DDC 法。此法不仅可用于砷盐的限量检查,还可用于微量砷盐的含量测定。

原理:金属锌与酸作用产生新生态氢,与药物中微量砷盐生成具有挥发性的砷化氢,将砷化氢气体导入盛有二乙基二硫代氨基甲酸银试液的管中,使之还原为红色胶态银,与一定量的标准砷溶液在相同条件下所制成的对照溶液比较,或在 510 nm 波长处测定吸光度,以判定含砷盐的限度或测定含量。

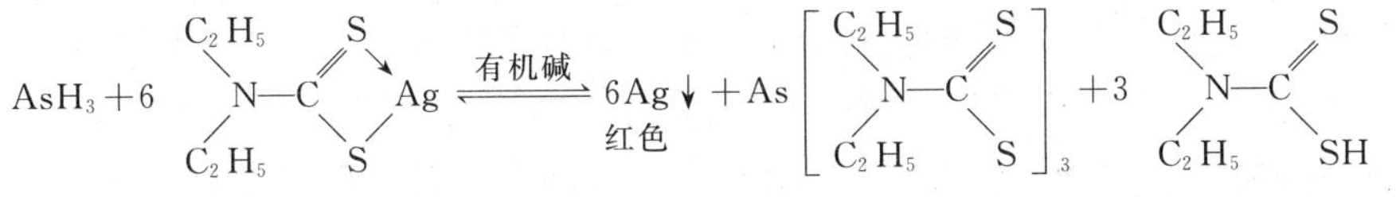

$$AsH_3 + 6 \underset{\text{二乙基二硫代氨基甲酸银}}{\begin{array}{c}C_2H_5 \quad S \\ N-C \\ C_2H_5 \quad S \end{array} Ag} \xrightarrow{\text{有机碱}} \underset{\text{红色}}{6Ag\downarrow} + As\left[\begin{array}{c}C_2H_5 \quad S \\ N-C \\ C_2H_5 \quad S\end{array}\right]_3 + 3\underset{\text{二乙基二硫代氨基甲酸}}{\begin{array}{c}C_2H_5 \quad S \\ N-C \\ C_2H_5 \quad SH\end{array}}$$

仪器装置如图 6-5 所示。A 为 100 mL 标准磨口锥形瓶;B 为中空的标准磨口塞,上连导气管 C(一端的外径为 8 mm,内径为 6 mm;另一端长为 180 mm,外径为 4 mm,内径为 1.6 mm,尖端内径为 1 mm);D 为平底玻璃管(长为 180 mm,内径为 10 mm,于 5.0 mL 处有一刻度)。

测试时,于导气管 C 中装入醋酸铅棉花 60 mg(装管高度约 80 mm),并于 D 管中精密加入二乙基二硫代氨基甲酸银试液 5 mL。

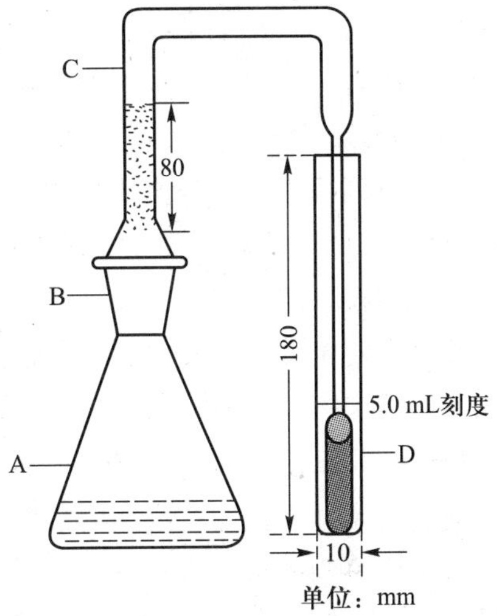

检查方法:

(1) 标准砷斑的制备:精密量取标准砷溶液 5 mL,置 A 瓶中,加盐酸 5 mL 与水 21 mL,再加碘化钾试液 5 mL 与酸性氯化亚锡试液 5 滴,在室温放置 10 min 后,加锌粒 2 g,立即将导气管 C 与 A 瓶密塞,使生成的砷化氢气体导入 D 管中,并将 A 瓶置 25~40℃水浴中反应 45 min,取出 D 管,添加三氯甲烷至刻度,混匀,即得。

图 6-5　Ag-DDC 法砷盐检查的装置图

(2) 样品砷斑的制备:取照各药品项下规定方法制成的供试品溶液,置 A 瓶中,照标准砷对照溶液的制备,自"再加碘化钾试液 5 mL"起,依法操作。将所得溶液与标准砷对照溶液同置白色背景上,从 D 管上方向下观察、比较,所得溶液的颜色不得比标准砷对照溶液更深。必要时,可将所得溶液转移至 1 cm 吸收池中,照紫外-可见分光光度法(《中国药典》通则 0401)在 510 nm 波长处以二乙基二硫代氨基甲酸银试液作空白,测定吸收度,与标准砷对照溶液按同法测得的吸收度比较,即得。

注意事项:

(1) 在 Ag-DDC 法中,需要加入一定量的有机碱以中和反应中的二乙基二硫代氨基甲酸(HDDC)。《中国药典》采用 Ag-DDC 的吡啶溶液。

(2) 当 As 浓度为 $1\ \mu g \cdot (40\ mL)^{-1} \sim 10\ \mu g \cdot (40\ mL)^{-1}$ 范围内线性关系良好,显色在 2 h 内稳定,重现性好,可定量测定砷盐含量。

(3) 锑化氢与 Ag-DDC 的反应灵敏度低,当溶液中加入 40% 的氯化亚锡 3 mL 和 15% 碘化钾 5 mL 时,500 μg 的锑也不干扰测定。

六、溶液颜色

药物溶液的颜色及其与规定颜色的差异能在一定程度上反映药物的纯度。检查的方法是将药物溶液的颜色与规定的标准比色液比较,或在规定的波长处测定其吸光度,以检查其颜色。

药品项下规定的"无色或几乎无色",其"无色"系指供试品溶液的颜色与所用溶剂相同,"几乎无色"系指浅于用水稀释 1 倍后的相应色调 1 号标准比色液。

《中国药典》通则中收载了三种药物溶液颜色检查方法。

（一）第一法

除另有规定外，取各药品项下规定量的供试品，加水溶解，置于 25 mL 的纳氏比色管中，加水稀释至 10 mL。另取规定色调和色号的标准比色液 10 mL，置于另一 25 mL 的纳氏比色管中，两管同置白色背景上，自上向下透视，或同置白色背景前，平视观察；供试品管呈现的颜色与对照管比较，不得更深。

各种色调标准储备液由比色用氯化钴液、比色用重铬酸液、比色用硫酸铜液按规定比例制备而成，然后色调标准储备液和水按规定的比例制备各种色调色号标准比色液。

（二）第二法

除另有规定外，取各药品项下规定量的供试品，加水溶解使成 10 mL，必要时滤过，滤液照分光光度法（《中国药典》通则 0401）于规定波长处测定，吸收度不得超过规定值。

（三）第三法（色差计法）

通过色差计直接测定溶液的透射三刺激值（即在给定的三色系统中与待测色达到色匹配所需要的三个原刺激量），对其颜色进行定量表述和分析的方法。供试品与标准比色液之间的颜色差异，可以通过分别比较它们与水之间的色差值来得到，也可以通过直接比较它们之间的色差值来得到。

七、易炭化物

药物中存在的遇硫酸易炭化或易氧化而呈色的微量有机杂质称为易炭化物。这类杂质多为未知结构的化合物，用硫酸呈色的方法可以简便地控制它们的含量。检查时，将一定量的供试品加入硫酸中溶解后，静置，产生的颜色与标准比色液（或用比色用重铬酸钾溶液、比色用硫酸铜溶液和比色用氯化钴溶液配制的对照溶液）比较，以控制易炭化物的限量。

检查方法：取内径一致的比色管两支，甲管中加各品种项下规定的对照溶液 5 mL；乙管中加硫酸[含 H_2SO_4 94.5%～95.5%（质量分数）] 5 mL 后，分次缓缓加入规定量的供试品，振摇使溶解。除另有规定外，静置 15 min 后，将甲、乙两管同置白色背景前，平视观察，乙管中所显颜色不得较甲管更深。

注意事项：

（1）供试品如为固体，应先研成细粉。如需加热才能溶解时，可取供试品与硫酸混合均匀，加热溶解后，放冷，再移至比色管中。

（2）要防止所用硫酸吸水改变浓度，必要时应标定。乙管必须先加硫酸而后再加供试品，以防供试品黏结在底，不易溶解完全。必须分次向乙管缓缓加入供试品，边加边振摇，使溶解完全，避免因一次加入量过多而导致供试品结成团，被硫酸炭化液包裹后溶解很困难。如药典规定需加热才能溶解时，可取供试品与硫酸混合均匀，加热溶解后，放冷至室温，再移置比色管中；加热条件，应严格按药典规定。

（3）对照溶液主要有三类："溶液颜色检查"项下的不同色调色号的标准比色液；由比色用重铬酸钾溶液、比色用硫酸铜溶液和比色用氯化钴溶液按规定方法配置成的对照溶液；高锰酸钾溶液(0.02 mol·L⁻¹)。

八、澄清度

澄清度是检查药品溶液的浑浊程度,可以反映药物溶液中微量不溶性杂质的存在情况,是控制注射用原料药质量的重要指标,能在一定程度上反映药物的纯度。《中国药典》采用的方法为比浊法,即通过比较供试品溶液浊度和标准溶液的浊度,来判断供试品溶液的澄清度是否符合规定。

《中国药典》通则中收载了两种澄清度检查法,除另有规定外,应采用第一法进行检测。

(一)第一法(目视法)

除另有规定外,按照各项下规定的浓度要求,在室温条件下,将用水稀释至一定浓度的供试品溶液与等量的浊度标准溶液分别置于配对的比浊用玻璃管(内径 15~16 mm,平底,具塞,以无色、透明、中性硬质玻璃制成)中,在浊度标准溶液制备 5 min 后,在暗室内垂直同置于伞棚灯下,照度为 1000 lx,从水平方向观察、比较;用以检查溶液的澄清度或其浑浊程度。除另有规定外,供试品溶解后应立即检视。

注意事项:

(1)《中国药典》规定澄清,是指供试品溶液的澄清度与所用溶剂相同或不超过 0.5 号浊度标准溶液的浊度。"几乎澄清",是指供试品溶液的浊度介于 0.5 号至 1 号浊度标准溶液的浊度之间。

(2)浊度标准溶液的制备原理是乌洛托品在偏酸性条件下水解产生甲醛,甲醛与肼缩合,生成不溶于水的甲醛腙白色浑浊。

$$(CH_2)_6N_4 + 6H_2O \longrightarrow 6HCHO + 4NH_3$$

$$HCHO + H_2N—NH_2 \longrightarrow H_2C=NNH_2 \downarrow + H_2O$$

浊度标准储备液的制备:称取与于 105℃ 干燥至恒重的硫酸肼 1.00 g,置 100 mL 量瓶中,加水适量使溶解,必要时可在 40℃ 的水浴中温热溶解,并用水稀释至刻度,摇匀,放置 4~6 h;取此溶液与等容量的 10% 乌洛托品溶液混合,摇匀,于 25℃ 避光静置 24 h,即得。本溶液置冷处避光保存,可在 2 个月内使用,用前摇匀。

浊度标准原液的制备:取浊度标准储备液 15.0 mL,置 1000 mL 量瓶中,加水稀释至刻度,摇匀,取适量,置 1 cm 吸收池中,照紫外-可见分光光度法(《中国药典》通则 0401),在 550 nm 的波长处测定,其吸光度应在 0.12~0.15 范围内。该溶液应在 48 h 内使用,用前摇匀。

浊度标准溶液的制备:取浊度标准原液与水按规定比例配制,即得。浊度标准溶液应临用时制备,使用前充分摇匀。

(3)制备混悬液时光对其有影响,在阳光直射下所形成的混悬液的浊度较低,在自然光或荧光灯下形成的混悬液,其浊度相近,而在暗处形成的吸光度最高。

(4)温度的影响更为显著,在低温(1℃)反应不能进行,不产生沉淀;温度较高时形成的混悬液的浊度稍低。因此,规定反应温度为(25+1)℃。

(5)多数药物的澄清度检查以水为溶剂,但也有或同时有用甲酸、碱或有机溶剂(如乙醇、甲醇、丙酮)作溶剂的,如环丙沙星以 0.1 mol·L⁻¹ 盐酸为溶剂。有机酸的碱金属盐类药物强调用"新沸过的冷水",因为水中若溶有二氧化碳,将影响溶液的澄清度。当检查后的溶液还需供"酸度"检查用时,也应强调用"新沸过的冷水"。

(二)第二法(浊度仪法)

供试品溶液的浊度可采用浊度仪测定,溶液中不同大小、不同特性的微粒物质包括有色物质均可使入射光产生散射,通过测定透射光或散射光的强度,可以检查供试品溶液的浊度。仪器测定模式通常有三种类型,透射光式、散射光式和透射光-散射光比较测量模式(比率浊度模式)。

九、炽灼残渣

炽灼残渣(residue on ignition)系指有机药物经炭化或挥发性无机药物加热分解后,高温炽灼,所产生的非挥发性无机杂质的硫酸盐。炽灼残渣检查用于控制有机药物经炭化或挥发性无机药物中非挥发性无机杂质。

方法:取供试品 1.0～2.0 g 或各药品项下规定的重量,置已炽灼至恒重的坩埚(如供试品分子中含有碱金属或氟元素,则应使用铂坩埚)中,精密称定,缓缓炽灼至完全炭化,放冷;除另有规定外,加硫酸 0.5～1 mL 使湿润,低温加热至硫酸蒸气除尽后,在 700～800℃炽灼使完全灰化,移至干燥器内,放冷,精密称定后,再在 700～800℃炽灼至恒重,即得。

注意事项:

(1)应根据具体样品选择合适的坩埚类型(铂制、瓷制或其他适宜材质)和大小,如含氟的药品对瓷坩埚有腐蚀,应采用铂坩埚,并进行坩埚的恒重。

(2)样品的取样量应根据品种项下规定的炽灼残渣限度来选择符合精度要求的天平。如规定限度为 0.1%者,取样约 1 g;如规定限度为 0.05%者,取样约 2 g 为宜;如规定限度为 1%者,取样可在 1 g 以下;如遇特殊贵重的药品或供试品数量不足时,可酌情考虑减少取样量。

(3)样品开始炭化时,将坩埚斜置于电炉上(如用酒精灯或煤气灯加热,须将坩埚斜置于泥三角上),注意缓缓加热,避免供试品骤然升温而膨胀逸出,引起样品损失而造成结果不准确。待样品完全炭化呈黑色并不再冒烟后,取下坩埚放冷至室温。

(4)滴加硫酸,炭化样品全部湿润后,在电炉上缓慢升高温度,加热至硫酸蒸气完全除尽,才能移入高温炉内炽灼,以免硫酸蒸气腐蚀炉膛,造成漏电事故。同一供试品的坩埚从马弗炉中取出时,其冷却温度应保持一致。炽灼至恒重的第二次称量应在继续炽灼 30 min 后进行。一些重金属(如铅)在高温下易挥发,故若需将炽灼残渣留作重金属检查时,炽灼温度必须控制在 500～600℃。

十、干燥失重

干燥失重系指药品在规定条件下干燥后所减失的量,以百分数表示。干燥失重主要是检查药物中水分及其他挥发性物质。药物中若含有较多的水分,不仅使药物的含量降低,而且会引起药物的水解或霉变,故药物需进行干燥失重的测定。

检查方法:取供试品,混合均匀(如为较大的结晶,应先迅速捣碎使成 2 mm 以下的小粒),取约 1 g 或各品种项下规定的质量,置于供试品相同条件下干燥至恒重的扁形称量瓶中,精密称定。按照《中国药典》规定的三种干燥失重测定方法进行检查。由减失的质量和取样量计算供试品的干燥失重。

$$干燥失重=\frac{供试品加称量瓶质量-干燥后供试品加称量瓶质量}{供试品质量}\times100\% \qquad (6-9)$$

（一）常压恒温干燥法（烘箱干燥法）

常压恒温干燥法适用于受热较稳定的药物，如尼莫地平、二羟丙茶碱、维 A 酸等。置烘箱中干燥，除另有规定，在 105℃干燥至恒重。

注意事项：

（1）供试品干燥时，应平铺在扁形称量瓶中，厚度不可超过 5 mm，如为疏松物质，厚度不可超过 10 mm。放入烘箱或干燥器内进行干燥时，应将瓶盖取下，至称量瓶旁，或将瓶盖半开进行干燥；取出时，须将称量瓶盖好。烘箱内干燥的供试品，应在干燥后取出置干燥器中放冷，然后称定质量。干燥失重的量应恒重，即供试品连续两次干燥或炽灼后称量的差异在 0.3 mg 以下，干燥至恒重的第二次及以后各次称量均应在规定的条件下继续干燥 1 h 后进行。

（2）供试品如未达规定的干燥温度即融化时，应先将供试品于较低的温度下干燥至大部分水分除去后，再按规定条件干燥。如硫代硫酸钠先在 40～50℃干燥，然后渐次升高温度至 105℃，干燥至恒重。某些易吸湿或受热发生相变而达不到恒重的药物，可采用一定温度下、干燥一定时间所减失的质量代表干燥失重。如右旋糖酐 20，《中国药典》规定在 105℃干燥 6 h 后，减失质量不得超过 5.0%。

（二）干燥器干燥法

干燥器干燥法适合于受热易分解或易升华的药品。将供试品置干燥器中，利用干燥器中的干燥剂吸收水分，干燥至恒重。如硝酸异山梨醇，高温易分解，置硅胶干燥器中，干燥至恒重，减失质量不得超过 0.5%。

常用的干燥剂为硅胶、五氧化二磷、硫酸和无水氧化钙等。五氧化二磷的吸水率、吸水容量和吸水速度均较好，但价格较高，不能重复使用。干燥过程中若发现五氧化二磷表面结块，出现液滴，应将表层刮去，另加新的五氧化二磷再使用，弃去的五氧化二磷不可倒入下水道，应埋入土中。

硅胶的吸水率仅次于五氧化二磷，但具有使用方便、价格低廉、无腐蚀性、可重复使用的特点，为最常用的干燥剂。实验中常用的硅胶为变色硅胶，其中加有氯化钴。无水氯化钴为蓝色，吸水后转变为淡红色，与 105℃干燥后又可转化为蓝色。

干燥剂在使用时应注意保持在有效状态，即硅胶应显蓝色，五氧化二磷应呈粉末状，无水氯化钙应呈块状。

（三）恒温减压干燥或减压干燥器干燥法

适用于对热较不稳定或其水分较难除尽的药品。减压可以降低温度，缩短时间，有助于除去水分与挥发性物质。药典规定除另有规定外，采用减压干燥器（通常为室温）或恒温减压干燥器干燥，压力应控制在 2.67 kPa（20 mmHg）以下。恒温减压干燥器的温度应按药品项下的规定设置。干燥器中常用的干燥剂为五氧化二磷、无水氧化钙或硅胶；恒温减压干燥器中常用的干燥剂为五氧化二磷。

例如：布洛芬的熔点为 75～78℃，将它置于五氧化二磷干燥器中减压干燥至恒重；泛昔洛韦的熔点为 102～104℃，在 80℃减压干燥至恒重；马来酸依那普利的熔点为 140～147℃，在 60℃减压干燥至恒重。

十一、水分

药物中水分对药物稳定性、理化性质和生理作用都有重要影响。《中国药典》收载了费休氏法(容量滴定法和库仑滴定法)、烘干法、减压干燥法、甲苯法和气相色谱法等 5 种方法测定药物中的结晶水和吸附水。

(一)卡尔·费休法

1. 容量滴定法

卡尔·费休法简称费休氏法,是 1953 年卡尔·费休(Karl Fischer)建立的以甲醇为介质,以卡氏液为滴定液进行样品水分含量测定的一种方法。适用于遇热易破坏,可溶解于费休试液,但不与费休试液起化学反应的药物的水分测定。此方法操作简单,准确度高,可以准确测定药物中的结晶水、吸附水和游离水。

原理:卡尔·费休水分测定法是一种非水溶液中的氧化还原滴定法,其滴定的基本原理是碘氧化二氧化硫时需要定量的水:

$$I_2 + SO_2 + 2H_2O \longrightarrow 2HI + H_2SO_4$$

上述反应是可逆的,需要加入适当的碱性物质以中和反应后生成的酸,采用吡啶可满足此要求,形成氢碘酸吡啶和硫酸酐吡啶:

$$C_5H_5N \cdot I_2 + C_5H_5N \cdot SO_3 + C_5H_5N + H_2O \longrightarrow 2C_5H_5NHI + C_5H_5NSO_3$$

生成的硫酸酐吡啶很不稳定,能与水发生副反应,消耗一部分水,因而干扰测定,其反应为

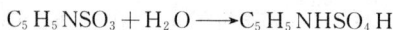

$$C_5H_5NSO_3 + H_2O \longrightarrow C_5H_5NHSO_4H$$

当有甲醇存在时,可以防止上述副反应,生成稳定的甲基硫酸氢吡啶,其反应为

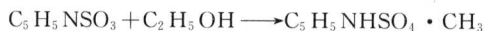

$$C_5H_5NSO_3 + C_2H_5OH \longrightarrow C_5H_5NHSO_4 \cdot CH_3$$

滴定的总反应为

$$I_2 + SO_2 + 3C_5H_5N + CH_3OH + H_2O \longrightarrow 2C_5H_5N \cdot HI + C_5H_5NHSO_4CH_3$$

滴定时的标准溶液为含有 I_2、SO_2、吡啶和甲醇的混合溶液,称为费休试剂。无水吡啶与无水甲醇不仅参与反应,而且还起溶剂的作用。

费休试剂的配制:称取碘(置硫酸干燥器内 48 h 以上)110 g,置干燥的具塞锥形瓶中,加无水吡啶 160 mL,注意冷却,振摇至碘全部溶解后,加无水甲醇 300 mL,称定质量,将锥形瓶置冰浴中冷却,在避免空气中水分侵入的条件下,通入干燥的二氧化硫至质量增加 72 g,再加无水甲醇使成 1000 mL,密塞,摇匀,在暗处放置 24 h。本液应遮光,密封,置阴凉干燥处保存,临用前应标定浓度。

费休试剂的标定:用水分测定仪直接标定,或精密称取纯化水 10~30 mg(视费休试剂滴定度和滴定管体积而定),置干燥的具塞玻璃瓶中,除另有规定外,加无水甲醇适量,在避免空气中水分侵入的条件下,用本液滴定至溶液由浅黄色变为红棕色,或用永停法指示终点;另作空白试验,按下式计算:

$$\rho_F = \frac{m}{V_A - V_B} \qquad (6-10)$$

式中,ρ_F 为 1 mL 费休试剂相当于水的质量(mg),m 为称取重蒸馏水的质量(mg),V_A 为滴定所消耗费休试剂的容积(mL),V_B 为空白所消耗费休试剂的容积(mL)。

测定方法:精密称取供试品适量(约消耗费休试剂 1~5 mL),置干燥的具塞玻璃瓶中,加溶剂 2~5 mL,在不断振摇(或搅拌)下用费休试剂滴定至溶液由浅黄色变为红棕色,或用永停滴定法指示终点;另作空白试验,按下式计算。

$$供试品中水分含量 = \frac{(V_A - V_B)\rho_F}{m} \times 100\% \qquad (6-11)$$

式中,V_A 为供试品所消耗费休试剂的容积(mL),V_B 为空白所消耗费休试剂的容积(mL),ρ_F 为 1 mL 费休试剂相当于水的质量(mg),m 为供试品的质量(mg)。

2. 库仑滴定法

库仑滴定法与容量滴定法原理相同,库仑滴定法也是根据碘和二氧化硫在吡啶和甲醇溶液中能与水起定量反应的原理来进行测定的。与容量滴定法不同,在库仑滴定法中,滴定剂不是从滴定管加入,而是由含碘离子的阳极电解液电解产生的。

$$2I^- \longrightarrow I_2 + 2e^-$$

只要滴定池中存在水,产生的碘就会按上式进行反应。当所有的水被滴定完全,阳极电解液就会出现少量过量的碘,使铂电极极化而停止碘的产生。根据法拉第定理,产生的碘的量与通过的电荷量成正比,因此可以用测量滴定过程中流过总电荷量的方法测定水分总量。本法主要用于测定化学惰性物质如烃类、醇类和酯类中的水分。

注意:所用仪器应干燥,并能避免空气中水分的侵入,测定操作易在干燥处进行。

(二)烘干法

测定方法:取供试品 2~5 g,平铺于干燥至恒重的扁形称量瓶中,厚度不超过 5 mm,疏松供试品不超过 10 mm,精密称定,开启瓶盖在 100~105 ℃干燥 5 小时,将瓶盖盖好,移至干燥器中,放冷 30 min,精密称定,再在上述温度干燥 1 h,放冷,称量,至连续两次称量的差异不超过 5 mg 为止。根据减失的质量,计算供试品中的含水百分数。本法适用于不含或少含挥发性成分的药品。

(三)减压干燥法

测定方法:取供试品 2~4 g,混合均匀,分别取 0.5~1 g,置已在供试品同样条件下干燥并称重的称量瓶中,精密称定,打开瓶盖,放入上述减压干燥器,抽气减压至 2.67 kPa(20mmHg)以下,并持续抽气半小时,室温放置 24 h。在减压干燥器出口连接无水氯化钙干燥管,打开活塞,待内外压一致,关闭活塞,打开干燥器,盖上瓶盖,取出称量瓶迅速精密称定质量,计算供试品中的含水百分数。本法适用于含有挥发性成分的贵重药品。中药测定用的供试品,一般先破碎并需通过二号筛。

(四)甲苯法

甲苯法常被用于测定颜色较深的药品或氧化剂、还原剂、皂类、油类等药品中的水分。检查是利用水与甲苯在 69.3 ℃共沸蒸出,收集馏出液,待分层后由刻度管测定出所含水的量。

仪器装置如图 6-6 所示。使用前,全部仪器应清洁,并置烘箱中烘干。

测定方法:取供试品适量(相当于含水量 1~4 mL),精密称定,置 A 瓶

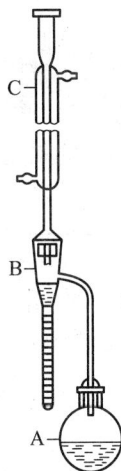

图 6-6 甲苯法水分测定装置

A—短颈圆底烧瓶;

B—水分测定管;

C—直形冷凝管

中,加甲苯约200 mL,必要时加入干燥、洁净的无釉小瓷片数片或玻璃珠数粒,将仪器各部分连接,自冷凝管顶端加入甲苯至充满B管的狭细部分。将A瓶置电热套中或用其他适宜方法缓缓加热,待甲苯开始沸腾时,调节温度,使每秒馏出2滴。待水分完全馏出,即测定管刻度部分的水量不再增加时,将冷凝管内部先用甲苯冲洗,再用饱蘸甲苯的长刷或其他适宜方法,将管壁上附着的甲苯推下,继续蒸馏5 min,放冷至室温,拆卸装置,如有水黏附在B管的管壁上,可用蘸甲苯的铜丝推下,放置使水分与甲苯完全分离(可加亚甲蓝粉末少量,使水染成蓝色,以便分离观察)。检读水量,并计算供试品的含水百分数。

(五)气相色谱法

测定方法:取无水乙醇、对照溶液及供试品溶液各1～5 μL,注入气相色谱仪,测定,即得。对照溶液与供试品溶液的配制须用新开启的同一瓶无水乙醇。

用外标法计算供试品中的含水量。计算时应扣除无水乙醇中的含水量,方法如下:

对照溶液中实际加入的水的峰面积=对照溶液中总水峰面积-K×对照溶液中乙醇峰面积

供试品中水的峰面积=供试品溶液中总水峰面积-K×供试品溶液中乙醇峰面积

$$K = \frac{无水乙醇中水的峰面积}{无水乙醇中乙醇的峰面积} \tag{6-12}$$

十二、残留溶剂

残留溶剂是指在原料药或辅料的生产中,以及在制剂制备过程中使用的,但在工艺过程中未能完全去除的有机溶剂。由于残留溶剂没有治疗作用,同时具有一定的毒性,所以药品中的残留溶剂应被严格控制。

《中国药典》按照有机溶剂的毒性程度将残留溶剂分为三类,第一类有机溶剂毒性较大,且致癌并对环境有害,应尽量避免使用;第二类有机溶剂对人体有一定毒性,应限制使用;第三类有机溶剂对人体健康危险性小,推荐使用。药品常见的残留溶剂及限度见表6-3,除另有规定外,第一、第二、第三类溶剂的残留限度应符合表6-3中的规定;对其他溶剂,应根据生产工艺的特点,制定相应的限度,使其符合产品规范、药品生产质量管理规范(GMP)或其他基本的质量要求。

表6-3 药品中常见的残留溶剂和限度

类别	残留溶剂名称	英文名	限度/%
第一类有机溶剂(应该避免使用)	苯	benzene	0.0002
	四氯化碳	carbon tetrachloride	0.0004
	1,2-二氯乙烷	1,2-dichloroethane	0.0005
	1,1-二氯乙烯	1,1-dichloroethylene	0.0008
	1,1,1-三氯乙烷	1,1,1-trichloroethane	0.15
第二类有机溶剂(应该限制使用)	乙腈	acetonitrile	0.041
	氯苯	chlorobenzene	0.036
	三氯甲烷	chloroform	0.006
	环己烷	cyclohexane	0.388
	1,2-二氯乙烯	1,2-dichloroethene	0.187

续表

类别	残留溶剂名称	英文名	限度/%
	二氯甲烷	dichloromethane	0.06
	1,2-二甲氧基乙烷	1,2-dimethoxythanel	0.01
	N,N-二甲基乙酰胺	N,N-dimethylacetamide	0.109
	N,N-二甲基甲酰胺	N,N-dimethylformamide	0.088
	二氧六环	dioxane	0.038
	2-乙氧基乙醇	2-ethoxyethanol	0.016
	乙二醇	ethylene glycol	0.062
	甲酰胺	formamide	0.022
	正己烷	hexane	0.029
	甲醇	methanol	0.3
	2-甲氧基乙醇	2-methoxyethanol	0.005
	甲基丁基酮	methybutyl ketone	0.005
	甲基环己烷	methylcyclohexane	0.118
	N-甲基吡咯烷酮	N-methylpyrrolidone	0.053
	硝基甲烷	nitromethane	0.005
	吡啶	pyridine	0.02
	四氢噻吩	sulfolane	0.016
	四氢化萘	tetralin	0.01
	四氢呋喃	tetrahydrofuran	0.072
	甲苯	toluene	0.089
	1,1,2-三氯乙烯	1,1,2-trichloroethylene	0.008
	二甲苯[①]	xylene	0.217
第三类有机溶剂(药品 GMP 或其他质量要求 限制使用)	醋酸	acetic acid	0.5
	丙酮	acetone	0.5
	甲氧基苯	anisole	0.5
	正丁醇	1-butanol	0.5
	仲丁醇	2-butanol	0.5
	乙酸丁酯	butyl acetate	0.5
	叔丁基甲基醚	tert-butyl methyl ether	0.5
	异丙基苯	cumene	0.5
	二甲亚砜	dimethyl sulfoxide	0.5
	乙醇	ethanol	0.5
	乙酸乙酯	ethyl acetate	0.5
	乙醚	ethyl ether	0.5
	甲酸乙酯	ethyl formate	0.5
	甲酸	formic acid	0.5

类别	残留溶剂名称	英文名	限度/%
第四类有机溶剂(尚无足够毒理学数据)②	正庚烷	heptane	0.5
	乙酸异丁酯	isobutyl acetate	0.5
	乙酸异丙酯	isopropyl acetate	0.5
	乙酸甲酯	methyl aectate	0.5
	3-甲基-1-丁醇	3-methyl-1-butanol	0.5
	丁酮	butanone	0.5
	甲基异丁基酮	methylisobutyl ketone	0.5
	异丁醇	isobutanol	0.5
	正戊烷	pentane	0.5
	正戊醇	1-pentanol	0.5
	正丙醇	1-propanol	0.5
	异丙醇	2-propanol	0.5
	乙酸丙酯	propyl acetate	0.5
	1,1-二乙氧基丙烷	1,1-diethoxypropane	
	2,2-二甲氧基丙烷	2,2-dimethoxypropane	
	异辛烷	isooctane	
	异丙醚	isopropyl ether	
	甲基异丙基酮	methyl isopropyl ketone	
	甲基四氢呋喃	methyletrahydrofuran	
	石油醚	petroleum ether	
	三氯乙酸	trichloroacetic acid	
	三氟乙酸	trifluoroacetic acid	

注:① 通常含有 60%间二甲苯、14%对二甲苯、9%邻二甲苯和 17%乙苯。

② 药品生产企业在使用时应提供该类溶剂在制剂中残留水平的合理性论证报告。

《中国药典》残留溶剂的测定方法为气相色谱法,所用设备及分析方法如下。

1. 色谱柱

色谱柱使用毛细管柱,除另有规定外,极性相近的同类色谱柱之间可以互换使用。

(1) 非极性色谱柱:固定液为 100%的二甲基聚硅氧烷的毛细管柱。

(2) 极性色谱柱:固定液为聚乙二醇(PEG-20M)的毛细管柱。

(3) 中极性色谱柱:固定液为(35%)二苯基-(65%)甲基聚硅氧烷、(50%)二苯基-(50%)二甲基聚硅氧烷、(35%)二苯基-(65%)二甲基聚硅氧烷、(14%)氰丙基苯基-(86%)二甲基聚硅氧烷、(6%)氰丙基苯基-(94%)二甲基聚硅氧烷的毛细管柱等。

(4) 弱极性色谱柱:固定液为(5%)苯基-(95%)甲基聚硅氧烷、(5%)二苯基-(95%)二甲基聚硅氧烷的毛细管柱等。

填充柱以直径为 0.18~0.25 mm 的二乙烯苯-乙基乙烯苯型高分子多孔小球或其他适宜的填料作为固定相。

2. 系统适用性试验

（1）用待测物的色谱峰计算，毛细管色谱柱的理论板数一般不低于 5000；填充柱的理论板数一般不低于 1000。

（2）色谱图中，待测物色谱峰与其相邻色谱峰的分离度应大于 1.5。

（3）以内标法测定时，对照品溶液连续进样 5 次，所得待测物与内标物峰面积之比的相对标准偏差（RSD）应不大于 5%；若以外标法测定，所得待测物峰面积的 RSD 应不大于 10%。

3. 供试品溶液的制备

（1）顶空进样：除另有规定外，精密称取供试品 0.1～1 g；通常以水为溶剂；对于非水溶性药物，可采用 N,N -二甲基甲酰胺、二甲基亚砜或其他适宜溶剂；根据供试品和待测溶剂的溶解度，选择适宜的溶剂且应不干扰待测溶剂的测定。根据各药品项下残留溶剂的限度规定配制供试品溶液，其浓度应满足系统定量测定的需要。

（2）溶液直接进样：精密称取供试品适量，用水或合适的有机溶剂使溶解；根据各药品项下残留溶剂的限度规定配制供试品溶液，其浓度应满足系统定量测定的需要。

4. 对照品溶液的制备

精密称取各品种项下规定检查的有机溶剂适量，采用与制备供试品溶液相同的方法和溶剂制备对照品溶液；如用水作溶剂，应先将待测有机溶剂溶解在 50% 二甲基亚砜或 N,N -二甲基甲酰胺溶液中，再用水逐步稀释。若为限度检查，根据残留溶剂的限度规定确定对照品溶液的浓度；若为定量测定，为保证定量结果的准确性，应根据供试品中残留溶剂的实际残留量确定对照品溶液的浓度；通常对照品溶液的色谱峰面积不宜超过与供试品溶液中对应的残留溶剂的色谱峰面积的 2 倍。必要时，应重新调整供试品溶液或对照品溶液的浓度。

5. 测定法

（1）毛细管柱顶空进样等温法：当需要检查有机溶剂的数量不多，且极性差异较小时，可采用此法。

色谱条件：柱温一般为 40～100℃；常以氮气为载气，流量为 1.0～2.0 mL·min^{-1}；以水为溶剂时顶空瓶平衡温度为 70～85℃，顶空瓶平衡时间为 30～60 min；进样口温度为 200℃；如采用火焰离子化检测器（FID），温度为 250℃。测定法：取对照品溶液和供试品溶液，分别连续进样不少于 2 次，测定待测峰的峰面积。

（2）毛细管柱顶空进样系统程序升温法：当需要检查的有机溶剂数量较多，且极性差异较大时，可采用此法。

色谱条件：柱温一般先在 40℃ 维持 8 min，再以 8℃·min^{-1} 的升温速率升至 120℃，维持 10 min；以氮气为载气，流速为 2.0 mL·min^{-1}；以水为溶剂时顶空瓶平衡温度为 70～85℃，顶空瓶平衡时间为 30～60 min；进样口温度为 200℃；如采用火焰离子化检测器，温度为 250℃。测定法：取对照品溶液和供试品溶液，分别连续进样不少于 2 次，测定待测峰的峰面积。

具体到某个品种的残留溶剂检查时，可根据该品种项下残留溶剂的组成调整升温程序。

（3）溶液直接进样法：可采用填充柱，亦可采用适宜极性的毛细管柱。

测定法：取对照品溶液和供试品溶液，分别连续进样 2～3 次，测定待测峰的峰面积。

6. 计算法

（1）限度检查：除另有规定外，按各药品项下规定的供试品溶液浓度测定。以内标法测定时，供试品溶液所得待测溶剂峰面积与内标峰面积之比不得大于对照品溶液的相应比值。以外标法测定时,供试品溶液所得待测溶剂峰面积不得大于对照品溶液的相应峰面积。

（2）定量测定:按内标法或外标法计算各残留溶剂的量。

7. 注意事项

（1）顶空条件的选择:应根据供试品中残留溶剂的沸点选择顶空平衡温度。对沸点较高的残留溶剂,通常选择较高的平衡温度;但此时应兼顾供试品的热分解特性,尽量避免供试品产生的挥发性热分解产物对测定的干扰。顶空平衡温度一般应低于溶解供试品所用溶剂的沸点10℃以下,能满足检测灵敏度即可;对于沸点过高的溶剂,如甲酰胺、2-甲氧基乙醇、2-乙氧基乙醇、乙二醇、N-甲基吡咯烷酮等,用顶空进样测定的灵敏度不如直接进样,一般不宜用顶空进样方式测定。

顶空平衡时间一般为 30~45 min,以保证供试品溶液的气、液两相有足够的时间达到平衡。顶空平衡时间通常不宜过长,如超过 60 min,可能引起顶空瓶的气密性变差,导致定量准确性的降低。对照品溶液与供试品溶液必须使用相同的顶空条件。

（2）定性方法:利用保留值定性是气相色谱中最常用的定性方法。色谱系统中载气的流速、载气的温度和柱温等的变化都会使保留值改变,从而影响定性结果。校正相对保留时间（RART）只受柱温和固定相性质的影响,以此作为定性分析参数较可靠。应用中通常选用甲烷测定色谱系统的死体积(t_0):

$$RART = \frac{t_R - t_0}{t'_Z - t_0} \tag{6-13}$$

式中,t_R 为组分的保留时间,t'_Z 为参比物的保留时间。

干扰峰的排除:供试品中的未知杂质或其挥发性热降解物易对残留溶剂的测定产生干扰。干扰作用包括在测定的色谱系统中未知杂质或其挥发性热降解物与待测物的保留值相同（共出峰）;或热降解产物与待测物的结构相同（如甲氧基热裂解产生甲醇）。当测定的残留溶剂超出限度,但未能确定供试品中是否有未知杂质或其挥发性热降解物对测定有干扰作用时,应通过试验排除干扰作用的存在。对第一类干扰作用,通常采用在另一种极性不同的色谱柱系统中对相同供试品再进行测定,比较不同色谱系统中测定结果的方法。如两者结果一致,则可以排除测定中有共出峰的干扰;如两者结果不一致,则表明测定中有共出峰的干扰。对第二类干扰作用,通常要通过测定已知不含该溶剂的对照样品来加以判断。

（3）定量方法的验证:当采用顶空进样时,供试品与对照品处于不完全相同的基质中,故应考虑气-液平衡过程中的基质效应（供试品溶液与对照品溶液组成差异对顶空气-液平衡的影响）。由于标准加入法可以消除供试品溶液基质与对照品溶液基质不同所致的基质效应的影响,故通常采用标准加入法验证定量方法的准确性;当标准加入法与其他定量方法的结果不一致时,应以标准加入法的结果为准。

（4）含氮碱性化合物的测定:普通气相色谱仪的不锈钢管路、进样器的衬管等对有机胺等含氮碱性化合物具有较强的吸附作用,致使其检出灵敏度降低,应采用惰性的硅钢材料或镍钢材料管路。采用溶液直接进样法测定时,供试品溶液应不呈酸性,以免待测物与酸反应后不易汽化。通常采用弱极性的色谱柱或其填料预先经碱处理过的色谱柱分析含氮碱性化合物,如果采用胺分析专用柱进行分析,效果更好。

对不宜采用气相色谱法测定的含氮碱性化合物,如 N-甲基吡咯烷酮等,可采用其他方法如离子色谱法等测定。

（5）检测器的选择：对含卤素元素的残留溶剂如三氯甲烷等，采用电子捕获检测器（ECD），易得到高的灵敏度。

示例　盐酸多柔比星中甲醇、乙醇、丙酮与二氯甲烷的检查

取本品约 0.2 g，精密称定，置顶空瓶中，精密加入水 5 mL 使溶解，密封，作为供试品溶液；分别精密称取甲醇、乙醇、丙酮与二氯甲烷各适量，加二甲基亚砜定量稀释制成各自的储备液，精密量取各适量，加水定量稀释制成 1 mL 中分别含甲醇 20 μg、乙醇 0.2 mg、丙酮 10 μg 和二氯甲烷 2 μg 的混合溶液，精密量取 5 mL，置顶空瓶中，密封，作为对照品溶液。照残留溶剂测定法（《中国药典》通则 0861 第一法）试验，以 6% 氰丙基苯基-94% 二甲基聚硅氧烷（或极性相近）为固定液的毛细管柱为色谱柱，柱温为 50℃；进样口温度为 140℃；检测器温度为 250℃；载气为氮气或氦气，流速为 5.0 mL·min^{-1}。顶空进样，顶空瓶平衡温度为 90℃，平衡时间为 30 min。取对照品溶液顶空进样，记录色谱图，甲醇、乙醇、丙酮和二氯甲烷依次出峰，四个主峰之间的分离度均应符合要求。取供试品溶液与对照品溶液分别顶空进样，记录色谱图，按外标法以峰面积计算。含乙醇不得过 1.0%，含甲醇、丙酮与二氯甲烷均应符合规定。

示例　氨苄西林钠中丙酮、乙酸乙酯、异丙醇、二氯甲烷、甲基异丁基酮、甲苯与正丙醇的检查。

取本品约 0.3 g，精密称定，置顶空瓶中，精密加入水 3 mL 使溶解，密封，作为供试品溶液；分别精密称取丙酮、乙酸乙酯、异丙醇、二氯甲烷、甲基异丁基酮、甲苯和正丁醇各适量，加水定量稀释制成 1 mL 中分别含丙酮 0.5 mg、乙酸乙酯 0.5 mg、异丙醇 0.5 mg、二氯甲烷 0.2 mg、甲基异丁基酮 0.5 mg、甲苯 89 μg 和正丁醇 0.5 mg 的混合溶液，精密量取 3 mL，置顶空瓶中，密封，作为对照品溶液。照残留溶剂测定法（《中国药典》通则 0861 第二法）试验，以硝基对苯二酸改性的聚乙二醇（或极性相近）为固定液的毛细管柱为色谱柱，起始温度 60℃，维持 6 min，再以每分钟 20℃ 的升温速率升温至 150℃，维持 8 min；进样口温度为 150℃；检测器温度为 250℃；顶空瓶平衡温度为 80℃，平衡时间为 30 min。取对照品溶液顶空进样，记录色谱图，按丙酮、乙酸乙酯、异丙醇、二氯甲烷、甲基异丁基酮、甲苯和正丁醇顺序出峰，各主峰之间的分离度均应符合要求。再取供试品溶液与对照品溶液分别顶空进样，记录色谱图，按外标法以峰面积计算，含二氯甲烷不得过 0.2%，含丙酮、乙酸乙酯、异丙醇、甲基异丁基酮、甲苯和正丁醇均应符合规定。

本章提要

本章主要介绍了药物杂质检查。杂质是指药物中存在的无治疗作用或影响药物的稳定性和疗效，甚至对人体健康有害的物质。药物中杂质来源于药物的生产过程和储藏过程，要完全除去既不可能也不必要，故在不影响药物疗效和不发生毒性的前提下，允许存在一定量的杂质，其最大允许量就是杂质限量。药物中的杂质按来源可分为一般杂质和特殊杂质，按结构分为有机杂质、无机杂质和残留溶剂。一般杂质的检查包括氯化物、硫酸盐、硫化物、硒、氟、氰化物、铁盐、重金属、砷盐、铵盐及酸碱度、干燥失重、水分、炽灼残渣、易炭化物、残留溶剂、溶液颜色、澄清度等；特殊杂质的检查是依据药物和杂质在物理和化学性质上的差异，采用各种分析手段，如酸碱反应、显色、沉淀、紫外分光光度、色谱等方法进行检查。药物中存在的杂质直接影响药物的纯度，

是反映药品质量的一个重要指标,所以在质量标准中应对其进行严格控制,保证用药安全。

关 键 词

杂质;杂质限量;一般杂质;特殊杂质;有关物质

思 考 题

1. 杂质包括哪些种类?来源途径有哪些?
2. 什么是杂质限量?进行杂质限量检查时应注意哪些问题?
3. 药物重金属检查法中,重金属以什么为代表,检查方法有哪几种?
4. 砷盐检查方法有哪些,各方法的原理是什么?
5. 简述氯化物检查法的原理、方法和限度计算。
6. 薄层色谱法检查药物中的杂质时,何为供试品自身稀释对照法?
7. 检查克拉维酸钾中的重金属。取克拉维酸钾 0.5 g,加水 23 mL 溶解后,加醋酸盐缓冲溶液(pH 3.5)2 mL,依法检查,含金属不得过百万分之二十。问应取标准铅溶液多少毫升(1 mL 相当于 10 μg的 Pb)?
8. 检查丝氨酸中的硫酸盐。取丝氨酸 1.0 g,加水溶解使成约 40 mL,依法检查,与标准硫酸钾溶液(1 mL 相当于 100 μg 的 SO_4^{2-})2.0 mL 制成的对照溶液比较,颜色不得更深。问硫酸盐的限量是多少?

(佳木斯大学　任恒鑫)

第七章

分析数据处理与分析方法验证

药物分析的结果与药品质量的评判直接相关,因此在检验工作中,只有对实验所得的测量结果进行评价,分析误差产生的原因,运用统计学方法科学地处理实验数据,才能得出准确的分析结果。而且,对于测定所采用的分析方法也必须进行严格的验证,判断其是否科学、合理,是否能有效控制药品的内在质量,从而对药品的质量做出正确的评判。

第一节 误差与数据处理

定量分析的目的是通过一系列分析步骤准确测定样品中待测组分的含量。为了得到最佳的估计值并判断其可靠性,需要对测量数据进行统计学处理。本节将讨论误差、有效数字、在药物分析中常用的统计学知识,以及不确定度的评估。

一、误差的概念与分类

任何的测量都是根据被测物的某些理化性质,通过使用各种试剂和仪器手段对样品进行测量,从而获得分析数据。但在实际分析过程中,由于受某些主、客观因素的影响和限制,如分析方法、测量仪器、分析人员、分析环境、所用试剂等,有时甚至是被测对象本身,使得测量结果与真实值之间存在一定差异,这种差异就是测量误差,简称误差(error)。误差是客观存在的,任何测量都不可避免地存在误差。药物分析定量测定的目的是要测定药物中有效成分或杂质等的准确含量,以判断其是否符合药品标准规定的要求。为了保证判断结果的准确性,有必要弄清误差产生的原因,从而采取有效措施减小误差,使分析结果尽可能接近真实值。

(一)误差

1. 误差的概念

测定结果与真实值之间的差值称为误差。误差是衡量测定结果是否准确的指标,误差的数值(绝对值)越小,分析结果的准确度越高。

2. 误差的分类

误差产生的原因很多,按其性质一般可把误差分为系统误差和偶然误差两类。

(1)系统误差:系统误差(systematic error)又称可定误差(determinate error),是由测定过程中某些确定原因引起的固定不变或按一定规律变化的误差。其产生的原因比较复杂,可能是一个原因在起作用,也可能是多个原因同时在起作用。系统误差一般具有固定的方向(正或负)和大小,即重复测定同一量时,误差的绝对值和正负保持不变,故可以用加校正值的方法予以消除。它主要影响分析结果的准确度,对精密度的影响不大。

根据系统误差的性质和产生的原因,可将其分为方法误差、试剂误差、仪器误差及操作误差。

① 方法误差:由于分析方法本身不够完善或方法选择不恰当所引起的误差,即使操作再仔

细,也无法避免,通常对测定结果影响较大。例如:在容量分析中,反应进行不完全、指示剂选择不当使计量点与滴定终点不一致、干扰离子的存在、标准溶液浓度的标定误差等原因引起的误差。方法误差总是系统地影响测定结果,使其偏高或偏低。

② 试剂误差:由于所使用的试剂不符合要求而造成的系统误差。例如:试剂或蒸馏水不纯,含有待测组分或干扰测定的杂质等。

③ 仪器误差:由于使用的仪器本身不够精密而造成的误差。例如:天平的灵敏度较低、滴定管刻度或仪表刻度不准确、比色皿不匹配、仪器信号漂移等,均能使测定结果产生仪器误差。

④ 操作误差:由于分析人员本身的一些主观原因而在分析过程中做出不当操作造成的误差。例如:个人的习惯和偏见所引起的,对滴定终点颜色改变的判断总是偏深或偏浅;读取滴定管凹液面的刻度值时总是偏高或偏低。进行平行实验时,有些分析人员在读取第二份测量值时,主观希望前后测定结果相吻合,因此尽量使其与第一份测量值相近,这种情况下也会引起操作误差。但如果是由于分析人员粗心大意、操作马虎而使得分析结果引入误差的,只能将其作为工作失误,而不能算作操作误差,两者要区别看待。

(2) 偶然误差:偶然误差(accidental error)又称随机误差(random error),是指由一些偶然因素所引起的误差。例如:仪器内部的不规则变化、测定时环境(实验室温度、湿度、气压等)的变化、末位读数估计的波动等引起的误差。偶然误差的大小和方向(正或负)往往是不固定的,即在相同条件下对实际不变化的某一参数进行多次重复测量时,即使消除了系统误差,每次测量的结果也不可能完全相符,其误差的大小或符号无法预测。这类误差在操作中无法完全避免,也很难找到确切的原因,它不仅影响分析结果的准确度,而且显著地影响分析结果的精密度。但如果对同一参数进行多次测定,就会发现大误差出现的概率小,小误差出现的概率大,正负误差出现的概率大致相等,因此它们之间常能部分或完全抵消,其数据分布符合统计学正态分布规律。

3. 误差的表示

误差有绝对误差和相对误差两种表示方法。

(1) 绝对误差:测量值(x)与真实值(μ)之差称为绝对误差(absolute error,δ)。其数学表达式为

$$\delta = x - \mu \tag{7-1}$$

绝对误差以测量值的单位为单位,既可以是正值,也可以是负值。测量值大于真实值时为正误差,反之为负误差。误差的绝对值越小,表示测量值越接近真实值,即测量的准确度越高。

(2) 相对误差:绝对误差(δ)与真实值(μ)的比值称为相对误差(relative error,γ),通常用百分数表示。其数学表达式为

$$\gamma = \frac{\delta}{\mu} \times 100\% = \frac{x - \mu}{\mu} \times 100\% \tag{7-2}$$

相对误差是以真实值的大小为基础表示的误差值,本身并没有单位,但同样可正可负。它反映了误差在测量结果中所占的比例,多用于比较在各种情况下测定结果的准确度。

(二) 偏差

在实际工作中,得到的每一个分析数据(测量值),常同时包含系统误差和偶然误差。分析方法的系统误差是通过多次平行测定,以平均值作为测量值与真实值比较,进行评价;而偶然误差是以各测量值与平均值比较来估算的。为此,引入偏差概念。

1. 偏差

偏差(deviation，d)是指一组测量值中，各测量值与该组测量值的平均值之差。它反映了一组测量值之间互相符合的程度(或离散程度)，是衡量分析方法的精密度(precision)的指标。偏差越大，精密度越低。

在 n 次测量的样本中，若以 $\overline{x}$ 表示 n 次测量值的平均值(average 或 mean value)，则第 i 次测量值 x_i 的偏差 d 的计算公式如下：

$$d = x_i - \overline{x} \tag{7-3}$$

式中，d 的单位与测量值一致，可正可负。

2. 平均偏差

平均偏差(mean value，$\overline{d}$)是各个偏差绝对值的平均值。计算公式如下：

$$\overline{d} = \frac{\sum_{i=1}^{n} |x_i - \overline{x}|}{n} \tag{7-4}$$

式中，n 表示测量次数。注意：平均偏差均为正值。

3. 相对平均偏差

相对平均偏差(relative mean deviation)简称相对偏差(RD)，是平均偏差与测量平均值的比值。计算公式如下：

$$RD = \frac{\overline{d}}{\overline{x}} \times 100\% = \frac{\dfrac{\sum_{i=1}^{n} |x_i - \overline{x}|}{n}}{\overline{x}} \times 100\% \tag{7-5}$$

4. 标准偏差

标准偏差(standard deviation)是反映一组平行测量值的离散性的统计学指标，常用来表示分析方法的精密度。由样本测量数据计算得到的标准偏差通常称为样本标准偏差(standard deviation of sample)，简称标准偏差，简写为 s 或 S 或 SD。计算公式如下：

$$s = \sqrt{\frac{\sum_{i=1}^{n} (x_i - \overline{x})^2}{n-1}} \tag{7-6}$$

5. 相对标准偏差

相对标准偏差(relative standard deviation，RSD)也称变异系数(coefficient of variation，CV)，为标准偏差与测量平均值的比值。计算公式如下：

$$RSD = \frac{s}{\overline{x}} \times 100\% = \frac{\sqrt{\dfrac{\sum_{i=1}^{n} (x_i - \overline{x})^2}{n-1}}}{\overline{x}} \times 100\% \tag{7-7}$$

(三) 误差与偏差的关系

在实际工作中，误差常用来评价分析方法的准确度，用偏差评价方法的精密度。如果一组测量值的精密度低，说明偶然误差影响较大，即使平均值与标准值非常接近，准确度一般也较低。

高精密度是获得高准确度的必要条件,但精密度高,平均值的准确度不一定就高,因为方法可能存在系统误差,只有消除系统误差后,才能用精密度同时表达准确度。

(四)标准值

理论上,真值可用准确的方法,对被分析物的总体完全测定而得到。但实际上,不可能对被分析物的总体进行无限次测定,真值只是可以接近但无法达到的理论值。因此,工作中常用标准值代替真值,来衡量测定结果的准确度。标准值是指采用可靠的分析方法,在不同实验室(相关部门认可的),由不同分析人员对同一样品进行反复多次测定,再将大量测定数据用数理统计方法处理而求得的测量值。得到标准值的样品称为标准样品或标准参考物质。作为评价准确度的基准物质,标准样品及其标准值须经权威机构认证并提供。

二、有效数字

在定量分析过程中,经常涉及的数字有两种类型。一种是非测量所得的自然数,如测量次数、倍数、系数、常数和分数等,这类数字无准确度的问题。另一类数字为测量值或计算值,所记录的数字不仅表示数值的大小,同时反映测量的准确程度。因此,在实验数据的记录和结果的计算中,数字位数的保留不是任意的,要根据测量仪器、分析方法的准确度来决定,这就涉及有效数字的概念。

1. 有效数字的计位规则

在分析工作中实际能测量到的数字就是有效数字(significant figure)。在记录有效数字时,除最末一位是可疑数字外(其误差是末位数的 ±1 个单位),其余数字均是确定的。如用 100 mL 量筒量取 75 mL 溶液,应记为 75 mL,取两位有效数字,其中末位上的 5 是可疑数字,可能有 ±1 mL 的误差。而使用 50 mL 的滴定管进行滴定时,记录消耗溶液的体积为 34.57 mL,此数据取四位有效数字,因为滴定管可精确读取到 0.1 mL,而小数点后面第二位没有刻度,末位上的 7 是估计值,为可疑数字,有 ±0.01 mL 的误差。

因为有效数字反映测量仪器的精确程度,所以记录测量值时,一般只保留一位可疑数字,不可夸大。记录的数据位数过多,并不意味着就提高了测量的准确度,反而会给计算过程带来麻烦。

对于一个有效数字,从左边的第一个非零数字算起,到最末一位数字为止,有几位数字即表示其有几位有效数字。数字 1 到 9 均为有效数字,而数字 0 则既可以作定位用的无效数字,也可能作有效数字。如 2.034 为 4 位有效数字,其中 0 是有效数字;0.234 为 3 位有效数字,其中的 0 表示数量级用于定位,不是有效数字;而 2.340 为 4 位有效数字,0 为有效数字,除表示数值外,还表示该数值的准确程度。

对于很大或很小的数字,用 0 定位不太方便,可采用指数形式表示。如 0.00570 写成 5.70×10^{-3},仍是 3 位有效数字。习惯上小数点前只留 1 位整数。变换单位时,有效数字的位数应保持不变。如 35.00 mg 应写成 0.03500 g;24.3 g 应写成 2.43×10^4 mg。

首位数字为 8 或 9 的数据,从相对误差的角度考虑,其有效数字的位数可多计 1 位。如有效数字 9.47,其相对误差为 $\frac{\pm 0.01}{9.47} = \pm 0.11\%$,与 4 位有效数字的相对误差相当,因此可以认为是 4 位有效数字。

pH、lg$K$ 等对数数值,其有效数字的位数仅取决于小数部分的数字位数,整数部分只代表原值的幂次,如 pH=10.45 为 2 位有效数字。

常量分析中一般要求各测量数据应保留 4 位有效数字,表明分析结果有千分之一的准确度。而在计算过程中使用计算器时,则可能保留过多的位数,但最后的结果仍应计成适当的位数以表明所使用方法的准确度。

2. 有效数字的修约规则

在数据处理过程中,涉及的各测量值的有效数字位数不尽相同,运算时舍弃多余的尾数,既节省时间,也可避免数字尾数过长的计算误差。按运算法则确定有效数字后,舍弃多余位数的过程称为数字修约(rounding data)。修约时既不应保留过多的位数使计算复杂,也不能舍掉过多位数使准确度受损。其基本原则如下:

(1)"四舍六入五成双"规则规定:当测量值中被修约的数字等于或小于 4 时,舍去;等于或大于 6 时,进位;等于 5 时,若 5 后数字为 0,则进位后末位数为偶数时进位,为奇数时舍去;若 5 后数字不为 0,说明修约值比 5 大,宜进位。如将下列数据修约为四位有效数字:34.5742 为 34.57,6.77765 为 6.778,37.6850 为 37.68,37.6750 为 37.68,37.6851 为 37.69。

(2)不得分次修约:被舍弃的数字超过一位数字时,只允许对原测量值一次修约到所需要的位数,不得对该值分次进行修约,如 3.154849,只取 3 位有效数字时,应为 3.15,不得按下法连续修约为 3.16:3.154849→3.15485→3.1548→3.155→3.16。

(3)标准偏差的修约结果应使准确度降低:在对标准偏差值或其他表示不确定度的数据进行修约时,应使修约结果的准确度估值变差,即任何数字修约时均"入"。如 $S=0.1311$,若保留 2 位有效数字,宜修约为 0.14;若保留 1 位有效数字,则修约为 0.2。在作统计学检验时,S 等值应多留 1~2 位数字参加运算,特别是在统计量与临界值接近时,统计量的有效数字应不少于临界值的位数,以免因数字修约而造成统计学上的错误。

(4)可多保留一位有效数字进行运算:运算过程中,为减小舍入误差,可将参与运算的各个有效数字修约到比绝对误差最大的数据多保留一位,算出结果后,再按照运算法则将其修约至应有的有效数字位数。特别是在运算步骤较长、涉及数据较多的情况下,尤其需要。

(5)与标准限度值比较时不修约:药物分析中常涉及一些限度检查项目,需将测定值与标准限度值进行比较,以判定样品是否合格。若无特殊说明,一般不应对测量值进行修约,而应采用全数值进行比较。如某药品标准中规定干燥失重≤0.5%为合格,测得的实际样品的干燥失重为0.52%,应判定其不合格,而不能将测量值修约为 0.5%后判定为合格。

3. 有效数字的运算规则

计算分析结果时,每个测量值的误差都要传递至最后的结果当中,分析结果的准确度必然会受到各测量值误差的影响。按照有效数字的运算法则,合理取舍,运算过程才不会改变测量的准确度。

(1)加减法:加减运算是各个测量值绝对误差的传递,结果的绝对误差必须与各数据中绝对误差最大的那个相当。因此运算时有效数字位数的保留,应以小数点后位数最少的数据(其绝对误差最大)为准,其他数据均修约至这一位。在实际运算中,为提高计算结果的可靠性,可以暂时多保留一位数字,在得到最后结果后再修约至与准确度相适应的有效数字位数。例如:0.3543＋354.05＋2.475−57.57544,四个数据的最后一位数均有±1 的绝对误差。其中以小数点后位数最少的 354.05 的绝对误差最大,运算结果中总的绝对误差取决于该数,其他三个数据应先修约,再进行计算,即 $0.354 + 354.05 + 2.475 - 57.575 = 299.304$,再修约为 299.30。

(2) 乘除法:乘除运算是各个测量值相对误差的传递,结果的相对误差必须与各数据中相对误差最大的那个相当。因此运算时有效数字位数的保留,应以有效数字位数最少的数据(其相对误差最大)为准,其他数据均修约至这一位。例如:$1.57 \times \dfrac{44.1274}{7.765}$,三个数据中有效数字位数最少的 1.57 的相对误差最大,运算结果中总的相对误差取决于该数,其他两个数据应先修约,再进行计算,即 $1.57 \times \dfrac{44.13}{7.765} = 8.923$,再修约为 8.92。

三、常用的统计方法

偶然误差在测量中是无法避免的,也很难找到确定的原因。但如果进行无限多次测量,对数据进行统计学处理,就会发现测量值的偶然误差符合正态分布(高斯分布),其规律如下:正误差和负误差出现的概率相等;小误差出现的次数多,大误差出现的次数少,特别大的误差出现的次数极少。

总体平均值 μ 和总体标准偏差 σ 是正态分布曲线的两个基本参数。μ 表示数据的集中趋势;σ 表示数据的分散程度。而正态分布曲线下一定范围内的面积就表示该范围内的测量值出现的概率。

(一) t 分布

正态分布是无限次测量数据的分布规律,而在实际工作中,一般只进行有限次数据的测量,因此涉及的数据量有限,σ 也未知。此种情况下,可改用样本标准偏差 S 来估计测量数据的分散程度。但用 S 代替 σ 时,测量值或其偏差不符合正态分布,仍用正态分布处理可能会得到错误的结果,特别是当测量次数较少时,引入的误差更大。此时改用 t 分布对有限测量数据进行统计分析。t 定义为

$$t = \frac{x - \mu}{S} \qquad (7-8)$$

t 分布曲线与正态分布曲线相似,只是由于测量次数较少,因此数据集中程度较小,分布曲线的形状变得矮而胖,如图 7-1 所示。它是以 0 为中心,左右对称的单峰分布。与正态分布曲线不同之处在于:t 分布曲线随自由度 $f(f = n-1)$ 而改变。自由度越小,t 值越分散,曲线越低平;自由度逐渐增大,t 分布逐渐逼近正态分布;当 f 趋近 ∞ 时,t 分布就趋近正态分布。也就是说,即使 t 值一定,相应曲线下所包括的面积(概率)也会随 f 值的不同而不同。在某一 t 值时,测量值 x 落在 $\mu \pm tS$ 范围内的概率,称为置信水平(confidence level),也称置信度,通常用 P 表示。而落在此范围外的概率 $(1-P)$ 称为显著性水平(significance level),用 α 表示。由于 t 值与自由度 f 及置信水平有关,故引用时一般表示为 $t_{\alpha, f}$($t_{\alpha, f}$ 值可由 t 分布表查得)。

当测量次数减小时,t 值增大。这是因为次数减小,估算总体参数的信息减少,增大 t 值可补偿减少的信息。而当 $f = 20$ 时,$t_{0.05, 20} = 2.09$,实际上已经与 μ 值(1.96)十分接近。这说明当 $n > 20$ 时,再增加测量次数对提高测定结果的准确度意义不大。

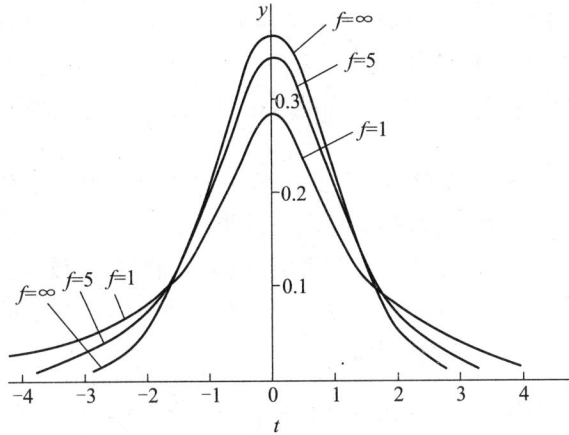

图 7-1 t 分布曲线

（二）平均值的置信区间

平均值的精密度用平均值的标准偏差来表示。n 次测量平均值（$\overline{x}$）的标准偏差与测量次数的平方根成反比，用数学式表示如下：

$$S_{\overline{x}} = \frac{S_x}{\sqrt{n}} \tag{7-9}$$

该式表明，n 次测量平均值的标准偏差是 1 次测量标准偏差的 $\frac{1}{\sqrt{n}}$ 倍，即它的可靠性是 1 次测量的 $\sqrt{n}$ 倍。

偶然误差遵循正态分布规律，但在实际工作中，当测量次数较少时，必须根据 t 分布进行处理，由样本平均值来估计总体平均值可能存在的区间。根据 t 分布可知，

$$\mu = \overline{x} \pm tS_{\overline{x}} = \overline{x} \pm \frac{tS}{\sqrt{n}} \tag{7-10}$$

此式表示在一定的置信度下，以平均值 $\overline{x}$ 为中心，包括总体平均值 μ 的范围。$\overline{x} \pm \frac{tS}{\sqrt{n}}$ 称为平均值的置信区间。其上限值为 $\overline{x} + \frac{tS}{\sqrt{n}}$，用 x_u 表示；下限值为 $\overline{x} - \frac{tS}{\sqrt{n}}$，用 x_1 表示。$\frac{tS}{\sqrt{n}}$ 为置信限。

选定置信度 P，根据 P（或 α）与 f 可在 t 分布表中查出 $t_{\alpha,f}$ 值，再算出样本的平均值和标准偏差，即可求出平均值的置信区间。置信度越高，置信区间越宽。

置信区间分双侧置信区间和单侧置信区间两种。双侧置信区间是指同时存在大于和小于总体平均值的置信范围，即在一定置信水平下，μ 存在于 x_1 到 x_u 的范围内（$x_1 < \mu < x_u$）。单侧置信区间是指 $\mu < x_u$ 或 $\mu > x_1$ 的范围。在实际计算中，除了特别指明，一般是求算双侧置信区间。

（三）显著性检验

在实际的药物分析工作中，可能采用不同的分析方法对同一供试品进行测定，从而得到相应的不同分析结果；或者由两个不同的操作人员（或两个不同的实验室）对同一供试品进行分析，得

到两组分析结果。而不同的分析结果之间或结果与平均值之间是否存在显著性差异就需要运用统计学方法进行处理和判断,即显著性检验(significance test)。定量分析中最常用的是 t 检验和 F 检验,分别用于检验两个分析结果之间是否存在显著的系统误差和偶然误差。

1. t 检验法

t 检验(t test)亦称 student t 检验(student's t test),主要用于小样本($n < 30$)的分析结果间差异程度的检验,判断分析过程中是否存在较大的系统误差。

(1) 单个样本的 t 检验:是样本均值与真实值(或标准值)的比较。对标准样品进行若干次分析,然后利用 t 检验法比较分析结果的平均值与标准样品的标准值之间是否存在显著性差异,以判断分析数据是否存在较大的系统误差。

在一定的置信度时,样本平均值 $\overline{x}$ 的置信区间 $\left(\overline{x} \pm \dfrac{tS}{\sqrt{n}} \right)$ 能将标准值 μ 包括在内,即使 $\overline{x}$ 与 μ 不完全一致,也能作出两者之间不存在显著性差异的结论。因为按照 t 分布规律,这些差异是由偶然误差造成的,而不属于系统误差。

进行 t 检验时,首先按下式计算 t 值:

$$t = \frac{|\overline{x} - \mu|}{S} \sqrt{n} \tag{7-11}$$

然后选定 P(一般取 95%),查 $t_{a,f}$ 统计值表。若 $t \geqslant t_{a,f}$,说明 t 处于以 μ 为中心的 95% 概率区间之外,则 $\overline{x}$ 与 μ 存在显著性差异,说明存在系统误差;若 $t \leqslant t_{a,f}$,则无显著性差异,$\overline{x}$ 与 μ 的差异是由偶然误差引起的。

(2) 两个样本均值的 t 检验:由不同的分析人员或同一分析人员采用不同的分析方法测定同一供试品,所得到的样本平均值一般是不完全相同的,为了检验两组分析结果之间是否存在显著性差异,也可采用 t 检验法。

将公式 $t = \dfrac{|\overline{x} - \mu|}{S} \sqrt{n}$ 中的 μ 换成另一组实验结果的平均值 $\overline{x}_2$,将 S 换成两组实验数据间的标准偏差 S_R,得

$$t = \frac{|\overline{x}_1 - \overline{x}_2|}{S_R} \cdot \sqrt{\frac{n_1 \cdot n_2}{n_1 + n_2}} \tag{7-12}$$

式中,S_R 称为合并标准偏差或组合标准差,n_1、n_2 分别为两组数据的测定次数。该式即可用于两组实验数据平均值的 t 检验。

若已知 S_1 与 S_2,可求出 S_R:

$$S_R = \sqrt{\frac{(n_1 - 1)S_1^2 + (n_2 - 1)S_2^2}{n_1 + n_2 - 2}} \tag{7-13}$$

式中,$n_1 + n_2 - 2 = f$,即为总自由度。或可由两组实验数据的平均值求得 S_R:

$$S_R = \sqrt{\frac{\sum\limits_{i=1}^{n_1}(x_1 - \overline{x}_1)^2 + \sum\limits_{i=1}^{n_2}(x_2 - \overline{x}_2)^2}{(n_1 - 1) + (n_2 - 1)}} \tag{7-14}$$

由 t 值计算公式求出统计量 t 值与 $t_{a,f}$ 统计值表中查得的临界值 $t_{a,f}$ 比较。若 $t \geqslant t_{a,f}$,说明两组实验结果之间存在显著性差异,即可能存在系统误差;若 $t \leqslant t_{a,f}$,则表明两组数据的平均值

不存在显著性差异,可认为两个平均值属于同一总体。

2. F 检验

F 检验(F test)亦称方差齐性检验,其实质就是精密度差别检验。它通过比较两组实验数据的方差(标准偏差的平方),判断两者的精密度之间是否存在显著性差异,用于检验偶然误差是否存在。

F 检验的步骤较简单。首先计算出两组实验数据的方差 S_1^2 和 S_2^2,然后计算方差比 F,即

$$F=\frac{S_1^2}{S_2^2}\quad(S_1>S_2)\tag{7-15}$$

计算时,规定大方差为分子,小方差为分母。将求出的 F 值与查得的方差的临界值 F_{α,f_1,f_2}(单侧)比较,若 $F<F_{\alpha,f_1,f_2}$,说明两组实验数据的精密度不存在显著性差异;若 $F>F_{\alpha,f_1,f_2}$,则说明存在显著性差异。

F 值与置信度、S_1 的自由度 f_1 及 S_2 的自由度 f_2 有关。使用时必须注意 f_1 为大方差的自由度,f_2 为小方差的自由度。

示例　分别用容量法(方法 1)和紫外分光光度法(方法 2)测得某批甲苯咪唑原料药的百分含量,结果如下。方法 1:$\overline{x}_1=99.34,S_1=0.10,n_1=5$;方法 2:$\overline{x}_2=99.52,S_2=0.12,n_2=4$。试说明这两种方法之间是否有显著性差异($P=95\%$)?

解:首先用 F 检验法检验 S_1 与 S_2 是否存在显著性差异,由公式(7-15)计算

$$F=\frac{S_\text{大}^2}{S_\text{小}^2}=\frac{0.12^2}{0.10^2}=1.44$$

查临界值 F 表,$f_\text{大}=3$,$f_\text{小}=4$,得 $F_\text{表}=6.59$。由于 $F<F_\text{表}$,所以 S_1 与 S_2 无显著差异。

然后,用 t 检验法检验 $\overline{x}_1$ 和 $\overline{x}_2$:

先由公式(7-13)计算

$$S_R=\sqrt{\frac{(n_1-1)S_1^2+(n_2-1)S_2^2}{n_1+n_2-2}}=\sqrt{\frac{0.10^2\times(5-1)+0.12^2\times(4-1)}{5+4-2}}=0.11$$

再由公式(7-12)计算

$$t=\frac{|\overline{x}_1-\overline{x}_2|}{S_R}\cdot\sqrt{\frac{n_1\cdot n_2}{n_1+n_2}}$$

$$=\frac{|99.34-99.52|}{0.11}\times\sqrt{\frac{5\times4}{5+4}}=2.44$$

查临界值 t 表,$f=5+4-2=7$,$P=95\%$,得 $t_\text{表}=2.36$。由于 $t>t_\text{表}$,所以这两个方法之间存在显著性差异,即存在系统误差。

3. 使用显著性检验需注意的几个问题

(1) F 检验与 t 检验的顺序:两组实验数据的显著性检验顺序是先进行 F 检验,后进行 t 检验。因为只有当精密度或偶然误差接近时,进行准确度或系统误差的检验才有意义,否则会出现错误判断。

(2) 单侧与双侧检验:检验两个分析结果是否存在显著性差异时,用双侧检验;若检验某分析结果是否明显高于(或低于)某值时,则用单侧检验。F 分布曲线为非对称形,虽然也分单侧与双侧检验的临界值,但 F 检验是检验一组数据的方差是否大于另一组数据的方差,因此用单

侧检验较适宜。t 分布曲线为对称形,双侧检验与单侧检验临界值均常见,可根据题意选择,但多用双侧检验。

(3) 置信水平 P 或显著性水平 α 的选择:由于显著性检验的临界值随 α 的不同而不同,因此 α 的选择必须适当。如果置信水平 P 过大(即显著性水平 α 过小),则降低了差别要求限度,容易把本来有差别的情况判定为无差别(以假乱真);若置信水平 P 过小(即显著性水平 α 过大),则提高了差别要求限度,容易把本来没有差别的情况判定为有差别(以真当假)。在实际工作中,常以显著性水平 $\alpha = 0.05$,即置信水平 $P = 95\%$ 作为判断差别是否显著的标准。

(四) 可疑数据的取舍

在实验中,当对同一样品进行多次平行测定时,往往会发现一组测量值中有个别数据与其他数据相差较大,这种数据称为可疑数据,也称为异常值或逸出值。它对测定的精密度和准确度均有很大的影响。如果确定可疑数据是由过失造成的,则可将该数据舍弃不要;否则就不能随意舍弃,而必须用统计检验的方法,确定该可疑值与其他数据是否来源于同一总体,以决定取舍。统计学中对可疑数据的取舍方法很多,其中 Q 检验法使用较多,而 G 检验法较简单。

有时,采用不同的检验方法,可能会得出矛盾的结果。因此,在实际工作中,应事先确定所采纳的可疑数据的检验方法。

下面简单介绍 Q 检验法和 G 检验法。

1. Q 检验法

Q 检验法(Q test method),又称 Dixon 法(狄克逊法)。用其进行可疑数据取舍的步骤如下:

(1) 将所有测量数据按大小顺序排列,计算最大值与最小值之差(极值),作为分母;

(2) 计算可疑数据与其邻近数值的差值的绝对值,作为分子,两者之商即为 Q 值;

$$Q = \frac{|x_{可疑} - x_{邻近}|}{x_{最大} - x_{最小}} \qquad (7-16)$$

(3) 根据测量值数量,查 Q 检验临界值表,若 $Q_{计算} > Q_{表}$,则可疑数据应舍弃;反之,则应保留。

2. G 检验法

G 检验法(Grubbs test method),又称 Grubbs 法(格鲁布斯法),适用范围较 Q 检验法广。在判断可疑数据的过程中,引入了 t 分布的样本参数 $\bar{x}$ 和 S,因此准确度较高。但此法的计算过程与 Q 检验法相比较为复杂,具体检验步骤如下:

(1) 计算包括可疑数据在内的平均值 $\bar{x}$;

(2) 计算可疑数据 x_q 与平均值 $\bar{x}$ 之差的绝对值 $|x_q - \bar{x}|$;

(3) 计算包括可疑数据在内的标准偏差 S;

(4) 用标准偏差除可疑数据与平均值之差,算出 G 值:

$$G = \frac{|x_q - \bar{x}|}{S} \qquad (7-17)$$

(5) 根据测量值数量,查 G 检验临界值表,若 $G_{计算} > G_{表}$,则可疑数据应舍弃;反之,则应保留。

综上所述,对测量数据进行数学统计处理的具体步骤为:首先进行可疑数据的取舍(Q 检验

法或 G 检验法);然后进行精密度检验(F 检验);最后进行准确度检验(t 检验)。

四、不确定度的评估

(一) 不确定度的定义

测量不确定度(measurement uncertainty),简称不确定度(uncertainty),用于表征合理地赋予被测量之值的分散性,是与测量结果相联系的参数。它是对被测量客观值在某一量值范围内的评估,是对测量结果质量的定量表征。一个完整的测量结果应包括被测量值的估计与分散性两部分。

不确定度越小,测量结果的质量越高,其使用价值也越高;反之,不确定度越大,测量结果的质量越低,其使用价值也越小。而当测量结果不用数值表示或不是建立在数值基础上时(如合格/不合格、阴性/阳性、或基于视觉和触觉判断的定性检测),则不要求对测量不确定度进行评估。

(二) 不确定度的评估

对测量不确定度的评估一般可按以下基本步骤进行:

1. 识别不确定度来源

测量不确定度来源的识别应从分析测量过程入手,从影响测量结果的因素考虑,即对测量方法、测量系统和测量程序作详细研究,为此应尽可能画出测量系统原理或测量方法的方框图和测量流程图。

测量结果不确定度的一般来源有:对被测量的定义不完善;实现被测量的定义的方法不理想;取样的代表性不够;对测量过程受环境影响的认识不周全或对环境条件的测量与控制不完善;对模拟仪器的读数存在人为偏移;测量仪器的分辨率或鉴别力不够;赋予计量标准的值或标准物质的值不准;所引用的数据计算的常量和其他参量不准;测量方法和测量程序的近似性和假定性;在相同的条件下,被测量重复观测值的变化。

2. 建立被测量的数学模型

规定被测量,如含量、效价、浓度、相对密度等,明确被测量与其所依赖的输入量(如被测数量、常数、校准标准值等)的关系,还应包括对已知系统影响量的修正,建立数学模型:

$$Y = f(X_1, X_2, \cdots, X_n) \tag{7-18}$$

式中,Y 为被测量(输出量),X 为影响量(输入量)。

在建立模型时,有一些潜在的不确定度来源不能明显地呈现在上述函数关系中,它们对测量结果本身有影响,但由于缺乏必要的信息,无法写出它们与被测量的函数关系。因此,在具体测量时无法定量地计算出它对测量结果影响的大小,在计算公式中只能将其忽略,而在模型中应包括这些来源。这些来源在数学模型中可以将其作为被测量与输入量之间的函数关系的修正因子(其最佳值为 0)或修正系数(其最佳值为 1)处理。

3. 评估标准不确定度

以标准偏差表示的测量结果 x_i 的不确定度称为标准不确定度 $u(x_i)$,标准不确定度的评估包括 A 类和 B 类。

标准不确定度 $u(x_i)$ 与测量结果 x_i 的比值为相对标准不确定度,计算合成标准不确定度时,一般以相对标准不确定度代入计算公式,这样可以统一量纲。

(1) A 类评估:系指对观测列进行统计分析作的一类评估。

1) 对输入量 X 进行多次重复得到测量列:$x_1, x_2, \cdots, x_n$,在等精度测量下计算平均值 $\overline{x}$、单次测量结果的标准偏差 S 和测量列平均值的标准偏差 $S(\overline{x})$,则输入量 X 的 A 类标准不确定度 $u(x)$ 即为测量列平均值的标准偏差:

$$u(x) = S(\overline{x}) = \frac{S}{\sqrt{n}} \tag{7-19}$$

为了使 A 类不确定度评估结果可靠,要求重复测量次数足够多,一般认为 n 应不小于 5。

2) 对输入量 X_i 在重复条件下均进行 n 次独立测量,有 $x_{i1}, x_{i2}, \cdots, x_{in}$,其平均值为 $\overline{x}_i$,如有 m 组这样的被测量,则合并样本标准偏差为

$$S_p = \sqrt{\frac{1}{m}\sum_{i=1}^{m} S_i^2} = \sqrt{\frac{1}{m(n-1)}\sum_{i=1}^{m}\sum_{j=1}^{n}(x_{ij}-\overline{x}_i)^2} \tag{7-20}$$

每个点单次测量结果的标准不确定度为

$$u(x_i) = \sqrt{\frac{\sum_{i=1}^{m} S_i^2}{m}} = \frac{\sum_{i=1}^{m} S_i}{\sqrt{m}} \tag{7-21}$$

每个点 n 次测量平均值的测量结果标准不确定度为

$$u(\overline{x}) = \sqrt{\frac{\sum_{i=1}^{m} S_i^2}{nm}} = \frac{\sum_{i=1}^{m} S_i}{\sqrt{nm}} \tag{7-22}$$

3) 在重复性条件下,对 X 进行 n 次重复测量,计算结果中的最大值与最小值之差 R(称为极差),在 X 可以估计接近正态分布的前提下,单次测量结果 x_i 的标准偏差 $S(x_i)$ 可以近似地评估:

$$S(x_i) = \frac{R}{C} = u(x_i) \tag{7-23}$$

一般在测量次数较少时采用该法。极差系数 C 与测量次数的关系见表 7-1。

表 7-1 极差系数 C 与测量次数的关系

n	2	3	4	5
C	1.13	1.64	2.06	2.33

(2) B 类评估:系指当输入量的估计值 x_i 不是由重复观测得到,其标准不确定度 $u(x_i)$ 可用 x_i 可能变化的有关信息或资料来进行的一类评估。

常用检测项目及方法的 B 类不确定度主要包括:样品、对照品称量引入的分量;对照品纯度引入的分量;测试溶液制备所用的容量器具引入的分量;仪器性能引入的分量;测定方法的偏差等。这些信息主要来自校准证书、检定证书、生产厂的说明书、检测依据的标准、引用数据的参考数据、以前测量的数据和相关材料特性的知识等。

评估 B 类标准不确定度时常用到正态分布、矩形(均匀)分布及三角分布等。常用分布与 k、

$u(x_i)$ 见表 7-2。

表 7-2 常用分布与 k、$u(x_i)$

分布类型	$P/\%$	k	$u(x_i)$
正态分布	99.73	3	$\dfrac{a}{3}$
	95	1.96	$\dfrac{a}{1.96}$
矩形（均匀）分布	100	$\sqrt{3}$	$\dfrac{a}{\sqrt{3}}$
三角分布	100	$\sqrt{6}$	$\dfrac{a}{\sqrt{6}}$

注：a 为区间的半宽度，k 为包含因子。

1）已知置信区间：若给出了带有置信水平（P）的置信区间（用 $\pm a$ 表示），则将 a 值除以与所给出的置信水平相应的正态分布百分点的值，即可得到标准不确定度 $u(x)=\dfrac{a}{k}$。正态分布的置信概率 P 与包含因子 k_P 之间的关系见表 7-3。

表 7-3 正态分布情况下置信概率 P 与包含因子 k_P 间的关系

$P/\%$	50	68.27	90	95	95.45	99	99.73
k_P	0.67	1	1.645	1.960	2	2.576	3

2）未给定置信水平：如果限值 $\pm a$ 给出时没有给定置信水平，但有理由认为可能是极限值，通常假定其为矩形分布，标准不确定度为 $u(x)=\dfrac{a}{\sqrt{3}}$。

如果限值 $\pm a$ 给出时没有给定置信水平，但有理由认为不可能是极限值，通常假定其为三角分布，标准不确定度为 $u(x)=\dfrac{a}{\sqrt{6}}$。

3）已知扩展不确定度 U 和包含因子 k：如估计值 x_i 来源于生产厂的说明书、校准证书、手册或其他资料，其中同时还明确给出了其扩展不确定度 $U(x_i)$ 是标准偏差 $S(x_i)$ 的 k 倍，指明了包含因子 k 的大小，则标准不确定度 $u(x_i)=\dfrac{U(x_i)}{k}$。

4．合成标准不确定度 $u_c(y)$

当测量结果是由若干个分量求得时，按各分量的方差或（和）协方差算得的标准不确定度为合成标准不确定度。

$$u_c(y)=\sqrt{\sum_{i=1}^{N}u_i^2(y)+2\sum_{i=1}^{N-1}\sum_{j=i+1}^{N}u_i(y)u_j(y)r(x_i,x_j)} \qquad (7-24)$$

当各影响量 X_i 独立无关时，相关系数 $r=0$，则

$$u_c(y)=\sqrt{\sum_{i=1}^{N}u_i^2(y)} \qquad (7-25)$$

在药品检验工作中，只要无明显证据证明某几个分量有强相关时，均可按不相关处理。若发

现分量间存在强相关,如采用相同仪器测量的分量,则尽可能改用不同仪器分别测量这些量,使其不相关。

5. 计算扩展不确定度 U 或 U_P

扩展不确定度是一个区间,包含被测量值分散性的主要区域,根据输出量(被测量)的分布情况,求出所要求的置信概率 P 下的包含因子 k,则 $U=ku_c(y)$。

如果 Y 接近于正态分布,则 $U_P=k_P u_c(y)$,多数情况下取 $P=95\%$。若不能判断 Y 的分布,则取 $k=2$ 或 3(一般取 $k=2$),则 $U=ku_c(y)$。

6. 报告测量不确定度

报告测量不确定度应使用扩展不确定度 $U(U_{rel})$ 或 $U_P(U_{Prel})$,报告应尽可能详细,以便使用者可以正确地利用测量结果。通常不确定度的有效数字不要多于两位,末位后面如有数字需进位。

测量不确定度是一种科学地表述测量结果的方法。但是,测量不确定度不仅和测量仪器、测量方法、测量条件、测量程序、数据处理过程及操作人员的水平等因素有关,还和对测量过程的把握程度及对不确定度来源的识别和量化水平等因素有关。通过对测量过程的分析,充分识别各种影响因素,可以提高不确定度评估的可靠性。

在正确评估测量不确定度的基础上,针对影响测量结果的主要因素,采取改进措施,优化测量过程,如增加重复试验次数,消除粗大误差和偶然误差的影响,使用准确度更高的仪器和标准物质等,可以减小不确定度的半宽,提高检测结果的可靠性。

此外,在建立检验方法时,除了进行方法学研究外,还应结合测量不确定度的结果,制订更加合理的标准限度。

(三) 不确定度与误差的关系

1. 不确定度与误差的区别

(1) 误差表示的是测量结果偏离真实值的程度;不确定度表示的是被测量值的分散性,是分布区间半宽度。

(2) 误差作为一个差值,或正或负,当测量值大于真实值时为正,当测量值小于真实值时为负;不确定度是无符号的参数,用标准偏差的倍数或置信区间的半宽表示,恒为正值。

(3) 误差是客观存在、不可避免的,不以人的认识程度而改变;不确定度是经分析和评定得到的,因而与人对被测量、影响量及测量过程的认识有关,在进行不确定度评估时,如果对各影响因素估计不足,可能会出现本来测量误差较小,但给出的不确定度评估结果却较大的情况,也可能测量误差实际上较大,但给出的不确定度却较小。

(4) 误差是一个具体的量值,虽然真误差是一个理想的概念,但如果已知近似真实值(通常是指总体均值)时,误差可以用来修正测量值;不确定度是一种可以估计的值,它不是具体、确切的误差值,虽可估计,但它不能用于修正测量值。

2. 不确定度与误差的联系

不确定度与误差既有区别,也有联系。误差是不确定度的基础,研究不确定度首先需要研究误差,只有对各个误差源的性质、分布规律、相互联系及对测量结果的误差传递关系等有了充分的认识并进行合理的分析,才能更好地估计出各分量的不确定度,最终得到测量结果的不确定度。不确定度的引入使不能确切知道的误差转化为一个可以定量计算的指标,从而使测量结果的质量有一个统一的比较标准,易于理解,便于评定,具有合理性和实用性。但测量不确定度不能取代误差理论的所有内容,它是对经典误差理论的一个补充,是现代误差理论的内容之一。

第二节 药物的含量测定

药物通过鉴别、检查并确认合格后即可进行含量测定。含量测定通常是针对药物中有效成分的含量进行测定,它不仅能进一步证明药物的真伪和纯度,而且也是控制产品质量、证明药物疗效价值的一个重要环节。

一、方法选择

药物常用的含量测定方法有容量分析法、光谱法和色谱法。各法具有不同的准确度、专属性和灵敏度,应根据样品中被测组分含量高低及共存组分干扰程度等因素选择合适的分析方法。

(一) 化学原料药

化学原料药纯度较高,限度严格,如果杂质可严格控制,选择方法时可侧重于方法的准确性。容量分析法是化学原料药含量测定的首选方法,建立方法时应注意:① 供试品的取样量应满足滴定准确度的要求;② 滴定终点应明确;③ 为排除试剂等对测定的影响,可采取空白试验校正。如容量法不适宜时,可考虑选用色谱法。GC 和 HPLC 均具有良好的分离效能,GC 用于挥发性原料药的测定,HPLC 主要用于多组分抗生素原料药和杂质干扰其他测定方法的原料药的含量测定,所用对照品必须具有纯度高、易于制备和性质稳定等条件。紫外分光光度法在原料药含量测定中较少采用,必要时,用对照品比较法进行测定,以减少不同仪器及其他变化因素所产生的测定误差。

(二) 中药材及其成方制剂

中药材及其成方制剂成分复杂,被测组分一般含量较低,共存组分干扰严重,因此,选择分析方法时应侧重于方法的专属性和灵敏度。色谱法具有较高的选择性和灵敏度,因此是中药材及其成方制剂中药效成分含量测定的首选方法,GC 法和 HPLC 法分别用于挥发性组分和非挥发性组分的含量测定。需要注意的是,在进行色谱分析前,往往需对此类样品进行适当的预处理,即进行提取、分离、富集等,这对于提高分析方法的准确度和灵敏度是十分必要的。

(三) 化学药物制剂

化学药物制剂种类较多,选择分析方法时应根据制剂中被测组分含量高低、复方制剂中共存组分影响及辅料成分的干扰程度进行选择。由于药物制剂的含量限度较宽,因此,可供选择的方法较多。若制剂中主药含量较高,且辅料成分不影响测定或可设法消除干扰,则可选择准确度较高的容量分析法,如维生素 C 注射液就采用碘量法测定含量。紫外分光光度法简便、灵敏、适用性广,可用于各类制剂的含量测定,测定中常用吸收系数($E_{1\,cm}^{1\%}$)进行计算,建立方法时应充分考察辅料、共存物质、降解产物及不同仪器等对测定的影响。有关物质及辅料成分会干扰测定的品种、在鉴别和检查项中没有专属性控制质量的品种及复方制剂,可采用 HPLC 法或 GC 法测定含量。建立方法时应根据药典或药品标准的规定,对色谱系统进行系统适用性试验,即用药物对照品对仪器进行试验和调节,以达到规定的要求;或规定分析状态下色谱柱的最小理论板数、分离度、重复性和拖尾因子四项指标。

二、含量计算

（一）容量分析法

容量分析法，也称滴定分析法，是将已知准确浓度的标准溶液滴加至待测溶液中（或将待测溶液滴加至标准溶液中），直至所加的标准溶液与待测物质按化学计量关系定量反应为止，然后测量标准溶液消耗的体积，根据标准溶液的浓度和所消耗的体积，算出待测物质的含量。此法是化学分析法的一种，操作简便、快速，仪器设备简单易得，方法耐用性好，具有较高的准确度，其相对误差一般小于±0.2%。因此，在化学原料药的含量测定中被广泛应用。但该法的专属性较差，通常用于待测组分含量在1%以上样品的测定。

药典收载的容量分析法均给出了所用滴定液的滴定度（T）值。滴定度系指1 mL规定浓度的滴定液所相当的待测药物的质量，《中国药典》用毫克（mg）表示。如用碘量法测定维生素C的含量时，《中国药典》规定：每1 mL碘滴定液（0.05 mol·L^{-1}）相当于8.806 mg的维生素C（$C_6H_8O_6$）。根据供试品的取样量（m）、消耗碘滴定液（0.05 mol·L^{-1}）的体积（V）和滴定度（T），即可计算出供试品中维生素C的含量。使用滴定度（T）可使滴定结果的计算简化，因此被各国药典普遍使用。

在实际工作中，所配制的滴定液的物质的量浓度与《中国药典》中规定的物质的量浓度往往不一致，《中国药典》中给出的滴定度是指在规定浓度下的值。因此，在计算中，需要将滴定度（T）乘以滴定液的浓度校正因子F（$F=\dfrac{\text{实际物质的量浓度}}{\text{规定物质的量浓度}}$），换算成实际的滴定度$T'$（$T·F$）。

1. 原料药的含量测定

对于原料药，药物的含量计算公式如下：

$$含量=\frac{T·V·F}{m}×100\% \tag{7-26}$$

式中，m为供试品的取样量（mg），V为消耗滴定液的体积（mL），T为滴定度（mg/mL），F为滴定液浓度校正因子。

示例 酸碱滴定法测定布洛芬含量

精密称取本品0.5014 g，加中性乙醇（对酚酞指示液显中性）溶解后，加酚酞指示液3滴，用氢氧化钠滴定液（0.0992 mol·L^{-1}）滴定，至溶液显浅红色为终点，消耗滴定液24.55 mL。1 mL氢氧化钠滴定液（0.1 mol·L^{-1}）相当于20.63 mg的$C_{13}H_{18}O_2$。问本品是否符合《中国药典》规定的含量限度（《中国药典》规定，本品按干燥品计算，含$C_{13}H_{18}O_2$不得少于98.5%）。

$$C_{13}H_{18}O_2\text{的含量}=\frac{20.63\text{ mg·mL}^{-1}×24.55\text{ mL}×\dfrac{0.0992\text{ mol·L}^{-1}}{0.1\text{ mol·L}^{-1}}}{0.5014×1000\text{ mg}}×100\%=100.2\%$$

（符合规定）

示例 溴量法测定盐酸去氧肾上腺素含量

精密称取本品0.1030 g，置碘瓶中，加水20 mL使溶解，精密加溴滴定液（0.05 mol·L^{-1}）50 mL，再加盐酸5 mL，立即密塞，放置15 min并时时振摇，注意微开瓶塞，加碘化钾试液10 mL，立即密塞，振摇后，用硫代硫酸钠滴定液（0.1002 mol·L^{-1}）滴定，至近终点时，加淀粉指示液,继续滴定至蓝色消失,共消耗硫代硫酸钠滴定液 13.65 mL,随行的空白试验消耗了硫代硫酸钠滴定液 43.60 mL。1 mL 溴滴定液(0.05 mol·L^{-1})相当于 3.395 mg 的 $C_9H_{13}NO_2 \cdot HCl$。问本品是否符合《中国药典》规定的含量限度(《中国药典》规定,本品按干燥品计算,含 $C_9H_{13}NO_2 \cdot HCl$ 应为 98.5%~102.0%)。

$$C_9H_{13}NO_2 \cdot HCl \text{ 的含量} = \frac{(43.60-13.65)\,\text{mL} \times \dfrac{0.1002\,\text{mol} \cdot \text{L}^{-1}}{0.05 \times 2\,\text{mol} \cdot \text{L}^{-1}} \times 3.395\,\text{mg} \cdot \text{mL}^{-1}}{0.1030 \times 1000\,\text{mg}} \times$$

$$100\% = 98.9\% \qquad\qquad\qquad \text{(符合规定)}$$

第二个示例中用到两种滴定液,滴定液 A 为溴滴定液(0.05 mol·L^{-1}),滴定液 B 为硫代硫酸钠滴定液(0.1 mol·L^{-1})。滴定反应过程中,溴(Br_2)等物质的量转化为碘(I_2),而碘(I_2)与硫代硫酸钠($Na_2S_2O_3$)反应的物质的量之比为 1:2,因此溴滴定液与硫代硫酸钠滴定液的浓度比也是 1:2。所以,在计算过程中,可以直接用硫代硫酸钠滴定液的校正体积 $[(V_0-V_S)_{Na_2S_2O_3} \times F_{Na_2S_2O_3}]$ 代替溴滴定液的校正体积 $[(50-V_S)_{Br_2} \times F_{Br_2}]$ 与溴滴定液的滴定度(T_{Br_2})相乘来计算含量,而不需标定溴滴定液(0.05 mol·L^{-1})的准确物质的量浓度。

2. 药物制剂的含量测定

在药物制剂的含量测定中,因为主药的含量相对较低,因此一般以标示量的百分含量进行计算。制剂的标示量是指每单位成品中所含主药的量,如每片片剂或 1 mL 注射液中所含主药的量。由下式可计算出片剂或注射液中待测药物的含量(标示量):

(1)片剂:

$$\text{标示量} = \frac{T \times V \times F \times \text{平均片重}}{m \times \text{标示量}} \times 100\% \qquad (7-27)$$

式中,m 为称取的片粉质量(g)。

(2)注射液:

$$\text{标示量} = \frac{T \times V \times F}{V_0 \times \text{标示量}} \times 100\% \qquad (7-28)$$

式中,V_0 为量取的注射液体积(mL)。

示例 酸碱滴定法测定去氢胆酸片含量(标示量):取本品 20 片(规格:0.25 g·片$^{-1}$),精密称定为 6.4552 g,研细,精密称取片粉 0.6442 g(约相当于去氢胆酸 0.5 g),加中性乙醇(对酚酞指示液显中性)40 mL 与水 20 mL,置水浴上加热 10 min,时时振摇,使去氢胆酸溶解,加酚酞指示液 3 滴,用氢氧化钠滴定液(0.1026 mol·L^{-1})滴定,至近终点时,加新沸过的冷水 100 mL 继续滴定,至溶液显浅红色为终点时共消耗滴定液 12.70 mL。1 mL 氢氧化钠滴定液(0.1 mol·L^{-1})相当于 40.25 mg 的 $C_{24}H_{34}O_5$。问本品是否符合《中国药典》规定的含量限度(《中国药典》规定,本品含 $C_{24}H_{34}O_5$ 应为标示量的 93.0%~107.0%)。

$$C_{24}H_{34}O_5 \text{ 的标示量} = \frac{40.25\,\text{mg} \cdot \text{mL}^{-1} \times 12.70\,\text{mL} \times \dfrac{0.1026\,\text{mol} \cdot \text{L}^{-1}}{0.1\,\text{mol} \cdot \text{L}^{-1}} \times \dfrac{6.4552\,\text{g}}{20\,\text{片}}}{0.6442 \times 1000\,\text{mg} \times 0.25\,\text{g} \cdot \text{片}^{-1}} \times 100\% = 105.1\%$$

(符合规定)

示例 非水滴定法测定二盐酸奎宁注射液含量:精密量取本品(规格:2 mL:0.25 g)5 mL 置 50 mL 量瓶中,加水稀释至刻度,摇匀,精密量取 10 mL 置分液漏斗中,加水使成 20 mL,加氨试液使成碱性,用三氯甲烷分次振摇提取,第一次 25 mL,以后每次各 10 mL,至奎宁提尽为止,每次得到的三氯甲烷液均用同一份水洗涤 2 次,每次 5 mL,洗液用三氯甲烷 10 mL 振摇提取,合并三氯甲烷液,置水浴上蒸去三氯甲烷,加无水乙醇 2 mL,再蒸干,在 105℃ 干燥 1 h,放冷,加醋酐 5 mL 与冰醋酸 10 mL 使溶解,加结晶紫指示液 1 滴,用高氯酸滴定液($0.09827\ mol \cdot L^{-1}$)滴定至溶液显蓝色为终点,共消耗滴定液 6.40 mL,随行的空白试验消耗了高氯酸滴定液 0.02 mL。1 mL 高氯酸滴定液($0.1\ mol \cdot L^{-1}$)相当于 19.87 mg 的 $C_{20}H_{24}N_2O_2 \cdot 2HCl$。问本品是否符合《中国药典》规定的含量限度(《中国药典》规定,本品含 $C_{20}H_{24}N_2O_2 \cdot 2HCl$ 应为标示量的 95.0%～105.0%)。

$$C_{20}H_{24}N_2O_2 \cdot 2HCl\ \text{的标示量} = \frac{19.87\ mg \times (6.40 - 0.02)\ mL \times \dfrac{0.09827\ mol \cdot L^{-1}}{0.1\ mol \cdot L^{-1}}}{5\ mL \times \dfrac{10\ mL}{50\ mL} \times \dfrac{0.25\ g \times 1000}{2}} \times 100\% = 99.7\%$$

(符合规定)

(二) 紫外-可见分光光度法

紫外-可见分光光度法是在 190～800nm 波长范围内测定物质的吸光度,用于鉴别、检查和含量测定的方法。此法操作简便快速,灵敏度较高,仪器价廉,易于普及,通常用于待测组分含量在 1% 以下样品(如药物制剂等)的测定,其相对误差为 2%～5%,是药品检验中常用的分析方法之一。

几种常用于药物含量测定的方法及其相关计算如下:

1. 对照品比较法

按药品质量标准中规定的方法分别配制一定浓度的供试品溶液(c_x)和对照品溶液(c_R)(一般对照溶液中所含待测组分的量应为供试品溶液中待测组分规定量的 100% ± 10%,所用溶剂也应完全一致),在规定的波长处分别测定供试品溶液的吸光度(A_x)和对照品溶液的吸光度(A_R),按以下各式计算供试品中待测组分含量:

(1) 原料药:
$$\text{含量} = \frac{A_x \times c_R \times \text{稀释倍数}}{A_R \times m} \times 100\% \tag{7-29}$$

式中,m 为称样量(g)。

(2) 片剂:
$$\text{标示量} = \frac{A_x \times c_R \times \text{稀释倍数} \times \text{平均片重}}{A_R \times m \times \text{标示量}} \times 100\% \tag{7-30}$$

式中,m 为称样量(g)。

(3) 注射液:
$$\text{标示量} = \frac{A_x \times c_R \times \text{稀释倍数}}{A_R \times \text{标示量}} \times 100\% \tag{7-31}$$

示例　对照品比较法测定枸橼酸氯米芬片含量(标示量)

取本品(规格:50 mg)10 片,精密称定为 1.074 g,研细,精密称取片粉 0.1034 g(约相当于枸橼酸氯米芬 50 mg),置 100 mL 量瓶中,加 0.1 mol·L⁻¹ 盐酸适量,振摇 30 min 使枸橼酸氯米芬溶解,用 0.1 mol·L⁻¹ 盐酸稀释至刻度,摇匀,滤过,精密量取续滤液 5 mL,置另一 100 mL 量瓶中,用 0.1 mol·L⁻¹ 盐酸稀释至刻度,摇匀,作为供试品溶液;另取枸橼酸氯米芬对照品,精密称取适量,加 0.1 mol·L⁻¹ 盐酸溶解并定量稀释制成 1 mL 中含 25.1 μg 的溶液,作为对照品溶液。取上述两种溶液在 290 nm 波长处测定,测得供试品溶液的吸光度为 0.572,对照品溶液的吸光度为 0.596。问本品是否符合《中国药典》规定的含量限度(《中国药典》规定,本品含枸橼酸氯米芬 $C_{26}H_{28}ClNO \cdot C_6H_8O_7$ 应为标示量的 90.0%～110.0%)。

$C_{26}H_{28}ClNO \cdot C_6H_8O_7$ 的标示量

$$= \frac{0.572 \times 25.1 \ \mu g \cdot mL^{-1} \times 10^{-3} \times \dfrac{100 \ mL \times 100 \ mL}{5 \ mL} \times \dfrac{1.074 \ g}{10}}{0.596 \times 0.1034 \ g \times 50 \ mg} \times 100\%$$

$= 100.1\%$　　　　　　　　　　　　　　　　　　　　　　　　(符合规定)

示例　比色法测定复方炔诺孕酮滴丸中炔诺孕酮和炔雌醇的量

取本品 10 丸,除去包衣后,置 20 mL 量瓶中,加乙醇约 12 mL,微温使炔诺孕酮与炔雌醇溶解,放冷,用乙醇稀释至刻度,摇匀,滤过,取续滤液作为供试品溶液;另取炔诺孕酮和炔雌醇对照品,精密称定,加乙腈溶解并定量稀释制成 1 mL 含炔诺孕酮 0.154 mg 与炔雌醇 14.8 μg 的溶液,作为对照品溶液。

炔诺孕酮　精密量取供试品溶液与对照品溶液各 1 mL,分置具塞锥形瓶中,各精密加乙醇 3 mL 与碱性三硝基苯酚溶液 4 mL,密塞,在暗处放置 80 min,在 490 nm 波长处测得供试品溶液的吸光度为 0.572,对照品溶液的吸光度为 0.608,计算每丸中含炔诺孕酮的量。

炔雌醇　精密量取供试品溶液与对照品溶液各 2 mL,分置具塞锥形瓶中,置冰浴中冷却 30 s 后,各精密加硫酸-乙醇(4:1)8 mL(速度必须一致),随加随振摇,加完后继续冷却 30 s,取出,在室温放置 20 min,在 530 nm 处测得供试品溶液的吸光度为 0.683,对照品溶液的吸光度为 0.662,计算每丸中含炔雌醇的量。

问本品是否符合《中国药典》规定的含量限度(《中国药典》规定,本品每丸中含炔诺孕酮 $C_{21}H_{28}O_2$ 应为 0.270～0.345 mg,含炔雌醇 $C_{20}H_{24}O_2$ 应为 27.0～34.5 μg)。

$$炔诺孕酮的量 = \frac{0.572 \times 0.154 \ mg \cdot mL^{-1} \times 20 \ mL}{0.608 \times 10} = 0.290 \ mg$$

$$炔雌醇的量 = \frac{0.683 \times 14.8 \ \mu g \cdot mL^{-1} \times 20 \ mL}{0.662 \times 10} = 30.5 \ \mu g　　　(符合规定)$$

用比色法测定时,由于显色时影响显色深浅的因素较多,应取供试品与对照品或标准品同时操作。除另有规定外,比色法所用的空白系指用同体积的溶剂代替对照品或供试品溶液,然后依次加入等量的相应试剂,并用同样方法处理。按药品质量标准中规定的方法操作,在规定的波长处测定对照品和供试品溶液的吸光度后,计算供试品浓度。当吸光度和浓度关系不呈良好线性时,应取数份梯度量的对照品溶液,用溶剂补充至同一体积,显色后测定各份溶液的吸光度,然后以吸光度与相应的浓度绘制标准曲线,再根据供试品的吸光度在标准曲线上查得其相应的浓度,并求出其含量。

2. 吸收系数法

采用本法测定时,吸收系数一般应大于 100。按药品质量标准中规定的方法配制供试品溶液,并在规定波长处测定其吸收度(A_x),按以下各式计算供试品中待测组分含量:

(1) 原料药:　　　$$含量 = \frac{\dfrac{A_x}{(E_{1 \ cm}^{1\%})_R} \times \dfrac{1}{100} \times 稀释倍数}{m} \times 100\%　　　　　(7-32)$$

式中,m 为称样量(g)。

(2) 片剂：

$$\text{标示量} = \frac{\dfrac{A_x}{(E_{1\,cm}^{1\%})_R} \times \dfrac{1}{100} \times \text{稀释倍数} \times \text{平均片重}}{m \times \text{标示量}} \times 100\% \qquad (7-33)$$

式中，m 为称样量(g)。

(3) 注射液：

$$\text{标示量} = \frac{\dfrac{A_x}{(E_{1\,cm}^{1\%})_R} \times \dfrac{1}{100} \times \text{稀释倍数}}{\text{标示量}} \times 100\% \qquad (7-34)$$

示例 吸收系数法测定阿苯达唑胶囊含量(标示量)

取 10 粒胶囊(规格：0.1 g)的内容物，精密称定为 1.574 g，混合均匀，精密称取 0.0314 g(约相当于阿苯达唑 20 mg)，置 100 mL 量瓶中，加冰醋酸 10 mL，振摇使阿苯达唑溶解，用乙醇稀释至刻度，摇匀，过滤，精密量取续滤液 5 mL，置 100 mL 量瓶中，用乙醇稀释至刻度，摇匀，在 295 nm 波长处测得吸光度为 0.432，按 $C_{12}H_{15}N_3O_2S$ 的吸收系数 $(E_{1\,cm}^{1\%})$ 为 444 计算供试品含量(标示量)。问本品是否符合《中国药典》规定的含量限度(《中国药典》规定，本品含阿苯达唑 $C_{12}H_{15}N_3O_2S$ 应为标示量的 90.0%～110.0%)。

$$C_{12}H_{15}N_3O_2S \text{ 的标示量} = \frac{\dfrac{0.432}{444\ g^{-1}} \times \dfrac{1}{100} \times \dfrac{100 \times 100\ \text{mL}}{5\ \text{mL}} \times \dfrac{1.574\ g}{10}}{0.0314\ g \times 0.1\ g} \times 100\% = 97.5\%$$

(符合规定)

（三）高效液相色谱法

高效液相色谱法(HPLC)具有分离效率高、分析速度快、检测灵敏度高和应用范围广等特点，已成为目前应用最为广泛和有效的分离分析手段。《中国药典》对该法的收载数量逐版增加，是有关物质检查和含量测定的常规方法之一。

色谱法对仪器设备的依赖程度较高，因此所有色谱方法均应进行系统适用性试验指标的验证，并将系统适用性作为分析方法的组成部分。《中国药典》规定，测定时首先应按各品种项下要求对色谱系统进行适用性试验，即用规定的对照品溶液或系统适用性试验溶液在规定的色谱系统进行试验，必要时，可对色谱系统进行适当调整，如色谱柱内径、长度、固定相牌号、载体粒度、流动相流速、混合流动相各组成的比例、柱温、进样量、检测器的灵敏度等，以符合要求。色谱系统的适用性试验通常包括色谱性的理论板数(n)、分离度(R)、重复性和拖尾因子(T)等四个参数。其中，分离度和重复性尤为重要。只有系统适用性试验达到规定的要求后，方可进行分析测定。采用 HPLC 法测定药物含量的常用方法及其相关计算如下：

1. 外标法

外标法简便实用，在药物含量测定中应用十分广泛，但要求进样量准确及操作条件稳定。由于微量注射器不易精确控制进样量，因此采用外标法测定药物或杂质含量时，以定量环或自动进样器为佳。按药品质量标准中的规定，精密称(量)取适量对照品和供试品，配制成一定浓度的对照品溶液(c_R)和供试品溶液(c_x)，分别精密吸取一定量，进样记录色谱图，测量对照品的峰面积(A_R)(或峰高)和供试品溶液中待测组分的峰面积(A_x)(或峰高)，按以下各式计算供试品中待测组分含量：

(1) 原料药：

$$\text{含量} = \frac{A_x \times c_R \times \text{稀释倍数}}{A_R \times m} \times 100\% \qquad (7-35)$$

式中，m 为称样量（g）。

（2）片剂：

$$标示量 = \frac{A_x \times c_R \times 稀释倍数 \times 平均片重}{A_R \times m \times 标示量} \times 100\%$$ （7-36）

式中，m 为称样量（g）。

（3）注射液：

$$标示量 = \frac{A_x \times c_R \times 稀释倍数}{A_R \times 标示量} \times 100\%$$ （7-37）

示例　HPLC 外标法测定氢溴酸右美沙芬颗粒含量（标示量）

色谱条件与系统适用性试验　十八烷基硅烷键合硅胶为填充剂；以磷酸盐缓冲溶液（取磷酸和三乙胺各 5 mL，加水至 1000 mL，混匀）-乙腈（70∶30）为流动相，检测波长为 278 nm。理论板数按氢溴酸右美沙芬峰计算不低于 1500。

测定法　取本品（规格：7.5 mg）10 袋的内容物，精密称定为 0.3404 g，混合均匀，研细，精密称取 0.1682 g（约相当于氢溴酸右美沙芬 37.5 mg），置 50 mL 量瓶中，加流动相适量，超声使氢溴酸右美沙芬溶解，用流动相稀释至刻度，摇匀，滤过，精密量取续滤液 5 mL，置 25 mL 量瓶中，用流动相稀释至刻度，摇匀，精密量取 20 μL 注入液相色谱仪，记录色谱图；另取氢溴酸右美沙芬对照品，精密称定，用流动相溶解并稀释制成 1 mL 中含 0.146 mg 的溶液，作为对照品溶液，同法测定。测定供试品溶液峰面积为 270754（三次测量平均值），对照品溶液峰面积为 259102（三次测量平均值），按外标法以峰面积计算，并将计算结果乘以 1.051，即得本品含量。问本品是否符合《中国药典》规定的含量限度（《中国药典》规定，本品含氢溴酸右美沙芬 $C_{18}H_{25}NO \cdot HBr \cdot H_2O$ 应为 90.0%～110.0%）。

$$C_{18}H_{25}NO \cdot HBr \cdot H_2O\ 的标示量 = \frac{0.146\ mg \cdot mL^{-1} \times 270754 \times \dfrac{50\ mL \times 25\ mL}{5\ mL} \times \dfrac{0.3404\ g}{10}}{259102 \times 0.1682\ g \times 7.5\ mg} \times$$
$$1.051 \times 100\% = 108.1\% \qquad (符合规定)$$

其中，$\dfrac{M_{C_{18}H_{25}NO \cdot HBr \cdot H_2O}}{M_{C_{18}H_{25}NO \cdot HBr}} = \dfrac{370.33\ g \cdot mol^{-1}}{352.31\ g \cdot mol^{-1}} = 1.051$

2. 内标法

按药品质量标准中的规定，精密称（量）取对照品和内标物质，分别配成溶液，精密量取各溶液适量，混合配成含有内标物质（c_S）测定校正因子用的对照品溶液（c_R）。取一定量，进样记录色谱图，测量对照品的峰面积（A_R）或峰高和内标物质的峰面积（A_S）或峰高，按下式计算校正因子：

$$校正因子(f) = \frac{A_S/c_S}{A_R/c_R}$$ （7-38）

再取药品质量标准中规定的含有内标物质的供试品溶液，进样，记录色谱图，测量供试品中待测组分的峰面积（A_x）或峰高和内标物质的峰面积（A_S）或峰高，按以下各式计算供试品中待测组分含量：

（1）原料药：

$$含量 = f \times \frac{A_x \times 稀释倍数}{A'_S/c'_S \times m} \times 100\%$$ （7-39）

式中，m 为称样量（g）。

（2）片剂：

$$标示量 = f \times \frac{A_x \times 稀释倍数 \times 平均片重}{A'_S/c'_S \times m \times 标示量} \times 100\%$$ （7-40）

式中,m 为称样量(g)。

(3) 注射液:
$$标示量 = f \times \frac{A_x \times 稀释倍数}{A'_s/c'_s \times 标示量} \times 100\% \tag{7-41}$$

示例　HPLC 内标法测定哈西奈德软膏含量(标示量)

色谱条件与系统适用性试验　十八烷基硅烷键合硅胶为填充剂;以甲醇-水(70:30)为流动相,检测波长为 240 nm。理论板数按哈西奈德峰计算不低于 2000,哈西奈德与内标物质峰的分离度应符合要求。

内标溶液的制备　取黄体酮适量,精密称定,加流动相溶解并稀释制成 1 mL 中含0.152 mg 的溶液,作为内标溶液。

对照品溶液的制备　精密称取哈西奈德对照品 12.4 mg,置 100 mL 量瓶中,加甲醇溶解并稀释至刻度,摇匀,精密量取该溶液 10 mL 与内标溶液 5 mL,置 50 mL 量瓶中,用甲醇稀释至刻度,摇匀,即得。

供试品溶液的制备　精密称取本品(规格:10 g:10 mg)1.272 g(约相当于哈西奈德 1.25 mg),置 50 mL 量瓶中,加甲醇约 30 mL,置 80℃ 水浴中加热 2 min,振摇使哈西奈德溶解,放冷,精密加内标溶液 5 mL,用甲醇稀释至刻度,摇匀,至冰浴中冷却 2 h 以上,取出后迅速过滤,放至室温,即得。

测定法　分别取对照品溶液和供试品溶液各 20 μL 注入液相色谱仪,记录色谱图:供试品溶液中内标的峰面积为 950624,哈西奈德的峰面积为 1647448,对照品溶液中内标的峰面积为942133,哈西奈德的峰面积为 1559907,所有给出的峰面积均为三次测量平均值,按内标法以峰面积计算本品含量。问本品是否符合《中国药典》规定的含量限度(《中国药典》规定,本品含哈西奈德 $C_{24}H_{32}ClFO_5$ 应为标示量的 90.0%～110.0%)。

$$校正因子(f) = \frac{A_s/c_S}{A_R/c_R} = \frac{\dfrac{942133}{0.152\ mg \cdot mL^{-1} \times \dfrac{5\ mL}{50\ mL}}}{\dfrac{1559907}{\dfrac{12.4\ mg}{100\ mL} \times \dfrac{10\ mL}{50\ mL}}} = 0.985$$

$$C_{24}H_{32}ClFO_5 \text{的标示量} = 0.985 \times \frac{\dfrac{1647448 \times 50\ mL \times 10\ mL}{950624}}{0.152\ mg \cdot mL^{-1} \times \dfrac{5\ mL}{50\ mL} \times 1.272\ g \times 10\ mL} \times 100\%$$

$$= 102.0\% \qquad (符合规定)$$

第三节　分析方法验证

分析方法验证是根据药品检测项目的要求,通过设计合理的试验来验证所用分析方法的科学性及可行性。只有经过验证的分析方法才能用于控制药品质量,因此分析方法验证在方法建立或修订中具有重要作用,并成为药品质量研究和控制的重要组成部分。

需要验证的检测项目主要包括鉴别试验、杂质检查(限度试验及定量试验)、定量测定(含量测定、溶出度、释放度等)及其他特定检测项目。验证的指标有准确度、精密度(包括重复性、中间精密度和重现性)、专属性、检测限、定量限、线性、范围和耐用性等。并非每个检测项目均要验证上述所有指标,需要验证的指标应根据检测项目的要求并结合所用分析方法的特点来确定。《中国药典》(2015 年版,四部)列出了可供参考的分析项目和相应的验证指标,见表 7-4。

表 7-4 分析项目和验证指标

内容	项目				
	鉴别	杂质测定		含量测定及溶出量测定	校正因子
		定量	限度		
准确度	−	+	−	+	+
精密度					
重复性	−	+	−	+	+
中间精密度	−	+[①]	−	+[①]	+
专属性[②]	+	+	+	+	+
检测限	−	−[③]	+	−	−
定量限	−	+	−	−	−
线性	−	+	−	+	+
范围	−	+	−	+	+
耐用性	+	+	+	+	+

注:① 已有重复性验证,不需验证中间精密度;

② 如一种方法不够专属,可用其他分析方法予以补充;

③ 视具体情况予以验证。

一、准确度

准确度系指用该方法测定的结果与真实值或参考值接近的程度,一般用回收率(%)表示。一定的准确度是定量测定的必要条件,因此涉及定量测定的检测项目均需要验证准确度,如含量测定、杂质定量测定等。

1. 含量测定方法的准确度

(1) 原料药的含量测定:原料药可用已知纯度的对照品或供试品进行测定,并按下式计算回收率;或用本法所得结果与已知准确度的另一个方法测定的结果进行比较。

$$回收率 = \frac{测得值}{加入量} \times 100\% \tag{7-42}$$

(2) 制剂的含量测定:主要测试制剂中其他组分及辅料对含量测定方法的影响。可用含已知量待测物的各组分混合物(包括制剂辅料)进行测定,回收率的计算同原料药的含量测定项下。如不能得到制剂的全部组分,则可向制剂中加入已知量的待测物进行测定,回收率应按下式计算;或用本法所得结果与已知准确度的另一个方法测定结果进行比较。

$$回收率 = \frac{测得值 - 空白值}{加入量} \times 100\% \tag{7-43}$$

若该分析方法已经测试并求出了精密度、线性和专属性,在准确度也可推算出来的情况下,则这一项可不必再做。

(3) 中药化学成分测定方法的准确度:可用对照品进行加样回收率测定,即向已知待测组分含量的供试品中再精密加入一定量的待测组分对照品,依法测定。用下式计算回收率:

$$回收率 = \frac{C-A}{B} \times 100\% \tag{7-44}$$

式中,A 为供试品所含待测组分量;B 为加入对照品量;C 为实测值。

2. 杂质定量测定方法的准确度

杂质定量测定方法大多采用色谱法,其准确度可通过向原料药或制剂中加入已知量杂质进行测定。如不能得到杂质或降解产物,可用本法测定结果与另一成熟的方法进行比较,如药典标准方法或经过验证的方法。在不能测得杂质或降解产物的校正因子或不能测得对原料药的相对校正因子的情况下,可用原料药的校正因子。但应明确表明单个杂质和杂质总量相当于主组分的质量比或面积比。

3. 校正因子的准确度

对色谱而言,绝对(或定量)校正因子是指单位面积的色谱峰代表的待测物质的量。待测物质与所选的参照物质的绝对校正因子之比,即为相对校正因子。在化学药有关物质的测定、中药材及其复方制剂中多指标组分的测定中,常用相对校正因子计算法。除了特殊说明,校正因子是指气相色谱法和高效液相色谱法中的相对质量校正因子。

4. 数据要求

在规定的范围内,取同一浓度(相当于100%浓度水平)的供试品,用至少测定6份样品的结果进行评价;或设计3个不同浓度,每个浓度各分别制备3份供试品溶液,进行测定。对于化学药,一般中间浓度加入量与所取供试品中待测组分量之比控制在1:1左右,建议高、中、低浓度对照品加入量与所取供试品中待测组分量之比控制在1.2:1,1:1,0.8:1左右,应报告已知加入量的回收率,或测定结果平均值与真实值之差及其相对标准偏差或置信区间(置信度一般为95%);对于中药,一般中间浓度加入量与所取供试品中待测组分量之比控制在1:1左右,建议高、中、低浓度对照品加入量与所取供试品中待测组分量之比控制在1.5:1,1:1,0.5:1左右,应报告供试品取样量、供试品中含有量、对照品加入量、测定结果和回收率计算值,以及回收率的相对标准偏差或置信区间。对于校正因子,应报告测定方法、测定结果和相对标准偏差。在基质复杂、组分含量低于0.01%及多组分等分析中,回收率限度可适当放宽。样品中待测组分含量和回收率限度关系参考见表7-5。

表7-5 样品中待测组分含量和回收率限度

待测组分含量	回收率限度/%
100%	98~101
10%	95~102
1%	92~105
0.1%	90~108
0.01%	85~110
10 $\mu g \cdot g^{-1}$	80~115
1 $\mu g \cdot g^{-1}$	75~120
10 $\mu g \cdot kg^{-1}$	70~125

二、精密度

精密度系指在规定的测试条件下,同一个均匀供试品经多次取样测定所得结果之间的接近程度。精密度一般用偏差、标准偏差或相对标准偏差表示。含量测定和杂质的定量测定应考虑方法的精密度。精密度应从三个层次进行考察,即重复性、中间精密度及重现性,并均应报告每项考察结果的标准偏差、相对标准偏差和可信限。

1. 重复性

在相同条件下,由同一分析人员测定所得结果的精密度称为重复性。在规定范围内,取同一浓度(相当于 100% 浓度水平)的供试品溶液,用至少 6 份样品的测定结果进行评价;或设计 3 个不同浓度,每个浓度各分别制备 3 份供试品溶液,进行测定。采用 9 份测定结果进行评价时,对于化学药,一般中间浓度加入量与所取供试品中待测组分量之比控制在 1:1 左右,建议高、中、低浓度对照品加入量与所取供试品中待测组分量之比控制在 1.2:1,1:1,0.8:1 左右;对于中药,一般中间浓度加入量与所取供试品中待测组分量之比控制在 1:1 左右,建议高、中、低浓度对照品加入量与所取供试品中待测组分量之比控制在 1.5:1,1:1,0.5:1 左右。

2. 中间精密度

在同一个实验室,不同时间由不同分析人员用不同设备测定结果之间的精密度,称为中间精密度。该项试验设计的目的是为了考察随机变动因素对精密度的影响。变动因素包括不同日期、不同分析人员、不同设备。

3. 重现性

在不同实验室由不同分析人员测定结果之间的精密度,称为重现性。法定标准采用的分析方法,应进行重现性试验。例如,建立药典分析方法时,通过相关实验室间的协同检验得出重现性结果。协同检验的目的、过程和重现性结果均应记载在起草说明中。应注意重现性试验用的样品本身的质量均匀性和储存运输中的环境影响因素,以免影响重现性结果。

4. 数据要求

均应报告偏差、标准偏差、相对标准偏差或置信区间。在基质复杂、含量低于 0.01% 及多组分等分析中,精密度接受范围可适当放宽。样品中待测组分含量和精密度可接受范围见表 7-6。

表 7-6 样品中待测组分含量和精密度可接受范围

待测组分含量	重复性 RSD/%	重现性 RSD/%
100%	1	2
10%	1.5	3
1%	2	4
0.1%	3	6
0.01%	4	8
10 $\mu g \cdot g^{-1}$	6	11
1 $\mu g \cdot g^{-1}$	8	16
10 $\mu g \cdot kg^{-1}$	15	32

三、专属性

专属性系指在其他组分(如杂质、降解产物、辅料等)可能存在下,采用的方法能正确测定出待测物的能力。鉴别反应、杂质检查和含量测定方法均应考察其专属性。如采用的方法不够专属,应采用多个不同原理的方法予以补充。

1. 鉴别试验

鉴别试验应确证被分析物符合其理化特征。专属性试验要求证明能与可能共存的物质或结构相似化合物区分,需确证含待分析物的样品呈正反应(可与已知对照物比较);而不含待测组分的供试品,以及结构相似或组分中的有关化合物,均应呈负反应。

2. 含量测定和杂质检查

采用色谱法和其他分离方法,应附代表性图谱,以说明方法的专属性,并应标明各组分在图中的位置,色谱法中的分离度应符合要求。

在杂质对照品可获得的情况下,对于含量测定,样品中可加入杂质或辅料,考察测定结果是否受干扰,并可与未加杂质或辅料的样品比较测定结果。对于杂质检查,也可向样品中加入一定量的杂质,考察各组分包括杂质之间能否得到分离。

在杂质或降解产物不能获得的情况下,可将含有杂质或降解产物的样品进行测定,与另一个已经验证了的方法或药典方法比较结果。也可用强光照射、高温、高湿、酸(碱)水解或氧化的方法进行加速破坏,以研究可能存在的降解产物和降解途径对含量测定和杂质测定的影响。含量测定方法应比对两种方法的结果,杂质检查应比对检出的杂质个数,必要时可采用光二极管阵列检测和质谱检测,进行色谱峰纯度检查。

四、检测限

检测限(limit of detection,LOD)系指样品中待测物能被检测出的最低量。药品的鉴别试验和杂质检查方法,均应通过测试确定方法的检测限。检测限仅作为限度试验指标和定性鉴别的依据,没有定量意义。常用的方法如下:

1. 直观法

用已知浓度的待测物,试验出能被可靠地检测出的最低浓度或量。

2. 信噪比法

用于能显示基线噪音的分析方法,即把已知低浓度样品测出的信号与空白样品测出的信号进行比较,计算出能被可靠地检测出的待测物最低浓度或量。一般以信噪比为 3∶1 或 2∶1 时相应的浓度或注入仪器的量确定检测限。

3. 基于响应值标准偏差和标准曲线斜率法

按照 $LOD = 3.3\delta/S$ 公式计算。式中,LOD 为检测限,δ 为响应值的偏差,S 为标准曲线的斜率。

δ 可以通过下列方法测得:① 测定空白值的标准偏差;② 标准曲线的剩余标准偏差或截距的标准偏差来代替。

4. 数据要求

上述计算方法获得的检测限数据须用含量相近的样品进行验证。应附测定图谱,说明试验过程和检测限结果。

五、定量限

定量限(limit of quantitation,LOQ)系指样品中待测物能被定量测定的最低量,其测定结果应符合准确度和精密度要求。对微量或痕量药物分析、定量测定药物杂质和降解产物,应确定方法的定量限。常用的方法如下:

1. 直观法

用已知浓度的待测物,试验出能被可靠地定量测定的最低浓度或量。

2. 信噪比法

用于能显示基线噪音的分析方法,即把已知低浓度样品测出的信号与空白样品测出的信号进行比较,计算出能被可靠地定量的待测物最低浓度或量。一般以信噪比为 10∶1 时相应的浓度或注入仪器的量确定定量限。

3. 基于响应值标准偏差和标准曲线斜率法

按照 LOQ=10δ/S 公式计算。式中,LOQ 为定量限,δ 为响应值的偏差,S 为标准曲线的斜率。

δ 可以通过下列方法测得:① 测定空白值的标准偏差;② 采用标准曲线的剩余标准偏差或截距的标准偏差来代替。

4. 数据要求

上述计算方法获得的定量限数据,须用含量相近的样品进行验证。应附测定图谱,说明试验过程和定量限结果,包括准确度和精密度验证数据。

六、线性

线性系指在设计的范围内,测定响应值与样品中待测物浓度成正比关系的程度。线性是定量测定的基础,涉及定量测定的项目,如杂质定量试验和含量测定,均需要验证线性。

应在规定的范围内测定线性关系。可用同一对照品储备液经精密稀释,或分别精密称取对照品,制备一系列对照品溶液的方法进行测定,至少制备 5 份不同浓度的对照品溶液。以测得的响应信号对待测物的浓度作图,观察是否呈线性,再用最小二乘法进行线性回归。必要时,响应信号可经数学转换,再进行线性回归计算。或者采用描述浓度-响应关系的非线性模型。

数据要求:应列出回归方程、相关系数和线性图(或其他数学模型)。

七、范围

范围系指分析方法能达到一定精密度、准确度和线性要求时的高低限浓度或量的区间。通常用与分析方法的测试结果相同的单位(如百分浓度)表达。凡涉及定量测定的检测项目均需要对范围进行验证,如含量测定、含量均匀度、溶出度或释放度、杂质定量试验等。

范围应根据分析方法的具体应用及其线性、准确度、精密度结果和要求确定。可采用对照品或符合要求的原料药配制成不同的浓度,按照相应的测定方法进行试验。原料药和制剂含量测定,范围应为测试浓度的 80%～120%;制剂含量均匀度检查,范围一般应为测试浓度的 70%～130%,根据剂型特点,如气雾剂和喷雾剂,范围可适当放宽;溶出度或释放度中的溶出量测定,范围应为限度的±30%,如规定了限度范围,则应为下限的－20%至上限的＋20%;杂质测定,范围应根据初步实际测定数据,拟订为规定限度的±20%。如果含量测定与杂质检查同时进行,用峰面积归一化法,则线性范围应为杂质规定限度的－20%至含量限度(或上限)的＋20%。

在中药分析中,范围应根据分析方法的具体应用和线性、准确度、精密度结果及要求确定。对于有毒的、具特殊功效或药理作用的组分,其验证范围应大于被限定含量的区间。

校正因子测定时,范围一般应根据其应用对象的测定范围确定。

八、耐用性

耐用性系指在测定条件有小的变动时,测定结果不受影响的承受程度,为所建立的方法用于日常检验提供依据。在开始研究分析方法时,就应考虑其耐用性。如果测试条件要求苛刻,则应在方法中写明,并注明可以接受变动的范围。可以先采用均匀设计确定主要影响因素,再通过单因素分析等确定变动范围。

典型的变动因素有:待测溶液的稳定性、样品的提取次数、时间等。高效液相色谱法中典型的变动因素有:流动相的组成和 pH,不同品牌或不同批号的同类型色谱柱、柱温、流速等。气相色谱法变动因素有:不同品牌或批号的色谱柱、固定相、不同类型的担体、载气流速、柱温、进样口和检测器温度等。

经试验,测试条件小的变动应能满足系统适用性试验要求,以确保方法的可靠性。

本章提要

本章介绍误差与数据处理、药物分析中常用的统计学知识及不确定度的评估,主要介绍药物的含量测定方法及其计算,和分析方法验证的内容、要求及相关计算。误差是客观存在的,只有弄清误差产生的原因,才能在实验中尽量减免误差的产生。按有效数字的相关规则,正确记录测定过程中得到的实验数据,对可疑数据进行取舍,对实验得到的测量结果进行统计学检验,并进行测量不确定度的评估,以期最终得到准确、可靠的分析结果。药物的含量测定采用化学或仪器分析方法对其中的有效成分进行测定,从而判断样品含量是否符合有关标准的规定,其中容量分析法、紫外-可见分光光度法和高效液相色谱法在《中国药典》的含量测定项目中有非常广泛的应用。各法具有不同的准确度、专属性和灵敏度,应根据样品中待测组分含量高低及共存组分干扰程度等因素,选择合适的方法进行测定。分析方法验证是通过设计合理的试验,来验证所用分析方法的科学性及可行性。鉴别试验、杂质检查及含量测定等检测项目均需对其采用的分析方法进行验证,验证的内容包括:准确度、精密度(包括重复性、中间精密度和重现性)、专属性、检测限、定量限、线性、范围和耐用性。

关键词

误差;数据处理;含量测定;分析方法验证

思考题

1. 说明误差与偏差、准确度与精密度的区别和联系。何种情况下可用偏差来衡量测量结果的准确程度?

2. 为什么统计检验的顺序是先进行可疑数据的取舍,再进行 F 检验,最后进行 t 检验?

3. 精密量取呋喃米注射液(规格:1 mL∶10 mg)2 mL 置 100 mL 量瓶中,用 0.1 mol · L^{-1} 氢氧化钠溶液稀释至刻度,摇匀后取出 5.0 mL 置另一 100 mL 量瓶中,用 0.1 mol · L^{-1} 氢氧化钠溶液稀释至刻度,摇匀,在 271 nm 测定吸光度 $A = 0.586$。已知 $E_{1cm}^{1\%} = 594$,计算此注射剂的标示量。

4. 烟碱片含量测定:取本品(规格:0.3 g)10 片,精密称定 3.5840 g,研细,精密称取 0.3729 g,置 100 mL 锥形瓶中,置水浴加热溶解后,放冷,加酚酞指示剂 3 滴,用氢氧化钠滴定液(0.1005 mol · L^{-1})滴定至粉红色,消耗 25.02 mL。每毫升氢氧化钠滴定液(0.1 mol · L^{-1})相当于 12.31 mg 的烟酸,试计算供试品中烟酸的标示量。

5. 简述分析方法验证的主要内容及验证方法,并说明各检测项目需要验证的内容。

(山东师范大学　张金娥)

第八章 化学药物分析

化学药物又称化学合成药物,是指通过有机化学反应来合成原料药,原料药再通过一定的工艺制成适合于临床使用的制剂形式。目前,化学合成药物在常用药品中占主导地位。为了确保化学合成药物的安全性、有效性和质量可控性,化学合成药物应格外关注生产过程中的起始原料、溶剂、中间体、原料药、制剂辅料的跟踪监测和最终产品的质量控制。全面控制药品质量离不开科学、合理、有效的分析方法,本章针对化学合成药物的特点,介绍这类药物的分析方法,主要涉及原材料、生产过程、原料药及制剂的分析技术和方法。

第一节 概述

药物的检测包括定性和定量,而定性和定量方法的建立是以药物的理化特性为基础的,物质的理化性质又与其化学结构密切相关。对于化学合成药物,一般结构都比较明确,这就为检测方法的选择提供了明确的依据。分析工作者可以根据待分析药物的分子结构特点和理化性质,采用化学、物理化学或生物学的方法对药物进行系统的分析。常规的检测步骤是从定性到定量,即,首先判断药物的真伪,在药物鉴别无误的前提下,进一步进行药物的检查和含量测定。

一、化学药物的分类

化学合成药的发展已有100多年历史。19世纪40年代乙醚、氯仿等麻醉剂在外科手术中的成功应用,标志着化学合成药在医疗史上的出现。随着有机化学、药理学和制剂工艺的发展,化学合成药迅速发展,目前品种、产量、产值等均已在制药工业中占首要地位。世界上临床使用的化学合成药物品种已多达数千种。化学药物可以是矿物质、合成的有机化合物,也可以是从自然界中提取的有效成分或单体,或者是通过发酵方法得到的抗生素和半合成抗生素,总之化学药物是一类既具有药物功效,同时又有确切化学结构的物质。无机合成药为无机化合物(极个别为元素),如用于治疗胃及十二指肠溃疡的氢氧化铝、三硅酸镁等;有机合成药主要是由基本有机化工原料,经一系列有机化学反应而制得的药物如阿司匹林、黄体酮、咖啡因等。随着人类认识理念和科学技术的不断进步,新的化学药物不断问世,逐渐形成了种类繁多的庞大群体,由此也产生了众多的分类方法,纵观这些分类方法,一般以来源、作用对象、作用机制和化学结构作为依据,其中根据作用对象和化学结构不同进行分类比较常见。

化学药物根据作用对象不同可分为神经系统药物、循环系统药物、消化系统药物、呼吸系统药物、心血管系统药物、生殖系统药物、泌尿系统药物、免疫系统药物、抗过敏药、抗炎药、治疗糖尿病药物、减肥药、抗肿瘤药等。

根据化学结构的不同,化学药物常分为巴比妥类药物、芳酸及其酯类药物、芳香胺类药物、杂环类药物、磺胺类药物、生物碱类药物、维生素类药物、甾体激素类药物和青蒿素类药物等,本章将遵循化学结构分类法进行讨论。

二、化学药物分析的特点

化学药物是以结构较简单的化合物或具有一定基本结构的天然产物为原料,经过一系列反应过程制得。这些药物一般都是具有单一化学结构的物质,而且结构非常明确。化学合成药的分析,涉及从原材料、中间体到成品分析,因此必须根据待测物质本身的特性和生产过程的要求选择合适的分析方法进行质量控制。随着物理学、材料科学、计算机技术及其相关学科的进步,至今已发展出多种高效、准确的分析方法。

一般来说,药品分析工作的基本程序为取样、鉴别、检查和含量测定。分析任何药品首先是取样,即从大量的药品中抽取少量典型样品进行分析。取样应考虑科学性、真实性和代表性,不然就失去了检验的意义。取样的基本原则应该是均匀和合理。

化学药物的鉴别试验主要依据药物的化学结构和理化性质,采用物理或化学方法来判断药物及其制剂的真伪。常用的方法有化学鉴别法(呈色反应鉴别法、沉淀生成反应鉴别法、荧光反应鉴别法、气体生成反应鉴别法、使试剂褪色的鉴别法、测定生成物的熔点等)、光谱鉴别法(紫外光谱法、红外光谱法、近红外光谱法、原子吸收法、核磁共振法、质谱鉴别法、粉末 X 射线衍射法等)、色谱鉴别法(薄层色谱鉴别法、高效液相色谱鉴别法、气相色谱鉴别法、毛细管电泳鉴别法等)。药物在不影响疗效及人体健康的原则下,可以允许其生产过程和储藏过程中产生微量杂质,通常需按照药品质量标准规定的项目进行“限度检查”,以判断药物的纯度是否符合限量规定要求。有关药物中杂质检查的基本规律和方法已在“杂质检查”一章中集中讨论,本章仅选择性地阐述几个有代表性的化学药物的特殊杂质及其检查方法。

含量测定就是测定药物中主要有效成分的含量,根据药物的结构可选择容量分析法、光谱分析法或色谱分析法进行测定。容量分析法操作简便,结果准确,方法耐用性高,但缺乏专属性;光谱分析法简便、快速、灵敏度高,有一定的准确度但专属性稍差;色谱分析法具有高灵敏度、高专属性,具有一定的准确度,但其计算结果需要对照品。一般原料药因为纯度较高,所含杂质较少,故强调测定结果的准确与重现,因此首选容量分析法。制剂尤其是复方制剂由于组分复杂,干扰物质多,含量限度一般较宽,故更强调方法的灵敏度和专属性,因此首选色谱分析法进行含量测定。

第二节 原材料分析

原料药制备研发过程一般包括 3 个步骤:① 确定目标化合物:通过文献调研、药效学筛选实验或其他有关基础研究工作,确定拟研发的目标化合物;② 设计合成路线:根据目标化合物的结构特性,参考国内外相关文献,综合分析,确定工艺可行、成本合理、收率相对较高的合成路线;③ 药物合成和结构确证:通过化学反应、生物发酵或其他方法制备出质量符合要求的目标化合物并进行结构确证,为药学方面的研究和临床研究提供合格的样品。在各种药物的生产中,相同的药物可以通过不同的合成路线、不同的工艺而获得,所以就会采用不同的原料;而且某一路线中的起始原料在另一路线中也可能是中间产物。因此,作为合成药物的原材料,其种类纷繁复杂,很难归类。

一、原材料的种类

在原料药制备工艺研究的过程中,起始原料和试剂的质量是原料药制备研究工作的基础,直接关系到最终产品的质量和工艺的稳定,可为质量研究提供有关的杂质信息,也涉及工业生产中劳动保护和安全生产问题。因此,应对起始原料和试剂选择提出一定的要求。起始原料的选择原则是起始原料应质量稳定、可控,应有其来源、标准和供货商的检验报告,必要时应根据制备工艺的要求建立内控标准。对由起始原料引入的杂质、异构体,必要时应进行相关的研究并提供质量控制方法;对具有手性的起始原料,应制定作为杂质的对映异构体或非对映异构体的限度,同时应对该起始原料在制备过程中可能会引入的杂质有一定的了解。

药物合成过程中不可避免地需要使用各种溶剂,《中国药典》和人用药品注册技术要求国际协调会(ICH)均将有机溶剂按毒性程度分为四类。第一类溶剂毒性较大且具有致癌性并对环境有害;第二类有机溶剂具有一定可逆性,对动物有非基因毒性、致癌性、不可逆神经或致畸等毒性;第三类有机溶剂对人的健康危害较小;第四类溶剂是目前尚无足够毒理学资料的溶剂。合成过程中一般应选择毒性较低的试剂,避免使用一类溶剂,限制使用二类溶剂,同时应对所用试剂、溶剂的毒性进行说明,以利于在生产过程中对其进行控制。影响终产物中残留溶剂水平的因素较多,主要有合成路线的长短,有机溶剂在其中使用的步骤,中间体的纯化方法、干燥条件,最终产品精制方法和条件等。一般来说,后面几步中使用的溶剂残留的可能性较大,因此,对于较长路线的工艺,尤其需要关注后几步所使用的各类溶剂。

由于制备原料药所用的起始原料、试剂中可能存在着某些杂质,若在反应过程中无法将其去除或者其参与了反应,对最终产品的质量会有一定的影响,因此需要对其进行控制,制订相应的内控标准。一般要求对产品质量有一定影响的起始原料、试剂均应制订内控标准,同时还应注意在工艺优化和中试过程中起始原料和重要试剂规格的改变对产品质量的影响。一般内控标准应重点考虑以下几个方法:① 对名称、化学结构、理化性质要有清楚的描述;② 要有具体的来源,包括生产厂家和简单的制备工艺;③ 提供证明其含量的数据,对所含杂质情况(包含有毒溶剂)进行定量或定性的描述;④ 如果需要采用起始原料或试剂进行特殊反应,对其质量应有特别的要求,如对于必须要在干燥条件下进行的反应,需要对起始原料或试剂中水分含量进行严格的要求和控制;若起始原料为手性化合物,需要对对映异构体或非对映异构体的限度有一定的要求;⑤ 对于不符合内控标准的起始原料或试剂,应对其精制方法进行研究,以利于对工艺和最终产品的质量进行控制。

以下就一些常见的主要原料作简单介绍:

1. 芳烃及其衍生物

这是一类应用极为广泛的原材料。涉及含有芳环的各类药物,如苯巴比妥类、芳酸类、芳胺类等。苯巴比妥是以苯乙酸乙酯为原料,在醇钠催化下与草酸二乙酯进行克莱森(Claisen)缩合后,加热脱碳,制得2-苯基丙二酸二乙酯,再进行乙基化,最后与脲缩合制得。芳酸类药物中布洛芬[化学名:α-甲基-4-(2-甲基丙基)苯乙酸]的合成是以异丁苯在无水三氯化铝催化下与乙酰氯反应生成4-异丁基苯乙酮,再将其与氯乙酸乙酯进行Darzens反应,经碱水解、酸化脱羧反应使乙酰基转变为α-甲基乙醛,最后再在碱性溶液中用催化氧化法得到产物。芳胺类药物中盐酸利多卡因,以间二甲苯为原料,经与混酸硝化得到2,6-二甲基硝基苯,再以铁粉盐酸还原生成

2,6 -二甲基苯胺,在冰醋酸中与氯乙酰氯反应生成 2,6 -二甲基氯代乙酰苯胺,在苯中与过量的二乙胺反应,生成游离的利多卡因,成盐后即得。

2. 吡啶及其衍生物

此类原材料广泛应用于医药产品的合成,可作为甾族化合物、磺胺类及抗组胺类药物的合成原料。吡啶的氨基衍生物主要用于生产一般抗组胺类药物。如氯苯那敏的合成是以 2 -甲基吡啶为原料,进行氯代反应,生成 2 -氯甲基吡啶,高温条件下与盐酸苯胺缩合生成 2 -对氨基苄基吡啶,然后经重氮化、桑德迈尔(Sandmeyer)反应生成 2 -对氯苄基吡啶。在氨基钠存在下,与溴代乙醛缩二乙醇反应,生成 β -对氯苯基-β -(2 -吡啶基)-丙醛缩二乙醇,与二甲基甲酰胺及甲酸缩合而成,最终与马来酸成盐。

3. 哌嗪及其衍生物

由其出发可以合成哌嗪磷酸盐、哌嗪硫酸盐、氟哌酸、吡哌酸、喹诺酮、利福平等;哌嗪的一些衍生物,如 N -甲基哌嗪、N -乙基哌嗪分别是生产氧氟沙星等沙星类药物的主要原料。如环丙沙星的合成是以 2,4 -二氯氟苯为起始原料,经多步反应后得到7 -氯-1 -环丙基- 6 -氟-1,4 -二氢- 4 -氧代- 3 -喹啉羧酸,再与哌嗪在 DMSO 介质中缩合得到产物。

4. 其他

吡嗪及其衍生物、吗啉及其衍生物、咪唑及其衍生物也是非常重要的医药中间体,如 2 -甲基吡嗪用作利尿药氨吡酰胍和抗结核药吡嗪酰胺的原料。吡嗪及其衍生物在医药方面用于合成病毒灵、布洛芬、氟联苯丙酸及咳必定、甲灭酸等多种重要药物。N -1 取代的咪唑衍生物为优良的杀(真)菌药物,如咪康唑、克霉唑、联苯苄唑等。

二、原材料的分析方法

通常情况下,获得的原材料都是已知的化合物,都具有明确的化学组成和含量表示,因此可根据原材料的结构和性质,选择合适的分析方法。无论是定性分析还是定量测定,化学分析法和仪器分析法都可采用。随着分析仪器的迅速普及和方法的不断成熟,紫外分光光度法、气相色谱法、高效液相色谱法、色谱-质谱联用已成为目前常用的分析方法。

对于残留溶剂的测定,气相色谱法显示了其独特的优越性,样品无需任何预处理,快速易行,目前各国药典残留溶剂的测定均采用气相色谱法。

相比而言,高效液相色谱法允许样品在室温条件下进行分析,所以在原材料的分析方面受到更为广泛的应用。特别值得一提的是对于对映体纯度的测定,高效液相色谱法已经开发出许多有效的分离分析方法(如柱前手性衍生化法、手性流动相添加剂法、手性固定相法等)。因为手性合成正受到越来越多的关注,而手性合成很多是以手性原材料为出发点的。

近年来,新技术和新方法的发展极为迅速,如气相色谱-质谱联用(GC - MS)、液相色谱-质谱联用(LC - MS),由于集高分离能力、高灵敏度和较强专属性于一体,能使样品的分离、鉴别和定量一次完成,正日益受到分析工作者的关注,对于药物分析的发展起到了很大的促进作用。

又如近红外光谱法,由于具有快速、准确、对样品无破坏的检测特性,不仅可用于对"离线"供试品的检验,还能直接对"在线"样品进行检测。一张近红外光谱既可以给出活性成分、辅料的化学结构信息、还可以给出活性成分的工艺信息(如晶型、旋光度、密度等)及制剂的工艺特征信息(如制粒的大小、硬度等)和部分包装材料的结构信息,所以利用近红外光谱,我们既可以做定性分析,也可以做定量分析。但与常规的分析方法不同,近红外光谱技术不是通过观察供试品或测量供试品谱图参数直接进行定性或定量分析,而是首先通过测定样品校正集的光谱、组成或性质数据(组成或性质数据需通过其他认可的标准方法测定),采用合适的化学计量学方法建立校正模型,再利用建立的校正模型与未知样品进行比较,从而实现定性或定量分析。基于近红外光谱法的检测特性,此法可广泛地应用于药物合成原材料及其成品的理化分析。

核磁共振是一种迄今功能强大的结构研究手段,其可以彻底解决多数有机物的化学结构问题。20 世纪 70 年代出现了液相色谱-核磁共振联用技术(LC - NMR),随着该技术所需的硬件和软件方面的快速发展,目前 LC - NMR 技术已成为药物杂质鉴定、药物体内外代谢产物的结构鉴定等研究领域的新型分析技术之一。

第三节　生产过程检测

一、合成中间体结构特性

由于中间体是在药物合成过程中产生的,一般情况下中间体会或多或少地被带入产物中去,而且中间体常常会具有和产物相同或相似的基团或特征。在原料药制备研究的过程中,中间体的研究和质量控制是不可缺少的部分,对稳定原料药制备工艺具有重要意义,也可以为药物结构确证研究提供重要依据。一般来说,药物合成过程中产生的中间体分为未知结构关键中间体、已知结构关键中间体及已知结构一般中间体。由于关键中间体对终产品的质量和安全性有一定的影响,因此对其质量进行控制十分重要。对于未知结构关键中间体,由于没有文献报道,其结构研究对于认知该化合物的特性、判断工艺的可行性和对终产品的结构确证具有重要作用。有时,因终产品结构确证研究的需要,对已知结构中间体也很有必要对其结构进行研究确证。对一般中间体要求相对简单,对其进行定量控制即可。需要说明的是,中间体的质量控制应按照产品工艺路线的特点和终产品质控的需要合理选取质控项目。

对于未知结构的关键中间体一般情况下应对其结构进行确证,并对理化常数、质量控制(定性、定量)进行研究。结构研究一般应进行红外、紫外、核磁共振(碳谱、氢谱,必要时进行二维相关谱)、质谱和元素分析等研究,以确证该中间体的结构;理化常数研究一般包括熔点(或沸点)、比旋光度、溶解度等;质量研究一般包括性状、异构体、有关物质、含量等。

已知结构的关键中间体一般情况下应对其理化常数、质量(定性、定量)进行研究,根据结构确证研究的需要,提供相应的结构研究资料。

已知结构的一般中间体一般情况下应对其理化常数进行研究,并与文献资料进行比较,同时还应对其质量进行研究,并根据结构确证研究的需要,提供相应的结构研究资料。

如阿司匹林合成过程中可能生成副产物苯酚、醋酸苯酯、水杨酸苯酯及乙酰水杨酸苯酯等中间体或副产物,这些杂质依据与阿司匹林的结构差异,在《中国药典》中选用澄清度检查法、易炭化物检查法和有关物质的测定进行控制,以保证最终产品的质量。

二、分离与鉴别

与原材料分析类似,中间体的鉴别是以其理化性质为依据,比较常用的是熔点数据,如果具有手性中心,则需进行旋光度测定,红外光谱数据常常是定性鉴别的有力证据。但当中间体中混有较多杂质时,分离和鉴别能同时进行的当选色谱法。薄层色谱法是根据斑点的位置和数目来进行判别,方法操作简便、无需特殊装置、成本低廉,但灵敏度、专属性、准确度相对较差。气相色谱法、高效液相色谱法及其与质谱联用方法(LC - MS 和 GC - MS),由于其分离效率高、准确、快速、专属性强,是反应中间体和产品质量控制的有效手段。

例如:药物中间体 2 -乙基苯并咪唑是抗真菌药物合成中间体,在生产过程中,对该产品进行检测可采用如下手段:① 测定熔点:2 -乙基苯并咪唑的熔点为 168～170℃;② 红外光谱:3055 cm^{-1}、1542 cm^{-1}、1500 cm^{-1}、1406 cm^{-1}处的吸收峰说明苯环的存在,739 cm^{-1}处的吸收峰说明苯环邻二取代,2975 cm^{-1}、2895 cm^{-1}处的吸收峰说明烷基存在,3450 cm^{-1}处吸收峰显示药物可能存在 N—H,1616 cm^{-1}处吸收峰和 1326 cm^{-1}处吸收峰分别说明 C=N 和 C—N 的存在,未发现羰基、羧基和伯胺的吸收峰,从而确定产物为 2 -乙基苯并咪唑。

又如药物合成中常见的中间体 3 -氨基- 2 -噻吩甲酸甲酯的分离和测定可采用气相色谱法,在合适的气相色谱条件下,3 -氨基- 2 -噻吩甲酸甲酯与其他杂质之间能达到较好的分离,因此,可用于生产过程控制分析和产品质量检测。

三、含量测定

对于中间体的含量测定经典的方法通常是采用滴定分析,根据其所含基团的不同,可选择不同的滴定剂,通过滴定剂和被测物之间的计量关系求出中间体的含量。但当中间体含量比较低时,需采用灵敏度较高的仪器分析法,其中色谱法更是越来越广泛地应用在各类中间体的含量测定中。

噻吩及其衍生物这一类重要的药物中间体,由于噻吩刺激皮肤,与之接触会引起皮炎,溅入眼内会刺激眼睛,对造血系统亦有毒害。为将危害降低到最低点,需要对此类产品严格控制,目前,气相色谱法已被应用于噻吩、2 -乙酰噻吩、3 -噻吩甲醛的含量测定。

第四节　原料药物分析

本节主要以巴比妥类药物、芳酸及其酯类药物、芳胺类药物、杂环类药物、维生素类药物和甾体激素类药物为例,从药物的结构分析出发,介绍化学药物分析的基本原理与方法。

一、巴比妥类药物

(一) 药物结构

巴比妥类药物是巴比妥酸的衍生物,为环状酰脲类镇静催眠药,其结构通式为(见表 8 -1):

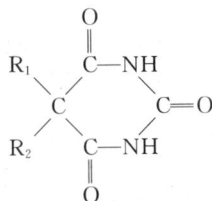

表 8-1 常见巴比妥类药物的化学结构

药品	R_1	R_2	备注
巴比妥(Barbital)	—C_2H_5	—C_2H_5	
苯巴比妥(Phenobarbital)	—C_2H_5	—C_6H_5	
司可巴比妥钠(Secobarbital sodium)	—$CH_2CH=CH_2$	—$CH(CH_3)(CH_2)_2CH_3$	
戊巴比妥(Pentobarbital)	—C_2H_5	—$CH(CH_3)(CH_2)_2CH_3$	
异戊巴比妥(Amobarbital)	—C_2H_5	—$CH_2CH_2CH(CH_3)_2$	
硫喷妥钠(Thiopental sodium)	—C_2H_5	—$CH(CH_3)(CH_2)_2CH_3$	C_2 上 S 取代的钠盐

（二）理化性质

1. 物理性质

巴比妥类药物一般为白色结晶或结晶性粉末；具有一定的熔点；在空气中较稳定，加热多能升华；微溶或极微溶于水，易溶于乙醇或有机溶剂；其钠盐则易溶于水而难溶于有机溶剂。

2. 弱酸性

巴比妥类药物母核环状结构中含有 1,3-二酰亚胺基团（—CO—NH—CO—），因而其分子结构能发生酮式-烯醇式互变异构，在水溶液中可以发生二级解离显弱酸性。

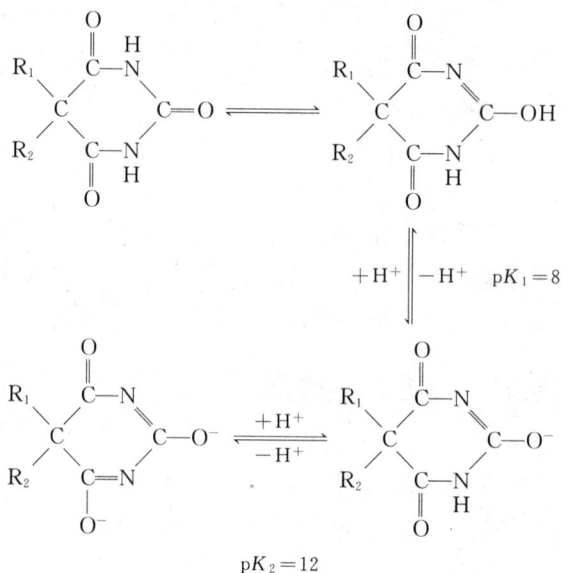

由于本类药物具有弱酸性（pK_a 为 7.3～8.4），故可与强碱反应生成水溶性的盐类，其钠盐水溶液呈碱性，加酸酸化后，析出结晶性的游离巴比妥类药物，可用有机溶剂将其提取出来。此性质可用于巴比妥类药物的分离、鉴别、检查和含量测定。

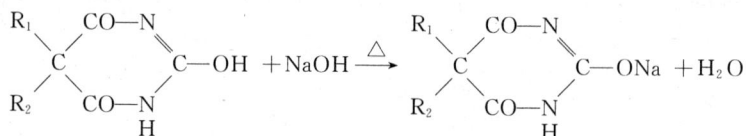

3. 水解反应

巴比妥类药物的分子结构中含有酰亚胺结构，与碱液共沸即水解，释放出氨气，可使红色石蕊试纸变蓝。

$$R_1 \begin{matrix} \text{O} \\ \| \\ \text{C}-\text{NH} \end{matrix} \begin{matrix} \\ \text{C} \\ \end{matrix} \begin{matrix} \\ \text{C}=\text{O} \\ \text{C}-\text{NH} \\ \| \\ \text{O} \end{matrix} +5\text{NaOH} \xrightarrow{\triangle} \begin{matrix} R_1 \\ \\ R_2 \end{matrix} \text{CHCOONa} +2\text{Na}_2\text{CO}_3 +2\text{NH}_3\uparrow$$

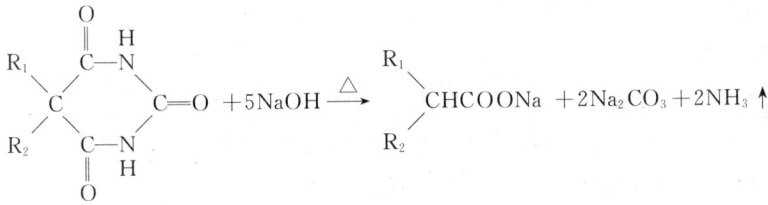

此反应可被用于鉴别,以巴比妥为例。JP(15)的鉴别方法为:取巴比妥 0.2 g,加氢氧化钠试液 10 mL,加热煮沸,则产生具有氨臭的气体,可使红色石蕊试纸变蓝。

4. 与重金属离子的反应

巴比妥类药物分子结构中的丙二酰脲基团在适宜的 pH 溶液中,能与某些重金属离子,如银盐、铜盐、钴盐、汞盐等络合而呈色或产生有色沉淀,依据此性质,可对本类药物进行鉴别和含量测定。

5. 紫外吸收光谱特征

巴比妥类药物的紫外吸收光谱随其解离级数的不同,发生显著的变化,如图 8-1 所示。在酸性溶液中,5,5-二取代和 1,5,5-三取代巴比妥类药物不解离,无明显的紫外吸收;在 pH10 的碱性溶液中,发生一级解离,形成共轭体系结构,在 240 nm 波长处有最大吸收峰;在 pH13 的强碱性溶液中,5,5-二取代巴比妥药物发生二级解离,引起共轭体系延长,最大吸收移至255 nm 波长处;1,5,5-三取代巴比妥类药物因 1 位取代基的存在,故不发生二级解离,最大吸收波长仍位于 240 nm 处。

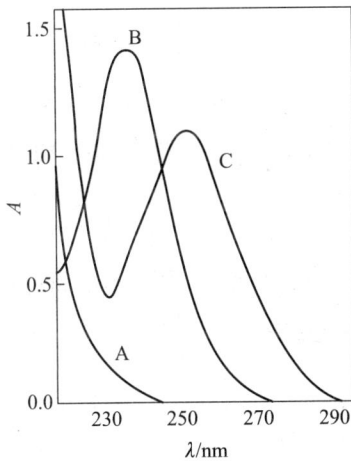

图 8-1 巴比妥类药物的紫外吸收光谱(2.5 mg·mL^{-1})
A—H$_2$SO$_4$ 溶液(0.05 mol·L^{-1})(未解离);B—pH9.9 缓冲溶液
(一级解离);C—NaOH 溶液(0.1 mol·L^{-1})(二级解离)

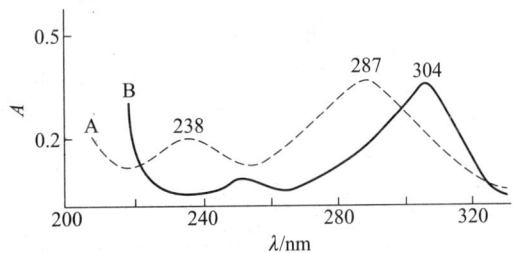

图 8-2 硫喷妥的紫外吸收光谱
···· —HCl 溶液(0.1 mol·L^{-1});
— —NaOH 溶液(0.1 mol·L^{-1})

硫代巴比妥类药物,在酸性或碱性溶液中,均有较明显的紫外吸收。如图 8-2 所示的硫喷妥的紫外吸收光谱:在盐酸(0.1 mol·L^{-1})中,两个吸收峰分别在 287 nm 和 238 nm;在氢氧化钠溶液(0.1 mol·L^{-1})中,两个吸收峰分别移至 304 nm 和 255 nm。另外,在 pH13 的强碱性溶液中,硫代巴比妥类药物在 255 nm 处的吸收峰消失,只存在 304 nm 处的吸收峰。

巴比妥类药物在不同 pH 溶液中的紫外吸收光谱发生的特征性变化,可用于本类药物的鉴别、检查和含量测定。

(三)鉴别反应

1. 丙二酰脲类鉴别试验

丙二酰脲类反应是巴比妥类药物母核的反应,因而是本类药物共有的反应。主要是银盐反应和铜盐反应,具体原理见药物的鉴别试验一章。

如《中国药典》(2015 年版)中苯巴比妥、司可巴比妥钠等均采用丙二酰脲类反应作鉴别。

银盐反应 取供试品约 0.1 g,加碳酸钠试液 1 mL 与水 10 mL,振摇 2 min,滤过,滤液中逐滴加入硝酸银试液,即生成白色沉淀,振摇,沉淀即溶解;继续滴加过量的硝酸银试液,沉淀不再溶解。

铜盐反应 取供试品 50 mg,加吡啶溶液(1→10)5 mL,溶解后,加铜吡啶试液 1 mL,即显紫色或生成紫色沉淀。含硫巴比妥类药物则呈现绿色,可用此反应区别巴比妥类和硫代巴比妥类药物。

2. 巴比妥类药物苯环取代基反应

含有苯环的巴比妥类药物,如苯巴比妥,可用硝化反应或甲醛-硫酸反应鉴别。硝化反应是含有芳香取代基的巴比妥类药物,与硝酸钾及硫酸共热,生成黄色硝基化合物。甲醛-硫酸反应是苯巴比妥与甲醛-硫酸作用,生成玫瑰红色产物。

硝化反应方程式为

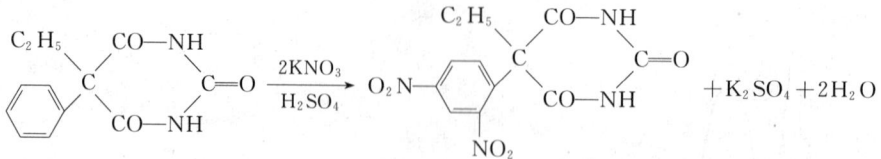

《中国药典》(2015 年版)对苯巴比妥鉴别如下 取本品约 10 mg,加硫酸 2 滴与亚硝酸钠约 5 mg,混合,即显橙黄色,随即转橙红色。

3. 巴比妥类药物不饱和取代基反应

药典中收载的有司可巴比妥钠,因结构中含有丙烯取代基,分子中的不饱和键可与碘、溴或高锰酸钾作用,发生加成反应或氧化反应,而使碘、溴或高锰酸钾褪色进行鉴别。其反应式为

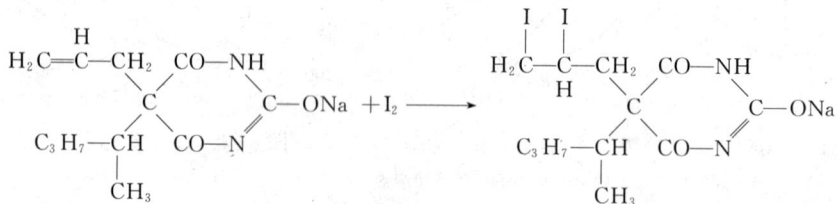

鉴别方法 取本品 0.10 g,加水 10 mL 溶解后,加碘试液 2 mL,所显棕黄色应在 5 min 内消失。

4. 巴比妥类药物硫元素反应

硫代巴比妥类分子中含有硫元素,可在氢氧化钠溶液中与铅离子反应生成白色沉淀;加热后,沉淀转变为硫化铅。本试验可供硫代巴比妥类与巴比妥类的区别。

硫喷妥钠硫元素的鉴别,其反应式为

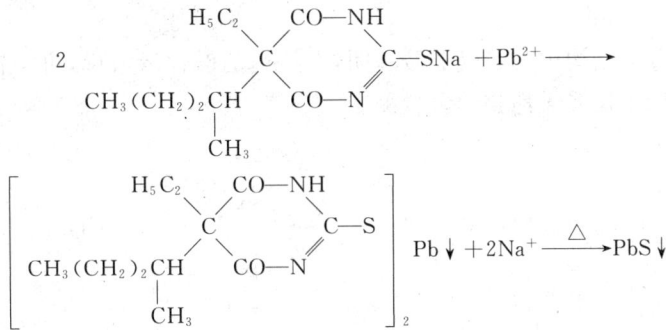

$$2 \begin{array}{c} H_5C_2 \\ CH_3(CH_2)_2CH \\ \quad | \\ \quad CH_3 \end{array} C \begin{array}{c} CO-NH \\ \\ CO-N \end{array} C-SNa + Pb^{2+} \longrightarrow$$

$$\left[\begin{array}{c} H_5C_2 \\ CH_3(CH_2)_2CH \\ \quad | \\ \quad CH_3 \end{array} C \begin{array}{c} CO-NH \\ \\ CO-N \end{array} C=S \right]_2 Pb\downarrow + 2Na^+ \xrightarrow{\triangle} PbS\downarrow$$

《中国药典》(2015 年版)中注射用硫喷妥钠的鉴别方法 取本品约 0.2 g,加氢氧化钠试液 5 mL 与醋酸铅试液 2 mL,生成白色沉淀,加热后,沉淀变为黑色。

(四) 巴比妥类药物中特殊杂质检查

苯巴比妥中特殊杂质检查。

一般来说,药物杂质检查的内容应根据药物的生产工艺及稳定性来确定,苯巴比妥合成工艺如下:

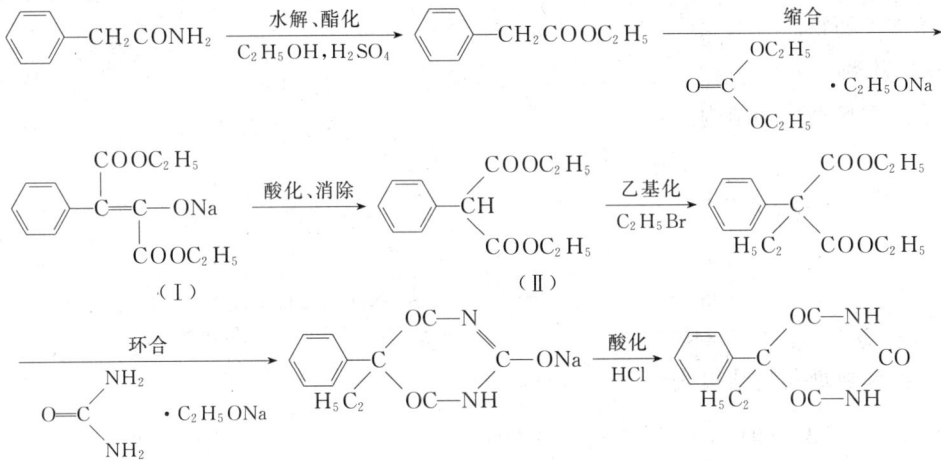

$$\text{C}_6\text{H}_5\text{-CH}_2\text{CONH}_2 \xrightarrow[\text{C}_2\text{H}_5\text{OH,H}_2\text{SO}_4]{\text{水解、酯化}} \text{C}_6\text{H}_5\text{-CH}_2\text{COOC}_2\text{H}_5 \xrightarrow[]{\text{缩合}} \begin{array}{c} OC_2H_5 \\ O=C \\ OC_2H_5 \end{array} \cdot C_2H_5ONa$$

$$\begin{array}{c} COOC_2H_5 \\ C_6H_5-C=C-ONa \\ \quad\quad COOC_2H_5 \end{array} (\text{I}) \xrightarrow[]{\text{酸化、消除}} \begin{array}{c} COOC_2H_5 \\ C_6H_5-CH \\ \quad COOC_2H_5 \end{array} \xrightarrow[C_2H_5Br]{\text{乙基化}} \begin{array}{c} COOC_2H_5 \\ C_6H_5-C \\ H_5C_2 \; COOC_2H_5 \end{array} (\text{II})$$

$$\xrightarrow[\substack{NH_2 \\ O=C \\ NH_2} \cdot C_2H_5ONa]{\text{环合}} \begin{array}{c} OC-N \\ C_6H_5-C \quad\quad C-ONa \\ H_5C_2 \; OC-NH \end{array} \xrightarrow[HCl]{\text{酸化}} \begin{array}{c} OC-NH \\ C_6H_5-C \quad\quad CO \\ H_5C_2 \; OC-NH \end{array}$$

其中中间体(I)和(II)的存在易带来副反应。《中国药典》(2015 年版)在苯巴比妥质量标准中设立了"酸度"、"乙醇溶液的澄清度"、"中性或碱性物质"及"有关物质"的检查项,以限制相关杂质的含量。

(1) 酸度:酸度检查主要用于控制副产物苯基丙二酰脲。当中间体(II)的乙基化反应进行不完全时,会与尿素缩合生成苯丙二酰脲。该分子酸性较苯巴比妥强,能使甲基橙指示剂显红色。因此药典规定:在一定量苯巴比妥供试品水溶液中加甲基橙指示剂,不得显红色,即可控制供试品中酸性物质的量。

(2) 乙醇溶液的澄清度:本项检查主要是严格控制苯巴比妥酸的量。利用其在乙醇溶液中溶解度小的性质进行检查。方法为取供试品 1.0 g,加乙醇 5 mL,加热回流 3 min,溶液应澄清。

(3) 有关物质:《中国药典》(2015 年版)中苯巴比妥的有关物质采用 HPLC 法检查。

(五) 巴比妥类药物的含量测定

银量法测定巴比妥类药物含量。

巴比妥类药物可与硝酸银发生定量反应,因此可根据消耗的硝酸银滴定液的量测定该类药物的含量。

巴比妥类药物分子结构中的二酰亚胺基团,在适当的碱性溶液中,可与银离子定量反应,因此可采用银量法进行巴比妥类药物的含量测定。

反应原理为

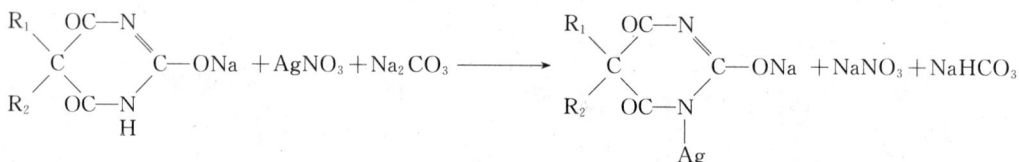

《中国药典》(2015 年版)中异戊巴比妥的银量测定法　取本品约 0.2 g,精密称定,加甲醇40 mL 使溶解,再加新制的 3% 无水碳酸钠溶液 15 mL,照电位滴定法,用硝酸银滴定液(0.1 mol·L^{-1})滴定。1 mL 的硝酸银滴定液(0.1 mol·L^{-1})相当于 23.63 mg 的 $C_{11}H_{18}N_2O_3$。

二、芳酸及其酯类药物

芳酸及其酯类药物系指分子结构中含有取代苯基的一类羧酸化合物。本节主要介绍苯甲酸类和水杨酸类药物。

(一)药物结构

苯甲酸类典型药物结构式:

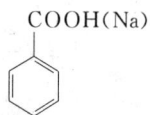

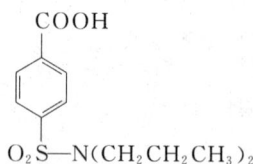

苯甲酸(钠)　　　　　　苯磺舒

水杨酸类典型药物结构式:

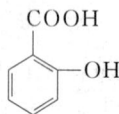

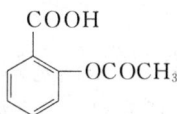

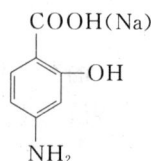

水杨酸　　　　　阿司匹林　　　　　对氨基水杨酸(钠)

(二)理化性质

1. 物理性质

本类药物多为固体,具有一定的熔点。除钠盐溶于水外,一般溶于乙醇、乙醚等有机溶剂,在水中难溶,但含有游离羧基的药物均可溶于氢氧化钠溶液。

2. 酸性

本类药物因分子结构中羧基与苯环直接相连,具有较强的酸性,可用于本类药物的含量测定。

3. 光谱特性

药物结构中的苯环及其取代基,具有特征的紫外和红外吸收光谱,可用于定性或定量。

（三）鉴别试验

1. 水杨酸反应

水杨酸及其盐类由于含有酚羟基,可在中性或弱酸性(pH 为 4～6)条件下,与三氯化铁试液反应,生成紫堇色配位化合物。本反应极为灵敏,可检出 0.1 μg 的水杨酸。阿司匹林需水解后与三氯化铁反应。方法:取本品约 0.1 g,加水 10 mL,煮沸,放冷,加三氯化铁试液 1 滴,即显紫堇色。反应式如下:

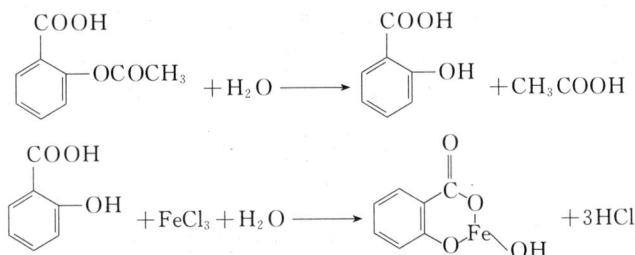

苯甲酸盐的中性或碱性溶液,与三氯化铁试液可生成赭色沉淀。方法:取供试品的中性溶液,加三氯化铁试液,即生成碱式苯甲酸盐的赭色沉淀,再加稀盐酸,沉淀变为白色。反应如下:

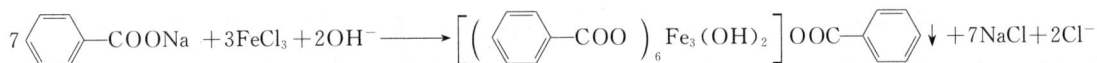

2. 水解反应

芳酸及其酯类药物由于分子中常常含有羧酸酯结构易水解,可利用水解特性或水解产物的性质进行药物的鉴别。如阿司匹林与碳酸钠试液加热水解,得水杨酸钠及醋酸钠,加过量稀硫酸酸化后,则析出白色水杨酸沉淀,并产生醋酸的臭气。反应式如下:

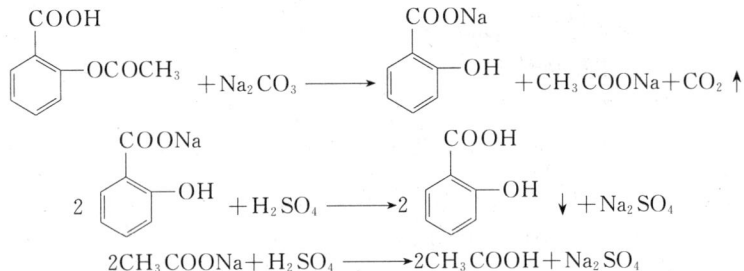

$$2CH_3COONa + H_2SO_4 \longrightarrow 2CH_3COOH + Na_2SO_4$$

《中国药典》(2015 年版)鉴别方法　取本品约 0.5 g,加碳酸钠试液 10 mL,煮沸 2 min 后,放冷,加过量的稀硫酸,即析出白色沉淀,并发生醋酸的臭味。

（四）芳酸及其酯类药物中特殊杂质检查

阿司匹林中特殊杂质检查。

阿司匹林合成工艺如下:

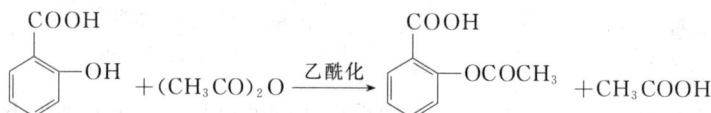

根据其合成工艺,阿司匹林中经常含有未完全反应的原料、中间体及副产物,在储藏过程中还可能产生水解产物,因此《中国药典》(2015年版)在阿司匹林质量标准检查项下规定了"溶液的澄清度"、"游离水杨酸"、"易炭化物"、"有关物质"等项目,其中游离水杨酸和有关物质均为RP-HPLC法。

(1)溶液的澄清度:溶液的澄清度系检查碳酸钠试液中不溶物。此类不溶性杂质包括未反应完全的酚类,或水杨酸精制时温度过高发生脱羧反应生成的苯酚,以及副反应生成的醋酸苯酯、水杨酸苯酯和乙酰水杨酸苯酯等。这些杂质均不溶于碳酸钠试液。因此可利用药物与特殊杂质溶解行为的差异,由一定量阿司匹林在碳酸钠试液中溶液应澄清来加以控制。方法:取本品约0.50 g,加热至45℃,碳酸钠溶液10 mL溶解后,溶液应澄清。

(2)游离水杨酸:阿司匹林生产过程中乙酰化不完全或储藏过程中水解均产生水杨酸,水杨酸对人体有毒性,而且易被空气氧化成一系列红棕色至深棕色的醌型有色物质,使阿司匹林成品变色。检查方法为高效液相色谱法。取供试品约0.1 g,精密称定,置于10 mL量瓶中,加1%冰醋酸甲醇溶液适量,振摇使溶解,并稀释至刻度,摇匀,作为供试品溶液(临用新制);取水杨酸对照品约10 mg,精密称定,置于100 mL量瓶中,加1%冰醋酸甲醇溶液适量使溶解并稀释至刻度,摇匀,精密量取5 mL,置50 mL量瓶中,用1%冰醋酸甲醇溶液稀释至刻度,摇匀作为对照品溶液。照高效液相色谱法试验,以十八烷基硅烷键合硅胶为填充剂;以乙腈-四氢呋喃-冰醋酸-水(20:5:5:70)为流动相,检测波长为303 nm。理论板数按水杨酸峰计算不低于5000,阿司匹林峰与水杨酸峰的分离度应符合要求。立即精密量取供试品溶液、对照品溶液各10 μL,分别注入液相色谱仪,记录色谱图。供试品溶液色谱图中如有与水杨酸峰保留时间一致的色谱峰,按外标法以峰面积计算,游离脂肪酸不得过0.1%。

(3)有关物质:高效液相色谱法测定。取本品约0.1 g,置10 mL量瓶中,加1%冰醋酸甲醇溶液适量,振摇使溶解并稀释至刻度,摇匀作为供试品溶液;精密量取1 mL,置200 mL量瓶中,用1%冰醋酸甲醇溶液稀释至刻度,摇匀作为对照品溶液;精密量取对照品溶液1 mL,置10 mL量瓶中用1%冰醋酸甲醇溶液稀释至刻度,摇匀作为灵敏度试验溶液。《中国药典》(2015年版)采用RP-HPLC法检查,其中《中国药典》(2015年版)方法如下:用十八烷基硅烷键合硅胶为填充剂;以乙腈-四氢呋喃-冰醋酸-水(20:5:5:70)为流动相A,乙腈为流动相B,梯度洗脱;检测波长为276 nm。理论板数按阿司匹林峰计算不低于5000,阿司匹林峰与水杨酸峰的分离度应符合要求。分别精密量取供试品溶液、对照品溶液、灵敏度试验溶液及水杨酸检查项下的水杨酸对照品溶液各10 μL,注入液相色谱仪,记录色谱图。供试品溶液色谱图中如有杂质峰,除水杨酸峰外,其他各杂质峰面积的和不得大于对照品溶液主峰面积(0.5%)。供试品溶液色谱图中任何小于灵敏度试验溶液主峰面积的峰可忽略不计。

(五)芳酸及其酯类药物的含量测定

酸碱滴定法测定阿司匹林含量。

该类药物结构中含有游离羧基,酸性较强时,可用酸碱滴定法测定含量。如阿司匹林、布洛芬、丙磺舒等芳酸类药物,即可直接用氢氧化钠滴定液滴定测定含量。

以阿司匹林为例,反应原理为

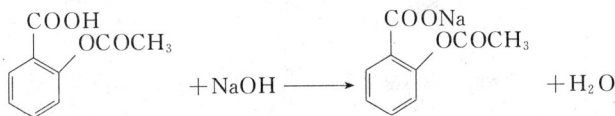

测定方法　取本品约 0.4 g,精密称定,加中性乙醇(对酚酞指示液显中性)溶解后,加酚酞指示液 3 滴,用氢氧化钠滴定液(0.1 mol·L⁻¹)滴定。1 mL 氢氧化钠滴定液(0.1 mol·L⁻¹)相当于 18.02 mg 的阿司匹林($C_9H_8O_4$)。

阿司匹林是弱酸,用强碱滴定时,化学计量点偏碱性,故指示剂选用在碱性区域变色的酚酞。滴定时应在不断振摇下稍快地进行,以防止局部碱度过大而促使其水解。

三、芳香胺类药物

芳香胺类药物涉及面较广,国内外药典收载的品种也较多。芳胺类药物的基本结构有两类:一类为芳伯氨基未被取代,而在芳环对位有取代的对氨基苯甲酸酯类;另一类则为芳伯氨基被酰化,并在芳环对位有取代的酰胺类药物。本节主要介绍盐酸普鲁卡因、盐酸丁卡因、盐酸利多卡因、对乙酰氨基酚等药物的分析方法。

(一)对氨基苯甲酸酯类药物结构

1. 典型药物结构式

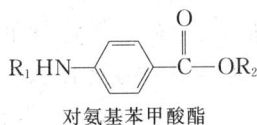

对氨基苯甲酸酯

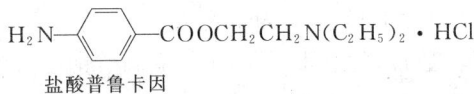

盐酸普鲁卡因

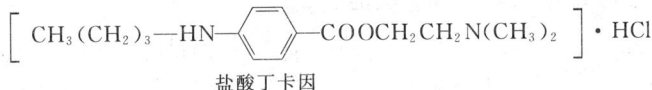

盐酸丁卡因

2. 理化性质

(1)芳伯氨基特性:本类药物因其结构中的芳伯氨基,故显重氮化偶合反应;与芳醛缩合成 Schiff 碱的反应;易氧化变色等。盐酸丁卡因无此特性。

(2)水解特性:因分子结构中有酯键(或酰胺键),使其容易水解。其水解的快慢受光线、温度或酸碱性条件的影响。

(3)弱碱性:分子结构中有脂烃胺侧链,具有弱碱性,能与生物碱沉淀剂发生沉淀反应。由于本类药物碱性较弱,在水溶液中不能用标准酸直接滴定,只能在非水溶剂体系中滴定。

(二)酰胺类药物

1. 典型药物结构式

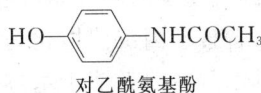

对乙酰氨基酚

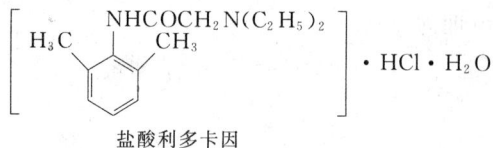

$$\left[\begin{array}{c} \text{NHCOCH}_2\text{N}(\text{C}_2\text{H}_5)_2 \\ \text{H}_3\text{C} \quad\quad \text{CH}_3 \end{array}\right] \cdot \text{HCl} \cdot \text{H}_2\text{O}$$

盐酸利多卡因

2. 理化性质

（1）水解后显芳伯氨基特性：本类药物的分子结构中均具有芳酰胺基，在酸性溶液中易水解为具芳伯氨基的化合物，并显芳伯氨基特性反应。其水解反应的速率，对乙酰氨基酚相对比较快，利多卡因邻位存在两个甲基，由于空间位阻影响，较难水解，所以其盐的水溶液比较稳定。

（2）水解产物易酯化：对乙酰氨基酚和醋氨苯砜，水解后产生醋酸，可在硫酸介质中与乙醇反应，发出醋酸乙酯的香味。

（3）酚羟基的特性：对乙酰氨基酚具有酚羟基，能与三氯化铁反应呈色。

（4）弱碱性：利多卡因和布比卡因的脂烃胺侧链有叔胺氮原子，显碱性，可以成盐，能与生物碱沉淀剂发生沉淀反应。其中与三硝基苯酚试液反应生成的沉淀具有一定的熔点。

（三）鉴别试验

1. 重氮化-偶合反应

分子结构中具有芳伯氨基或潜在芳伯氨基的药物，均可发生重氮化反应，生成的重氮盐可与碱性 β-萘酚偶合生成有色的偶氮染料。

苯佐卡因、盐酸普鲁卡因在盐酸中，可直接与亚硝酸钠进行重氮化偶合反应；对乙酰氨基酚和醋氨苯砜在盐酸或硫酸中加热水解后，与亚硝酸钠进行重氮化反应。盐酸丁卡因分子结构中不具有芳伯氨基，无此反应，但其分子结构中的芳香仲胺在酸性溶液中与亚硝酸钠反应，生成 N-亚硝基化合物的乳白色沉淀，可与具有芳伯氨基的同类药物区别。

《中国药典》（2015 年版）中盐酸普鲁卡因等药物的鉴别 取供试品约 50 mg，加稀盐酸 1 mL，必要时缓缓煮沸使溶解，放冷，加 0.1 mol·L^{-1}亚硝酸钠溶液数滴，滴加碱性 β-萘酚试液数滴，视供试品不同，生成由橙黄到猩红色沉淀。

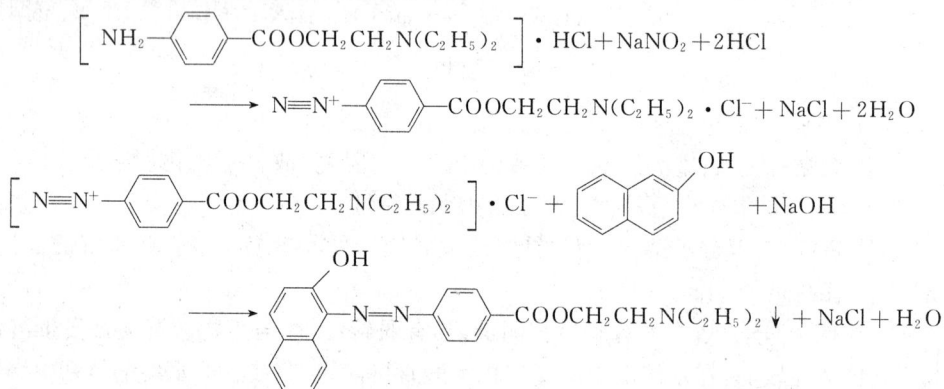

$$\left[\text{NH}_2\text{—}\boxed{}\text{—COOCH}_2\text{CH}_2\text{N}(\text{C}_2\text{H}_5)_2\right] \cdot \text{HCl} + \text{NaNO}_2 + 2\text{HCl}$$

$$\longrightarrow \text{N}_2^+\text{—}\boxed{}\text{—COOCH}_2\text{CH}_2\text{N}(\text{C}_2\text{H}_5)_2 \cdot \text{Cl}^- + \text{NaCl} + 2\text{H}_2\text{O}$$

$$\left[\text{N}{\equiv}\text{N}^+\text{—}\boxed{}\text{—COOCH}_2\text{CH}_2\text{N}(\text{C}_2\text{H}_5)_2\right] \cdot \text{Cl}^- + \boxed{}\text{OH} + \text{NaOH}$$

$$\longrightarrow \boxed{}\text{N}{=}\text{N}\text{—}\boxed{}\text{—COOCH}_2\text{CH}_2\text{N}(\text{C}_2\text{H}_5)_2 \downarrow + \text{NaCl} + \text{H}_2\text{O}$$

2. 水解反应

芳胺药物中的酰胺基或侧链中的酯键易于水解。如盐酸普鲁卡因的水溶液与氢氧化钠溶液作用生成普鲁卡因的白色沉淀，加热时普鲁卡因沉淀熔化为油状物，继续加热，普鲁卡因的酯键水解，生成对氨基苯甲酸钠和二乙氨基乙醇。前者溶于水，后者为碱性气体，可使湿润的红色石蕊试纸变为蓝色。溶液放冷后,加盐酸酸化时,会析出对氨基苯甲酸的白色沉淀,此沉淀能溶于过量的盐酸。

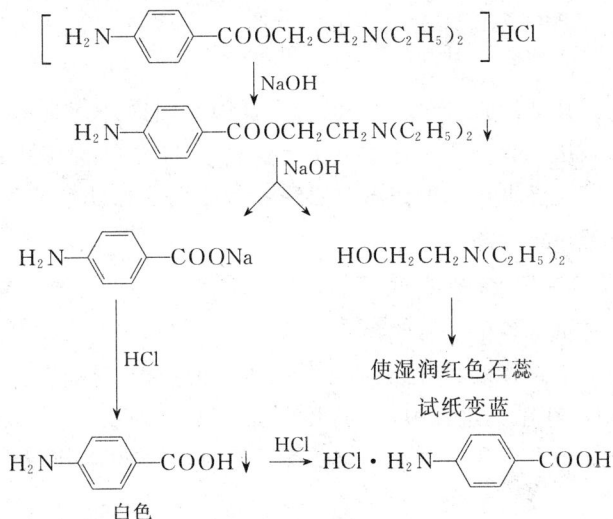

$$\left[H_2N-\text{〈}-COOCH_2CH_2N(C_2H_5)_2 \right] HCl$$

↓ NaOH

$$H_2N-\text{〈}-COOCH_2CH_2N(C_2H_5)_2 \downarrow$$

↓ NaOH

$$H_2N-\text{〈}-COONa \qquad HOCH_2CH_2N(C_2H_5)_2$$

↓ HCl

使湿润红色石蕊
试纸变蓝

$$H_2N-\text{〈}-COOH \downarrow \xrightarrow{HCl} HCl\cdot H_2N-\text{〈}-COOH$$

白色

3. 与重金属离子的反应

分子结构中含有芳酰胺的盐酸利多卡因或分子结构中含有脂烃氨基的盐酸丁卡因、盐酸普鲁卡因等均可与重金属盐形成沉淀,可用于鉴别。如盐酸利多卡因的水溶液加硫酸铜试液与碳酸钠试液,即显蓝紫色;加氯仿振摇后放置,氯仿层显黄色。

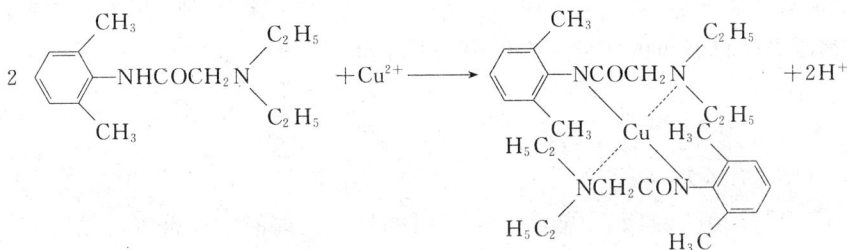

4. 制备衍生物测熔点

制备衍生物测熔点是国内外药典常采用的鉴别方法之一,本类药物常见的衍生物有三硝基苯酚衍生物、硫氰酸盐衍生物等。

如盐酸利多卡因的鉴别,取盐酸利多卡因 2 g,加水 20 mL 溶解后,取溶液 10 mL,加三硝基苯酚试液 10 mL,即生成难溶于水的三硝基苯酚利多卡因黄色沉淀。滤过,沉淀用水洗涤后,105℃干燥,熔点为 228~232℃,熔融同时分解。

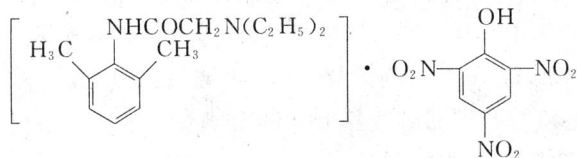

5. 紫外特征吸收光谱

本类药物分子结构中均具有苯环,因此具有紫外吸收光谱特征,可用于药物的鉴别。如盐酸布比卡因的鉴别,取本品,精密称定,按干燥品计算,加 0.01 mol·L^{-1}盐酸溶解并稀释制成 1 mL中约含 0.40 mg 的溶液,照紫外分光光度法测定,在 263 nm 与 271 nm 的波长处有最大吸收;其吸光度分别为 0.53~0.58 与 0.43~0.48。

6. 红外吸收光谱

红外吸收光谱具有特征性强、专属性好的特点。因此国内外药典均把红外吸收光谱作为一种常用的鉴别方法。该法尤其适用于化学结构比较复杂、化学结构相互之间差别较小的药物的鉴别与区别。中国药典大多采用标准谱图对照法进行鉴别。如盐酸普鲁卡因的红外鉴别:本品的红外光吸收光谱应与对照品图谱一致。

(四) 芳胺类药物中特殊杂质检查

盐酸普鲁卡因中对氨基苯甲酸的检查。

盐酸普鲁卡因分子中含酯键,其稳定性尤其是水溶液的稳定性较差,原料药放置过程中会产生对氨基苯甲酸;注射液在制备过程中,由于灭菌温度过高或时间过长,或溶液的 pH 过高或过低,储藏时间过久,以及受光线和注射液中金属离子等因素的影响,可发生水解作用,生成对氨基苯甲酸。

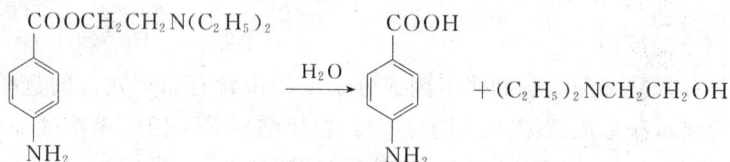

经长久储藏或高温加热,对氨基苯甲酸还可进一步脱羧转化为苯胺,苯胺又可被氧化为有色物质,使注射液变黄。已变黄的注射液不仅疗效下降而且毒性增加。

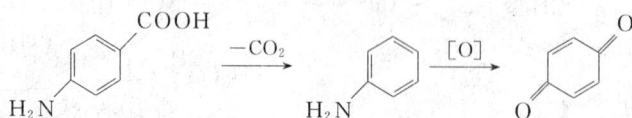

因此《中国药典》(2015 年版)中盐酸普鲁卡因原料及注射液中需检查对氨基苯甲酸。检查的方法为高效液相色谱法,原料药对氨基苯甲酸限度为 0.5%;注射液限度为 1.2%。

盐酸普鲁卡因原料药中对氨基苯甲酸的检查:取本品,精密称定,加水溶解并定量稀释制成 1 mL 中含 0.2 mg 的溶液,作为供试品溶液;另取对氨基苯甲酸对照品,精密称定,加水溶解并定量制成 1 mL 中含 1 μg 的溶液,作为对照品溶液;取供试品溶液 1 mL 与对照品溶液 9 mL 混合均匀,作为系统适用性试验溶液。照高效液相色谱法试验,用十八烷基硅烷键合硅胶为填充剂,以含 0.1% 庚烷磺酸钠的 0.05 moL·L^{-1}磷酸二氢钾溶液(用磷酸调节 pH 至 3.0)-甲醇(68:32)为流动相,检测波长为 279 nm。取系统适用性试验溶液 10 μL,注入液相色谱仪,理论板数按对氨基苯甲酸峰计算不低于 2000,盐酸普鲁卡因峰和对氨基苯甲酸峰的分离度应大于 2.0。取对照品溶液 10 μL,注入液相色谱仪,调节检测灵敏度,使主成分峰高约为满量程的 20%。精密量取供试品溶液与对照品溶液各 10 μL,分别注入液相色谱仪,记录色谱图。供试品溶液色谱图中如有与对氨基苯甲酸峰保留时间一致的色谱峰,按外标法以峰面积计算,不得过 0.5%。

另外盐酸普鲁卡因中还需检查酸度、溶液的澄清度等特殊杂质。

（五）芳胺类药物的含量测定

亚硝酸钠滴定法测定盐酸普鲁卡因含量。

若药物分子结构中具有芳伯氨基，在酸性溶液中即可与亚硝酸钠定量的发生重氮化反应，可利用消耗的亚硝酸钠滴定液的量计算药物的含量。如盐酸普鲁卡因、苯佐卡因、磺胺类药物等，《中国药典》（2015 年版）均采用亚硝酸钠滴定法测定含量。

反应原理

$$Ar—NH_2 + NaNO_2 + 2HCl \longrightarrow Ar—N_2^+Cl^- + NaCl + 2H_2O$$

如盐酸普鲁卡因的含量测定：取本品约 0.6 g，精密称定，照永停滴定法《中国药典》（2015 年版）通则 07101 在 15～25℃，用亚硝酸钠滴定液（0.1 mol·L^{-1}）滴定。1 mL 亚硝酸钠滴定液（0.1 mol·L^{-1}）相当于 27.28 mg 的 $C_{13}H_{20}N_2O_2$·HCl。

四、杂环类药物

杂环类有机化合物为有机结构中夹杂有非碳元素原子的环状有机化合物，其中非碳元素的原子称为杂原子，一般为氧、氮、硫等。杂环化合物种类繁多，数量庞大；在自然界分布广泛，其中不少具有生理活性，如生物碱、维生素、抗生素等；在化学合成药物中也占有相当数量。杂环类药物按其所含的杂原子种类与数量、环的元数与环的不同，可以分成许多不同的类别。如呋喃类、吡啶及哌啶类、嘧啶类、喹啉类、托烷类、吩噻嗪类、苯二氮杂䓬类等。本节选择性地介绍应用比较广泛的几类杂环类药物如吡啶类、喹啉类、吩噻嗪类和苯二氮杂䓬类。

（一）吡啶类药物

吡啶类药物的分子结构中，均含有氮杂原子六元单环。常用且具有代表性的吡啶类药物有异烟肼、尼可刹米和硝苯地平。

1. 典型药物结构式

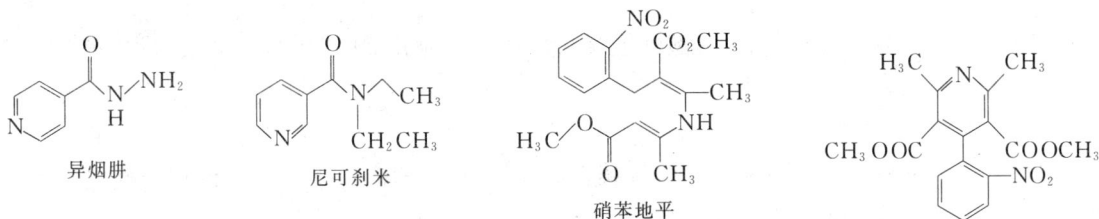

异烟肼　　尼可刹米　　硝苯地平

2. 主要理化性质

（1）弱碱性：本类药物吡啶环上的氮原子为碱性氮原子，吡啶环的 pK_b 值为 8.8（水中）。尼可刹米分子中，除了吡啶环上氮原子外，吡啶环 β 位上被酰胺基取代。虽然酰胺基的化学性质不甚活泼，但遇碱水解后可释放出具有碱性的二乙胺，故可以进行鉴别。

（2）还原性：异烟肼的分子结构中，吡啶环 γ 位上被酰肼基取代，酰肼基具有较强的还原性，可被不同的氧化剂氧化，也可与某些含羰基的化合物发生缩合反应。

（3）吡啶环的特性：本类药物分子结构中均含有吡啶环，可发生开环反应。

3. 鉴别试验

（1）银镜反应：用于异烟肼的鉴别。异烟肼的酰肼基具有还原性，可还原硝酸银中 Ag^+ 成单质银，肼基则被氧化成氮气，反应如下：

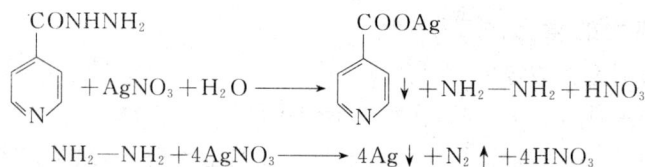

异烟肼的鉴别方法:取本品约 10 mg,置试管中,加水 2 mL 溶解后,加氨制硝酸银试液 1 mL,即产生气泡与黑色浑浊,并在试管壁上生成银镜。

(2) 吡啶环开环反应(戊烯二醛反应):将溴化氰作用于吡啶环,使环上氮原子由 3 价转变成 5 价,吡啶环水解形成戊烯二醛,再与芳伯胺(如苯胺、联苯胺等)缩合,形成有色的戊烯二醛衍生物。其颜色随所用芳伯胺的不同而有所差异,如与苯胺缩合呈黄色或黄棕色;与联苯胺缩合则呈粉红色至红色。如尼可刹米的鉴别反应式如下:

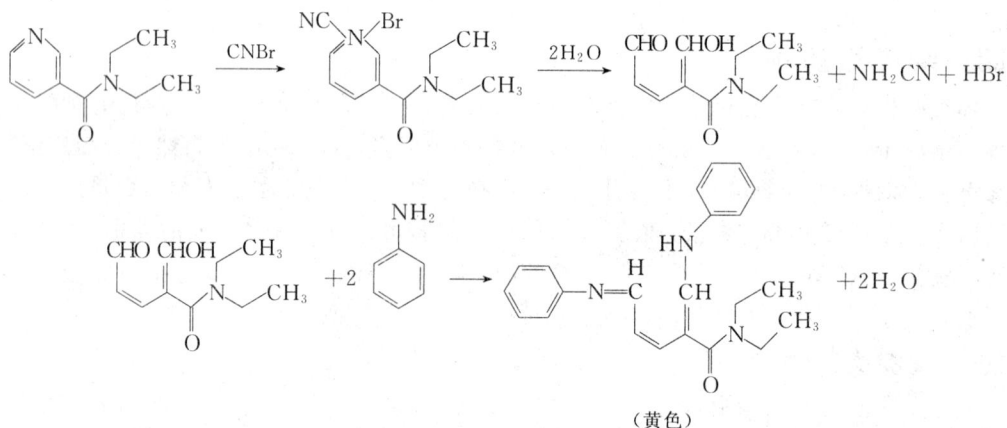

(黄色)

鉴别法 取本品 1 滴,加水 50 mL,摇匀,分取 2 mL,加溴化氰试液 2 mL 与 2.5%苯胺溶液 3 mL,摇匀,溶液渐显黄色。

用于异烟肼鉴别时,应先用高锰酸钾或溴水将其氧化为异烟酸,再与溴化氰作用,然后再与芳伯胺缩合形成有色的戊烯二醛衍生物。

(二) 喹啉类药物

喹啉类药物分子结构中含有吡啶与苯稠合而成的喹啉杂环,环上杂原子的反应性能基本与吡啶相同。本类最常用的典型药物为硫酸奎宁和硫酸奎尼丁等。

1. 典型药物结构式

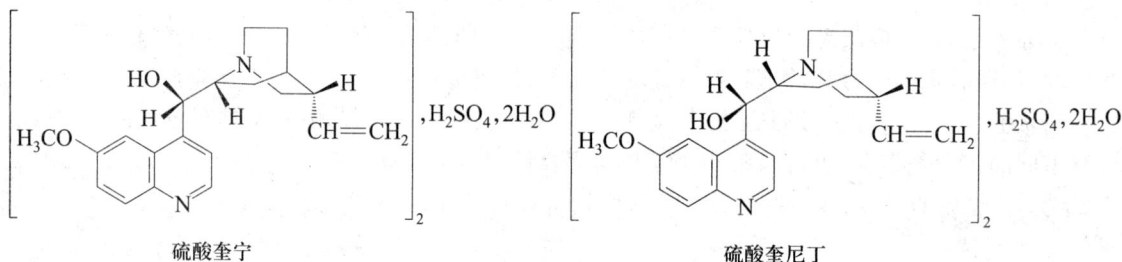

硫酸奎宁   硫酸奎尼丁

2. 主要理化性质

（1）碱性：硫酸奎宁和硫酸奎尼丁结构中包括喹啉环和喹核碱两部分,各含一个氮原子,其中喹啉环为芳香族氮,碱性较弱,不能与硫酸成盐,喹核碱系脂环氮,碱性强,能与硫酸成盐。

（2）旋光性：硫酸奎宁为左旋体,其比旋光度为$-237°$至$-224°$;硫酸奎尼丁为右旋体,其比旋光度为$+275°$至$+290°$;而盐酸环丙沙星无旋光性。

（3）荧光特性：硫酸奎宁和硫酸奎尼丁在稀硫酸溶液中均显蓝色荧光,而喹诺酮类药物则无荧光。

3. 鉴别试验

（1）绿奎宁反应：硫酸奎宁和硫酸奎尼丁互为异构体,两者都显绿奎宁反应,即在奎宁盐类的微酸性水溶液中,滴加微过量的溴水或氯水,再加入过量的氨水,即显翠绿色。反应式为

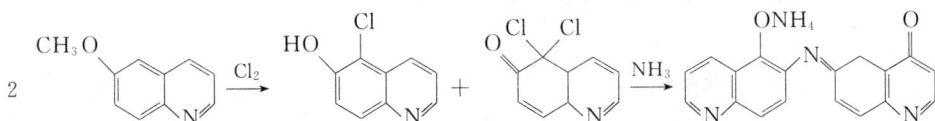

（2）荧光光谱特征：硫酸奎宁和硫酸奎尼丁在稀硫酸溶液中均显蓝色荧光。

（3）无机酸盐的鉴别：利用硫酸奎宁和硫酸奎尼丁中的硫酸根,在酸性条件下与氯化钡反应生成白色沉淀,可对药物进行鉴别。

（三）吩噻嗪类药物

吩噻嗪类药物为苯并噻嗪的衍生物,其分子结构中均含有硫氮杂蒽母核。《中国药典》（2015年版）中收载的本类药物有盐酸氯丙嗪、盐酸异丙嗪、奋乃静、盐酸氟奋乃静等。它们在结构上的差异,主要表现在母核 2 位上 R′取代基和 10 位上 R 取代基的不同。

1. 吩噻嗪类药物基本骨架结构

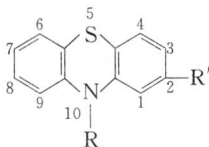

典型吩噻嗪类药物的侧链取代基结构见表 8－2。

表 8－2　典型吩噻嗪类药物侧链取代基结构

药名	R	R′	HX
盐酸氯丙嗪（Chlorpromazine hydrochloride）	$-(CH_2)_3N(CH_3)_2$	—Cl	HCl
盐酸异丙嗪（Promethazine hydrochloride）	$-CH_2CH(CH_3)N(CH_3)_2$	—H	HCl
奋乃静（Perphenazine）	$-(CH_2)_3-N\bigcirc N-CH_2CH_2OH$	—Cl	

续表

药名	R	R′	HX
盐酸氟奋乃静（Fluphenazine hydrochloride）	—(CH₂)₃—N‿N—CH₂CH₂OH	—CF₃	HCl
癸氟奋乃静（Fluphenazine decanoate）	—(CH₂)₃—N‿N—CH₂CH₂OCO(CH₂)₈CH₃	—CF₃	
盐酸三氟拉嗪（Trifluoperazine hydrochloride）	—(CH₂)₃—N‿N—CH₃	—CF₃	2HCl

2. 主要理化性质

（1）紫外吸收特征：本类药物的硫氮杂蒽母核为三环共轭的 π 系统，一般在紫外区有三个吸收峰，分别在 205 nm、254 nm 和 300 nm，最强峰多在 254 nm 附近。由于 2 位、10 位上的取代基不同，可引起最大吸收峰的位移。如 2 位上被卤素取代时，可使吸收峰红移 5～10 nm。因此利用其紫外特征吸收可进行本类药物的鉴别。

（2）氧化呈色：吩噻嗪类药物硫氮杂蒽母核的二价硫易被氧化。与不同氧化剂如硫酸、硝酸及过氧化氢等作用，母核被氧化成亚砜、砜等不同的产物，并随取代基的不同，而呈不同的颜色。可用于本类药物的鉴别。

（3）与金属离子配合显色：吩噻嗪类药物分子结构中二价硫可与金属钯离子形成有色的配位化合物。其氧化产物砜和亚砜则无此反应。利用此性质可进行药物的鉴别和含量测定，专属性强，可消除氧化产物的干扰。

（4）碱性：本类药物硫氮杂蒽母核上的氮原子碱性极弱，不能用酸直接滴定。但取代基中大多含有烃胺氮原子，呈碱性，在非水溶剂中可用高氯酸直接滴定。

3. 鉴别试验

（1）氧化剂显色反应：吩噻嗪类药物可被硫酸、硝酸、过氧化氢等氧化剂氧化而呈色，各种药物由于取代基不同而呈现不同的颜色。如《中国药典》（2015 年版）中盐酸氯丙嗪的鉴别：取本品约 10 mg，加水 1 mL，加硝酸 5 滴即显红色，渐变淡黄色。

（2）紫外分光光度法和红外分光光度法：由于本类药物紫外吸收特性比较明显，国内外药典中常用本类药物紫外吸收光谱中的最大吸收波长、最小吸收波长进行鉴别，或同时利用最大吸收波长处的吸收度或吸收系数进行鉴别。

本类药物在中国药典中均采用红外光谱法进行鉴别。

（四）苯并二氮杂䓬类

苯并二氮杂䓬类药物为苯环与七元含氮杂环稠合而成的有机药物，其中 1,4 -苯并二氮杂䓬类药物是目前临床应用最广的抗焦虑、抗惊厥药。

1. 苯并二氮杂䓬类典型药物的结构式

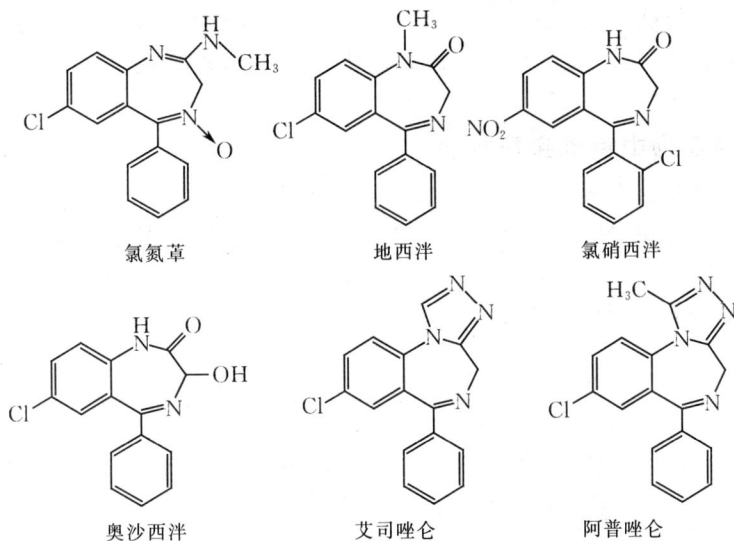

氯氮䓬　　地西泮　　氯硝西泮

奥沙西泮　　艾司唑仑　　阿普唑仑

2. 主要理化性质

(1) 弱碱性:苯并二氮杂䓬七元环上的氮原子具有弱碱性,可采用非水溶液滴定法测定含量。

(2) 紫外吸收特性:本类药物结构中具有较长的共轭体系,在紫外区有特征吸收,其在不同 pH 介质中形成不同的离子化状态(H_2A^+)、中性分子(HA),或去质子化分子,从而影响其紫外光谱性质。

(3) 水解特性:本类药物结构一般比较稳定,但在强酸性溶液中可水解,形成相应的二苯甲酮衍生物,其水解产物所呈现的某些特性也可供鉴别或含量测定之用。如氯氮䓬水解后形成芳伯氨基化合物呈芳伯氨反应。

(4) 含卤素的反应:含卤素的药物,有机破坏后,可呈卤化物反应。

3. 鉴别试验

(1) 水解后重氮化-偶合反应:氯氮䓬、奥沙西泮和艾司唑仑的盐酸(1→2)缓慢加热煮沸,放冷,加亚硝酸钠和碱性 β-萘酚试液,生成橙红色沉淀。如氯氮䓬的反应如下:

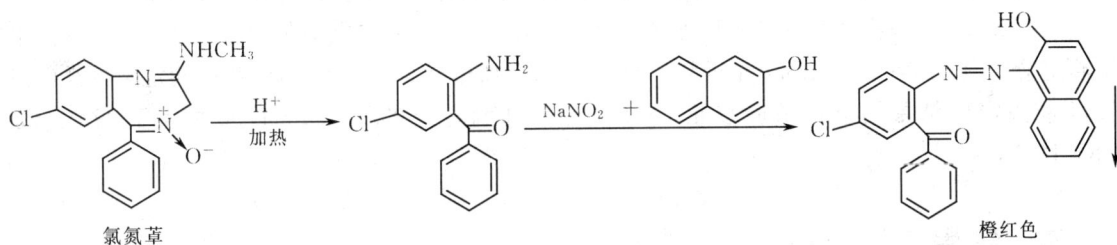

氯氮䓬　　橙红色

(2) 沉淀反应:本类药物结构中大多含有碱性官能团,具有一定的弱碱性,可与重金属盐或大分子酸形成沉淀,用于鉴别。如氯硝西泮的鉴别:取本品约 10 mg,加稀盐酸 1 mL 溶解后,滴加碘化铋钾试液,即产成橙红色沉淀,放置后,沉淀颜色变深。

(3) 氯元素的反应:本类药物大多为有机氯化合物,用氧瓶燃烧法破坏,生成氯化氢,以 5% 氢氧化钠溶液吸收后,硝酸酸化后加硝酸银,显氯化物反应。

（4）紫外光谱法与红外光谱法：本类药物大多有较强的紫外吸收，可采用紫外分光光度法进行鉴别。亦可采用红外光谱法进行鉴别。要求供试品的红外吸收光谱图与对照品的光谱图一致。

（五）杂环类药物中特殊杂质检查

地西泮中特殊杂质检查。

地西泮在合成过程中，N^1 甲基化不完全时，能引入 N-去甲基苯甲二氮䓬（Ⅰ）等杂质，在储存过程中，亦可能分解产生 2-甲氨基-5-氯二苯酮（Ⅱ）等杂质，目前国内外药典多采用高效液相色谱法对它们进行有关物质的检查。

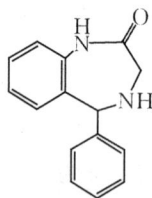

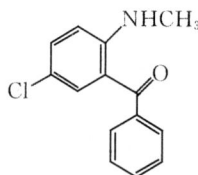

N–去甲基苯甲二氮䓬（Ⅰ）　　　　2-甲氨基-5-氯二苯酮（Ⅱ）

方法：取本品，加甲醇溶解并稀释制成 1 mL 中含 1 mg 的溶液作为供试品溶液，精密量取 1 mL，置 200 mL 量瓶中，用甲醇稀释至刻度，摇匀，作为对照品溶液。照高效液相色谱法试验。用十八烷基硅烷键合硅胶为填充剂；以甲醇-水（70∶30）为流动相；检测波长为 254 nm。理论板数按地西泮峰计算不低于 1500。取对照品溶液 10 μL 注入液相色谱仪，调节检测灵敏度，使主成分色谱峰的峰高约为满量程的 25%；再精密量取供试品溶液与对照品溶液各 10 μL，分别注入液相色谱仪，记录色谱图至主成分峰保留时间的 4 倍。供试品溶液色谱图中如有杂质峰，各杂质峰面积的和不得大于对照品主峰面积的 0.6 倍（0.3%）。

（六）杂环类药物的含量测定

铈量法测定硝苯地平含量。

铈量法是以硫酸铈（Ce(SO₄)₂）作为滴定液，在酸性条件下测定还原性药物的滴定方法。《中国药典》（2015 年版）采用邻二氮菲作指示剂。

如硝苯地平的含量测定：取硝苯地平约 0.4 g，精密称定，加无水乙醇 50 mL，微温使溶解，加高氯酸溶液（取 70% 高氯酸 8.5 mL，加水至 100 mL）50 mL、邻二氮菲指示液 3 滴，立即用硫酸铈滴定液（0.1 mol·L⁻¹）滴定，至近终点时，在水浴中加热至 50℃ 左右，继续缓缓滴定至橙红色消失，并将滴定的结果用空白试验校正。1 mL 硫酸铈滴定液（0.1 mol·L⁻¹）相当于 17.32 mg 的 $C_{17}H_{18}N_2O_6$。

五、维生素类药物

维生素是维持人体正常代谢和机能所必需的生物活性物质。维生素类药物主要用于治疗维生素缺乏症和营养补充。从结构上看，它们不属于同一类化合物。其中有些是醇、酚或酯，有些则是醛、胺或酸类，它们各自具有不同的理化性质和生理作用。常用的维生素按其溶解性可分为水溶性和脂溶性两大类。水溶性维生素有维生素 B₁、维生素 B₂、维生素 B₁₂、维生素 C 等，脂溶性维生素有维生素 A、维生素 D、维生素 E、维生素 K 等。

本节只介绍脂溶性的维生素 A、维生素 E,水溶性的维生素 B₁、维生素 C 四种维生素类药物。

(一) 维生素 A

维生素 A 的结构为具有一个共轭多烯醇侧链的环己烯,因而具有许多立体异构体。天然维生素 A 主要是全反式维生素 A,另外尚有多种其他异构体。取代基 R 不同则可以是维生素 A 醇或其醋酸酯、棕榈酸酯。

1. 结构式

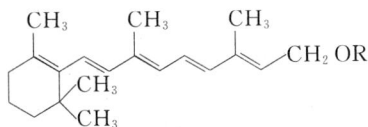

2. 理化性质

(1) 溶解性:维生素 A 不溶于水;在乙醇中微溶;与环己烷、乙醚、氯仿等能任意混溶。

(2) 紫外吸收特征:维生素 A 分子中具有共轭体系,在 325~328 nm 的范围内有最大吸收。

(3) 不稳定性:维生素 A 分子中有多个不饱和键,性质不稳定,容易被空气中的氧或氧化剂氧化,也容易被紫外光裂解,生成无生物活性的环氧化物、维生素 A 醛或维生素 A 酸。

(4) 与三氯化锑呈色:维生素 A 在三氯甲烷中能与三氯化锑试剂作用,产生不稳定的蓝色。可以用此进行鉴别或用比色法测定含量。

3. 鉴别试验

(1) 三氯化锑反应:维生素 A 在饱和无水三氯化锑的无醇氯仿溶液中,立即显蓝色,逐渐变成紫红色。方法:取本品 1 滴,加氯仿 10 mL 振摇使溶解,取出 2 滴,加氯仿 2 mL 与 25% 三氯化锑的氯仿溶液 0.5 mL,立即显蓝色,逐渐变成紫红色。注意反应需在无水、无醇条件下进行。

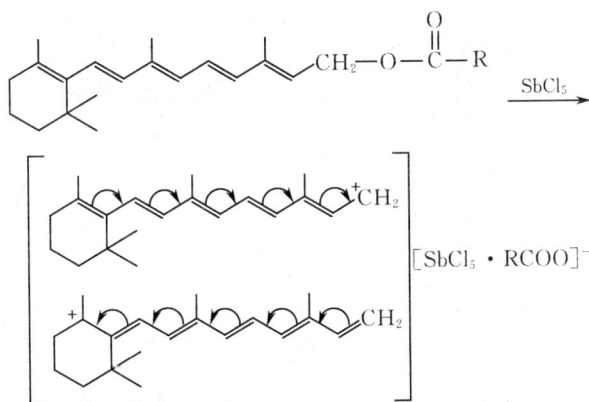

(2) 紫外分光光度法:取约相当于 10 IU 的维生素 A 供试品,加无水乙醇-盐酸(100∶1)溶液溶解,立即用紫外分光光度计在 300~400 nm 的波长范围内进行扫描,应在 326 nm 的波长处有单一的吸收峰。将此溶液置水浴上加热 30 s,迅速冷却,进行紫外扫描,则应在 348 nm、367 nm 和 389 nm 的波长处有三个尖锐的吸收峰,且在 332 nm 的波长处有较低的吸收峰或拐点。

（二）维生素 B₁

维生素 B₁ 是由氨基嘧啶环和噻唑环通过亚甲基连接而成的季铵盐类化合物,噻唑环上季铵及嘧啶环上氨基,为两个碱性基团,可与酸成盐。

1. 结构式

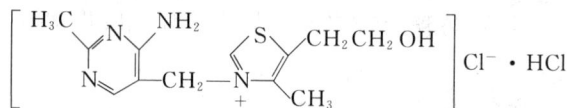

2. 理化性质

（1）溶解性:本品在水中易溶,水溶液显酸性;微溶于乙醇而不溶于乙醚。

（2）紫外吸收特征:本品的 $12.5\ \mu g \cdot mL^{-1}$ 盐酸溶液(9→1000),在 246 nm 波长处有最大吸收,吸收系数($E_{1\ cm}^{1\%}$)为 406～436。

（3）生物碱沉淀剂反应:维生素 B₁ 分子中含有两个杂环(嘧啶环和噻唑环),具有碱性,可与一些生物碱沉淀试剂(如碘化汞钾、碘试液、三硝基苯酚、硅钨酸等)反应生成组成恒定的沉淀,可用于鉴别。

（4）硫色素反应:在碱性溶液中遇氧化剂(如铁氰化钾等),可被氧化为硫色素,硫色素溶于正丁醇中呈蓝色荧光。

（5）氯化物的特性:维生素 B₁ 为盐酸盐,故本品的水溶液显氯化物的鉴别反应。

3. 鉴别试验

（1）硫色素反应:维生素 B₁ 在碱性溶液中,可被铁氰化钾氧化生成硫色素。硫色素溶于正丁醇中,显蓝色荧光。反应式如下:

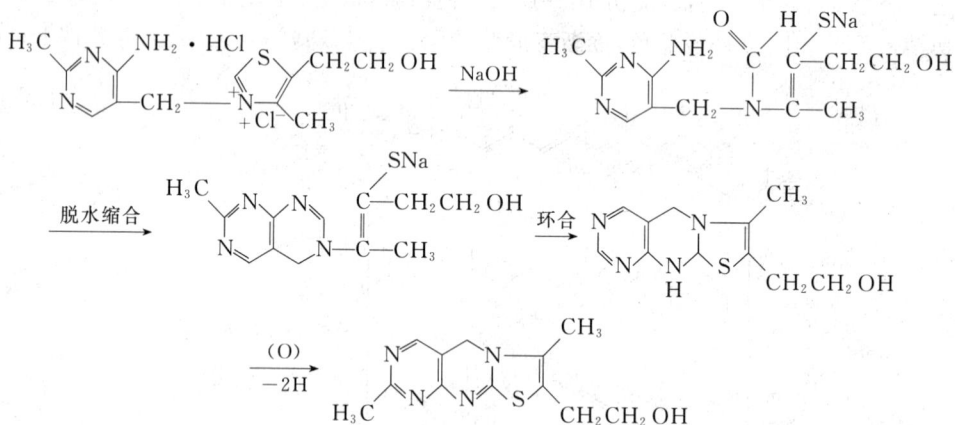

鉴别方法:取本品约 5 mg,加氢氧化钠试液 2.5 mL 溶解后,加铁氰化钾试液 0.5 mL 与正丁醇 5 mL,强力振摇 2 min,放置使分层,上层显强烈荧光;加酸使呈酸性,荧光即消失;加碱使呈碱性,荧光又重现。本反应为维生素 B₁ 的专属反应。

（2）沉淀反应:维生素 B₁ 分子结构中含有碱性基团,可与生物碱沉淀剂如碘化汞钾生成淡黄色沉淀;与硅钨酸形成白色沉淀等,可用于鉴别。

（3）氯化物反应:本品的水溶液显氯化物的鉴别反应。

（4）硝酸铅反应:维生素 B₁ 与 NaOH 共热,分解产生硫化钠,与硝酸铅反应生成黑色沉淀,供鉴别。

(三) 维生素 C

维生素 C 又称 L-抗坏血酸,在化学结构上和糖类十分相似且有两个手性碳原子,有 4 种光学异构体,其中以 L-构型右旋体的生物活性最强。

1. 结构式

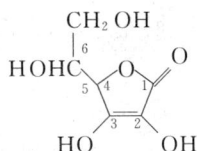

2. 理化性质

(1) 溶解性:维生素 C 在水中易溶,水溶液呈酸性;在乙醇中略溶;不溶于氯仿或乙醚中。

(2) 还原性:分子中的二烯醇基具有强的还原性,易被氧化为二酮基而成为去氢抗坏血酸,加氢又可还原为抗坏血酸。

(3) 酸性:C_3—OH 由于共轭效应的影响,酸性较强($pK_1=4.7$);C_2—OH 的酸性很弱($pK_2=11.57$),所以维生素 C 一般表现为一元弱酸,能与碳酸氢钠作用生成钠盐。

(4) 旋光性:分子中有两个手性碳原子,所以有四个光学异构体,其中 L-(＋)-抗坏血酸生物活性最强。本品的比旋光度为$+20.5°\sim21.5°$。

(5) 水解性:维生素 C 与碳酸氢钠作用可生成一钠盐,因双键使内酯环变得较为稳定,故不发生水解;但在强碱中,内酯环发生水解,生成酮酸盐。

(6) 紫外吸收特性:维生素 C 具有共轭双键,其稀盐酸溶液在 243 nm 波长处有最大吸收;在中性或碱性条件下,最大吸收波长为 265 nm。

3. 鉴别试验

(1) 硝酸银反应:维生素 C 分子中有二烯醇基,具有强还原性,可被硝酸银氧化为去氢抗坏血酸,同时产生黑色金属银沉淀。反应式如下:

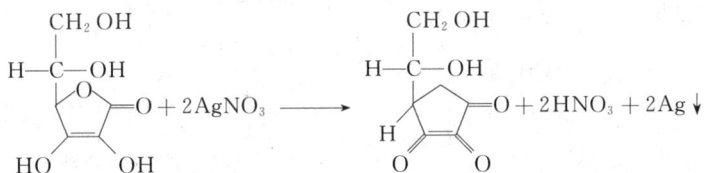

方法:取本品 0.2 g,加水 10 mL 溶解。取该溶液 5 mL,加硝酸银试液 0.5 mL,即生成金属银的黑色沉淀。

(2) 2,6-二氯靛酚反应:2,6-二氯靛酚为一染料,其氧化型在酸性介质中为玫瑰红色,碱性介质中为蓝色。与维生素 C 作用后生成还原型的无色酚亚胺。反应式如下:

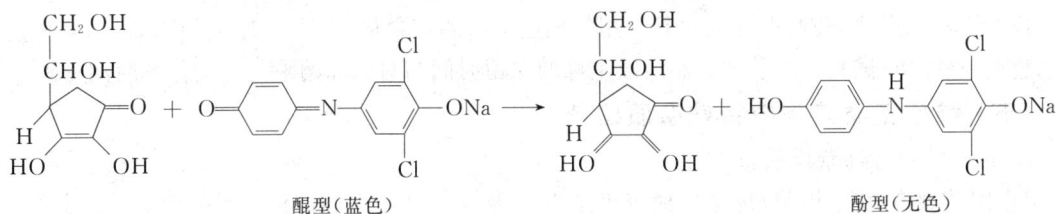

醌型(蓝色)　　　　　　　　　　　　　酚型(无色)

方法:取本品 0.2 g,加水 10 mL 溶解。取该溶液 5 mL,加 2,6-二氯靛酚试液 1～2 滴,试液的颜色立即消失。

(3) 红外光谱法:本品的红外光吸收光谱应与对照的图谱一致。

(四) 维生素 E

维生素 E 为 α-生育酚及其各种酯类,有天然品和合成品之分。天然品为右旋体,合成品为消旋体。维生素 E 的结构为苯并二氢吡喃醇衍生物,苯环上有一个乙酰化的酚羟基。

1. 结构式

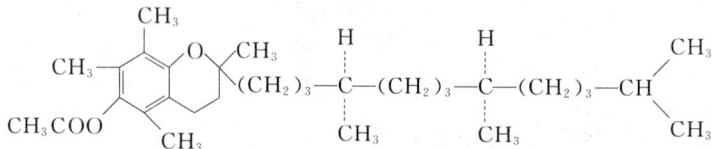

2. 理化性质

(1) 溶解性:维生素 E 为微黄色或黄色透明的黏稠液体。易溶于无水乙醇、丙酮、乙醚或石油醚,不溶于水。

(2) 水解性:苯环上有乙酰化的酚羟基,在酸性或碱性溶液中加热水解生成游离生育酚。

(3) 还原性:维生素 E 在无氧条件下对热稳定。但对氧十分敏感,遇光、空气可被氧化。维生素 E 的水解产物为游离生育酚,在有氧或其他氧化剂存在时,则进一步氧化成有色的醌型化合物。尤其是在碱性条件下,氧化反应更易发生。所以游离生育酚暴露于空气和日光中,极易氧化变色。

(4) 紫外吸收特性:维生素 E 结构中具有苯环,故有紫外吸收,其无水乙醇溶液在 284 nm 的波长处有最大吸收。

3. 鉴别试验

(1) 硝化反应:维生素 E 在硝酸酸性条件下,水解生成生育酚,生育酚被硝酸氧化为邻位醌式结构的生育红而显橙红色。反应式如下:

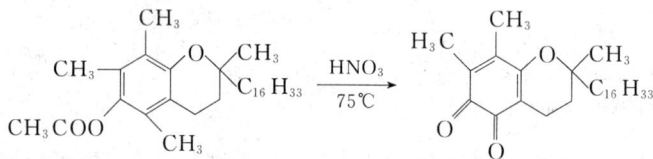

方法:取本品约 30 mg,加无水乙醇 10 mL 溶解后,加硝酸 2 mL,摇匀,在 75℃加热约 15 min,溶液应显橙红色。

(2) 红外光谱法:本品的红外光吸收光谱应与对照品的图谱一致。

(3) 气相色谱法:药典中维生素 E 采用气相色谱法测定含量,因此鉴别可按供试品含量测定项下的色谱条件进行试验。要求供试品溶液主峰的保留时间与对照品溶液主峰的保留时间一致。

(五) 维生素类药物中特殊杂质检查

维生素 C 中特殊杂质检查。

《中国药典》(2015 年版)规定应检查维生素 C 及其多种制剂的澄清度与颜色,另外对维生素

C 原料中铜、铁离子进行检查。

（1）溶液的澄清度与颜色：维生素 C 及其制剂在储存期间易变色，且颜色随储存时间的延长而逐渐加深。为保证产品质量，需控制有色杂质的量。《中国药典》（2015 年版）采用控制吸光度的方法。具体方法为：取本品 3.0 g，加水 15 mL，振摇使溶解，溶液应澄清无色；如显色，将溶液经 4 号垂熔玻璃漏斗滤过，取滤液，照紫外-可见分光光度法，在 420 nm 的波长处测定吸光度，不得过 0.03。

（2）草酸：取本品 0.25 g，加水 4.5 mL，振摇使维生素 C 溶解，加氢氧化钠试液 0.5 mL、稀醋酸 1 mL 与氯化钙试液 0.5 mL，摇匀，放置 1 h，作为供试品溶液；另精密称取草酸 75 mg，置 500 mL 量瓶中，加水溶解并稀释至刻度，摇匀，精密量取 5 mL，加稀醋酸 1 mL 与氯化钙试液 0.5 mL，摇匀，放置 1 h，作为对照品溶液。供试品溶液产生的浑浊不得浓于对照品溶液（0.3%）。

（3）铁的检查：金属离子对维生素 C 稳定性影响较大，所以药典中规定需检查药物中的微量铁、铜离子。

铁的测定　取本品 5.0 g 两份，分别置 25 mL 量瓶中，一份中加 0.1 mol·L^{-1}硝酸溶液溶解并稀释至刻度，摇匀，作为供试品溶液（B）；另一份中加标准铁溶液（精密称取硫酸铁铵 863 mg，置 1000 mL 量瓶中，加 1 mol·L^{-1}硫酸溶液 25 mL，用水稀释至刻度，摇匀，精密量取 10 mL，置 100 mL 量瓶中，用水稀释至刻度，摇匀）1.0 mL，加 0.1 mol·L^{-1}硝酸溶液溶解并稀释至刻度，摇匀，作为对照品溶液（A）。照原子吸收分光光度法，在 248.3 nm 的波长处分别测定，应符合规定。

（4）铜的测定：取本品 2.0 g 两份，分别置 25 mL 量瓶中，一份中加 0.1 mol·L^{-1}硝酸溶液溶解并稀释至刻度，摇匀，作为供试品溶液（B）；另一份中加标准铜溶液（精密称取硫酸铜 393 mg，置 1000 mL 量瓶中，加水溶解并稀释至刻度，摇匀，精密量取 10 mL，置 100 mL 量瓶中，用水稀释至刻度，摇匀）1.0 mL，加 0.1 mol·L^{-1}硝酸溶液溶解并稀释至刻度，摇匀，作为对照品溶液（A）。照原子吸收分光光度法，在 324.8 nm 的波长处分别测定，应符合规定。

（六）维生素类药物的含量测定

气相色谱法测定维生素 E 含量。

气相色谱法与高效液相色谱法一样集分离与测定于一体，适合多组分混合物的定性、定量分析。但由于要求药物具有较强的挥发性，因此应用受到限制。

《中国药典》（2015 年版）中维生素 E 原料及其制剂均采用本法测定。维生素 E 的沸点虽高达 350℃，但仍可不经衍生化直接用气相色谱法测定含量，测定时采用内标法定量。

六、甾体激素类药物

甾体激素类药物是指具有甾体结构的药物，是临床上重要的一大类药物。主要包括肾上腺皮质激素与性激素两类。临床上应用较多的皮质激素有醋酸地塞米松、醋酸可的松、氢化可的松、醋酸氟轻松、泼尼松等。性激素又分为雄性激素、蛋白同化激素、雌性激素和孕激素等，常见的有丙酸睾酮、甲睾酮、苯丙酸诺龙、炔雌醇、黄体酮等。

甾体激素类药物的母体结构为环戊烷并多氢菲，共有 A、B、C、D 四个环，碳原子的位次按下列顺序排列：

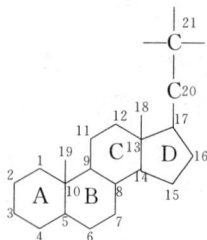

各种甾体激素结构上的差异主要在于取代基的种类、位置和数目，双键的位置和数目，以及 C_{10} 上有无角甲基等。

（一）代表性药物的结构式

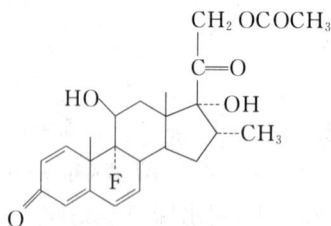

醋酸地塞米松

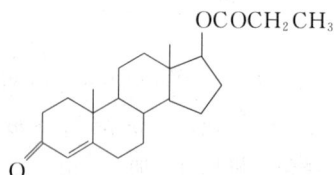

丙酸睾酮

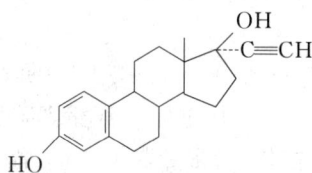

炔雌醇

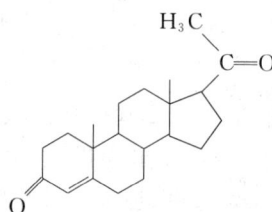

黄体酮

（二）甾体激素类药物主要理化性质

1. 还原性：醋酸地塞米松、可的松、泼尼松等皮质激素均有 17 位上的 α -醇酮基结构，具有还原性，能与氧化剂氨制硝酸银试液、四氮唑盐等反应。

2. 缩合性：3 位羰基或 20 位羰基可与羰基试剂异烟肼等缩合生成异烟腙而呈黄色。

3. 乙炔基反应：某些雌激素或避孕药含有乙炔基，可与硝酸银试液生成白色沉淀。

4. 紫外吸收性质：甾体激素类药物结构中含有 Δ^4 -3 -酮基、苯环或其他共轭体系，在紫外区有特征吸收，可进行药物的鉴别或含量测定。

5. 成酯或酯的水解反应：甾体激素类药物 21 位大多成酯或为羟基，可利用酯的水解反应或成酯反应进行鉴别。

（三）鉴别反应

1. C_{17}- α -醇酮基反应：皮质激素类药物 C_{17} 位上有 α -醇酮基，α -醇酮基有还原性，能与碱性酒石酸铜试液、氨制硝酸银试液以及四氮唑试液反应呈色，用于鉴别。例如《中国药典》(2015 年版)中醋酸地塞米松的鉴别：取供试品约 10 mg，加甲醇 1 mL，微热溶解后，加热的酒石酸铜试液 1 mL，即生成红色沉淀。

2. 酮基的呈色反应：本类药物结构中 C_3 -酮基和 C_{20} -酮基可以和某些羰基试剂，如异烟肼、硫酸苯肼等反应,形成黄色的腙而用于鉴别。例如《中国药典》(2015 年版)中黄体酮的鉴别:取本品约 0.5 mg,置小试管中,加异烟肼约 1 mg,与甲醇 1 mL 溶解后,加稀盐酸 1 滴,即显黄色。

3. 甲酮基的呈色反应:甾体激素类药物分子结构中含有甲酮基时,能与亚硝基铁氰化钠反应显色,黄体酮显蓝紫色,而其他常用甾体呈现淡橙色或不呈色。此反应为黄体酮的灵敏、专属的鉴别方法,可与其他甾体激素类药物相区别。

4. 酚羟基的反应:雌激素 C_3 上有酚羟基,可与重氮苯磺酸反应生成红色偶氮染料。

5. 炔基的沉淀反应:具有炔基的甾体激素药物,如炔雌醇、炔诺酮等,遇硝酸银试液,即生成白色的炔银沉淀,可用于鉴别。

6. 卤素的反应:有的甾体激素类药物在 C_6、C_9 或其他位置上有氟或氯取代,鉴别时需对取代的卤原子进行确认。由于卤原子与药物是以共价键连接的,因此需先采用氧瓶燃烧或回流水解法将有机结合的卤原子转换为无机离子后再进行鉴别。如《中国药典》(2015 年版)中醋酸地塞米松中氟的鉴别:取供试品 7 mg,照氧瓶燃烧法进行有机破坏,用水 20 mL 与 0.01 mol·L^{-1} 氢氧化钠溶液 6.5 mL 为吸收液,燃烧完毕后,充分振摇;取吸收液 2 mL,加茜素氟蓝试液 0.5 mL,再加 12%醋酸钠的稀醋酸溶液 0.2 mL,用水稀释至 4 mL,加硝酸亚铈试液 0.5 mL,即显蓝紫色;同时做空白对照试验。

7. 酯的反应:不少本类药物为 C_{17} 或 C_{21} 位上羟基的酯,如醋酸泼尼松、醋酸甲地孕酮等。药物中酯结构的鉴别,一般先行水解,生成相应的羧酸,再根据羧酸的性质进行鉴别。

8. 紫外分光光度法:甾体激素类药物结构中有 Δ^4-3-酮基、苯环等,在紫外区有特征吸收,可通过核对最大吸收波长、最大吸收波长处的吸收度或某两个吸收波长处的比值对药物进行鉴别。

9. 红外分光光度法:甾体激素类药物的结构复杂,有的药物之间结构上仅有微小的差异,仅靠化学鉴别法难以区别。红外光谱法特征性强,为本类药物鉴别的可靠手段。中国药典及外国药典中,几乎所有的甾体激素类药物都采用红外分光光度法进行鉴别。《中国药典》(2015 年版)的鉴别方法是按规定录制供试品的红外光谱图,与对照品的谱图比较,应一致。

(四) 甾体激素类药物中特殊杂质检查

在甾体激素类药物的检查项下,除一般杂质检查外,通常还要做"有关物质"的检查。此外,根据药物在生产和储存过程中可能引入的杂质,有的药物还需做硒或残留溶剂等的检查。

如醋酸地塞米松主要检查有关物质和金属硒。

1. 有关物质

取本品,精密称定,加流动相溶解并定量稀释成每 1 mL 中含 0.5 mg 的溶液,作为供试品溶液;另取地塞米松对照品,精密称定,加流动相溶解并定量稀释成 1 mL 中约含 0.5 mg 的溶液,精密量取 1 mL,加供试品溶液 1 mL,置同一 100 mL 量瓶中,用流动相稀释至刻度,摇匀,作为对照品溶液。照高效液相色谱法测定。以十八烷基硅烷键合硅胶为填充剂;以乙腈-水(40∶60)为流动相;检测波长为 240 nm。取对照品溶液 20 μL 注入液相色谱仪,调节检测灵敏度,使醋酸地塞米松的峰高约为满量程的 30%。再精密量取供试品溶液与对照品溶液各 20 μL,分别注入液相色谱仪,记录色谱图至供试品溶液主成分峰保留时间的两倍。供试品溶液的色谱图中如有与对照品溶液中地塞米松保留时间一致的色谱峰,按外标法以峰面积计算,其含量不得过 0.5%;其他各个杂质峰面积不得大于对照品溶液中醋酸地塞米松峰面积的 0.5 倍(0.5%)。各杂质峰面积的和不得大于对照品溶液中醋酸地塞米松峰面积(1.0%)。供试品溶液色谱图中任何小于对照品溶液中醋酸地塞米松峰面积0.01倍的峰可忽略不计。

2. 硒的检查

有的甾体激素类药物,如醋酸氟轻松、醋酸地塞米松、醋酸曲安奈德等,在生产的工艺中需使用二氧化硒脱氢,在药物中可能引入杂质硒。元素状态的硒无毒性,但硒化物对人体有剧毒,因此必须检查其残留量。《中国药典》(2015年版)中对硒的检查方法为先将有机药物经氧瓶燃烧法进行有机破坏,使硒转化为高价氧化物,以硝酸溶液吸收;再用盐酸羟胺将Se^{6+}还原为Se^{4+};在pH2.0±0.2的条件下,Se^{4+}与二氨基萘试液作用,生成4,5-苯并硒二唑,被环己烷提取后,在378 nm波长处测定吸光度,供试品溶液的吸光度不得大于以亚硒酸钠配制的硒对照品溶液的吸光度(0.005%)。

(五) 甾体激素类药物的含量测定

高效液相法测定氢化可的松的含量。

甾体激素类药物由于大多经其他甾体结构改造而来,药物中常含有结构非常相近的其他甾体,因此各国药典都广泛地采用该方法测定甾体激素药物及其制剂的含量。

示例　氢化可的松的含量测定

色谱条件及系统适用性试验　用十八烷基硅烷键合硅胶为填充剂;乙腈-水(28∶72)为流动相;检测波长为245 nm。取氢化可的松与泼尼松龙,加甲醇溶解并稀释制成1 mL中约含5 μg的溶液,取20 μL注入液相色谱仪,记录色谱图,出峰顺序依次为泼尼松龙与氢化可的松,泼尼松龙峰与氢化可的松峰的分离度应符合要求(≥1.5)。

测定法　取氢化可的松适量,精密称定,加甲醇溶解并定量稀释制成1 mL中约含0.1 mg的溶液,精密量取20 μL注入液相色谱仪,记录色谱图;另取氢化可的松对照品,同法测定。按外标法以峰面积计算。

第五节　制剂分析

一、常用制剂种类和制剂分析的特点

药物在供临床使用时,必须制成适合于应用的形式,即药物制剂。一般来说一种药物可以制备多种剂型。常用剂型有几十种,分类方法也有多种。可以按给药途径分类、按分散系统分类、按制法分类和按形态分类等。《中国药典》(2015年版)中收载了四十余种剂型,分别是片剂、注射剂、酊剂、栓剂、胶囊剂、软膏剂、眼用制剂、丸剂、植入剂、糖浆剂、气雾剂、膜剂、颗粒剂、口服溶液剂、散剂、耳用制剂、鼻用制剂、洗剂、搽剂、凝胶剂和贴剂,其中片剂和注射剂是应用最广泛的两种制剂。

和原料药一样,药物制剂也要进行鉴别、检查和含量测定。药物制剂的鉴别可以参考原料药的鉴别方法,若附加剂不干扰鉴别试验,可采用与原料药相同的方法鉴别。红外分光光度法因辅料的影响,在制剂鉴别中较少应用;若制剂采用高效液相色谱法测定含量,则可采用高效液相色谱法对药物进行鉴别。

由于制剂是用符合要求的原料药和辅料制备而成的,因此制剂的杂质检查一般不需完全重

复原料药的检查项目。某些杂质如重金属、砷盐、炽灼残渣等,在制备制剂的过程中不会再增加,一般不需要再检查。制剂的杂质检查,主要是检查在制剂制备和储藏过程中可能产生的杂质。如葡萄糖注射液在生产过程中高温加热灭菌时,可能分解产生 5 -羟甲基糠醛等杂质,因此注射液要求检查 5 -羟甲基糠醛,而原料药则不需检查此项目。

制剂的检查项下,除对杂质进行检查外,还需检查是否符合剂型方面的有关要求。《中国药典》(2015 年版)四部"制剂通则"的每一种剂型项下,都规定有一些检查的项目,这些项目称为制剂的常规检查项目。除了常规检查项目外,对某些制剂还需作一些特殊的检查,如对小剂量的片剂、胶囊剂等,需作含量均匀度检查,对水溶性较差的药物片剂,需作溶出度测定等。制剂方面的检查是为了保证药物制剂的稳定性、均一性和有效性。

由于药物制剂的组成比较复杂,在设计和选择含量测定方法时,应根据药物的性质、含量的多少及辅料对测定是否有干扰来确定。测定方法除满足准确度和精密度的要求外,专属性和灵敏度也应符合要求。对药物含量较低的制剂,应选择灵敏度高的方法来测定;当辅料对测定有干扰时,则应选择专属性较强的方法。制剂的含量测定方法常常和原料药的方法不一样。如盐酸氯丙嗪原料药采用非水溶液滴定法测定含量,片剂由于含量较低,采用了灵敏度更高的紫外分光光度法测定含量。又如布洛芬原料药采用酸碱滴定法测定含量,片剂采用专属性强的高效液相色谱法测定含量。

在药物制剂中还有一类是复方制剂,复方制剂是含有 2 种或 2 种以上药物的制剂。复方制剂的分析,不仅要考虑附加剂的影响,还要考虑药物之间的相互影响,因此复方制剂分析方法的选择,较一般的制剂更为困难。

二、片剂分析

片剂(tablet)系指原料药与适宜的辅料混匀压制而成的圆形或异圆形的片状固体制剂,以口服普通片为主。

(一)片剂的常规检查项目

《中国药典》(2015 年版)四部附录"制剂通则"的片剂项下规定的除另有规定外,口服普通片应进行的常规检查项目主要是"重量差异"和"崩解时限",其次还有针对特殊片剂的"发泡量"、"分散均匀性"及"微生物限度"的检查项目。

1. 重量差异

是指按规定称量方法称量片剂时,片重与平均每片质量之间的差异。检查方法:取供试品 20 片,精密称定总质量,计算平均每片质量。再分别精确称定各片的质量,计算每片质量与平均片重差异的百分数。《中国药典》(2015 年版)规定,20 片中超出重量差异限度的药片不得多于 2 片,并不得有 1 片超出限度的 1 倍。表 8 - 3 是片剂重量差异的限度表。

表 8 - 3 　《中国药典》(2015 年版)片剂重量差异的限度

平均每片质量或标示片重	重量差异限度
0.30 g 以下	±7.5%
0.30 g 或 0.30 g 以上	±5%

　　糖衣片的片心应检查重量差异并符合规定,包糖衣后不再检查重量差异。薄膜衣片应在包薄膜衣后检查重量差异并符合规定。

　　凡规定检查含量均匀度的片剂,一般不再进行重量差异检查。

　　2. 崩解时限

　　指固体制剂在规定的条件下的崩解情况。口服固体制剂在规定条件下全部崩解溶散或成碎粒,除不溶性包衣材料或破碎的胶囊壳外,应全部通过筛网。如有少量不能通过筛网,但已软化或轻质上漂且无硬心者,可作符合规定论。

　　凡规定检查溶出度、释放度、融变时限或分散均匀性的制剂,不再进行崩解时限检查。

　　片剂经口服后在胃肠道中首先要经过崩解,药物才能被释放、吸收。如果片剂不能崩解,药物就不能很好的溶出,也就起不到应有的治疗作用。因此各国药典都把"崩解时限"作为片剂的常规检查项目之一。

　　《中国药典》(2015 年版)采用升降式崩解仪检查。仪器主要结构为一能升降的金属支架与下端镶有筛网的吊篮,并附有挡板。检查时将吊篮通过上端的不锈钢轴悬挂于金属支架上,浸入1000 mL 烧杯中,并调节吊篮位置使其下降时筛网距烧杯底部 25 mm,烧杯内盛有温度为 37℃±1℃的水,调节水位高度使吊篮上升时筛网在水面下 15 mm 处。除另有规定外,取供试品6 片,分别置上述吊篮的玻璃管中,启动崩解仪进行检查,各片均应在 15 min 内全部崩解。如有1 片崩解不完全,应另取 6 片复试,均应符合规定。

　　薄膜衣片按上述装置与方法检查,并可改在盐酸(9→1000)中进行检查,应在 30 min 内全部崩解。如有一片不能完全崩解,另取 6 片复试。均应符合规定。

　　糖衣片按上述装置与方法检查,应在 1 h 内全部崩解。如有一片不能完全崩解,另取 6 片复试。均应符合规定。

　　肠溶衣片按上述装置与方法,先在盐酸(9→1000)中检查 2 h,每片均不得有裂缝、崩解或软化现象;继而将吊篮取出,用少量水洗涤后,每管加入挡板 1 块,再按上述方法在磷酸盐缓冲溶液(pH 6.8)中进行检查,1 h 内应全部崩解。如有 1 片不能完全崩解,应另取 6 片复试,均应符合规定。

　　检查泡腾片时,取供试品 1 片,置 250 mL 烧杯中,烧杯中盛有 200 mL 水,水温为 15～25℃,应有许多气泡放出,当片剂或者碎片周围气体停止逸出时,片剂应崩解、溶解或分散在水中,无聚集的颗粒剩留。除另有规定外,按上述方法检查 6 片,各片均应在 5 min 内崩解。如有1 片不能崩解,应另取 6 片复试,均应符合规定。

　　(二)片剂含量均匀度的测定

　　含量均匀度系指小剂量或单剂量的固体制剂、半固体制剂和非均相液体制剂的每片(个)含量符合标示量的程度。

　　除另有规定外,片剂、硬胶囊剂或注射用无菌粉末,每片(个)标示量不大于 25 mg 或主药含量不大于每片(个)质量 25%者;内容物非均一溶液的软胶囊、单剂量包装的口服混悬液、透皮贴剂、吸入剂和栓剂,均应检查含量均匀度。复方制剂仅检查符合上述条件的组分。

　　凡检查含量均匀度的制剂,一般不再检查重(装)量差异。

　　检查方法为:除另有规定外,取供试品 10 片(个),按照各药品项下规定的方法,分别测定每片(个)以标示量为 100 的相对含量 X,求其均值 $\overline{X}$ 和标准差 S 及标示量与均值之差的绝对值

$A(A=|100-\overline{X}|)$；若 $A+2.2S \leqslant L$，则供试品的含量均匀度符合规定；若 $A+S>L$，则不符合规定；若 $A+2.2S>L$，且 $A+S \leqslant L$，则应另取供试品 20 片（个）复试；根据初、复试结果，计算 30 片（个）的均值 $\overline{X}$、标准偏差 S 和标示量与均值之差的绝对值 A。再按下述公式计算并判定。当 $A \leqslant 0.25L$ 时，若 $A^2+S^2 \geqslant 0.25L^2$，则供试品的含量均匀度符合规定；若 $A^2+S^2<0.25L^2$，则不符合规定。当 $A>0.25L$ 时，若 $A+1.7S \leqslant L$，则供试品的含量均匀度符合规定；若 $A+1.7S>L$，则不符合规定。上述公式中 L 为规定值。除另有规定外，$L=15.0$。

含量均匀度的限度应符合各品种项下的规定。除另有规定外，单剂量包装的口服混悬剂、内充混悬物的软胶囊剂、胶囊型或泡囊型粉雾剂、单剂量包装的眼用、耳用、鼻用混悬剂、固体或半固体制剂，其限度均应为 ±20%；透皮贴剂、栓剂的限度应为 ±25%。如该品种项下规定含量均匀度的限度为 ±20% 或其他数值时，应将上述各判断式中的 15.0 改为 20.0 或其他相应的数值，但各判别式中的系数不变。

（三）溶出度的测定

溶出度系指活性药物从片剂、胶囊剂或颗粒剂等制剂在规定条件下溶出的速率和程度。溶出度是片剂质量控制的一个重要指标，对难溶性的药物片剂一般都应作溶出度的检查。凡检查溶出度的制剂，不再进行崩解时限的检查。

《中国药典》(2015 年版)溶出度测定收载的常用方法有三种。

第一法为转篮法。样品置于溶出仪的转篮中，转篮通过篮轴与电动机相连，转速可任意调节（一般为 $50 \sim 200$ r·min⁻¹）。转篮置于 1000 mL 烧杯中，烧杯中盛溶出介质。仪器有 6 套装置，可同时测定 6 份供试品。取样点应在转篮上端和液面中间距烧杯壁 10 cm 处。测定时，取经脱气处理的溶剂 900 mL，注入烧杯中，加温，使溶剂温度保持在 $37℃ \pm 0.5℃$，取供试品 6 个分别投入转篮中，将转篮降至容器中，按规定速度旋转，除另有规定外，至规定时间点取样，立即经不大于 0.8 μm 的微孔滤膜过滤，按各药品项下的方法测定，计算每片的溶出度。

第二法为桨法。桨法使用搅拌桨搅拌。测定时将供试品分别放入容器中，启动搅拌桨，至规定时间取样测定。其余装置和要求与转篮法相同。

第三法又称小杯法。小杯法的操作容器为 250 mL 的圆底溶出杯，用搅拌桨搅拌，测定时取经脱气处理的溶出介质 $100 \sim 250$ mL，注入容器内，其余操作和要求同第二法。小杯法溶出介质的体积较小，适用于药物含量较低的片剂溶出度的测定。

结果判定：符合下列条件之一者，可判为符合规定。(1)每片（粒、袋）溶出量按标示量计算，均不应低于规定限度 Q；(2)6 片（粒、袋）中，如有 $1 \sim 2$ 片（粒、袋）低于 Q，但不低于 $Q-10\%$，且其平均溶出度不低于 Q；(3)6 片（粒、袋）中，有 $1 \sim 2$ 片（粒、袋）低于 Q，其中仅有 1 片（粒、袋）低于 $Q-10\%$，但不低于 $Q-20\%$，且其平均溶出量不低于 Q 时，应另取 6 片（粒、袋）复试；初、复试的 12 片（粒、袋）中有 $1 \sim 3$ 片（粒、袋）低于 Q，其中仅有 1 片（粒、袋）低于 $Q-10\%$，但不低于 $Q-20\%$，且其平均溶出度不低于 Q。

如苯巴比妥在水中的溶解度较小，《中国药典》(2015 年版)规定要测定其片剂的溶出度，测定方法为：取本品，照溶出度测定第二法测定，以水 900 mL 为溶剂，转速为每分钟 50 转，依法操作，经45 min时，取溶液滤过，精密量取续滤液 20 mL（15 mg 规格），加硼酸氯化钾缓冲溶液(pH 9.6)定量稀释成 50 mL，摇匀；另取苯巴比妥对照品适量，精密称定，加上述缓冲溶液溶解并定量稀释制成 1 mL 中约含 5 μg 的溶液，作为对照品溶液。取上述两种溶液，在 240 nm 波长处测定吸光度,计算出每片的溶出量。限度为标示量的 75%,应符合规定。

(四)释放度的测定

释放度系指药物从缓释制剂、控释制剂、肠溶制剂及透皮贴剂等在规定条件下释放的速率和程度。

释放度按照制剂的类型不同,分成三种测定方法。

第一种方法用于缓释制剂或控释制剂的测定。测定用的仪器和方法同溶出度测定法。不同的是至少要在 3 个时间点取样,在规定的时间点取样后,立即经 0.8 μm 的微孔滤膜过滤,并及时补充所耗的溶剂,取滤液,照各药品项下规定的方法测定,计算 1 片的释放量。

取样的三个时间点中,第一点一般在开始的 0.5～2 h 内,用于考察药物是否有突释;第二点为中间的取样时间点,用于确定释药的特性;最后的取样时间点用于考察释药是否基本完全,最后一个时间点的累积释放率一般应为 75% 以上。

《中国药典》(2015 年版)规定,符合下列条件之一者可判为合格:①6 片(粒)中,每片(粒)在各个时间点测得的释放量按标示量计算,均未超出规定范围;②6 片(粒)中,在每个时间点测得的释放量,如有 1～2 片(粒)超出规定范围,但未超出规定范围的 10%,且在每个时间点测得的平均释放量未超出规定范围;③6 片(粒)中在每个时间点测得的释放量,如有 1～2 片(粒)超出规定范围,其中仅有 1 片(粒)超出规定范围的 10%,但未超过规定范围的 20%,且其平均释放度未超过规定范围,应另取 6 片(粒)复试;初、复试的 12 片(粒)中,在每个时间点测得的释放量,如有 1～3 片(粒)超出规定范围,其中仅有 1 片(粒)超出规定范围的 10%,但未超过规定范围的 20%,且其平均释放量未超过规定范围。

第二种方法用于肠溶制剂。先测定酸中释放量。取 0.1 mol·L^{-1} 的盐酸注入每个溶出杯,取 6 片分别投入容器或转篮中,按各药品项下规定的方法,开动仪器运转 2 h,取样测定,计算每片的"酸中释放量";再以磷酸盐缓冲溶液(pH6.8)为介质,测定"缓冲溶液中释放量"。6 片中每片的酸中释放量均应不大于标示量的 10%,如有 1～2 片大于 10%,但平均释药量不大于 10%,仍可判为合格。6 片中每片的缓冲溶液中释放量均应不低于限度 Q,除另有规定外,Q 为标示量的 70%。若 6 片中有 1～2 片缓冲溶液中释放量低于 Q,但不低于 Q-10%,且平均释放量不低于规定的限度,仍可判为合格。若 6 片有 1～2 片低于 Q,其中仅有 1 片低于 Q-10%,但不低于 Q-20%,且其平均释放量不低于 Q 时,应另取 6 片复试。初、复试的 12 片中如有 1～3 片低于 Q,其中仅有 1 片低于 Q-10%,但不低于 Q-20%,且其平均释放量不低于 Q 时,仍可判为合格。

第三种方法用于透皮贴剂。测定时参照"溶出度测定法"中的桨法。先将贴剂固定于网碟的两层碟片中,释放面向上,再将碟片放于烧杯下部,使贴剂与桨底旋转平面平行,两者相距 25 mm±2 mm,开始搅拌,取样及判断方法同第一法。

三、注射剂的检查项目与方法

注射剂系指原料药物与适宜的溶剂或分散介质制成的供注入体内的溶液、乳状液或混悬液及供临用前配制或稀释制成溶液或混悬液的粉末或浓溶液的无菌制剂。注射液的检查项目包括装量、装量差异、渗透压摩尔浓度、可见异物、不溶性微粒、无菌、细菌内毒素或热原等。

1. 装量

为保证注射液的注射用量不少于标示量,需对注射液及注射用浓溶液的装量进行检查。《中国药典》(2015 年版)规定,注射液的标示装量为不大于 2 mL 者取供试品 5 支,2 mL 以上至 50 mL 者取供试品 3 支;开启时注意避免损失,将内容物分别用相应体积的干燥注射器及注射针头抽尽,然后注入经标化的量入式量筒内(量筒的大小应使待测体积至少占其额定体积的 40%),在室温下检视。测定油溶液或混悬液的装量时,应先加温摇匀,再用干燥注射器及注射针头抽尽后,同前法操作,放冷,检视,每支的装量均不得少于其标示量。

2. 可见异物

可见异物系指存在于注射液、眼用液体制剂中,在规定条件下目视可以观察到的不溶性物质,其粒度或长度通常大于 50 μm。可见异物检查法有灯检法和光散射法。一般常用灯检法。灯检法不适用的品种,如用深色透明容器包装或液体色泽较深的品种可选用光散射法。

灯检法检查的装置为装有日光灯的伞棚式装置,背景用不反光的黑色绒布。用无色透明容器包装的无色供试品溶液,检查时被观察样品所在处的光照度为 1000～1500 lx;用透明塑料容器包装或用棕色透明容器包装的供试品溶液或有色供试品溶液,检查时被观察样品所在处的光照度改为 2000～3000 lx;混悬型供试品或乳状液,检查时被观察样品所在处的光照度应增加至约 4000 lx。

检查方法　除另有规定外,取供试品 20 支(瓶),除去容器标签,擦净容器外壁,必要时将药液转移至洁净透明的适宜容器内;置供试品于遮光板边缘处,在明视距离(指供试品至人眼的清晰观测距离,通常为 25 cm),分别在黑色或白色背景下,手持供试品颈部轻轻旋转和翻转容器使药液中可能存在的可见异物悬浮(但应避免产生气泡),轻轻翻摇后即用目检视。

《中国药典》(2015 年版)规定,溶液型静脉用注射液、注射用浓溶液和滴眼液 20 支供试品中,均不得检出可见异物,如检出可见异物的供试品不超过 1 支,应另取 20 支同法检查,均不得检出。

3. 无菌

无菌检查法系用于检查药典要求无菌的药品、医疗器具、原料、辅料及其他品种是否无菌的一种方法。无菌检查应在环境洁净度在 10000 级以下的局部洁净度 100 级的单向流空气区域内或隔离系统中进行,其全过程应严格遵守无菌操作,防止微生物污染,防止污染的措施不得影响供试品中微生物的检出。检查中应取相应溶剂和稀释剂同法操作,作为阴性对照,阴性对照不得有菌生长。

《中国药典》(2015 年版)的"无菌检查法"有直接接种法和薄膜过滤法两种。直接接种法适用于非抗菌作用的供试品,薄膜过滤法适用于有抗菌作用的供试品。

4. 热原或细菌内毒素

(1) 热原:静脉滴注用的注射剂及容易感染热原的品种,都需要检查热原。《中国药典》(2015 年版)采用"家兔法"检查热原。供实验用的家兔必须符合有关的要求并按规定作好试验前的准备。检查时,取适用的家兔 3 只,测定其正常体温后 15 min 内,自耳静脉缓缓注入规定剂量并温热至约 38℃的供试品溶液,然后每隔 30 min 测量其体温 1 次,共测 6 次,以 6 次体温中最高的一次减去正常体温,即为该家兔体温的升高温度。如 3 只中有一只体温升高 0.6℃ 或 0.6℃ 以上,或 3 只家兔体温升高的总和达 1.3℃ 或 1.3℃ 以上,应另取 5 只家兔复试。

在初试的 3 只家兔中,体温升高均低于 0.6℃,并且 3 只家兔体温升高总和低于 1.4℃;或在复试中的 5 只家兔中,体温升高 0.6℃ 或 0.6℃ 以上的家兔不超过 1 只,并且初、复试合并 8 只家兔的体温升高总和为 3.5℃ 或 3.5℃ 以下,均认为供试品的热原检查合格。

(2) 细菌内毒素:细菌内毒素是革兰阴性细菌细胞壁的组分,由脂多糖组成,热原主要来源于细菌内毒素。《中国药典》(2015 年版)的细菌内毒素检查法是利用鲎试剂和细菌内毒素的凝聚反应来进行的,有凝胶法和光度测定法两种方法。

5. 不溶性微粒

本法系在可见异物检查符合规定后,用以检查静脉用注射剂(溶液型注射液、注射用无菌粉末、注射用浓溶液)及供静脉注射用无菌原料药中不溶性微粒的大小及数量。本法包括光阻法和显微计数法。当光阻法测定结果不符合规定或供试品不适于用光阻法测定时,应采用显微计数法进行测定,并以显微计数法的测定结果作为判断依据。光阻法不适于黏度过高和易析出结晶的制剂,也不适用于加入传感器时容易产生气泡的注射剂。对于黏度过高,采用两种方法都无法直接测定的注射液,可用适宜的溶剂经适当稀释后测定。

四、附加剂对测定的干扰及排除

药物在制成制剂时一般需加入一些附加剂,如片剂的稀释剂、润滑剂、崩解剂等。制剂中的附加剂有时会对药物的测定造成影响,需予以排除。

1. 糖类

淀粉、糊精、蔗糖、乳糖等是片剂常用的赋形剂,其中乳糖本身有还原性,淀粉、糊精、蔗糖虽然本身无明显的还原性,但它们水解产生的葡萄糖具有还原性。因此糖类可能干扰氧化还原法滴定,特别是使用具有较强氧化性的滴定剂时,如高锰酸钾法、溴酸钾法等。在选择含糖类附加剂片剂的含量测定方法时,应避免使用氧化性强的滴定剂。如硫酸亚铁原料的测定,《中国药典》(2015 年版)采用高锰酸钾滴定法,但在进行硫酸亚铁片的含量测定时,就采用硫酸铈滴定法。其原因就在于硫酸铈的氧化性比高锰酸钾的氧化性弱,采用硫酸铈不会将葡萄糖氧化成葡萄糖酸,故避免了赋形剂的干扰。

2. 硬脂酸镁

硬脂酸镁是片剂常用的润滑剂,它的干扰可分为两个方面,一方面硬脂酸根离子干扰非水滴定法,另一方面镁离子干扰配位滴定法。但若主药含量大、辅料含量少,则硬脂酸镁的存在,对非水滴定影响不大,可直接测定;如果主药含量少,而硬脂酸镁含量较大时,因硬脂酸镁也要消耗高氯酸滴定液或 EDTA·2Na 滴定液,致使测定结果偏高。为了排除其干扰,可采用下列几种方法。

(1) 用有机溶剂(如丙酮、氯仿或乙醇)进行提取,再将提取液蒸干,或部分蒸干后,进行非水滴定。如硫酸奎宁原料药采用非水溶液滴定法测定含量,硫酸奎宁片则是取片粉适量,置分液漏斗中,加氯化钠 0.5 g 与 0.1 mol·L⁻¹氢氧化钠液 10 mL 混匀,精密加三氯甲烷 50 mL 提取,分取三氯甲烷液,用干燥滤纸滤过,精密量取一定量续滤液,加醋酐 5 mL,用高氯酸滴定测定片剂的含量。

(2) 加入掩蔽剂:有文献报道可采用酒石酸作掩蔽剂消除硬脂酸根的干扰,硬脂酸镁和酒石酸反应,形成稳定的配合物,排除了片剂中硬脂酸镁对配位滴定法的干扰。

3. 抗氧剂

具有还原性药物的注射剂,常需加入抗氧剂以增加药物的稳定性。常用的抗氧剂有维生素C、亚硫酸钠、亚硫酸氢钠、焦亚硫酸钠和硫代硫酸钠等。这些物质均具有较强的还原性,当用氧化还原滴定法测定药物含量时便会产生干扰。排除干扰的方法有以下几种。

(1)加入掩蔽剂:当注射剂中加有亚硫酸钠、亚硫酸氢钠和焦亚硫酸钠,如用碘量法、银量法、铈量法或重氮化法测定主药的含量时,则会引起干扰,使测定结果偏高。加入掩蔽剂丙酮或甲醛,可消除干扰。如维生素C注射液中含有亚硫酸氢钠(或亚硫酸钠)作抗氧剂,《中国药典》(2015年版)规定,加入丙酮作掩蔽剂,然后用碘量法测定维生素C的含量。

(2)加酸分解:亚硫酸钠、亚硫酸氢钠及焦亚硫酸钠均可用强酸分解,产生二氧化硫气体,经加热可全部去除。如磺胺嘧啶钠注射液的含量测定采用亚硝酸钠滴定法,因其中添加了亚硫酸氢钠抗氧剂,可消耗亚硝酸钠滴定液,但由于在滴定前,已加入一定量的盐酸(亚硝酸钠滴定法要求在盐酸酸性条件下滴定),使亚硫酸氢钠分解,从而排除了它们的干扰,不需另行处理。

(3)加弱氧化剂氧化:利用抗氧剂的还原性弱于药物,加入弱氧化剂过氧化氢或硝酸,选择性氧化还原性强的抗氧剂亚硫酸钠、亚硫酸氢钠或焦亚硫酸钠等,排除了抗氧剂的干扰。

4. 溶剂油

有的脂溶性药物的注射液是用植物油为溶剂配制的。我国多采用麻油、茶油或核桃油作为注射用的植物油。溶剂油对以水为溶剂的分析方法可产生影响,如容量法、反相高效液相色谱法。处理的方法常用的主要是有机溶剂稀释法和萃取法。如对某些药物含量较高,取样量较少的注射剂,可用有机溶剂直接稀释后测定。还有些药物可选择适当的溶剂,萃取后再进行测定。

示例　黄体酮注射液的测定

用内容量移液管精密量取本品适量(约相当于黄体酮50 mg),置25 mL量瓶中,用乙醚分数次洗涤移液管内壁,洗液并入量瓶中,用乙醚稀释至刻度,摇匀;精密量取5 mL,置具塞离心管中,在温水浴内使乙醚挥散;用甲醇振摇提取4次(每次5 mL),每次振摇10 min,后离心15 min,并用滴管将甲醇液移至25 mL量瓶中,合并提取液,用甲醇稀释至刻度,摇匀,取10 μL注入液相色谱仪,记录色谱图,按内标法以峰面积计算黄体酮含量。

五、制剂分析实例

以地西泮片和地西泮注射液分析为例,了解常规片剂和注射剂的分析。

(一)地西泮片的质量标准

本品含地西泮($C_{16}H_{13}ClN_2O$)应为标示量的$90.0\%\sim110.0\%$。

【性状】　本品为白色片。

【鉴别】　(1)取本品的细粉适量(约相当于地西泮10 mg),加丙酮10 mL,振摇使地西泮溶解,滤过,滤液蒸干,加硫酸3 mL,振摇使溶解,在紫外光灯(365 nm)下检视,显黄绿色荧光。

(2)在含量测定项下记录的色谱图中,供试品溶液主峰的保留时间应与对照品溶液主峰的保留时间一致。

【检查】　有关物质　取本品细粉适量(约相当于地西泮10 mg),加甲醇溶解并制成1 mL中含地西泮约1 mg的溶液,摇匀,滤过,取续滤液作为供试品溶液;精密量取适量,加甲醇定量稀释制成 1 mL 中含地西泮 5 μg 的溶液,作为对照品溶液。以十八烷基硅烷键合硅胶为填充剂,以甲醇-水(70：30)为流动相,检测波长为 254 nm 进行测定。供试品溶液的色谱图中如有杂质峰,各杂质峰面积的和不得大于对照品溶液主峰面积(0.5%)。

含量均匀度 取本品 1 片,置 100 mL 量瓶中,加水 5 mL,振摇,使药片崩解后,加 0.5% 硫酸的甲醇溶液约 60 mL,充分振摇使地西泮溶解,加 0.5% 硫酸的甲醇溶液稀释至刻度,摇匀,照紫外-可见分光光度法在 284 nm 的波长处测定吸光度,按 $C_{16}H_{13}ClN_2O$ 的吸收系数($E_{1cm}^{1\%}$)为 454 计算含量,应符合规定。

溶出度 取本品,照溶出度测定第一法,以盐酸(9→1000)800 mL 为溶出介质,转速为 100 r·min⁻¹,依法操作,经 20 min 时,取溶液约 10 mL,滤过,续滤液立即照紫外-可见分光光度法,在 242 nm 的波长处测定吸光度,按 $C_{16}H_{13}ClN_2O$ 的吸收系数($E_{1cm}^{1\%}$)为 1018 计算每片的溶出量。限度为标示量的 75%,应符合规定。

其他 应符合片剂项下有关的各项规定。

【含量测定】 照高效液相色谱法测定。

色谱条件和系统适用性试验 用十八烷基硅烷键合硅胶为填充剂,以甲醇-水(70：30)为流动相,检测波长为 254 nm。理论板数按地西泮峰计算不低于 1500。

测定法 取本品 20 片,精密称定,研细精密称取适量(约相当于地西泮 10 mg),置 50 mL 量瓶中,加甲醇适量,振摇,使地西泮溶解,用甲醇稀释至刻度,摇匀,滤过,精密量取续滤液 10 μL 注入液相色谱仪,记录色谱图;另取地西泮对照品约 10 mg,精密称定,同法测定。按外标法以峰面积计算含量。

【类别】 同地西泮。

(二)地西泮注射液的质量标准

地西泮注射液为地西泮的灭菌水溶液。含地西泮($C_{16}H_{13}ClN_2O$)应为标示量的 90.0%~110.0%。

【性状】 本品为几乎无色至黄绿色的澄明液体。

【鉴别】 (1)取本品 2 mL,滴加稀碘化铋钾试液,即生成橙红色沉淀。

(2)在含量测定项下记录的色谱图中,供试品溶液主峰的保留时间应与对照品溶液主峰的保留时间一致。

【检查】 pH 应为 6.0~7.0。

颜色 取本品,与黄绿色 6 号标准比色液比较,不得更深。

有关物质 取本品,加甲醇分别稀释制成 1 mL 中含 1 mg 的供试品溶液与 1 mL 中含 5 μg 的对照品溶液。照地西泮有关物质项下的方法测定,供试品溶液的色谱图中如有杂质峰,各杂质峰面积的和不得大于对照品溶液主峰面积(0.5%)。其他应符合注射剂项下有关的各项规定。

【含量测定】 照高效液相色谱法测定。

色谱条件及系统适用性 用十八烷基硅烷键合硅胶为填充剂;以甲醇-水(70：30)为流动相;检测波长为 254 nm。理论板数按地西泮计算不低于 1500。测定法:精密量取本品适量(约相当于地西泮 10 mg),置 50 mL 量瓶中,用甲醇稀释至刻度,摇匀,精密量取 10 μL 注入液相色谱仪,记录色谱图;另取地西泮对照品约 10 mg,精密称定,同法测定。按外标法以峰面积计算。

通过比较可以发现,鉴别试验原料除化学法外,还采用了红外分光光度法,片剂和注射剂则采用了高效液相色谱法;片剂质量标准中增加了溶出度、含量均匀度等检查项目,注射剂中则增加了 pH 及其他多种注射剂的常规检查项目;原料含量测定选用了非水滴定法,制剂含量测定均采用了专属性较好的高效液相色谱法。

六、降解产物

药物制剂中的杂质检查,除了检查原料药中已经控制但含量可能增加的特殊杂质,如阿司匹林中的游离水杨酸外,还应注意制剂的制备和储藏过程中可能产生的新杂质,如药物与辅料相互作用及药物与药物相互作用所产生的降解产物。

(一) 药物与辅料的相互作用

盐酸肼屈嗪又名肼苯哒嗪,为烟酸类衍生物,在临床上具有广泛用途。常与血管扩张药、β-受体阻滞剂及利尿药合用治疗高血压,或与强心利尿药合用治疗慢性顽固性心力衰竭,可显著提高疗效,降低副作用。

示例 采用 LC - MS/MS 技术对已上市盐酸肼屈嗪片剂进行影响因素研究,分别考察了酸、碱、氧化、高温、高温 5 个条件下的降解产物。色谱条件为:采用 Merck SeQuant ZIC - HILIC 色谱柱(2.1×105 mm,5 μm);以缓冲溶液(10 mmol·L^{-1}醋酸铵,冰醋酸调 pH 至 3.0)-乙腈($30:70$)为流动相,流速 0.1 mL·min^{-1};供试品以流动相溶解并稀释成 0.5 mg·mL^{-1} 的溶液,进样 5 μL 分析;检测波长 230 mm。Triple Quad LC - MS 测定条件:电喷雾离子源(ESI),正离子扫描模式。结果显示:盐酸肼屈嗪片剂在多种条件下的稳定性欠佳,共检测到 5 个主要杂质,其中 ESI 扫描显示杂质 a 的相对分子质量为 484($m/z485$,$[M+H]^+$),与肼屈嗪(相对分子质量160)相比多了 324。鉴于该片剂处方制作工艺中使用了无水乳糖,而乳糖分子脱去一分子水成苷的结构片段相对分子质量恰好为 342,因此推测杂质 a 结构为 3 -甲基-1,2,4 -三唑并[3,4 -α]酞嗪,通过对杂质 a 的 MS/MS 碎片的解析进一步证实了以上推测(如图8-3、图8-4、图8-5所示)。

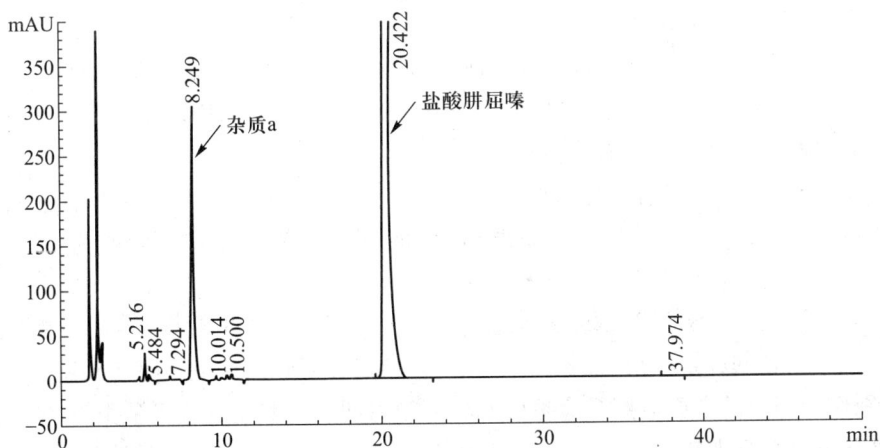

图 8 - 3 盐酸肼屈嗪原料色谱图

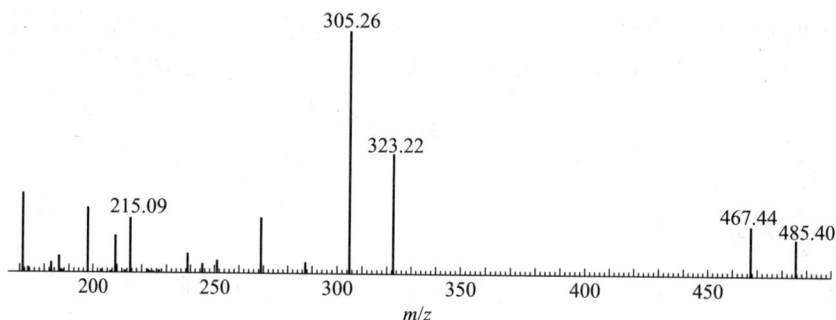

图 8 - 4 杂质 a 的 ESI - MS/MS 质谱图

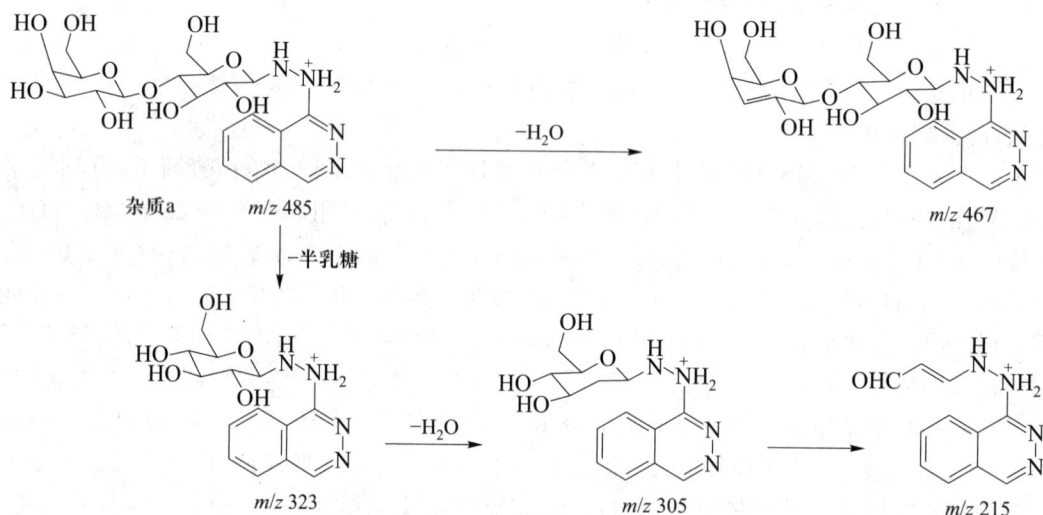

图 8-5 杂质 a 可能的裂解途径示意图

（二）药物与药物间相互作用

异福酰胺片由利福平、异烟肼和吡嗪酰胺等 3 种药物加适量的辅料制成的抗结核病药物，《中国药典》(2015 年版)中收载了该制剂中的 3 个已知杂质,采用 HPLC 法检查有关物质。

示例　异福酰胺片中有关物质的检查

取供试品细粉适量(约相当于利福平 50 mg),精密称定,加乙腈-水(1∶1)使利福平溶解并定量稀释制成每 1 mL 中约含利福平 0.5 mg 的溶液,摇匀,滤过,取续滤液作为供试品溶液;取利福平对照品适量,精密称定,加乙腈-水(1∶1)溶解并定量稀释制成每 1 mL 中约含利福平 5 mg 的溶液,作为对照品溶液;另取醌式利福平对照品、氧化利福平对照品和 3-甲酰利福霉素 SV 对照品各适量,精密称定,分别加乙腈-水(1∶1)溶解并定量稀释制成每 1 mL 中各约含 5 μg 的溶液,分别作为相应的杂质对照品溶液(1)、(2)、(3),照含量测定利福平项下的色谱条件(见复方制剂的含量测定),立即精密量取供试品溶液、对照品溶液与杂质对照品溶液(1)、(2)、(3)各 10 mL,分别注入液相色谱仪,记录色谱图至利福平峰保留时间的 4 倍。供试品溶液的色谱图中,如有与醌式利福平峰、N-氧化利福平峰和 3-甲酰利福霉素 SV 峰保留时间一致的色谱峰,

按外标法以峰面积计算,分别不得过利福平标示量的 2.0%、2.0% 和 0.5%;异烟肼利福霉素腙
峰面积不得大于对照品溶液中利福平峰面积的 3 倍(3.0%);其他单个杂质峰面积不得大于对
照品溶液中利福平峰面积的 1.5 倍(1.5%),其他各杂质峰面积的和不得大于对照品溶液中利
福平峰面积的 3 倍(3.0%)。杂质含量小于 0.1% 或相对利福平保留时间小于 0.23 的色谱峰
忽略不计。

其中氧化利福平和 3-甲酰利福霉素 SV 是利福平的氧化和水解降解产物,而异烟肼利福霉
素腙则是该复方制剂中利福平与异烟肼发生缩合反应生成的降解产物。

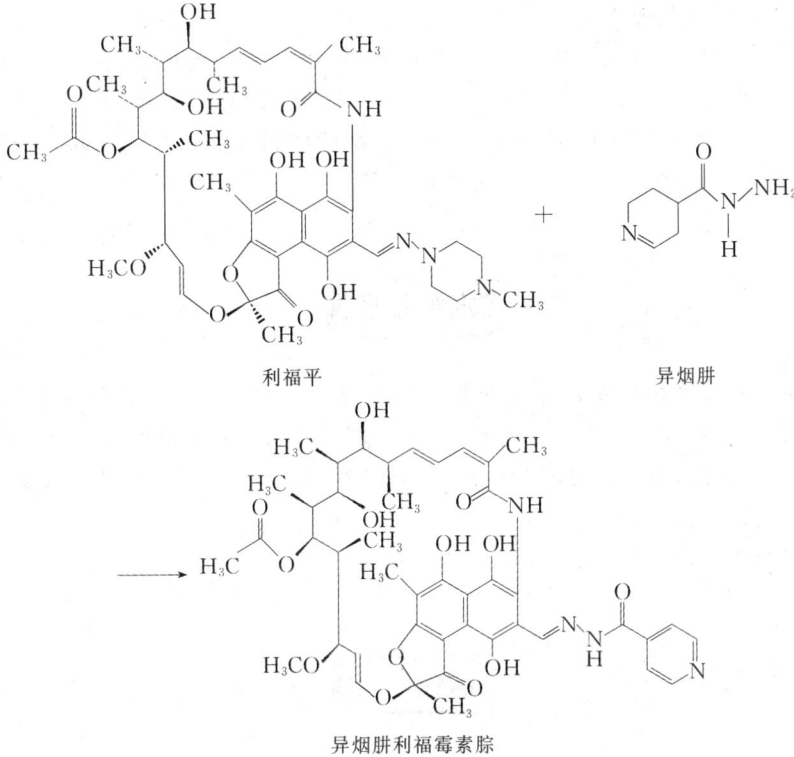

利福平　　　　　　　　　　　异烟肼

异烟肼利福霉素腙

七、复方制剂的含量测定

复方异福酰胺片的测定

异福酰胺片由利福平、异烟肼和吡嗪酰胺等 3 种药物加适量的辅料制成的抗结核病药物。
《中国药典》(2015 年版)采用高效液相的方法测定这 3 种药物的含量。

利福平含量测定方法如下:用辛烷基硅烷键合硅胶为填充剂;以甲醇-乙腈-0.075 mol·L^{-1}
磷酸二氢钾溶液-1.0 mol·L^{-1}枸橼酸溶液(30∶30∶36∶4)为流动相,并用 10 mol·L^{-1}氢氧
化钠溶液调节 pH 至 7.0 为流动相,检测波长为 254 nm。取利福平对照品约 4 mg 和异烟肼对照
品约 2 mg,加 1 mol·L^{-1}乙酸溶液 25 mL 使溶解,在室温下放置 4 h,取 20 μL,注入液相色谱
仪,记录色谱图,出峰顺序依次为异烟肼峰、异烟肼利福霉素腙峰(最大杂质)和利福平峰。异烟
肼利福霉素腙峰与利福平峰之间的分离度应大于 4.0。测定法:取本品 20 片,精密称定,研细,精
密称取细粉适量(约相当于利福平 60 mg),精密称定,加乙腈-水(1∶1)溶液振摇使利福平溶解

并定量稀释制成每 1 mL 中约含利福平 60 mg 的溶液,摇匀,滤过,取续滤液作为供试品溶液,立即精密量取续滤液 20 μL,注入液相色谱仪,记录色谱图。另精密称取利福平对照品适量,加乙腈-水(1∶1)溶液适量振摇使溶解并定量稀释制成每 1 mL 中约含 60 μg 的溶液,同法测定。按外标法以峰面积计算,即得。

异烟肼和吡嗪酰胺含量测定方法如下:用十八烷基硅烷键合硅胶为填充剂;以醋酸铵溶液(取醋酸铵 50 g,加水 1000 mL 溶解,用冰醋酸调节 pH 至 5.0)-甲醇(94∶6)为流动相;检测波长为 270 nm。取混合对照品溶液 2 μL,注入液相色谱仪,记录色谱图,出峰顺序依次为异烟肼和吡嗪酰胺,异烟肼和吡嗪酰胺之间的分离度应符合要求。测定法:取含量测定下利福平项下的细粉适量(约相当于异烟肼 30 mg),精密称定,加水溶解,超声使异烟肼和吡嗪酰胺溶解并定量稀释制成每 1 mL 中约含异烟肼 30 μg 的溶液,注入液相色谱仪,记录色谱图。另取异烟肼对照品和吡嗪酰胺对照品各适量,精密称定,加水溶解并定量稀释制成供试品溶液中各组分浓度相同的溶液,作为混合对照品溶液,同法测定。按外标法峰面积分别计算异烟肼和吡嗪酰胺的含量,即得。

本章提要

本章以化学药物的结构和理化性质为出发点,对质量中的定性和定量研究进行了概述,以各类原料药的鉴别、检查和含量测定为主要内容,并介绍了制剂的类型及分析特点。主要概述了化学药物的分类、分析特点、原料药分析的方法、生产过程检测的特点,以巴比妥类药物、芳酸及其酯类药物、芳胺类药物、杂环类药物、维生素类药物和甾体激素类药物为例,从药物结构出发,介绍化学药物分析的基本原理与方法,并介绍了常用制剂种类和制剂分析的特点。

关键词

化学药物;巴比妥类药物;芳酸及其酯类药物;芳胺类药物;杂环类药物;维生素类药物;甾体激素类药物;药物制剂

思考题

1. 试述巴比妥类药物化学结构、理化性质及分析方法间的关系,它们的专属鉴别反应、主要的含量测定方法与原理。

2. 试述芳酸及其酯类药物化学结构、理化性质及分析方法间的关系,它们的专属鉴别反应、主要的含量测定方法与原理。

3. 试述芳胺类药物化学结构、理化性质及分析方法间的关系,它们的专属鉴别反应、主要的含量测定方法与原理。

4. 试述杂环类药物化学结构、理化性质及分析方法间的关系,它们的专属鉴别反应、主要的含量测定方法与原理。

5. 试述维生素类药物化学结构、理化性质及分析方法间的关系,它们的专属鉴别反应、主要的含量测定方法与原理。

　　6.试述甾体激素类药物化学结构、理化性质及分析方法间的关系,它们的专属鉴别反应、主要的含量测定方法与原理。

　　7.试述片剂分析特点及辅料的干扰排除。

　　8.试述注射剂分析特点及辅料的干扰排除。

（中国药科大学　狄斌）

第九章 抗生素类药物分析

抗生素(antibiotics)是指在低微浓度下即可对某些生物的生命活动有特异抑制作用的一类化学物质的总称,是临床上一类常用的重要药物。抗生素的生产目前主要由微生物发酵法进行生物合成,工艺过程主要包括:菌种的培育、培养基的配制和灭菌、扩大培养和接种、发酵过程及产品的分离提纯等。微生物发酵法生产抗生素,在生产中容易受到多种因素的影响,故抗生素的质量控制与化学合成药物和中药不同。本章主要介绍抗生素生产过程的检测、原料药物分析和成品分析等内容。

第一节 概述

一、定义与分类

抗生素的种类繁多,《中国药典》(2015 年版)收载抗生素类原料药和制剂 200 多个品种。抗生素性质复杂,用途又是多方面的,因此对其进行系统、完善的分类有一定的困难,只能从实际出发进行大致分类。一般以生物来源、作用对象、化学结构作为分类依据。这些分类方法有一定的优点和适用范围。由于化学结构决定抗生素的理化性质、作用机制和疗效,故按此法分类具有重大意义。但是,许多抗生素的结构复杂,而且有些抗生素的分子中还含有几种结构,故按此法分类时,不仅应考虑其整个化学结构,还应着重考虑其活性部分的化学构造,现按习惯分类如下:

1. β-内酰胺类抗生素

β-内酰胺类抗生素的化学结构中都包含一个四元的 β-内酰胺环,包括青霉素类、头孢菌素类。这是目前最受重视的一类抗生素。

2. 氨基糖苷类抗生素

氨基糖苷类抗生素是分子中含有一个环己醇配基,以糖苷键与氨基糖(或戊糖)连接的一类抗生素,如链霉素、庆大霉素、卡那霉素、巴龙霉素、新霉素、小诺霉素等。

3. 大环内酯类抗生素

大环内酯类抗生素的化学结构中都含有一个大环内酯作配糖体,以糖苷键和 1~3 个分子的糖相连,如红霉素、麦迪(加)霉素等。

4. 四环类抗生素

四环类抗生素以并四苯为母核,如四环素、土霉素、金霉素等。

5. 多肽类抗生素

多肽类抗生素是由氨基酸组成的一类抗生素,如多黏菌素、杆菌肽、放线菌素 D 等。

6. 多烯大环类抗生素

多烯大环类抗生素如制菌霉素、万古霉素、两性霉素 B 等。

7. 苯羟基胺类抗生素

苯羟基胺类抗生素包括氯霉素等。

8. 蒽环类抗生素

蒽环类抗生素包括氯红霉素、阿霉素等。

9. 环桥类抗生素

环桥类抗生素包括利福平等。

10. 其他抗生素

其他抗生素如磷霉素、创新霉素等。

二、抗生素生产的特殊性

抗生素的生产目前主要通过微生物发酵法进行生物合成。少数的抗生素如氯霉素、磷霉素等亦可用化学合成法生产。此外还可将生物合成法制得的抗生素用化学或生化方法进行分子结构改造而制成各种衍生物。

抗生素发酵生产有如下特点:① 菌体的生长和产物的形成不平行;② 产量难以用物料平衡来计算,这是由生产的复杂机制所决定的;③ 生产稳定性差。

三、抗生素类药物分析的特殊性

由于生物合成的生产技术比较复杂、不易控制,因此异物污染的可能性较大,虽经提纯,成品中仍不可避免含有杂质;并且多数抗生素性质不稳定,其分解产物带入产品或使药物疗效降低,或使药物失效,有时甚至引起毒副反应。因此在制定抗生素的质量标准时,要特别着重"检查"项目的研究,必须进行异常毒性、热原或细菌内毒素、降压物质和无菌等安全性检查。《中国药典》(2015 年版)抗生素质量标准在 2010 年版的基础上,继续深化杂质控制的理念,不仅在有关物质检查方面加强了杂质定性和定量测定方法的研究,实现对已知杂质和未知杂质的区别控制,并且优化抗生素聚合物测定方法,设定合理的控制限度,整体上进一步提高有关物质项目的科学性和合理性等。此外,对发酵来源的多组分抗生素采用同时控制产品中主要活性组分的比例/含量和其生物效价互补的方法,建立共同质控策略。硫酸庆大霉素是经典的发酵来源的多组分抗生素,目前各国药典均通过控制庆大霉素 C 组分的相对比例来控制硫酸庆大霉素的组分,《中国药典》(2015 年版)首次将组分质控指标由相对比例修订为绝对含量。

抗生素的含量或效价测定方法可分为生物学方法和理化方法两大类。

1. 生物学方法

生物学方法即微生物检定法,它是以抗生素的抗菌活力为指标来衡量抗生素效价的一种方法,其测定原理与临床应用的要求相一致,能直接反映抗生素的医疗价值,系抗生素效价测定的经典方法。该法灵敏度高,需用供试品量较小;既适用于较纯的精制品,也适用于纯度较差的产品;对已知或新发现的抗生素均能应用;对同一类型的抗生素不需分离,可直接测定总效价。但其操作步骤多,测定时间长,误差较大。微生物检定法的测定方法包括管碟法和浊度法。

2. 理化方法

理化方法是根据抗生素的化学结构特点,利用容量分析法或仪器分析法进行测定。对于化学结构已知的供试品,本法可以迅速、准确地进行测定。但当本法是利用某一类型抗生素的共同结构部分反应时,其测定结果只能代表这一类物质的总含量,并不一定能代表抗生素的生物效价。

早期大多数抗生素的质量控制主要采用生物学方法。近年来,随着抗生素化学研究及分离、分析方法的快速发展,理化方法用于特定抗生素类药物分析的专属性已在很大程度上得到保证。尤其是高效液相色谱法在抗生素的测定中应用得越来越广,已经逐渐取代传统的微生物效价测定用于抗生素药品的含量控制。

第二节 菌种的质量控制和培养基的分析

一、菌种的质量控制

微生物发酵法生产抗生素,首先必须有一个优良的菌种。菌种的生产能力、生长繁殖的情况及代谢特性是决定发酵水平的内在因素。

菌种的扩大培养是发酵生产的第一道工序,也称为种子制备。必须经过种子制备,在一定的培养条件下,获得具有高质量的生产种子供发酵生产使用。

种子的质量标准,主要有如下几个方面:

1. 细胞或菌体

种子培养的目的是获得健壮和足够数量的菌体,因此,菌体形态、菌体浓度及种子液的外观,是种子质量的重要指标。

菌体形态可通过显微镜观察来确定,以放线菌、霉菌为种子的质量要求是菌丝粗壮,对某些染料的着色力强、生长旺盛、菌丝分枝情况和内含物情况良好。

菌体浓度在生产上常采用离心测定法、光密度法和细胞计数法等进行测定。

种子液的外观如颜色、黏度等也可作为种子质量的粗略指标。

2. 生化指标

种子液的糖类、氮、磷含量的变化和 pH 变化是菌体生长繁殖、物质代谢的反映,可以通过对糖类、氮、磷等物质的利用情况及 pH 变化为指标来衡量种子液的质量。

3. 产物生成量

种子液中产物生成量的多少是种子生产能力和成熟程度的反映,因此,产物生成量成为多种抗生素发酵中考察种子质量的重要指标。

4. 酶活力

测定种子液中某种酶的活力,也可作为种子质量的一个指标。如土霉素生产的种子液中的淀粉酶活力与土霉素发酵单位有一定的关系,可作为该种子质量的依据。

此外,种子应确保无任何杂菌污染。

二、培养基的分析

在抗生素的生物合成过程中,最主要的原材料是供抗生素产生菌生长、繁殖、代谢和合成抗生素用的培养基。通过科学研究和不断的生产实践,确定了良好的培养基成分和配方之后,组成培养基的各种原材料的质量将对抗生素发酵生产水平的稳定和提高有着重要的影响。培养基的主要成分包括碳源、氮源、无机盐(包括微量元素)和前体等。

1. 碳源

碳源是构成菌体细胞和抗生素碳架及供给菌种生命活动所需能量的营养物质,是培养基中主要组成之一。常用的碳源包括糖类(葡萄糖、蔗糖、淀粉及其水解液、糖蜜)、油脂(豆油、玉米油和花生油等)和某些有机酸。

(1) 糖类:糖类的定量分析,最常用的是费林(Fehling)法,即以糖类在碱性溶液中将二价铜还原成氧化亚铜析出,再测定析出的氧化亚铜。这个方法只能测定具有自由醛基和酮基的还原糖。双糖及多糖必须先经水解,才能测定。除了费林法以外,醛糖可以选用较弱的氧化剂次碘酸钠,在酮糖存在下单独测定醛糖。另外,糖类都具有旋光性,也可利用各种糖类各自不同的比旋光度进行含量测定。

(2) 油脂:在发酵过程中加入的油脂有消沫和提供碳源的双重作用,对油脂的质量检测包括酸价、碘价、皂化值、相对密度、折射率等。

2. 氮源

氮源是构成菌体细胞物质(氨基酸、蛋白质、核酸、酶类等)和含氮抗生素等其他代谢产物的营养物质。常用的氮源可分为有机氮源和无机氮源两类。有机氮源主要有黄豆饼粉、花生饼粉、玉米浆、蛋白胨、酵母粉、鱼粉、蚕蛹粉和菌丝体等。无机氮源主要有氨水、尿素、硫酸铵、硝酸铵、磷酸氢二铵等。

有机氮源可采用凯氏定氮法测定它们的总氮量,所得总氮量乘以适当的系数即为蛋白质的量。

3. 无机盐和微量元素

抗生素产生菌和其他微生物一样,在生长、繁殖和生物合成抗生素过程中也需要某些无机盐类和微量元素,如硫、磷、镁、铁、钾、钠、锌、铜、钴、锰等。它们对抗生素产生菌的生理活性的作用与其浓度有关,低浓度时往往呈现刺激作用,高浓度时却表现出抑制作用。因此要依据菌种的生理特性和发酵工艺条件来确定合适的配比和浓度。此外,在发酵过程中可加入碳酸钙作为缓冲剂以调节 pH。

原材料中无机盐和微量元素的品种繁多,分析方法要根据它们各自的化学性质而定。

第三节 抗生素发酵生产过程的检测

抗生素产生菌在一定条件下吸取营养物质,合成其自身菌体细胞,同时产生抗生素和其他代谢产物的过程,称为抗生素发酵。发酵过程是抗生素生产中决定抗生素产量的主要过程。

在抗生素发酵生产中,只有通过对各种参数的检测,对发酵过程进行定性和定量的描述,进而才能对发酵过程进行控制。近年来,在生物技术参数的测量、生物过程的仪器化、过程建模和在线控制方面有了巨大的进步。

发酵过程中需要检测的参数主要包括物理参数(如温度、压力、空气流量、搅拌转速、搅拌功率、装量、密度、泡沫、黏度等)、化学参数(pH、溶氧、氧化还原电位、尾气 CO_2 浓度等)和生物学参数(生物量、细胞形态、产物浓度等)。这些参数的检测,主要采用传感器等仪器进行在线检测。

一、发酵 pH 的检测

抗生素发酵过程中,发酵液的 pH 变化可以表明抗生素产生菌的细胞生长及产物或副产物生成的情况,是最重要的发酵过程参数之一,因此,发酵生产中对 pH 的检测及控制极为重要。一般采用可原位蒸汽灭菌的复合 pH 传感器,即复合 pH 电极(图 9-1、图 9-2),该传感器包括一支玻璃电极和一支通过侧面多孔塞与培养基连通的参比电极。这种 pH 传感器安装在不锈钢保护套内,能维持电极内部压力高于发酵液压力,防止罐压使物料流入多孔塞中。同时,这种护套还可以在带压状态下使传感器自由插入或退出,便于在罐外灭菌,以延长其寿命。

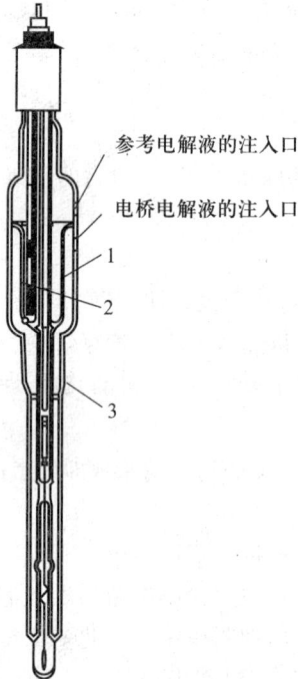

参考电解液的注入口

电桥电解液的注入口

1

2

3

图 9-1 Ingold 可灭菌的 pH 电极

1—参考电极液;2—参考元件;3—电桥电极液

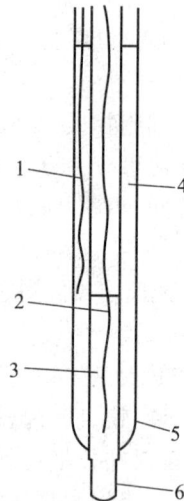

图 9-2 可灭菌的 pH 电极的典型设计示意图

1—参比电极;2—内部电极;3—内部电解液;

4—参比电解液;5—多孔塞;6—pH 敏感玻璃

大多数 pH 传感器都具有温度补偿系统,由于电极内容物会随使用时间或高温灭菌而不断变化,因而在每批发酵灭菌操作前后均需要进行标定,即用标准的 pH 缓冲溶液校准。pH 电极探头需经常地填充或填满电解液,实际上这是参比电极的电解液,它会通过多孔塞慢慢地流失,这也是多孔塞结垢的部分原因。另外发酵液中的物质也常常会污染多孔塞,造成 pH 探头恶化,因此必须经常清洗以保持清洁。pH 传感器的另一个故障来源于玻璃电极电缆接头的受潮,故应当使接头密封,并在密封盒中加入干燥剂以保持干燥。

二、溶氧的检测

发酵液的溶氧浓度(DO)是一个非常重要的发酵参数,它既影响细胞的生长,也影响产物的生成。这是因为当发酵培养基中溶氧浓度很低时,细胞的供氧速率会受到限制。

溶氧浓度最常用的检测方法是使用可蒸汽灭菌的电化学检测器,有电流电极和极谱电极两种,它们均用膜将电化学电池与发酵液隔开,其膜仅对 O_2 有渗透性,而其他可能干扰检测的化学成分则不能通过。O_2 通过渗透性膜从发酵液扩散到检测器的电化学电池,O_2 在阴极被还原时产生可检测到的电流或电压,与 O_2 到达阴极的速率成比例,从而使电极测得的电信号与液体中的溶氧浓度成正比。

发酵用溶氧探头通常称为溶氧电极,电化学溶氧电极的基本结构如图 9-3 所示。

将可灭菌的探头直接插入反应器的水溶液中就可实现溶氧的检测。在实际发酵生产中,有必要对电极进行校准。因为电极实际上检测的是传质速率,而不是直接检测溶氧浓度。因而电极需在与发酵过程相同的流体动力条件下进行校准。溶氧电极应能耐受湿热灭菌。同时,电极需要有一个适于支撑的、足够厚实的膜,用以耐受发酵过程中形成的内外压差。透气性膜易结垢或损坏,需要经常更换。电极内部

图 9-3 电化学溶氧电极结构示意图
1—电解液;2—阳极;3—阴极;
4—电解液薄膜;5—膜

的电解液也必须经常更换,以保持电极的灵敏度和延长电极的使用寿命。电极的透气性膜表面容易存在微生物的生长,这无疑会产生错误的读数。如果使用聚四氟乙烯膜或硅酮膜,并将溶氧电极的尖端置于具有较高液体流速的区域(如发酵罐搅拌桨的旁流区)时,一般不存在微生物在电极的膜表面生长的问题。

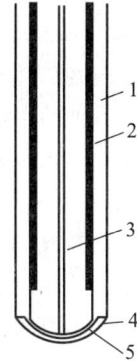

三、温度的检测

在发酵过程中,需要维持适当的温度,才能使菌体生长和代谢产物的合成顺利地进行。大部分抗生素发酵过程的温度为 $30\sim36℃$,某些发酵过程要求温度波动限于 $±0.5℃$。因此,温度是发酵生产中的一个重要的检测参数和控制参数。

发酵罐的测温方法有多种,包括玻璃温度计、热电阻、热电偶、热敏电阻温度计等。大部分发酵罐采用酒精或水银温度计,可直接指示发酵温度,不过,这种玻璃温度计必须能耐受灭菌时的蒸气压。将温度计加上不锈钢夹套,用 O 形环密封安装在发酵罐中。热电阻的特点是灵敏度高,线性较好,能满足发酵温度检测和控制的要求。普遍使用的热电阻有铂电阻、镍电阻和铜电阻等。其测定原理是利用金属材料的电阻随温度的变化而变化,因而需要一定的电流产生可测电压,此电压与温度成一定的比例关系。在使用时发出的信号经放大(线性化)后传递到控制器,从而实现对温度的控制。

四、菌体浓度和生物量的检测

菌体(细胞)浓度(cell concentration),简称菌浓,是指单位体积培养液中菌体的含量。菌浓的大小,在一定条件下,不仅反映菌体细胞的多少,而且反映菌体细胞生理特性不完全相同的分化阶段。无论在科学研究上,还是在抗生素的工业发酵控制上,菌体浓度都是一个重要的参数。菌体浓度的测定可分为全细胞浓度和活细胞浓度的测定。全细胞浓度的测定方法有湿重法、干

重法、浊度法和湿细胞体积法;而活细胞浓度则可以通过生物发光法和化学发光法进行测定,例如,可通过对发酵液中的 ATP 或 NADH 进行荧光检测而实现对活细胞浓度的测定。

生物量(biomass)和细胞生长速率的直接在线检测,目前尚难以在抗生素发酵生产中普遍实现。一般采用的离线检测方法有细胞干重法、显微镜计数法和光密度法。光密度法有时也可以实现生物量的在线检测,其他的生物量浓度在线检测方法包括浊度、荧光、黏度、阻抗和产热等的检测。

下面简要介绍几种常用的菌体浓度(生物量)的检测方法。

1. 干重法

取一定量发酵液,通过过滤或离心分离,收集菌体细胞,然后采用适宜的干燥方法将其干燥至恒重,称量。这一方法比较费时,一般作为其他测定方法的参比方法。

2. 沉降量或压缩细胞体积法

将一定量的发酵液用自然静置或离心的方法,不经干燥,直接测定沉降量或压缩细胞的体积,可作为生物量的粗略估计。

3. 浊度法

用于澄清的培养液中低浓度非丝状菌的测量,测得的光密度(OD)在一定范围($0.05 \sim 0.3$)内与细胞浓度呈线性关系。对于 $600 \sim 700$ nm 的入射光,一个吸光率单位大约相当于 1.5 g(细胞干重)$\cdot$ L^{-1}。可使用分光光度计或光电比色计进行浊度测定,波长一般采用 $420 \sim 660$ nm。

基于光密度测定原理的流通式浊度计可用于全细胞浓度的测定,其在线检测装置,如图9-4所示。若以激光束作光源,全细胞质量浓度的范围是 $0 \sim 200$ g $\cdot$ L^{-1}(湿细胞),精度为 $\pm 1\%$ FS,响应时间为 1 s。在该检测系统中,以激光二极管产生特定波长的光通过传感器的探头进入发酵罐中,然后通过测量被吸收的光和用于补偿反向反射光的光量,即可测定光密度,实现细胞浓度的在线检测。

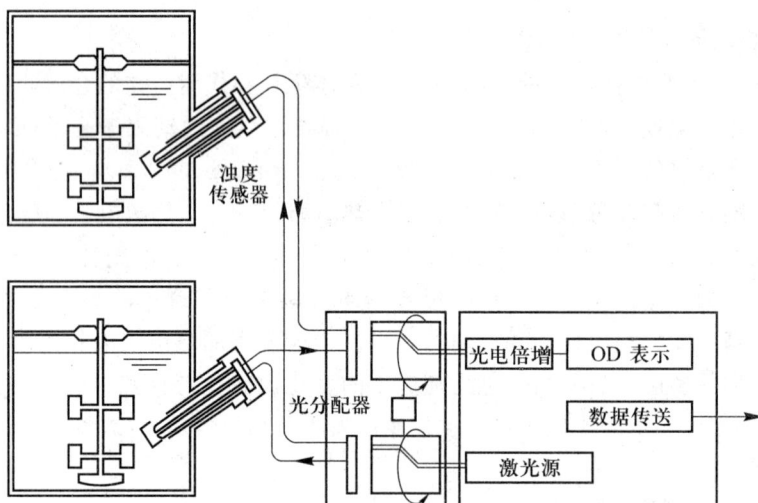

图 9-4　细胞浓度在线检测用浊度计

4. 荧光法

细胞内呼吸链上的 NADH 在用 366 nm 波长的紫外光照射时,可激发出在 460 nm 波长处检出的特征性荧光。由于 NADH 与生物细胞的同化、异化和呼吸功能有密切关系,这一荧光反应可用来定量细胞的活性。在一定的培养条件下,抗生素发酵液中荧光信号的对数与细胞浓度的对数呈线性关系,但其他一些细胞材料如核酸、维生素、激素、氨基酸等也可以产生荧光反应,加上受到培养基成分、溶氧浓度和 pH、温度的波动的影响,使荧光信号检测在定量细胞活性和细胞浓度的应用方面受到一些限制。不过,由于荧光测量的快速(大于 90% 的响应时间不足 0.5 s)、灵敏度高、反映的信息面广,因此,荧光测定与其他在线测定如 pH、温度、溶氧等联合应用时,可以为抗生素发酵过程的细胞生长与代谢状况提供一种高水平的监测手段。荧光探头可装入发酵罐的标准探头内,可原位蒸汽灭菌。

五、溶解 CO_2 的检测

发酵液中溶解 CO_2 的水平对菌体细胞的生理学性质有重要影响,对微生物生长和发酵具有刺激或抑制作用。因此,溶解 CO_2 分压的测量十分重要,可采用能用于蒸汽灭菌的溶解 CO_2 传感器。溶解 CO_2 传感器的结构如图 9-5 所示。其工作原理是 CO_2 通过透气性膜进入碳酸氢钠

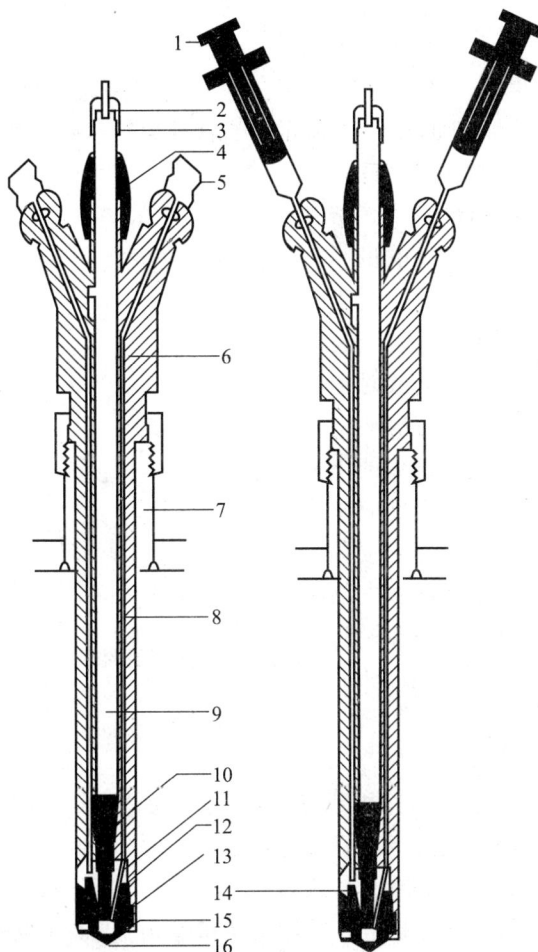

图 9-5　溶解 CO_2 传感器的结构

1—20 mL 注射器;2—高温同轴电缆;3—电缆连接螺母;4—回缩环形螺母;5—插塞;6—进料管;7—焊接插槽;8—导管;9—电极轴;10—pH 电极;11—参比电极;12—CO_2 电解液;13—膜筒;14—校准缓冲溶液;15—玻璃膜;16—硅橡胶膜

缓冲溶液中,扩散速率与跨膜的浓度驱动力成正比。碳酸氢钠缓冲溶液与待测发酵液中的 CO_2 分压保持平衡,缓冲溶液的 pH 变化反映为电极的 pH 变化,可间接表示发酵液中的 CO_2 分压,从而通过 pH 的检测来实现对溶解 CO_2 的检测。

六、发酵液成分分析

发酵液成分的分析对于了解和控制抗生素发酵过程也是十分重要的,目前一些待测成分如葡萄糖浓度等可以采用生物传感器技术进行在线检测。生物传感器在发酵过程检测中的应用日益广泛,不过仍有较大的局限性,主要原因是灭菌和稳定性方面存在问题,另外也与传感器的生物学性质有关。

1. 葡萄糖浓度的在线检测

由于葡萄糖在遇到葡萄糖氧化酶(GOD)且同时有氧存在时,将迅速被催化氧化成为葡萄糖酸,同时消耗氧而生成过氧化氢,反应如下:

$$葡萄糖 + O_2 + H_2O \xrightarrow{GOD} 葡萄糖酸 + H_2O_2$$

氧气的消耗可以采用生物传感器测出,然后进一步确定葡萄糖的浓度。这种用以检测葡萄糖浓度的生物传感器的工作原理如图 9-6 所示。当这种生物传感器放入待测溶液时,溶液中的葡萄糖和溶解氧可透过半透膜与 GOD 接触,然后进行酶反应,导致氧含量减少。溶氧电极可测量氧气从液体穿过溶氧电极膜到达阴极(氧气在此被还原)的流速。由于 GOD 反应,消耗了氧,氧气到达电极的流速下降,与 GOD 转化葡萄糖为葡萄糖酸时葡萄糖的消耗速率相等。这一速率与溶液中葡萄糖浓度成正比,因此溶氧电极读数的下降与所测的葡萄糖浓度成正比。若反应中产生的葡萄糖酸没有及时除去,将影响葡萄糖浓度生物传感器的使用寿命。可将生物传感器转化为流通式(flow-through)系统,使酶液连续通过电极以去除葡萄糖酸,从而延长生物传感器的使用寿命。

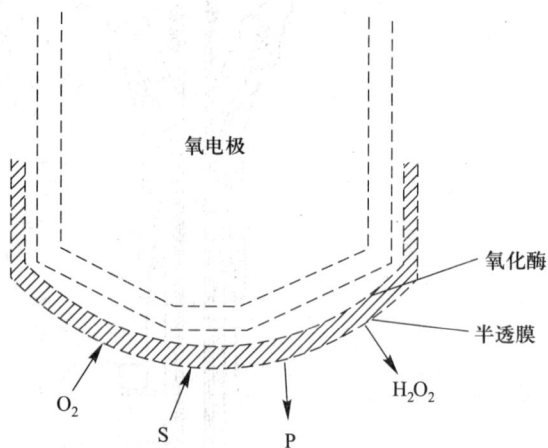

图 9-6　典型的葡萄糖浓度检测用生物传感器的原理

2. 流动注射分析

流动注射分析系统(FIA)包括 3 个组成部分:采样单元、传感单元和数据处理单元。该系统的工作原理是,首先把发酵液从发酵罐中经过滤器分离出来,取出清洁的发酵液,通过定量泵以一定的流速注入装有探测头的探测器中,探测器将发酵液中的不同物质的浓度变化转换为可用光学系统测定的光信号或者是 pH 的变化,可用离子敏感电极、微生物电极、热敏电阻等形式进行测量。虽然 FIA 分析仪并不是连续工作方式,但由于其取样频率高(可达 100 次·h^{-1} 以上),因此,一般应用时,可认为是连续形式。FIA 易于满足检测过程的有效性的需求。

FIA 已用于葡萄糖的在线测定,直接估计生物量,或通过扩展卡尔曼滤波器间接地估计生物量,也用于检测氨基酸、酶或肽、抗生素等代谢产物。目前已有多种生物传感器可用作 FIA 系统的检测器。

3. 青霉素发酵液的自动分析

在青霉素的发酵过程中,可利用青霉素酶电极对发酵液中的青霉素含量进行在线检测。青霉素酶电极由 β-内酰胺酶和 pH 电极所组成,当青霉素发酵液通过酶电极的 β-内酰胺酶膜时,青霉素分子中的 β-内酰胺环被水解产生氢离子,其浓度可由电位计测出,在一定的青霉素浓度范围内,电位计响应值与青霉素的浓度存在一定的比例关系。

七、尾气分析

抗生素发酵为需氧通气发酵,发酵尾气中 O_2 的减少和 CO_2 的增加是培养基中营养物质耗氧代谢的结果,通过这两种气体的在线分析所获得的耗氧率(OUR)和 CO_2 释放率(CER)是微生物代谢活性的有效指示值。

1. 尾气氧分压的检测

测量发酵尾气中氧分压(浓度)可采用质谱法、极谱电位法和磁氧分析。广泛使用的磁氧分析仪的工作原理是基于氧的顺磁性质,测定系统中 O_2 质量浓度的任何变化均会影响磁场的场强度,进而影响磁场中的受力,这个受力作用于电子元件便转换为电信号,并显示和记录,该电信号与测量气体的 O_2 质量浓度呈线性关系。

在抗生素发酵过程中,通过尾气中氧分压(浓度)的检测,可了解微生物对氧的消耗速率和生长状况,以便于指导、控制供气量。

2. 尾气 CO_2 分压的检测

发酵工业中尾气 CO_2 分压(浓度)的检测,主要采用红外线 CO_2 测定仪,它的检测原理是在近红外波段 CO_2 气体的吸收造成光强度的衰减,其衰减量遵循朗伯-比尔定律,从而通过衰减程度的检测确定气样中的 CO_2 分压(浓度)。

抗生素发酵过程中的 CO_2 分压(浓度)的测量,可以获得发酵过程控制的重要的在线信息,通过确定产生的 CO_2 的量有助于计算碳回收,并可用于估计比生长速率。

另外在抗生素发酵工业中,也可以利用质谱仪、色谱仪等分析尾气中的 O_2、CO_2 及 N_2、H_2、CH_4、H_2S 和乙醇、杂醇等成分,以全面监控发酵过程,提高发酵水平。

第四节 抗生素类药物的理化分析

一、β-内酰胺类抗生素

本类抗生素包括青霉素族和头孢菌素族,它们的分子结构中都含有 β-内酰胺环,故统称为 β-内酰胺类抗生素。

(一)结构与性质

1. 结构

青霉素族的分子结构是由侧链 RCO—与母核 6-氨基青霉烷酸(6-APA)两部分结合而成,

母核为 β-内酰胺环与氢化噻唑环并合而成的双杂环。头孢菌素族是由侧链 RCO— 与母核 7-氨基头孢烷酸(7-ACA)组成,母核为 β-内酰胺环与氢化噻嗪环并合而成的双杂环。它们的分子中都含有一个游离羧基和酰氨基侧链,由于酰氨基上 R 和甲基上的 R_1 的不同,构成了各种不同的青霉素和头孢菌素(图 9-7)。

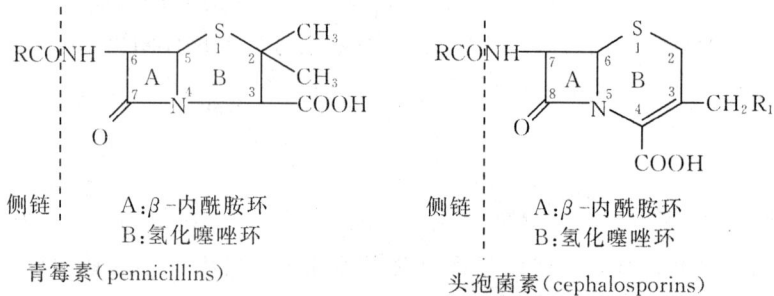

青霉素(pennicillins)　　　　　头孢菌素(cephalosporins)

图 9-7 β-内酰胺类抗生素的结构

2. 性质

(1) 酸性和溶解性质:青霉素族和头孢菌素族分子中的游离羧基具有相当强的酸性,能与无机碱或某些有机碱形成盐。它们的碱金属盐易溶于水,而有机碱盐则易溶于甲醇等有机溶剂,难溶于水。

(2) 旋光性:青霉素族分子中含有 3 个手性碳原子,头孢菌素族含有 2 个手性碳原子,故都具有旋光性。利用这一特点,可对这两类药物进行定性和定量分析。

(3) 紫外吸收特性:青霉素族分子中的环状部分无紫外吸收,但其侧链酰氨基上 R 取代基如具苯环等共轭体系,则有紫外吸收特性。如青霉素族在 257 nm 和 264 nm 波长处有吸收峰。头孢菌素族,由于母核部分具有 O=C—N—C=C 的结构,在 260 nm 波长处有强吸收,这是 7-ACA 的特征吸收峰。

(4) β-内酰胺环的不稳定性:干燥纯净的青霉素盐稳定,对热也稳定。青霉素的水溶液则不稳定,而且随 pH 和温度的变化影响很大,在 pH 6~6.8 时较稳定。

青霉素族的 β-内酰胺环是整个分子结构中最不稳定的部分,如与酸、碱、重金属、青霉素酶、羟胺等作用,均能导致 β-内酰胺环的破坏而失去抗菌活性,形成一系列的降解产物。与青霉素族相比,头孢菌素族较不易发生开环反应,对青霉素酶和稀酸比较稳定。

(二) 鉴别试验

本类药物的鉴别试验,《中国药典》(2015 年版)采用的方法主要为 IR、HPLC 和 TLC 法。

1. 色谱法

利用比较供试品与对照品主峰的保留时间(t_R)或斑点的比移值(R_f)是否一致进行鉴别。HPLC 法一般都规定在含量测定项下的色谱图中,供试品与对照品主峰的保留时间应一致。《中国药典》(2015 年版)对抗生素药物的鉴别试验有 HPLC 法和 TLC 法两种方法。

2. 光谱法

(1) 红外吸收光谱法:红外吸收光谱(IR)是一种专属性较高的鉴别方法,反映了分子固有的结构特征。各国药典对收载的 β-内酰胺类抗生素几乎均采用了本法进行鉴别。

头孢氨苄(含 1 个结晶水)的红外吸收光谱显示的主要特征见表 9-1。

表 9-1　头孢氨苄的红外吸收光谱显示的主要特征吸收

σ/cm^{-1}	归属	
3500~2500	水、酰胺和铵盐	$\gamma_{O-N,N-H}$
1740	β-内酰胺	γ_{C-O}
1690	酰胺	γ_{C-C}
1600,1400	羧酸离子	γ_{COO-}
1550	酰胺	$\delta_{N-H}+\gamma_{C-N}$
695	苯环	$\delta_{环}$

(2) 紫外分光光度法(UV):通常利用最大吸收波长鉴别法,即将供试品溶液配成适当浓度的水溶液,测定紫外吸收光谱,根据其最大吸收波长或最大吸收波长处的吸收度进行鉴别。

3. 钾、钠盐的火焰反应

青霉素族、头孢菌素族药物中,许多制成钾盐或钠盐供临床使用,因而可利用其火焰反应进行鉴别。

4. 呈色和沉淀反应

(1) 在稀盐酸中生成白色沉淀:青霉素钾和青霉素钠加水溶解后,加稀盐酸 2 滴,即析出难溶于水的游离酸白色沉淀。这些沉淀能在乙醇、醋酸戊酯、氯仿、乙醚或过量的盐酸中溶解。

(2) 羟肟酸铁反应:青霉素族和头孢菌素族在碱性介质中与羟胺作用,β-内酰胺环破裂生成羟肟酸;在稀酸中与高铁离子呈色。不同的青霉素族和头孢菌素族的配合物显示不同的颜色,如氨苄西林呈紫红色,头孢氨苄呈红褐-褐色。

(3) 类似肽键反应:本类药物具—CONH—结构,一些取代基有 α-氨基酸结构,可产生双缩脲反应和茚三酮反应。如氨苄西林,《中国药典》(2015 年版)采用 TLC 鉴别时,以茚三酮为显色剂。

(三) 特殊杂质的检查

β-内酰胺类抗生素的特殊杂质主要有高分子聚合物、有关物质和异构体等。一般采用 HPLC 法控制其限量,也有采用杂质的吸光度来控制杂质含量。此外,有的还进行结晶性、"抽针试验"、"悬浮时间与抽针试验"等有效性试验,对原料药物则规定了"残留溶剂"的检查。

1. 聚合物

β-内酰胺类抗生素中存在的微量高分子杂质是引起该类抗生素过敏反应的主要因素,因此需对 β-内酰胺类抗生素药品中的高分子聚合物含量进行控制,从《中国药典》(2005 年版)开始就已采用葡聚糖凝胶 Sephadex G10 色谱进行质控,而《中国药典》(2010 年版和 2015 年版)进一步引入了高效凝胶色谱法分析 β-内酰胺类抗生素中的高分子聚合物,并"利用指针性杂质控制 β-内酰胺类抗生素聚合物",通过对阿莫西林、氨苄西林钠、阿莫西林钠/克拉维酸钾/氨苄西林钠/舒巴坦钠及其制剂中二聚体的控制,从而成功地解决 β-内酰胺类抗生素复方制剂、部分阿莫西林颗粒剂等在 Sephadex G10 色谱系统中受严重干扰品种的聚合物控制问题。

2. 有关物质和异构体

《中国药典》(2015 年版)对 β-内酰胺类抗生素中的有关物质和异构体的检查采用高效液相色谱法,其色谱条件一般与含量测定项下的色谱条件相同,供试品溶液色谱图如出现杂质峰,要求单个杂质峰面积不得大于对照品溶液主峰面积的一定量如 0.5 倍(0.5%),各杂质峰面积的和不得大于对照品溶液主峰面积的一定量如 3 倍(3.0%)。

3. 吸光度

对部分青霉素类抗生素原料药的杂质含量的检查,《中国药典》(2015 年版)仍采用测定杂质吸光度方法。如青霉素钠(钾)的吸光度检查:取本品,精密称定,加水溶解并定量稀释制成 1 mL 中含 1.80 mg 的溶液,照紫外-可见分光光度法,在 280 nm 和 325 nm 波长处测定,吸光度均不得大于 0.10;在 264 nm 波长处有最大吸收,吸光度应为 0.80~0.88。此法中 264 nm 处吸收值用来控制青霉素钠(钾)的含量,280 nm 和 325 nm 处吸收值用来控制杂质的量。

4. 残留溶剂

对抗生素原料药物中残留溶剂的控制已经越来越受到重视。药品中的残留溶剂是指在原料药、赋形剂及在制剂生产过程中未能完全除去的有机挥发性化合物。ICH 将药品生产及纯化过程中常用的 69 种有机溶剂按照对人体和环境的危害程度分为四类,并制定了限度标准。《中国药典》(2015 年版)中,对残留溶剂的分类及限度标准与 ICH 的要求完全一致,几乎所有的抗生素原料药都需要进行残留溶剂的检查,一般采用气相色谱法。

5. 结晶性

固态物质分为结晶质和非结晶质两大类,中国药典规定采用偏光显微镜法和 X 射线粉末衍射法测定药物的结晶性。《中国药典》(2015 年版)对头孢地尼、头孢丙烯、青霉素钠等部分 β-内酰胺类抗生素规定了结晶性检查。

(四) 含量测定

《中国药典》(2015 年版)收载的 β-内酰胺类抗生素的原料及制剂 70 多种,其中绝大多数应用 HPLC 法测定含量,多数采用反相 HPLC 法测定,以外标法计算含量。

示例 头孢噻肟钠的含量测定

色谱条件与系统适用性试验 用十八烷基硅烷键合硅胶为填充剂;以 0.05 mol·L^{-1} 磷酸盐缓冲溶液(取 7.1 g 无水磷酸氢二钠至 1000 mL 量瓶中,加水溶解并稀释至刻度,用磷酸调节 pH 至 6.25)-甲醇(85:15)为流动相;检测波长为 235 nm。取头孢噻肟对照品适量,加流动相溶解并稀释制成 1 mL 约含 1 mg 的溶液,作为系统适用性试验溶液,取 10 μL 注入液相色谱仪,记录的色谱图应与标准图谱一致。

测定法 取供试品适量,精密称定,加流动相溶解并定量稀释制成 1 mL 约含 1 mg 的溶液,作为供试品溶液,精密量取 10 μL 注入液相色谱仪,记录色谱图;另取头孢噻肟对照品适量,同法测定。按外标法以峰面积计算供试品中 $C_{16}H_{17}N_5O_7S_2$ 的含量。

二、氨基糖苷类抗生素

氨基糖苷类抗生素分子中都含有一个环己醇配基,以糖苷键与氨基糖(或戊糖)缩合而成的苷,故称为氨基糖苷类抗生素,如链霉素、庆大霉素、卡那霉素、巴龙霉素、新霉素、小诺霉素等,它们的抗菌谱和性质都有共同之处。

(一)结构与性质

1. 结构

链霉素的结构为一分子链霉胍和一分子链霉双糖胺结合而成的碱性苷(图9-8)。其中链霉双糖胺是由链霉糖与N-甲基-L-葡萄糖胺所组成。链霉胍与链霉双糖胺间的苷键结合较弱,链霉糖与N-甲基-L-葡萄糖胺间的苷键结合较牢。

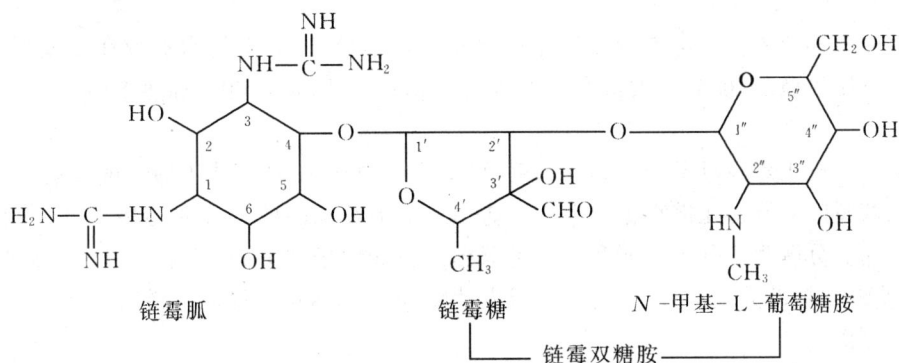

图9-8 链霉素的结构

庆大霉素是由绛红糖胺、2-脱氧链霉胺、加洛糖胺缩合而成的苷,它是庆大霉素C复合物,尚有少量次要成分(如庆大霉素A_1、A_2、A_3、A_4、B、B_1、X…)。主要组分为C_1、C_2、C_{1a}、C_{2a}。庆大霉素C_1、C_2、C_{1a}三者结构相似,仅在绛红糖胺C-6位及氨基上甲基化程度不同,C_{2a}是C_2的异构体。庆大霉素C族的结构如图9-9及表9-2:

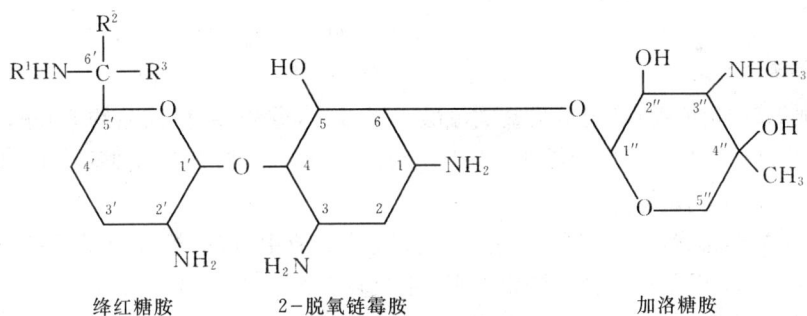

绛红糖胺　　2-脱氧链霉胺　　加洛糖胺

图9-9 庆大霉素C族的结构

表9-2 庆大霉素C族的结构

庆大霉素	R^1	R^2	R^3	分子式
C_1	CH_3	CH_3	H	$C_{21}H_{43}N_5O_7$
C_2	CH_3	H	H	$C_{20}H_{41}N_5O_7$
C_{1a}	H	H	H	$C_{19}H_{29}N_5O_7$
C_{2a}	H	H	CH_3	$C_{20}H_{41}N_5O_7$

2. 性质

氨基糖苷类抗生素的分子结构存在一些相似之处,因此,它们有许多共同或相似的性质。它们大多为无色粉末。由于都含有多个羟基和碱性基团,同属碱性、水溶性抗生素,能以分子中的碱性基团与矿酸或有机酸结合成盐,临床上常用其硫酸盐,如硫酸链霉素、硫酸庆大霉素。

本类抗生素的分子结构中含有多个氨基糖,具有旋光性。如硫酸庆大霉素的比旋光度为$+107°\sim+121°$(水)。

硫酸链霉素和硫酸庆大霉素的干燥品都比较稳定;硫酸链霉素的水溶液在温度低于 25℃、pH 3~7 时也比较稳定;硫酸庆大霉素的水溶液在 pH 2~12 时,100℃加热 30 min 活性无明显变化。

氨基糖苷类抗生素经过不同过程的水解,可得到各种苷元、双糖或单糖。链霉素分子中链霉胍与链霉双糖胺间的苷键比链霉糖与 N -甲基-L-葡萄糖胺间的苷键弱得多,所以一般的化学反应只能将它们分解为一分子苷元和一分子双糖。在酸性条件下,链霉素水解为链霉胍及链霉双糖胺,并使链霉糖部分发生分子重排,生成麦芽酚(maltol),这一性质为链霉素所特有,可用于定性和定量分析。

(二)鉴别试验

1. 茚三酮反应

本类抗生素为氨基糖苷结构,具有羟基胺类和 α -氨基酸的性质,可与茚三酮缩合,生成蓝紫色缩合物,反应原理如下:

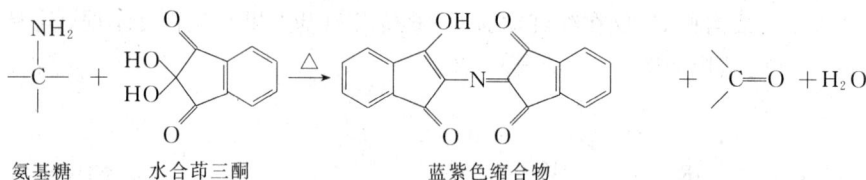

氨基糖   水合茚三酮   蓝紫色缩合物

《中国药典》(2015 年版)采用本法鉴别硫酸小诺霉素,方法:取供试品约 5 mg,加水溶解后,加 0.1%茚三酮的水饱和正丁醇溶液 1 mL 与吡啶 0.5 mL,在水浴中加热 5 min,即显蓝紫色。

2. 麦芽酚(maltol)反应

麦芽酚反应为链霉素的特征反应。链霉素在碱性溶液中,链霉糖经分子重排使环扩大形成六元环,然后消除 N -甲基葡萄糖胺和链霉胍,生成麦芽酚。在微酸性溶液中,麦芽酚与铁离子形成紫红色配位化合物。反应原理如图 9 - 10 所示。

《中国药典》(2015 年版)收载的硫酸链霉素的鉴别方法为:取供试品约 20 mg,加水 5 mL 溶解后,加氢氧化钠试液 0.3 mL,置水浴上加热 5 min,加硫酸铁铵溶液(取硫酸铁铵 0.1 g,加 0.5 mol·L^{-1}硫酸溶液 5 mL 使溶解)0.5 mL,即显紫红色。

3. 坂口反应

坂口(Sakaguchi)反应为链霉素水解产物的特有反应。在碱性条件下,链霉素水解生成链霉胍。链霉胍和 8 -羟基喹啉分别与次溴酸钠反应,其各自产物再相互作用生成橙红色化合物。反应原理如图 9 - 11 所示。

《中国药典》(2015 年版)采用该法对硫酸链霉素进行鉴别,方法:取供试品约 0.5 mg,加水 4 mL 溶解后,加氢氧化钠试液 2.5 mL 与 0.1%8 -羟基喹啉的乙醇溶液 1 mL,放冷至约 15℃,

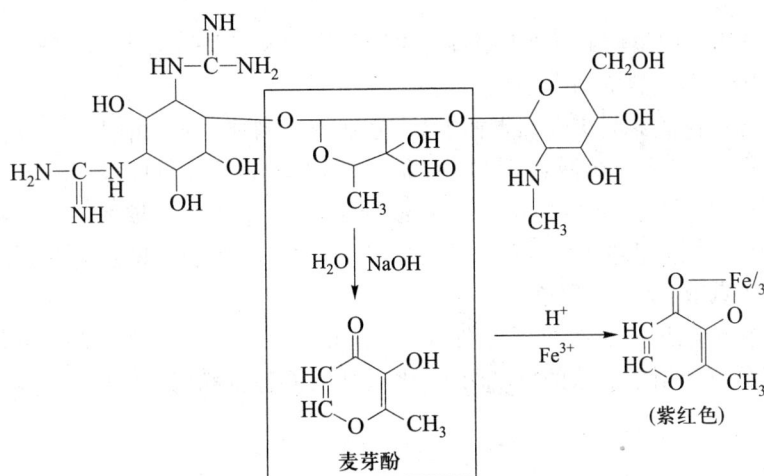

图 9-10 麦芽酚反应式

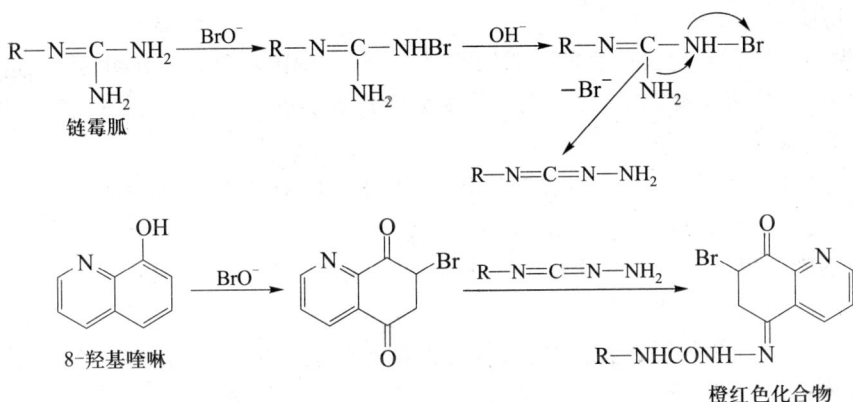

图 9-11 坂口反应式

加次溴酸钠试液 3 滴,即显橙红色。

4. N-甲基葡萄糖胺反应

N-甲基葡萄糖胺(Elson-Morgan)反应原理为本类药物经水解,产生葡萄糖胺衍生物,如链霉素水解后产生 N-甲基葡萄糖胺,硫酸新霉素水解后产生 D-葡萄糖胺,这些水解产物在碱性溶液中可与乙酰丙酮缩合成吡咯衍生物,再与对二甲氨基苯甲醛的酸性醇溶液(Ehrlich 试剂)反应,即生成红色缩合物。《中国药典》(2015 年版)采用该法对硫酸新霉素进行鉴别,方法:取供试品约 10 mg,加水 1 mL 溶解后,加盐酸(9→100)2 mL,在水浴中加热 10 min,加 8% 氢氧化钠溶液 2 mL 与 2% 乙酰丙酮水溶液 1 mL,置水浴中加热 5 min,冷却后,加对二甲氨基苯甲醛试液 1 mL,即显樱桃红色。

5. 硫酸盐反应

本类药物多为硫酸盐,可利用硫酸盐与氯化钡试液生成白色硫酸钡沉淀进行鉴别。本法为各国药典所采用。

6. 色谱法

(1) 薄层色谱法:《中国药典》(2015 年版)采用该法对本类抗生素进行鉴别。

示例　硫酸庆大霉素的鉴别

取硫酸庆大霉素供试品与庆大霉素标准品,分别加水制成 1 mL 中含 2.5 mg 的溶液,照薄层色谱法试验,吸取上述两种溶液各 2 μL,分别点于同一硅胶 G 薄层板(临用前于 105℃ 活化 2 h)上;另取三氯甲烷-甲醇-氨溶液(1∶1∶1)混合振摇,放置 1 h,分取下层混合液为展开剂,展开后,取出薄层板,于 20～25℃ 晾干,置碘蒸气中显色,供试品溶液所显主斑点数、位置和颜色应与标准品溶液主斑点数、位置和颜色相同。

(2) 高效液相色谱法:本类抗生素可利用高效液相色谱法进行鉴别。如对庆大霉素的鉴别,在庆大霉素 C 组分测定项下记录的色谱图中,供试品溶液各主峰保留时间应与标准品溶液各主峰保留时间一致。

7. 光谱法

可采用红外光谱法鉴别本类药物。

(三) 特殊杂质检查及组分分析

1. 有关物质的检查

本类抗生素中的有关物质一般采用 HPLC 法检查。《中国药典》(2015 年版)规定,硫酸链霉素、硫酸西索米星、硫酸奈替米星、硫酸庆大霉素等药物需要进行有关物质的检查。

2. 庆大霉素 C 组分测定

由于抗生素各生产厂采用的发酵菌种不同、发酵工艺略有差别、提炼工艺也各有特点,因此各厂产品的庆大霉素 C 组分含量的比例不完全一致。庆大霉素 C_1、C_2、C_{1a} 对微生物的活性无明显差异,但其毒副作用和耐药性有差异,从而影响产品的效价和临床疗效。因此,多国药典均规定控制各组分的相对百分含量。

《中国药典》(2015 年版)采用高效液相色谱法测定 C 组分含量。其测定方法如下:

色谱条件与适用性试验　用十八烷基硅烷键合硅胶为填充剂(pH 范围 0.8～8.0),以 0.2 mol·L^{-1} 三氟醋酸溶液-甲醇(96∶4)为流动相,流量为 0.6～0.8 mL·min^{-1};蒸发光散射检测器(高温型不分流模式:漂移管温度为 105～110℃,载气流量为 2.5 L·min^{-1};低温型分流模式:漂移管温度为 45～55℃,载气压力为 350 kPa)测定。取庆大霉素标准品、小诺霉素标准品和西索米星对照品各适量,分别用流动相溶解并稀释制成 1 mL 中约含庆大霉素总 C 组分 2.5 mg、小诺霉素 0.1 mg 和西索米星 25 μg 的溶液,分别量取 20 μL 注入液相色谱仪,庆大霉素标准品溶液色谱图应与标准谱图一致,西索米星峰和庆大霉素 C_{1a} 峰之间,庆大霉素 C_2 峰、小诺霉素峰和庆大霉素 C_{2a} 峰之间的分离度均应符合规定;西索米星对照品溶液色谱图中主成分峰峰高的信噪比应大于 20;精密量取小诺霉素标准品溶液 20 μL,连续进样 5 次,峰面积的相对标准偏差应符合要求。

测定法　精密称取庆大霉素标准品适量,加流动相溶解并定量稀释分别制成 1 mL 中约含庆大霉素总 C 组分 1.0 mg、2.5 mg 和 5.0 mg 的三种溶液,作为标准品溶液(1)、(2)、(3)。精密量取上述三种溶液各 20 μL,分别注入液相色谱仪,记录色谱图,计算标准品溶液各组分浓度的对数值与相应的峰面积对数值的线性回归方程,相关系数(r)应不小于 0.99;另精密称取本品适量,加流动相溶解并定量稀释制成 1 mL 中约含庆大霉素 2.5 mg 的溶液,同法测定,用庆大霉素各组分的线性回归方程分别计算供试品中对应组分的量(Ctc_x),并按下面公式计算出各组分的含量(%,$mg \cdot mg^{-1}$),C_1 应为 14%～22%,C_{1a} 应为 10%～23%,$C_{2a}+C_2$ 应为 17%～36%,四个组分含量不得低于 50.0%。

$$C_x = \frac{Ctc_x}{\dfrac{m_t}{V_t}} \times 100\%$$

式中,C_x 为庆大霉素各组分的含量(%,$mg \cdot mg^{-1}$),Ctc_x 为由回归方程计算出的各组分的含量($mg \cdot mL^{-1}$),m_t 为供试品质量(mg),V_t 为供试品体积(mL)。

根据所得组分的含量,按下面公式计算出庆大霉素各组分的相对比例。C_1 应为 25%～50%,C_{1a} 应为 15%～40%,$C_{2a}+C_2$ 应为 20%～50%。

$$C_x' = \frac{C_x}{C_1+C_{1a}+C_2+C_{2a}} \times 100\%$$

式中,C_x' 为庆大霉素各组分的相对比例。

(四) 含量测定

氨基糖苷类抗生素的效价测定包括高效液相色谱法和微生物检定法(详见第五节)。

示例 硫酸卡那霉素的含量测定

色谱条件与系统适用性试验 用十八烷基硅烷键合硅胶为填充剂;以 0.2 mol·L^{-1} 三氟醋酸溶液–甲醇(95:5)为流动相;用蒸发光散射检测器检测(参考条件:漂移管温度 110℃,载气流量为每分钟 3.0 L),分别称取卡那霉素对照品和卡那霉素 B 对照品适量,加水溶解并制成 1 mL 中各约含 80 μg 的混合溶液,取 20 μL 注入液相色谱仪,卡那霉素峰和卡那霉素 B 峰的分离度不少于 5.0。

测定法 取卡那霉素对照品适量,精密称定,加水溶解并定量稀释分别制成 1 mL 中约含卡那霉素 0.10 mg、0.15 mg、0.20 mg 的三种溶液,精密量取上述三种溶液各 20 μL 分别注入液相色谱仪,记录色谱图,以对照品溶液浓度的对数值与相应的峰面积对数值计算线性回归方程,相关系数(r)应不小于 0.99;另取本品适量,精密称定,加水溶解并定量稀释制成 1 mL 中约含卡那霉素 0.15 mg 的溶液作为供试品溶液,同法测定,用回归方程计算供试品中 $C_{18}H_{36}N_4O_{11}$ 的量。

示例 硫酸庆大霉素的含量测定

(1) 标准品溶液的配制:取硫酸庆大霉素标准品适量,精密称取,加灭菌水制成 1 mL 中含 1000 单位的溶液,作为储备液,置 5℃ 以下的冰箱中保存,可使用 7 日。将储备液加 pH 7.8 磷酸盐缓冲溶液稀释,使标准品高剂量溶液和低剂量溶液 1 mL 中分别含庆大霉素 10 U 和 5 U。

(2) 供试品溶液的配制:取硫酸庆大霉素供试品适量按(1)法同法配制,使供试品高剂量溶液和低剂量溶液按标示量计算 1 mL 中含庆大霉素分别为 10 U 和 5 U。

(3) 测定法:按管碟法或浊度法测定效价,可信限率不得大于 7%。1000 庆大霉素单位相当于 1 mg 庆大霉素。

三、四环素类抗生素

四环素类抗生素在化学结构上都具有并四苯环,因此统称为四环素类抗生素。

(一)结构与性质

1. 结构

四环素类抗生素是并四苯的衍生物,基本结构如图 9-12 所示。

结构中各取代基 R、R′、R″ 及 R‴ 不同,构成不同的四环素。常见四环素类抗生素的结构见表 9-3。

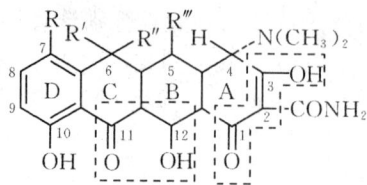

图 9-12　四环素类抗生素的基本结构

表 9-3　四环素类抗生素分子中的取代基

名称及缩写符号	R	R′	R″	R‴
四环素 tetracycline(TC)	H	OH	CH_3	H
金霉素 chlortetracycline(CTC)	Cl	OH	CH_3	H
土霉素 oxytetracycline(OTC)	H	OH	CH_3	OH
多西环素 doxycycline(DOXC)	H	H	CH_3	OH
美他环素 metacycline(METC)	H	=CH_2		OH

2. 性质

(1)酸碱性与溶解性质:本类抗生素分子中 C_{10} 位上的酚羟基(—OH)和两个含有酮基和烯醇基的共轭双键体系(结构式中虚线所示部分)显弱酸性;C_4 位上的二甲氨基[—N$(CH_3)_2$]显弱碱性,因此四环素类抗生素是两性化合物。遇酸与碱,均能生成相应的盐。临床上多应用它们的盐酸盐。四环素类抗生素的游离碱在水中溶解度很小,其盐酸盐则易溶于水,也可溶于碱或酸性溶液中,而不溶于三氯甲烷、乙醚等有机溶剂。

(2)旋光性:本类抗生素分子中具有不对称碳原子,故具有旋光性,可利用这一特点对该类药物进行定性、定量分析。《中国药典》(2015 年版)规定盐酸四环素在 0.01 mol·L^{-1} 盐酸中的比旋光度为 −240° 至 −258°;盐酸土霉素在盐酸(9→1000)中的比旋光度为 −188° 至 −200°。

(3)紫外吸收特性:本类抗生素分子中含有共轭双键体系,在紫外光区有吸收,可利用它们的紫外吸收特征作为本类药物的鉴别项目。

(4)差向异构化:四环素类抗生素在弱酸性(pH 2.0~6.0)溶液中,其 A 环手性碳原子 C_4 构型改变,发生差向异构化,形成差向四环素类(ETC)。这个反应是可逆的,达到平衡时溶液中的差向化合物的含量可达 40%~60%。四环素、金霉素很容易差向异构化,产生差向四环素和差向金霉素,其抗菌性能极弱或完全消失;而土霉素、多西环素、美他环素由于 C_5 上的羟基和 C_4 上的二甲氨基形成氢键,因而较稳定,C_4 上不易发生差向异构化。某些阴离子如磷酸根、枸橼酸根、醋酸根离子的存在,可加速这种异构化反应的进行,如图 9-13 所示。

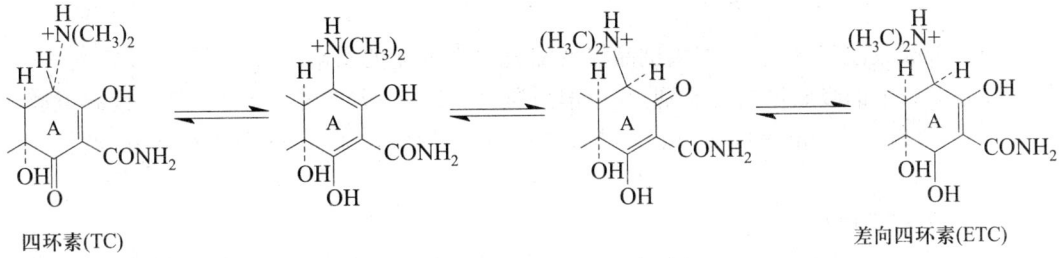

四环素(TC)　　　　　　　　　　　　　　　　　　　　　　差向四环素(ETC)

图 9-13　四环素类抗生素的差向异构化反应

(5) 酸性降解:在酸性条件下,特别是在加热情况下,四环素类抗生素 C_6 上的醇羟基和 C_{5a} 上的氢发生消去反应,生成脱水四环素(ATC)(图 9-14)。

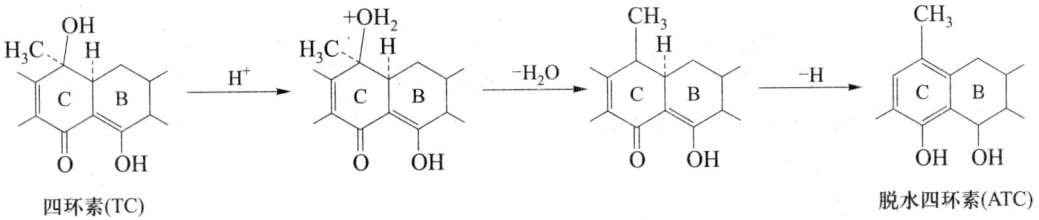

四环素(TC)　　　　　　　　　　　　　　　　　　　　　　脱水四环素(ATC)

图 9-14　四环素类抗生素的酸性降解反应

金霉素在酸性溶液中也能产生脱水金霉素。在脱水四环素类分子中,共轭双键的数目增加,色泽加深,也增大对光的吸收程度。橙黄色的脱水金霉素或脱水四环素,分别在 435 nm 及 445 nm 处有最大吸收。利用这一性质,可对金霉素和四环素进行比色测定。

脱水四环素也可形成差向异构体,称差向脱水四环素(EATC)。脱水四环素和差向脱水四环素的细胞毒性均比四环素大得多,而抗菌活性却只有四环素的 3%~6%,因此四环素成品中必须控制这些特殊杂质的限量。

(6) 碱性降解:在碱性溶液中,C_6 上的羟基形成氧负离子,向 C_{11} 发生分子内亲核进攻,经电子转移,C 环破裂,生成无活性的具有内酯结构的异构化合物——异四环素。

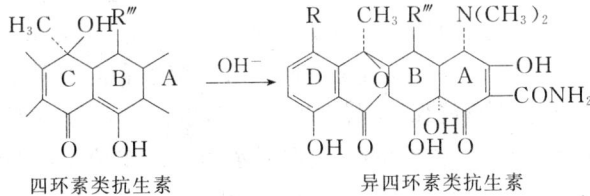

四环素类抗生素　　　　　　　　　　　异四环素类抗生素

(二) 鉴别反应

1. 高效液相色谱法

《中国药典》(2015 年版)将高效液相色谱法作为四环素类药物的鉴别条目之一。药典规定:在含量测定项下的高效液相色谱图中,供试品溶液主峰的保留时间与对照品溶液主峰的保留时间应一致。

2. 薄层色谱法

采用薄层色谱法可鉴别四环素类抗生素。

3. 紫外吸收光谱法

利用最大吸收波长鉴别法,将供试品溶液配成适当浓度的水溶液,测定紫外吸收光谱,根据其最大吸收波长处的吸收度进行鉴别。《中国药典》(2015 年版)规定,盐酸多西环素的甲醇溶液 $(20 \mu g \cdot mL^{-1})$ 在 269 nm 和 354 nm 的波长处有最大吸收,在 234 nm 和 296 nm 的波长处有最小吸收。

4. 红外吸收光谱法

《中国药典》(2015 年版)将红外吸收光谱法作为四环素类药物的鉴别条目之一。

5. 氯化物反应

四环素类药物均为盐酸盐,可利用盐酸盐与硝酸银试液在酸性条件下产生氯化银白色沉淀,从而进行鉴别。

6. 显色反应

四环素类抗生素与硫酸作用,立即产生颜色。不同的四环素类抗生素遇硫酸可产生不同的颜色,据此可区别各种四环素类抗生素。例如,盐酸土霉素遇硫酸呈朱红色,加水后变为黄色;盐酸金霉素遇硫酸呈蓝色,渐变为橄榄绿色,加水后显金黄色或棕黄色;盐酸四环素遇硫酸呈深紫色。一些四环素类抗生素,加三氯化铁溶液后变成红棕色或褐色。

(三) 特殊杂质检查

四环素中的杂质及有关物质主要是指在生产和储存过程中易形成的异构杂质、降解产物,包括差向四环素(ETC)、脱水四环素(ATC)、差向脱水四环素(EATC)和金霉素(CTC)等。这些杂质的存在不仅可使四环素外观色泽变深,临床上更有因服用变质四环素引起 Fanconi 综合征的报道,患者出现恶心、呕吐、酸中毒、蛋白尿、糖尿等现象。因此各国药典均根据本国的实际生产情况,控制四环素中的特殊杂质。

1. 有关物质

《中国药典》(2015 年版)采用高效液相色谱法检查盐酸四环素中的有关物质。方法如下:取供试品适量,加 0.01 mol·L^{-1} 盐酸溶解并稀释制成 1 mL 中含 0.8 mg 的溶液,作为供试品溶液;精密量取 2 mL,置 100 mL 量瓶中,用 0.01 mol·L^{-1} 盐酸稀释至刻度,摇匀,作为对照品溶液。取对照品溶液 2 mL,置 100 mL 量瓶中,用 0.01 mol·L^{-1} 盐酸稀释至刻度,摇匀,作为灵敏度溶液。照含量测定项下的色谱条件,量取灵敏度溶液 10 μL,注入液相色谱仪,记录色谱图,主成分色谱峰峰高的信噪比应大于 10。再精密量取供试品溶液和对照品溶液各 10 μL,分别注入液相色谱仪,记录色谱图至主成分峰保留时间的 2.5 倍,供试品溶液色谱图中如有杂质峰,土霉素、4 -差向四环素、盐酸金霉素、脱水四环素、差向脱水四环素按校正后的峰面积计算(分别乘以校正因子 1.0、1.42、1.39、0.48 和 0.62),分别不得大于对照品溶液主峰面积的 0.25 倍(0.5%)、1.5 倍(3.0%)、0.5 倍(1.0%)、0.25 倍(0.5%)、0.25 倍(0.5%),其他各杂质峰面积的和不得大于对照品溶液主峰面积的 0.5 倍(1.0%)。供试品溶液色谱图中小于灵敏度溶液主峰面积的峰忽略不计。

2. 杂质吸光度

四环素类抗生素中的异构杂质、降解产物越多,杂质吸收度越高。《中国药典》通过规定一定溶剂、一定浓度、特定波长处、杂质的吸光度限度来限量杂质。表 9 - 4 为《中国药典》对几种四环素类药物的杂质吸收度的测定条件及限量。

表 9-4　几种四环素类药物的杂质吸收度要求

药物	质量浓度/(mg·mL^{-1})	溶剂	波长/nm	吸光度限度
盐酸土霉素	2.0	0.1 mol·L^{-1} HCl-CH$_3$OH	430	$A < 0.50$(1 h 内 *)
			490	$A < 0.20$(1 h 内 *)
盐酸四环素(供注射用)	10	0.8%NaOH	530	$A < 0.12$(5 min 内 *)
盐酸金霉素	5	H$_2$O	460	$A < 0.40$
盐酸美他环素	10	1 mol·L^{-1} HCl-CH$_3$OH	490	$A < 0.20$
盐酸多西环素	10	HCl-CH$_3$OH	490	$A < 0.12$

注:* 时间以加入溶剂为计。

3. 残留溶剂

《中国药典》(2015 年版)对盐酸多西环素中的乙醇残留检查,采用气相色谱法,规定乙醇限量为 4.3%～6.0%。

(四) 含量测定

四环素类抗生素的含量测定,目前各国药典多采用高效液相色谱法。

示例　盐酸四环素的含量测定

色谱条件与系统适用性试验　用十八烷基硅烷键合硅胶为填充剂;醋酸铵溶液 [0.15 mol·L^{-1}醋酸铵溶液-0.01 mol·L^{-1}乙二胺四乙酸二钠-三乙胺(100∶10∶1),用醋酸调节 pH 至 8.5]-乙腈(83∶17)为流动相;检测波长为 280 nm。取 4-差向四环素、土霉素、差向脱水四环素、盐酸金霉素和脱水四环素对照品各约 3 mg 与盐酸四环素对照品约 48 mg,置 100 mL量瓶中,加 0.1 mol·L^{-1}盐酸 10 mL 使溶解后,用水稀释至刻度,摇匀,作为系统适应性溶液,取 10 μL 注入液相色谱仪,记录的色谱图,出峰顺序为:4-差向四环素、土霉素、差向脱水四环素、盐酸四环素、盐酸金霉素、脱水四环素,盐酸四环素峰的保留时间约为 14 min。4-差向四环素峰、土霉素峰、差向脱水四环素峰、盐酸四环素峰、盐酸金霉素峰间的分离度均应大于 1.0。

测定法　取本品约 25 mg,精密称定,置 50 mL 量瓶中,加 0.01 mol·L^{-1}盐酸使溶解并稀释至刻度,摇匀,精密量取 5 mL,置 25 mL 量瓶中,加 0.01 mol·L^{-1}盐酸稀释至刻度,摇匀,精密量取 10 μL 注入液相色谱仪,记录色谱图;另取盐酸四环素对照品适量,同法测定。按外标法以峰面积计算含量。

第五节　抗生素类药物分析中的生物测定法

一、抗生素的微生物检定法

由于抗生素多为结构复杂的多组分物质,异构体多,且不稳定,容易产生降解杂质,故长期以来各国药典均以微生物检定法为主要含量测定法。因为抗生素药品的医疗作用主要是它的抗菌活力,而微生物检定法正是以抗生素的抗菌活力为指标来衡量抗生素效价的一种方法,其测定原理与临床要求相一致,能直接反映抗生素的医疗价值,因此微生物检定法是抗生素效价测定的传统方法。虽然,随着科学技术的进步,高效液相色谱法正逐渐取代传统的微生物效价测定用于抗生素药品的含量控制,不过《中国药典》(2015 年版)仍有部分品种采用传统的微生物检定法控制抗生素药品质量。

微生物检定法测定抗生素效价,一般可分为稀释法、浊度法和琼脂扩散法(管碟法)三类。《中国药典》(2015 年版)收载了浊度法和管碟法两种抗生素效价测定方法。一直以来,管碟法是国内通用的抗生素效价测定方法,但在新版药典中,几乎所有的抗生素效价测定法,均同时收载了管碟法和浊度法。

由于微生物检定法的误差比较大,重现性较差,必须对测定结果进行可靠性测验和效价计算。测定结果经计算所得的效价,如低于估计效价的 90% 或高于 110% 时,应调整其估计效价,重新试验。除特别规定外,微生物检定法的可信限率不得大于 5%。

(一) 琼脂扩散法(管碟法)

1. 原理

琼脂扩散法,亦称管碟法。系利用抗生素在琼脂培养基内的扩散作用,采用量反应平行线原理的设计,比较标准品与供试品两者对接种的试验菌产生抑菌圈的大小,以测定供试品效价的一种方法。

将不锈钢小管安置在摊布特定试验菌的琼脂培养基平板上,当小管内加入抗生素溶液后,抗生素就随溶剂向培养基内呈球形扩散。同时将培养基平板置培养箱中培养,试验菌就开始繁殖。抗生素分子在琼脂培养基中的浓度,随离开小管的距离增大而降低。当抗生素分子扩散到 T 时间,这时琼脂培养基中抗生素的浓度恰高于该抗生素对试验菌的最低抑菌浓度,试验菌的繁殖被抑制而呈现出透明的抑菌圈(见图 9-15)。在抑菌圈的边缘处,琼脂培养基中所含抗生素的浓度即为该抗生素对试验菌的最低抑菌浓度。

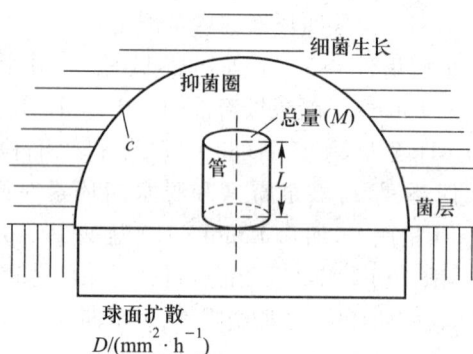

图 9-15 抗生素在管碟法中呈球形扩散示意图

将已知效价的抗生素标准品溶液与未知效价的供试品溶液在同样试验条件下进行培养,比较两者抑菌圈的大小,由于同质的抗生素对特定试验菌所得的两条剂量反应曲线为平行直线,故可根据此原理,设计一剂量法、二剂量法及三剂量法[《中国药典》(2015 年版)收载了二剂量法和三剂量法]等,从而可以较准确地对比出供试品的效价。

根据抗生素在琼脂培养基中的扩散现象,可推出如下公式:

$$\lg M = \frac{1}{9.21DT}r^2 + \lg c'4\pi DTH \tag{9-1}$$

式中,T 为扩散时间(细菌刚繁殖到显示抑菌圈所需的时间,小时),M 为抗生素在小钢管内的总量(U),r 为抑菌圈的半径(mm),H 为培养基的厚度(mm),c' 为最低抑菌浓度($U \cdot mL^{-1}$),D 为扩散系数($mm^2 \cdot h^{-1}$)。

(9-1)式相当于直线方程 $y = bX + C$,可作图(图9-16)。

由(9-1)式及图9-16,可知抗生素对数剂量与抑菌圈半径平方值呈直线关系,抗生素的量可根据抑菌圈的大小来推算。这就是抗生素微生物检定法的理论根据。由于抗生素所产生的抑菌圈大小不仅与抗生素的量有关,而且也与抗素的最低抑菌浓度(c')、琼脂培养基厚度(H)、抗生素在琼脂培养基内的扩散系数(D)和细菌生长到显示抑菌圈的时间(T)等各因素有关,其中任何一个因素的改变都能影响抑菌圈的大小,因此,在测定抗生素效价时,标准品与供试品必须在相同条件下进行对比试验。应用生物检定平行线设计原理,即可测出相对效价的比例,然后根据标准品的已知效价就可计算出供试品的效价。

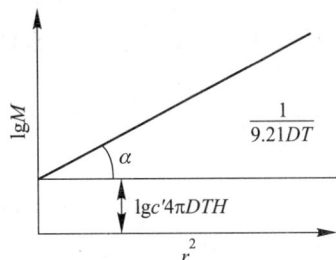

图9-16 管碟法测定抗生素
的剂量反应线

2. 基本设备、用具和试验材料

(1) 基本设备。

1) 抗生素效价测定实验室:室内应为半无菌,装有紫外线灯,有固定的效价测定台,台面要求水平、防震。该实验室应与稀释抗生素溶液的工作室隔离,以防止空气、地面污染抗生素。实验室温度应控制在30℃以下。

2) 超净工作台:超净工作台应放置在洁净工作室或半无菌室内。

3) 抑菌圈测量仪:技术指标应符合抑菌圈测量仪检定规程(尤其是抑菌圈测定的准确度及精密度)的要求,并进行定期检验,合格者方可用于抗生素抑菌圈的测量,出具检验报告。

(2) 用具。

1) 玻璃双碟:应符合药典规定。双碟为硬质玻璃制品,碟底内径约90 mm,碟高16~17 mm,碟底面应平,厚薄均匀,无凹凸现象。新购的双碟应按要求进行检查。检查时可将双碟底平放在水平台上,每碟内加入2 mL染料液,仔细观察碟底反映的颜色深浅是否一致,挑选底部平的双碟,洗净晾干,置高温烘箱内140~160℃干热灭菌2 h后备用。

2) 陶瓦圆盖:应平,无凹凸现象。

3) 不锈钢小管:应符合药典规定。外径7.8 mm±0.1 mm,内径6.0 mm±0.1 mm,高10.0 mm±0.1 mm,重量差异不超过±25 mg,钢管内外壁要求光洁,管壁厚薄要一致,两端面要平坦光洁。

4) 不锈钢小管放置器。

(3) 培养基、缓冲溶液及试验菌。

1) 培养基:《中国药典》(2015年版)四部中的抗生素微生物检定法中收载有9种不同配方的培养基,配制方法详见《中国药典》(2015年版)四部1201,根据品种要求选用不同的培养基。

2) 缓冲溶液:《中国药典》(2015年版)四部中抗生素微生物检定法中收载有5种不同pH的磷酸盐缓冲溶液,配制方法详见《中国药典》(2015年版)四部1201,根据品种要求选用不同pH的磷酸盐缓冲溶液。

3) 试验菌:抗生素微生物检定所采用试验菌系由中国药品生物制品检定所发放的标准菌种,为冷冻干燥菌种,用前需经复苏,然后制备菌悬液供检定用。

中国药典(2015年版)四部中抗生素微生物检定法规定的试验菌包括:枯草芽孢杆菌

[Bacillus subtilis, CMCC(B)63 501],短小芽孢杆菌[Bacillus pumilus, CMCC(B)63 202],金黄色葡萄球菌[Staphylococcus aureus, CMCC(B)26 003],藤黄微球菌[Micrococcus luteus, CMCC(B) 28 001],大肠埃希菌[Escherichia coli, CMCC(B) 44 103],啤酒酵母菌[Saccharomyces cerevisiae, ATCC 9763],肺炎克雷伯菌[Klebsiella pneumoniae, CMCC(B) 46 117],支气管炎博德特菌[Bordetella bronchiseptica, CMCC(B)58 403]等。

4) 双碟的制备:取直径约 90 mm、高 16~17 mm 的平底双碟,分别注入加热融化的培养基 20 mL,使在碟底内均匀摊布,放置水平台上使凝固,作为底层。另取培养基适量加热融化后,放冷至 48~50℃(芽孢可至 60℃),加入规定的试验菌悬液适量(能得清晰的抑菌圈为度),摇匀,在 1 双碟中分别加入 5 mL,使在底层上均匀摊布,作为菌层。放置在水平台上冷却后,在 1 双碟中以等距离均匀安置不锈钢小管 4 个(二剂量法)或 6 个(三剂量法),用陶瓦圆盖覆盖备用。

3. 检定法

(1) 二剂量法:取照上述方法制备的双碟不得少于 4 个,在每 1 双碟中对角的 2 个不锈钢小管中分别滴装高浓度及低浓度的标准品溶液,其余 2 个不锈钢小管中分别滴装相应的高、低两种浓度的供试品溶液;高、低浓度的剂距为 2:1 或 4:1。照药典规定的条件培养后,测量各个抑菌圈(见图 9-17)的直径(或面积),照生物检定统计法中的二剂量法进行可靠性测验、效价及可信限计算。

(2) 三剂量法:取照上述方法制备并放置 6 个不锈钢小管的双碟不得少于 6 个,在每 1 双碟间隔的 3 个不锈钢小管中分别滴装高浓度(S_3)、中浓度(S_2)、低浓度(S_1)的标准品溶液,其余 3 个小管分别滴装相应的高浓度(T_3)、中浓度(T_2)、低浓度(T_1)的供试品溶液,三种浓度的剂距 1:0.8。照药典规定的条件培养后,测量各个抑菌圈(见图 9-18)的直径(或面积),照生物检定统计法中的三剂量法进行可靠性测验、效价及可信限计算。

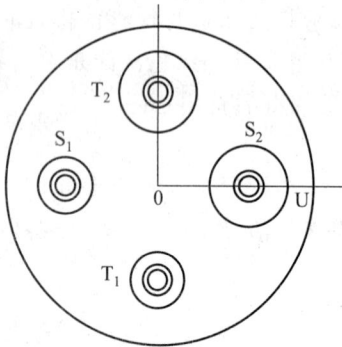

图 9-17　二剂量法抑菌圈位置图
S_2—标准品高剂量;T_2—供试品高剂量;
S_1—标准品低剂量;T_1—供试品低剂量

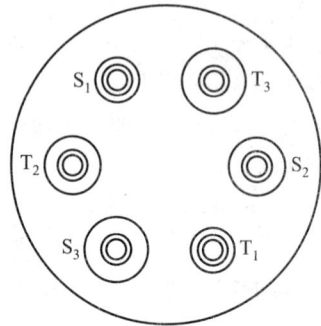

图 9-18　三剂量法抑菌圈位置图
S_3—标准品高剂量;T_3—供试品高剂量;
S_2—标准品中剂量;T_2—供试品中剂量;
S_1—标准品低剂量;T_1—供试品低剂量

4. 影响管碟法效价测定结果的因素

管碟法测定各种抗生素药品的效价,除培养基配方、缓冲溶液浓度及其 pH、供试品溶液的配制方法、试验用菌种及培养条件等略有不同外,其操作步骤基本相同。因而,影响各种抗生素药品效价测定的因素也基本相同。现就可能影响各种抗生素药品效价的因素及其方法简述如下：

（1）试验菌种：当试验菌种中含有对抗生素敏感度不同的两种或两种以上的菌株时，由于各菌株的最低抑菌浓度不同，在形成抑菌圈时可能出现双圈及边缘不清，影响测量抑菌圈的准确度。因此，应定期将试验菌种进行平板分离。经涂片镜检后，挑选典型的单个菌落作为工作用菌种。陈旧的试验菌培养物也会使抑菌圈边缘模糊不清，故试验时应用新鲜制备的试验菌液。

（2）培养基：培养基的质量对抑菌圈的大小和清晰度都有影响，故对配制培养基用的几种主要原材料如胨、肉膏、酵母膏及琼脂等都应通过预试验选择适宜的品种使用。琼脂的使用量须随季节不同加以调整，使培养基的硬度合适，太软小钢管容易下陷，太硬容易造成抗生素溶液从小钢管底部漏出，可使抑菌圈破裂。

（3）双碟的制备：铺双碟底层培养基时，培养基的温度不宜过高，一般将融化后的培养基在室温冷至约 70℃ 时加入双碟中为宜，否则加双碟盖后，底层培养基上会出现冷凝水。当铺菌层培养基时，由于冷凝水的局部冷却和稀释作用，可使菌层培养基凝固后表面不平。菌层培养基一定要铺均匀，这是决定抗生素效价测定的关键。故要求铺菌层时一定要与铺底层时双碟的位置、方向相一致。制备菌层时，培养基的温度不要太高，受热时间也不宜过长，特别是一些对热敏感的试验菌更要注意。否则，可使试验菌部分或全部被杀死，导致抑菌圈破裂或甚至无抑菌圈形成。因此，一定要按规定控制菌层培养基的温度。

在滴加抗生素溶液至小钢管时，若毛细滴管口不圆或有小缺口，或管内有气泡，均可使抗生素溶液从管口溅出；若加液太满，溶液会从小钢管口溢出。以上原因均会造成抑菌圈不圆整或破裂成桃形。防止的办法是滴管口要圆整，管口不能太细，管内不能有气泡，加液时滴管口离不锈钢小管的距离不能太高，小钢管两端面要平。

（4）双碟的培养温度和时间：培养箱的温度要均匀，每组双碟要放在同一层盘内，在培养过程中，不要开启培养箱，以免影响培养箱内的温度。双碟的培养时间也与抑菌圈的清晰度有关，如果培养时间过长，菌丝长出就会形成抑菌圈边缘不整齐。如用藤黄八叠球菌做试验菌种测定四环素、土霉素和氯霉素等效价时，在 37℃ 培养 16 h 后，有时抑菌圈边缘不清晰，可继续培养一段时间，抑菌圈边缘的菌群继续生长并产生色素，则可使抑菌圈逐渐变清晰。

（5）抗生素污染：无抑菌圈形成的原因，大多由于抗生素污染所致。因此，在进行抗生素效价测定时，要严防抗生素污染。防止的办法是将配制和稀释抗生素所用的容器与制备培养基所用的容器严格分开。切不可将抗生素溶液撒于地面，以免抗生素附着在微小尘埃上随风飘落在双碟琼脂培养基上，而造成抑菌圈破裂或无抑菌圈形成。

（6）标准品：抗生素微生物检定法的实验设计是采用标准品与供试品对比试验的平行线原理。因此，要求标准品与供试品必须是同质的抗生素。如标准品与供试品所含的活性物质不同，则标准品和供试品的两条剂量反应线不成平行直线关系，就不能按平行线原理公式计算效价。各种抗生素都有它同质的标准品，决不能用这一型抗生素组分制备的标准品，去测定另一型抗生素的供试品，如不能用多黏菌素 B 标准品对比测定多黏菌素 E 供试品。如供试品中的添加物为已知者，则应在标准品溶液中加入同量的添加物，以抵消其影响。总之要使标准品溶液与供试品溶液的内容物相同。

（7）直线的斜率与截距：以抗生素对数剂量为纵坐标，以抑菌圈直径为横坐标，在一定剂量范围内，斜率（b）愈小，生物反应的灵敏度愈高，试验结果愈精密。从（9-1）式知剂量反应直线的

斜率为 $1/(9.21DT)$,要使斜率小,则应使 D 值、T 值变大,即抗生素在培养基中的扩散系数(D)要大,试验菌的生长时间(T)要长。扩散系数除了与抗生素相对分子质量有关外,还与培养基成分,缓冲溶液的浓度和 pH 及试验菌的菌量等因素有关,适当控制这些因素,可增大抗生素的扩散系数。增大 T 值的办法,可在滴加抗生素溶液后,将双碟置室温中放置 $1\sim2$ h,然后再置培养箱中培养。

从(9-1)式知 $\lg c'4\pi DTH$ 为截距,截距小、除受抗生素溶液浓度、扩散系数和试验菌的生长时间等因素影响外,主要的影响因素是培养基的厚度,培养基的厚度减少则截距随之减少,抑菌圈就相应地增大,从而提高试验的灵敏度。

(二) 浊度法

浊度法,又称比浊法,系利用抗生素在液体培养基中对试验菌生长的抑制作用,通过测定培养后细菌浊度值的大小,比较标准品与供试品对试验菌生长抑制的程度,以测定供试品效价的一种方法。它是根据抗生素在一定的浓度范围内,其浓度或浓度的数学转换值与试验菌生长产生的浊度(浊度与细菌数量、细菌群体质量及细菌容积的增加之间存在直接关系)之间存在线性关系而设计,通过测定培养后细菌浊度值的大小,比较标准品与供试品对试验菌生长抑制的程度计算出供试品的效价。

浊度法,是国际药典通用的抗生素药品检定方法,在新版的《中国药典》中,几乎所有的抗生素效价测定法,均同时收载了管碟法和浊度法。与管碟法相比,浊度法由于采用液体培养方式,消除了多组分抗生素在固体培养基中扩散不同的影响,使得试验结果的精密度和正确度都比琼脂扩散法好,并且具有快速(试验过程仅需 $3\sim4$ h,可当天获得结果)、易于实现自动操作等优点,因此,浊度法将成为抗生素效价生物测定的主流方法,有替代管碟法的发展趋势。

二、热原检查法

热原是指在药品中能引起人及动物的体温异常升高的致热性物质,目前一般都认为热原反应主要是由于细菌内毒素引起的。细菌内毒素为革兰氏阴性菌细胞壁外层上特有的结构成分,其本质是脂多糖。由于抗生素大部分采用微生物发酵生产,工艺较复杂,生产过程中很容易被热原污染,因此注射用抗生素多必须进行热原检查。

热原检查法系将一定剂量的供试品溶液静脉注入家兔体内,在规定时间内观察家兔体温升高的情况,以判定供试品中所含热原的限度是否符合规定。热原检查法是一种限度实验法。

(一) 供试验用家兔

(1) 应健康合格,体重 $1.7\sim3.0$ kg,雌者无孕。

(2) 测温前 7 日应用同一饲料喂养。在此期间内,体重应不减轻,精神、食欲、排泄等不得有异常现象。

(3) 未曾使用于热原检查的家兔或供试品判定为符合规定,但组内升温达 0.6℃的家兔;或三周内未曾使用的家兔,均应在试验前 $3\sim7$ d 内预检体温,进行挑选。挑选试验的条件与检查供试品时相同,仅不注射药液。间隔 30 min 测温 1 次,共测 8 次。4 h 内各兔体温均在$38.0\sim39.6$℃的范围内,且最高与最低温差不超过 0.4℃者,方可供热原检查用。

（4）用于热原检查后的家兔，若供试品判为符合规定，至少应休息 48 h 后方可第二次使用，其中升温达 0.6℃ 的家兔应休息 2 周以上。如供试品判定为不符合规定，则组内全部家兔不再使用。

（二）试验前准备

（1）试验用的注射器、针头及一切与供试品溶液接触的器皿，洗净后应置干燥箱中用 250℃ 加热 30 min 或 180℃ 加热 2 h，或使用其他适宜的方法除去热原。

（2）在进行热原检查前 1～2 日，供试验用家兔尽可能处于同一温度环境中。实验室和饲养室的室温相差不得大于 3℃，实验室的温度应控制在 17～25℃。试验的全过程中室温变化不得大于 3℃，并应保持安静，避免强光照射和噪声干扰，防止动物骚动。家兔在试验前至少 1 h 开始停止给食并置于宽松适宜的装置中，直至试验结束。

（3）测温探头或肛温计的精密度应为 ±0.1℃。每只家兔注射前、后应使用同一支测温探头或肛温计。测温探头或肛温计插入肛门的深度和时间各兔应相同，深度一般为约 6 cm，时间不得少于 1.5 min，每隔 30 min 测温 1 次，一般测量 2 次，两次体温之差不得超过 0.2℃，以此两次体温的平均值作为该兔的正常体温。当日使用的家兔，正常体温应在 38.0～39.6℃ 的范围内，且同组各兔间正常体温之差不得超过 1℃。

（三）检查法

取适用的家兔 3 只，测定其正常体温后 15 min 内，按规定剂量自耳边静脉缓缓注入预热至 38℃ 的供试品溶液，然后每隔 30 min 测量其体温 1 次，连测 6 次。以 6 次体温中最高的一次减去正常体温，即为该兔体温的升高温度（℃）。如 3 只家兔中有 1 只体温升高 0.6℃ 或 0.6℃ 以上，或 3 只家兔升温总和达到或超过 1.3℃ 者，应另取 5 只家兔进行复试，检查方法同上。

（四）结果判断

1. 初试结果判定

（1）符合下列情况者，判为合格：3 只家兔升温均低于 0.6℃，并且 3 只家兔升温总和不超过 1.3℃。

（2）有下列情况之一者，复试一次：3 只家兔中 1 只体温升高 0.6℃ 或 0.6℃ 以上；3 只家兔升温总和超过 1.3℃。

（3）有下列情况之一者，判为不合格：3 只家兔中体温升高 0.6℃ 或 0.6℃ 以上的家兔超过 1 只。

2. 复试结果判定

（1）符合下列情况者，判为合格：复试的 5 只家兔中，体温升高 0.6℃ 或 0.6℃ 以上的家兔不超过 1 只，并且初、复试合并 8 只家兔中，升温总和不超过 3.5℃。

（2）有下列情况之一者，判为不合格：复试的 5 只家兔中，升温 0.6℃ 或 0.6℃ 以上的家兔超过 1 只；初、复试 8 只家兔升温总和超过 3.5℃。

当家兔升温为负值时，均以 0℃ 计。

三、细菌内毒素检查法

细菌内毒素为革兰氏阴性菌细胞壁外层上特有的结构成分，其本质是脂多糖。目前一般都认为热原反应主要是由于细菌内毒素引起的。内毒素的量是用内毒素单位(EU)表示,1 EU 与 1 个内毒素国际单位(IU)相当。《中国药典》收载的细菌内毒素检查法包括两种方法,即凝胶法和光度测定法,光度测定法又可分为浊度法和显色基质法。《中国药典》(2015 年版)规定,供试品检测时,可使用其中任何一种方法进行试验,当测定结果有争议时,除另有规定外,以凝胶法结果为准。与经典的热原检查法相比,细菌内毒素检查法具有灵敏度高,特异性强,操作简便等优点,因而正逐步被推广使用。

凝胶法是利用鲎试剂与细菌内毒素产生凝聚反应的原理来检测或半定量细菌内毒素的方法。检查方法为:取装有 0.1 mL 鲎试剂溶液的 10 mm×75 mm 试管 8 支,其中的 A 组(2 支)加入 0.1 mL 按最大有效稀释倍数(MVD)稀释并且已经排除干扰的供试品溶液;B 组(2 支)加入 0.1 mL 的含 2λ(λ 为鲎试剂的标示灵敏度,EU·mL^{-1})的内毒素的按 MVD 稀释并且已经排除干扰的供试品溶液,作为供试品阳性对照;C 组(2 支)加入 0.1 mL 的含 2λ 的内毒素的检查用水溶液,作为阳性对照;D 组(2 支)加入 0.1 mL 的检查用水作为阴性对照。分别将上述的 8 支试管轻轻混匀后,封闭管口,垂直放入 37℃±1℃的恒温器中,保温 60 min±2 min。

结果判断:① 将试管轻轻取出,缓缓倒转 180°,若管内形成凝胶,并且凝胶不变形,不从管壁滑落者为阳性(+);未形成凝胶或形成的凝胶不坚实、变形并从管壁滑落者为阴性(−)。② B 组的供试品阳性对照品溶液,C 组的阳性对照品溶液的 4 支管均为阳性,D 组的 2 支阴性对照品溶液管均为阴性,本次试验有效。③ A 组的 2 支供试品溶液管均为阴性,判供试品符合规定;第 1 组的 2 支供试品溶液管均为阳性,判供试品不符合规定。④若 A 组的 2 支供试品溶液管中 1 支为阳性,另外 1 支为阴性,需进行复试。复试时,A 组需做 4 支平行管,若所有平行管均为阴性,判供试品符合规定;否则判供试品不符合规定。

四、无菌检查法

无菌检查法是检查制品是否染有活菌的一种方法,是药典中较重要的检查项目之一。药典收载的无菌检查法有直接接种法和薄膜过滤法。

抗生素能抑制或杀死对其敏感的微生物,但并不一定能将所有的微生物杀死,因而抗生素药品仍然可能为微生物所污染,有必要进行无菌检查。不过抗生素药品的无菌检查,必须采用特殊的方法使抗生素分解失去抗菌活性,但杂菌不受影响,或用物理方法使抗生素与污染的杂菌分离,再经增菌培养,检出杂菌。抗生素药品的无菌检查方法包括利用青霉素酶灭活的青霉素法和薄膜过滤法,尤其以后者的应用更广泛。

利用薄膜过滤法进行抗生素的无菌检查方法如下:取该品种的最大规格量的供试品不少于 2 瓶(支),原料药按制剂规格项下取最大规格量 2 份,分别按该药品项下规定的方法处理后,加入 0.9%的无菌氯化钠溶液至少 100 mL 或其他适宜的溶剂中,摇匀,以无菌操作加入装有直径约 50 mm,孔径不大于 0.45 μm±0.02 μm 的微孔滤膜薄膜过滤器内,减压抽干后,用 0.9%的无菌氯化钠溶液或其他适宜的溶剂冲洗滤膜 3 次,每次至少 100 mL;取出滤膜,分成 4 片,取 3 片分别放在 3 管各 40 mL 需气菌、厌气菌培养基中,其中 1 管接种对照用菌液 1 mL,供作阳性对照,另 1 片放在霉菌培养基中。取 1 支需气菌、厌气菌培养基管作阴性对照。

结果判断:当阳性对照管显浑浊并确有细菌生长,阴性对照管呈阴性时,可根据观察所得的结果判定,如需气菌、厌气菌及霉菌培养管均为澄清或虽显浑浊但经证明并非有菌生长,均应判为供试品合格;如需气菌、厌气菌及霉菌培养管中任何 1 管显浑浊并确证为有菌生长,应重新取样,分别依法倍量复试,除阳性对照管外,其他各管不得有菌生长,否则应判为供试品不合格。

五、异常毒性检查法

药物的异常毒性主要由于生物制品、抗生素、生化药品等在生产过程中所用原材料比较复杂,使产品容易混进杂质而产生的。为保证用药安全,一种新药或新的试剂,以及一些毒性较大或生产储存中易引入毒性物质或分解导致毒性增大的药物制剂都必须进行毒性试验。

异常毒性检查法是给予动物一定剂量的供试品溶液,在规定时间内观察动物出现的异常反应或死亡情况,检查供试品中是否污染外源性毒性物质及是否存在意外的不安全因素。

异常毒性检查分为非生物制品试验和生物制品试验检查。非生物制品试验,除另有规定外,取小鼠 5 只,体重 18～22 g,每只小鼠分别静脉给予供试品溶液 0.5 mL,应在 4～5 s 内匀速注射完毕。全部小鼠在给药后 48 h 内不得有死亡;如有死亡时,应另取体重 18～19 g 的小鼠 10 只复试,全部小鼠在 48 h 内不得有死亡。生物制品异常毒性试验应包括小鼠试验和豚鼠试验:① 小鼠试验法,除另有规定外,取小鼠 5 只,体重 18～22 g,每只小鼠腹腔注射供试品溶液 0.5 mL,观察 7 天。观察期内,小鼠应全部健在,且无异常反应,到期时每只小鼠体重应增加,判定供试品符合规定。如不符合规定,应取体重 18～19 g 的小鼠 10 只复试 1 次。② 豚鼠试验法,除另有规定外,取豚鼠 2 只,体重 250～350 g,每只豚鼠腹腔注射供试品溶液 5.0 mL,观察 7 天。观察期内,豚鼠应全部健在,且无异常反应,到期时每只豚鼠体重应增加,判定供试品符合规定。如不符合规定,可用 4 只豚鼠复试 1 次。

本章提要

本章主要介绍了抗生素的基本知识,微生物发酵生产抗生素中菌种的质量控制和培养基的分析,以及发酵过程中各影响因子的检测与分析;重点讨论了 β-内酰胺类、氨基糖苷类和四环素类抗生素药物的分析;并介绍抗生素药物分析中的生物测定法等。抗生素是在低微浓度下即可对某些生物的生命活动有特异抑制作用的一类化学物质的总称,抗生素是临床上常用的一类重要药物,抗生素的生产目前主要由微生物发酵法进行生物合成。微生物发酵法生产抗生素,首先必须有一个优良的菌种,同时在发酵生产中受到多种因素的影响,必须进行科学的检测。抗生素药物分析包括生产过程的检测、原料药物分析和成品分析等。对于抗生素药物的分析,必须在了解它们的结构与性质的基础上建立其鉴别、杂质检查和含量测定方法;而以抗生素的抗菌活力为指标的微生物检定法是一种经典的测定方法,并且对于抗生素药物来说,热原或细菌内毒素检查、无菌检查、异常毒性检查等也是非常必需的。

关键词

抗生素;发酵;原料药物;分析;生物测定

思考题

1. 微生物检定法和理化法测定抗生素的含量,各具有哪些优缺点?
2. 试述 β-内酰胺类抗生素的结构特点和化学特性。
3. 链霉素和庆大霉素的结构特点、鉴别方法的异同点是什么?
4. 四环素类抗生素药物中可能存在的特殊杂质有哪些? 这些杂质对药物的含量测定是否有影响? 应如何克服?

（西安交通大学　卢闻）

第十章 中药与天然药物分析

中药(traditional Chinese medicine)是指收载于我国历代诸家本草中,并依据中医药理论和临床经验应用于医药保健的天然药物。为了保证中药的安全性和有效性,数千年来,中药一直处于不断标准化、规范化的进程中,最早的中药标准是《神农本草》,唐代的《新修本草》是我国第一部官修的药典,李时珍的《本草纲目》使中药标准进一步规范化。《中华药典》收载生药60多种。中华人民共和国成立后,我国颁布了《中国药典》,并随着分析测试技术的发展而不断修订、再版,同时制定了相关标准、法律法规,已初步建立我国中药分析的质量控制体系。中药质量控制涉及从原料到成品的每一个环节。中药的质量是靠生产出来的,而不是靠检验达到的。中药生产的全过程由中药材(Chinese crude drugs)生产、饮片(Chinese decoction pieces)和提取物(traditional Chinese drugs extract)生产、中成药(Chinese patent medicine)生产三个部分组成,这三个部分相互联系,密不可分,前一部分是后一部分的基础,只有首先生产出质量合格的中药材,进而才能生产出质量合格的中药饮片和提取物,最后以中药饮片和提取物为原料的中药制剂才能是质量可控、疗效稳定的合格品。

第一节 中药材分析

一、药用植物的种类

药用植物分类采用植物分类学的原理和方法,对有药用价值的植物进行鉴定和研究。植物的分类设立分类等级,分类等级的高低以植物之间亲缘关系的远近、形态相似性及构造简繁程度来确定。按照分类等级的高低和从属亲缘关系,将植物界(kingdom)分为若干门(division),每个门分为若干纲(class),纲中分若干目(order),目中分若干科(family),科再分属(genus),属下再分种(species)。

1. 藻类植物

藻类植物中含有丰富的蛋白质、氨基酸、维生素、矿物质等营养成分。在对螺旋藻属植物的研究中发现,其蛋白质的含量达干重的56%,比酵母、大豆粉、干乳和小麦都高,且含有多种重要的氨基酸,如天冬氨酸、酪氨酸等。从螺旋藻中还提取分离出具有抗肿瘤、抗炎作用的成分。另外螺旋藻中富含二磷酸核酮糖羧化酶,可作为提取此酶的资源。近年来从海藻中寻找抗肿瘤、抗菌、抗病毒、降血压、降胆固醇、防止冠心病和慢性气管炎、抗放射性药物的研究已成为热点。

2. 菌类植物

据不完全统计,药用的真菌约300种,其中具有抗癌活性的达100多种。如猪苓多糖、香菇多糖、茯苓多糖、银耳酸性异多糖、蝉花多糖等均有抗癌活性。另外竹黄多糖、香菇多糖对肝炎有一定疗效;灵芝多糖能降低心血管系统的耗氧量,增强冠脉流量;银耳多糖治疗慢性肺源性心脏病和冠心病有一定的效果。

3. 地衣植物

地衣植物是多年生植物,是一种真菌和一种藻类组成的复合有机体。地衣含有的地衣酸类化学成分具有抗菌作用,如松萝酸、地衣硬酸、袋衣酸等。近年来对地衣进行抗癌成分的筛选表明绝大多数地衣植物中含有的地衣多糖、异地衣多糖均有非常强的抗癌活性。

4. 苔藓植物

苔藓植物作为药用已有悠久历史,主要含有脂类、烃类、脂肪酸、萜类、黄酮类等化学成分。最近我国发现大叶藓属(*Rhodobryum*)的一些种类对治疗心血管病有一定疗效。

5. 蕨类植物

蕨类植物分布很广,我国约有 2600 种,可供药用的有 39 科,400 多种。常用的药用蕨类植物有贯众、金毛狗脊、石韦、石松、骨碎补、海金沙等。化学成分有生物碱类、酚类、黄酮类、甾体和三萜类等,具有镇痛、抗菌、止痢、止血、驱虫等药理作用。

6. 裸子植物

裸子植物广泛分布于世界各地,组成大面积森林。如侧柏、银杏、金钱松、麻黄、马尾松等,它们的枝叶、花粉、种子、根皮可供药用。银杏纲(*Ginkgosida*)银杏科(*Ginkgoceae*)植物银杏(*Ginkgo biloba* L.)为我国特产,去掉肉质种皮的种子(白果)能敛肺定喘;叶能益气敛肺,化湿止咳。从叶中提取的总黄酮能扩张动脉血管,用于治疗冠心病。红豆杉纲(*Taxopsida*)红豆杉科(*Taxaceae*)植物红豆杉(*Taxus chinemsis* Rehd)为我国特有种,叶能治疥癣,种子能消积驱虫。从本属植物的茎皮中得到的紫杉醇具有明显的抗肿瘤作用。

7. 被子植物

被子植物是当今植物界种类最多、分布最广、生长最繁盛的类群。据全国中药资源普查资料介绍,药用被子植物有 213 科,1957 属,10027 种,占我国药用植物总数的 90%,中药资源总数的 78.5%。被子植物分为双子叶植物纲和单子叶植物纲。双子叶植物纲又分为离瓣花亚纲和合瓣花亚纲。离瓣花亚纲主要有桑科、蓼科、小檗科、蔷薇科、毛茛科等 45 个科;合瓣花亚纲主要有马钱科、龙胆科、忍冬科、紫草科、菊科等 24 个科。单子叶植物纲主要有泽泻科、百合科、薯蓣科、石蒜科、兰科等 15 个科。

二、中药材的定义与分类

中药材指供切制成饮片用于调配中医处方或磨成细粉直接服用或调敷外用,以及供中药厂生产或制药工业提取有效成分的原料药。

按照来源分为植物药、动物药和矿物药。植物药再根据药用部位分为根和根茎类、花类、果实类、种子类、全草类、树皮类、菌藻类和其他类。

按照功能主治分为解表药、止血药、清热药、泻下药、祛风湿药、芳香化湿药、利水渗湿药、温里药、理气药、消食药、驱虫药、活血祛瘀药、化痰止咳平喘药、安神药、平肝熄风药、开窍药、补虚药、收涩药、涌吐药和外用药。

按自然分类系统分类可根据原植(动)物在分类学上的亲缘关系,以门、纲、目、科分类,如十字花科、豆科、毛茛科、伞形科、唇形科、菊科、百合科、茄科等。

三、中药材的分析特点

质量稳定的中药材是生产质量稳定的中药产品的先决条件。中药材的质量控制直接关系到中药饮片、中药提取物和中成药的质量。在传统用药中,中药大部分来源于野生品种,人们无法对其形成过程中质量的优劣进行控制,且当时科学发展的局限性,只能通过人的感官对野生的药材进行外观形状的鉴别来控制质量。但在长期的应用中发现其疗效与产地有着密切的关系,就形成了所谓的道地药材,即自然条件比较适宜的地区所产的质量优良、疗效显著的药材;随着人口的日益增多,中药的需求量不断增大,野生资源已不能满足需要,开始进行分散农户的人工种植,但此时中药材的生产多为粗放式种植加工,使相同的药材因种植、栽培条件、生长环境、采集时间和方法、产地加工、储存方法及包装运输等诸多条件的不同而导致质量存在着很大差别;解决这一问题的方法是建立中药材种植基地,并对中药材生产质量管理进行规范化。我国有关中药材生产质量管理规范(GAP)文件已于 2002 年 6 月 1 日开始实施,并在全国药材种植行业中逐步推广。

综上所述,中药材的质量控制仅以中药材的形态、性状、气味及简单的理化反应来判断真伪,以一两个活性成分、指标成分的含量判断优劣,不能全面控制中药材的质量。众所周知,中药材的质量不是靠检测达到的,而是通过对生产过程进行规范化管理生产出来的。一个完整的中药材质量控制标准体系应包括环境质量标准、生产过程标准、产品标准、包装标准、储运标准及其他相关标准。也就是说中药材的质量控制需要"全程质量控制",即通过产前环节对中药材产地环境质量和原料质量进行监测,产中环节落实无污染、无公害的生产和加工技术操作规程、可控制产品质量的标准,产后环节对产品包装、储存、运输等,确保最终生产出绿色中药材,符合安全、有效、质量可控的要求。

四、中药材的分析方法

中药材的分析是依据国家药典和有关资料规定的药品质量标准,对中药材的质量进行控制。其工作程序和分析方法如下:

1. 取样

取样一般采用估计取样法,即从整批的中药材中抽取部分有代表性的供试品进行分析的方法。取样的代表性直接影响到检定结果的正确性。取样的基本原则是均匀、合理。

取样前,应检查检品名称、批号、产地、规格等级等,检查包装的完整性和清洁度,检查有无水迹、霉变或其他物质污染等异常现象,作详细记录。凡有异常情况的包件,应单独检验并拍照。

药材总包件不足 5 件的,应逐件取样;5~99 件,随机抽 5 件取样;100~1000 件,按 5% 比例取样;超过 1000 件的,超过部分按 1% 取样;贵重药材,不论包件多少均逐件取样。

每一包件至少在 2~3 个不同部位各取样品 1 份;包件大的应从 10 cm 以下的深处在不同部位分别抽取;破碎、粉末状或大小在 1 cm 以下的药材,可用采样器(探子)抽取样品。每一包件的取样量:一般药材取样量为 100~500 g;粉末状药材 25~50 g;贵重药材 5~10 g。

将所取样品混合均匀,即为抽取样品总量。如果抽取样品总量超过检验用量数倍时,可按四分法再取样,即将所有样品摊成正方形,以对角线画"×",使分成四等份,取用对角两份,再如上操作,反复数次,直至最后剩余量能满足供检验用样品量。

最终抽取的供检验用样品量一般不得少于检验所需用量的 3 倍,即 1/3 供实验室分析用,另 1/3 供复核用,其余 1/3 为留样保存。

2. 真伪鉴定

对中药材进行鉴定,以明确科属、药用部位、商品规格等。鉴定方法有:

(1) 基原鉴定法:利用植物、动物或矿物形态和分类学等方面的知识,对完整中药材的来源进行鉴定,确定其正确的学名(或矿物的名称)。又称来源鉴定法。

(2) 性状鉴定法:利用人体的感觉器官来观察中药材的形状是否与规定的标准或对照品相符合的方法。主要用眼看、手摸、鼻嗅、口尝、感试等简便的传统方法观察供试品的颜色变化、浮沉情况及爆鸣、色焰等特征来鉴定药材的真伪或粗略估计品质的优劣。又称宏观鉴定法或直观鉴定法。大部分老药工的经验鉴定就属于性状鉴定范畴。

(3) 显微鉴定法:利用显微镜观察植(动)物中药材内部的组织构造、细胞形状、内含物的特征及矿物的光学特性以鉴定真伪的方法。又称微观鉴定法。原植(动)物亲缘关系相近的中药材,其内部组织构造有着一定的共同点;而中药材的原植(动)物品种不同,其组织构造特征又总是存在着某些差异,且这种差异相对稳定。因此,通过观察和比较生药的内部组织构造及细胞的形状、大小和排列状况、细胞壁和细胞内含物的性质、各种晶体及其分布,可以准确地鉴定中药材。

(4) 理化鉴定法:利用物理的、化学的或仪器分析的方法对中药材中所含的某些化学成分进行定性分析,以鉴定中药材真伪的方法。

1) 化学定性反应:用适当的方法和溶剂将中药材中的某些成分提取出来,将提取液置于试管中加入适当的试剂使产生颜色反应或沉淀反应;或将提取液滴于白瓷板、滤纸片或薄层板上加 1 滴适当试剂观察其颜色反应。例如含生物碱类成分中药材的酸水提取液,加入生物碱沉淀试剂可发生沉淀反应。

2) 微量升华法:利用中药材中含有某些化学成分,在一定温度下能升华的性质获得升华物,再在显微镜下观察其结晶形状、颜色和特征化学反应来鉴定真伪的方法。具体方法如下:取一块与载玻片大小相似的金属板,放在一块有圆孔(直径约 2 cm)的石棉板上,金属片中央放一小金属圈(内径约 15 mm,高约 7 mm),于圈内加药材粉末使成一薄层,圈上方覆盖一载玻片,在石棉板下圆孔处用酒精灯加热,至粉末开始变焦黄时,去火,放冷。此时可见有升华物质附着在载玻片上,将载玻片取下,反转,置显微镜下观察升华物的结晶形状和颜色等,并可加适当的化学试剂观察反应结果。如薄荷中的薄荷醇可用微量升华法得到油状升华物。

3) 荧光法与分光光度法:利用中药材中所含的某些化学成分,在紫外光下能显示不同颜色荧光的性质,或在可见-紫外光波长区有明显的特征吸收峰等,进行药物的定性鉴定,以评价中药的真伪。例如:罂粟壳的乙醇提取物在 283 nm 波长处有最大吸收。

4) 色谱法:由于中药材中所含化学成分的种类和数量存在差异,可通过比较不同中药材之间或待鉴定中药材与标准中药材的色谱图,也可通过鉴定中药材中主要化学成分的存在来鉴定中药材的真伪。色谱法常用的方法有纸色谱法、薄层色谱法、气相色谱法、高效液相色谱法等。

纸色谱(paper chromatography,PC)是以层析滤纸为载体,以纸上所含水分或其他物质为固定相,以单一或混合有机溶剂为流动相的一种色谱法。主要用于糖类、苷类、氨基酸类等水溶性成分的分离。常用展开剂为正丁醇-醋酸-水。现已较少应用。

薄层色谱法(thin layer chromatography,TLC)中使用最多的是硅胶 G 板,生物碱类成分使用氧化铝板较多。薄层色谱法需用对照药材或有效成分对照品作对照。鉴别时取供试品、对照药材或有效成分对照品,用相同方法制备试验溶液,分别取供试品溶液、对照药材溶液或对照品溶液适量,点于同一薄层板上,展开、检视,要求供试品溶液中应有与对照品主斑点相对应的斑点。特征斑点最好选择已知有效成分或特征成分的斑点,若有效成分未知或无法检出,也可选择未知成分的特征斑点,但要求重现性好,斑点特征明显。薄层色谱法不需特殊的仪器,操作简便,有多种专属的检出方法,是目前中药材鉴别中的一种行之有效的方法。

气相色谱法(gas chromatography,GC)主要用于含挥发性成分的中药材鉴定。可用保留时间(t_R)来鉴定中药材的真伪。

高效液相色谱法(HPLC)也可用保留时间(t_R)来鉴定中药材的真伪。但应用较少。

(5)生物鉴定法:又称生物测定法。分为生物效应鉴定法和基因鉴定法。利用中药材所含的化合物对生物体作用的强度,DNA 特异性遗传标记特征和基因表达差异等来鉴别药材品种和质量的一种方法。DNA 分子鉴定法是利用基因组中一段公认的、相对较短的 DNA 序列来进行物种鉴定的一种分子生物学技术。不同物种的 DNA 序列是由腺嘌呤(A)、鸟嘌呤(G)、胞嘧啶(C)和胸腺嘧啶(T)4 种碱基以不同顺序排列组成,分析某一特定 DNA 片段序列即能区分不同物种。中药材 DNA 分子鉴定通常以核糖体 DNA 第二内部转录间隔区(ITS2)为主体条形码序列,其中植物类中药材选用 ITS2/ITS 为主体序列,以叶绿体外 *psbA-trnH* 为辅助序列;动物类中药材以细胞色素 C 氧化酶亚基Ⅰ(COⅠ)为主体序列,ITS2 为辅助序列。

《中国药典》(2010 年版)一部首次将 DNA 分子鉴定技术应用于蛇类药材的鉴定。《中国药典》(2015 年版)一部采用 DNA 分子鉴定技术鉴定了川贝母,其他来自同属植物如浙贝母、东贝母、湖北贝母、平贝母、伊贝母、梭砂贝母、甘肃贝母、暗紫贝母等,均能用聚合酶链式反应-限制性片段长度多态性分析(PCR-RFLP)技术得到区别。

示例 乌梢蛇的鉴别

聚合酶链式反应法。

模板 DNA 提取 取本品 0.5 g,置乳钵中,加液氮适量,充分研磨使成粉末,取 0.1 g 置 1.5 mL 离心管中,加入消化液 275 μL[细胞核裂解液 200 μL,0.5 mol·L⁻¹乙二胺四醋酸二钠溶液 50 μL,蛋白酶 K(20 mg·mL⁻¹)20 μL,RNA 酶溶液 5 μL],在 55℃ 水浴保温 1 h,加入裂解缓冲溶液 250 μL,混匀,加到 DNA 纯化柱中,离心(转数为每分钟 10000 转)3 min;弃去滤液,加入洗脱液 800 μL[5 mol·L⁻¹醋酸钾溶液 26 μL,1 mol·L⁻¹ Tris-盐酸溶液(pH 7.5)18 μL,0.5 mol·L⁻¹乙二胺四醋酸二钠溶液(pH 8.0)3 μL,无水乙醇 480 μL,灭菌双蒸水 273 μL],离心(转数为 10000 r·min⁻¹)1 min;弃去滤液,再离心 2 min,将 DNA 纯化柱转移入另一离心管中,加入无菌双蒸水 100 μL,室温放置 2 min 后,离心(转数为每分钟 10000 转)2 min,取上清液作为供试品溶液,置零下 20℃ 保存备用。另取乌梢蛇对照药材 0.5 g,同法制成对照药材模板 DNA 溶液。

PCR 反应 鉴别引物:5′GCGAAAGCTCGACCTAGCAAGGGGACCACA3′和 5′CAG-GCTCCTCTAGGTTGTTATGGGGTACCG3′。PCR 反应体系:在 200 μL 离心管中进行,反应

总体积为 25 μL,反应体系包括 10×PCR 缓冲溶液 2.5 μL,dNTP(2.5 mmol·L^{-1})2 μL,鉴别引物(10 μmol·L^{-1})各 0.5 μL,高保真 Taq DNA 聚合酶(5 U·μL^{-1})0.2 μL,模板 0.5 μL,无菌双蒸水 18.8 μL。将离心管置 PCR 仪,PCR 反应参数:95℃预变性 5 min,循环反应 30 min(95℃ 30 s,63℃ 45 s),延伸(72℃)5 min。

电泳检测　照琼脂糖凝胶电泳法,胶浓度为 1%,胶中加入核酸凝胶染色剂 GelRed;供试品和对照药材 PCR 反应溶液的上样量分别为 8 μL,DNA 分子量标记上样量 2 μL(0.5 μg·μL^{-1})。电泳结束后,取凝胶片在凝胶成像仪上或紫外透光仪上检视。供试品凝胶电泳图谱中,在与对照药材凝胶电泳图谱相应位置上,在 300~400 bp 应有单一 DNA 条带。

3. 检查

(1) 杂质检查:药材的杂质检查指药材中存在的各类杂质及杂质的量是否超过规定的限度。杂质分为两大类,一类是来源性杂质,即来源与规定相同但性状或药用部位与规定不符的杂质。另一类是掺入性杂质,即来源与规定不同的杂质,如在采收、加工和储存过程中混入的无机物或人为掺入的非药用物质。

检查方法:按规定的方法取样,通常用肉眼或放大镜观察,较大的杂质可直接捡出,较小的杂质可用适当的筛子筛出。杂质确定后,各类杂质应分别称重,计算其在供试品中的含量。

(2) 水分测定:药材中水分含量是储存过程中保证质量的一项重要指标。控制药材中水分的含量可以防止药材因水分超过限量而发生霉变、虫蛀和分解变质。测定用的供试品一般先破碎成直径不超过 3 mm 的颗粒或碎片;直径和长度在 3 mm 以下的可不破碎;减压干燥法需通过二号筛。

1) 烘干法:适用于不含或少含挥发性成分的中药材。取供试品 2~5 g,置干燥至恒重的扁形称量瓶中,厚度不超过 5 mm,疏松样品不超过 10 mm,精密称定,在 100~105℃干燥 5 h,置干燥器中放置 30 min。精密称定质量,再于上述温度干燥 1 h,冷却,称重,至连续两次称重的差异不超过 5 mg 为止。根据减失的质量计算供试品中含有水分的百分数。

2) 甲苯法:适用于含挥发性成分中药材的水分测定。原理和测定方法参见第 6 章。

3) 减压干燥法:适用于含有挥发性成分的贵重药品。取一直径 12 cm 的培养皿,加入新鲜五氧化二磷干燥剂适量,使铺成 0.5~1 cm 的厚度放入减压干燥器中。取供试品 2~4 g,混合均匀,分取 0.5~1 g 置已在供试品同样条件下干燥并恒重的称量瓶中,精密称定,打开瓶盖,置上述减压干燥器中,减压至 2.67 kPa(20 mmHg)以下持续 0.5 h,室温放置 24 h。在减压干燥器出口连接新鲜无水氯化钙干燥管,打开旋塞,待内外压一致后关闭旋塞,打开干燥器,盖上瓶盖,取出称量瓶迅速精密称定质量。计算供试品中含有水分的百分数。

4) 气相色谱法:用无水乙醇超声提取供试品,提取出样品中的水分,以纯化水作对照品溶液,同法操作,在气相色谱仪上进样各 1~5 μL;用直径为 0.18~0.25 mm 的二乙烯苯-乙基乙烯苯型高分子多孔小球为载体,柱温为 140~150℃;热导检测器检测;用外标法计算样品中的含量。

测定中药材中是否含挥发性成分,含水量从微量到常量,都可以用气相色谱法测定。气相色谱法具有快速、灵敏、简便的特点。

(3) 灰分测定:中药材经粉碎、加热炽灼灰化遗留的无机物称为总灰分,又称生理灰分。测定总灰分的目的是控制药材中泥土、砂土的量,同时还可以反映药材生理灰分。但有些中药材特别是组织中含草酸钙较多的药材生理灰分的差异较大,如大黄的总灰分因生长条件不同可从 8%～20%以上。此类药材的总灰分就不能说明外来杂质的量,需要测定酸不溶性灰分。药材本身所含无机盐类可溶于稀酸中,而来自泥沙的硅酸盐类在酸中不溶解而残留,所以酸不溶性灰分能更准确地反映出外来杂质的量。

总灰分测定法:取供试品粉碎,过二号筛,混合均匀后,取供试品 2～3 g,置已炽灼至恒重的坩埚中,称定质量(准确至 0.01 g)缓缓炽热使完全炭化,再在 500～600℃ 炽灼至完全灰化并至恒重,根据残渣的质量计算总灰分的含量百分数。

酸不溶性灰分测定法:取上项所得的灰分,在坩埚上小心加入稀盐酸约 10 mL,用表面皿覆盖坩埚,并置水浴上加热 10 min,表面皿用热水 5 mL 冲洗,洗液并入坩埚中,用无灰滤纸滤过,用水洗净滤纸后,坩埚内的残渣用水洗于滤纸上,并洗涤至洗液不显氯化物反应为止。将滤渣连同滤纸移至同一坩埚中,干燥,炽灼至恒重,根据残渣质量,计算供试品中酸不溶性灰分的含量百分数。

(4) 农药残留量的测定:根据有关规定,中药材的生产过程中不得使用农药。但为了防止药材遭受病虫害,提高药材产量,滥用农药的现象极为普遍。农药的种类很多,常用的有:有机氯类农药(如六六六、滴滴涕等)、有机磷类农药(如硫磷、乐果等)、拟除虫菊酯类农药(如氯氰菊酯、氰戊菊酯等)。有些长效、剧毒、积蓄性的农药在土壤和生物体中长期残留,对人体的危害极大,应对中药材中的农药残留量进行检测。

大多数有机氯类、有机磷、拟除虫菊酯类农药均具有挥发性,中药材中的农药残留量的测定可采用气相色谱法。

示例 有机氯类农药残留量测定法

色谱条件与系统适用性试验 弹性石英毛细管柱(30 m×0.32 mm×0.25 μm)SE-54(或 DB-1701),^{63}Ni-ECD 电子捕获检测器。进样口温度230℃,检测器温度300℃,不分流进样。程序升温:初始100℃,每分钟 10℃升至220℃,每分钟 8℃升至250℃,保持 10 min,理论板数按 α-BHC峰计算应不低于$1×10^6$,两个相邻色谱峰的分离度应大于1.5。

对照品储备液的制备 称取六六六(BHC)(α-BHC,β-BHC,γ-BHC,δ-BHC)、滴滴涕 (DDT)(PP′-DDE,PP′-DDD,OP′-DDT,PP′-DDT)及五氯硝基苯(PCNB)农药对照品适量,用石油醚(60～90℃)分别制成 1 mL 含4～5 μg 的溶液,即得。

混合对照品储备液的制备 精密量取上述各对照品储备液 0.5 mL,置 10 mL 量瓶中,用石油醚(60～90℃)稀释至刻度,摇匀,即得。

混合对照品溶液的制备 精密量取上述混合对照品储备液适量,用石油醚(60～90℃)制成 1 L 分别含 0.1 μg、5 μg、10 μg、50 μg、100 μg、250 μg 的溶液,即得。

供试品溶液的制备 取供试品于 60℃干燥 4 h,粉碎成细粉,取约 2 g,精密称定,置 100 mL 具塞锥形瓶中,加水 20 mL 浸泡过夜,精密加丙酮 40 mL,称定质量,超声处理 30 min,放冷,再称定质量,用丙酮补足减失的质量,再加氯化钠约 6 g,精密加二氯甲烷 30 mL,称定质量,超声处理 15 min,再称定质量,用二氯甲烷补足减失的质量,静置使分层,将有机相迅速移入装有无水硫酸钠的 100 mL 具塞锥形瓶中,放置 4 h。精密量取 35 mL,于 40℃水浴上减压浓缩至近干,加少量石油醚(60～90℃)如前反复操作至二氯甲烷和丙酮除净,用石油醚(60～90℃)溶解并转移至 10 mL 具塞刻度离心管中,加石油醚(60～90℃)精密稀释至5 mL,小心加入硫酸 1 mL,振摇

1 min,离心(3000 r·min⁻¹)10 min,精密量取上清液 2 mL,置具刻度的浓缩瓶(见图 10-1 中,连接旋转蒸发器,40℃下(或用氮气)将溶液浓缩至适量,精密稀释至 1 mL,即得。

测定法 分别精密吸取供试品溶液和与之相对应浓度的混合对照品溶液各 1 μL,分别进样 3 次,取平均值,按外标法计算供试品中 9 种有机氯农药残留量。

(5)重金属及其他金属杂质的检查:中药材在种植、采集、收购、加工及储存过程中容易引入重金属、砷盐和其他金属盐等杂质,尤其是矿物药、挥发油和某些加工品如阿胶等,为了用药的安全、有效,应严格控制中药材中金属杂质的限量。

1)重金属的检查:重金属限量检查的方法与化学药相同(参见化学药有关章节),不再重复叙述。《中国药典》收载三种重金属检查的方法。

图 10-1 刻度浓缩瓶

2)砷盐的检查:砷盐限量检查的方法与化学药物相同(参见化学药有关章节),不再重复叙述。《中国药典》收载古蔡氏法和二乙基二硫代氨基甲酸银法。

3)铅、镉、砷、汞、铜等金属元素的含量测定:《中国药典》采用原子吸收分光光度法和电感耦合等离子体质谱法进行铅、镉、砷、汞、铜等金属元素的含量测定,并规定了含铅、镉、砷、汞、铜的限度。

① 原子吸收分光光度法。

原子吸收分光光度法是基于蒸气相中待测元素的基态原子对其原子共振辐射的吸收来测定样品中该元素含量的一种方法。通过选择一定波长的辐射光源,使其恰好与某一元素的基态原子和激发态原子跃迁能级相对应,待测元素对辐射的吸收导致基态原子数的减少,辐射吸收值与基态原子浓度有关,即吸收值与待测元素浓度有关。通过测量辐射吸收的量,可获得待测元素的量。

原子吸收分光光度法具有灵敏度高、选择性好、精密度高、测量范围广、操作简单快速等特点。适用于中药中有害金属的测定。

示例 铅的测定

测定条件 参考条件:波长 283.3 nm,干燥温度 100～120℃,持续 20 s;灰化温度 400～750℃,持续 20～25 s;原子化温度 1700～2100℃,持续 4～5 s。

铅标准储备液的制备 精密量取铅单元素标准溶液适量,用 2%硝酸溶液稀释,制成 1 mL 含铅(Pb)1 μg 的溶液,即得(0～5℃储存)。

标准曲线的制备 分别精密量取铅标准储备液适量,用 2%硝酸溶液制成 1 mL 分别含铅 0、5 ng、20 ng、40 ng、60 ng、80 ng 的溶液。分别精密量取 1 mL,精密加含 1%磷酸二氢钠和 0.2%硝酸镁的溶液 1 mL,混匀,精密吸取 20 μL 注入石墨炉原子化器,测定吸光度,以吸光度为纵坐标,浓度为横坐标,绘制标准曲线。

供试品溶液的制备

A 法 取供试品粗粉 0.5 g,精密称定,置聚四氟乙烯消解罐内,加硝酸 3～5 mL,混匀,浸泡过夜,盖好内盖,旋紧外套,置适宜的微波消解炉内,进行消解(按仪器规定的消解程序操作)。消解完全后,取消解内罐置电热板上缓缓加热至红棕色蒸气挥尽,并继续缓缓浓缩至 2～3 mL,放

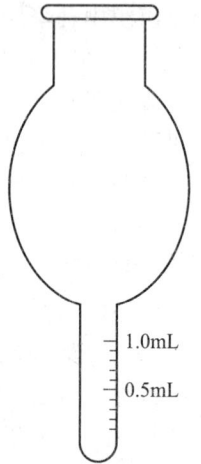

冷,用水转入 25 mL 量瓶中,并稀释至刻度,摇匀,即得。同法同时制备试剂空白溶液。

B 法　取供试品粗粉 1 g,精密称定,置凯氏烧瓶中,加硝酸-高氯酸(4∶1,体积比)混合溶液 5~10 mL,混匀,瓶口加一小漏斗,浸泡过夜。置电热板上加热消解,保持微沸,若变棕黑色,再加硝酸-高氯酸(4∶1,体积比)混合溶液适量,持续加热至溶液澄明后升高温度,继续加热至冒浓烟,直至白烟散尽,消解液呈无色透明或略带黄色,放冷,转入 50 mL 量瓶中,用 2%硝酸溶液洗涤容器,洗液合并于量瓶中,并稀释至刻度,摇匀,即得。同法同时制备试剂空白溶液。

C 法　取供试品粗粉 0.5 g,精密称定,置瓷坩埚中,于电热板上先低温炭化至无烟,移入高温炉中,于 500℃灰化 5~6 h(若个别灰化不完全,加硝酸适量,于电热板上低温加热,反复多次直至灰化完全),取出冷却,加 10%硝酸溶液 5 mL 使溶解,转入 25 mL 量瓶中,用水洗涤容器,洗液合并于量瓶中,并稀释至刻度,摇匀,即得。同法同时制备试剂空白溶液。

测定法　精密量取空白溶液与供试品溶液各 1 mL,精密加含 1%磷酸二氢铵和 0.2%硝酸镁的溶液各 1 mL,混匀,精密吸取 10~20 μL,照标准曲线的制备项下方法测定吸光度,从标准曲线上读出供试品溶液中铅(Pb)的含量,计算,即得。

② 电感耦合等离子体质谱法。

电感耦合等离子体质谱法是以电感耦合等离子体(ICP)为离子源的无机质谱,是检测超痕量金属元素的最强有力技术。等离子体是宏观中性的离子化气体,即具有相同数目的正粒子和负粒子。等离子体需要一个以外电场形式的外界能源,使气体离子化并维持等离子体,同时把部分能量传递给样品,使样品原子化激发。ICP 是应用高频电场(27 MHz 或 40 MHz)通过一个感应线圈而产生的等离子体。ICP-MS 仪器的基本结构如图 10-2 所示。

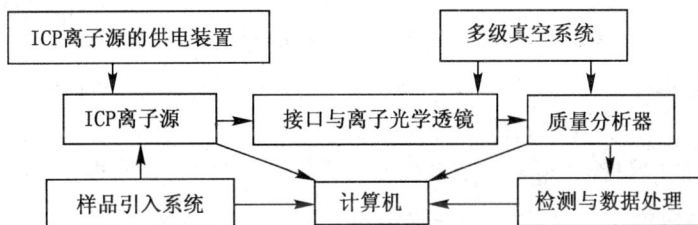

图 10-2　ICP-MS 仪器的基本结构

ICP-MS 的特点有:ICP 离子源产生超高温,能使所有的金属元素和一些非金属元素电离,可进行同位素分析,单元素和多元素分析,有机物中金属元素的形态分析;图谱简单,检出限低,分析速度快,动态范围宽;离子初始能量低,可使用简单的质量分析器。方法如下:

标准品储备液的制备　分别精密量取铅、砷、镉、汞、铜单元素标准溶液适量,用 10%硝酸溶液稀释制成 1 mL 分别含铅、砷、镉、汞、铜为 1 μg、0.5 μg、1 μg、1 μg、10 μg 的溶液,即得。

标准品溶液的制备　精密量取铅、砷、镉、铜标准品储备液适量,用 10%硝酸溶液稀释制成 1 mL 含铅、砷 0、1 ng、5 ng、10 ng、20 ng,含镉 0、0.5 ng、2.5 ng、5 ng、10 ng,含铜 0、50 ng、100 ng、200 ng、500 ng 的系列浓度混合溶液。另精密量取汞标准品储备液适量,用 10%硝酸溶液稀释制成 1 mL 分别含汞 0、0.2 ng、0.5 ng、1 ng、2 ng、5 ng 的溶液,本溶液应临用配制。

内标溶液的制备　精密量取锗、铟、铋单元素标准溶液适量,用水稀释制成 1 mL 各含 1 μg 的混合溶液,即得。

供试品溶液的制备 取供试品于60℃干燥2 h,粉碎成粗粉,取约0.5 g,精密称定,置耐压耐高温微波消解罐中,加硝酸5~10 mL(如果反应剧烈,放置至反应停止)。密闭并按各微波消解仪的相应要求及一定的消解程序进行消解。消解完全后,冷却消解液低于60℃,取出消解罐,放冷,将消解液转入50 mL量瓶中,用少量水洗涤消解罐3次,洗液合并于量瓶中,加入金单元素标准溶液200 μL(1 μg·mL^{-1}),用水稀释至刻度,摇匀,即得(如有少量沉淀,必要时可离心分取上清液)。

除不加金单元素标准溶液外,其余同法制备试剂空白溶液。

测定法 测定时选取的同位素为^{63}Cu、^{75}As、^{114}Cd、^{202}Hg和^{208}Pb,其中^{63}Cu、^{75}As以^{72}Ge作为内标,^{114}Cd以^{115}In作为内标,^{202}Hg和^{208}Pb以^{209}Bi作为内标,并根据不同仪器的要求选用适宜校正方程对测定的元素进行校正。

仪器的内标进样管在仪器分析工作过程中始终插入内标溶液中,依次将仪器的样品管插入各个浓度的标准品溶液中进行测定(浓度依次递增),以测量值(3次读数的平均值)为纵坐标,浓度为横坐标,绘制标准曲线。将仪器的样品管插入供试品溶液中,测定,取3次读数的平均值。从标准曲线上计算得相应的浓度,扣除相应的空白溶液的浓度,计算各元素的含量,即得。

(6) 黄曲霉毒素的测定:为了进一步提高中药材的安全性检查,对于一些易霉变的中药材如桃仁、杏仁等,《中国药典》(2010年版)首次建立了黄曲霉毒素的限量检查方法。采用高效液相色谱法测定黄曲霉毒素(以黄曲霉毒素 B$_1$、黄曲霉毒素 B$_2$、黄曲霉毒素 G$_1$和黄曲霉毒素 G$_2$总量计)。《中国药典》(2015年版)一部对柏子仁、莲子等14个品种进行黄曲霉毒素的限度检查。

色谱条件与系统适用性试验 以十八烷基硅烷键合硅胶为填充剂;以甲醇-乙腈-水(40∶18∶42)为流动相,流量0.8 mL·min^{-1};采用柱后衍生化法检测,衍生溶液为0.05%的碘溶液(取碘0.5g,加入甲醇100 mL使溶解,用水稀释至1000 mL制成),衍生化泵流量0.3 mL·min^{-1},衍生化温度70℃;以荧光检测器检测,激发波长λ_{ex}=360 nm(或365 nm),发射波长λ_{em}=450 nm。两个相邻色谱峰的分离度应大于1.5。

混合对照品溶液的制备 精密量取黄曲霉毒素混合标准品(黄曲霉毒素 B$_1$、黄曲霉毒素 B$_2$、黄曲霉毒素 G$_1$和黄曲霉毒素 G$_2$标示浓度分别为1.0 μg·mL^{-1}、0.3 μg·mL^{-1}、1.0 μg·mL^{-1}、0.3 μg·mL^{-1})0.5 mL,置10 mL量瓶中,用甲醇稀释至刻度,作为储备液。精密量取储备液1 mL,置25 mL量瓶中,用甲醇稀释至刻度,即得。

供试品溶液制备 取供试品粉末约15 g(过二号筛),精密称定,加入氯化钠3 g,置于均质瓶中,精密加入70%甲醇溶液75 mL,高速搅拌2 min(搅拌速度大于11000 r·min^{-1}),离心5 min(离心速度2500 r·min^{-1}),精密量取上清液15 mL,置50 mL量瓶中,用水稀释至刻度,摇匀,用微孔滤膜(0.45 μm)滤过,量取续滤液20.0 mL,通过免疫亲和柱(AflaT-est@P),流量3 mL·min^{-1},用水20 mL洗脱,洗脱液弃去,使空气进入柱子,将水挤出柱子,再用适量甲醇洗脱,收集洗脱液,置2 mL量瓶中,并用甲醇稀释至刻度,摇匀,即得。

测定法 分别精密吸取上述混合对照品溶液5 μL、10 μL、15 μL、20 μL、25 μL,注入液相色谱仪,测定峰面积,以峰面积为纵坐标,进样量为横坐标,绘制标准曲线。另精密吸取上述供试品溶液20~25 μL,注入液相色谱仪,测定峰面积,从标准曲线上读出供试品中相当于黄曲霉毒素 B$_1$、黄曲霉毒素 B$_2$、黄曲霉毒素 G$_1$和黄曲霉毒素 G$_2$的量,计算,即得。

(7) 二氧化硫残留量的测定:有些药材经过硫黄熏蒸处理,为了用药安全,《中国药典》(2010

年版)一部首次规定要进行二氧化硫残留量的检查。《中国药典》(2015 年版)规定:山药等 10 种传统习用硫黄熏蒸的中药材及饮片,二氧化硫残留量不得过 400 mg·kg^{-1},其他的药材不得过 150 mg·kg^{-1}。

二氧化硫残留量的检查采用蒸馏法,仪器装置如图 10-3 所示。

测定法　取药材或饮片细粉约 10 g,精密称定,置两颈圆底烧瓶中,加水 300~400 mL 和 6 mol·L^{-1} 盐酸 10 mL,连接分液漏斗,并导入氮气至瓶底,连接回流冷凝管,在冷凝管的上端 E 口处连接导气管,将导气管插入 250 mL 锥形瓶底部。锥形瓶内加水 125 mL 和淀粉指示剂 1 mL 作为吸收液,置于磁力搅拌器上不断搅拌。加热两颈圆底烧瓶内的溶液至沸,并保持微沸约 3 min 后开始用碘滴定液(0.01 mol·L^{-1})滴定,至蓝色或蓝紫色持续 20 s 不褪,并将滴定的结果用空白试验校正。按照以下公式计算:

$$供试品中二氧化硫残留量(mg·g^{-1}) = \frac{(V_A - V_B) \times c \times 0.032\ g \times 1000}{m}$$

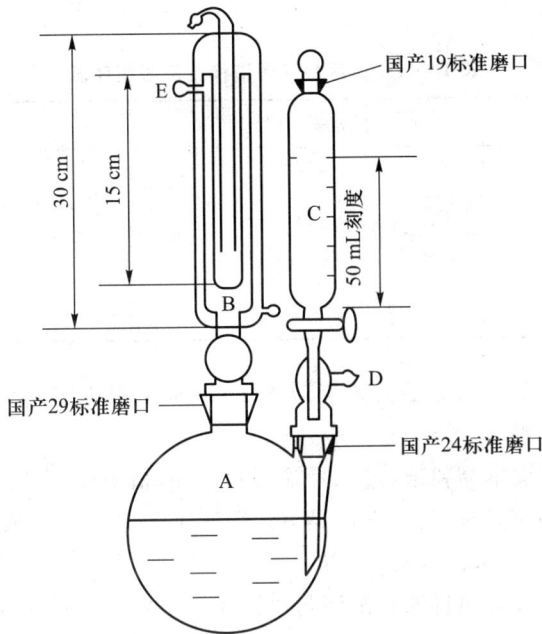

图 10-3　二氧化硫残留量测定仪器装置

式中,V_A 为供试品消耗碘滴定液的体积(mL),V_B 为空白消耗碘滴定液的体积(mL),c 为碘滴定液的浓度(0.01 mol·L^{-1}),m 为供试品的质量(g),0.032 g 为 1 mL 碘滴定液(0.01 mol·L^{-1})相当的二氧化硫的质量。

(8) 微量有毒成分的限量检查:有些中药材含有毒性大的成分,如制川乌和制草乌中含有毒性大的双酯型生物碱,《中国药典》采用高效液相色谱法测定乌头碱、乌头次碱和新乌头碱的总量。又如千里光是近年新发现的有严重肾毒性的植物,国际上已禁用,国内多种中成药中含有千里光。经过大量研究发现,我国产的千里光与国外的千里光不是一个种,其毒性成分阿多尼弗林碱含量极低,甚至检测不到。为了保证含有千里光的中成药用药安全和正常使用,《中国药典》一部采用液相色谱-质谱联用技术测定其限量。

4. 指纹图谱和特征图谱

中药材(饮片、提取物或中药制剂)经过适当处理后,利用现代信息采集技术和质量分析手段得到的能够显现中药材性质的图像、图形、光谱的图谱及其数据,称为中药指纹图谱。中药材(饮片、提取物或中药制剂)特征图谱是指中药材(饮片、提取物或中药制剂)经过适当的处理后,采用一定的分析手段和仪器检测得到,能够标识其中各种组分群体特征的共有峰的图谱。中药材(饮片、提取物或中药制剂)特征图谱可分为化学(成分)特征图谱和生物特征图谱。《中国药典》(2015 年版)一部首次在中药材(沉香和羌活)中设立特征图谱项目。

示例　羌活特征图谱

色谱条件与系统适用性试验　以十八烷基硅烷键合硅胶(非亲水性)为填充剂(柱长为 250 mm,内径为 4.6 mm,粒度为 5 μm);以乙腈为流动相 A ,以 0.1%磷酸溶液为流动相 B,按表 10 - 1 中的规定进行梯度洗脱;柱温为 25℃;检测波长为 246 nm。理论板数按羌活醇峰计算应不低于 18 000。

表 10 - 1　羌活特征图谱梯度洗脱程序表

时间/min	流动相 A/%	流动相 B/%
0～5	48→53	52→47
6～12	53	47
12～20	53→80	47→20
20～30	80	20

对照提取物溶液的制备　取羌活对照提取物 10 mg,精密称定,置 5 mL 量瓶中,加甲醇溶解并稀释至刻度,摇匀,即得。

供试品溶液的制备　取本品粉末(过三号筛)约 0.4 g,精密称定,置具塞锥形瓶中,精密加入甲醇 50 mL,称定质量,超声处理(功率 250 W,频率 50 kHz)30 min,放冷,再称定质量,用甲醇补足减失的质量,摇匀,滤过,取续滤液,即得。

测定法　分别精密吸取对照提取物溶液与供试品溶液各 10 μL 注入液相色谱仪,测定,记录色谱图(见图 10 - 4),即得。

供试品特征图谱中应呈现与对照提取物中的 4 个主要特征峰保留时间相对应的色谱峰。

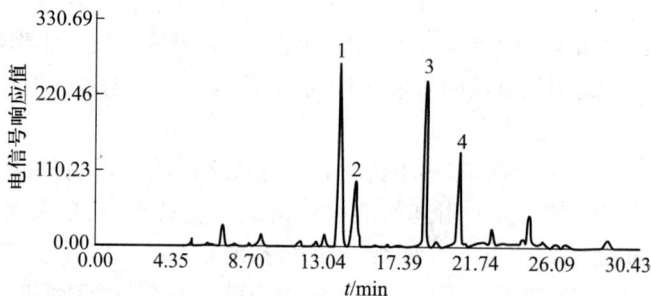

图 10 - 4　对照特征图谱

峰 1—羌活醇;峰 2—阿魏酸苯乙醇酯;峰 3—异欧前胡素;峰 4—镰叶芹二醇

5. 浸出物的测定

浸出物的测定是中药材中有效成分尚不清楚或有效成分尚无定量方法的一种质量控制方法。用水、乙醇和乙醚为溶剂,测定其浸出物的含量。中药材在一定的溶剂,一定的条件下浸出物的含量有一定的范围。因此,测定中药材浸出物的量对控制中药材质量有一定的实际意义。

(1) 水溶性浸出物的测定法。

冷浸法:取供试品(过二号筛)约 4 g,精密称定,置 250～300 mL 的锥形瓶中,精密加水 100 mL,密塞,冷浸,前 6 h 内时振摇,再静置 18 h,用干燥滤纸迅速滤过,精密量取续滤液 20 mL,置已干燥至恒重的蒸发皿中,在水浴上蒸干后,于 105℃干燥 3 h,置干燥器中冷却 30 min,迅速精密称定质量。以干燥品计算供试品中水溶性浸出物的含量百分数。

热浸法:取供试品(过二号筛)2～4 g,精密称定,置 100～250 mL 的锥形瓶中,精密加水 50～100 mL,密塞,称定质量,静置 1 h 后,加热回流 1 h。放冷后,取下锥形瓶,密塞,再称定质量,用水补足减失的质量,摇匀,用干燥滤纸滤过,精密量取续滤液 25 mL,置已干燥至恒重的蒸发皿中,在水浴上蒸干后,于 105℃干燥 3 h,置干燥器中冷却 30 min,迅速精密称定质量。以干燥品计算供试品中水溶性浸出物的质量分数。

(2) 醇溶性浸出物的测定法:选择适当浓度的乙醇代替水为溶剂,按水溶性浸出物测定法进行测定。

(3) 挥发性醚浸出物的测定法:取供试品(过四号筛)2～5 g,精密称定,置五氧化二磷干燥器中干燥 12 h,置索氏提取器中,加乙醚适量,加热回流 8 h,取乙醚液,置干燥至恒重的蒸发皿中,放置,挥去乙醚,残渣置五氧化二磷干燥器中干燥 18 h,精密称定,缓缓加热至 105℃,并于 105℃干燥至恒重。其减失的质量即为挥发性醚浸出物的质量。

6. 含量测定

中药材所含成分复杂,多数化学成分,特别是有效成分还不清楚。在实际分析工作中根据实际情况,选择较为适当或具特征性的成分进行分析。对于有效成分明确的中药材,应进行有效成分的含量测定以确保质量。某些中药材,能明确主要活性物质是哪一类成分,可进行其有效部位测定,如总生物碱、总皂苷、总黄酮等。有效成分不明确的中药材测定,可选择一个或几个可能的有效成分或主要成分(指示性成分)进行测定,也可测定药物浸出物的量来间接控制质量。贵重药材或含剧毒成分的中药测定,尽可能测定其中的有效成分或剧毒性成分的含量。

含量测定方法主要根据待测成分的性质进行选择。目前在中药材分析中应用最多的是色谱法和光谱法;其他方法,如电化学方法、化学分析法、生物化学方法等也有应用。《中国药典》(2010 年版)进一步扩大了现代分析技术的应用,并首次将"一标多测"方法应用到中药材多成分含量测定中。在《中国药典》(2005 年版)中,黄连只测定小檗碱单一成分的含量,但小檗碱在多种植物中均有大量分布,质量可控性差。《中国药典》采用高效液相色谱-一测多评技术,即用一种小檗碱对照品可同时测定小檗碱、表小檗碱、黄连碱、巴马汀四种成分的含量,可控成分达到 10%,既节约对照品又达到多指标成分控制质量的要求。

示例 黄连中小檗碱、表小檗碱、黄连碱、巴马汀的含量测定

色谱条件与系统适用性试验 以十八烷基硅烷键合硅胶为填充剂;以乙腈-0.05 mol·L⁻¹ 磷酸二氢钾溶液(50:50)(100 mL 中加十二烷基硫酸钠 0.4 g,再以磷酸调 pH 为 4.0)为流动相;检测波长为 345 nm。理论板数按盐酸小檗碱计算应不低于 5000。

对照品溶液的制备　取盐酸小檗碱对照品适量,精密称定,加甲醇制成 1 mL 含 90.5 μg 的溶液,即得。

供试品溶液的制备　取本品粉末(过二号筛)约 0.2 g,精密称定,置具塞锥形瓶中,精密加入甲醇-盐酸(100∶1)的混合溶液 50 mL,密塞,称定质量,超声处理(功率 250 W,频率 40 kHz)30 min,放冷,再称定质量,用甲醇补足减失的质量,摇匀,滤过,精密量取续滤液 2 mL,置 10 mL 量瓶中,加甲醇至刻度,摇匀,滤过,取续滤液,即得。

测定法　分别精密吸取对照品溶液与供试品溶液各 10 μL,注入液相色谱仪,测定,以盐酸小檗碱对照品的峰面积为对照,分别计算小檗碱、表小檗碱、黄连碱和巴马汀的含量,用待测成分色谱峰与盐酸小檗碱色谱峰的相对保留时间确定。表小檗碱、黄连碱、巴马汀和小檗碱的峰位,其相对保留时间应在规定值的±5%范围之内。相对保留时间分别为小檗碱 1.00、表小檗碱 0.71、黄连碱 0.78 和巴马汀 0.91。本品按干燥品计算,以盐酸小檗碱计,含小檗碱($C_{20}H_{17}NO_4$)不得少于 5.5%,表小檗碱($C_{20}H_{17}NO_4$)不得少于 0.80%,黄连碱($C_{19}H_{13}NO_4$)不得少于 1.6%,巴马汀($C_{21}H_{21}NO_4$)不得少于 1.5%。

第二节　原料药分析

一、中药饮片的分析

1. 中药饮片的分析特点

中药材品种繁多,性质各异。为了适合中药的临床应用,以中医的基本理论为基础,依据中医的整体观念,辨证论治的原则,运用中药治病的性味学说和七情配伍、归经、卫气营血、升降浮沉及毒性理论,将中药材净制、切制、炮炙加工后即成为中药饮片。《中国药典》规定:饮片系指药材经过炮制后可直接用于中医临床或制剂生产使用的处方药品。

在中药材的质量得到控制后,中药饮片的质量控制主要取决于加工炮制工艺的研究。中药材中的化学物质包括有效成分、无效成分和有害成分。中药饮片因加工炮制,其中化学成分的质和量发生了很大的改变。中药饮片以"相反为制"、"相资为制"、"相畏为制"和"相恶为制"的原则进行加工炮制,其主要目的是降低或消除药材所具有的毒副作用,保证用药安全;增强药材原有的药效,提高临床疗效;改变药材原有的性能,使之适应临床需要。中药饮片的质量控制应着重探讨经过加工炮制后,原药材中的化学成分,特别是有效成分和有害成分发生了哪些质与量的变化,并建立这些成分含量测定方法,并以此分析方法筛选并优化加工炮制工艺,监测中药饮片生产全过程,以保证中药饮片的质量。

中药饮片质量的优劣,不仅直接影响临床配方饮片的质量和临床疗效,也严重影响中成药质量的稳定和临床疗效,可见中药饮片处于中药体系中的中心地位。1998 年出版的《中国中药材炮制规范》只收载了 500 余种常用中药材,而各省市的地方炮制规范差别很大,有的甚至相互矛盾。《中国药典》(2005 年版)一部中有明确定性定量炮制标准的药材只有 23 个,不足总药材数的 5%;《中国药典》(2010 年版)一部通过新建和明确分类定位的方法,饮片标准达到 822 个,已经完全覆盖中医临床常用饮片目录。同时基本构建了以《中国药典》为中药饮片标准主体,省级饮片标准或省级饮片炮制规范仅为满足辖区内中医用药和国家饮片标准补充形式的饮片标准体系框架。

2. 中药饮片全面质量控制的程序与方法

(1)净度:净度指炮制饮片中所含杂质及非药用部位的限度。在药材炮制成饮片时应该除去非药用部位及泥沙、灰屑、杂质、霉烂品、虫蛀品,保持饮片一定的净度标准。检查方法为:取供试品适量,捡出杂质,草类或细小种子类过三号筛,其他类过二号筛。称量杂质,计算含量。

(2)规格:规格指根据饮片的外观形状、厚薄、长短而分类的饮片规格。片形应符合《中国药典》或《全国中药炮制规范》等质量标准的规定。

(3)粉碎粒度:粉碎粒度指炮制品经粉碎或切制后的饮片的粉碎碎屑大小和多少。经粉碎或切制成的饮片其破碎后的碎屑多少是检验饮片质量的标准之一,各种片形破碎后残留的碎屑都应有一定的限度规定。

(4)色泽:色泽指饮片经炮制后所具有的颜色与光泽。药材在炮制成饮片时会显示其固有的色泽,如黄芪饮片表面显黄白色,内层有棕色纹理及放射状纹理。另外,在炮制过程中常以饮片表面或断面的色泽变化作为控制炮制程度的直观指标。

(5)气味:气味指炮制后饮片所具有的气和味。药材原有的气和味与治疗作用有一定的关系,并与其炮制后的饮片质量密切相关,是鉴别品质的重要依据,如檀香的清香气,阿魏的浊臭气,桂枝的辛辣味等。

(6)水分:水分指饮片的含水量。饮片含水量是检验饮片质量的一项重要内容,饮片中含水量多时,在保管过程中易生虫霉变,且在配方称量时相对减少了实际用量,影响治疗效果。

(7)灰分:将纯净饮片灰化后所得灰分称生理灰分,同一品种的生理灰分往往在一定范围内,用于饮片的质量控制。

(8)显微鉴别及理化鉴别。

1)显微鉴别:显微鉴别指用显微镜来观察炮制饮片的组织结构或粉末中的组织细胞及其内容物等特征,鉴别炮制品的真伪、纯度及质量。

组织鉴别:炮制后的饮片,部分组织已不完整。如地骨皮等根类药物,入药时用其皮,炮制时去除木质心,镜检时不应有木质部组织细胞存在。某中药饮片经特殊炮制后,其组织结构、细胞特征及其排列已非正常,应与生药做对照来鉴别。

粉末鉴别:经过炮制的中药饮片,其组织结构、纤维、石细胞、导管、毛茸、淀粉粒、草酸钙结晶、花粉粒等在数量及形态上均发生一定变化,粉末鉴别不仅可以鉴别炮制品的真伪、优劣,也可鉴别饮片的生熟及炮制的程度。

2)理化鉴别:理化鉴别指用化学与物理的方法对炮制品中所含某些化学成分进行的鉴别试验,通常只做定性试验,少数可做限量试验。理化鉴别主要包括:显色反应、沉淀反应、荧光鉴别、升华鉴别及薄层鉴别等。

(9)指纹图谱和特征图谱:方法同中药材。

(10)浸出物:药材在炮制过程中,会伴随有化学成分质与量的改变,对炮制饮片进行浸出物的含量测定是对有效物质尚不清楚或尚无精确定量方法的饮片的质量评价的一项必要指标。

(11)有效成分或指标成分的含量测定:测定炮制饮片的有效物质的含量,是评价炮制饮片质量最直接最可靠最准确的方法,对于有效物质明确的应该对含量作出规定。

(12)毒性成分含量测定:药物的毒性是由于药物中所含的毒性成分引起的,对于有毒的药物,必须对毒性成分限量加以规定。

(13)卫生学检查:由于中药饮片在采集加工储运等过程中会受到细菌的污染,对炮制品作卫生学检查是必不可少的。

二、中药提取物的分析

1. 中药提取物的定义和分类

中药提取物指以中药材、中药饮片为原料制得的提取物,其制备过程包括前处理、提取、浓缩、分离、纯化、干燥等步骤。《中国药典》规定:提取物包括以水或醇为溶剂经提取制成的流浸膏、浸膏或干浸膏、含有一类或数类有效成分的有效部位和含量达到90%以上的单一有效成分。中药提取物通常用作药物制剂的原料。

提取物的分类:按组方分类可分为单味提取物和复方提取物;按形态分类可分为固体提取物、液体提取物和流浸膏;按活性物质纯化的程度可分为粗提取物、有效部位(多糖类、黄酮类、挥发油类等)、有效部位群、有效成分;按质量的量化水平分类可分为完全提取物(full extracts)、量化提取物(quantified extracts)、标准化提取物(standardized extracts)。量化提取物指所含特定成分不能或不独立发挥治疗作用的提取物,这些组分的含量分析偏差应不超过规定量的±25%;标准化提取物指含有能独立发挥治疗作用的特定成分的提取物,这些组分的含量分析偏差应不超过规定量的±10%;按作用和功效分类可分为免疫调节剂、抗氧化剂、镇静剂、抗抑郁剂等。

2. 中药提取物的分析特点

中药提取物的质量受原材料、生产工艺、包装储运等诸多因素影响。不同的原材料和生产工艺使产品的质量和疗效有很大差异,在原材料的质量得到控制的基础上,生产过程特别是生产工艺对中药提取物的质量至关重要。中药提取物组成复杂,其药理作用和临床疗效是多种成分共同作用的结果。中药提取物的生产过程是一个去除无效成分的过程,应选择有一定化学和药理研究基础的、相对公认的有效成分或有效部位为检测指标筛选优化生产工艺,并以此有效成分或有效部位制定质量标准控制其质量;同时根据提取物的性质进行稳定性研究,确定产品包装方法和包装材料及储藏方法和时间,以保证产品质量。因此,对中药提取物生产的全过程进行标准化的质量控制是非常必要的。另外,《中国药典》对有些提取物采用指纹图谱或特征图谱进行质量控制,因指纹图谱或特征图谱具有"指纹性",能够全面且特异地保障提取物的质量。

3. 中药提取物全面质量控制的程序与方法

(1)性状鉴别:描述形、色、气、味及粒度、密度、溶解性等物理特性对中药提取物进行鉴别。

(2)定性鉴别:选取有效成分或指标成分的特征化学反应、光谱特征和色谱特征来鉴别。中药提取物因提取后组织细胞已被破坏,不能用显微鉴别。《中国药典》收载的提取物鉴别以特征化学反应和薄层色谱法为主。如丹参总酚酸提取物的鉴别采用酚羟基与三氯化铁的特征化学反应和薄层色谱法进行鉴别。

(3)检查:主要检查水分、灰分、重金属及有害元素、砷盐、农药残留量、溶媒残留量等,且应符合流浸膏和浸膏项下的有关规定。

(4)特征图谱或指纹图谱:主要采用色谱特征图谱或色谱指纹图谱。《中国药典》(2015年版)一部收载10个提取物的HPLC色谱特征图谱和7个提取物的HPLC色谱指纹图谱。

示例 丹参总酚酸提取物的指纹图谱

色谱条件与系统适用性试验 以十八烷基硅烷键合硅胶为填充剂(柱长为 25 cm,内径为 4.6 mm,粒径为 5 μm);以乙腈为流动相 A,以 0.05%磷酸溶液为流动相 B,按表 10-2 进行梯度洗脱;检测波长为 286 nm;柱温为 30℃;流量为 1.0 mL·min⁻¹。理论板数按迷迭香酸峰计算应不低于 20000。

表 10-2 丹参总酚酸提取物指纹图谱梯度洗脱表

时间/min	流动相 A/%	流动相 B/%
0~15	10→20	90→80
15~35	20→25	80→75
35~45	25→30	75→70
45~55	30→90	70→10
55~70	90	10

参照物溶液的制备 取迷迭香酸和丹酚酸 B 对照品适量,精密称定,加甲醇制成 1 mL 各含 0.2 mg 的溶液,即得。

供试品溶液的制备 取供试品 5 mg,精密称定,置 5 mL 量瓶中,加水使溶解,并稀释至刻度,摇匀,滤过,取续滤液,即得。

测定法 分别吸取参照物溶液和供试品溶液各 10 μL,注入液相色谱,测定,记录色谱图,即得。

按中药色谱指纹图谱相似度评价系统,供试品指纹图谱与对照品指纹图谱(如图 10-5)经相似度计算,相似度不得低于 0.90。

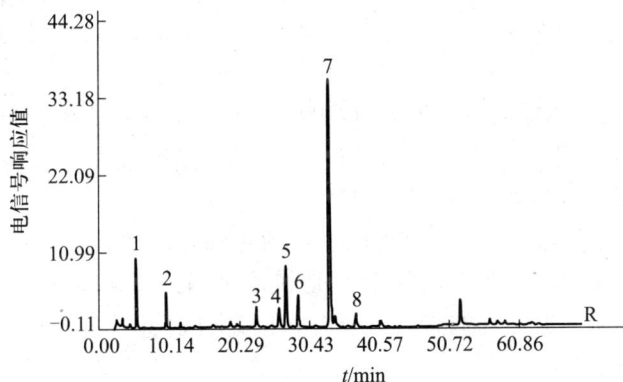

图 10-5 丹参总酚酸提取物对照指纹图谱

(5) 含量测定:主要采用化学分析法、光谱法和色谱法对有效成分或指标成分进行含量测定。

第三节　中药制剂分析

以中药饮片或中药提取物为原料,按中医药学理论基础配伍、组方,以一定制备工艺和方法制成一定剂型的药物制剂,称为中药制剂。中药制剂一般又称为中成药。中药制剂按不同的制备方法和存在形式分为:固体制剂,包括丸剂、散剂、颗粒剂、片剂、胶囊剂等;半固体制剂,包括煎膏剂、浸膏剂和流浸膏剂等;液体制剂,包括合剂、口服液、酒剂、酊剂、注射剂等。此外还有外用制剂,包括膏药、橡皮膏、软膏、涂剂、洗剂等。

中药制剂的质量控制必须建立在中药材、中药饮片和中药提取物的质量控制基础上。在中药饮片和中药提取物的质量得到保证后,中药制剂的质量控制主要取决于中药制剂的制备工艺。首先应以临床疗效为依据,根据药效学的结果寻找中药制剂中的主要有效部位群(如黄酮类、生物碱类、苷类等)或有效成分。然后对认定的有效物质设计分析方法,制定质量标准,并以此标准对中药制剂的制备工艺进行筛选优化,得到适宜工业大生产的生产工艺。最后在整个中药制剂生产的过程中,以有效物质制定的质量标准为监控手段,逐步实现中药制剂生产的科学化、标准化和规范化。

一、中药制剂种类

1. 固体制剂

(1) 丸剂:丸剂指饮片细粉或提取物加适宜的黏合剂或其他辅料制成的球形或类球形制剂。可分为蜜丸、水蜜丸、水丸、糊丸、浓缩丸和蜡丸等类型。丸剂是中药主要传统剂型之一,具有崩解缓慢、作用持久、可减小药物的刺激性和剧毒作用等特点。分析时,需用适当溶剂将丸剂中组分提取出来。蜜丸因加炼蜜作黏合剂,软而黏,不便于直接研碎,一般将其切碎,加硅藻土适量作为分散剂,研匀后再提取。

(2) 散剂:散剂指饮片或提取物经粉碎、均匀混合制成的粉末状制剂,分为内服散剂和外用散剂。散剂是古老传统剂型之一,具有制备简便、显效快,稳定、便于携带储藏等优点。分析时,需用溶剂将待测成分提出。提取的方法同丸剂。

(3) 颗粒剂:颗粒剂指提取物与适宜的辅料或饮片细粉制成具有一定粒度的颗粒状制剂,分为可溶颗粒、混悬颗粒和泡腾颗粒。颗粒剂是在传统汤剂基础上创制的一种新剂型,具有汤剂显效快的特点,且易于保存和携带。分析时,可将供试品研细,用适当溶剂提出有效成分后进行。

(4) 片剂:片剂是指提取物、提取物加饮片细粉或饮片细粉与适宜辅料混匀压制或用其他适宜方法制成的圆片状或异形片状的制剂。可分为浸膏片、半浸膏片和全粉片。片剂以口服普通片为主,另有含片、咀嚼片、泡腾片、阴道片、阴道泡腾片和肠溶片等。片剂具有服用方便、便于大规模生产、便于储藏等优点。分析时,可将片剂研细,用适当溶剂提出有效成分后进行。

(5) 胶囊剂:胶囊剂指将饮片用适宜方法加工后,加入适宜辅料填充于空心胶囊或密封于软质囊材中的制剂,可分硬胶囊、软胶囊(胶丸)和肠溶胶囊。硬胶囊剂是提取物、提取物加饮片细粉或饮片细粉与适宜辅料制成的均匀粉末、细小颗粒、小丸、半固体或液体,填充于空心胶囊中的胶囊剂;软胶囊是指将提取物、液体药物与适宜辅料混匀后用滴制法或压制法密封于软质囊材中的胶囊剂;肠溶胶囊是指不溶于胃液,但能在肠液中崩解或释放的胶囊剂。分析时,应先将内容物从胶囊中取出,其处理方法与颗粒剂、散剂相似。

(6)滴丸剂:系指饮片经适宜的方法提取、纯化、浓缩并与适宜的基质加热熔融混匀后,滴入不相混匀的冷凝液中,收缩冷凝而制成的球形或类球形制剂。

2. 半固体制剂

(1)煎膏剂:煎膏剂指饮片用水煎煮,取煎煮液浓缩,加炼蜜或糖制成的半流体制剂。煎膏剂含有较多的糖、蜂蜜等。分析时应注意取样的代表性和附加剂的排除。

(2)糖浆剂:糖浆剂指含有提取物的浓蔗糖水溶液,除另有规定外,含糖量不低于45%,必要时可加适量乙醇、甘油及防腐剂。糖浆剂含有较多的糖、蜂蜜等,分析时与煎膏剂相同。

(3)流浸膏剂和浸膏剂:流浸膏剂、浸膏剂指饮片用适宜的溶剂提取,蒸去部分或全部溶剂,调整至规定浓度而成的制剂。除另有规定外,1 mL流浸膏相当于原药材1 g,一般应作乙醇量的测定。浸膏剂1 g相当于原药材2~5 g。

3. 液体制剂

(1)合剂:合剂指饮片用水或其他溶剂采用适当的方法提取制成的口服液体制剂。单剂量包装的合剂又称口服液。

中药合剂和口服液是在汤剂的基础上改进的新剂型。根据药物的性质,提取可采用煎煮法、渗漉法和蒸馏法等,提取液浓缩至规定的相对密度;含挥发性成分的药材宜先提取挥发性成分,再与余药共同煎煮。

合剂在制备中要求环境清洁无菌并及时灌装于无菌洁净干燥的容器中,可加入适宜的防腐剂,如苯甲酸、苯甲酸钠等,必要时可加入矫味剂和适量的乙醇。

合剂是饮片经水或其他溶剂提取制得的,不宜使用显微法鉴别。分析时应注意取样的代表性,必要时应摇匀后取样。选择分析方法时应避免防腐剂、稳定剂和矫味剂的干扰。

(2)酒剂和酊剂:酒剂指饮片用蒸馏酒提取制成的澄清液体制剂。酊剂是指饮片用规定浓度的乙醇提取或溶解而制成的澄清液体制剂。酊剂与酒剂的主要区别是酒剂用蒸馏酒(即白酒)作浸出溶剂,而酊剂用乙醇作浸出溶剂;酒剂可加糖或蜂蜜矫味,酊剂不加。

酒剂可用浸渍法、渗漉法或其他适宜方法制备,蒸馏酒的浓度和用量、浸渍时间和温度,均应符合各品种项下的规定。酒剂在储藏期间允许有少量轻摇易散的沉淀;酊剂可用溶解法、稀释法、浸渍法或渗漉法制备。

(3)注射剂:注射剂指饮片经提取、纯化后制成的供注入人体内的溶液、乳状液及供临用前配成溶液的无菌粉末或浓溶液的无菌制剂。可分为注射剂、注射用无菌粉末和注射用浓溶液。

中药材和饮片因来源、采收时间、栽培条件、加工炮制等不同,质量差异很大,加之注射剂复杂的制剂工艺,很容易造成中药注射剂质量的不稳定。为了加强中药注射剂的质量管理,确保中药注射剂的质量稳定、可控,我国药品监督管理行政主管部门已在2005年正式颁布《中药注射剂色谱指纹图谱实验研究技术指南(试行)》。对处方中药材、中药提取物和注射剂,均建立有特征的指纹图谱,并获得指纹图谱之间的相关性结果。中药注射剂必须提供十批以上中试产品的指纹图谱,以体现该品种指纹图谱的重现性,从而保证产品的质量稳定与可控。

二、分离方法

中药制剂除含有附加剂等辅料外,原料(中药饮片、中药提取物)中含有很多化学成分,所以,测定前需根据待测组分的性质将其从制剂中提取出来,如果制剂的组成复杂,或使用的测定方法(如容量法、紫外分光光度法)专属性不强,需对提取液进行纯化。

1. 提取方法

(1) 液-液萃取法:液-液萃取法是利用溶质在两种互不相溶的溶剂中溶解度的不同,使物质从一种溶剂转移到另一种溶剂中,经过多次萃取,将测定组分提取出来的方法。液-液萃取法主要用于液体制剂中待测组分的提取分离,多用有机溶剂将制剂中的有机成分萃取出来,以便进行分析。

萃取用溶剂应根据组分的溶解性来选择,溶质在有机相和水相的分配比越大,萃取效率越高。根据相似相溶的原理,极性较强的有机溶剂正丁醇等适用于提取皂苷类成分,醋酸乙酯多用于提取黄酮类成分,氯仿分子中的氢原子可与生物碱形成氢键,多用于提取生物碱,挥发油等非极性组分则宜用非极性溶剂乙醚、石油醚等提取。水相的 pH 对弱酸弱碱性物质在两相的分配有很大影响,酸性有机组分在酸性条件下不解离,在有机相中溶解度增大而有利于提取;碱性组分在碱性条件下不解离,易被有机溶剂提出。溶液的 pH 应根据组分的 pH 来确定,酸性组分提取时 pH 一般应比其 pH 低 1~2 个 pH 单位,碱性组分提取时 pH 则应比其 pH 高 1~2 个 pH 单位。提取是否完全可通过测定提取回收率来考查。

萃取过程中应注意防止和消除乳化。酒剂和酊剂在萃取前应先挥去乙醇,否则乙醇可使有机溶剂部分或全部溶解于水中。

(2) 冷浸法:冷浸法是将溶剂加入样品粉末中,室温下放置一定时间,组分因扩散从样品粉末中浸出的提取方法。冷浸法适用于固体制剂中待测组分的提取。样品需先粉碎成细粉后再提取,否则内部的组分不易浸出。作鉴别时,测定组分的大部分被浸出即可;测定含量时,扩散需达平衡后方能分取浸取液。方法:精密称取一定量样品粉末,置具塞锥形瓶中,精密加入一定体积的溶液,密塞,称定质量,室温下放置一定时间(8~24 h),并时时振摇,浸泡后再称量,并补足减失质量,摇匀,滤过,精密量取一定量续滤液备用。

冷浸法操作简便,适用于遇热不稳定组分的提取,但所需时间较长。

(3) 回流提取法:回流提取是将样品粉末置烧瓶中,加入一定量的有机溶剂,加热进行回流提取的方法。在加热条件下组分溶解度增大,溶出速度加快,有利于提取。用于含量测定时,可更换溶剂,多次提取,至组分提取完全,合并各次提取液供分析用。也可精密加入一定体积溶剂至供试品中,称定质量,加热回流至组分浸出达到平衡,放冷后称重,补足减失质量,滤过,取续滤液供分析。

回流提取法主要用于固体制剂的提取。提取前样品应粉碎成细粉,以利于组分的提出。提取溶剂沸点不宜太高,对热不稳定或具有挥发性的组分不宜用回流提取法提取。回流提取法提取速度快,但操作较烦琐。

(4) 连续回流提取法:连续回流提取法用索氏提取器进行提取,操作简便,节省溶剂,蒸发的溶剂经冷凝流回样品管,其中不含测定组分,因而提取效率高。使用本法时应选用低沸点的溶剂,如乙醚、甲醇等,提取组分应对热稳定。

（5）水蒸气蒸馏法：具有挥发性可随水蒸气蒸出的组分，可采用水蒸气蒸馏法提取，收集馏出液供分析用。挥发油，一些小分子的生物碱如麻黄碱、槟榔碱，某些酚类物质如丹皮酚等可以用本法提取。用本法提出的组分应对热稳定。

（6）超声提取法：超声波频率高于 20000 Hz，具有助溶的作用，可用于样品中待测组分的提取。提取时将供试品粉末置具塞锥形瓶中，加入一定量提取溶剂，进行超声振荡提取。超声提取过程中溶剂可能会有一定的损失，因此用作含量测定时，在超声振荡前先称定质量，提取完毕后，放冷至室温，再称量，并补足减失的质量，滤过后，取续滤液供分析。

超声提取较冷浸法速度快，一般仅需数十分钟浸出即可达到平衡。超声提取法简便，不需加热，提取时间短，适用于固体制剂中待测组分的提取，应用日益广泛。

（7）超临界流体萃取：超临界流体萃取（supercritical fluid extraction，SFE）是用超临界流体作为萃取溶剂进行萃取的一种技术。超临界流体是指当压力和温度达物质的临界点时，所形成的单一相态。如 CO_2 的临界温度为 31℃，临界压力为 7390 kPa。当压力和温度超过此临界点时，CO_2 便成为超临界流体。

超临界流体既不同于气体，也不同于液体。其特点为：① 与液体的密度相似，具有与液体相似的溶解能力；② 溶质在其中扩散系数与气体相似，因而具有传质快，提取时间短的优点，提取完全一般仅需数十分钟；③ 超临界流体的表面张力为零，因此很容易渗透到样品的里面，带走待测组分；④ 超临界流体萃取的选择性强，通过改变萃取的条件，如温度、压力等，可以选择性地萃取某些组分；⑤ 超临界流体在通常状态下为气体，因此萃取后溶剂立即变为气体而逸出，容易达到浓集的目的。CO_2 具有较低的临界温度和临界压力，同时还具有惰性、无毒、纯净、价格低廉等优点。超临界 CO_2 是最常用的超临界流体。超临界流体萃取特别适合于中药制剂中待测组分的提取。

影响萃取的因素主要有温度、压力、改性剂和提取时间等。在恒压下温度升高，超临界流体的密度虽有所下降，但组分蒸气压可大大提高，从而增加组分的溶解度，提高萃取效率。在恒温下，提高压力，超临界流体的溶解性参数（δ）将增加，有利于极性组分和高相对分子质量组分的提取；在较低的压力下，溶解性参数（δ）较小，则有利于非极性组分的提取。CO_2 为非极性化合物，因此超临界 CO_2 对极性组分的溶解性较差。在提取极性组分时，可在超临界流体中加入适量有机溶剂作为改性剂，如甲醇、氯仿等。改性剂的种类可根据萃取组分的性质来选择，加入量一般通过实验来确定。

超临界流体萃取在中药及制剂分析中应用逐渐增多。如用超临界流体萃取法提取药材何首乌中的蒽醌类成分，温度为 70℃，压力为 42 MPa，静态萃取时间为 5 min，改性剂为甲醇，加入量 0.4 mL，动态萃取量 5 mL。提取方法简便、快速所得萃取液可直接进行 HPLC 分析。

2. 纯化方法

液-液萃取法也可用于提取液的进一步纯化。如用乙醚、石油醚等非极性溶剂提取除去脂溶性色素。又如测定制剂中生物碱的含量，一般先用酸水溶液提取生物碱，因成盐溶解于水相中，加浓氨溶液使成碱性后，再用氯仿等有机溶剂将生物碱从水相提出。萃取可分别除去中性、酸性脂溶性杂质及水溶性杂质，达到纯化的目的。

柱色谱法是常用的纯化方法之一。常用的固定相有硅胶、氧化铝、大孔吸附树脂等。根据组分和杂质性质选择适当的固定相和洗脱溶剂，使待测组分和杂质分离达到纯化的目的。如人参皂苷类成分可用大孔吸附树脂纯化。先用水洗去糖等水溶性杂质,再用 70％乙醇洗脱人参皂苷。

三、一般分析程序

中药制剂分析工作的一般程序包括:供试品的取样、供试品的真伪鉴别、供试品的检查、供试品中主药的含量测定和检验记录等。

1. 中药制剂取样法

各类中药制剂取样量至少应抽取 3 次检测的用量,贵重药可酌情取样。

(1)粉状中药制剂(如散剂、颗粒剂):一般取样 100 g,可在包装的上、中、下 3 层或间隔相等部位取样若干。将取出的供试品混匀,然后按"四分法"从中取出所需供试品量。

(2)液体中药制剂(如口服液、酊剂、酒剂、糖浆剂):一般取样量 200 mL,同时须注意容器底部是否有沉渣,如有应摇匀后取样。

(3)固体中药制剂(如丸剂、片剂):一般片剂取 200 片,未成片前已制成颗粒可取 100 g;丸剂一般 10 丸;胶囊剂按药典规定取样不得少于 20 个胶囊,一般取样量 100 g 内容药物。

(4)注射液:取样要经过 2 次,配制后灭菌前进行一次取样,经灭菌后的注射液再次取样,分析检验合格后方可供药用。已封好的安瓿取样量一般为 200 支。

(5)其他中药制剂:可根据具体情况随机抽样。

2. 定性鉴别

中药制剂的鉴别通过确认其中所含药味的存在或某些特征性成分的检出而达到鉴别的目的。目前部分中药制剂尚无含量测定项目,因此,鉴别就成为中药制剂质量控制的一个非常重要的环节。鉴别的方法一般包括性状鉴别、显微鉴别、理化鉴别、色谱鉴别和光谱鉴别等。

3. 杂质检查

中药制剂是以合格的原料如提取物制成的,原则上可以不再重复原料项下的检查项目,应符合各剂型项下的有关规定。但某些制剂以饮片粉末为原料,如九味羌活丸仍需控制其灰分的量,规定总灰分不得过 7.0％,酸不溶性灰分不得过 2.0％。

4. 指纹图谱和特征图谱

中药成分复杂,其有效部位一般不是某个单一成分,而是由很多化学物质组成的复杂群体。由于中药药效是多种化学物质综合作用的结果,因此以某种单一成分作为质量控制指标不能适应中药质量控制的要求。色谱指纹图谱能够表征待测中药中主要化学成分的特征,具有整体、宏观、模糊分析等特点。色谱图中各色谱峰间的顺序、面积和相互间比例可表达某一中药特有的化学指纹性,对特定类别的中药具有唯一性和特异性。《中国药典》采用指纹图谱和指标成分定量相结合的质量控制模式,可以从中药材的种植、采收、加工、储存,制剂的原料、半成品、成品、储存、流通等全面且特异地控制中药质量。在中药生产过程中,必须注重原料(中药材、饮片、提取物)的质量稳定和生产工艺的规范,也就是必须按照 GAP 和 GMP 的要求进行组织生产。

5. 含量测定

中药制剂的处方组成是在中医药理论指导下形成的,所含成分复杂,大多数有效成分还不清楚,有效成分的含量测定应根据实际情况,选择较为适当或具特征性的成分进行分析。目前在中药制剂分析中应用最多的是色谱法和光谱法；其他方法，如电化学方法、化学分析法、生物化学方法等也有应用。

6. 检验分析记录

原始资料应真实、详细、整洁。记录内容一般包括：送检单位、送检日期、检品名称与规格、批号、检验项目、检验方法、检验者、审核者及检验日期。对用显微镜或电镜检验所得的图像，应真实描绘，注明放大倍数或附照片及说明。检验中所用仪器应标明型号。所得到的数据，应详加核对，并进行统计学处理。

四、定性鉴别方法

1. 性状鉴别

中药制剂的外观形状及感官性质等可作为有效的鉴别特征和依据。对中药制剂的外观及内容物的形状、颜色、气味等特征进行描述，在中药制剂分析中占有较为重要的地位。该方法又称感官检查和宏观鉴别。

2. 显微鉴别

显微鉴别是利用显微镜来观察含原药材粉末的中药制剂的组织构造、细胞形状及化合物的特征，以鉴别中药制剂的真伪。也可确定某些品种特殊化学成分的存在及在组织中的分布情况。中药制剂应根据不同剂型适当处理制片后进行显微观察。《中国药典》中有些中药制剂的鉴别采用粉末显微鉴别的方法。

显微鉴别具有快速、简便的特点。处方中的主要药味及化学成分不清楚或尚无化学鉴别方法的药味，应作显微鉴别。鉴别时如处方中多味药物共同具有的显微特征不能作为鉴别的特征；多来源的药材应选择其共有的显微特征。

左金丸是由黄连、吴茱萸两味药材粉末及有关辅料经一定工艺制备的水泛丸，《中国药典》一部显微鉴别项下规定：显微镜下观察可见纤维束鲜黄色，壁稍厚，纹孔明显（黄连）。非腺毛 2～6 个细胞，胞腔内有的充满红棕色物；腺毛头部多细胞，椭圆形，含棕黄色至棕红色物，腺柄 2～5 个细胞（吴茱萸）。黄色纤维束为黄连的主要特征，腺毛则是吴茱萸的特征。通过显微观察，即可对制剂中两味药材作出定性鉴别。

3. 理化鉴别

利用中药制剂中存在的有效成分或指标成分的性质，用化学方法和仪器分析方法鉴别药材的真伪优劣。一般理化鉴别方法包括：显微化学反应、微量升华法、荧光和光谱法等。

(1) 显微化学反应法：取中药制剂粉末，置载玻片上，滴加各种试剂，加盖玻片，在显微镜下观察产生的结晶，沉淀物，以及特殊的颜色变化，作为鉴别特征。

(2) 微量升华法：适合对有升华性成分的中药制剂的鉴别。方法同药材。

(3) 颜色反应及沉淀反应法：利用特定的化学试剂与中药制剂中特定的化学成分发生反应，产生颜色的变化或生成沉淀，进行理化鉴别，判别中药制剂中某种成分的存在与否。在实际应用中注意排除干扰。

4. 色谱法鉴别

色谱法常用的方法有纸色谱法、薄层色谱法、气相色谱法、高效液相色谱法等。

色谱法分离效能高，灵敏，特别适合中药制剂的鉴别。其中薄层色谱法不需特殊的仪器，操作简便,有多种专属的检出方法,是目前中药制剂中应用最多的鉴别方法。由于薄层色谱具有分离和鉴定的双重功能,只要一些特征斑点(甚至是未知成分)具重现性,就可作为确认依据。对照品可选择化学标准品、有效部位(如总生物碱、总皂苷等)或标准药材,并可用薄层色谱标准图谱定性。薄层色谱法可鉴别真伪,区别多来源或类同品种,控制有毒成分的限度。气相色谱法适宜于制剂中含挥发性成分药材的鉴别,如冰片、麝香等。高效液相色谱法较少用于鉴别,若含量测定采用了高效液相色谱法,可同时用于鉴别。

示例 双黄连片的鉴别

(1)取本品 1 片,除去薄膜衣,研细,加 75% 甲醇 10 mL,超声处理 10 min,滤过,滤液作为供试品溶液。另取黄芩苷对照品、绿原酸对照品,分别加甲醇制成 1 mL 含 0.1 mg 的溶液,作为对照品溶液。照薄层色谱法试验,吸取上述三种溶液各 1～2 μL,分别点于同一聚酰胺薄膜上,以醋酸为展开剂,展开,取出,晾干,置紫外灯(365 nm)下检视。供试品色谱中,与对照品色谱相应的位置上,显相同颜色的荧光斑点。本法以黄芩苷、绿原酸为对照品,黄芩苷是黄芩的有效成分,绿原酸是金银花的有效成分,同一色谱条件可用于制剂中两味药的鉴别。

(2)取本品 1 片,除去薄膜衣,研细,加 75% 甲醇 10 mL,超声处理 10 min,滤过,滤液作为供试品溶液。另取连翘对照药材,加甲醇 10 mL,置水浴上加热回流 20 min,滤过,滤液作为对照药材溶液。照薄层色谱法试验,吸取上述两种溶液各 5 μL,分别点于同一硅胶 G 薄层板上,以三氯甲烷-甲醇(5∶1)为展开剂,展开,取出,晾干,喷以 10% 硫酸乙醇溶液,在 105℃ 加热至斑点显色清楚。供试品色谱中,与对照药材色谱相应的位置上,显相同颜色的荧光斑点。

五、检查

中药制剂的杂质检查项目中主要规定与剂型有关的内容,选择常用剂型分述如下:

1. 丸剂的检查

丸剂的检查项目包括水分、重(装)量差异、溶散时限、微生物限度检查等。丸剂中的水分过多容易引起霉变,《中国药典》规定要检查丸剂中的水分,按水分测定法,采用甲苯法、烘干法和减压干燥法检查;为保证服用剂量的相对准确,按丸服用和按重量服用的丸剂,应作重量差异的检查;按一次服用剂量分装的丸剂则要检查装量差异;丸剂还需作溶散时限的检查。方法:在规定条件下,小蜜丸、水蜜丸和水丸应在 1 h 内全部溶散;浓缩丸和糊丸应在 2 h 内全部溶散;蜡丸照崩解时限检查法片剂项下的肠溶衣片检查法检查;大蜜丸因嚼碎后服用,所以不检查溶散时限。

2. 散剂的检查

散剂的检查项目有外观均匀度、水分和装量差异检查等。外观均匀度检查方法为取供试品适量置光滑纸上,平铺约 5 cm²,将其表面压平,在明亮处观察,应色泽均匀、无花纹与色斑。水分按水分测定法测定,除另有规定外,不得大于 9.0%。单剂量和一日剂量包装的散剂应符合装量差异限度的规定。同时要做无菌和微生物限度检查。

3. 颗粒剂的检查

颗粒剂应作粒度、水分、溶化性、装量差异、微生物限度等项目检查。颗粒剂的粒度应均匀,《中国药典》规定,按粒度测定法测定,不能通过一号筛与通过五号筛的总和不得超过 15.0%。

颗粒剂的水分按水分测定法测定,不得大于 6.0%。溶化性检查是取供试品 10 g,加热水 200 mL,搅拌 5 min,立即观察,应全部溶化或呈混悬状。单剂量包装的颗粒剂,装量差异应符合有关限度的规定。

4. 片剂的检查

片剂需作重量差异、崩解时限和微生物限度的检查。含片、咀嚼片不检查崩解时限;阴道片做融变时限检查;阴道泡腾片应做发泡量检查。片剂的重量差异、崩解时限检查的方法参见化学药的有关章节。

5. 酒剂的检查

酒剂的处方大都由多味中药饮片组成,成分极为复杂,对尚未建立含量测定项目的品种,一般以"总固体"含量作为评价其质量的指标。检查方法为:对不含糖的酒剂,精密量取供试品 50 mL,置已干燥至恒重的蒸发皿中,水浴上蒸干,在 105℃ 干燥至恒重,计算残渣的百分数,应符合要求。对含糖的酒剂,精密量取供试品 50 mL,置水浴上蒸至稠膏状,加无水乙醇搅拌提取 4 次,每次 10 mL,过滤,合并滤液,置已干燥至恒重的蒸发皿中,蒸至近干,精密加入硅藻土,搅匀,在 105℃ 干燥至恒重,扣除加入硅藻土量,遗留残渣应符合规定。酒剂采用气相色谱法测定乙醇含量,结果应符合各品种项下的规定。还需做甲醇限量、微生物限度和最低装量的检查。

6. 注射剂的检查

注射剂的检查应进行装量差异、澄明度、无菌,不溶性微粒、热原或细菌内毒素和 pH 等项目的检查。参见化学药有关章节。

六、指纹图谱和特征图谱

《中国药典》有选择地在中药制剂质量标准中采用 HPLC 色谱指纹图谱或特征图谱。其中 12 个制剂建立了 HPLC 色谱指纹图谱;20 个制剂建立了 HPLC 色谱特征图谱。

示例 注射用双黄连(冻干)的指纹图谱

取本品 5 支的内容物,混匀,取 10 mg,精密称定,置 10 mL 量瓶中,加 50% 甲醇 8 mL,超声处理(250 W,频率 33 kHz)20 min 使溶解,放冷,加 50% 甲醇至刻度,摇匀,作为供试品溶液。取绿原酸对照品适量,精密称定,加 50% 甲醇制成 1 mL 含 40 μg 的溶液,作为对照品溶液。照高效液相色谱法测定,以十八烷基硅烷键合硅胶为填充剂,YMC-Pack ODS-A 色谱柱(柱长为 150 mm,内径为 4.6 mm);以甲醇为流动相 A,以 0.25% 冰醋酸为流动相 B,按表 10-3 进行梯度洗脱;检测波长为 350 nm;柱温为 30℃;流量为 1 mL·min^{-1}。理论板数按绿原酸计算应不低于 6000。

表 10-3 注射用双黄连指纹图谱梯度洗脱表

时间/min	流动相 A/%	流动相 B/%
0~15	15→35	85→65
15~20	35	65
20~50	35→100	65→0

分别精密吸取对照品溶液和供试品溶液各 10 μL,注入液相色谱,测定,记录 60 min 内的色

谱图。供试品色谱图应与对照品指纹图谱(如图 10-6)基本一致,有相对应的 7 个特征峰。按中药色谱指纹图谱相似度评价系统,除溶剂峰和 7 号峰外,供试品指纹图谱与对照品指纹图谱经相似度计算,相似度不得低于 0.90。

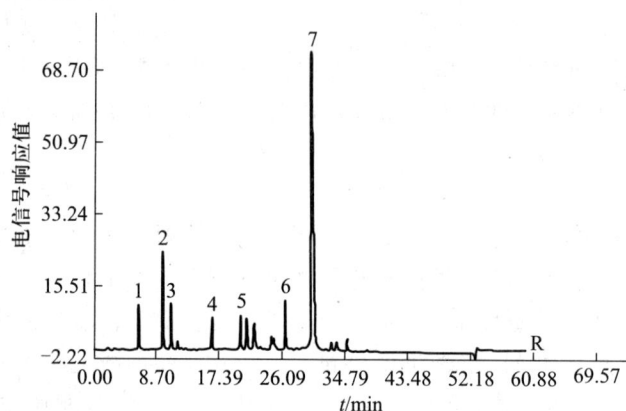

图 10-6 注射用双黄连(冻干)对照品指纹图谱

七、含量测定

中药制剂中含有众多类别的化学成分,其药效是多种化学成分协同作用的结果。仅以某一有效成分为指标,进行定量分析,控制该药的质量,一般不能完全反映该药物的实际疗效。但我们根据中医理论,选择相关主要成分或组成,建立含量测定项目,对控制药品质量,保证每批药材或制剂的稳定,仍然具有积极意义。

1. 含量测定项目的选择

(1) 药味的选择。

1) 单方制剂所含成分类别应基本清楚,并测定结构已知的主要成分含量;也可以主要成分为对照品,测定其总成分含量。

2) 复方制剂处方中分为君、臣、佐、使,首先应选择君药、贵重药和毒剧药建立含量测定项;对君药、贵重药和毒剧药基础研究薄弱或测定中干扰成分多,可依次选择臣药等其他药味进行含量测定。

(2) 测定成分的选择。

1) 有效成分或指标成分清楚的可有针对性地进行定量分析。

2) 成分类别清楚的可对总成分如总黄酮、总皂苷、总生物碱等进行测定,但君药、贵重药和毒剧药必须无干扰才可进行。

3) 所测成分应归属于某单一药味,如制剂中含两种以上药味具有相同成分或同系物(母核相同),最好不选此指标,因无法确证某一药材原料的存在及保证所投入的数量和质量。但若处于君药地位,或其他指标难于选择测定,也可测定其总含量,但需分别测定药材中该成分的含量,并规定限度。如黄连与黄柏,川芎与当归等常同时用于同一处方中,并具君药位置,则可测定制剂中的小檗碱、阿魏酸等,并同时分别控制各药材原料有关成分的含量。

4) 检测成分应尽可能与中医用药的功能主治相近,如山楂在制剂中若以消食健胃功能为主,则应测定其有机酸含量;若以活血止痛治疗心血管病为主,则测其所含黄酮类成分,因其具有降压、增强冠脉流量、强心、抗心律不齐等作用。

5)制剂无法确定含量测定项目时,可选择君药之一的药材原料进行含量测定,间接控制制剂的质量。

2. 含量测定方法

中药制剂含量测定常用的方法包括化学分析法、分光光度法、薄层扫描法、气相色谱法和高效液相色谱法等方法。

(1)化学分析法:化学分析法包括重量分析法和容量分析法,适用于测定制剂中含量较高的成分及含矿物药制剂中的无机元素,如总生物碱类、总酸类、总皂苷及矿物药的无机元素等。化学分析法为经典的方法,精确度高。但不如光谱法、色谱法等仪器分析方法灵敏、专属,当测定组分含量较高时可应用,且多用于组成较简单的制剂,测定前一般还需进行提取、纯化等处理过程,以排除干扰。

示例 昆明山海棠片的含量测定

取本品 60 片,除去糖衣,精密称定,研细,称取约相当于 25 片的量,精密称定,置 200 mL 锥形瓶中,加适量硅藻土(1g 中加入硅藻土 0.2 g),混匀,加乙醇 70 mL,加热回流 40 min,放冷,滤过,滤渣中加乙醇 50 mL 加热回流 30 min,放冷,滤过,合并滤液,置水浴上蒸干,残渣加盐酸(1→100)30 mL,置水浴上搅拌使溶解,放冷,滤过,残渣再用盐酸(1→200)同法提取 3 次(20 mL、15 mL、15 mL),合并滤液于分液漏斗中,加氨试液使溶液成碱性,用乙醚振摇提取 4 次(40 mL、30 mL、25 mL、20 mL),合并乙醚液,用水振摇洗涤 2 次,每次 10 mL,乙醚液滤过,滤液置已在 100℃ 干燥至恒重的蒸发皿中,在低温水浴上蒸去乙醚,残渣中加少许无水乙醇,蒸干,在 100℃ 干燥至恒重,称定质量,计算,即得。本品每片含生物碱不得少于 10 mg。

生物碱为昆明山海棠的有效成分。本法采用回流提取法提取出待测组分,再用萃取法进行纯化,经提纯的待测组分干燥至恒重后称定质量,即得供试品中总生物碱量。

(2)分光光度法:分光光度法灵敏,简便,在中药制剂分析中也有应用。由于中药制剂成分复杂,不同组分的紫外吸收光谱往往彼此重叠,干扰,因此在测定前必须经过提取、纯化等步骤,以排除干扰。同时应取阴性对照品在相同条件下测定,应无吸收。

示例 灯盏细辛注射液中总咖啡酸酯的含量测定

对照品溶液的制备 取 1,3-O-二咖啡酰奎宁酸约 10 mg,精密称定,置 10 mL 量瓶中,加 0.01 mol·L^{-1} 碳酸氢钠溶液 2 mL,超声处理(功率 120 W,频率 40 kHz)3 min,放冷,加水至刻度,摇匀。精密量取 1 mL,置 100 mL 量瓶中,加水至刻度,摇匀,即得(1 mL 含 1,3-O-二咖啡酰奎宁酸 10 μg)。

供试品溶液的制备 精密量取本品 1 mL,置 200 mL 量瓶中,加水至刻度,摇匀,即得。

测定法 分别取对照品溶液和供试品溶液,照紫外-可见分光光度法,在 305 nm 波长处测定吸光度,计算,即得。

本品 1 mL 含总咖啡酸酯以 1,3-O-二咖啡酰奎宁酸($C_{25}H_{24}O_{12}$)计,应为 2.0~3.0 mg。

比色法在中药制剂分析中一般用于一类成分总量的含量测定,如总黄酮、总皂苷的含量测定等。由于分光光度法容易受到共存组分的干扰,其使用受到一定限制。

示例 独一味胶囊中总黄酮的含量测定

对照品溶液的制备 取在 120℃减压干燥至恒重的芦丁对照品 0.2 g,精密称定,置 100 mL 量瓶中,加 70%乙醇 70 mL,置水浴上微热使溶解,放冷,加 70%乙醇至刻度,摇匀。精密量取 10 mL,置 100 mL 量瓶中,加水至刻度,摇匀,即得(1 mL 中含无水芦丁 0.2 mg)。

标准曲线的制备 精密量取对照品溶液 1 mL、2 mL、3 mL、4 mL、5 mL、6 mL,分别置 25 mL 量瓶中,加水至 6 mL,加 5%亚硝酸钠溶液 1 mL,混匀,放置 6 min,加 10%硝酸铝溶液 1 mL,摇匀,放置 6 min,加氢氧化钠试液 10 mL,再加水至刻度,摇匀,放置 15 min,以相应的 溶液为空白。照紫外-可见分光光度法,在 500 nm 波长处测定吸光度,以吸光度为纵坐标,浓 度为横坐标绘制标准曲线。

取装量差异项下的本品,精密称定,研细,取 0.6 g,精密称定,置 100 mL 量瓶中,加 70%乙醇 70 mL,置水浴上微热并时时振摇 30 min,放冷,加 70%乙醇至刻度,摇匀,放置 4 h,精密量取上清 液 1 mL,置 25 mL 量瓶中,照标准曲线的制备项下方法,自"加水至 6 mL"起,依法测定吸光度,从 标准曲线上读出供试品溶液中无水芦丁的量,计算。每粒含总黄酮以无水芦丁($C_{27}H_{30}O_{16}$)计,不 得少于 26 mg。

(3) 薄层扫描法:薄层扫描法是用一定波长的光照射在薄层板上,对薄层色谱中可吸收紫外 光或可见光的斑点,或经激发后能发射出荧光的斑点进行扫描,将扫描得到的图谱及积分数据用 于药品的鉴别、检查和含量测定的方法。薄层扫描法具有分离效能高、快速、简便等特点,适用于 中药制剂的分析。薄层扫描法虽然精密度和准确度不如高效液相色谱法高,但它可以作为高效 液相色谱的补充,用于无紫外吸收或不能用高效液相色谱法分析的组分,如人参皂苷、贝母生物 碱等。

为了使测定结果准确,在选定色谱条件下,各组分应完全分离,斑点对称,均匀,不拖尾。

在可见-紫外区有吸收的组分,可在 200～800 nm 范围内采用吸收法测定。有荧光的组分, 可选择适当的激发光波长(λ_{ex})和发射光波长(λ_{em}),用荧光法测定。

测量方法有反射法和透射法两种。反射法是将光束照射到薄层斑点上测量反射光的强度; 透射法则是测量透射光的强度。反射法灵敏度较低,但受薄层厚度影响较小,基线较稳,信噪比 较大,因而使用较多。透射法受薄层厚度影响大,且玻璃对紫外光有吸收,实际应用较少。《中国 药典》规定一般采用反射法。

扫描方法可采用单波长扫描和双波长扫描。双波长扫描是用两束不同波长的光,一束测量 样品称测定波长(λ_S);另一束作为参比波长(λ_R)。两束光通过斩光器交替照射到斑点上,以吸光 度之差(ΔA)定量。测定波长一般选待测组分的最大吸收波长,参比波长应选在待测斑点无吸收 或最小吸收的波长处,若背景有均匀的污染时,可选背景光谱中与 λ_S 的等吸收处,达到消除背 景干扰的目的。另外供试品色谱中待测斑点的比移值(R_f)和光谱扫描得到的吸收光谱图或测 得的光谱最大吸收与最小吸收应和对照品相符,以保证测定结果的准确性。单波长法通常用于 斑点吸收光谱的测定。

扫描方式包括线性扫描和锯齿状扫描。线性扫描是用一束比斑点略长的光作单向扫描,扫 描速度快,但斑点形状不规则和浓度不均匀时误差大,主要用于荧光测定。锯齿状扫描是用一微 小的光束同时在互相垂直的两个方向上进行锯齿状扫描。由于光束微小(如 1.25 mm × 1.25 mm),光束内部浓度的差异可以忽略,因而受斑点形状和浓度分布的影响小。

薄层扫描法通常采用线性回归二点法计算,如线性范围很窄时可用多点法校正多项式回归计算。测定时,供试品溶液和对照品溶液应交叉点于同一薄层板上,供试品点样不少于2个,对照品每一个浓度不少于2个。

薄层扫描法影响因素较多,测定时应注意薄层的厚度应均匀,表面应均匀平整,最好使用市售薄层板;点样时原点大小应一致;喷洒显色剂应均匀,量应适中;某些斑点颜色易挥发或对空气不稳定,可用一个洁净的玻璃板盖在薄层板上,并用胶布加以固定;应在其线性范围内测定。

示例　马钱子散中士的宁的含量测定

取装量差异项下的本品0.5 g,精密称定,置具塞锥形瓶中,精密加入三氯甲烷20 mL,浓氨试液1 mL,轻轻摇匀,称定质量后,于室温放置24 h,再称定质量,用三氯甲烷补足减失的质量,充分摇匀,滤过,滤液作为供试品溶液;另取士的宁对照品,精密称定,加三氯甲烷制成1 mL含1 mg的溶液,作为对照品溶液。分别精密吸取供试品溶液8 μL和对照品溶液4 μL,交叉点于同一硅胶GF$_{254}$薄层板上,以甲苯-丙酮-乙醇-浓氨试液(16∶12∶1∶4)上层溶液为展开剂,展开,取出,晾干。照薄层扫描法进行扫描,波长:$\lambda_S=257$ nm,$\lambda_R=300$ nm,测定供试品和对照品吸光度积分值,计算,即得。本品每袋含马钱子以士的宁($C_{21}H_{22}N_2O_2$)计应为7.2~8.8 mg。

(4) 气相色谱法:气相色谱法采用气体为流动相(载气)流经装有填充剂的色谱柱进行分离测定的色谱方法,具有高选择性、高分离效能和高灵敏度等特点。在中药分析中主要用于挥发性成分如蒎烯、龙脑、芳香醇、柠檬烯等的含量测定,也可用于中药的其他成分如生物碱、脂肪类、内酯类、酚类、糖类、动物类药物(麝香中麝香酮)等经衍生化反应后的含量测定。气相色谱法也可用于中药制剂中水分的测定。

气相色谱法的流动相为气体,除常用的载气氮气外,还有氦气和氢气;进样方式一般可采用溶液直接进样或顶空进样;色谱柱为填充柱(硅藻土或高分子多孔小球为载体,甲基聚硅氧烷或聚乙二醇为固定液)或毛细管柱(甲基聚硅氧烷、不同比例组成的苯基甲基聚硅氧烷、聚乙二醇为固定液);适合气相色谱法的检测器有火焰离子化检测器(FID)、热导检测器(TCD)、氮磷检测器(NPD)、火焰光度检测器(FPD)、电子捕获检测器(ECD)、质谱检测器(MS)等。气相色谱法定量分析可采用内标法和外标法。当采用手工进样时,因进样量不易精确控制,最好用内标法定量;当采用自动进样器时,可用外标法定量;当采用顶空进样技术时,因供试品和对照品处于不完全相同的基质中,可用标准溶液加入法消除基质效应的影响。

示例　气相色谱法测定牡荆油胶丸中β-丁香烯

色谱条件与系统适用性试验　以交联5%苯基甲基聚硅氧烷为固定相的毛细管柱(柱长为30 m,柱内径为0.32 mm,膜厚度为0.25 μm);柱温为程序升温;初始温度80 ℃,以每分钟8 ℃的速率升温至200 ℃,保持5 min;分流进样,分流比10∶1。理论板数按β-丁香烯峰计算应不低于50 000。色谱图如图10-7所示。

校正因子测定　取正十八烷适量,精密称定,加乙酸乙酯制成每1 mL含0.15 mg的溶液,作为内标溶液。另取β-丁香烯对照品约20 mg,精密称定,置100 mL

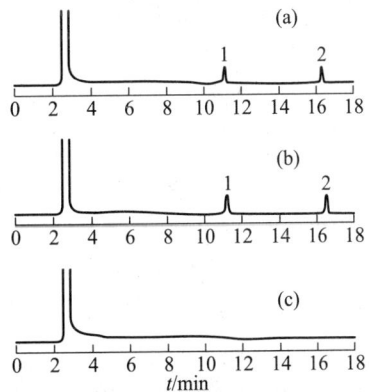

图10-7　β-丁香烯对照品(A)、牡荆油胶丸(B)和阴性样品(C)气相色谱图
1—β-丁香烯;2—正十八烷

量瓶中,加乙酸乙酯至刻度,摇匀,精密量取 1 mL 置 10 mL 量瓶中,精密加入内标溶液 1 mL,加乙酸乙酯至刻度,摇匀,吸取 1 μL 注入气相色谱仪,计算校正因子。

测定法 取装量差异项下的本品内容物,混匀,取约 0.1 g,精密称定,置 50 mL 量瓶中,加乙酸乙酯至刻度,摇匀,精密量取 1 mL 置 10 mL 量瓶中,精密加入内标溶液 1 mL,加乙酸乙酯至刻度,摇匀,吸取 1 μL 注入气相色谱仪,测定,即得。

本品每丸含 β-丁香烯($C_{15}H_{24}$)不得少于 4.0 mg。

(5) 高效液相色谱法:高效液相色谱法系采用高压输液泵将规定的流动相泵入装有填充剂的色谱柱进行分离测定的色谱方法。具有分离效能高,分析速度快,应用范围广等特点,是中药制剂含量测定首选的方法。

中药制剂分析中,多采用反相高效液相色谱法,即使用非极性的固定相,其中以十八烷基硅烷键合硅胶(ODS)应用最多;使用甲醇-水或乙腈-水的混合溶剂作为流动相。在反相色谱分析中,制剂中极性大的附加剂及其他干扰组分先流出,不会污染色谱柱。若分离酸性成分,如丹参素、黄芩苷、甘草酸等,可在流动相中加入适量酸,如醋酸、磷酸,以抑制其解离;对酸性较强的成分,也可用离子对色谱法,常用的离子对试剂有氢氧化四丁基铵等。若为碱性成分,如小檗碱、麻黄碱等,多采用反相离子对色谱法,在酸性流动相中加入烷基磺酸盐、有机酸盐,也可使用无机阴离子,如磷酸盐作为反离子。最常用的检测器是紫外检测器,其他的检测器有二极管阵列检测器(DAD)、荧光检测器、示差折光检测器、蒸发光散射检测器、电化学检测器、质谱检测器等。高效液相色谱法的定量分析中常采用的方法有外标法和内标法。当标准曲线通过原点时,测定组成含量变化不大,可用外标一点法。中药制剂中测定组分含量的波动范围较大,最好采用标准曲线法定量。但由于中药制剂组成复杂,使用内标法,会增加分离的难度,其他成分很容易干扰内标峰,所以中药制剂含量测定中,只有当组成相对简单,杂质不干扰内标峰时,才能使用内标法。

高效液相色谱法具有分离功能,因此所用供试液一般经提取制得,不再需要纯化处理。但组成复杂的制剂,仍需采用萃取、柱色谱等预处理方法对供试品进行纯化处理。中药制剂中多含有糖,制备供试液时,应使用高浓度的醇或其他有机溶剂提取待测组分,避免使用水为溶剂,以免提出的糖污染色谱柱,提取的方法视制剂的情况而定,可采用萃取法、回流法或超声提取等。

示例 双黄连口服液中黄芩苷的含量测定

双黄连口服液中黄芩为君药,采用高效液相色谱法测定其中黄芩苷的含量。黄芩苷对照品、空白对照品和供试品的色谱图见图 10-8。

供试品溶液的制备 精密吸取本品 0.5 mL,置100 mL 量瓶中,加 50% 甲醇稀释至刻度,混匀,用 0.45 μm 的滤膜过滤,取续滤液备用。

空白对照品溶液的制备 取处方中除黄芩外的其余药

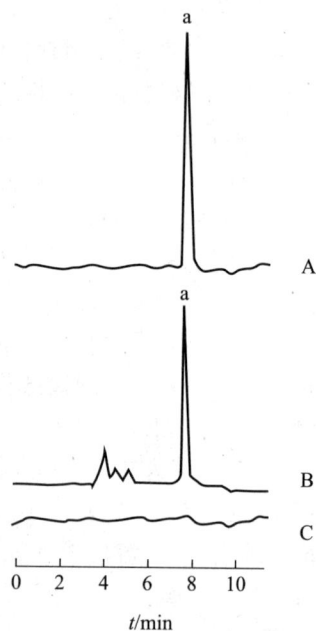

图 10-8 黄芩苷对照品(A)、供试品(B)和空白对照品(C)的液相色谱图

材,按规定工艺制成缺黄芩的双黄连口服液后,依供试品溶液的制备方法制成空白对照品溶液。

　　对照品溶液的制备　精密称取黄芩苷对照品适量,加 50％甲醇定量稀释成 1 mL 中含 0.3 mg的溶液。

　　色谱条件　Nova-Pak C_{18}柱(250 mm×4 mm,4 μm);流动相:甲醇-水-磷酸(50∶50∶0.2);检测波长 276 nm;流速 0.8 mL·min^{-1}。用外标法测定其含量。

第四节　天然药物分析

一、天然药物与中药的关系

　　中药是自 20 世纪初相对西药而形成的概念,古称之为本草,是指在中医理论指导下用于临床的药物,包括天然药物及其加工品(含炮制品、中药制剂等)和某些合成品(如人工牛黄、精制冰片等)。而天然药物是指直接来源于自然界的药物,与中药的概念有着本质的区别。中药虽大多数来源于天然药物,但也有加工品和合成品,如儿茶、芦荟等。而有相当一部分的天然药物仅是从含有某些活性成分或具有某些药理作用而用于临床的,如洋地黄、莨菪、罗布麻等,这些药物的应用,并不是在中医理论指导下应用的不属于中药。所以中药并非都是天然药物,天然药物也并非都是中药,二者不能简单地等同。

二、有效部位的分离与检测

1. 多糖

(1) 多糖的提取与分离。

　　示例　茵陈多糖的提取

　　称取干燥至恒重的茵陈粗粉,用 95％乙醇温浸 30 min,两次,以除去色素和脂溶性杂质。药渣中加水适量,微沸煎煮 1 h,过滤,滤渣再用适量的水煎煮 1 h,过滤,合并提取液,浓缩至原体积的 1/10,加入 85％的乙醇,静置过夜,抽滤,沉淀依次用无水乙醇、丙酮、乙醚洗涤,得灰白色粗多糖。将上述粗多糖溶于水,用 Seveg 法除去蛋白,加 1％活性炭脱色。抽滤,加入乙醇使醇浓度达 80％,静置过夜,抽滤,残渣依次用无水乙醇、丙酮、乙醚多次洗涤,真空干燥。即得精制茵陈多糖。

(2) 多糖的检测。

1) 定性分析。

　　① α-萘酚试验(Molish 反应):取 1 mL 热水提取液,加入 5％α-萘酚乙醇溶液 2~3 滴,摇匀。沿试管壁缓缓加入 0.5 mL 浓硫酸,如在试液与硫酸的交界面处,很快地形成紫红色环,表明样品含有糖类、多糖或苷类。此液经振摇后颜色变深并发热,冷却加水稀释则有暗紫色沉淀出现。

　　② 多糖试验:取 5 mL 热水提取液在水浴上蒸发至 1 mL,加入 2 mL 95％乙醇,如出现沉淀,过滤,并用少量乙醇洗涤。将沉淀溶解在 2 mL 水中,按上述方法检查样品在水解前后的还原反应,以鉴定多糖的存在。

2) 定量分析:采用苯酚-硫酸比色法测定多糖的含量。

　　示例　茵陈多糖的含量测定

葡萄糖储备液的制备　精密称取葡萄糖对照品 100 mg,用蒸馏水溶解并定容至 100 mL。

苯酚液的配制　称取苯酚 100 g 于烧瓶中,加入 0.1 g 铝片和 0.05 g 碳酸氢钠,加热蒸馏,收集 182℃ 馏分 10 g,加蒸馏水 190 g,溶解,置棕色瓶中备用。

标准曲线制备　精密吸取葡萄糖储备液 0.5 mL、1.0 mL、2.0 mL、3.0 mL、4.0 mL 定容至 100 mL。分别取 1.0 mL,各加入苯酚液 1.0 mL,迅速滴加浓硫酸 5.0 mL,另以 1.0 mL 水同上操作作为空白溶液。于 40℃ 水浴中恒温 30 min,取出,冷却 15 min 后,于 490 nm 处测其吸光度值,以吸光度为纵坐标,浓度为横坐标绘制标准曲线。

换算因子测定　精密称取茵陈多糖 10 mg,溶于 100 mL 量瓶中,稀释至刻度,摇匀。精密吸取 0.1 mL,加水至 1.0 mL,按标准曲线制备项下操作。测其吸光度值,根据标准曲线计算浓度,再按下式计算换算因子:

$$f = \frac{m}{wD}$$

式中,m 为多糖质量(mg),w 为多糖液含量($\mu g \cdot mg^{-1}$),D 为稀释倍数。

样品液制备及测定　准确称取干燥茵陈粉末 100 mg,3 份,分别置于索氏提取器中,用 95% 乙醇回流提取 1 h,改用水微沸煎煮,3 份分别煎煮 1、2、3 次,各定容至 100 mL,为样品液。分别精密吸取上述样品液 10 mL,分别定容至 100 mL,各取 1.0 mL,按标准曲线制备项下操作,平行做 6 次,并按下式计算多糖含量:

$$含量 = \frac{wDf}{m}$$

式中,m 为样品质量,w 为糖含量,f 为换算因子,D 为稀释倍数。

2. 黄酮类化合物

(1) 黄酮类化合物的提取与分离:黄酮苷类及极性稍大的苷元(如羟基黄酮、双黄酮、橙酮、查耳酮等),一般可用丙酮、醋酸乙酯、甲醇、乙醇、水或某些极性较大的混合溶剂进行提取。其中用得最多的是甲醇-水(1∶1)或甲醇。一些多糖苷类则可以用沸水提取。在提取花青素类化合物时,可加入少量酸(如 0.1% 盐酸)。但提取一般黄酮苷类成分时,则应当慎用,以免发生水解反应。为了避免在提取过程中黄酮苷类发生水解,也常按一般提取苷的方法事先破坏酶的活性。大多数黄酮苷元宜用极性较小的溶剂,如用氯仿、乙醚、醋酸乙酯提取,而对多甲氧基黄酮的游离苷元,甚至可用苯进行提取。

(2) 黄酮类化合物的检测。

1) 定性分析。

① 盐酸-镁或锌粉试验:取 1 mL 甲醇提取液,加入浓盐酸 4~5 滴及少量镁或锌粉。在沸水浴中加热 3 min,如呈现红色反应,表明含有游离黄酮类或黄酮苷类成分。

② 荧光试验:取 1 mL 甲醇提取液,在沸水浴上蒸干,加入硼酸的饱和丙酮溶液及 10% 枸橼酸丙酮溶液各 1 mL,继续蒸干。将残渣在紫外灯下照射,如观察到有强烈的荧光现象时,表明含有黄酮或其苷类。

2) 定量分析:定量分析方法已在中药制剂含量测定中讲述,不再重复。

3. 总皂苷

(1) 总皂苷的提取与分离:皂苷常用醇类溶剂提取,若皂苷含有羟基、羧基等极性基团较多,亲水性强,用稀醇提取效果较好。提取液减压浓缩后,加适量水,必要时先用石油醚等亲脂性溶剂萃取,除去亲脂性杂质,然后用正丁醇萃取,减压蒸干,通过大孔吸附树脂,先用少量水洗去糖和其他水溶性成分,后改用 30%～80% 甲醇或乙醇梯度洗脱,洗脱液减压蒸干,得粗制总皂苷。由于皂苷难溶于乙醚、丙酮等溶剂,可将粗制总皂苷溶于少量甲醇,然后滴加乙醚或乙酸乙酯或丙酮或乙醚-丙酮(1:1)等混合溶剂,混合均匀,皂苷即析出。反复操作,可得到纯度高的皂苷。

(2)总皂苷的检测。

1)定性分析。

① 泡沫试验:取 2 mL 热水提取液,置于带塞试管中,用力振摇 1 min,如产生大量蜂窝状泡沫,放置 10 min,泡沫没有显著消失即表明含有皂苷成分。如水提取液为酸性时,应加碱调节至弱碱性。

② 溶血试验:在显微镜下观察,如水提取液与红血球接触时有溶血现象,表明含有皂苷成分。取 4 支试管,分别加入 0.25 mL、0.5 mL、0.75 mL、1 mL 热水提取液,然后再分别加入 2.25 mL、2.0 mL、1.75 mL、1.5 mL 生理盐水,混匀,使每管内液体总量为 2.5 mL。再向每管加入 2.5 mL 2% 红血球悬浮液。轻轻摇匀,观察溶血现象。必要时取出少量混合液在显微镜下观察溶血现象。

2)定量分析:总皂苷的定量分析方法常用的有重量法和比色法。测定时可以直接测定皂苷,也可以用酸将皂苷水解成皂苷元后测定。

① 重量法:用氢氧化钡或氧化镁将皂苷沉出后称量的方法;用乙醚将皂苷沉出称量的方法;含量较高的还可以直接用酸将皂苷水解,再将生成的皂苷元提出,净化后称重。但重量法一般操作烦琐,杂质往往不能完全去净,结果偏高且不稳定。

称取样品 10 g,置索氏提取器中加入 200 mL 甲醇,连续提取 6～8 h,提取液减压浓缩至 50 mL,趁热倒入烧杯中,冷后加 150 mL 乙醚搅拌,冷处放置过夜,次日倾出上清液,沉淀用 10 mL 乙醚洗涤,沉淀加热溶于 50 mL 甲醇中,若有不溶物则滤去,滤液置烧杯中,冷后加 150 mL 乙醚同前处理,沉淀先于 50℃ 干燥,再于硫酸干燥器内干燥至恒重,计算百分含量。

② 比色法:根据苷元的不同选择不同的显色剂。常用的显色剂有香草醛乙醇溶液、冰醋酸-硫酸溶液、三氯化铁醋酸溶液。

4. 鞣质

(1)鞣质的提取与分离:鞣质的提取常用乙醚-酒精混合液、浓或稀酒精、醋酸乙酯、甲醇等为溶剂。如果原料中含有较多色素、油脂类杂质,可以先用苯、氯仿和乙醚依次提取,以除去大部分杂质,然后改用乙醚-乙醇(4:1)混合液为溶剂,提取出鞣质,合并提取液,置分液漏斗中,加水振摇混合,则鞣质转溶于水液层,放置,分层后,分去乙醚层,于水液层中再加乙醚振摇数次,尽可能多地溶除杂质,分出水液层,减压蒸干,即为粗制鞣质。

将粗制品溶于少量酒精或醋酸乙酯中,加入过量乙醚,鞣质可沉淀出来。反复操作,可得到较纯的产品,也可将粗制品溶于少量水中,加缓冲剂控制其 pH 近于中性,加醋酸乙酯振摇提取鞣质,反复操作,除去粗制鞣质中含有的一些亲水性强的杂质。如必要可用盐析法和沉淀法进一步的精制。

(2)鞣质的检测。

1)定性分析。

① 氯化钠白明胶试验:取 1 mL 热水提取液,加入 1% 氯化钠白明胶试剂 1～2 滴,如出现白色沉淀或浑浊现象,表明含有鞣质。

② 三氯化铁试验:取 1 mL 热水提取液,加入 1% 氯化铁乙醇溶液 1～2 滴,如有绿色、蓝绿色或暗紫色反应时,表明含有鞣质或酚性成分。

2) 定量分析。

对照品溶液的制备　精密称取没食子酸对照品 50 mg,置 100 mL 棕色量瓶中,加水溶解并稀释至刻度,精密量取 5 mL 置 50 mL 棕色量瓶中,用水稀释至刻度,摇匀,即得(1 mL 中含没食子酸 0.05 mg)。

标准曲线的制备　精密量取对照品溶液 0.5 mL、1.0 mL、2.0 mL、3.0 mL、4.0 mL、5.0 mL,分别置 25 mL 棕色量瓶中,各加入磷钼钨酸试液 1 mL,再分别加水 11.5 mL、11 mL、10 mL、9 mL、8 mL、7 mL,用 29% 碳酸钠溶液稀释至刻度,摇匀,放置 30 min,以相应的试剂为空白,照紫外-可见分光光度法在 760 nm 的波长处测定吸光度,以吸光度为纵坐标,浓度为横坐标,绘制标准曲线。

供试品溶液的制备　取药材粉末适量(按品种项下的规定),精密称定,置 250 mL 棕色量瓶中,加水 150 mL,放置过夜,超声处理 10 min,放冷,用水稀释至刻度,摇匀,静置(使固体物沉淀),滤过,弃去初滤液 50 mL,精密量取续滤液 20 mL,置 100 mL 棕色量瓶中,用水稀释至刻度,摇匀,即得。

测定法　总酚　精密量取供试品溶液 2 mL,置 25 mL 棕色量瓶中,照标准曲线的制备项下的方法,自"加入磷钼钨酸试液 1 mL"起,加水 10 mL,依法测定吸光度,从标准曲线中读出供试品溶液中没食子酸的量(mg),计算,即得。

不被吸附的多酚　精密量取供试品溶液 25 mL,加至已盛有干酪素 0.6 g 的 100 mL 具塞锥形瓶中,密塞,置 30℃ 水浴中保温 1 h,时时振摇,取出,放冷,摇匀,滤过,弃去初滤液,精密量取续滤液 2 mL,置 25 mL 棕色量瓶中,照标准曲线的制备项下的方法,自"加入磷钼钨酸试液 1 mL"起,加水 10 mL,依法测定吸光度,从标准曲线中读出供试品溶液中没食子酸的量(mg),计算,即得。本实验应避光操作。

按下式计算鞣质的含量:鞣质含量 = 总酚量－不被吸附的多酚量。

5. 挥发油

(1) 挥发油的提取与分离:

1) 水蒸气蒸馏法:挥发油与水不相混溶,当受热后,二者蒸气压的总和与大气压相等时,溶液即沸腾。继续加热则挥发油可随水蒸气蒸馏出来,收集蒸馏液,经冷却后分取油层。

本法设备简单,操作容易,具有成本低、产量大、挥发油的回收率较高等优点。但原料易受强热而焦化,或使成分发生变化。

2) 浸取法:对不宜用水蒸气蒸馏法提取的挥发油原料,可以直接利用有机溶剂进行浸取。常用的方法有油脂吸收法、溶剂萃取法、超临界流体萃取法。

① 油脂吸收法。

冷吸收法:用无臭味的猪油 3 份与牛油 2 份的混合物,均匀地涂在面积 50 cm×100 cm 的玻璃板两面,然后将此玻璃板嵌入高 5～10 cm 的木制框架中,在玻璃板上面铺放金属网,网上放一层新鲜花瓣,再将木框玻璃板重叠起来,花瓣被包围在两层脂肪的中间,挥发油逐渐被油脂所吸收,待脂肪充分吸收芳香成分后,刮下脂肪,即为"香脂"。

温浸吸收法:将花等原料浸泡于油脂中,于50~60℃条件下低温加热,让芳香成分溶于油脂中。吸收挥发油后的油脂可直接供香料工业用,也可加入无水乙醇共搅,醇溶液减压蒸去乙醇即得精油。

② 溶剂萃取法:采用回流浸出法或冷浸法,用石油醚(30~60℃)、二硫化碳、四氯化碳、苯等有机溶剂浸提。减压蒸去有机溶剂后即得浸膏。再用热乙醇溶解浸膏,放置冷却,滤除杂质,回收乙醇后即得。

③ 超临界流体萃取法:二氧化碳超临界流体萃取法和溶剂萃取技术相似,用这种技术提取芳香挥发油,具有防止氧化、热解及提高品质的突出优点。所得芳香挥发油气味与原料相同,明显优于其他方法。

3)冷压法:此法适用于新鲜原料,如橘、柑、柠檬果皮含挥发油较多的原料,可经撕裂,捣碎冷压后静置分层,或用离心机分出油分,即得粗品。此法所得挥发油可保持原有的新鲜香味,但可能溶出原料中的不挥发性物质。如柠檬油常溶出原料中的叶绿素,而使柠檬油呈绿色。

(2)挥发油的检测。

1)定性分析:取1 mL乙醚提取液,置玻璃皿上使在室温挥发,如有油状物残渣并有香味或特异性气味,当加热时,其油状物消失或减少,表明是挥发油成分。

为了进一步检查挥发油,取少量乙醚提取液滴在圆形滤纸上进行层析。用乙酸乙酯-石油醚(5:95)为展开溶剂,层析后,取出滤纸,挥发溶剂,观察滤纸上有无油迹斑点存在,再喷以新配制的5%香草醛的浓盐酸。如在斑点上显出黄色、棕色、红色或蓝色反应,表明含有挥发油。

2)定量分析:测定用的供试品,须粉碎并通过二号至三号筛。

仪器装置如图10-9。各部均用玻璃磨口连接,测定器B应具有0.1 mL的刻度。

A法 本法适用于测定相对密度在1.0以下的挥发油。取供试品适量(相当于含挥发油0.5~1.0 mL),称定质量(准确至0.01 g),置烧瓶中,加水300~500 mL(或适量)与玻璃珠数粒,振摇混合后,连接挥发油测定器与回流冷凝管。自冷凝管上端加水使充满挥发油测定器的刻度部分,并溢流入烧瓶时为止。置电热套中或用其他适宜方法缓缓加热至沸,并保持微沸约5 h,至测定器中油量不再增加,停止加热,放置片刻,开启测定器下端的旋塞,将水缓缓放出,至油层上端到达刻度0线上面5 mm处为止。放置1 h以上,再开启旋塞使油层下降至其上端恰与刻度0线平齐,读取挥发油量,并计算供试品中挥发油的百分含量。

B法 本法适用于测定相对密度在1.0以上的挥发油。取水约300 mL与玻璃珠数粒,置烧瓶中,连接挥发油测定器。自测定器上端加水使充满刻度部分,并溢流入烧瓶时为止,再用移液管加入二甲

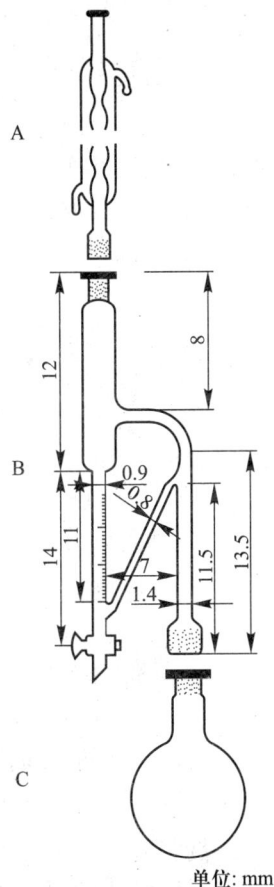

单位:mm

图10-9 挥发油测定装置图
A—冷凝管;B—挥发油测定器;
C—硬质圆底烧瓶

苯 1 mL，然后连接回流冷凝管。将烧瓶内容物加热至沸腾，并继续蒸馏，其速度以保持冷凝管的中部呈冷却状态为度。30 min 后，停止加热，放置 15 min 以上，读取二甲苯的体积。然后照 A 法自"供试品适量"起，依法测定，自油层量中减去二甲苯量，即为挥发油量，再计算供试品中挥发油的百分含量。

6. 总生物碱

（1）总生物碱的提取与分离。

1）水或酸水-有机溶剂提取法：生物碱盐类易溶于水，难溶于有机溶剂；游离碱易溶于有机溶剂，难溶于水。一般用水或 0.5％～1％ 矿酸水溶液提取。提取液浓缩成适当体积后，再用碱（如氨水、石灰乳等）碱化游离出生物碱，然后用有机溶剂如氯仿、苯等进行萃取。浓缩萃取液得亲脂性总生物碱。本法简便易行，但不适用于含大量淀粉或蛋白质的天然药物。

2）醇-酸水-有机溶剂提取法：生物碱及其盐类易溶于甲醇或酸，故用醇代替水或酸水提取生物碱。醇提取物含不少非生物碱成分，需进一步纯化。常用适量酸水使生物碱成盐溶出，过滤，酸滤液再如上述方法碱化、有机溶剂萃取、浓缩得亲脂性总生物碱。

3）碱化-有机溶剂提取法：将待提取天然药物用碱水（石灰乳、Na_2CO_3 溶液或 10％氨水等）润湿后，用有机溶剂如 CH_2Cl_2、$CHCl_3$、CCl_4 或苯等直接进行固-液提取。回收有机溶剂后即得亲脂性总生物碱。由于弱碱性生物碱很难以稳定的盐类形式存在，如欲提取总弱碱性生物碱，需用水或稀有机酸如酒石酸、乙酸等润湿后，用有机溶剂进行固-液提取、回收溶剂，即得。本法所得总生物碱较为纯净。

总生物碱的提取也可采用离子交换树脂法和沉淀法。

（2）总生物碱的检测。

1）定性分析。

① 硅钨酸试验：取 1 mL 提取液，加硅钨酸试剂 1～2 滴，如生成浅黄色或灰白色沉淀，表明含有生物碱成分。

② 碘化铋钾试验：取 1 mL 提取液，加碘化铋钾试剂 2 滴，如生成浅黄色或红棕色沉淀，表明含有生物碱成分。

③ 碘化汞钾试验：取 1 mL 提取液，加碘化汞钾试液 2 滴，如有白色或淡黄色沉淀反应，表明含有生物碱成分。

2）定量分析：定量分析方法已在中药制剂含量测定中讲述，不再重复。

三、有效成分的分离与分析

1. 有效成分的分离

由于天然药物有效成分类型不同，性质各异，所以选择不同的方法进行分离。一般生物碱的分离可用硅胶或氧化铝柱色谱，对于极性较高的生物碱可用分配色谱，而对季铵型水溶性生物碱也可用分配色谱或离子交换色谱；苷类的分离往往决定于苷元的性质，如皂苷、强心苷，一般可用分配色谱或硅胶吸附色谱；挥发油、甾体、萜类包括萜类内酯，通常首选氧化铝及硅胶色谱；黄酮类化合物、鞣质等多元酚衍生物可用聚酰胺吸附色谱；有机酸、氨基酸一般可选用离子交换色谱，有时也用分配色谱。有些氨基酸也可用活性炭吸附色谱；对于大分子化合物，如多肽、蛋白质、多糖，常用凝胶色谱。

总之,对非极性成分一般考虑用氧化铝或硅胶吸附色谱;若极性较大则采用分配色谱或弱吸附剂吸附色谱;对酸性、碱性、两性成分可采用离子交换色谱,有时也可用吸附色谱和分配色谱等。

2. 有效成分的分析

天然药物有效成分的分析方法与中药的分析方法基本相同,这里不再重复。

四、常用制剂分析

以天然药物为原料的制剂种类与中药制剂的种类相似,但以胶囊剂和片剂居多。制剂分析的方法也与中药制剂类似。

示例 地奥心血康胶囊的鉴别、检查和含量测定

地奥心血康胶囊是以地奥心血康为原料制成的胶囊剂。而地奥心血康是薯蓣科植物黄山药 *Dioscorea panthaica* Prain et Burkill、穿龙薯蓣 *Dioscorea nipponica* Makino 的根茎提取物。

鉴别 采用薄层色谱法。

取本品内容物 0.18 g,加甲醇 2 mL,振摇使溶解,滤过,滤液作为供试品溶液。另取黄山药皂苷对照提取物适量,加甲醇制成 1 mL 含 50 mg 的溶液,作为对照提取物溶液。照薄层色谱法试验,吸取上述两种溶液各 5 μL,分别点于同一以羧甲基纤维素钠为黏合剂的硅胶 H 薄层板上。以三氯甲烷-甲醇-水(75∶35∶4)为展开剂,展开,取出,晾干,喷以 E 试剂(取对二甲氨基苯甲醛 1 g,加甲醇 75 mL,摇匀后再缓缓加入盐酸 25 mL,摇匀),在 105℃ 加热至斑点显色清晰。供试品色谱中,在与对照提取物色谱相应的位置上,显相同颜色的主斑点。

检查 除规定水分不得超过 11.0%,还应符合胶囊剂项下有关的各项规定。

含量测定 采用重量法测定甾体总皂苷的含量;采用高效液相色谱法测定伪原薯蓣皂苷。方法如下:

甾体总皂苷:取本品装量差异项下的内容物,混合均匀,精密称取适量(约相当于甾体总皂苷元 0.12 g),置 150 mL 圆底烧瓶中,加 40% 硫酸乙醇溶液(取 60 mL 硫酸,缓缓注入适量的 40% 乙醇溶液中,放冷,加 40% 乙醇溶液至 1000 mL,摇匀)50 mL,置沸水浴中回流 5 h,放冷,加水 100 mL,摇匀,用 105℃ 干燥至恒重的 4 号垂熔玻璃坩埚滤过,沉淀用水洗涤至滤液不显酸性,105℃ 干燥至恒重,计算,即得。本品每粒含甾体总皂苷以甾体总皂苷元计,不得少于 35 mg。

伪原薯蓣皂苷:

色谱条件与系统适用性试验 以辛烷基硅烷键合硅胶为填充剂;以乙腈-水(30∶70)为流动相;检测波长为 210 nm。理论板数按伪原薯蓣皂苷峰计算应不低于 3000。

对照品溶液的制备 取伪原薯蓣皂苷对照品适量,精密称定,加 75% 乙醇制成 1 mL 含 0.3 mg 的溶液,即得。

供试品溶液的制备 取装量差异项下的本品内容物,混匀,取约 0.35 g,精密称定,置 100 mL 量瓶中,加 75% 乙醇 70 mL,超声处理(功率 250 W,频率 59 kHz)10 min,放冷,加 75% 乙醇至刻度,摇匀,滤过,取续滤液,即得。

测定法 分别精密吸取对照品溶液和供试品溶液各 10 μL,注入液相色谱仪,测定,即得。

本品每粒含伪原薯蓣皂苷($C_{51}H_{82}O_{21}$)不得少于 15.0 mg。

本章提要

　　本章介绍了中药和天然药物的分析。中药材的质量控制直接关系到中药饮片、中药提取物和中成药的质量,中药材的质量不是靠检测达到的,而是通过对生产过程进行规范化管理,即"全程质量控制"生产出来的;中药饮片处于中药体系中的中心地位,其质量的优劣,不仅直接影响临床配方饮片的质量,也严重影响中成药质量的稳定和临床疗效,《中国药典》(2010 年版)一部首次制订全国统一的饮片炮制规范和质量标准,为中药饮片质量控制提供保障;中药提取物是以中药材、中药饮片为原料制得的,对中药提取物生产的全过程进行标准化的质量控制是非常必要的;中药制剂以中药饮片或中药提取物为原料,其质量控制必须建立在中药材、中药饮片和中药提取物的质量控制基础上,在整个中药制剂生产的过程中,以有效物质制定的质量标准为监控手段,逐步实现中药制剂生产的科学化、标准化和规范化;天然药物和中药的概念有着本质的区别,其质量控制与中药相类似。

关键词

中药;天然药物;质量控制

思考题

1. 简述中药材分析的特点。
2. 简述中药材全面质量控制的程序和方法。
3. 简述中药饮片全面质量控制的程序与方法。
4. 简述中药提取物定义和分类。
5. 简述中药提取物全面质量控制的程序与方法。
6. 简述中药制剂的种类和分析的一般程序。
7. 简述中药制剂含量测定项目的选择原则。
8. 中药制剂中有效成分或指标成分含量测定方法有哪些?
9. 简述中药材和中药制剂的取样方法。
10. 简述天然药物有效部位或有效成分的分离与分析方法。

（沈阳药科大学　孙立新）

第十一章 生物药物和放射性药物分析

生物药物是指利用生物体、生物组织、细胞、体液等,综合利用物理学、化学、生物化学、生物技术、药学、微生物学、免疫学等学科的原理和方法进行加工、制造的一类用于预防、诊断和治疗的制品。主要包括生化药物、生物技术药物(或称生物工程药物)和生物制品。随着现代生物制药技术的发展、与各学科的交叉和渗透,上述三者的界限愈来愈不明显,常统称为生物药物。

第一节 生物制品分析

《中国药典》(2015 年版)三部在凡例中指出:生物制品是以微生物、细胞、动物或人源组织和体液等为起始原材料,用生物学技术制成,用于人类疾病的预防、治疗和诊断。

根据各种生物制品用途,将其分为三大类:治疗类、预防类和诊断类。治疗类生物制品:抗毒素及免疫血清、血液制品、细胞因子及 DNA 重组技术制品和单克隆抗体;预防类生物制品:细菌类疫苗、病毒类疫苗和联合疫苗;诊断类:体内诊断类和体外诊断类。

一、质量检测的意义、目的与作用

生物制品不同于一般药品,它是从生物体中提取精制出来的特殊药品,生物制品在整个生产、储存及处置过程中,必须严格控制其产品的质量,最大限度地避免对人们生命、健康的危害。生物制品在生产、储存、处置过程中质量管理不当,不仅起不到对相应疾病的预防、治疗作用,而且还可能会引起严重后果。

生物制品的质量检测主要具有以下两点作用:① 有助于提高生物制品的质量,保证人民的身体健康,这是最根本、最重要的一点;② 可以辅助控制、改进工艺,加快新产品的问世。

二、检测的特殊性

生物制品的质量检测是生物制品从原材料加工、半成品生产到成品生产、销售、使用的全过程中质量得以保证的最关键环节,必须严格加以规定。一般说来,生物制品与其他药品的区别在于生物制品衍生于活的生物体或生物活性材料,从普通的或基因修饰的微生物到各种动物和人源的组织和体液,通常具有复杂的分子结构,具有自身的特点,故对生物制品的检测也具有一些特殊的要求。

1. 生物活性检查

在制备不同的菌苗、疫苗、抗毒素、类毒素时,由于其含有蛋白质等生物活性物质,有时因工艺条件的变化,易出现活性丧失等情况,故除了通常所做的理化检验外,还必须用生物检定法进行检定,以证实其生物活性的存在。

2. 安全性检查

由于生物制品性质特殊,生产工艺复杂,易引入特殊杂质引起严重后果,故需要做安全性检查,以保证其制品使用安全。

3. 效价测定

生物制品一般通过含量测定,表明其主要成分的含量,但对抗毒素等必须进行效价测定,以表明其有效成分含量的高低。

三、检测内容

依据以上要求,将生物制品的质量检测大致分为理化检定、安全检定和效力检定三个方面。检测的项目在药典中都有具体规定。

1. 鉴别试验

通过各品种项下规定的鉴别试验鉴别真伪。

2. 理化检定内容

(1) 物理检查:通过鉴别生物制品的一些物理特征如外观、溶解性、装量差异等,达到控制其内部质量的目的。

(2) 蛋白质含量测定:类毒素、抗毒素、血液制品、基因工程产品等,常常需要测定蛋白质含量,以检查有效成分,计算纯度和比活性。常用的测定方法有凯氏定氮法(钨酸沉淀法和三氯乙酸沉淀法)、酚试剂法(Lowry 法)和双缩脲法(紫外-可见分光光度法)等。

(3) 防腐剂和灭活剂含量测定:生物制品在生产中为了脱毒、灭活和防止杂菌污染,常加入适量苯酚、甲醛、氯仿和汞制剂等作为防腐剂和灭活剂,对这些非有效成分,药典中规定其含量应控制在一定限度内。

(4) 纯度检查:生物制品要检查纯度是否达到规定要求,通常采用电泳法和凝胶层析法。

(5) 其他:如水分含量测定、酸碱度、氯化钠测定等。

3. 安全检查对象

(1) 菌毒种和主要原材料:用于生产的菌、毒种,投产前必须按药典要求,进行毒力、特异性、培养特性等试验,检查其生物学特性是否存在异常。用于生产血液制品的血液,采血前必须对献血者进行严格的体检和血样化验,采集血后还应进行必要的复查,以防止将含有病原物质(如 HBV、HCV、HIV 等)的血液投入生产。

(2) 半成品(包括原液):主要检查对活菌、活毒或毒素的处理是否完善,半成品是否有杂菌或有害物质的污染,所加灭活剂、防腐剂是否过量等。

(3) 成品:成品必须逐批按药典三部要求,进行无菌试验、纯菌试验、毒性试验、热原试验及安全试验等检查,以确保制品的安全性。

4. 安全检查内容

(1) 过敏性物质的检查:某些生物制品(如抗毒素)是采用异种蛋白为原料制成,生产过程中也可能引入一些致敏的物质,需要进行过敏性物质检查试验,如变态反应试验、牛血清含量测定等。

(2) 杀菌、灭活和脱毒检查:一些死菌苗、灭活疫苗及类毒素等制品,这类制品的毒种多为致病性强的微生物,若未被杀死或解毒不完全,就会在使用时发生严重感染,故须作以下三项检查试验：① 无菌试验；② 活毒检查；③ 解毒试验。

（3）残余毒力和毒性物质的检查

1）残余毒力检查：所谓残余毒力是指生产这类制品的毒种本身是活的减毒（弱毒）株，允许有一定的轻微毒力存在，并能在接种动物机体后反映出来。此项测定目的是控制活疫苗的残余毒力在规定范围内。

2）无毒性检查（一般安全试验）：一般制品在没有明确规定的动物安全试验项目时或不明了某制品是否会有何种不安全因素时，常采用较大剂量给小鼠或豚鼠作皮下或腹腔注射，观察动物有无不良反应。

3）毒性检查：死菌苗、组织培养疫苗或白蛋白等制品，经杀菌、灭活、提纯等制造工艺后，其本身所含的某种成分可能仍具有毒性。当注射一定量时，可引起机体的有害反应，严重的可使动物死亡。故对此类制品必须进行毒性检查。

4）防腐剂检查：除活菌苗、活疫苗及输注用血液制品外，其他凡加有一定量防腐剂的制品，除用化学方法作定量测定外，还应作动物试验。含有苯酚防腐剂者，采用小白鼠试验，观察注射后的颤栗程度及局部反应，以便控制产品中防腐剂的含量。应尽可能避免在注射剂中的中间品和成品中添加防腐剂，尤其是含汞类的防腐剂。单剂量注射用冻干制剂中不得添加任何防腐剂，供静脉用的注射液不得添加任何防腐剂，对于多剂量制品，根据使用时可能发生的污染与开盖后推荐的最长使用时间来确定是否使用防腐剂。如需使用，应证明防腐剂不会影响制品的安全性与效力。其他成品中含防腐剂的量应为有效抑菌范围内采用最小量，且应在设定控制范围。成品中严禁使用抗生素作为防腐剂。

5）抗生素检查：生产过程中使用抗生素时，成品检定中应检测抗生素残留量，并符合残留量限值。

（4）外源性污染的检查：除无菌与纯菌试验外，还需进行以下项目的检查。

1）野毒检查：组织培养疫苗，有可能通过培养病毒的细胞（如鸡胚细胞、地鼠肾细胞和猴肾细胞等）带入有害的潜在病毒，这种外来病毒亦可在培养过程中繁殖，使制品污染，故应进行野毒检查。

2）热原试验：血液制品、抗毒素、多糖菌苗等制品，其原材料或在生产过程中，有可能被细菌或其他物质污染并带入制品，引起机体的致热反应。因此，这些制品必须按照药典或有关标准的规定，以家兔试验法作为检查热原的基准方法，对产品进行热原检查。

3）乙型肝炎表面抗原（HbsAg）：血液制品除了对原材料（献血员血液、胎盘血液）要严格进行 HbsAg 检查外，对成品亦应进行该项检查。

5. 生物制品的效力测定

生物制品是具有生物活性的制剂，其效力一般采用生物学方法测定。生物学测定是利用生物体来测定待检品的生物活性或效力的一种方法，通过在一定条件下比较待检品和相应标准品或对照品所产生的特定生物反应剂量间的差异来测定待检品的效力。主要效力试验包括以下五个方面的内容：① 免疫力试验；② 活菌疫苗的效力测定；③ 抗毒素和类毒素的单位测定；④ 血清学试验；⑤ 其他有关效力的检定和评价。

四、原材料

（一）原材料分类

生物制品的原料以天然的生物材料为主，包括人体、动物、植物、微生物及各种海洋生物等。随着生物技术的发展，人工制得的生物原料已成为当前生物药物原料的重要来源，如基因工程技术制得的微生物及其他细胞原料和用免疫法制得的动物原料等。按其性质大致分为下列三大类：

（1）化学试剂类：包括各种有机、无机试剂和工艺用水等；

（2）生物材料类：如人血浆、胎盘（血）、动物血清等；

（3）包装材料类：如瓶子、胶塞、空心胶囊等。

（二）原材料生物学特性

1. 生物原材料的复杂性

生物材料的复杂性主要表现在以下几方面：① 同一种生化物质的原料可来源于不同生物，如人、动物、微生物、植物、人工构建的工程细菌和工程细胞等；也可由同种生物体的不同组织、器官、细胞产生，如在猪胰脏和猪的颌下腺中都有血管舒缓素，并且从两者获得的血管舒缓素无生物学功能的差别；② 同一种生物体或组织可产生结构完全不同的物质及结构相似物；③ 生物体间存在着种属特性关系，使得许多内源性生理活性物质存在种属差异。如用人脑垂体分泌的生长素治疗侏儒症有特效，但用猪脑垂体制备的生长素则对人体无效。

2. 生物活性物质存在的特殊性

生物原材料中的生化成分组成复杂，有效成分含量低，杂质多，尤其是那些生物活性越高的成分，含量往往越低，如胰岛素在胰脏中的含量约为万分之二，脱氧核糖核酸酶的含量约为十万分之四。在纯化过程中生物材料中有效成分的生理活性处于不断变化中，它们可能被材料中自身的代谢酶所破坏或为微生物活动所分解，还可能在生产过程中受到酸、碱、盐、重金属离子、机械搅拌、温度，甚至空气和光线的作用而改变其生理活性或失活。因此在整个生产过程中都要把防止目的物的失活作用放在首位。

（三）生物材料准备

生物材料的选取与预处理是生物药物生产过程的关键。

1. 材料的选择

选取生物材料时需考虑其来源、目的物含量、价格、材料的种属特性、杂质的种类、数量和性质等，其原则是要选择富含目的物、易于获得、易于提取的无害生物材料。

（1）来源：选用来源丰富的生物材料，且最好能综合利用，如用胰脏生产弹性蛋白酶、激肽释放酶、胰岛素与胰酶等；用人胎盘生产 γ-球蛋白、白蛋白、胎盘脂多糖及胎盘水解物等。

（2）在选择生物材料时需考虑与有效成分相关的因素

1）合适的生物品种：根据目的物的分布，选择富含有效成分的生物品种是选材的关键，如羊精囊富含前列腺素合成酶是分离此酶的最佳材料。

2）合适的组织器官：选择合适的组织器官提取目的产物才能较好地排除杂质干扰，获得较高的收率，保证产品的质量。如制备胃蛋白酶只能选用胃为原料；免疫球蛋白只能从血液或富含血液的胎盘组织提取。

3）合适的生长发育阶段：生物在不同的生长、发育期合成不同的生化成分，所以生物的生长期对生理活性物质的含量影响很大。如提取胸腺素时，因幼年动物的胸腺比较发达，胸腺原料必须采自幼龄动物。

4）合适的生理状态：生物在不同生理状态时所含生化成分也有差异，如动物饱食后宰杀，胰脏中的胰岛素含量增加，对提取胰岛素有利，但因胆囊收缩素的分泌使胆汁排空，对收集胆汁则不利；另外，动物的营养状况、产地、季节对活性物质的含量也有影响，选材时应予以注意。

5）杂质情况：难于分离的杂质会增加工艺的复杂性，严重影响收率和质量，选材时应避免与目的物性质相似的杂质产生对纯化过程的干扰。如胰脏含有磷酸单酯酶和磷酸二酯酶，二者难于分开，故不选用胰脏为原料制备磷酸单酯酶，而改用前列腺为原料，因为后者不含磷酸二酯酶，使操作大为简化。

2. 材料的采集与保存

生理活性物质易失活、降解，采集时必须保持材料的新鲜，防止腐败、变质与微生物污染。如胰脏采摘后应立即速冻，防止胰岛素活力下降；胆汁在空气中久置，会造成胆红素氧化。因此，生物材料的采集必须新鲜、快速，及时速冻，低温保存。保存生物材料的方法主要有速冻、冻干、有机溶剂脱水，如制成"丙酮粉"或浸存于丙酮与甘油中等。

3. 生物材料的预处理

（1）组织与细胞的破碎：生物活性物质大多存在于组织细胞中，必须将其结构破坏才能使目的物有效的提取，常用的组织与细胞破碎方法有物理法、化学法和生物法。

物理法包括磨切法、压力法（可分为渗透压法、高压法和减压法）、震荡法和冻融法；化学法即用稀酸、稀碱、浓盐、有机溶剂或表面活性剂（如胆酸盐、氧化十二烷基吡啶）处理细胞，可使细胞结构破坏，释放出内容物；生物法有组织自溶法、酶解法和噬菌体法。

（2）细胞器的分离：为获得结合在细胞器上的一些生化成分或酶系，常常要先获得特定的细胞器，再进一步分离目的产物。方法是匀浆破碎细胞，离心分离，包括差速离心和密度梯度离心。对所得细胞器的含量与纯度可用电镜观察，用免疫法分析某种特定物质的含量或用酶法分析特定酶类的浓度。如线粒体可测定琥珀酸脱氢酶，微粒体可测定 NADPH 细胞色素 C 还原酶。

（3）制备丙酮粉：在生化物质提取前，有时还用丙酮处理原材料，制成"丙酮粉"，其作用是使材料脱水、脱脂，使细胞结构松散，增加某些物质的稳定性，有利于提取，同时又减少了体积，便于储存和运输；而且应用"丙酮粉"提取可以减少提取液的乳化程度及黏度，有利于离心与过滤操作。同时，有机溶剂既能抑制微生物的生长和某些酶的作用，防止目的物降解失活，又能阻止大量无关蛋白质的溶出，有利于进一步纯化。

五、生产过程质量控制

生产过程质量控制是保证生物制品质量的重要环节，生物制品生产用水、所有原料及辅料应符合《生物制品生产用原材料及辅料质量控制规程》和《中国药典》相关要求。

（一）原料质量控制

1. 生产培养物的检定

所用的培养基和添加的成分应能使疫苗株/细胞株生长并且能生产大量的有效抗原活体。

无论种子批还是疫苗生产使用培养基中都不能用人血或血液制品来培养繁殖细菌,在可能情况下,同样也不要使用动物血或血液制品。如果使用动物,实验动物应符合健康标准,并且应检定成品中是否有抗原和过敏原成分的污染。

2. 细菌/细胞纯度的检定

每一次培养物或单一收获物应根据无菌试验规程要求进行细菌和霉菌、支原体检查。如培养液中加入防腐剂或抗生素,应采用排除抑制物的方法,避免对无菌试验干扰。细菌类疫苗和病毒类疫苗,要求细菌培养物和病毒收获悬液,都必须是本疫苗生产用菌种和毒种培养收获的单一菌培养物和病毒悬液,不仅不能污染杂菌、霉菌、支原体等,而且必须通过鉴别试验确证是生产用菌种和毒种制备出的单一纯菌培养物和单一病毒悬液。

3. 疫苗、菌种库或细胞库

用于制造疫苗的菌毒种/细胞(包括原代细胞、传代细胞、二倍体细胞等)应有完整的历史记录,包括来源和特性。基因上的改变应清楚地概述被改变基因序列及其全部特性。使用的疫苗菌毒株/细胞应得到国家有关部门的批准。

4. 种子批系统

疫苗生产应以一个经鉴定良好种子批系统/细胞系统为基础,工作种子批应具有与主种子批培养物相同的特性。保存方法应根据生产的抗原质量考虑,以保证菌种/细胞能生产安全有效疫苗。如冻干保存或液氮中保存菌种/细胞均为行之有效的方法。

5. 原料血浆

生产人血白蛋白、免疫丙种球蛋白、凝血因子等血液制品的原料血浆应符合《血液制品原料血浆规程》的要求,只有经丙氨酸氨基转移酶、乙型肝炎病毒表面抗原、丙型肝炎病毒、人类免疫缺陷病毒、梅毒等国家药品监督管理部门批准的试剂盒检测为阴性后,该原料血浆才能投入血液制品的生产。

6. 外源因子

生产用细胞应定期检查污染情况以确保细胞未被细菌、真菌、支原体、外源病毒污染。特别是新用毒种,由于生产前和生产过程中需经动物或细胞培养选育和扩增,有可能造成外源因子(特别是外源病毒)的污染。为了保证产品质量,需对生产毒种和新用的细胞进行外源因子检查,合格后才能用于生产。

(二)半成品检定

1. 制备

半成品制备是由适当含量的单一抗原与适宜的保护剂混合,应符合临床安全有效的生物制品规范标准。可加入防腐剂,其含量应采用国家食品药品监督管理局批准的方法进行检测,并且应对人不引起意外的副反应。

2. 稳定剂

应用国家食品药品监督管理局批准的方法检测。

3. 无菌试验

无菌检查法系用于检查药典要求无菌的生物制品、医疗器具、原料、辅料及其他品种是否无菌的一种方法,若供试品符合无菌检查法的规定,仅表明了供试品在该检验条件下未发现微生物污染。

(1)薄膜过滤法:采用封闭式薄膜过滤器,滤膜孔径应不大于 $0.45~\mu m$,直径约为 $50~mm$。根据供试品及其溶剂的特性选择滤膜材质。使用时,应保证滤膜在过滤前后的完整性。

水溶性供试品溶液过滤前先将少量的冲洗液过滤，以润湿滤膜。油类供试品，其滤膜和过滤器在使用前应充分干燥。供试品溶液经薄膜过滤后，若需要用冲洗液冲洗滤膜，每张滤膜每次冲洗量一般为 100 mL，总冲洗量不得超过 1000 mL，以避免滤膜上的微生物受损。

（2）直接接种法：直接接种法适用于无法用薄膜过滤法进行无菌检查的供试品。取规定量供试品，等量分别接种至硫乙醇酸盐流体培养基和改良马丁培养基中（2 种培养基的接种支数或瓶数之比为 2∶1）。

结果判定：阳性对照管应生长良好，阴性对照管不得有菌生长。否则，试验无效。若供试品管均澄清，或虽显浑浊但经确证无菌生长，判供试品符合规定；若供试品管中任何一管显浑浊并确定有菌生长，判供试品不符合规定，除非能充分证明试验结果无效，即生长的微生物非供试品所含。

4. 热原检查

供试品或稀释供试品的无热原稀释液，在注射前应预热至 38℃。供试品的注射剂量按各品种的规定，但家兔 1 kg 体重体积不得少于 0.5 mL，不得大于 10 mL。

取适用的家兔 3 只，测定其正常体温后 15 min 内，自家兔耳静脉缓缓注入规定剂量并预热至 38℃的供试品溶液，然后每隔 30 min 按前法测量其体温 1 次，共测 6 次，以 6 次体温中最高的 1 次减去正常体温，即为该兔体温升高的温度。

结果判定按药典规定方法。

5. 异常毒性检查

为生物制品的非特异毒性的通用安全试验，检查制品中是否污染了外源性毒性物质及是否存在意外的不安全因素。

异常毒性试验包括小鼠试验和豚鼠试验。

将供试品温度平衡至室温，按照规定的给药途径缓慢注入动物体内。试验中应设同批动物空白对照，观察期内，动物全部健存，且无异常反应，到期时每只动物体重增加，则判定试验成立。

6. 活性或病毒含量

每一有效成分活菌或活毒含量应通过同质参考疫苗相比较试验检测其活性。使用的参考制剂应稳定，使得被检的疫苗批与批之间一致，并符合规定质量标准。

（三）成品检定

1. 成品须按国家标准检定

每批被分装于最终容器的疫苗，按国家现行的药典三部质量标准进行检定。每批生物制品检定项目包括：物理检定、化学检定、效价/效力检定、安全性检定（如无菌试验、热原试验、异常毒性试验等）。

2. 稳定性、存储和有效期

至少由连续三批来源于不同批抗原/原液制备的，并已分装的成品储藏在建议的温度下的疫苗进行稳定性试验，应符合国家食品药品监督管理局规定的要求。

在药典三部中，对各种疫苗、类毒素、抗毒素等制备所用的菌种、毒种的来源、特征、毒性等都做了详细而严格的规定；对某些制品的半成品制备也做了具体的规定。对成品的质量监控是生物制品质量监控过程中最为关键的一环。

（四）生物制品储藏

生物制品生产单位应有专用的冷藏设备，供中间品、原液、半成品及成品之用，而且应分别在各规定温度下储藏。

六、生物制品质量控制实例

（一）人血白蛋白的质量检定

《中国药典》三部收载的血液制品有人血白蛋白、人免疫球蛋白、乙型肝炎人免疫球蛋白、狂犬病人免疫球蛋白、破伤风人免疫球蛋白等。现以人血白蛋白为例，围绕其质量标准，介绍血液制品的质量检定项目和一些特殊的质量检定方法。

人血白蛋白由健康人血浆，经低温乙醇蛋白分离法或经批准的其他分离法分离纯化，并经 $60℃$、$10\ h$ 加温灭活病毒后制成。

1. 原料血浆

血浆的采集和质量应符合药典中"血液制品生产用人血浆"的规定。

2. 原液

原液系指采用低温乙醇蛋白分离法或经批准的其他分离法制备而得到产品。

（1）双缩脲法测定蛋白质含量：依据蛋白质肽键在碱性溶液中与 Cu^{2+} 形成紫红色配合物，其颜色深浅与蛋白质含量成正比，利用标准蛋白质溶液作对照，采用紫外-可见分光光度法测定。

（2）电泳法测定蛋白质纯度：取醋酸纤维素薄膜，裁成 $2\ cm×8\ cm$ 膜条，将无光泽面向下，浸入巴比妥缓冲溶液（pH 8.6）中，待完全浸透，取出，夹于滤纸中，轻轻吸去多余的缓冲溶液后，将膜条无光泽面向上，置含巴比妥缓冲溶液（pH 8.6）的电泳槽架上，通过滤纸浸入巴比妥缓冲溶液（pH 8.6）中。于膜条上距负极端 $2\ cm$ 处，条状滴加供试品溶液 $2\sim3\ \mu L$，在 $0.4\sim0.6\ mA\cdot cm^{-1}$ 电流条件下电泳；同时取新鲜人血清作对照，电泳时间以白蛋白与免疫球蛋白之间的电泳展开距离约 $2\ cm$ 为宜。电泳完毕，将膜条取下浸于氨基黑或丽春红染色液中，$2\sim3\ min$ 后，用漂洗液浸洗数次，直至脱去底色为止。将洗净并完全干燥的膜条浸于透明液中，一般浸泡 $10\sim15\ min$，待全部浸透后，取出，平铺于洁净的玻板上，干燥后即成透明薄膜。将干燥的醋酸纤维素薄膜用色谱扫描仪采用反射（未透明薄膜）或投射（已透明薄膜）方式在记录器上自动绘出各蛋白质组分曲线图，以人血清作对照，按峰面积计算各蛋白质组分的百分含量。

（3）pH：用生理氯化钠溶液将供试品蛋白质含量稀释成 $10\ g\cdot L^{-1}$，按照药典规定方法测定。

（4）残余乙醇含量：采用康卫皿扩散法测定，依据乙醇在饱和碳酸钠溶液中加热逸出，被重铬酸钾-硫酸溶液吸收后呈黄绿色至绿色，用比色法测定血液制品中乙醇残留量。

3. 半成品检定

（1）无菌检查：采用《中国药典》（四部）（通则1101）规定方法进行检查，应符合规定。如半成品立即分装，可在除菌过滤后留样做无菌检查。

（2）热原检查：注射剂量按家兔体重 $1\ kg$ 注射 $0.6\ g$ 蛋白质，应符合规定；或采用"细菌内毒素检查法"。

4. 成品检定

（1）鉴别试验。

1）免疫双扩散法：将完全溶胀的 1.5% 琼脂糖溶液倾倒于水平玻璃板（每平方厘米加 $0.19\ mL$ 琼脂糖）上，凝固后，打孔，直径 $3\ mm$，孔距 $3\ mm$。中央孔加入抗血清，周边孔加入供试品溶液，并留下 1 孔加入相应阳性对照血清。每孔加样 20 μL,然后置水平湿盒中,37℃水平扩散 24 h。用生理盐水充分浸泡琼脂糖凝胶板,以除去未结合蛋白质。将浸泡好的琼脂糖凝胶板放入 0.5% 氨基黑溶液中染色。用脱色液脱色至背景无色,沉淀线呈清晰蓝色为止。用适当方法保存或复制图谱。

2)免疫电泳法:将 1.5% 琼脂糖溶液倾倒于大小适宜的水平玻璃板上,厚度约 3 mm,静置,待凝胶凝固成无气泡的均匀薄层后,于琼脂糖凝胶板负极 1/3 处的上下各打 1 孔,孔径 3 mm,孔距 10～15 mm。测定孔加供试品溶液 10 μL 和溴酚蓝指示液 1 滴。对照孔加正常人血清或人血浆 10 μL 和溴酚蓝指示液 1 滴。用 3 层滤纸搭桥和巴比妥缓冲溶液(电泳缓冲溶液)接触,100 V 恒压电泳约 2 h(指示剂迁移到前沿)。电泳结束后,在两孔之间距离两端 3～5 mm 处挖宽 3 mm 槽,向槽中加入血清抗体或人血浆抗体,槽满但不溢出。放湿盒中 37℃ 扩散 24 h。扩散完毕后,用生理氯化钠溶液充分浸泡琼脂糖凝胶板,以除去未结合蛋白质。将浸泡好的琼脂糖凝胶板放入 0.5% 氨基黑溶液染色,再用脱色液脱色至背景基本无色。用适当方法保存或复制图谱。与正常人血清或血浆比较,供试品的主要沉淀线应为白蛋白。

(2)热稳定试验:取供试品置 57℃±0.5℃ 水浴中保温 50 h 后,用可见异物检查装置,与同批未保温的供试品比较,除允许颜色轻微变化外,应无肉眼可见的其他变化。

(3)化学检定。

1)pH:用生理氯化钠溶液将供试品蛋白质含量稀释成 10 g·L^{-1},用酸度计测定,pH 应为 6.4～7.4。

2)蛋白质含量:采用凯式定氮法,第一法为钨酸沉淀法;第二法为三氯乙酸沉淀法。

第一法:钨酸沉淀法。本法系通过供试品的总氮量及经钨酸沉淀去除蛋白质的供试品滤液中的非蛋白氮含量,计算出蛋白质的含量。

精密量取总氮测定溶液 1 mL,置凯式定氮瓶中,加消化剂约 0.3 g,硫酸 1 mL 消化至澄明,呈蓝绿色,继续消化约 60 min。

量取 2% 硼酸吸收液 10 mL 置 100 mL 锥形瓶内,将凯式蒸馏器冷凝管末端浸入硼酸吸收液内,将消化好的供试品移入凯式蒸馏器内,用水洗定氮瓶 3～4 次,将洗液移入蒸馏器,再加入 50% 氢氧化钠溶液 5 mL,然后进行蒸馏,待接收液总体积 35～50 mL,将冷凝管末端移出液面,使蒸汽继续冲洗约 1 min,用水淋洗尖端后停止蒸馏。接收液用硫酸滴定液进行滴定,至溶液由蓝绿色变为灰紫色,并将滴定结果用空白试验校正。

第二法:三氯乙酸沉淀法。本法系将供试品经三氯乙酸沉淀,通过测定该沉淀中的蛋白氮含量,计算出蛋白质的含量。

精密量取适宜体积的供试品(1 mL 含蛋白质 4～10 mg)于适宜的尖底离心管中,加等体积的 12% 三氯乙酸(12→100)混匀,静置 30 min 后,以 4000 r·min^{-1} 离心,弃上清液,用约 3 mL 水分数次将沉淀洗入凯式定氮瓶中,然后照第一法进行测定。

(4)无菌检查:采用《中国药典》(通则 1101)规定方法进行检查,应符合规定。

(5)异常毒性检查:采用《中国药典》(通则 1141)规定方法进行检查,应符合规定。

(6)热原检查:采用《中国药典》(通则 1142)规定方法进行检查,应符合规定。

(二) 注射用重组人干扰素 α1b 的质量检定

1. 重组人干扰素 α1b

重组人干扰素 α1b(recombinant human interferon α1b),由高效表达人干扰素 α1b 基因的大肠杆菌,经发酵、分离和高度纯化后而得。

2. 原液检定

(1) 生物学活性:采用细胞病变抑制法:依据干扰素可以保护人羊膜细胞免受水泡性口炎病毒破坏的作用,用结晶紫对存活的人羊膜细胞染色,在波长 570 nm 处测定其吸光度,可得到干扰素对人羊膜细胞的保护效应曲线,以此测定干扰素生物活性。

使人羊膜细胞在培养基中贴壁生长。按(1：2)～(1：4)传代,每周 2～3 次,于完全培养液中生长。取培养的细胞弃去培养液,用 PBS 洗 2 次后消化和收集细胞,用完全培养液配制成 1 mL 含 2.5×10^5～3.5×10^5 个细胞的细胞悬液,接种于 96 孔细胞培养板中,每孔 100 μL,于 37℃、5%二氧化碳条件下培养 4～6 h;将配制完成的标准品溶液和供试品溶液移入接种人羊膜细胞的培养板中,每孔加入 100 μL,于 37℃、5%二氧化碳条件下培养 18～24 h;然后按规定步骤进行,最后酶标仪以 630 nm 为参比波长,在波长 570 nm 处测定吸光度。

实验数据采用计算机程序或四参数回归计算法进行处理。

(2) 蛋白质含量:采用《中国药典》(通则 0731)第二法(Lowry 法)测定:精密量取一定体积供试品(含蛋白质 50 μg 左右)置试管内,加水至 1 mL,加碱性铜溶液 5 mL,摇匀,室温放置 10 min,快速加入酚试剂 0.5 mL,摇匀,室温放置 30 min,显色后,在波长 650 nm 处测定吸光度。同时测定蛋白质标准溶液吸光度,建立线性回归方程。

(3) 比活性:为生物学活性与蛋白质含量之比,1 mg 蛋白质应不低于 1.0×10^7 IU。

(4) 纯度:采用电泳法和高效液相色谱法。

电泳法　用非还原型 SDS-聚丙烯酰胺凝胶电泳法,分离胶含量为 15%,加样量应不低于 10 μg(考马斯亮蓝 R 250 染色法)或 5 μg(银染法)。经扫描仪扫描,纯度应不低于 95.0%。

高效液相色谱法　色谱柱以适合分离相对分子质量为 5000～60000 蛋白质的色谱用凝胶为填充剂;流动相为 0.1 mol·L^{-1}磷酸盐-0.1 mol·L^{-1}氯化钠缓冲溶液,pH 7.0;上样量应不低于 20 μg,在波长 280 nm 处检测,以干扰素色谱峰计算的理论塔板数应不低于 1000。按面积归一化法计算,干扰素主峰面积应不低于总面积的 95.0%。

(5) 相对分子质量:用还原型 SDS-聚丙烯酰胺凝胶电泳法,分离胶浓度为 15%,加样量应不低于 1.0 μg,制品的相对分子质量应为 19400±1900。

(6) 残余抗生素活性:采用《中国药典》(通则 3408)方法进行,不应有残余氨苄西林或其他抗生素活性。

(7) 细菌内毒素检查:细菌内毒素检查有两种方法,凝胶法和光度测定法,每 30 万 IU 应小于 10EU。

(8) 紫外光谱:用水或生理氯化钠溶液将供试品稀释至 100～500 μg·mL^{-1},在光路 1 cm,波长 230～360 nm 下扫描,最大吸收波长应为 278 nm±3 nm。

(9) 肽图:《中国药典》(通则 3405)规定两种方法,第一法:胰蛋白酶裂解-反相高效液相色谱法;第二法:溴化氰裂解法。

第一法:将供试品和对照品溶液处理后,分别注入液相色谱仪记录色谱图。将供试品溶液的图谱与对照品溶液的图谱进行比较,供试品应与对照品图形一致。

第二法:取供试品与对照品适量(约相当于蛋白质 50 μg),用水透析 16 h,冷冻干燥,加溴化氰裂解液 20 μL 溶解,室温放置 24 h,裂解物加水 180 μL,再冷冻干燥。冻干的裂解物用水复溶至适当浓度。照 SDS-聚丙烯酰胺凝胶电泳(通则 0541 第五法)(胶含量 20%)进行电泳,用银染法染色。将供试品图谱与对照品图谱进行比较,供试品应与对照品图形一致。

3. 半成品检定

(1)细菌内毒素检查:采用《中国药典》(通则 1143)凝胶法,每 30 万 IU 应小于 10 EU。

(2)无菌检查:采用《中国药典》(通则 1101)规定方法进行检查,应符合规定。

4. 成品检定

除水分测定、装量差异检查外,应按标示量加入灭菌注射用水,复溶后进行鉴别试验、物理检查、化学检定、生物活性、残余抗生素活性、无菌检查、细菌内毒素检查和异常毒性检查。

(1)鉴别试验:采用《中国药典》(通则 3401)免疫印迹法和《中国药典》(通则 3402)免疫斑点法,应为阳性结果。

(2)物理检查:外观应为白色薄壳状疏松体,按标示量加入灭菌注射用水后迅速复溶为澄明液体。可见异物依据《中国药典》(通则 0904)方法测定,应符合规定。

(3)化学检定:水分依据《中国药典》(通则 0832)方法测定,应不高于 3.0%。pH 依据《中国药典》(通则 0631)方法测定,应为 6.5~7.5。渗透压物质的量浓度依据《中国药典》(通则 0632)方法测定,应符合要求。

(4)生物学活性:应为标示量的 80%~150%。

(5)残余抗生素活性:不应有残余氨苄西林或其他抗生素活性。

(6)无菌检查、细菌内毒素检查和异常毒性检查:应符合要求。

(三)卡介苗的质量检定

用于预防疾病的细菌性疫苗品种很多,《中国药典》中收载的有皮内注射用卡介苗、A 群脑膜炎球菌多糖疫苗等。

在《中国药典》中,对每种细菌性疫苗均作了详细的规定,包括生产制造用菌种的来源、检定、特性、如何保存;使用何种培养基;如何制造菌苗;如何进行半成品及成品检定等。按照《中国药典》规定,细菌性疫苗的质量检定包括鉴别试验、检定试验、效价测定试验三大类别。在这三大类别中,检定试验所含的项目最多,可分为物理、化学、无菌、安全、效力试验等几个方面。

冻干卡介苗全称为冻干皮内注射用卡介苗,系由卡介菌经培养后收集菌体,加稳定剂冻干制成,为典型的细菌性疫苗,可用于预防结核病。

1. 冻干卡介苗制造菌种的质量检定

生物制品的质量控制除包括对半成品及成品的质量检定之外,还必须对其生产用菌(毒)种进行一定的质量检定,以控制其最终产品的质量。卡介苗的质量与菌种有密切的关系,为此《中国药典》对制造卡介苗的菌种规定如下。

(1)菌种:生产用菌种应符合"生物制品生产检定用菌毒种管理规程"规定。采用卡介菌 $D_2PB\ 302$ 菌株。严禁使用通过动物传代的菌种制造卡介苗。工作种子批启开至菌体收集传代应不超过 12 代。

(2)菌种检定。

1)形态与培养特性的检查:卡介菌在苏通培养基上发育良好,应浮于表面,为多皱、微黄色的菌膜。培育温度在 37～39℃。抗酸染色应为抗酸杆菌。在苏通马铃薯培养基上培养的卡介菌应干皱成团略呈浅黄色。在牛胆汁马铃薯培养基上为浅灰色黏膏状菌苔。在鸡蛋培养基上有突起的皱型和扩散型两类菌落,且带浅黄色。

各菌株在相应培养基上生长的菌落具有典型的特征,可据此用以判定是否为适宜生产的合适菌株。

2) 毒力试验:结核菌素纯蛋白衍生物皮肤试验(皮内注射 0.2 mL,含 10 IU)阴性、体重 300～400 g 的同性健康豚鼠 4 只,各腹腔注射 1 mL 菌液(5 mg·mL⁻¹),每周称体重,观察 5 周动物体重不应减轻;同时解剖检查,大网膜上可出现脓疱,肠系膜淋巴结及脾可能肿大,肝及其他脏器应无肉眼可见的病变。

3) 无有毒分支杆菌试验:结核菌素纯蛋白衍生物皮肤试验(皮内注射 0.2 mL,含 10 IU)阴性、体重 300～400 g 的同性健康豚鼠 6 只,于股内侧皮下各注射 1 mL 菌液(10 mg·mL⁻¹),注射前称体重,注射后每周观察 1 次注射部位及局部淋巴结的变化。每 2 周称体重 1 次,豚鼠体重不应降低。6 周时解剖 3 只豚鼠,满 3 个月解剖另 3 只豚鼠,检查各脏器应无肉眼可见的结核病变。若有可疑病灶时,应作涂片和组织切片检查,并采取部分病灶磨碎,加少量生理盐水混匀,皮下注射 2 只豚鼠。若证明系结核病变,该菌种即应废弃。若未满 3 个月试验豚鼠因其他病患死亡应解剖检查,依上法处理。若死亡 1 只以上应重试。

4) 免疫力试验:用体重 300～400 g 豚鼠 8 只,分成两组各 4 只,免疫组经皮下注射 0.2 mL (1/10 人用剂量)用种子批菌株制备的疫苗,对照组注射 0.2 mL 生理氯化钠溶液。豚鼠免疫后 4～5 周,经皮下攻击 10³～10⁴ 强毒人型结核分枝杆菌,攻击后 5～6 周解剖动物,免疫组与对照组动物的病变指数及脾脏毒菌分离数的对数值经统计学处理,应有显著差异。

以上是有关卡介苗生产菌种的质量控制要点。应认识到,由于细菌性疫苗种类不同,性质各异,因而其质量控制项目有着一定的差别,但一般都包括对菌种来源、菌种检定(形态、培养特征、毒力试验、免疫力试验、毒性试验、血清凝集试验及抗原性试验等)两大项目的质量检定。

2. 注射用卡介苗菌原液的检定

(1) 纯菌检查:药典中对卡介苗菌原液的质量检定项目主要是纯菌试验。用于制造卡介苗的培养物、原液,以及稀释后的菌苗均应按《中国药典》(通则 1101)A 抽样做纯菌试验,不得有杂菌。

纯菌试验(采用直接接种法)具体操作:

1) 抽样:根据疫苗的分装量不同,每批样品随机抽取检品若干支/瓶(如分装量≤100 支,抽样 5 支;分装量在 101～500 支,抽样 10 支;分装量在＞500 支,抽样 20 支),从每支检品中吸取 0.5～1.0 mL,混合。

2) 接种:将混合后的检品适当稀释后,分别直接接种于一组适合于被测菌生长的固体培养基斜面上,如检查需氧性和厌氧性杂菌采用硫乙醇酸盐培养基斜面;检查霉菌和腐生菌采用改良马丁培养基斜面;检查支原体采用猪胃或牛心消化半固体培养基。

3) 培养:将上述接种后的培养基分别置于一定条件下进行培养,不同菌种对温度的要求不同,检查霉菌和腐生菌需在 20～25℃、检查细菌在 30～35℃,均培育 8 日;检查支原体则于 35～37℃培育 14 日,记录结果。对于含防腐剂的制品,可采用稀释法,其接种量与培养基的比例分 2 种:用苯酚或氯仿作防腐剂的制品,比例至少为 1∶20;用汞作防腐剂或制品中含甲醛、抗生素时,应至少为 1:50。先将检品按比例接种于硫乙醇酸盐液体培养基中增菌,于 20～25℃培育 3～4 日,然后按上述方法接种至各种培养基进行菌检。

4)结果:判定发现有杂菌生长,需复试,且该制品量应加倍。若复试仍有同样杂菌生长,该制品判为不合格;如有不同杂菌生长,可第二次复试,制品量为第一次复试量的 2 倍,如仍有杂菌生长,该制品判为不合格。

每批细菌性疫苗均应按药典规定方法进行纯菌检定。

(2)原液浓度测定:用国家药品检定机构分发的卡介苗参考比浊标准,以分光光度法测定原液浓度。

3. 半成品检定

(1)纯菌检查和浓度测定:所用方法同原液检定。

(2)沉降率测定:将供试品置室温下静置 2 h,采用分光光度法测定供试品放置前后的吸光度值(A_{580}),计算沉降率,应≤20%。

(3)活力测定:采用 XTT 法测定,将供试品和参考品稀释至 0.5 mg·mL^{-1},取 100 μL 分别加到培养孔中,于 37～39℃避光培养 24 h,检测吸光度(A_{450}),供试品吸光度应大于参考品吸光度。

4. 成品检定

除装量差异、水分测定、活菌数测定和热稳定性试验外,按标示量加入灭菌注射用水,复溶后进行其余各项检定。

(1)鉴别试验:应做抗酸染色涂片检查,细菌形态与特性应符合卡介苗特征。

(2)物理检查:外观应为白色疏松体或粉末状,按标示量加入注射用水,应在 3 min 内复溶至均匀悬液。装量差异按照《中国药典》(通则 0102)进行检查,应符合规定。

(3)纯菌检查:所用方法同原液检定。

(4)活菌数测定:每亚批疫苗均应做活菌数测定,抽取 5 只疫苗稀释并混合后进行测定,培养 4 周后含活菌数应不低于 $1.0×10^6$ CFU·mg^{-1}。

(5)有无毒分支杆菌试验:用结核菌素纯蛋白衍生物皮肤试验(皮内注射 0.2 mL,含 10 IU)阴性、体重 300～400 g 的同性健康豚鼠 6 只,每只皮下注射相当于 50 次人用剂量的供试品。每 2 周称体重 1 次,观察 6 周,动物体重不应减轻;同时解剖检查每只动物,若肝、脾、肺等脏器无结核病变,即为合格。

(6)热稳定性试验:取每亚批疫苗于 37℃放置 28 日测定活菌数,并与 2～8℃保存的同批疫苗进行比较,计算活菌率;放置 37℃的本品活菌数应不低于置 2～8℃本品的 25%,且不低于 $2.5×10^5$ CFU·mg^{-1}。

(7)效价测定:用结核菌素纯蛋白衍生物皮肤试验(皮内注射 0.2 mL,含 10 IU)阴性、体重 300～400 g 的同性健康豚鼠 6 只,每只皮下注射 0.5 mg 供试品,注射 5 周后皮内注射 TB-PPD 10 IU·(0.2 mL)$^{-1}$,并于 24 h 后观察结果,局部硬结反应直径应不小于 5 mm。

第二节 生化药物的分析

生化药物一般系指从动物、植物及微生物中提取获得,也可用生物-化学半合成或用现代生物技术制备的生命基本物质及其衍生物、降解物及大分子的结构修饰物等,如氨基酸、多肽、蛋白质、酶、多糖、核酸、激素等。

一、分类及其特点

(一)分类

目前生化药物分类还没有一个统一的分类标准,本章按生化药物的化学本质及化学结构划分为以下几类:

1. 氨基酸、多肽和蛋白质类药物

如氨基酸及其衍生物、药用活性多肽、药用蛋白质类药物。

2. 酶类与辅酶类药物

按其功能分为:助消化酶类、蛋白水解酶类、凝血酶及抗栓酶、抗肿瘤酶类和部分辅酶类(辅酶 Q_{10})等。

3. 核酸及其降解物和衍生类药物

这类药物包括核酸(DNA、RNA、iRNA)、多聚胞苷酸、巯基聚胞苷酸、ATP 和 cAMP 等。

4. 多糖类药物

多糖类药物包括肝素、硫酸软骨素钠、硫酸角质素、透明质素等。类肝素、壳聚多糖、灵芝多糖、黄芪多糖、人参多糖、海藻多糖、螺旋藻黏多糖等。

5. 脂类药物

脂类药物包括不饱和脂肪酸类、磷脂类、胆酸类等。

6. 动物器官或组织制剂

这是一类对其化学结构、有效成分不完全清楚,但在临床上确有一定疗效的药物,俗称脏器制剂,如动物浸液、脾水解物、骨宁等。

(二)特点

生化药物与化学合成药和中药相比,其主要特点表现在以下几个方面:

1. 相对分子质量不确定

除氨基酸、核苷酸、辅酶及甾体激素等小分子化合物外,大部分为蛋白质、多肽、核酸、多糖及复合脂类等大分子化合物,其相对分子质量一般几千至几十万,具有复杂结构。对大分子的生化药物而言,即使组分相同,相对分子质量不同会产生不同的生理活性。因此,生化药物常需要进行相对分子质量的测定。

2. 容易失活

制备多肽或蛋白质类药物时,工艺条件的改变有可能导致蛋白质失活。所以生化药物不仅要做理化检验,还需要用生物检定法证实其生物活性。

3. 易引入热原等杂质

由于生化药物的性质特殊,生产工艺复杂,容易引入特殊杂质和污染物,因此需做安全性检查项目,包括热原检查、过敏试验、异常毒性试验和细菌内毒素检查等。

4. 效价测定

多数生化药物通过理化分析法可进行含量测定,但对酶类药物需进行效价测定或酶活力测定,以表明其有效成分含量的高低。

5. 结构确证困难

由于大分子生化药物其结构复杂,相对分子质量不确定,其结构确证很难用元素分析法、红外分光光度法、紫外-可见分光光度法、质谱和核磁共振法等分析技术来确证,一般用生物化学方法(氨基酸组分分析、氨基酸序列分析等)。

二、鉴别与定量方法

1. 常用鉴别方法

(1)理化鉴别法。

1)化学鉴别法:利用药物与某些试剂在一定条件下的呈色反应、沉淀反应等,生成具有颜色的产物或沉淀进行鉴别。例如,胰蛋白酶的鉴别采用呈色法,利用胰蛋白酶与对甲苯磺酰-L-精氨酸甲酯盐酸盐反应,呈现紫色。胃蛋白酶的鉴别采用沉淀法,胃蛋白酶是具有高效、专一催化活性的特殊蛋白质,易受酸、碱、重金属或有机溶剂的作用,破坏蛋白质肽链的空间结构,引起蛋白质变性,生成不溶性沉淀。药典规定胃蛋白酶鉴别试验:在胃蛋白酶水溶液中,加入5%鞣酸或25%氯化钡溶液,即生成沉淀。

2)紫外分光光度法:该方法是药物鉴别中的常用方法。如细胞色素C的鉴别:取供试品溶液1 mL,置50 mL量瓶中,用磷酸盐缓冲溶液稀释至刻度,加连二亚硫酸钠约15 mg,摇匀,照紫外-可见分光光度法测定,在520 nm与550 nm的波长处有最大吸收,在535 nm的波长处有最小吸收。

3)HPLC法:利用对照品溶液和供试品溶液色谱图的保留时间的一致性进行鉴别。一般要求纯度在95%以上。药典收载的鱼肝油鉴别方法即为HPLC法。鱼肝油中主要成分为维生素A和维生素D,药典规定:维生素A的鉴别,以硅胶为填充剂,正己烷-异丙醇(997∶3)为流动相,检测波长为325 nm;维生素D的鉴别,以硅胶为填充剂,以正己烷-正戊醇(997∶3)为流动相,检测波长为254 nm。

4)薄层色谱法:如组氨酸的鉴别:取供试品与组氨酸对照品各适量,分别加水溶解并稀释制成1 mL中约含0.4 mg的溶液,作为供试品溶液和对照品溶液。取上述溶液各5 μL,分别点于同一硅胶G薄层板上,以正丙醇-浓氨溶液(67∶33)为展开剂,展开,晾干,喷以茚三酮的丙酮溶液(1→50),在80℃加热至斑点出现,供试品溶液所显主斑点的位置和颜色应与对照品溶液的主斑点相同。

5)IR法:利用供试品的红外光吸收光谱图与对照品的谱图一致,如胆固醇的鉴别;也可利用供试品的红外光吸收光谱图与对照品的谱图(《药品红外光谱集》)一致,如黄体酮、辅酶Q_{10}的鉴别。

(2)生化鉴别法。

1)酶法:利用酶反应进行分析的方法统称为酶法。如尿激酶是从新鲜人尿中提取的一种能激活纤维蛋白溶酶原的酶,根据尿激酶能激活牛纤维蛋白溶酶原,而具有相同作用的链激酶不能激活牛纤维蛋白溶酶原而加以区别,并用直接观察溶解纤维蛋白作用的气泡上升法作判断标准。

2)电泳法:如肝素的糖凝胶电泳法鉴别,肝素是由D-硫酸氨基葡萄糖和葡萄糖醛酸分子间组成的酸性黏多糖,其水溶液带强负电荷,于琼脂凝胶板上,在电场作用下,向正极移动,与肝素标准品进行对照,其移动位置应相应一致。

3）免疫测定法。

（3）生物鉴别法。

利用生物体试验鉴别药物。例如,用家兔惊厥试验来鉴别胰岛素,通过胰岛素的降血糖作用进行鉴别。当剂量过大,血糖降至一定水平(约 30％),家兔即发生惊厥,迅速静注 50％ 葡萄糖注射液,补充血糖,惊厥停止,说明是胰岛素所致低血糖而引起的惊厥。故可根据家兔惊厥试验鉴别胰岛素。又如,根据肝素具有延长血凝时间的特性来进行鉴别。取管径均匀、清洁干燥的小试管若干支,每管加入一种浓度的肝素标准品或供试品稀释液 0.1 mL,每种浓度不得少于 3 管,各浓度的试管支数相等。每管加入新鲜兔血 0.9 mL,立即混匀,将小试管置 37℃±0.5℃恒温水浴中,注意观察并记录各管的凝结时间。

2. 常用的定量分析法

生化药物的定量方法,除了理化测定(滴定法、比色法、高效液相色谱法)外,还有生化测定法(电泳法、酶法、免疫法、生物检定法)。

（1）理化测定法。

1）重量分析法:可通过提取、挥发、沉淀等途径,从样品中分离出待测组分的单质或化合物,从而测定待测组分的含量。如硫酸软骨素的含量测定,是用盐酸加热回流、水解,使之生成硫酸根后再加入氯化钡试液,生成硫酸钡沉淀,进行测定。

2）滴定法:根据生化药物能与标准溶液定量地发生酸碱中和反应、氧化还原反应等特性,通过滴定来定量地测定生化药物含量的方法。《中国药典》二部收载的抑肽酶、胰酶中的胰淀粉酶和胰脂肪酶的效价测定均采用滴定法。

胰酶中的淀粉酶是以淀粉为底物,经淀粉酶水解后产生还原糖,在碱性溶液中过量的碘滴定液氧化生成的还原糖,而剩余的碘滴定液用硫代硫酸钠滴定液滴定至无色,根据 1 mL 碘滴定液($0.05\ mol\cdot L^{-1}$)相当于 9.008 mg 无水葡萄糖的滴定度推算还原糖含量,从而求得 1 g 胰酶中含胰淀粉酶的效价。

胰酶中胰脂肪酶的测定　利用酸碱中和反应,以橄榄油乳液为底物,经胰脂肪酶水解后产生脂肪酸,根据氢氧化钠滴定液($0.1\ mol\cdot L^{-1}$)滴定使反应液的 pH 恒定在 9.0 所消耗的量,计算 1 g 胰酶中含胰脂肪酶的效价。

3）电化学分析法:药物选择性电极分析法是借助电极敏感膜对某一药物产生选择性响应,主要包括药物膜电极、生物组织膜电极、微生物电极、免疫电极等。如利用药物选择性电极测维生素 B_1、维生素 B_2 和维生素 C 等。

4）光谱分析法:根据样品与显色剂发生颜色反应的程度可用分光光度法测定待测组分含量。如胆红素加入重氮化试剂(对氨基苯磺酸和亚硝酸钠),产生颜色反应。待测组分在紫外区某一波长有最大吸收,并在一定浓度范围内,其浓度与吸光度呈线性关系,可用紫外-可见分光光度法进行测定。如硫嘌呤,在 $0.1\ mol\cdot L^{-1}$盐酸中,在 325 nm 的波长处测定吸光度,其比吸收系数按 1265 计算,即得。

5）色谱分析法:主要包括高效液相色谱法(HPLC)、高效离子交换色谱法(HPIEC)、高效凝胶过滤色谱法(HPGFC)和高效毛细管电泳(HPCE)等。高效液相色谱法具有高效分析、灵敏检测、操作简便等优点,已经成为目前药物鉴别、检查和含量测定的首选方法,其中在分离过程中不破坏分离样品的特点,特别适合于对高沸点、大分子、强极性和热稳定差的生物药物的分析。

反相高效液相色谱法(RP - HPLC)在肽类、氨基酸、蛋白质和多糖等定量分析中应用广泛。以烷基硅烷键合相为柱填料,以甲醇-水、乙腈-水或甲醇、乙腈与缓冲溶液构成的混合液为流动相,以紫外、荧光或电化学检测器为检测手段。例如药典收载的胰岛素含量测定,采用以十八烷基硅烷键合硅胶为填充剂(5~10 μm)、0.2 mol·L^{-1}硫酸盐缓冲溶液-乙腈(74:26)为流动相、柱温为40℃、检查波长为214 nm的反相高效液相色谱法。

高效离子交换色谱(HPIEC)是蛋白质、多肽、多糖等分离分析中常见的方法之一。是根据相应的离子化程度以盐浓度增大的梯度洗脱法对蛋白质、多肽进行分离的一种方法。柱效中等并具有较高的活性回收率,活性蛋白质的回收可通过不同强弱交换类型的选择而优化。硫酸软骨素钠采用强阴离子交换色谱测定硫酸软骨素含量:以强阴离子交换硅胶为填充剂(如 HyperisiL SAX 柱,250 mm×4.6 mm,5 μm),以水(用稀盐酸调节 pH 至 3.5)为流动相 A,以 2 mol·L^{-1}氯化钠溶液(用稀盐酸调节 pH 至 3.5)为流动相 B;流量为 1.0 mL·min^{-1};检查波长为 232 nm。采用梯度洗脱,组分流出顺序为硫酸软骨素 B、硫酸软骨素 C 和硫酸软骨素 A。

分子排阻色谱法是根据待测组分的分子大小进行分离的一种液相色谱技术。分离原理为凝胶色谱柱的分子筛机制。色谱柱多以亲水硅胶、凝胶或经修饰凝胶如葡聚糖凝胶(sephadex)和聚丙烯酰胺凝胶(sepharose)等为填充剂,这些填充剂表面分布着不同尺寸的孔径,药物分子进入色谱柱后,它们中的不同组分按其分子大小进入相应的孔径内,大于孔径的分子不能进入填充剂颗粒内部,在色谱过程中不被保留,最早被流动相洗脱至柱外,表现为保留时间较短;小于所有孔径的分子能自由进入填充剂表面的所有孔径,在色谱柱中滞留时间较长,表现为保留时间较长;其余分子则按分子大小依次洗脱。如重组人生长激素含量测定采用分子排阻色谱法:以适合分离相对分子质量为 5000~60000 球状蛋白的亲水改性硅胶为填充剂;以异丙醇-0.063 mol·L^{-1}磷酸盐缓冲溶液为流动相;流量为 0.6 mL·min^{-1};检查波长为 214 nm,记录色谱图,按外标法以峰面积计算。

高效毛细管电泳在生化药物分析中应用十分广泛,如氨基酸的分离、肽的分离和肽序列分析、蛋白质的分析及其相对分子质量测定、核酸片段和序列分析、DNA 点突变的分析和 DNA 合成中产物纯度的测定、糖的分离、酶和抗体分离分析等。药典收载的抑肽酶有关物质(去丙氨酸-去甘氨酸-抑肽酶和去丙氨酸-抑肽酶)检查,采用毛细管电泳法。使用熔融石英毛细管为分离柱(75 μm×60 cm,有效长度 50 cm),以 120 mmol·L^{-1}磷酸二氢钾缓冲溶液(pH 2.5)为电极液,检测波长为 214 nm,毛细管温度为 30℃,分离电压为 12 kV,进样端为正极,1.5 kPa 压力进样,进样时间为 3 s。每次进样前,依次用 0.1 mol·L^{-1}氢氧化钠溶液、去离子水和电极液清洗毛细管柱 2 min、2 min 和 5 min。

(2)生化测定法。

1)酶法:酶法通常包括两种类型:一种是酶活力测定法,以酶为分析对象,目的在于测定样品中某种酶的含量或活性,实际上是测定一个被酶催化的化学反应速率。酶反应速率可用单位时间反应底物的减少或产物的增加来表示。另一种是酶分析法,以酶为分析工具或分析试剂,分析的对象可以是酶的底物、辅酶活化剂甚至酶的激动剂和抑制剂,通过对酶反应速率的测定或生成物等浓度的测定而检测相应物质的含量。

2）电泳法：电泳法是指带电荷的供试品（蛋白质、核酸、酶等）在惰性支持（如纸、醋酸纤维素、琼脂糖凝胶、聚丙烯酰胺凝胶等）中，在电场作用下，向其对应的电极方向按各自的速度进行泳动，使组分分离成狭窄的区带，用适宜的检测方法记录其电泳区带图谱并计算其含量（％）的方法。《中国药典》规定了六种电泳方法：纸电泳法、醋酸纤维素薄膜电泳法、琼脂糖凝胶电泳法、聚丙烯酰胺凝胶电泳法、SDS‐聚丙烯酰胺凝胶电泳法和等电聚焦电泳法。电泳法具有灵敏度高、重现性好、检测范围广、操作简便并兼备分离、鉴定、分析等优点，已成为生物技术及生物药物分析的重要手段之一。《中国药典》采用电泳法测定尿激酶分子组分比：取供试品适量，加水溶解并制成 1 mL 中含 2 mg 的溶液后，加入等体积的缓冲溶液，置水浴中 3 min，放冷，作为供试品溶液；取供试品溶液 10 μL，加至样品孔，按《中国药典》（通则 0541）第五法（SDS‐聚丙烯酰胺凝胶电泳法）测定，按如下公式计算高相对分子质量尿激酶相对含量（％）。

$$高相对分子质量尿激酶相对含量 = \frac{高分子量尿激酶峰面积}{高、低分子量尿激酶峰面积之和} \times 100\%$$

（3）生物检定法：生物检定法是利用药物对生物体（整体动物、离体组织、微生物等）的作用，以测定其效价或生物活性的一种方法。它以药物的药理作用为基础，生物统计为工具，运用特定的实验设计，通过供试品与相应的标准品或对照品，在一定条件下比较产生特定生物反应的剂量比例，来测得供试品的效价。生物检定法的应用范围包括以下几项：

1）药物的效价测定：对一些采用理化方法不能测定的含量，或理化测定不能反映临床生物活性的药物，可用生物检定法来控制药物质量。《中国药典》通则中收载了玻璃酸酶、细胞色素 C、胰岛素、肝素、绒促性素、缩宫素、硫酸鱼精蛋白等的生物测定法。

2）微量生理活性物质的测定：一些神经介质、激素等微量生物活性物质，由于其很强的生理活性，在体内的浓度很低，加上体液中各种物质的干扰，很难用理化方法测定。而不少活性物质的生物测定法由于灵敏度高、专一性强，对供试品稍作处理即可直接测定。如乙酰胆碱、5‐羟色胺等活性物质的测定。

3）某些有害杂质的限度检查：如热原等致热物质和生化制剂中升（降）压物质的限度检查等。《中国药典》规定山梨醇注射液进行热原检查：取适用家兔 3 只，自耳静脉缓慢注射家兔体内，剂量按 1 kg 体重 10 mL 溶液，每隔 30 min 测量体温 1 次，共测 6 次，最后按《中国药典》规定标准判定是否合格。

需要指出的是，由于生物差异的存在，生物检定结果误差较大，重现性也较差，加上测定费时等，生物检定主要用于无适当理化方法进行检定的药物，以补充理化分析方法的不足。

三、杂质检查

生化药物和基因工程药物相对分子质量较大，结构复杂，有的成分并非单一，纯化工艺困难。因此，杂质检查就显得非常重要。

1. 一般杂质检查

一般杂质检查项目包括氯化物、硫酸盐、磷酸盐、铁盐、重金属、酸度、溶液的澄清度或溶液的颜色、水分及干燥失重、炽灼残渣等。其检查的原理及方法与化学药物中的一般杂质检查相同，不再详述。

2. 特殊杂质检查

特殊杂质主要是指从原料中带入或生产工艺中引入的杂质。许多药物是从生物组织中提取或用微生物发酵法制取的,药物中易残存一些杂质、污染物或其他成分。

(1) 原料药的纯度分析:糖类纯度分析包括低聚糖及可能混入的核酸、蛋白质等"有关杂质"的测定。如药典规定肝素钠中有关物质(硫酸皮肤素和多硫酸软骨素)的检查,采用 HPLC 方法;酶类药物需要检查具有一定活性的其他有关酶。例如:胰蛋白酶是从动物胰脏中提取制得的一种蛋白水解酶,在制备过程中,易带入杂质糜蛋白酶,药典规定要检查此酶。

(2) 生产过程中杂质的检查:生化药物同化学药物一样,在生产过程中往往会引入一些特殊杂质,不同产品要根据其具体情况建立相应的特殊杂质检测方法,加强质量控制。

四、安全性检查

安全性检查是生化药物的一个重要检查项目,是保证用药安全、有效的重要指标。安全性检查的主要内容有以下几个方面。

1. 热原检查法和细菌内毒素检查法

(1) 热原:热原是指药品中含有的能引起体温升高的杂质。热原是广泛存在的,如器皿、管道、水、灰尘中都可能携带热原。当含有热原的注射液注入人体后,能引起发冷、寒颤、发热,严重时甚至可能出现昏迷、休克死亡。因此除在生产工艺中必须要有除去热原的措施外,对成品也要进行热原的检查。药典规定,供静脉滴注用的注射剂及容易感染热原的品种,都需检查热原。

《中国药典》采用"家兔法"检查热原,供试验用的家兔必须符合有关要求,并按规定做好实验前的准备。

(2) 细菌内毒素:细菌内毒素是细菌细胞壁的组分,由脂多糖组成,热原主要来源于细菌内毒素,内毒素的量用内毒素单位(EU)表示,1 EU 与 1 个内毒素国际单位(IU)相当。药典的细菌内毒素检查包括两种方法,即凝胶法和光度检查法,后者包括浊度法和显色基质法。凝胶法系通过利用鲎试剂与内毒素产生凝聚反应的原理来检测或半定量内毒素的方法;浊度法系利用检测鲎试剂与内毒素反应过程中的浊度变化而测定内毒素含量的方法;显色基质法系利用检测鲎试剂与内毒素反应过程中产生的凝固酶使特定底物释放出呈色团的多少而测定内毒素含量的方法。

供试品进行检测时,可使用其中任何一种方法进行试验。当测定结果有争议时,除另有规定外,以凝胶法结果为准。药典规定,1 万单位尿激酶中含内毒素的量应小于 1.0 EU。

2. 异常毒性试验

异常毒性试验系给予小鼠一定剂量的供试品溶液,在规定时间内观察小鼠出现的死亡情况,以判定供试品是否符合规定的一种方法。

在规定剂量条件下,供试品不应使小鼠中毒致死;如果出现小鼠急性中毒而死亡,则反映该供试品中含有的急性毒性物质超过了正常水平,试验方法有小鼠试验法和豚鼠试验法。

所用原料系动物来源或微生物发酵液提取物,组分结构不清晰或有可能污染毒性杂质且又缺乏有效的理化分析方法的静脉用注射剂,应考虑设立异常毒性检查。《中国药典》规定了多种药物需做异常毒性检查,如肌苷、尿激酶等。

3. 过敏试验

过敏试验系将一定量的供试品皮下或腹腔注射入豚鼠体内致敏。药物中若含有异性蛋白质,在临床使用时易引起患者多种过敏反应,轻者皮肤出现红斑或丘疹,严重者可出现窒息、发绀、血管神经性水肿、血压下降,甚至休克和死亡。因此,有可能存在异性蛋白质的药物,应做过敏试验。

所用原料系动物来源或微生物发酵提取物时,组分结构不清晰且有可能污染异源蛋白或未知过敏反应物质的静脉用注射剂,如缺乏相关的理化分析方法且临床发现过敏反应,应考虑设立过敏反应检查,如缩宫素注射液、细胞色素 C 溶液应检查过敏反应。

4. 降压物质试验

降压物质试验是指某些药物中含有的能导致血压降低的杂质,包括组胺、类组胺或其他导致血压降低的物质。

用动物脏器或组织为原料制备生化药物的过程中,正常组织内存在的组胺及部分氨基酸脱羧形成的组胺等胺类物质,均为这类杂质的来源。以组胺为代表的胺类,具有刺激支气管、肠管平滑肌,扩张毛细血管及人类小动脉的作用,注入体内能导致人、狗、猫或猴的血压下降。临床上注射污染有此类降压物质的注射液后,将会引起面部潮红、脉搏加速和血压下降等不良反应。《中国药典》采用猫血压法检查药物中所含有的降压物质。

所用原料系动物来源或微生物发酵提取物时,组分结构不清晰或有可能污染组胺、类组胺等降压物质的静脉用注射剂,应考虑设立降压物质或组胺类物质检查。《中国药典》规定抑肽酶进行降压物质检查:取抑肽酶,加氯化钠注射液制成 1 mL 中含 4 单位的溶液,剂量按猫体重每 1 kg 注射 1.5 单位,应符合规定。

5. 无菌试验

无菌试验系用于检查《中国药典》或药品质量标准中要求无菌的药品、医疗器具、原料、辅料及其他品种是否无菌的一种方法。若供试品符合无菌试验法的规定,仅表明供试品在该试验条件下未发现微生物污染。《中国药典》几乎所有的注射用药如注射用尿激酶等,均做无菌试验。由于取样和试验方法的局限性,为保证药品的无菌要求,应严格执行 GMP 管理制度,使药品真正达到无菌,而无菌试验检查只是控制这些制品染菌状况的一种检测手段。

五、含量(效价)测定

生化药物的含量表示方法通常有两种:一种用百分含量表示,适用于结构明确的小分子药物或经水解后变成小分子的药物;另一种用生物效价或酶活力单位表示,适用于多肽、蛋白质、酶类及生物制品等药物。例如:用 HPLC 法进行总纯度测定;用生物学法进行效价测定,并标明其活性单位 IU/mg。

1. 含量测定

(1) 滴定分析法:根据生化药物能与标准溶液定量地发生酸碱中和反应、氧化还原反应等特性,通过滴定而进行生化药品含量测定的方法。采用该类方法的主要为氨基酸类药物。《中国药典》规定:脯氨酸、缬氨酸、亮氨酸、异亮氨酸、赖氨酸、甲硫氨酸、组氨酸、苯丙氨酸、甘氨酸、色氨酸、丝氨酸、酪氨酸、丙氨酸、精氨酸、天冬氨酸、维生素 B_1 等,采用非水酸碱电位滴定法,以高氯酸为滴定液;《中国药典》规定谷氨酸采用酸碱滴定,以氢氧化钠为滴定液,溴麝香草酚蓝为指示剂。《中国药典》采用氮测定法(《中国药典》通则 0704 第一法)测定天冬酰胺含量。《中国药典》规定胱氨酸和维生素 C 采用氧化还原滴定法(碘量法)测定含量,淀粉为指示剂。

(2) UV 法：利用药物分子中的具有紫外吸收特性可对其定量。如维生素 A 分子中具有共轭多烯醇的侧链结构，在 325～328 nm 的范围内有最大吸收，可用于含量测定。药典规定维生素 B_{12} 采用紫外-可见分光光度法测定其含量，测定波长为 361 nm，比吸收系数为 207。

(3) 色谱法：气相色谱法和液相色谱法具有高效的分离和分析特点，已经成为目前药物鉴别、检查和含量测定的首选方法。药典收载的胰岛素、肌苷、胞磷胆碱钠的含量测定，采用以十八烷基键合硅胶为填充剂（5～10 μm）的反相液相色谱法。离子交换色谱法基于离子交换树脂上可解离的离子与流动相中具有相同电荷的溶质离子进行可逆交换，依据离子交换剂具有不同的亲和力而将它们分离。《中国药典》收载的硫酸软骨素采用强阴离子交换硅胶为填充剂，采用离子交换色谱进行含量测定。一些生化药物在水溶液体系中可解离为带电荷的离子，若向其中加入相反电荷的离子，使其形成中性的离子对，会增大在非极性固定相中的溶解度，提高分配系数，改善分离效能，此为离子对色谱法。分离带正电荷的生化药物，常用离子对试剂是烷基磺酸盐，如戊烷磺酸盐、己烷磺酸盐、庚烷磺酸盐和辛烷磺酸盐等。分离带负电荷的生化药物，常用离子对是四丁基季铵盐，如四丁基铵磷酸盐等。分子排阻色谱法常用的固定相是亲水性有机凝胶（如葡聚糖、琼脂糖、聚丙烯酰胺等）、硅胶或改性硅胶等，流动相是可以溶解样品的低黏度缓冲溶液或有机溶剂-缓冲溶液混合溶液等。《中国药典》收载的重组人生长激素采用分子排阻色谱法进行含量测定。

2. 效价测定

效价测定均采用国际或国家参考品，或经过国家检定机构认可的参考品，以体内或体外法（细胞法）测定其生物学活性，并标明其活性单位。一般用免疫学方法测定的效价不能代替生物学效价，只能作为中间品的质量控制。在测定效价的同时，应测定蛋白质含量，计算出特异比活性，活性以单位数/毫克蛋白（IU/mg）表示。

(1) 滴定法：根据生化药物能与标准溶液定量地发生酸碱中和反应、氧化还原反应等特性，通过滴定而进行生化药品效价测定的方法。《中国药典》收载的抑肽酶、胰酶中胰淀粉酶和胰脂肪酶的效价测定均采用滴定法。如胰酶中胰淀粉酶的测定，利用氧化还原反应，以 1% 马铃薯淀粉溶液为底物，经胰淀粉酶水解后产生还原糖，在碱性溶液中过量的碘滴定液氧化生成的还原糖，而剩余的碘滴定液用硫代硫酸钠滴定液滴定至无色。根据 1 mL 碘滴定液（0.05 mol·L^{-1}）相当于 9.008 mg 无水葡萄糖的滴定度来推算还原糖的含量，从而求得 1 g 胰酶中含胰淀粉酶的活力（单位）。

胰酶中胰脂肪酶的测定，利用酸碱中和反应，以橄榄油乳液为底物，经胰脂肪酶水解后产生脂肪酸，根据氢氧化钠滴定液（0.1 mol·L^{-1}）滴定使反应液的 pH 恒定在 9.0 所消耗的量（mL），计算 1 g 胰酶中含胰脂肪酶的活力（单位）。

(2) 紫外-可见分光光度法：《中国药典》二部收载的细胞色素 C、胰酶和胃蛋白酶的效价测定均采用紫外-可见分光光度法。如胃蛋白酶的效价测定：取试管 6 支，其中 3 支各精密加入对照品溶液（酪氨酸溶液）1 mL，另 3 支各精密加入供试品溶液 1 mL，置 37℃±0.5℃水溶液，保温 5 min，精密加入预热至 37℃±0.5℃的血红蛋白试液 5 mL，摇匀，在 37℃±0.5℃水浴中反应 10 min，立即精密加入 5% 三氯醋酸溶液 5 mL，摇匀，滤过，取续滤液备用。另取试管 2 支，各精密加入血红蛋白试液 5 mL，置 37℃±0.5℃水溶液保温 10 min，精密加入 5% 三氯醋酸溶液 5 mL，其中 1

支加供试品溶液 1 mL,另 1 支加对照品溶液 1 mL,摇匀,滤过,取续滤液,分别作为供试品和对照品的空白对照,在 275 nm 的波长处测定吸光度,算出平均值 $\bar{A}$ 和 $\bar{A}_s$,按下式计算效价。

$$1 \text{ g 含蛋白酶(单位)} = \frac{\bar{A} \times m_s \times n}{\bar{A}_s \times m \times 10 \times 181.19}$$

式中,$\bar{A}_s$ 为对照品的吸光度平均值,$\bar{A}$ 为供试品的吸光度平均值,m_s 为 1 mL 对照品溶液中含酪氨酸的量(μg),m 为供试品取样量(g),n 为供试品稀释倍数。

(3)生物法:《中国药典》通则中收载了多种测定生化药物效价的生物方法,如硫酸鱼精蛋白生物测定法、缩宫素生物测定法、绒促性素生物测定法和肝素生物测定法。

六、生产过程质量控制

生化药物主要是来源于动物器官、组织、血液、植物或微生物,经提取获得的一大类内源性生理活性物质。一般从天然生物材料制作生化药物的过程大体分为六个阶段:① 原料的选择和预处理;② 原料的粉碎;③ 提取,即从原料中经溶剂分离有效成分,制成粗品的工艺过程;④ 纯化,即粗制品经盐析、有机溶剂沉淀、吸附、色谱、透析、超离心、膜分离、结晶等步骤进行精制的工业过程;⑤ 干燥及保存;⑥ 制剂,即原料药经精细加工制成片剂、针剂、冻干剂等供临床应用的各种剂型。

不是每个生化药物的制备都完整地具备以上六个阶段,也不是每个阶段都截然分开。选择性提取包含着分离纯化;沉淀分离包含着浓缩;从发酵液中分离胞外酶,则不用粉碎细胞,离心过滤去除菌体后,就可以直接进行分离纯化。选择分离纯化的方法及各种方法的先后顺序也因材料而异。选择性溶解和沉淀是经常交换使用的方法,贯穿整个制造过程。各种柱色谱常放在纯化的后阶段,结晶则只有在产品到一定纯度后进行,才会收到良好效果。无论在哪个阶段,进行何种操作,都必须注意在操作中保存生化药物的完整性,防止变性和降解的发生。

蛋白质、酶和核酸都具有完整和精巧的分子空间结构,除化学键外还要靠氢键和范德华力形成特定的三维结构,对外界条件非常敏感,过酸、过碱、高温、剧烈的机械作用等都可能导致其活性丧失,这是生化制药的一个突出特点。所以,在整个分离纯化过程中,选择的条件应该是温和的,常在低温下进行。另外,要防止体系中的重金属离子、细胞自身酶及其他有害物质的污染,防止原料染菌腐败,严格控制环境和操作卫生。

(一)生物材料的选取与预处理

见本章第一节"四、(三)生物材料准备"。

(二)生物活性物质的提取

提取是利用目的物的溶解特性,将目的物与细胞的固形成分或其他结合成分分离,使其由固相转入液相或从细胞内的生理状态转入特定溶液环境的过程。生物活性物质的提取常用浸渍法(用冷溶剂溶出固体材料中的物质)与浸煮法(用热溶剂溶出目的物)。应特别注意:

1. 提取方法的选择

提取是分离纯化活性物质的第一步,其目的是除去与目的物性质差异大的杂质,浓缩目的物。要获得好的提取效果,最重要的是针对生物材料和目的物的性质选择合适的溶剂系统与提取条件。影响提取的因素主要有：① 温度：多数物质的溶解度随提取温度的升高而增加，另外较高的温度可以降低物料的黏度，有利于分子扩散和机械搅拌；② 酸碱度：多数生化物质在中性条件下较稳定，所以提取用的溶剂系统原则上应避免过酸或过碱，pH 一般应控制在 4～9 范围内；③ 盐浓度：盐离子的存在能减弱生物分子间离子键及氢键的作用力，水合作用增强；④ 溶剂：常用水及稀盐、稀酸、稀碱溶液，或者不同比例的有机溶剂，如乙醇、丙酮、三氯甲烷、四氯化碳等。水是最常用且广泛、廉价易得的提取溶剂。利用"水合作用"促使蛋白质、核酸、多糖等生物大分子与水形成水合分子或水合离子，从而促使它们溶解于水或水溶液中。

2. 活性物质的保护措施

在提取过程中，保持目的物的生物活性十分重要，对于一些生物大分子，如蛋白质、酶及核酸类药物常采用的保护措施：① 采用缓冲系统：提取溶剂采用缓冲系统，防止提取过程中某些酸碱基团的解离导致溶液 pH 的大幅度变化，使某些活性物质变性失活，或因 pH 变化太大影响提取效率；常用缓冲系统有磷酸盐缓冲溶液、柠檬酸缓冲溶液、Tris 缓冲溶液、醋酸盐缓冲溶液、碳酸盐缓冲溶液、硼酸盐缓冲溶液和巴比妥缓冲溶液等，所使用的缓冲溶液浓度较低，以利于增加溶质的溶解性能；② 添加保护剂：为防止某些生理活性物质活性基团及酶中心受破坏，常添加保护剂，如巯基是许多活性蛋白质和酶的催化活性基团，易被氧化，可加入半胱氨酸还原型谷胱甘肽等。提取酶时常加入适量底物以保护活性中心；③ 抑制水解酶的作用：抑制水解酶活力是提取操作中最重要的保护性措施之一。根据不同水解酶的性质采用不同方法：需要金属离子激活的水解酶常加入 EDTA 或用柠檬酸缓冲溶液，以降低或除去金属离子使酶活力受到抑制；对热不稳定的水解酶，可选择热变性提取法，使酶失活；④ 其他保护措施：为了保护某些生物大分子的活性，也要注意避免紫外线、强烈搅拌、过酸、过碱、高温、高频振荡等。

3. 生物活性物质的浓缩

生物活性物质提取液在进一步分离纯化前，需进行浓缩，以便于进一步的操作。由于多数生化成分对热不稳定，常采用一些较为缓和的浓缩方法：① 盐析浓缩：用添加中性盐的方法使某些蛋白质（或酶）从稀溶液中沉淀出来，从而达到样品浓缩的目的。最常用的中性盐是硫酸铵，其次是硫酸钠、氯化钠、硫酸镁、硫酸钾等；② 有机溶剂沉淀浓缩：在生物大分子的水溶液中，逐渐加入乙醇、丙酮等有机溶剂，可以使生化物质的溶解度明显降低，从溶液中沉淀出来。该法的优点是溶剂易于回收，样品不必透析除盐，低温操作，对大多数生物大分子较为稳定，但可能使某些蛋白质或酶失活；③ 用葡聚糖凝胶浓缩：向稀样品溶液中加入固体的干葡聚糖凝胶，缓慢搅拌，葡聚糖凝胶吸水膨胀，过滤，生物大分子全部留在溶液中；④ 用聚乙二醇浓缩：将待浓缩液放入透析袋内，袋外覆以聚乙二醇，袋内的水分很快被袋外的聚乙二醇所吸收，在短时间内，可以浓缩几十倍至几百倍；⑤ 超滤浓缩：用不同型号的超滤膜浓缩不同相对分子质量的生物大分子；⑥ 真空减压浓缩与薄膜浓缩：真空减压浓缩在生物药物生产中使用较为普遍，具有生产规模大、蒸发温度低、蒸发速度快等特点。薄膜浓缩的加速蒸发原理是增加汽化表面积，使液体形成薄膜而蒸发，成膜的液体具有大的表面。

4. 干燥

干燥是使物质从固体或半固体状除去存在的水分或其他溶剂，从而获得干燥物品的过程。干燥多用加热法进行，如膜式干燥、气流干燥、减压干燥等。此外冷冻干燥、喷雾干燥及红外线干燥等也常用。

（三）分离纯化的质量控制

提取是分离纯化目的物的第一步，所选用的溶剂应对目的物具有最大溶解度，并尽量减少杂质进入提取液中，为此可调整溶剂的 pH、离子强度、溶剂成分配比和温度范围等。分离纯化是生化制备的核心操作。由于生化物质种类繁多，分离纯化的实验方案也是千变万化，没有一种分离纯化方法可适用于所有物质的分离纯化，一种物质也不可能只有一种分离纯化方法。

（1）在分离纯化的早期，由于提取液中的成分复杂，目的物浓度较稀，与目的物理化性质相似的杂质多，分离纯化的方法以选择低分辨能力、大负荷量者为宜。随着新技术的建立，特异性方法也逐渐应用于生化药物的分离纯化，方法的分辨力愈高，意味着提纯步骤愈简化、收率愈高、药物变性或失活危险愈低，亲和层析法、纤维素离子交换色谱法等在一定条件下，也可用于从粗提取液中分离制备小量目的物。

（2）各种分离纯化方法的使用程序，生化物质的分离都是在液相中进行，分离方法主要依据物质的分配系数、相对分子质量大小、离子电荷性质及数量和外界环境条件的差别等因素为基础，而每一种方法又都在特定条件下发挥作用。所以，不适宜在相同或相似条件下连续使用同一种分离方法。

（3）在分离纯化后期，目的物已十分集中，必须注意避免产品的损失，主要损失途径是器皿的吸附、空气的氧化和不可预知的因素。

七、原料药分析

（1）相对分子质量的测定：生物药物除氨基酸、核苷酸、辅酶及甾体激素等属化学结构明确的小分子化合物外，大部分为大分子物质（如蛋白质、多肽、核酸、多糖类等），其相对分子质量一般为几千至几十万，具有复杂的结构，有些相对分子质量往往不是一个定值，甚至有的化学结构也不确定。因此，给分析和质量检验工作带来很大的困难，但此类药物常需要进行纯度检查和相对分子质量的测定。对大分子的生物药物而言，即使组分相同，往往由于相对分子质量不同而产生不同的生理活性。例如：肝素是由 D-硫酸氨基葡萄糖和葡萄糖醛酸组成的酸性黏多糖，能明显延长血凝时间，有抗凝血作用；而低相对分子质量肝素，其抗凝血活性低于肝素。所以，生化药物常需进行相对分子质量的测定。

（2）安全性检查：由于生化药物的性质特殊、生产工艺复杂，易引入特殊杂质，故生化药物常需做安全性检查，如热原检查、过敏试验、异常毒性试验等。药典收载的抑肽酶，规定进行热原、异常毒性和降压物质的检查。

（3）生化法确证结构：在大分子生化药物中，由于有效结构或相对分子质量不确定，其结构很难用元素分析、X 射线衍射法、红外光谱法、紫外光谱法、核磁共振光谱法和质谱法等方法证实，往往用生化法如氨基酸组分分析、氨基酸序列分析等方法加以证实。

（4）效价（含量）测定：生化药物在定量分析和含量的表达方式也有所不同。通过理化分析法进行含量测定，以表明其有效成分的含量，但对某些药物需进行效价测定或酶活力测定，以表明其有效成分生物活性的高低。药典收载的天冬酰胺酶，采用凯氏定氮法测定蛋白质含量，还规定测定其酶活力。

八、制剂分析

(一) 胰岛素的分析

胰岛素系自猪胰提取制得的具有降低血糖作用的物质,为重要的蛋白质类药品。人类对胰岛素的研究已有近 200 年的历史,早在 1788 年人们就发现了糖尿病的产生与胰功能的破坏有密切关系。从 1923 年起,开始将胰中获得的胰岛素应用于临床;1926 年得到结晶体,是第一个有生物活性的蛋白质结晶;1955 年阐明了它的一级结构;1965 年我国在世界上首先完成了结晶牛胰岛素的全合成;1970 年又用 X 射线衍射方法阐明了其空间构型。胰岛素是一种多肽类物质,由 51 个氨基酸残基组成,分 A 链(含 21 个氨基酸残基)和 B 链(含 30 个氨基酸残基),两链之间由 2 个二硫键相连,A 链本身还有 1 个二硫键。相对分子质量为 5778。晶体胰岛素含锌约 0.4%,等电点 5.30～5.35。在 pH 为 3.5 微酸溶液中稳定,微碱溶液中不稳定,遇蛋白酶、强酸、强碱均会被破坏。

以下是《中国药典》的检验方法。

1. 性状

白色和类白色的结晶性粉末。在水、乙醇中几乎不溶;在无机酸或氢氧化钠溶液中易溶。

2. 鉴别

(1) HPLC 法:供试品溶液的主峰与对照品溶液的主峰的保留时间应一致。

(2) HPLC 肽图谱比较:取供试品适量,用 0.1%三氟醋酸溶液制成 1 mL 中含 10 mg 的溶液,取 20 μL,加 0.2 mol·L^{-1}三羟甲基氨基甲烷-盐酸缓冲溶液(pH 7.3)20 μL、0.1%V8 酶溶液 20 μL 与水 140 μL,混匀,置 37℃水浴中 2 h 后,加磷酸 3 μL,作为供试品溶液;另取胰岛素对照品适量,同法制备,作为对照品溶液。采用 HPLC 梯度洗脱,记录色谱图,供试品溶液的肽图谱应与对照品溶液的肽图谱一致。

3. 检查

相关蛋白质 取供试品适量,用 0.01 mol·L^{-1}盐酸制成 1 mL 中约含 3.5 mg 的溶液,作为供试品溶液(临用新制,置 10℃以下保存)。采用 HPLC 法进行分析,以 0.2 mol·L^{-1}硫酸盐缓冲溶液(pH 2.3)-乙腈(82∶18)为流动相 A,乙腈-水(50∶50)为流动相 B,进行梯度洗脱,调节流动相比例使胰岛素的保留时间约为 25 min。取供试品溶液 20 μL 注入液相色谱仪,记录色谱图,按峰面积归一化法计算,A$_{21}$脱氨胰岛素不得大于 5.0%,其他相关蛋白质不得大于 5.0%。

高分子蛋白质 取供试品适量,用 0.01 mol·L^{-1}盐酸制成 1 mL 中约含 4 mg 的溶液,作为供试品溶液,照分子排阻色谱法试验。以亲水改性硅胶为填充剂(3～10 μm);冰醋酸-乙腈-0.1%精氨酸溶液(15∶20∶65)为流动相;流量为 0.5 mL·min^{-1};检测波长为 276 nm。取胰岛素单体-二聚体对照品(或取胰岛素适量,置 60℃放置过夜),用 0.01 mol·L^{-1}盐酸制成 1 mL 中约含 4 mg 的溶液,取 100 μL 注入液相色谱仪,胰岛素单体与二聚体峰的分离度应符合要求。取供试品溶液 100 μL 注入液相色谱仪,记录色谱图。除去保留时间大于胰岛素峰的其他峰面积,按峰面积归一化法计算,保留时间小于胰岛素的所有峰面积之和不得大于 1.0%。

干燥失重 取供试品 0.2 g,精密称定,在 105℃ 干燥至恒重,减失重量不超过 10.0%。

锌 取供试品适量,精密称定,加 0.01 mol·L⁻¹ 盐酸溶解并定量稀释制成 1 mL 约含 0.1 mg 的溶液,作为供试品溶液。另精密量取锌单元素标准溶液(每 1 mL 中含锌 1000 μg)适量,用 0.01 mol·L⁻¹ 盐酸分别定量稀释制成 1 mL 中含锌 0.20 μg、0.40 μg、0.80 μg、1.00 μg 与 1.20 μg 的锌标准溶液。照原子吸收分光光度法(《中国药典》通则 0406 第一法),在 213.9 nm 的波长处测定吸光度。按干燥品计算,含锌量不得过 1.0%。

细菌内毒素 取供试品,加 0.1 mol·L⁻¹ 盐酸溶解并稀释制成 1 mL 中含 5 mg 的溶液,按《中国药典》通则 1143 依法检查,1 mg 胰岛素中含内毒素的量应小于 10 EU。

微生物限度 取供试品 0.2 g,按《中国药典》通则 1105 依法检查,1 g 中需氧菌总数不得过 300 cfu。

生物活性 取供试品适量,照胰岛素生物测定法(《中国药典》通则 1211)依法测定,1 mg 的效价不得小于 15 单位。

4. 含量测定

照高效液相色谱法(《中国药典》通则 0512)测定。

色谱条件与系统适用性试验 用十八烷基硅烷键合硅胶为填充剂(5~10 μm);以 0.2 mol·L⁻¹ 硫酸盐缓冲溶液-乙腈(74∶26)为流动相;柱温为 40℃;检测波长为 214 nm。取胰岛素对照品溶液 20 μL,注入液相色谱仪,记录色谱图,胰岛素峰和 A₂₁ 脱氨胰岛素峰之间的分离度应不小于 1.8,拖尾因子应不大于 1.8。

测定法 取供试品适量,精密称定,加 0.01 mol·L⁻¹ 盐酸溶解并定量稀释制成 1 mL 约含 40 单位的溶液(临用新制,2~4℃ 保存,48 h 内使用)。精密量取 20 μL 注入液相色谱仪,记录色谱图;另取胰岛素对照品适量,同法测定。按外标法以胰岛素峰面积与 A₂₁ 脱氨胰岛素峰面积之和计算,即得。

目前各国药典均采用生物检定法作为胰岛素效价测定的法定方法。其中有些国家采用兔血糖法,我国及另一些国家采用小鼠血糖下降法,也有用小鼠惊厥法。

近年来,有人采用放射性核素标记葡萄糖技术和放射免疫法测定胰岛素的效价,其灵敏度要比生物检定法高得多。纯度检查一般采用聚丙烯酰胺凝胶电泳法或高效液相色谱法。也可采用毛细管电泳法检查纯度,效果更好。

(二) 尿激酶的分析

尿激酶系从新鲜人尿中提取的一种能激活纤维蛋白溶酶原的酶。它是由高相对分子质量尿激酶(M_r 54000)和低相对分子质量尿激酶(M_r 33000)组成的混合物,高相对分子质量尿激酶含量不得少于 90%,每 1 mg 蛋白中尿激酶活力不得少于 12 万单位。

1. 性状

为白色或类白色粉末。

2. 鉴别

取效价测定项下的供试品溶液,用巴比妥-氯化钠缓冲溶液(pH7.8)稀释成 1 mL 中含 20 单位的溶液,吸取 1 mL,加牛纤维蛋白原溶液 0.3 mL,再依次加入牛纤维蛋白溶酶原溶液 0.2 mL 与牛凝血酶溶液 0.2 mL,迅速摇匀,立即置 37℃±0.5℃ 恒温水浴中保温,计时,应在 30~45 s 内凝结,且凝块在 15 min 内重新溶解。以 0.9% 氯化钠溶液作空白对照,同法操作,凝块在 2 h 内不溶。

3. 检查

(1) 溶液的澄清度与颜色:取供试品,加 0.9% 氯化钠溶液制成 1 mL 中含 3000 单位的溶液,应澄清无色。

(2) 分子组分比:按本章第 2 节中计算高相对分子质量尿激酶相对含量(%)公式计算分子组分比。

(3) 干燥失重:取供试品,以五氧化二磷为干燥剂,在 60℃减压干燥至恒重,减失重量不得过 5.0%(《中国药典》通则 0831)。

(4) 乙肝表面抗原:取供试品,加 0.9% 氯化钠溶液制成 1 mL 中含 10 mg 的溶液,按试剂盒说明书项下测定,应为阴性。

(5) 异常毒性:取供试品,加氯化钠注射液制成 1 mL 中含 5000 单位的溶液,依法检查(《中国药典》通则 1141),按静脉注射法给药,应符合规定。

(6) 细菌内毒素:取供试品,依法检查(《中国药典》通则 1143),每 1 万单位尿激酶中含内毒素的量应小于 1.0 EU。

(7) 凝血质样活性物质。

血浆的制备　取新鲜兔血,加入 3.8% 枸橼酸钠溶液(9 mL 兔血加 3.8% 枸橼酸钠溶液 1 mL),混匀,在 2～8℃条件下,以 5000 r·min^{-1} 离心 20 min。取上清液在 −20℃速冻保存备用,用前在 25℃融化。

测定法　取供试品,加巴比妥缓冲溶液(pH 7.4)使成 1 mL 中含 5000 单位、2500 单位、1250 单位、625 单位及 312 单位的供试品溶液。若供试品中含乙二胺四醋酸盐或磷酸盐,必须先经巴比妥缓冲溶液(pH 7.4)在 2℃透析除去,再配成上述浓度的溶液。

取小试管(12 mm × 75 mm)7 支,第 1 管和第 7 管各加巴比妥缓冲溶液(pH 7.4) 0.1 mL 作空白对照,其余 5 管分别加入上述倍比稀释的供试品溶液各 0.1 mL,再依次加入 6 -氨基己酸溶液和血浆各 0.1 mL,轻轻摇匀,在 25℃水浴中,静置 3 min,加入已预温至 25℃的氯化钙溶液 0.1 mL,混匀,放入水浴,并立即计时。注意观察血浆凝固,终点判断为轻轻倾斜试管置水平状,溶液呈斜面但不流动,记录凝固时间(s)。每种浓度测 3 次,求平均值(3 次测定中最大值与最小值的差不得超过平均值的 10%)。以供试品溶液浓度的对数为纵坐标,复钙缩短时间(空白管的凝固时间减去供试管的凝固时间)为横坐标绘图。连接不同稀释度的供试品各点,应成一直线,延伸直线与纵坐标轴的交点为供试品浓度,即凝血质样活性为零值时的供试品酶活力,按 1 mL 供试品溶液的单位表示,1 mL 应不得少于 150 单位。

4. 效价测定(酶活力)

(1) 试剂:牛纤维蛋白原溶液　取牛纤维蛋白原,加巴比妥-氯化钠缓冲溶液(pH 7.8)制成 1 mL 中含 6.67 mg 可凝结蛋白的溶液。

牛凝血酶溶液制备　取牛凝血酶,加巴比妥-氯化钠缓冲溶液(pH 7.8)制成 1 mL 中含 6.0 单位的溶液。

牛纤维蛋白溶酶原溶液制备　取纤维蛋白溶酶原,加三羟甲基氨基甲烷缓冲溶液(pH 9.0)制成 1 mL 中含 1～1.4 酪蛋白单位的溶液。

混合溶液　临用前取等体积的牛凝血酶溶液和牛纤维蛋白溶酶原溶液,混匀。

（2）标准品溶液的制备:取尿激酶标准品,加巴比妥-氯化钠缓冲溶液（pH 7.8)溶解并定量稀释制成 1 mL 中含 60 单位的溶液。

（3）供试品溶液的制备:取供试品适量,加巴比妥-氯化钠缓冲溶液（pH 7.8)溶解并定量稀释成与标准品溶液相同的浓度。

（4）测定法:取试管 4 支,各加牛纤维蛋白原溶液 0.3 mL,置 37℃± 0.5℃水浴中,分别加入巴比妥-氯化钠缓冲溶液（pH 7.8)0.9 mL、0.8 mL、0.7 mL、0.6 mL,依次加标准品溶液0.1 mL、0.2 mL、0.3 mL、0.4 mL,再分别加混合溶液 0.4 mL,立即摇匀,分别计时。反应系统应在30～40 s 内凝结,当凝块内小气泡上升到反应系统体积一半时作为反应终点,立即计时。每种浓度测 3 次,求平均值（3 次测定中最大值与最小值的差不得超过平均值的 10％)。以尿激酶的浓度的对数为横坐标,以反应终点时间的对数为纵坐标,进行线性回归。供试品按上法测定,用线性回归方程求得效价,计算 1 mg 供试品的效价（单位)。

第三节　放射性药物分析

放射性药物系指含有一种或几种放射性核素供医学诊断和治疗用的药物。放射性药物的生产、经营、检验、使用等,应遵照《中华人民共和国药品管理法》和中华人民共和国国务院颁布的《放射性药品管理办法》的有关规定办理。通常是按临床核医学的用途分类即体内放射性药物和体外放射性药物:体内放射性药物又分为诊断用放射性药物（显像药物和非显像药物)和治疗用放射性药物;体外放射性药物主要指放射性核素标记的免疫诊断试剂盒,这类试剂盒作为放射性药物是国务院发布的《放射性药品管理办法》明确规定的。

一、检测特点

放射性药物像其他药物一样,保证它的安全、有效是基本要求。放射性药物具有放射性和不稳定性的特点,因此放射性药物的检测还须强调其特殊要求:放射性药物中的放射性核素是不稳定的,放射性药物从生产、制备、质量控制到临床使用,必须强调"记录时间"的概念。大多数放射性药物有效期很短。如含^{99m}锝 [^{99m}Tc]的药物一般为 6～8 h。这就给药品的检验、经营、进出口等诸多方面带来不便,显示出与普通药物截然不同的特点。

在医院中,大部分放射性药物是通过用适当的放射性核素将现成的药盒复溶制备,这种复溶操作导致形成了一种"新"的化合物。除了对非放射性药物要求外,在最后一步制备成放射性药物后,必须进行质量检测。

二、基本概念

1. 核素

核素系指有特定质量数、质子数和核能态,而且平均寿命长到足以被观察的一类原子。某些核素自发地放出一种或几种粒子或 γ 射线,或在发生轨道电子俘获后放出 X 射线,或发生自发裂变的性质称为放射性。具有放射性的核素称为放射性核素。

2. 放射性活度

放射性活度系指一种放射性核素每秒的原子核衰变数。法定计量单位以贝可(Bq)计。比活度系指某一种放射性核素的元素或其化合物的单位质量的放射性活度。

3. 放射性浓度

放射性浓度系指溶液中某一放射性核素单位体积的放射性活度。

4. 放射性核纯度

放射性核纯度系指某一指定化学形式的放射性核素的放射性量占该核素总放射性量的比例(%)。

三、检验方法

放射性药物的质量控制主要包括理化和生物学质控,即放射性药物的质量检验一般分为物理、化学和生物学检验三个方面。物理检验包括:性状(色泽、澄清度、粒子等)的观察、放射性核素的鉴别、放射性核纯度、放射性活度等检验项目;化学检验包括:溶液或注射液的 pH 测定、放射化学纯度、化学纯度等检验项目;生物学检验包括:无菌、热原(细菌内毒素)、生物分布及生物活性等检验项目。

(一) 物理化学检验

1. 性状

放射性药物大多数为注射剂或口服溶液。一般应为无色澄清液体。性状检验方法是在规定了一定照度的澄清度仪上,在有防护的条件下,肉眼观察供试品的色泽和澄清度。少数放射性药物有颜色,如胶体^{32}磷$[^{32}P]$酸铬注射液为绿色的胶体溶液;^{51}铬$[^{51}Cr]$酸钠注射液为淡黄色澄明液体;邻碘$[^{131}I]$马尿酸钠注射液为淡棕色澄明液体等。还有个别的放射性药物是含有颗粒的悬浮剂,如锝$[^{99m}Tc]$聚合白蛋白注射液,为白色颗粒悬浮液,静置后,颗粒沉降于瓶底。

2. 鉴别

放射性药品的鉴别分为放射性核素鉴别和品种鉴别,后者可采用放射化学纯度项下的方法进行。

放射性核素的鉴别系利用每一放射性核素的固有衰变特征,定性辨认核素。精确测量放射性核素的半衰期、质量吸收系数或 γ 射线能谱,分别用《中国药典》通则 1401 中的半衰期测定法、质量吸收系数法、γ 谱仪法测量。只要确证供试品中放射性核素与标签或使用说明书标明的核素一致,即认为符合规定。

(1) γ 谱仪法:测得的放射性核素 γ 射线能谱应与该核素固有的 γ 射线能谱一致,其主要光子的能量应符合该品种项下的规定。

(2) 半衰期测定法:根据放射性核素的性质,选择合适的探测仪器,根据仪器的测量范围和核素半衰期,将适量供试品制成一定形态的源,并保持源与仪器探测的几何条件不变,然后按一定时间间隔测量计数率,测定次数不少于 3 次,测定时间不低于固有半衰期的 1/4,以时间为横坐标,测量的计数率为纵坐标,在半对数坐标纸上作图,由图计算半衰期 $t_{1/2}$,与其固有的半衰期比较,误差应不大于±5%。

（3）质量吸收系数法：一般用于较长半衰期的纯 β 放射性核素。

3. 纯度检查

（1）放射性核纯度测定法：放射性药品中可能存在放射性核素杂质，必须根据射线性质及对人体的辐射危害程度，确定其限量要求，一般用测量时刻的杂质核素的放射性活度或放射性药品的指定核素的放射性活度占供试品的放射性总活度的比例（％）表示。可选用锗半导体多道 γ 谱仪，在谱仪保持正常工作的环境条件下，固定刻度源与供试品源的形态大小及源与探测器的几何条件，并保持不变。采用已知活度和能量大小成系列的一组标准 γ 射线源，对谱仪进行能量和探测效率刻度后，根据已知的核素参数及对供试品测算的 γ 射线能谱的峰面积计算，即可获得供试品的放射性核纯度。

值得注意的是，有些放射性核素的衰变产物仍具有放射性，这些放射性核素及其衰变产物分别称为母体和子体，在计算放射性核纯度时子体不计为杂质。记载放射性核纯度时，应注明测定的日期和时间。

（2）放射化学纯度测定法：放射性药品中放射化学杂质可能从药品自身分解或制备过程中产生。放射化学纯度测定过程包括不同化学成分的分离及不同化学成分的放射性测量。具体测定方法主要使用《中国药典》通则 1401 中的"一法、二法、三法"。另外，能有效分离各种放射化学杂质的其他分离分析方法（如 HPLC 法、柱色谱法、薄层色谱法等），也可用于放射化学纯度测定。

放射化学纯度是衡量放射性药物质量的重要指标之一，也是放射性药物常规检验项目中最重要的项目。放射化学纯度的计算应在放射性核纯度的基础上进行。

4. 放射性活度（浓度）测定法

放射性活度是放射性药物的一个重要指标，特别是治疗用放射性药物的活度测定更应准确，它关系到给患者的剂量是否适宜。一般治疗用放射性药物的放射性活度测定值，应控制在标示值的 $\pm5\%$ 以内为好；一般放射性药物质量标准中活度测定值均在标示值的 $\pm10\%$。放射性药品的放射性浓度测定采用井型电离室为探测器的活度计，所用的标准源应符合计量标准，总不确定度在 $\pm5\%$ 以下（置信概率 99.7％）。

5. pH

放射性药物绝大部分是注射液，pH 测定是常规检验项目之一。放射性药物 pH 测定与普通药物不同，大部分供试品体积小，用一般 pH 计测定有困难，同时对操作人员的辐射剂量也高。多采用精密 pH 试纸法，但所用精密 pH 试纸在使用前应用 pH 计进行验证。一些有颜色的放射性药物则应采用微量 pH 计测定。

6. 化学纯度

化学纯度系指放射性药物中指定某些非放射性的化学成分的含量，与放射性无关。这些化学杂质一般是生产过程带入的，过量的化学杂质可能引起毒副作用或影响进一步放射性药物的制备和使用。如高锝[^{99m}Tc]酸钠注射液中含铝量，该品标准规定每毫升不得超过 $10~\mu g$。铝量过高影响对红细胞的标记。化学纯度的测定方法一般是用滴定法、分光光度法、原子吸收法等。化学纯度测定与放射性无关，所以如果不急于得到测定结果，可等到放射性核素衰变一段时间后，再进行分析，以减少操作人员承受的辐射吸收剂量和对设备的放射性污染。

7. 颗粒细度测定

对于胶体溶液或粒子混悬液的放射性药品,须测定颗粒直径及其分布。一般用电子显微镜测定直径为纳米级粒子,用普通光学显微镜测定直径为微米级粒子。

(二)生物学检验

1. 无菌检查

放射性药物大多数是注射液,需通过无菌检查,以确保制品中无活的微生物。照《中国药典》通则 1101 无菌检查法进行检测。但由于无菌检查法耗时很长,非常不适合放射性药物,特别不适短半衰期核素的放射性药物的无菌检查。发达国家药典均明确规定,无菌检查只是对制备工艺的确证,允许在无菌检查结果报告前发放制品。

2. 细菌内毒素检查

无论是热原还是内毒素,都没有直接的毒副作用,热原(内毒素)引起的毒副作用是间接的。1980 年美国药典推出细菌内毒素试验(bacterial endotoxin test)很快为世界各国药典接受,我国从 1990 年版药典开始至 2015 年版药典也将其作为放射性药品热原检查的替代方法。它具有灵敏性高、重复性好、经济、简单、快速等优点,但是它的缺点是不直接代表体内升温反应,存在假阳性(即制品不合格人体不一定出现热原反应),也存在假阴性,即内毒素以外的热原会被漏检。按标准方法或参照细菌内毒素检查法《中国药典》通则 1143 进行检测,应符合规定。

3. 生物分布

生物分布试验是保证每批放射性药物制剂体内适用性(潴留和清除)十分重要的试验。将一种放射性药物供试品注射到指定的动物模型,间隔一定的时间处死动物或给动物显像。解剖取出器官并测定每个器官的放射性计数,并以给药剂量的放射性计数为 100%,计算每个器官占注入剂量的百分数及靶和非靶器官(特别是邻近的)摄取比,以确定在靶器官中是否有足够的放射性,各个百分比不超过规定比值即为合格。

生物分布试验在放射性新药研究中,作为阐明药代动力学的一部分是必须报送的资料。在放射性药品的常规检验中也占有一定位置。如有些含锝[^{99m}Tc]放射性药物,放射化学纯度指标不能真正控制质量,如 ^{99m}Tc - MAA,因为任何简便的放射化学分离分析方法,均无法将 ^{99m}Tc - MAA 与 ^{99m}TcO$_2$ 分开,按照标准中规定方法测定的放射化学纯度的结果,实际上是两者之和,所以只好用生物分布试验来判断其质量。

4. 生物活性

有些放射性药物具有特定的生物活性,当这些活性物质被标记了放射性核素后,其生物活性不应改变。其检验方法与未标记放射性核素的生物活性物质相同,并尽可能将标记与未标记的供试品在相同条件下进行比较试验。

5. 其他

毒性、药代动力学、一般药理、药效学及医学内辐射吸收剂量(MIRD)等试验,只是在新药研究时,按照新药研究要求进行试验,在常规药品检验时均不要求。

四、生产过程检测

放射性药物可以是放射性核素的无机化合物,如碘[^{131}I]化钠、氯化亚铊[^{201}Tl]、氯化锶[^{89}Sr]

等,但大多数放射性药物一般由两部分组成:标记的放射性核素和配体[即非放射性的被标记物:被标记化合物、抗生素、血液成分、生物制剂(多肽、激素和抗体等)]。因此,放射性药物的生产过程一般包括 3 个步骤:生产放射性核素、合成配体(非放射性化合物的合成)、放射性核素与配体的反应(配体的标记)。

(一)放射性核素的制备

放射性药物制备的第一步,是生产合适的放射性核素。制备放射性药物的放射性核素有 2 个来源:基本来源与次级来源。基本来源是利用核反应堆或医用回旋加速器直接生产的放射性核素;次级来源是从放射性核素发生器系统间接获取的放射性核素。

1. 基本来源

(1)核反应堆生产:利用核反应堆强大的中子流轰击各种靶核,吸收中子后的靶核发生重新排列,变为不稳定的(放射性的)新核素。

(2)带电粒子加速器生产:有两种不同类型的粒子加速器:直线加速器和回旋加速器。加速器用带电粒子如电子、质子、氘核及 α 粒子轰击化合物的稳定核。直线加速器通过控制电流和电压使轰击粒子沿直线路径得到加速,而回旋加速器则通过电流和磁场使轰击粒子沿着环行路径得到加速。

2. 次级来源

次级来源系指利用发生器系统生产放射性核素的间接方法,发生器是一种从放射性核素母子体系中周期性分离出子体的系统。放射性母子体系中,母体核素不断衰变,子体核素不断增加,最后达到母子体体系放射性平衡。这种母、子体构成的发生器的结构,保证医院或中心放射性药房很容易用化学方法将子体和母体放射性核素分离。每隔一段时间,分离一次子体,犹如母牛挤奶,故放射性核素发生器又称"母牛"。

以母子体系分离方法的不同,分为色谱发生器、萃取发生器和升华发生器。当前均以母子体系的核素名称命名发生器,最常用的发生器是 ^{99} 钼-^{99m} 锝[^{99}Mo -^{99m}Tc]色谱发生器,简称 ^{99m} 锝 [^{99m}Tc]发生器。

在 ^{99m} 锝[^{99m}Tc]发生器中,依 ^{99} 钼[^{99}Mo]的生产方法不同,可分为核反应堆辐照天然钼、富集 ^{98} 钼[^{98}Mo]、^{235} 铀[^{235}U](裂变)制得的 ^{99m} 锝[^{99m}Tc]发生器。此外具有中国特色的以核反应堆辐照天然钼制备的(凝胶)^{99m} 锝[^{99m}Tc]发生器,仅在中国有商品供应。其优点是以天然钼为靶材料,成本低,以钼酸锆酰凝胶装柱,克服了色谱吸附剂吸附容量限制的困扰,从而制成高放射性活度的发生器。其缺点是:洗脱效率低,洗脱曲线峰半宽度较宽,峰位靠后导致洗脱体积大,"奶"液放射性浓度低。

(二)配体(非放射性的被标记物)的制备

放射性药物制备的第二步,是非放射性化合物的有机或无机合成。合成可能是简单的一步混合及适当试剂的回流,也可能是复杂的在不同物理化学条件下的多步工艺流程。依据临床研究的性质,非放射性化合物可能起一种"载体化合物"(亚甲基二磷酸盐)作用,将放射性核素输送至靶器官、组织,或者可能是一种络合物或螯合剂(配体),它们与放射性核素反应形成一种具有不同化学和生物学性质的"新化合物"(亚氨基二乙酸盐衍生物)。

对非放射性被标记物(配体)的基本要求是:

(1)易于制成"药盒";

（2）在毫克级剂量水平,没有毒性,不产生毒副效应;

（3）放射性核素标记后的产品,具有体内外稳定性;

（4）能提供一个官能团,便于放射性核素标记。

（三）放射性核素与配体的标记方法

放射性药物制备的最后一步,是放射性核素与非放射性化合物之间的反应。一般来说,放射性药物的标记方法包括合成法(生物合成、化学合成)、交换法、络合法(直接、间接络合)等。

（1）生物合成法:利用动物、植物或微生物的代谢过程或生物酶的活性,将放射性核素引入到需要的分子上。但在放射性药物制备中,现在已很少用了。

（2）化学合成法:为制备放射性药物的最经典的方法,其原理与普通化学合成法相似,只是在合成中使用了放射性核素作为原料。

（3）交换法:标记分子中一个或几个原子,被具有不同质量数的同种原子的放射性核素所置换的标记方法。交换反应是可逆反应,可通过调节反应条件(温度、pH 等)和加入催化剂控制反应的进行。

（4）络合法:大部分放射性药物是利用放射性核素以共价键或配位键的形式络合到标记的分子中,被标记分子不含标记的放射性核素的同位素,这种标记法称非核素介入法。

五、常见放射性药物

（一）显像用放射性药物

1. 含^{99m}锝$[^{99m}Tc]$放射性药品

自从 20 世纪 60 年代^{99m}锝$[^{99m}Tc]$发生器问世以来,放射性核素^{99m}锝$[^{99m}Tc]$已成为临床核医学无可替代的核素,美国药典(USP – NF(30 – 24))中含^{99m}锝$[^{99m}Tc]$放射性药品占全部放射性药品品种的 1/3。^{99m}锝$[^{99m}Tc]$具备了显像用放射性核素的全部要求,是目前临床核医学用量最大的诊断显像用放射性药品。^{99m}锝$[^{99m}Tc]$位于元素周期表ⅦB,与锰(Mn)、铼(Re)同为一族,锝元素在自然界是不存在的,所有锝元素都是人工制造的。锝共有 28 种核素,全部为放射性核素,物理半衰期最长的是^{98}锝$[^{98}Tc]$($t_{1/2} = 4.2 \times 10^6$ a),最短的是^{110}锝$[^{110}Tc]$($t_{1/2} = 0.83$ s),核医学最常用的是^{99m}锝$[^{99m}Tc]$($t_{1/2} = 6.02$ h)。

鉴于^{98}锝$[^{98}Tc]$放射性药品的特殊性,为了保证^{98}锝$[^{98}Tc]$放射性药品质量及其用药安全有效,根据《中华人民共和国药品管理法》和《放射性药品管理办法》,制订了^{98}锝$[^{98}Tc]$放射性药品质量控制指导原则。

载入《中国药典》的含^{99m}锝$[^{99m}Tc]$放射性制剂有:^{99m}锝$[^{99m}Tc]$亚甲基二膦酸盐注射液(^{99m}Tc-methylenediphosphonate Injection,^{99m}Tc-MDP);^{99m}锝$[^{99m}Tc]$依替菲宁注射液(^{99m}Tc-etifenin Injection,^{99m}Tc-EHIDA);^{99m}锝$[^{99m}Tc]$植酸盐注射液(^{99m}Tc-phytate Injection,^{99m}Tc-Phy);^{99m}锝$[^{99m}Tc]$喷替酸盐注射液(^{99m}Tc—pentetate Injection,^{99m}Tc-DTPA);^{99m}锝$[^{99m}Tc]$聚合白蛋白注射液(^{99m}Tc-albumin aggregated Injection,^{99m}Tc-MAA),^{99m}锝$[^{99m}Tc]$焦磷酸盐注射液(^{99m}Tc-pyrophosphated Injection,^{99m}Tc-PYP)。

2. ^{67}镓$[^{67}Ga]$、^{201}铊$[^{201}Tl]$、^{123}碘$[^{123}I]$、^{111}铟$[^{111}In]$加速器生产的放射性药品

（1）枸橼酸^{67}镓$[^{67}Ga]$注射液(Gallium ^{67}Ga-citrate injection,简称^{67}Ga-Citrate)

^{67}Ga 是在回旋加速器中,以质子轰击氧化锌靶,根据^{68}Zn 锌(p,2n)^{67}Ga 反应,再经溶靶及冷却一定时间(^{66}Ga 衰变),再与枸橼酸钠反应,用氢氧化钠调节 pH 至 5~8 制成本品。

(2)氯化亚^{201}铊[^{201}Tl]注射液(thallous ^{201}Tl chloride injection,^{201}TlCl)

^{201}Tl 是在回旋加速器中,以质子轰击天然^{203}铊[^{203}Tl],根据^{203}Tl(p,3n)^{201}Pb 反应,将^{201}Pb 从^{203}Tl 靶中纯化,放置一定时间后,使其衰变成^{201}Tl^{3+},经离子交换去除^{201}Pb。^{201}Tl^{3+} 还原成^{201}Tl^{+},蒸干,用生理盐水重新溶解后灭菌,即得。一价阳离子^{201}Tl 的生物特性与一价阳离子 K^{+} 相似。

(二)诊断用放射性药品

(1)高^{99m}锝[^{99m}Tc]酸钠注射液(sodium pertechnetate Injection ^{99m}Tc,^{99m}Tc);

(2)^{131}碘[^{131}I]化钠胶囊(sodium iodide ^{131}I capsuLes,^{131}I - Cap);

(3)邻碘[^{131}I]马尿酸钠注射液(sodium Iodohippurate Injection,^{131}I - Hipp);

(4)^{51}铬[^{51}Cr]酸钠注射液(sodium chromate ^{51}Cr Injection,^{51}Cr)。

(三)治疗用放射性药品

(1)^{131}碘[^{131}I]化钠口服溶液(sodium iodide ^{131}I oral solution,^{131}I);

(2)^{32}磷[^{32}P]酸钠盐口服溶液(sodium phosphate ^{32}P oral solution,^{32}P);

(3)^{32}磷[^{32}P]酸钠盐注射液(sodium phosphate ^{32}P Injection)同^{32}磷[^{32}P]酸钠盐口服溶液;

(4)胶体^{32}磷[^{32}P]酸铬注射液(colloidal chromium phosphate ^{32}P Injection,coLL –^{32}P)。

六、锝[^{99m}Tc]标记的植酸盐注射液分析实例

本品为锝[^{99m}Tc]标记的植酸盐的无菌溶液。含锝[^{99m}Tc]的放射性活度,按其标签上记载的时间,应为标示量的 90.0%~110.0%。

1. 制法

临用前,在无菌操作的条件下,依高锝[^{99m}Tc]酸钠注射液的浓度,取 4~6 mL,注入注射用亚锡植酸钠瓶中,充分振摇,使冻干物溶解,静置 5 min,即得。

2. 性状

本品为无色澄明液体。

3. 鉴别

(1)取供试品适量,照 γ 谱仪法(《中国药典》通则 1401)测定,其主要光子的能量为 0.140 MeV;或照半衰期测定法(《中国药典》通则 1401)测定,本品的半衰期应符合规定(5.72~6.32 h)。

(2)取供试品,照放射化学纯度项下的方法测定,在 R_f 值 0~0.1 处有放射性主峰。

4. 检查

pH 应为 3.5~6.0(《中国药典》通则 1401)。

细菌内毒素 取供试品适量,以细菌内毒素检查用水至少稀释 30 倍后,依法检查(《中国药典》通则 1143),供试品每 1 mL 含内毒素的量应小于 15 EU。

无菌 取供试品,依法检查(《中国药典》通则 1101),应符合规定。

5. 放射化学纯度

取供试品适量,以 85% 甲醇为展开剂,照放射化学纯度测定法一法(通则 1401)试验,锝[^{99m}Tc]植酸盐的放射化学纯度应不低于 95%。

6. 生物分布

取体重 20~25 g 健康小白鼠 3 只,分别由尾静脉注入体内本品 74~740 kBq,体积不得过 0.2 mL,注入 10~30 min 后处死,取出全肝与甲状腺,用合适的仪器分别测量其放射性。以公式 $\left(\dfrac{A}{B}\right) \times 100\%$ 计算肝与甲状腺的放射性百分数。式中,A 为各该脏器每分钟放射性的净计数,B 为注入鼠体内的放射性净计数。本品至少在 2 只小白鼠中,肝的放射性应不少于注入量的 70%;甲状腺的放射性应不超过注入量的 0.06%。

7. 放射性活度

取供试品,照放射性活度(浓度)测定法(《中国药典》通则 1401)测定,放射性活度应符合规定。

本章提要

本章主要介绍了生化药物、生物制品和放射性药物的性质、特点,原材料和制剂生产过程的质量控制。生物制品检测内容主要包括理化检定、安全检定和效力检定三个方面;生产过程质量控制主要包括原料的检定、半成品检定和成品检定等内容;生化药物常用鉴别方法包括理化鉴别法、生化鉴别法和生物鉴别法;生化药物的定量方法,除了理化测定(重量法、滴定法、比色法、高效液相色谱法)外,还有生化测定法(电泳法、酶法、免疫法、生物检定法);生化药物安全性检查的检查项目包括热原检查法、细胞内毒素检查、异常毒性检查、降压物质试验和无菌试验;放射性药物的质量检验分为三个方面,即物理检查(药物的性状的观察、放射性核素的鉴别、放射性核素纯度和放射性活度等检查项目),化学检查(溶液或注射液的 pH 测定、放射化学纯度、化学纯度等检查项目),生物学检查(无菌、热原、生物分布、生物活性等)。

关键词

理化鉴别法;生化药物;生物制品;放射性药物;生化鉴别法;生物鉴别法

思考题

1. 生物制品的检测项目和生产过程检测特点。
2. 生化药物的特点及常用分析方法。
3. 选择生物材料应考虑哪些因素,以及预处理时应注意事项有哪些?
4. 影响生物活性物质的提取、分离的因素有哪些?

(郑州大学 张振中)

第十二章 药用辅料分析

药用辅料（pharmaceutical excipients），是指生产药品和调配处方时使用的赋形剂和附加剂，是除活性成分或前体以外，在安全性方面已进行了合理的评估，并且包含在药物制剂中的物质。在作为非活性物质时，药用辅料除了赋形、充当载体、提高稳定性外，还具有增溶、助溶、调节释放等重要功能，是可能会影响到制剂质量、安全性和有效性的重要成分，其质量可靠性和多样性是保证剂型和制剂先进性的基础。因此，应关注药用辅料本身的安全性及药物-辅料相互作用及其安全性。

药用辅料是药物制剂的基础材料和重要组成部分，是保证药物制剂生产和发展的物质基础，在制剂剂型和生产中起着关键的作用。制剂中辅料占大部分，对制剂的安全性和疗效有直接影响；品质优良的辅料不但可以增强主药的稳定性、延长药品的有效期，调控主药在体内外的释放速度，还可以改善药物在体内的吸收，增加其生物利用度。药用辅料应经安全性评估对人体无毒害作用，化学性质稳定，一般不具备药理活性和治疗作用，不易受温度、pH、保存时间等的影响，与药物成分之间无配伍禁忌。药用辅料质量的优劣、所选辅料配方的科学性和合理性等，直接影响药物的生物利用度、毒副作用、不良反应的严重程度及临床药效的发挥。如1937年，美国田纳西州的某药厂未经有关政府部门批准，采用工业溶剂二甘醇代替酒精生产磺胺酏剂，用于治疗感染性疾病，导致300多名患者肾衰竭，100多人死亡，成为20世纪影响最大的药害事件之一，也是世界首例因药用辅料造成的药物损害事件。为了保证药用辅料的稳定性，消除制剂产品的差异性，辅料生产企业须加强药用辅料的质量控制。

一、药用辅料的分类

药用辅料的品种繁多，早在公元前1766年就以水为溶剂制备了世界上最早的药剂，逐渐开始用动物胶、蜂蜜、淀粉、醋、植物油、动物油等作为药用辅料。药用辅料在现代制剂中发挥着越来越大的作用，新辅料不断地涌现，促进了新剂型、新的系统的开发和制剂产品质量提高。我国的药用辅料产业仍处于初步发展阶段，目前制剂使用的药用辅料有500多种，而欧美等发达国家的药用辅料发展迅速，美国约1500种辅料，欧洲药用辅料约有3000种。药用辅料可以根据来源、化学结构、用途、剂型和给药途径等进行分类。

1. 按来源可分为天然物、半合成物和全合成物。如大豆磷脂是从大豆中提取精制而得的磷脂；丁香油是丁香干燥花蕾经水蒸气蒸馏提取的挥发油。

2. 按用于制备的剂型可分为片剂、注射剂、胶囊剂、颗粒剂、眼用制剂、鼻用制剂、栓剂、丸剂、软膏剂等剂型的药用辅料。

3.按用途可分为溶媒、抛射剂、增溶剂、助溶剂、乳化剂、着色剂、黏合剂、崩解剂、填充剂、润滑剂、载体材料等,如玉米淀粉可用作填充剂和崩解剂;甘油可用作溶剂和助悬剂等。

4.按应用途径可分为口服、注射、黏膜、经皮或局部给药、经鼻或口腔吸入给药和眼部给药等药用辅料。

5.按化学结构可分为无机化合物和有机化合物。《中国药典》收载的无机化合物辅料有16种,如用作抗氧剂的亚硫酸氢钠,用作pH调节剂的无水碳酸钠。有机化合物辅料又有聚合物、纤维素、酯等多种,如用作软膏基质和润滑剂的聚乙二醇4000,用作崩解剂和填充剂的交联羧甲纤维素钠等。

二、药用辅料质量标准

我国药用辅料产业起步较晚,20世纪70年代之前,基本上没有开发和应用新药用辅料,整个药用辅料产业主要表现为品种少、生产企业少、质量不高,缺乏药用辅料标准。随着国外应用辅料研发新剂型的先进理念进入国内,国内药用辅料得到了快速发展,品种逐步增多,针对制剂创新的新型药用辅料层出不穷。药用辅料注册制、GMP等制度相继推出,大大提高了药用辅料行业的准入门槛,药品辅料的质量不断提高。目前,涉及药用辅料行业的法规和标准主要有《药品管理法》、《药用辅料生产质量管理规范》、《药用辅料注册资料申报要求》及《中国药典》等。

(一)《中国药典》

《中国药典》自1977年版开始收载凡士林、淀粉、糊精、石蜡等几种,1990年版收载有31种,2000年版收载62种,2005年版收载的药用辅料有72种,而2010年版中已经增加到132种,2015年版药用辅料总数为271种,同时删去毒副作用较大的硫柳汞、邻苯二甲酸二乙酯两个品种。2015年版药典在药用辅料标准提升方面有了突破,将药用辅料标准与通则合并收入第四部;收载的辅料品种与类别显著增加;新方法、新技术得到广泛应用;注射剂用辅料标准更加严格,并首次增加了《药用辅料功能性指标指导原则》,做到了安全性控制要求基本与国际接轨,实现了制剂常用辅料更加可控,有效缓解了我国药品企业使用的部分辅料无标准可依的局面。

(二)药用辅料质量标准的制定原则及要求

药用辅料质量标准必须满足药用要求,既要考虑药用辅料的安全性,也要考虑其影响制剂生产、质量、安全性和有效性的性质。药用辅料标准与化学原料药标准的重要区别在于药用辅料的功能性指标,目的是保证药用辅料在制剂中发挥其赋形作用和保证质量作用。

1.药用辅料质量标准的制订原则

(1)药用辅料与原料药在制订质量标准时的项目与限度要求应基本相同,不能重原料轻辅料。

(2)原料药主要考虑"安全、有效、质量可控",辅料主要考虑"安全、功能性、质量可控",原因是两者用途不同,但药用要求相同。

(3)对于辅料的功能性项目,由于在不同制剂所起的作用不同,在制订辅料标准时可不予考虑,应该在药品制剂新药评审时予以同时考察。

(4)不同规格的辅料应分别建立标准。如PEG400、PEG600、PEG1500等,主要原因是不同规格(聚合度)的辅料其性质差异很大,很难统一于一个标准中。

（5）在药用辅料的类别、用途和包装上必须注明"XXX（供注射用）或固体制剂、眼用制剂"，因为不同给药途径，要求不同，以防止滥用。

2. 药用辅料质量标准的要求

（1）药用辅料的国家标准应建立在经国务院药品监督管理部门确认的生产条件、生产工艺及原材料的来源等基础上，按照药用辅料生产质量管理规范进行生产，上述影响因素之一发生变化，均应重新验证，确认药用辅料标准的适用性。

（2）药用辅料可用于多种给药途径，同一药用辅料用于给药途径不同的制剂时，需根据临床用药要求制订相应的质量控制项目。质量标准的项目设置需重点考察安全性指标。药用辅料的质量标准可设置"标示"项，用于标示其规格，如注射剂用辅料等。

（3）药用辅料用于不同的给药途径或用途时，对质量的要求不同。药用辅料的试验内容主要包括两部分：① 与生产工艺及安全性有关的常规试验，如性状、鉴别、检查、含量测定等项目；② 影响制剂性能的功能性指标，如黏度、粒度等。

（4）药用辅料的残留溶剂、微生物限度、热原、细菌内毒素、无菌等应符合所应用制剂的相应要求。注射剂、滴眼剂等无菌制剂用辅料应符合注射剂或眼用制剂的要求，供注射用辅料的细菌内毒素应符合要求，用于有除菌工艺或最终灭菌工艺制剂的供注射用辅料应符合微生物限度和控制菌要求，用于无菌生产工艺且无除菌工艺制剂的供注射用辅料应符合无菌要求。

总之，药用辅料在医药工艺中占有非常重要的地位，其质量标准的科学化和规范化必将促进药品质量的全面提高。

第二节　药用辅料的分析方法

药用辅料的分析一般包括性状、鉴别、检查和含量测定四个方面，分析方法与原料药基本一致，但项目设置的内容有所区别。

一、性状

药用辅料性状既是其内在特性的体现，又是其质量的重要表征，通常包括外观、溶解度和物理常数等。对于液体辅料一般测定相对密度、凝点、折射率、黏度等物理常数，对于脂肪和脂肪油类的辅料还应测定酸值、皂化值、羟值、碘值、过氧化值等，物理常数的测定应按照药典通则相应的测定方法测定。

示例　用作溶剂和助悬剂的甘油为无色、澄清的黏稠液体；味甘；有引湿性；水溶液（1→10）显中性反应。溶解度描述为与水或乙醇能任意混溶，在丙酮中微溶，在三氯甲烷或乙醚中均不溶。其性状下分别测定相对密度和折射率。

相对密度　本品的相对密度（《中国药典》通则0601）在25 ℃时不小于1.257。

折射率　本品的折射率（《中国药典》通则0622）为1.470～1.475。

二、鉴别

药用辅料鉴别方法主要有化学法、光谱法和色谱法等，其中无机化合物辅料的鉴别多用化学法,聚合物辅料的鉴别多采用红外光谱法,天然物或提取物多采用化学法和色谱法等。

示例 抗氧剂亚硫酸氢钠的鉴别

(1) 本品的水溶液(1→20)呈酸性,显亚硫酸氢盐的鉴别反应(《中国药典》通则 0301)。

(2) 本品的水溶液呈钠盐的鉴别反应(《中国药典》通则 0301)。

示例 丙烯酸乙酯-甲基丙烯酸甲酯共聚物水分散体的鉴别

(1) 取本品,倒在玻璃板上,待挥发至干后,应形成一透明的膜。

(2) 取本品约 0.1 mL,置蒸发皿中,在水浴上蒸干,残渣加丙酮数滴使溶解,滴于溴化钾片上,置红外光灯下干燥,依法测定(《中国药典》通则 0402),本品应与所附的对照图谱(图 12-1)一致。

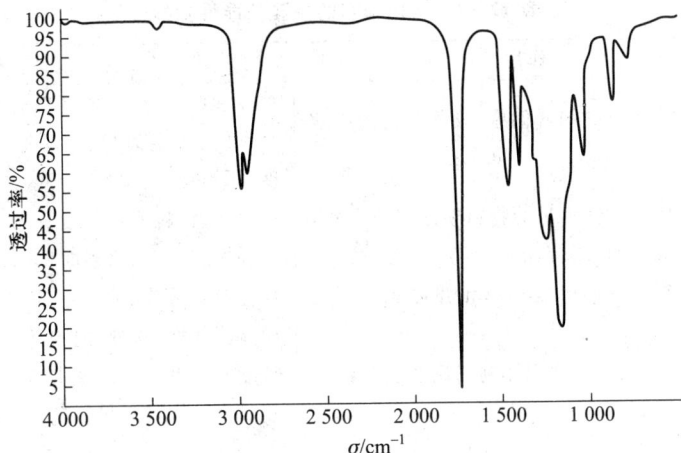

图 12-1 丙烯酸乙酯-甲基丙烯酸甲酯共聚物水分散体的对照红外光谱图

三、检查

药用辅料标准中的检查项目是对辅料的杂质、功能性指标及安全性指标等几方面进行的试验分析。

1. 杂质检查

药用辅料生产和储藏过程中可能引入杂质而影响辅料的纯度,杂质的存在可能影响辅料自身的安全性和稳定性,甚至有可能影响主药的稳定性和疗效,因此,必须对辅料中的杂质进行检查。

示例 卡波姆中丙烯酸的检查

卡波姆是以非苯溶剂为聚合溶剂,以丙烯酸、烯丙基蔗糖或季戊四醇烯丙醚为原料制备而成的高分子聚合物,在生产过程中产品存在游离的丙烯酸,影响质量。药典中采用 HPLC 法检查卡波姆中的丙烯酸。

检查方法:取本品约 50 mg,精密称定,置具塞离心试管中,加 2.5% 硫酸铝钾溶液 5 mL,封盖,在 50 ℃以转速每分钟 250 转摇 1 h,以每分钟 10000 转离心 10 min,滤过,滤液作为供试品溶液;取丙烯酸对照品适量,精密称定,用 2.5% 硫酸铝钾溶液溶解并定量稀释成每 1 mL 中含 25 μg 的溶液,作为对照品溶液。照高效液相色谱法(《中国药典》通则 0512)测定。用十八烷基硅烷键合硅胶为填充剂;以磷酸二氢钾缓冲溶液-甲醇(80∶20)为流动相;检测波长200 nm。精密量取对照品溶液和供试品溶液各 10 μL,注入液相色谱仪,按外标法以峰面积计算,不得过0.25%。

2. 功能性指标检查

药用辅料功能性指标是指辅料满足使用目的所具备的技术特征,是辅料产品价值的所在,是产品质量的核心,功能性指标主要针对一般化学手段难以评价功能性的药用辅料。如稀释剂是制剂中用来增加体积或质量的成分,其作用不仅保证一定的体积大小,而且减少主药成分的剂量偏差,改善药物的压缩成形性,稀释剂类型和用量的选择通常取决于它的物理化学性质。《药用辅料功能性指标研究指导原则》所设定的稀释剂等 11 大类的功能性指标见表 12-1。

表 12-1　药用辅料的主要功能性指标

类型	作用	功能性指标
稀释剂	减少主药成分的剂量偏差,改善药物的压缩成形性	粒度和粒度分布、粒子形态、松密度/振实密度/真密度、比表面积、结晶性、水分、流动性、溶解度、压缩性、引湿性
黏合剂	使无黏性或黏性不足的物料粉末聚成颗粒,或压缩成形的具黏性的固体粉末或溶液	表面张力、粒度及粒度分布、溶解度、黏度、堆密度和振实密度、比表面积
崩解剂	促进制剂迅速崩解成小单元并使药物更快溶解	粒径及其分布、水吸收率、膨胀率或膨胀指数、粉体流动性、水分、泡腾量
润滑剂	减小颗粒间、颗粒和固体制剂制造设备接触面间的摩擦力	粒度和粒度分布、比表面积、水分、多晶型、纯度、熔点或熔程、粉体流动性
助流剂/抗结块剂	提高粉末流速和减少粉末聚集结块	粒度和粒度分布、表面积、粉末流体性、吸收率
空心胶囊	药物粉末和液体的载体	水分、透气性、崩解性、脆碎度、韧性、冻力强度、松紧度
包衣材料	掩盖药物异味、改善外观、保护活性成分、调节药物释放	溶解性、成膜性、黏度、取代基及取代度、抗拉强度、透气性、粒度
润湿剂/增溶剂	对难溶性药物起到增溶作用	HBL 值、黏度、组成、临界胶束浓度、表面张力
栓剂基质	制备栓剂	熔点、凝固点、脂肪与脂肪油及栓剂的指标
助悬剂和增稠剂	稳定分散系统	黏度
软膏基质	药物外用载体、润湿剂、皮肤保护剂	黏度、熔程

示例　羟丙基淀粉空心胶囊

(1) 松紧度:取本品 10 粒,用拇指与食指轻捏胶囊两端,旋转拔开,不得有黏结、变形或破裂,然后装满滑石粉,将帽、体套合并锁合,逐粒于 1 m 的高度处直坠于厚度为 2 cm 的木板上,应不漏粉;如有少量漏粉,不得超过 1 粒。如超过,应另取 10 粒复试,均应符合规定。

(2) 脆碎度:取本品 50 粒,置表面皿中,放入盛有硝酸镁饱和溶液的干燥器内,置 25 ℃±1 ℃恒温 24 h,取出,立即分别逐粒放入直立在木板(厚度 2 cm)上的玻璃管(内径为 24 mm,长为 200 mm)内,将圆柱形砝码(材质为聚四氟乙烯,直径为 22 mm,重 20 g±0.1 g)从玻璃管口处自由落下,视胶囊是否破裂,如有破裂,不得超过 5 粒。

(3) 崩解时限:取本品 6 粒,装满滑石粉,照崩解时限检查法(《中国药典》通则 0921)胶囊剂项下的方法,加挡板进行检查,应在 20 min 内全部崩解。

3. 安全性指标

药用辅料和药物活性成分共同组成药品,药用辅料同药物活性成分一样全程参与了体内的吸收、分布、代谢、排泄过程,药用辅料本身的毒副作用、药用辅料同药物活性物质的配伍禁忌、药用辅料有毒副作用的杂质及其他引起的药品安全性问题的辅料因素等都会导致药品的安全问题,药用辅料的安全性越来越受到重视,尤其是注射用辅料标准应有更严格的要求。安全性指标主要包括:微生物限度、热原、细菌内毒素、无菌、蛋白残留、溶血性物质、过敏性杂质、有毒有害物质等。

示例　甘油(供注射用)的安全性指标检查

(1) 微生物限度:取本品,依法检查(《中国药典》通则 1105 与《中国药典》通则 1106),每 1 g 供试品中需氧菌总数不得过 1000 cfu,霉菌和酵母菌总数不得过 100 cfu,不得检出大肠埃希菌;每 10 g 供试品中不得检出沙门菌。

(2) 细菌内毒素:取本品,依法检查(《中国药典》通则 1143),每 1 g 甘油(供注射用)中含细菌内毒素的量应小于 10 EU。

(3) 无菌(供无除菌工艺的无菌制剂用):取本品,依法检查(《中国药典》通则 1101),应符合规定。

四、含量测定

药用辅料的种类多样,许多辅料是通过性状、鉴别和检查来控制质量,也有部分辅料在鉴别和检查合格的基础上进行了含量测定,常采用容量法、光谱分析法和色谱分析法。

示例　无水枸橼酸的含量测定

取本品约 1.5 g,精密称定,加新沸过的冷水 40 mL 溶解后,加酚酞指示液 3 滴,用氢氧化钠滴定液(1 mol·L^{-1})滴定。每 1 mL 氢氧化钠滴定液(1 mol·L^{-1})相当于 64.04 mg 的 $C_6H_8O_7$。

示例　D-木糖的含量测定

照高效液相色谱法(《中国药典》通则 0512)测定。

色谱条件与系统适用性试验　以氨基键合硅胶为填充剂;以乙腈-水(65∶35)为流动相,示差检测器,检测器温度 40 ℃,柱温 45 ℃。取 D-木糖与果糖,用流动相溶解并定量稀释成每 1 mL 中约含 D-木糖与果糖为 1 mg 和 0.2 mg 的系统适应性溶液,取 20 μL 注入液相色谱仪,记录色谱图,D-木糖与果糖峰的分离度应大于 1.5。

测定法　取本品适量,精密称定,用流动相溶解并定量稀释制成每 1 mL 中约 1 mg 的溶液,摇匀,精密量取 20 μL 注入液相色谱仪,记录色谱图;另取木糖对照品,同法测定。按外标法以峰面积计算,即得。

第三节 常用辅料的分析

药用辅料应符合药用要求、安全性要求、稳定性要求及惰性要求。用于生产药品的辅料必须符合药用要求,注射用药用辅料必须符合注射用质量要求。药用辅料的结构性质差别较大,功能不同,质量控制的项目和方法也不相同,本文选择几类有代表性的辅料介绍其分析方法。

一、聚合物

《中国药典》的药用辅料收载的聚合物有 30 多种,如聚乙二醇类、聚山梨酯类、乙交酯丙交酯共聚物类,主要用途是乳化剂、增溶剂、包衣材料等。黏度测定、红外光谱法鉴别、相对分子质量和平均相对分子质量的测定等是这类辅料质量控制的主要方法。以聚乙二醇为例进行分析。

聚乙二醇别名聚乙氧烯二醇,PEG,平均相对分子质量为 200 ~ 8000,是将乙烯、乙醇与环氧乙烷在 NaOH 参与下,以大约 0.4 MPa 和一定温度中反应缩合而得的聚合物的混合物。聚乙二醇系列产品具有溶解范围宽、兼容性好等特点,主要用作溶剂、助溶剂、油/水型乳剂的稳定剂、水溶性软膏基质、栓剂基质,固体分散剂的载体及包衣材料等,有广泛用于片剂、丸剂、滴丸剂、胶囊剂、微囊剂等的制备。药典收载的品种有 8 种,其中 6 种的主要性状指标见表 12-2,其鉴别和检查项目、检查的方法基本相似,以聚乙二醇 400 为例分析主要检查项的原理和方法。

表 12-2 聚乙二醇系列产品的主要性能指标

项目	种类					
	聚乙二醇 400	聚乙二醇 600	聚乙二醇 1000	聚乙二醇 1500	聚乙二醇 4000	聚乙二醇 6000
黏度/$(mm^2 \cdot s^{-1})$	37~45	56~62	8.5~11.0	3.0~4.0	5.5~9.0	10.5~16.5
羟值	264~300	187~197	107~118	70~80	25~32	16~22
平均相对分子质量	380~420	570~630	900~1100	1350~1650	3400~4200	5400~7800
酸度	4.0~7.0	4.0~7.0	4.0~7.0	4.0~7.0	4.0~7.0	4.0~7.0
环氧乙烷	≤0.0001%	≤0.0001%	≤0.0001%	≤0.0001%	≤0.0001%	≤0.0001%
二氧六环	≤0.001%	≤0.001%	≤0.001%	≤0.001%	≤0.001%	≤0.001%
甲醛	≤0.003%	≤0.003%	≤0.003%	≤0.003%	≤0.003%	≤0.003%

1. 平均相对分子质量

测定原理 邻苯二甲酸酐与 PEG 在沸水中加热反应,使 PEG 断键,生成乙醇,在吡啶溶液中显酸性,用氢氧化钠滴定,从而计算平均相对分子质量。

测定方法 取本品约 1.2 g,精密称定,置干燥的 250 mL 具塞锥形瓶中,精密加邻苯二甲酸酐的吡啶溶液(取邻苯二甲酸酐 14 g,溶于无水吡啶 100 mL 中,放置过夜,备用)25 mL,摇匀,置沸水浴中,加热 30~60 min,取出冷却,精密加入氢氧化钠滴定液(0.5 mol·L^{-1})50 mL,以酚酞的吡啶溶液(1→100)为指示剂,用氢氧化钠滴定液(0.5 mol·L^{-1})滴定至显红色,并将滴定的结果用空白试验校正。

结果计算

$$平均相对分子质量 = \frac{m \times 4000}{V - V_0}$$

式中，V 为供试品消耗氢氧化钠滴定液的体积（mL），V_0 为空白试验氢氧化钠滴定液的体积（mL），m 为供试品的质量（g）。

2. 环氧乙烷和二氧六环

取本品，照气相色谱法（《中国药典》通则 0521）测定。

色谱条件　石英或玻璃毛细管，固定相为聚二甲基硅氧烷，载气为氮气，流速 20 cm·s⁻¹，分流比 1:20。检测器为火焰离子化检测器。柱温为 35℃，维持 5 min，以 5℃·min⁻¹ 升温至 180℃，然后以 30℃·min⁻¹ 升温至 230℃，保持 5 min（可根据具体情况调整）。进样口温度为 150℃，检测器温度为 250℃。

顶空进样条件　平衡温度为 70℃，平衡时间 45 min，传递管线温度为 75℃，载气为氮气，增压时间 1 min。注射时间 0.5 min。

供试品溶液的配制　精密称取供试品 1 g，置 10 mL 顶空瓶中，精密加入 1.0 mL 超纯水，密封，摇匀。

聚乙二醇 400 的处理　称量聚乙二醇 400～500 g 置 1000 mL 圆底烧瓶中，以 60℃，1.5～2.5 kPa 旋转蒸发 6 h，除去挥发成分。

环氧乙烷对照品储备液的配制　用冷至 −10℃ 的玻璃注射器取环氧乙烷 300 μL（相当于 0.25 g 环氧乙烷）置含经过处理的聚乙二醇 400 的量瓶中，加入相同溶剂稀释至刻度，摇匀。

环氧乙烷对照品溶液的配制　临用前配制，精密称取 1 g 冷的环氧乙烷储备液，置含 40 mL 经过处理的聚乙二醇 400 的 50 mL 量瓶中，加相同溶剂稀释至刻度，精密称取 10 g，置含 30 mL 水的 50 mL 量瓶中，用水稀释至刻度。精密量取 10 mL，用水稀释至 50 mL（环氧乙烷浓度 2 μg·mL⁻¹）。

二氧六环对照品溶液的配制　精密称取二氧六环适量，用水制成每 1 mL 中含 0.1 mg 的溶液。

系统适用性试验溶液的配制　量取 0.5 mL 环氧乙烷对照品溶液置顶空瓶中，加入新配制的 0.001% 乙醛溶液 0.1 mL 及二氧六环对照品溶液 0.1 mL，密封，摇匀。

系统适用性试验　取系统适用性试验溶液顶空进样，调整仪器灵敏度使环氧乙烷和乙醛的峰高为满量程的 15%，乙醛和环氧乙烷的分离度应达到至少 2.0，二氧六环峰高至少应为基线噪声的 5 倍。

准确度的验证　分别取供试品溶液和对照品溶液顶空进样，重复进样至少 3 次，环氧乙烷峰面积的相对标准偏差应不得过 15%，二氧六环峰面积的相对标准偏差应不得过 10%。

测定结果按标准加入法计算，环氧乙烷不得过 0.0001%，二氧六烷不得过 0.001%。

注意事项　环氧乙烷储备液的配制，所有操作均应在通风橱中进行，操作者应戴聚乙烯手套及合适的面具保护手和面部，所有溶液均应密闭，在 4～8℃ 保存。

3. 甲醛　照紫外-可见分光光度法（《中国药典》通则 0401）

测定原理　甲醛在硫酸介质中可与变色酸钠生成紫色化合物，在 576 nm 处有最大吸收，而聚乙二醇 400 不干扰测定。

供试品溶液的配制　取本品 1 g，精密称定，加入 0.6% 变色酸钠溶液 0.25 mL，在冰水中冷却后，加硫酸 5 mL，静置 15 min，缓慢定量转移至盛有 10 mL 水的 25 mL 量瓶中，放冷，缓慢加水至刻度，摇匀。

对照品溶液的配制   取甲醛 0.81 g,精密称定,置 100 mL 量瓶中,加水稀释至刻度,精密量取 1 mL,用水稀释至 100 mL;精密量取 1 mL,自"加 0.6％变色酸钠溶液 0.25 mL"起,同供试品溶液配制方法操作。

测定方法   在 567 nm 波长处测定吸光度,并依法配制空白溶液进行校正。供试品溶液的吸光度不得大于对照品溶液的吸光度(30％)。

二、提取物

许多药用辅料是从天然产物中提取出来的,《中国药典》中收载有这类辅料近 20 种,如淀粉是自禾本科植物玉蜀黍的颖果或大戟科植物木薯的块根中制得的多糖类颗粒,药剂中主要用作崩解剂、填充剂、黏合剂等,广泛用于片剂、丸剂、胶囊剂、散剂、糊剂等的制备,也可用作鼻黏膜、口腔等新的药物传递系统的辅料。另外糊精是由淀粉或部分水解的淀粉在干燥状态下,经加热改性而制得的化合物。可用作片剂黏合剂,糖衣包衣组分中的成形剂和黏合剂,混悬液的增稠剂等,用于片剂、丸剂、颗粒剂、混悬剂等的制备。除此之外还有大豆油、氢化大豆油、氢化蓖麻油等(表 12-3),主要作溶剂、分散剂、润滑剂、乳化剂和软膏基质。

表 12-3   几种常用提取物辅料的来源及用途

辅料	来源	用途
大豆磷脂	大豆磷脂系从大豆中提取精制而得的磷脂混合物	乳化剂、增溶剂
丁香茎叶油	丁香茎、叶水蒸气蒸馏提取的挥发油	芳香剂、矫味剂
玉米朊	从玉麸质中提取所得的醇溶性蛋白	包衣材料、释放阻滞剂
可可脂	由梧桐科可可属植物的种子提炼制成的固体脂肪	润滑剂、酸剂基质
阿拉伯半乳聚糖	由松科落叶松木质部提取的水溶性多糖	助悬剂和黏合剂
薄荷脑	从薄荷的新鲜茎和叶经水蒸气蒸馏、冷冻、重结晶制得	矫味剂、芳香剂

(一) 性状

相对密度、折射率、皂化值、酸值是评价提取物辅料质量的重要指标。表 12-4 为常用辅料的主要性状指标。

1. 酸值的测定

酸值是指中和脂肪、脂肪油或其他类似物质 1 g 中含有的游离脂肪酸所需氢氧化钾的质量(mg),酸值高表明油脂酸败严重,不仅影响药物稳定性,且有刺激作用。测定时可采用氢氧化钠滴定液(0.1 mol·L^{-1})进行滴定。操作方法是按表 12-5 中规定的质量,精密称取供试品,置250 mL 锥形瓶中,加乙醇-乙醚(1:1)混合液 50 mL,用氢氧化钠滴定液(0.1 mol·L^{-1})滴定,至粉红色持续 30 s 不褪。照下式计算酸值:

$$供试品的酸值 = \frac{V \times 5.61}{m}$$

式中,V 为消耗氢氧化钠滴定液的体积(mL),m 为供试品的质量(g)。

表 12 - 4　几种常用提取物辅料的主要性状指标

项目	种类				
	大豆油	氢化大豆油	氢化蓖麻油	橄榄油	精制玉米油
相对密度	0.976～0.922	—		0.908～0.915	0.915～0.923
熔点	—	62～72 ℃	85～88 ℃		—
折射率	1.472～1.476	—	—		1.472～1.475
酸值	≤0.2	≤0.5	≤4.0	≤1.0	≤0.6
皂化值	188～200	—	176～182	184～194	187～195
碘值	126～140	—	≤5.0	79～88	108～128
羟值	—	—	150～165		—
过氧化值	—	≤5.0	—		—

表 12 - 5　酸值对应的供试品称量质量

酸值	称量质量/ g	酸值	称量质量/ g	酸值	称量质量/ g
0.5	10	50	2	200	0.5
1	5	100	1	300	0.4
10	4				

注意：① 乙醇-乙醚（1∶1）混合液为临用前加酚酞指示液 1.0 mL，用氢氧化钠滴定液（0.1 mol·L⁻¹）调至微显粉红色；② 滴定酸值在 10 以下的油脂时，可用 10 mL 的半微量滴定管。

2. 皂化值的测定

皂化值是指中和并皂化脂肪、脂肪油或其他类似物质 1 g 中含有的游离酸类和酯类所需氢氧化钾的质量（mg）。皂化值表示游离脂肪酸和结合成酯的脂肪酸总量，过低表明油脂中脂肪酸相对分子质量较大或含不皂化物（如胆固醇等）杂质较多，过高则脂肪酸相对分子质量较小，亲水性较强，失去油脂的性质。

测定方法　取供试品适量，精密称定，置 250 mL 锥形瓶中，精密加入 0.5 mol·L⁻¹氢氧化钾乙醇溶液 25 mL，加热回流 30 min，然后用乙醇 10 mL 冲洗冷凝器的内部和塞的下部，加酚酞指示液 1.0 mL，用盐酸滴定液（0.5 mol·L⁻¹）滴定剩余的氢氧化钾，至溶液的粉红色刚好褪去，加热至沸，如溶液又出现粉红色，再滴定至粉红色刚好褪去；同时做空白试验。照下式计算皂化值：

$$供试品的皂化值 = \frac{(V_B - V_A) \times 28.05}{m}$$

式中，V_A 为供试品消耗盐酸滴定液的体积（mL），V_B 为空白试验消耗盐酸滴定液的体积（mL），m 为供试品的质量（g）。

3. 羟值的测定

羟值是指供试品 1 g 中含有的羟基，经规定方法酰化后，所需氢氧化钾的质量（mg）。测定操作方法是精密称取供试品适量,置干燥的 250 mL 具塞锥形瓶中,精密加入酰化剂 5 mL,用吡啶少许湿润瓶塞,稍拧紧,轻轻摇动使完全溶解,置 50 ℃±1 ℃水浴中 25 min,每 10 min 轻轻摇动,放冷,加吡啶-水(3∶5) 20 mL,5 min 后加甲酚红-麝香草酚蓝混合指示液 8 ～ 10 滴,用氢氧化钾滴定液(1 mol·L^{-1})滴定至溶液显灰蓝色或蓝色;同时做空白试验。照下式计算羟值:

$$供试品的羟值 = \frac{(V_B - V_A) \times 56.1}{m} + D$$

式中,V_A 为供试品消耗氢氧化钾滴定液的体积(mL),V_B 为空白试验消耗氢氧化钾滴定液的体积(mL),m 为供试品的质量(g),D 为供试品的酸值。

酰化剂的配制方法是取对甲苯磺酸 14.4 g,置 500 mL 锥形瓶中,加乙酸乙酯 360 mL,振摇溶解后,缓缓加入醋酐 120 mL,摇匀,放置 3 日后备用。在羟值测定时亦可用氢氧化钠滴定液进行滴定

4. 碘值的测定

碘值是指脂肪、脂肪油或其他类似物质 100 g,当充分卤化时所需的碘量(g)。碘值反映油脂中不饱和键的多寡,碘值过高,则含不饱和键多,油易氧化酸败。

测定操作方法是取供试品适量[其质量约相当于 25 /供试品的最大碘值],精密称定,置 250 mL 干燥碘瓶中,加三氯甲烷 10 mL,溶解后,精密加入溴化碘溶液 25 mL,密塞,摇匀,在暗处放置 30 min,加入新制的碘化钾试液 10 mL 与水 100 mL,摇匀,用硫代硫酸钠滴定液(0.1 mol·L^{-1})滴定剩余的碘,滴定时注意充分振摇,待混合液的棕色变为淡黄色,加淀粉指示液 1 mL,继续滴定至蓝色消失;同时做空白试验。照下式计算碘值:

$$供试品的碘值 = \frac{(V_B - V_A) \times 1.269}{m}$$

式中,V_A 为供试品消耗硫代硫酸钠滴定液的体积(mL),V_B 为空白试验消耗硫代硫酸钠滴定液的体积(mL),m 为供试品的质量(g)。

(二) 检查

主要是对脂肪酸的组成、不皂化物、水分、碱性杂质和重金属等多项杂质进行检查。

1. 不皂化物的检查

不皂化物是油脂等样品中不能与氢氧化钠或氢氧化钾起皂化反应的物质,能溶于乙醚等有机溶剂。检查方法是先将供试品用氢氧化钾乙醇溶液加热皂化,用乙醚提取不皂化物,挥干乙醚,再用丙酮溶解残渣,挥干丙酮,进行常压或减压干燥,称量不皂化物的质量,用质量分数表示检查结果。

示例　大豆油中不皂化物检查

取本品 5.0 g,精密称定,置 250 mL 锥形瓶中,加氢氧化钾乙醇溶液(取氢氧化钾 12 g,加水 10 mL 溶解后,用乙醇稀释至 100 mL)50 mL,加热回流 1 h,放冷至 25 ℃以下,移至分液漏斗中,用水洗涤锥形瓶 2 次,每次 50 mL,洗液并入分液漏斗中。用乙醚提取 3 次,每次 100 mL;合并乙醚提取液,用水洗涤乙醚提取液 3 次,每次 40 mL,静置分层;弃去水层;依次用 3%氢氧化钾溶液与水洗涤乙醚层各 3 次,每次 40 mL。再用水反复洗涤乙醚层直至最后洗液中加入酚酞指示液 2 滴不显红色。转移乙醚提取液至已恒重的蒸发皿中,用乙醚 10 mL 洗涤分液漏斗,洗液并入蒸发皿中,置 50 ℃水浴上蒸去乙醚,用丙酮 6 mL 溶解残渣,置空气流中挥去丙酮。在

105 ℃干燥至连续两次之差不超过 1 mg,不皂化物不得过 1.0%。

用中性乙醇 20 mL 溶解残渣,加酚酞指示液数滴,用乙醇制氢氧化钠滴定液(0.1 mol·L^{-1})滴定至粉红色持续 30 s 不褪色,如果消耗乙醇制氢氧化钠滴定液超过 0.2 mL,残渣总量不能当作不皂化物质量,试验必须重做。

2. 脂肪酸组成的检查

脂肪酸是指一端含有一个羧基的长的脂肪族碳氢链。脂肪酸是最简单的一种脂,植物油中富含单不饱和脂肪酸和多不饱和脂肪酸组成的脂肪,《中国药典》采用气相色谱法测定制药用油中脂肪酸的组成及含量。

示例 可可脂中脂肪酸组成的检查

供试品处理 取本品 0.10～0.15 g,置 50 mL 回流瓶中,加 0.5 mol·L^{-1}氢氧化钾甲醇溶液 4 mL,在水浴中加热回流至供试品融化,加 14% 三氟化硼甲醇溶液 5 mL,在水浴中加热回流 2 min,放冷,加正庚烷 2～5 mL,继续在水浴中加热回流 1 min,放冷,加入饱和氯化钠溶液 10 mL,混匀,静置分层,取上层液,经无水硫酸钠干燥。

对照品溶液制备 分别取棕榈酸甲酯、硬脂酸甲酯、油酸甲酯、亚油酸甲酯、亚麻酸甲酯、花生酸甲酯对照品,加正庚烷溶解并稀释制成每 1 mL 含上述对照品各 0.1 mg 的溶液。照气相色谱法(《中国药典》通则 0521)测定。

色谱条件 以 25%苯基-25%氰丙基苯基-50%甲基聚硅氧烷为固定液,起始温度为 120 ℃,以每分钟 10 ℃的速率升温至 240 ℃,维持 5 min,进样口温度为 250 ℃,检测器温度为 250 ℃。取对照品溶液 1 μL 注入气相色谱仪,记录色谱图,各色谱峰的分离度应符合要求。

测定结果及限度范围 取供试品溶液 1 μL 注入气相色谱仪,按峰面积归一化法计算,含棕榈酸应为 23%～30%,硬脂酸应为 31%～37%,油酸应为 31%～38%,亚油酸应为 1.6%～4.8%,亚麻酸和花生酸均不得过 1.5%。

（三）含量测定

根据提取物辅料的性质和特点,其含量测定方法有气相色谱法、液相色谱法、比色法、氮测定法等。如采用气相色谱法测定丁香油的含量、采用氮测定法测定玉米朊的含量。

示例 薄荷脑的含量测定(《中国药典》通则 0521)

色谱条件与系统适应性 以交联键合聚乙二醇为固定相的毛细管柱,柱温 120 ℃,进样口温度为 250 ℃,检测器温度为 250 ℃,分流比为 10∶1,理论塔板数按薄荷脑峰计算应不低于 10000。

测定方法 取本品 10 mg,精密称定,置 10 mL 量瓶中,加无水乙醇溶解并稀释至刻度,摇匀,精密量取 1 μL,注入气相色谱仪中,记录色谱图;另取薄荷脑对照品,同法测定,按外标法以峰面积计算,即得。

三、其他辅料分析

辅料中除聚合物和提取物外还有其他类型的有机化合物,如纤维素类(甲基纤维素、硅化微晶纤维素、醋酸纤维素等)、酯类(枸橼酸三乙酯、羟苯乙酯等)有 50 多种无机化合物辅料。以硬脂酸镁为例介绍。

硬脂酸镁是以硬脂酸镁($C_{36}H_{70}MgO_4$)与棕榈酸镁($C_{32}H_{62}MgO_4$)为主要成分的混合物,由硬脂酸以 20 倍热水溶解，加热到 90℃左右加入烧碱，制得稀皂液，再加入硫酸镁溶液进行复分解反应，得硬脂酸镁沉淀，用水洗涤，离心脱水干燥而成。在胶囊剂和片剂生产中主要用作润滑剂，性质稳定。

1. 鉴别

药典中采用化学法与色谱法进行鉴别。色谱法是在硬脂酸与棕榈酸相对含量检查项下记录的色谱图中，供试品溶液两主峰的保留时间分别与对照品溶液两主峰的保留时间是否一致作为鉴别依据。化学鉴别法是利用镁盐的鉴别反应，其具体方法如下：

取供试品 5.0 g，置圆底烧瓶中，加无过氧化物乙醚 50 mL、稀硝酸 20 mL 与水 20 mL，加热回流至完全溶解，放冷，移至分液漏斗中，振摇，放置分层，将水层移至另一分液漏斗中，用水提取乙醚层两次，每次 4 mL，合并水层，用无过氧化物乙醚 15 mL 清洗水层，将水层移至 50 mL 量瓶中，加水稀释至刻度，摇匀，作为供试品溶液，应显镁盐的鉴别反应（《中国药典》通则 0301）

取供试品溶液，加氨基酸试液，即生成白色沉淀；滴加氯化铵试液，沉淀溶解；再加磷酸氢二钠试液 1 滴，振摇，即生成白色沉淀。分离，沉淀在氨试液中不溶解。

取供试品溶液，加氢氧化钠试液，即生成白色沉淀。分离，沉淀分成两份，一份中加过量的氢氧化钠试液，沉淀不溶解，另一份中加碘试液，沉淀转成红棕色。

2. 检查

硬脂酸镁需检查重金属、铁盐、硫酸盐和氯化物等一般杂质及微生物限度，由于其主要成分为硬脂酸镁和棕榈酸镁，对硬脂酸与棕榈酸相对含量进行了检查，采用气相色谱法，具体方法如下：

色谱条件　聚乙二醇 20M 为固定相的毛细管柱，FID 检测器，程序升温，起始柱温为 70℃，维持 2 min，以每分钟 5℃的速率升温至 240℃，维持 5 min；进样口温度为 220℃，检测器温度为 260℃。

供试品溶液的制备　取本品 0.1 g，精密称定，置锥形瓶中，加三氟化硼的甲醇溶液［取三氟化硼一水合物适量（相当于三氟化硼 14 g），加甲醇溶解并稀释至 100 mL，摇匀］5 mL，摇匀，加热回流 10 min 使溶解，从冷凝管加正庚烷 4 mL，再回流 10 min，放冷后加饱和氯化钠溶液 20 mL，振摇，静置使分层，将正庚烷层通过装有无水硫酸钠 0.1 g（预先用正庚烷洗涤）的玻璃柱，移入烧杯。

对照品溶液的制备　称取硬脂酸甲酯和棕榈酸甲酯对照品适量，加正庚烷制成每 1 mL 中分别约含 10 mg 与 15 mg 的溶液。

系统适用性试验　取对照品溶液 1 μL 注入气相色谱仪，硬脂酸甲酯峰和棕榈酸甲酯峰的分离度应大于 3.0，取用正庚烷稀释 100 倍的供试品溶液 1 μL 注入气相色谱仪，硬脂酸甲酯峰和棕榈酸甲酯峰应能检出。

测定与结果计算　取供试品溶液 1 μL 注入气相色谱仪，记录色谱图，按下式面积归一化法计算硬脂酸的含量。同法计算硬脂酸镁中棕榈酸在总脂肪酸的百分含量。硬脂酸相对含量不得低于 40％，硬脂酸与棕榈酸相对含量总和不得低于 90％。

$$硬脂酸含量 = \frac{A}{B} \times 100\%$$

式中，A 为供试品中硬脂酸甲酯的峰面积，B 为供试品中脂肪酸酯的峰面积。

3. 含量测定

测定原理　硬脂酸镁中的镁离子与乙二胺四乙酸二钠反应生成配位化合物，过量的乙二胺四乙酸二钠用锌滴定液滴定。

测定方法 取本品约 0.2 g,精密称定,加正丁醇-无水乙醇(1:1)溶液 50 mL,加浓氨溶液 5 mL 与氨-氯化铵缓冲溶液(pH 10.0)3 mL,再精密加乙二胺四乙酸二钠滴定液(0.05 mol·L^{-1})25 mL,与铬黑 T 指示剂少许,混匀,在 40～50 ℃水浴上加热至溶液澄清,用锌滴定液(0.05 mol·L^{-1})滴定至蓝色变为紫色,并将滴定的结果用空白试验校正。每 1 mL 乙二胺四乙酸二钠滴定液 (0.05 mol·L^{-1})相当于 1.215 mg 的 Mg。

结果计算
$$镁的含量=\frac{(V_0-V_1)\times F\times 1.215\times 10^{-3}}{m}\times 100\%$$

式中,V_0 和 V_1 分别为空白液和测定液消耗的锌滴定液的体积(mL),m 为样品的质量(g),F 为浓度校正因子。

本章提要

本章主要介绍了药用辅料定义、分类、质量标准、分析的基本方法和原理,选取了聚合物、提取物等常用药用辅料为对象,对辅料的鉴别、检查和含量测定的原理和方法进行了叙述和讨论。在常用辅料分析中以聚乙二醇 400 为例重点分析了平均相对分子质量的测定及有关物质的检查方法和原理;在提取物辅料分析中有针对性地介绍了酸值、皂化值、羟值等的测定方法;以硬脂酸镁为代表介绍了一般辅料的鉴别、检查方法及含量测定方法。

关键词

药用辅料;辅料分析;质量控制;常用辅料

思考题

1.药用辅料的含义是什么?药用辅料有哪些作用?如何分类?
2.为什么药用辅料的质量会影响药品的质量?
3.药用辅料质量标准一般包括哪几部分?与原料药标准有何异同?
4.何为功能性指标?
5.如何定义酸值、皂化值、碘值、过氧化值?
6.简述聚乙二醇平均相对分子质量的测定及有关物质的检查方法和原理。
7.如何测定硬脂酸镁中脂肪酸和棕榈酸的相对含量?

(泰山医学院 齐永秀)

第十三章 制药过程在线分析

制药过程是对原料进行加工,采用一定的工艺手段并依照一定的质量标准将其转变为药品的生产过程。基于过程分析和质量实时控制的思想,药品质量不是检验出来的而应该是生产出来的。制药过程在线分析不同于常规药物分析的一个特点,就是要求分析检测仪器能够在生产操作的现场实现原位、无损、快速地提供分析对象的定性和定量性质,以最终实现对药品质量及时而有效的控制。药品质量与生产过程中的每个环节都密切相关,现代制药工业除了需要对最终产品按照相关质量标准进行分析和检验之外,各生产环节中的在线分析及控制对于保证药品质量至关重要。本章主要介绍制药过程质量控制体系中的在线分析系统组成、各种常见在线分析技术原理及其在化学药、中药及生物药品生产中的应用。

第一节 制药过程分析

一、基本含义、作用与意义

(一)基本含义

制药过程分析是工业药物分析研究领域的重要组成部分。从总体上来看,过程分析技术(process analysis technology,PAT)是一个系统,其框架是把注意力放在对整个工艺流程的了解上,即作为生产过程的分析和控制系统,依据生产过程中的周期性检测、关键质量参数的控制、原材料和中间产品的质量控制,确保最终产品质量达到认可的标准程序(如图 13-1 所示)。

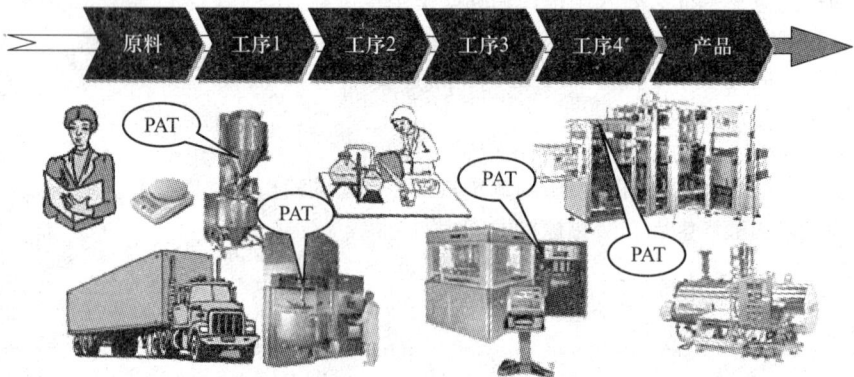

图 13-1 PAT 技术在各生产环节的应用

　　PAT 中的分析是一个综合行为,该行为涵盖了化学、物理学、微生物学、数学和风险分析,因此"分析"一词在此就是指"分析性的思维",而不仅仅是它在分析化学或药物分析中的含义。对于一个特定的工艺过程,PAT 在应用多变量数据采集与分析系统的同时,对若干个过程分析变量进行监控。PAT 的基本过程包括:利用工艺过程分析仪对原料、中间产物及产品进行现场、在线、原位或者无接触分析;结合统计分析、理论模拟预测和化学计量分析的结果;分析各种变量之间的相关联系及各变量对产品质量的影响,从而确定所需要的操作状态。此外,还通过持续改进和完善知识管理系统,用数据来支持和决定所做出的过程调节和变量改动,从而实现以所需要的产品属性、要求及规格而不是时间等工艺参数作为终点,对全过程和产品质量进行实时控制。

　　具体从制药工业来看,PAT 的概念可以认为是"一个针对药品生产过程的设计、分析和生产控制体系。该体系对原料、中间体、辅料和工艺的关键性质量指标进行实时监测(real-time detection),以保证成品药物质量"。基于 PAT 技术的制药过程分析与质量控制即是从原料到成品的全部过程利用自动取样和样品预处理装置,将分析仪器与生产过程直接联系起来,在对药物性质、原料性状及中间体和半成品质量进行实时、连续、自动检测的基础上,设计、分析和控制药物制备的各个环节。通过对生产过程中各个方面的信息和数据的获取、整合和分析,深入了解和掌控某种具体药品生产工艺流程,从而确保药品质量。

　　对于制药工艺流程了解的注意力来自把质量融入最终药物商品的基本信念——而不是进行测试来获得优质产品。其他行业(如食品与石油化工)也认识到用测试最终产品来控制产品质量的局限性,对最终产品的测试应该只是对基于直接测试和工艺流程中关键品质特性控制的既成事实的简单确认。将完整工艺流程中的任何制药单元作业割裂开来考虑,对于达到所期望的产品品质都是没有效果的,因为加工过程中的每一工序都应被定向达到后继加工操作和最终产品质量的要求。制药过程在线分析检测是要将注意力放在从药物研发到药品生产的过程当中。

(二) 作用与意义

　　众所周知,制药行业与许多其他制造行业有着显著不同。这些不同均源于药品的特殊性,主要包括:产品附加值高;新产品研究开发周期长、投入大,风险高;受到外部机构的严格监管;高度重视生产流程中的质量保证和控制;产品直接关系到生命安全与健康,具有极大的社会影响等等。因而,充分理解并严格控制生产流程,使之尽可能高效至关重要。由于制药过程中所产生质量问题漏网现象发生,将发生病人中毒甚至死亡事故。在这种情况下将过程分析技术 PAT 引入制药工程中,其目的是监控制药过程中每个工序的质量要素,分析药品在制备过程中各个阶段的特性,来决定是否往下一工序进行,从而降低或避免市场风险的管理成本,最终得到的产品不用抽样就是合格的。也就是 PAT 技术 — 合格的产品,这对于制药工业的意义是划时代而且是革命性的。

　　近年来,在药品与食品生产管理领域内,过程分析技术越来越受到重视,美国食品及药物管理局(food and drug administration,FDA)率先采纳了国际制药工程协会(IPSE)及美国无菌制剂学会(PDA)的建议,并在过程分析技术报告中主动承诺,要让实时测量自动化,通过控制系统将数据整体化,提高对药物制造过程的理解,以达到化学和半导体工业近几十年的水平,从而带领药物制造业迈入 21 世纪。FDA 推广 PAT 与质量源于设计(quality by design,QbD)的目的就在于鼓励制药企业将更多的目光放在生产的效率上。传统的生产在很大程度上依赖于对在线的物料和终产品的离线测试。FDA 通过推动基于知识为基础的开发和设计、使用能够持续监测关键生产过程的分析工具以寻求生产实践现代化。另外除 FDA 以外的官方机构也在积极推动应用 PAT 技术,力图从过程、工艺上保证药品的质量,改变目前只能依靠严格和生硬的认证规范的现状。

我国实施《药品生产管理规范》(good manufacture practice,GMP)的目的也是"要把药品质量问题消除在生产过程之中"。基于 PAT 技术的制药过程在线分析及质量监测的意义在于,它能够为制药行业带来:① 及时、有效的动态生产过程及原料、半成品质量信息;② 消除产品质量隐患;③ 提高生产效率;④ 实现"产品质量是可以从生产过程中预见的,而不只是检测出来的";⑤ 节省分析成本。因此可以预见其将为制药业的生产提供革命性的变革,给制药业和病患者带来更大的利益和价值。

与欧美 cGMP(current good manufacture practice,即动态药品生产质量管理规范)相比,我国 GMP 主要差距在于:生产环境或设备不是动态测试管理,还是以静态测试管理为主。在目前国内药品生产中,我国现在只要求产品出箱后进行抽样检查测试,在标准许可范围内批次产品是合格的即可,但这包含偶然的因素,可能出现没被抽查到的不合格产品混入市场中。所以,药品存在风险性的可能性难以降低。为降低这种市场或客户的风险,动态的过程数据采集与监控成为非常重要的手段。随着计算机技术特别是嵌入式系统的发展,传统分析仪器正在不断进行着更新换代,正在向数字化、智能化、信息化、网络化、微型化和固态化等方向迈进。目前,我国的在线分析技术水平和国外相比仍有一定差距,仍需要分析仪器研究者做出更多不懈的努力。

二、制药过程分析的特点及对象

(一) 制药过程分析的特点

离线分析在时间上有滞后性,得到的是历史性分析数据,而在线分析得到的是实时的分析数据,能实时地反映生产过程的变化,通过反馈线路,可立即用于生产过程的控制和最优化。离线分析通常只是用于产品(包括中间产品)质量的检验,这些间断取样和烦琐费时的常规分析方法不可避免地导致了提取信号的滞后,使之不能及时有效地指导生产。而在线分析可以进行全程质量控制,保证整个生产过程最优化。

关于过程分析仪表和一般分析仪表的区别问题,粗浅的说法是,一个用在现场,一个用在实验室。而且我们讨论的用在实验室的分析仪表也是与流程工业实际生产相关,并不是专用于科研的仪器设备。如果分析仪能够接近现场,自动或手动取样(定期)及少量的人工操作,并且快速检测出结果,用于指导生产,也算是过程分析技术。在线质量监测是过程质量控制的基础。通过监测找到引起产品质量变动的主要因素,然后通过工艺操控,通过对原料、工艺参数、生产环境和其他条件设立一定的范围,使药品质量的相关属性能够得到精确、可靠的预测,从而达到控制生产过程的目的。

与传统的药物质量分析相比,制药过程分析有下列的特点:

1. 分析对象的多样性,组成的复杂性

制药过程分析的对象是多种多样的,复杂的。样品可能来自于原料、提取分离过程、结晶过程、浓缩干燥过程、粉碎过程、清洁过程、制剂过程或包装过程的中间产品、终级成品等；样品的物理状态可能是液态、固态，或多态共存；有的样品从物料堆中取样，有的则是从生产过程中动态取得的样品。

2. 样品条件的苛刻性

生产流程中的物料环境条件苛刻，如酸碱度大，温度高，压力大，黏度大，高速运动，需密封。

3. 分析方法的快速性

制药过程分析是要对生产状态中的物料快速进行分析，将结果反馈回生产线用于监测药物生产工艺过程是否顺利进行及产品质量状况，以便控制生产过程。因此，制药过程质量监测，快速是第一要求。

4. 监测的动态性、连续运行性

任何的生产都是持续一定时间的过程。生产流程中，待分析对象的性质、组分和含量是随时间而变化的，过程分析也就需动态地连续进行。要求分析仪器设备具有长时间工作的稳定性，还要求对浓度的测定范围广。

5. 采样与样品预处理的特点

制药工业生产的物料数量较大，组成往往又是不完全均匀的，分析时只能从中选取少量样品，因此，在过程分析中保证采样的代表性就显得非常重要。同样，对于各式各样复杂的分析对象，在线预处理过程应具备简单、快速、有效等特点，需要对于特定样品设计和制定有高度针对性的预处理方法并配备专门的设备。

（二）制药过程分析的对象

1. 有效成分含量的在线检测

随着现代化制药过程工业自动化程度的不断提高，简单的热工参数测量已无法满足现代制药工业过程控制的要求，对动态的制药过程中化学成分含量的瞬时追踪和测定已成为迫切需要，因为药物中有效成分含量往往是原料质量和产品质量的直接指标。例如：对于化学药品的合成反应过程及生物制品的发酵过程，要求产量多、收率高；对于中药材的提取分离过程，要求得到更多的纯度合格的产品。另外制药生产过程还包括其他一系列单元操作如混合、干燥、造粒、压片、包衣等，每一项单元操作工艺参数的变化都会影响到其中有效成分/活性成分含量从而决定最终产品的质量。目前，这些单元操作(特别是混合、干燥、中药提取、分离纯化等)由于缺乏有效的过程检测手段，大多只能根据经验或者源于小试的固定工艺条件决定过程是否完成及有效成分含量是否达到最佳值，因此成为药品生产过程质量控制的盲点。在线含量分析技术可为这些单元操作提供了有效的过程检测手段，能准确、迅速地分析出参与生产过程的物质成分，能够实现以上生产过程单元操作设备的数字化、定量化和自动化运行，做到及时的控制和调节，从而提高生产效率和切实保障药品质量。

2. 关键杂质的在线检测

此处所指的杂质特指在药物制备和原料储存过程中，例如在合成、提取、制剂过程可能产生的与药物不同性质的其他成分，多指有机杂质，也包括残留溶剂和手性化合物中无特殊毒性的对映体。它们主要源于起始原料及其本身所含杂质、生产过程中带入的合成中间体与副反应产物、成品在储存过程产生的降解产物及处方中辅料成分的干扰或选用了不合适的辅料。药物中含有杂质会降低疗效和影响稳定性，有的甚至对人体健康有害或产生其他副作用。因此，检测有关物质、控制纯度对于确保用药安全、有效,保证药物质量是非常必要的。2006 年国内某药厂生产的亮菌甲素注射液由于使用含有杂质的工业原料二甘醇作为辅料,导致数名患者急性肾衰竭死亡。因此关键杂质的分析相比有效成分在线检测而言亦相当重要。色谱分析法由于专属性好、灵敏度高,在有关物质的测定中最为常用。许多以前无法被检测但又影响药品有效性和安全性的有关物质将得到控制,药品质量也会有新的提高。

三、制药过程分析的分类

(一)制药过程分析的类型

根据采样分析的场所和手段,制药过程分析可分为离线分析、现场分析和在线分析三种。离线分析(off-line)即从生产现场采样后带回实验室进行后期处理和分析,属于本书前面各章所讨论的范畴。现场分析(at-line)也叫近线分析,指人工采样后在生产现场进行分析以提供比离线分析更为及时的信息反馈;离线分析和现场分析的工作方式实质上都和一般的实验室分析检验工作没有多大区别,属于传统的分析方法,其分析结果只能说明生产过程"过去"某一时间的状况,提供的是滞后信息。在线分析(on-line)是本章讨论的重点,指依靠自动采样系统直接从生产流程中取样并自动输入工业分析仪器以进行及时动态的监测,体现的是所有工序中分析过程的自动化、动态化和实时化,充分运用在线的测量与控制系统将能缩短生产周期,防止次品和废料的产生,提高操作人员的安全性和整体的生产效率。

(二)在线分析法的分类

根据检测过程是否连续,在线分析法可分为间歇式和连续式两种。间歇式在线分析是在工艺主流程中引出一个支线,通过自动取样系统,定时将部分样品送入测量系统,直接进行检测。所用仪器有过程气相色谱仪、过程液相色谱仪、流动注射分析仪等;另一种为连续式在线分析,即让样品经过取样专用支线连续通过测量系统持续进行检测。所用仪器大部分是光学式分析仪器,如傅里叶变换红外光谱仪、光电二极管阵列紫外-可见分光光度计等。制药过程分析的核心内容是对药品生产过程进行实时分析,连续式方法使真正的实时分析成为可能,它所提供的分析信息直接反映了当时的生产状态。在现代制药工业中,对一个生产过程的监测和控制,可同时采用几种不同的分析方法,而连续式的在线分析法是首选方法。

根据检测探头与样品是否接触,在线分析又可以分为直接式和非接触式两种。直接式分析亦称为直插式分析、原位(in-situ)分析或称内线(in-line)分析,它是将传感器直接安装在主流程中进行实时检测,将生产线上的物料质量或其他参数信息转化为光电信号输送给分析仪器进行记录处理并输出结果,实现连续地或实时、自动监测与控制,所用仪器有光导纤维化学传感器、传感器阵列、超微型光度计等。该法能够与生产进程同步或几乎同步地给出分析结果,及时反馈信息,有利于生产过程的控制。另一种为非接触在线分析或称为非破坏性(non-invasive)在线分析,是采用不与样品接触的探头来进行的在线分析[图 13-2(a),13-2(b)]。探测器在非接触、不破坏的前提下,靠敏感元件把待测样品的物理性质及化学性质转换为电信号进行检测。对于易被破坏和影响的样品而言,非接触在线分析是一种理想的分析形式,特别适用于远距离连续监测。用于非接触在线分析的仪器有红外发射光谱、X 射线光谱、超声波仪器等。

(a) 发酵罐上的探头接入位   (b) 一种常见的在线分析探头

图 13 - 2

四、制药过程分析发展状况

进入 20 世纪 80 年代之后,工业生产技术的发展十分迅速,而且对环境保护提出了更高的要求。要求工业生产做到既保证产品有稳定的高质量,又最大限度地降低成本。国内外用户使用分析仪表和过程分析仪表的需求很迫切,特别是由于节能、降耗、环保及安全的要求越来越高,而过程分析仪确确实实能够帮助用户解决问题。为此,投入了大量人力、物力,研究和开拓对工业生产过程质量控制的新技术和新方法。国际上,现代过程分析技术学科的成立是以 1984 年美国国家科学基金会在华盛顿大学建立"过程分析化学中心"(The Center for Process Analytical Chemistry,CPAC)为标志。迄今以化学计量学为基础并大量采用自动化分析仪器的过程分析化学新方法极大地改善了制药过程监测和质量控制的现状。随着分析技术的快速发展,各式各样传感器和探头的相继问世,近红外光谱、高效/超高效液相色谱、色谱-波谱/色谱-色谱联用技术的发展,以及计算机技术在药学领域中的应用,为药物制备过程中的质量控制提供了有效的检测手段,也使在线制药过程分析成为可能。

与石油化工、化肥、半导体、冶金等行业相比,我国制药产业的在线分析技术应用比较滞后。生产过程受单元操作方式、剂型、体系复杂性及部分环节难以实现管道化等因素的限制,其监测和控制主要以间歇式的人工操作为主,主要是通过一些简单、离线的分析技术,如紫外光谱、旋光法、薄层色谱等而实现的,缺乏过程质检技术和在线监控手段,过程质控体系不够完善,分析结果滞后,制约了制药工业的现代化和国际化发展。随着光谱技术的发展,已经可以实现光纤技术远程测量,而且可以进行在线、实时分析,这为药品生产过程的实时分析并基于该分析实现反馈控制,建立一种全新的研发和生产过程智能在线控制系统创造了条件。

2004 年 9 月,美国 FDA 终于以工业指南的方式颁布了《创新的药物研发、生产和质量保障框架体系—PAT》(Guidance for Industry PAT-A Framework for Innovative Pharmaceutical Development,Manufacturing,and Quality Assurance),旨在通过 PAT 技术提高对药品研发、生产和质量全过程更加科学性的控制。在 2005 年举行的全球医药行业用户大会进一步指出,PAT 技术将是 10 年内改变制药行业的革命性技术的五大技术之一,预示该新的技术将能够完成以前不可能完成的工作。目前,PAT 已经成为规范生产过程最优化的有效工具,从 PAT 得到产品成分的实时数据可以改进人们对生产过程的认知程度和控制程度,在提高效率的同时减少质量降低的风险。基于此,2015 年的全球医药峰会再次强调了在线分析技术(PAT)和过程控制对"质量源于设计"(即 QbD)实践的作用,其在抗体生产、药品结晶和制剂过程及中药提取过程应用的成功实例也越来越多。

PAT 要求智能的制药装备和传感器不仅能够传递加工过程的状态,而且还要能反馈传感器的状态,这导致了新一代集成控制系统的诞生。目前我国绝大多数的自动在线分析仪器,仍是程序式阶段。程序式仪器即是将实验室的分析方法和分析用的器皿集成到仪器内,用电脑、程序控制各种电动泵、阀、气泵,模拟人的各步操作进行分析的间歇式分析仪器,这类仪器的优点是因其是模拟手工法,故和手工法分析的结果有较好的一致性。其缺点是结构复杂、故障率高。

过去,制药装备只是简单地控制它自身的功能,即采用三四套系统或者追踪机器的进料是什么,或者测定停机时间,或者追踪机器的性能。但是现在应用 PAT 的制药装备能知道什么时候它是一台运行良好的制药装备。虽然,PAT 要求进行更多的验证,但是最终它会使加工过程更加趋于简单,也更有效,特别是在转换产品时,而转换产品对于验证来说是另一个巨大的挑战。PAT 能够涵盖药物研发和生产过程中所有关键质量属性的控制,通过在线监测和智能控制策略,可以很好地监控过程的状态并使它维持一种理想的状态,同时能够根据产品的特性自动选择和确定可控参数的范围。PAT 的引入使设备具有完整的网络通信、电子记录和电子签名等功能,这符合现行美国 FDA 的 21CFR Part11 规范。以上功能的实现,有利于生产车间的空调净化、工艺用水、在线清洗/灭菌和易燃火灾报警联锁等辅助系统在设计上的整合,从而更好地保证药品的质量,使制药企业的研发和生产过程进入智能化的时代。可见,基于 PAT 技术的制药过程质量监测对于保证产品质量的稳定均一、提高生产效率、节能降耗、减少污染、最大限度避免生产中的人为因素、降低生产风险和提高管理效率等均具有重要意义,其发展对于推动制药工业的现代化和国际化进程具有重要作用。

第二节 制药过程在线分析方法与仪器

一、概述

如前所述,在线分析系统是现代工业生产中不可或缺的一部分,起着"指导者"和"把关者"的双重作用。在线分析系统是建立在生产流程线上,在实时分析模式下,以在线检测仪器为核心,及其他一系列相关软、硬件高度集成的监测控制平台。在线分析系统是实现生产系统动态控制的必要设备,也是生产过程自动化的理想手段,许多先进的自动化技术和手段都已经广泛地在此系统中得以应用。在线分析系统的常见组成模式如图 13-3 所示。

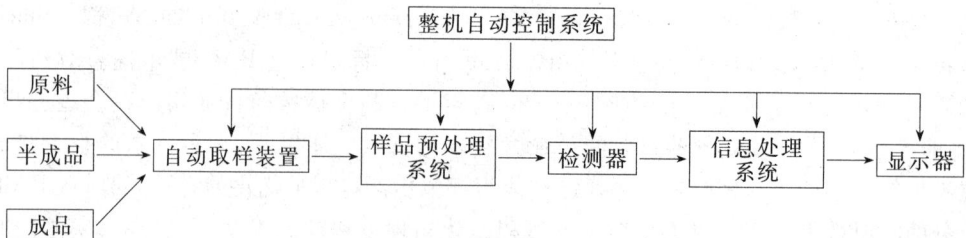

图 13-3 在线分析系统的常见组成模式

1. 自动取样系统

自动取样系统的作用是快速及时地对具有代表性的分析样品(原料、半成品/中间体、产品)进行采集。

2. 预处理系统

预处理系统通过对不同物态的复杂样品进行过滤、粉碎、研磨、冷却、干燥、定容、稀释、富集、纯化等操作,使相关待检测样品能够达到被仪器直接分析的要求。

以上两个部分能否成功是实现在线分析的首要关键环节,往往需要结合不同样品的实际情况设计和采用不同的采样和预处理手段及设备,同时还要和后面的环节顺利实现联机自动化,取样应具有充分的代表性,预处理系统要确保样品不对检测器造成损伤和自身无损失的前提下准确完成相关的定量分析,这方面的研究相当复杂,需要多个专业领域人员的协作。

3. 检测器

检测器由光谱、色谱、电化学等分析仪器组成,是完成在线分析的核心部件,其任务是根据某种物理或者化学原理把待测的成分信息转换成电信号交由后面的系统处理。

4. 信息处理系统

信息处理系统是对于检测器所提供的微弱电信号进行放大、模数转换、数学运算、线性补偿等信息处理工作,由大型分析软件、工作站、数据处理、专家系统来完成。

5. 显示器

对于信息处理系统提供的数字信号采用模拟表头、各种数字显示器或者屏幕显示器显示测定对象的结果。

此三部分往往由商品的在线检测器供货商打包提供。需要注意的是,应用中需要确保在实际生产现场环境(尘埃、腐蚀、高温、高湿、振动、噪声)中在线检测仪器的快速、准确、长期稳定和可靠地工作。一般情况下检测器连续工作时间不得少于 8000 h,这是保证主要生产装置最小的停机检修间隔。

6. 整机自动控制系统

其任务是控制各部分自动而且协调的运转工作,每次测量时自动调零、校准、有故障时显示报警或自动处理故障。目前,集散控制系统(DSC)、现场总线控制系统(FCS)、可编程控制器(PLC)与工业 PC 机是控制装置的主流,微处理器和计算机技术相结合所构成的自诊断与自适应系统及相关软件已成为现代化在线分析仪的开发热点。

以常见在线光谱分析平台为例,工作流程主要包括:多点取样→多路复用技术→紫外(UV)、旋光(ORD)、傅里叶变换-近红外(FT-NIR)光谱分析→模拟与评估→信号的形成→通过 DCS 系统转换信号。

以常见在线色谱分析平台为例,工作流程通常包括:循环在线取样→稀释、过滤、内部标准、衍化、萃取、沉淀析出、搅拌、冷却/加热等预处理过程→气相色谱(GC)、液相色谱(LC)、凝胶渗透色谱(GPC)分析→数据分析与控制结果转换→通过 DCS 联程控制。

需要强调的是,在线分析过程不可避免地要运用到化学计量学相关方法,化学计量学是 PAT 的重要基础。多数过程分析方法的专属性受到一定的限制,由于分析速度的要求,在分析系统中又不太可能设置复杂、费时的样品预处理装置,所以对检测得到的信号进行解析,提取有用的信息就显得非常重要。而且,为了识别和监测过程的状态,需要建立相应状态的模型。化学计量学是信号的提取和解析、化学建模的有力工具。例如:在在线光谱分析中,尤其是在 NIR 区域;其吸收到最高点将会出现强烈的误差与重叠。因此,用最简单的最高点作为评估值是不确切的,这就需借助化学计量模拟,可使用标准软件来分析模拟的信号。如通过使用软件能把分析数据转换到 DSC 系统中去,形成生产控制信号,最终控制执行元件(如温控仪、切换阀)。

二、传感器与探头

为达到制药过程控制连续和快速性的要求,在过程分析中常常采用传感器技术。传感器(sensor)是一种检测装置,能感受到待测量的信息,并能将其按一定规律变换成为电信号或其他所需形式的信息输出。它是实现自动检测和自动控制的首要环节,是在分析仪器与分析样品之间实时传递选择性信息的界面。可依据传感器的检测原理和功能等对传感器进行不同分类。药物生产过程中监控温度、压力、流量和密度的传感器一般采用物理传感器(physical sensor),而药物在线分析传感器,则常采用化学传感器(chemical sensor)选择性地将样品的化学性质、化学组成和浓度等连续地转变为分析仪器易测量的物理信号。

化学传感器由分子识别元件(感受器)和转换部分(换能器)组成。分子识别元件与待识别物相接触可以发生光变化、热变化、化学变化及直接诱导电信号。这些变化再进一步可以通过转换部分转变为电信号,然后利用电学测量方法进行检测。

近来,随着半导体激光、光导纤维和光学技术的发展,利用光学原理的光化学传感器在制药过程分析中越来越多,尤以光纤(optical fiber)传感器引人注目。光纤与待测物质接触的一端常做成探头,直接或间接地与待测物质作用后,光的性质或强度发生变化,从而达到检测目的。光纤探头采样的引入简化了传统光谱测量的光学系统,光纤的长度可根据实际情况选择,使非接触、远距离、实时快速的在线检测成为可能,目前已出现多种商品化的光纤探头。图 13-4 为一种常见在线光谱分析的反射式光纤探头组成示意图,使用浸入式光纤探头或流动检测池均可在线实现吸收率测量,从而完成相关的含量分析。

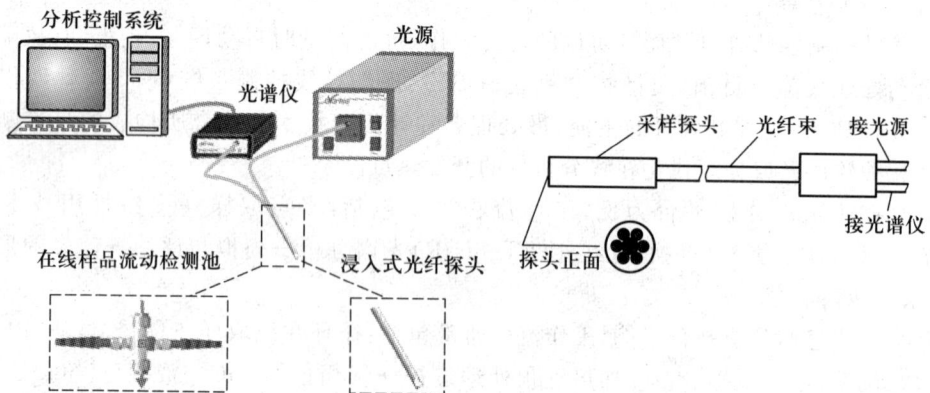

图 13-4　反射式光纤探头组成及放大示意图

光纤的应用使光谱仪器从实验室走向现场,通过在线分析实现了对工艺过程的优化控制,在过程控制的可见-紫外、红外、近红外、拉曼光谱等分析法中应用广泛。光谱技术与光纤结合的优越性主要表现在以下方面：

（1）光纤传感器具有很高的传输信息容量，可以同时反映出多元成分的多维信息，并通过波长、相位、衰减分布、偏振和强度调制、时间分辨、收集瞬时信息等加以分辨，真正实现多道光谱分析和复合传感器阵列的设计，达到对复杂混合物中特定分析对象的检测。

（2）通过光纤的长距离传输可实现生产过程的快速在线检测。通过光纤，近红外光谱仪器可以远离采样现场 100 米进行在线检测，且易于多点同时测定。

（3）可减少分析仪器的光学零件，减少光学系统的调整难度，便于分析装置的小型化。

（4）直径细，易弯曲，可直接插入生产装置的非整直、狭小的空间中，进行原位分析和实时跟踪检测，通过光纤探头，可以方便地进行无损定位分析。

（5）可在困难条件下或危险环境中采样分析，如有毒、易燃、易爆环境。

（6）光纤对电磁干扰不敏感，可在条件复杂的工业现场稳定工作。

（7）光纤技术价廉、轻巧，使用寿命长，安装和维护方便。

三、在线检测的取样方法

（一）不同物性样本取样基本方式

为保证制药过程的连续化和自动化，在线分析需要专门的采样装置和阀门来实现将样品自动和快速地引入分析系统中。一个取样系统是若干元件或设备的集合，它必须具备从工艺过程中取出足够有代表性样品的功能，而不影响分析测量结果的有效性。取样装置要充分考虑分析仪的要求以此来决定取样的形式和样品需要的处理程度；其他需要考虑的包括工艺管道的管壁效应或组合管壁效应、混合、分层等变化，最理想的情况是就近抽取及就地处理。

对于液体样品，主要有两种取样方式：泵抽采样和压差引样。泵抽采样是通过在旁路上附加泵来实现的，多用于取样点与测样装置（如流通池）之间无压力差的过程。压差引样则要求取样点与测样装置之间存在压力差，靠该压力差将主管线或装置中的样品经旁路引入测样装置。图 13-5 为一种典型的输送管道中液体样品的取样及预处理系统示意图。安装在管道中不同位置的取样管可以采取管道中不同位置的液流样品。

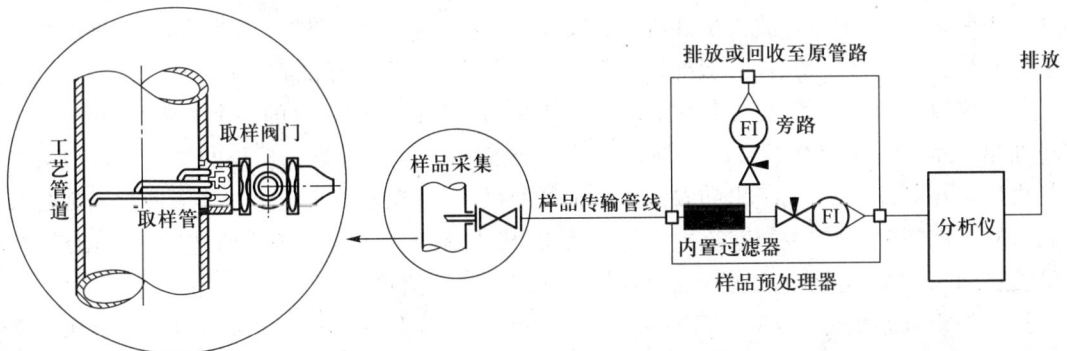

图 13-5　典型液体样品取样与预处理系统

对于气体样品,不同的状态(分为常压、正压和负压)应采用不同的取样方法。常用的气体取样装置一般由取样管、过滤器、冷却器和气体容器等部分组成(图13-6)。取样后,要将其处理成适宜的形式,以便进行分析。

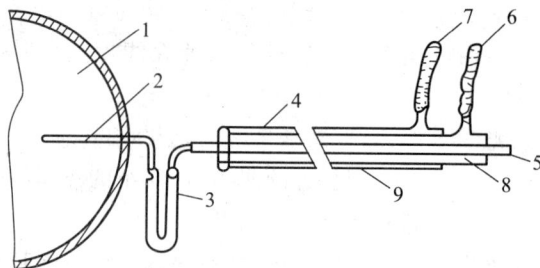

图13-6　气体样品取样装置

1—气体管道或容器;2—取样管;3—过滤器;4—冷却器;

5—导气管;6—冷却水入口;7—冷却水出口;8、9—冷却管

固体样品的取样系统常用两种方式,即靠重力输送的被动方式和靠压缩空气或电动输送带传输的主动方式。对固体样品一般要进行粉碎、过筛、混合、溶解等操作,对气体和液体样品一般要进行稳压、冷却、分离、稀释和定容等操作。

根据样品的情况、待检成分的性质及后续的检测方法,选择适宜的预处理方法进行分离、净化对于大多数过程分析工作是非常重要的。自动取样与自动样品预处理是过程分析发展的方向之一。若因所采取的分析方法本身具有的优点或样品成分单一使得过程分析无需作预处理,这是最理想的。

(二)流动注射分析

在顺利取样并通过一定的前处理后,在线检测常用到流动注射分析(flow injection analysis,FIA)技术将每批分析对象提供给相应的分析系统。该方法采用泵把一定体积的液体样本通过阀切入一个运动着的由适当液体组成的连续载流中,被注入的待分析样本形成了一个带,并被载流带到一个在线检测器中,样本流过检测器的流通池时,其吸光度、电极电位或其他物理特性连续地发生变化,并被记录。故其中载流的首要作用是推动样品"塞"进入管道,其次是尾随样品带对管道和检测器进行自动清洗,即把残液带走,为下一次检测做好准备。FIA所独有的自动、简单、可靠、快速的清洗方式,也是其作为目前应用相当广泛的取样手段的一个主要原因。

在单管路FIA流路中载流由试剂组成时,其还有与样品进行显色反应的作用。典型的FIA仪是由以下几部分组成:用于驱动载流通过细管的泵;可重现地将一定体积样溶液注入载流的采样阀;样本带在其中分散并与载流中的组分反应,成为流通检测器所响应的产物的微型反应器;检测流体的吸光度、电极电位或其他物理特性并记录的检测器。

按操作模式来划分,FIA可以分为单道(single channel)、多道(multiple channel)和顺序注射(sequential injection)等多种操作模式。单道模式[图13-7(a)]仅有一条管路,含有试剂的载液由单泵输送。单道模式仅适合于单一试剂显色,试剂消耗量大,检测灵敏度较低。多道FIA模式[图13-7(b)]中,载液和反应试剂通过不同的管路输送,试剂与样品不是仅仅通过对流与扩散相混合,而是汇合到分散的样品带中,使混合更均匀。多道模式样品在载流中的分散系数较低,检测灵敏度高,而且试剂不必加在载液中,可节约成本。顺序注射模式[图 13 - 7(c)]是采用一个多通道选择阀,选择阀上的各通道分别与试剂、样品、检测器等管路相连。泵按照一定的顺序将样品、试剂、载液等吸入储存管中,然后输送至检测器进行检测。顺序注射模式具有控制更加简便、易于实现集成化和自动化、试剂和样品消耗少的特点,更适合于过程检测分析。

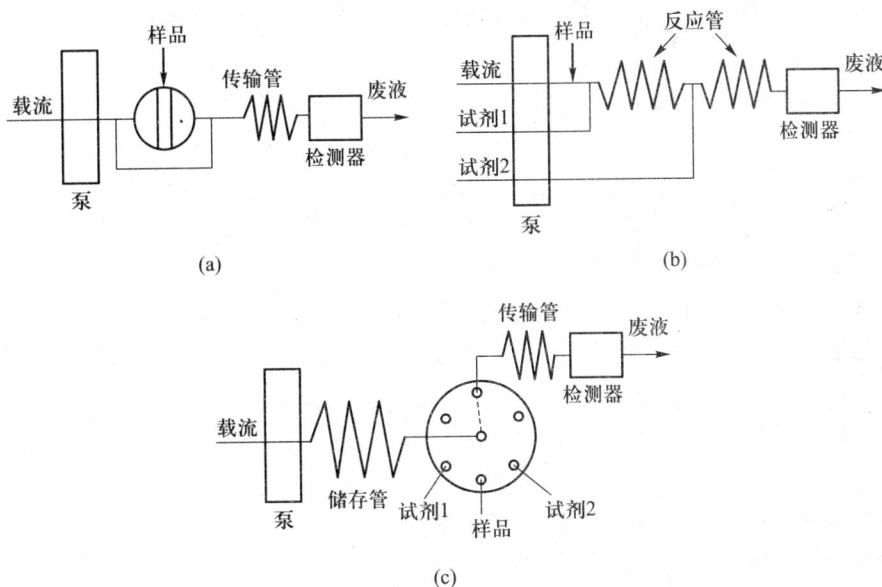

图 13 - 7　流动注射的三种模式

　　如前所述,由于对先前发生的过程在所有的采样周期都可严格地重复,对于一个注入的样品来说进行了什么处理,对其他所有的样品也会进行同样处理。FIA 这一由液相色谱技术演变而来的新分析/取样技术,带来了分析化学中湿法分析的一场革新。这种在毛细管内不断流动过程中进行溶液处理、反应、检测的新技术,取代了已沿用二百多年的间歇式操作程序和各种瓶瓶罐罐,也革除了唯有均匀混合才可以进行重现测定的观念,使得分析的速度、精度产生了数量级的飞跃。FIA 的快速(可达 $100\sim300$ 样品·h^{-1})、准确、高精密度、高效低耗、与不同检测和预处理手段兼容性强和特别适合于自动分析的特点,使得分析工作者们纷纷研究将这一技术应用于各种项目的快速或自动的分析上。FIA 技术在发达国家已获得普遍的运用。

四、在线分析仪器

　　在线分析仪器(on-line analytical instruments)是在线分析系统的心脏,是将分析仪器的检测器或者整机置于生产流程线上,并与待测对象直接或间接接触的实时分析模式,是在生产流程上自动地测量物质的成分和性质的仪器仪表。它是分析仪器的重要组成,也是在线检测仪表的一个主要分支,是伴随生产过程自动化和设备集成化而出现的。和一般离线分析仪器相比,除了同样在测量范围(量程、检测限等参数)和测量精度(精确度、灵敏度、分辨率、重复性和稳定性等参数)具备一定的性能要求外,还特别强调对响应时间和平均无故障时间两个指标的要求。前者定义为从样品进入仪器开始,到显示设备给出被测值为止的一段时间,后者定义为一段时间内(一年或者几年)发生故障停机的次数和该段时间的比值。尤其是作为自动控制生产过程的在线分析仪器,一般都要求测量速度很快,即响应时间短;同时应对复杂或恶劣现场环境的能力要较强,平均无故障时间要短。与实验室分析仪器相比,在线检测器测量的准确度可以稍低一些,但长时间持续工作(不停机)状态下设备运转的稳定性必须要好。另外最好结构简单,部件通用性强,易于维护,价格低廉。

在线分析仪器是实现生产系统动态控制的必要工具,也是促成生产过程自动化的理想平台。药品生产过程在线检测仪器包括工艺参数检测系统及质量参数在线检测系统等。工艺参数检测系统主要用以测量温度、压力、pH、液位、转速、冲击压力等参数;对不能直接在线测量的关键工艺参数和质量参数(如水分含量、密度、黏度、粒径、硬度、内容物含量、药品包衣厚度、液体制剂有效成分含量等),可采用软测量技术和相关设备。软测量主要依据生产过程中易检测的有关过程变量与难检测的工艺变量之间的关联,通过相应的数学模型,来推算过程中目前用仪表较难检测的变量。总体看来,在线分析仪器一般可按测量原理大致可分为8类:

(1) 吸收式光谱分析仪器,如(近)红外、拉曼光、紫外、可见光谱仪等;

(2) 色谱分析仪器,如液相色谱仪和气相色谱仪;

(3) 电化学仪器,如电导仪、酸度计、离子浓度计等;

(4) 热学仪器,如热导式分析器等;

(5) 磁学仪器,如磁式氧分析仪等;

(6) 射线或辐射式仪器,如 X 射线分析仪、微波分析仪等;

(7) 物性分析仪,如水分计、黏度计、密度计等;

(8) 其他,如质谱仪、声谱共振仪、生物传感器等。

实际上这些不同分类之间也会有些交叉。如尽管习惯上将液相色谱归类为色谱分析仪器,但其采用的紫外检测器却属于光谱分析类。本章将依据上述分类,在下面两节分别介绍常用的制药在线分析技术和相关仪器。

五、在线分析控制系统

目前大部分程序控制单元是靠计算机来完成的。一般可采用可编程控制器(PLC)与工控机组网的方式构建集散控制系统(DCS)。采用自行开发的工业控制机程序即可实现基于在线分析结果的自动控制。程序启动后首先对 PLC 进行读写操作,获取制药过程物料变化状态,并将用户操作写入 PLC,然后驱动相关可视化设备并发出控制指令和激活相关报警输出,计算机根据实时监控模型分析这些数据,最后将所获取的物料信息写入实时数据库和历史数据库供远程用户实时访问和汇总分析,程序将按照上述过程不断循环直至程序退出。过程分析中信息的传输和通信主要依靠数据转换器,并通过配套的硬件设备,实时转换为符合工业领域串行通信协议(modbus)规范的标准串行数字通信。通过现场总线(fieldbus)/通用串行总线(USB)的转换器,可以非常方便地连接计算机,并通过软件迅速地得到包括光/色谱图在内的所有数据。利用调制解调器(modem)、企业局域网(local area network),LAN 及远程内部网(intranet),用户还通过 Web 浏览器实现对中心数据库的访问,实时监视制剂过程的工作状态,实现远程监视、远程诊断和远程决策,以保证制剂过程在任何时候都能平稳可靠运行。一种常见的在线控制管理系统如图 13-8 所示,主要由在线主机和现场总线构成的执行层、工控 PC 构成的监控管理层和由企业 Intranet 及远程用户 Intranet 构成的综合应用层三部分所组成,依次完成分析、监控和诊断访问等功能。

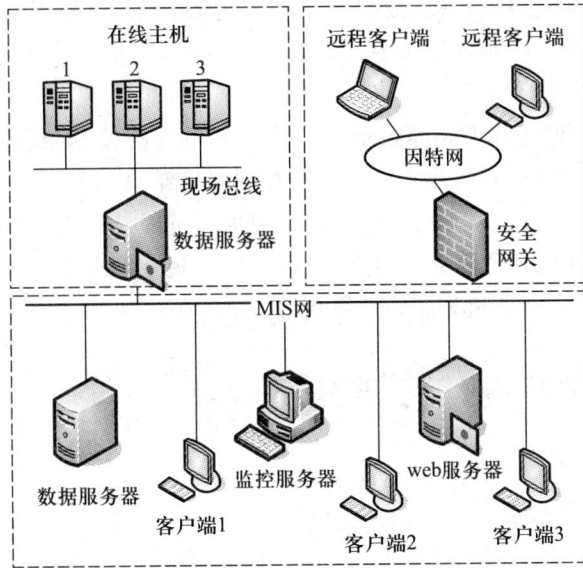

图 13-8　制药过程在线控制管理信息系统（MIS 网）

六、展望

随着科学技术的迅猛发展,药物质量的控制方法有了质的飞跃。现代分析技术由过去的单一、离线分析向联用型、智能型、多维化和在线分析方向发展。过程分析技术的发展与完善将使药物制备的各个环节真正实行动态的在线监测与控制,为保证和提高药物最终产品的质量起到重要的作用。

目前应用最为广泛的基于光谱方法的 PAT 技术(如 IR、UV)需要以传统分析技术为基础建立科学的校正模型实现对未知样本的定性或定量分析,且需要对校正模型进行严格、科学的验证,方可投入实际使用。仪器在运行过程中还需要根据样品变异情况对校正模型进行维护和重新验证,才能确保检测结果的可靠性。由于校正模型的建立过程相对复杂,因此在未来的工作中大规模建立常见药物校正模型数据库、促进模型数据资源共享和方法转移是一个重要的发展趋势,也是 PAT 相关技术成功推广应用的关键。另外提高数学模型准确性和抗干扰能力的研究亦需要加强,尤其是面临复杂对象(譬如中药制剂)的时候,需要提高近红外光谱在线检测技术校正模型的预测准确性和抗干扰能力。尤其是需要结合中药的特点,发展复杂体系中近红外光谱的特征信息提取和处理技术,才能拓展近红外光谱在线检测技术在中药领域中的应用。

目前还有许多优秀的离线分析技术,由于相关软硬件发展尚不很成熟,还未在过程分析领域实现较多应用。因此,新型在线光谱和色谱仪的设计开发和辅助设备的配套,在多学科、多领域人员的努力和合作下,相信很多现在看似难以逾越的技术问题将得到突破。仪器的联用化和自动化将进一步增强。

最后需要强调的是,在线分析只是手段,根本目的还是要进行药品质量的即时自动化控制。我国原料药的生产过程(尤其是生物制药和中药),基本上是采用小规模、单元化、批量化和间歇式的生产方式。在我国,自动化控制系统的应用大部分还局限在原料药生产的某些局部单元和辅助系统上（如抗生素发酵、中药提取、浓缩和分离、化学制药的反应、提取和分离、在线消毒和清洗、锅炉等）。虽然目前在国内制药行业中常见到是一些简单、独立和单元化的比例-积分-微分（PID）控制或程序控制模式，但实际上它们并不代表医药行业真正希望的理想控制模式。批控制（batch control）和批管理（batch management）才是其最佳的控制与管理模式，控制系统也最好应该是采用模拟量的连续控制与开关量的逻辑控制紧密结合的批控制结构模式。另外，由于制药行业的生产设备的体积规模相对比较小，在实现生产过程自动化时，所反映出来的自动化设备与工艺设备的投资比要比其他行业大得多，因此真正实现在线分析与即时质量控制的结合还需要经历一段较长的道路，也是相关人员必须致力解决的关键问题之一。

第三节　制药过程在线光谱分析

一、在线近红外分析

近红外（NIR）分析技术因其可运用于复杂背景下样品的多组分分析、瞬态分析，可进行现场遥测，使它在几乎不影响产品生产速度的同时进行在线分析，及时控制指标成分含量，及时发现问题并进行调整，保证产品质量相对稳定和均一的水平。与实验室红外光谱分析不同，该光谱测量物料的组成和性质是一种模拟测量技术，是基于光谱仪器测量的光谱和标准方法测量的基础数据，通过化学计量学方法建立校正模型（calibration model），即建立光谱与组成或性质数据之间的关系，当快速测量未知样品的光谱后，通过计算机来处理可快速地测定它的组成和性质。凭借其重要性目前该技术已经开始运用到药品生产的各个环节（图 13-9）。

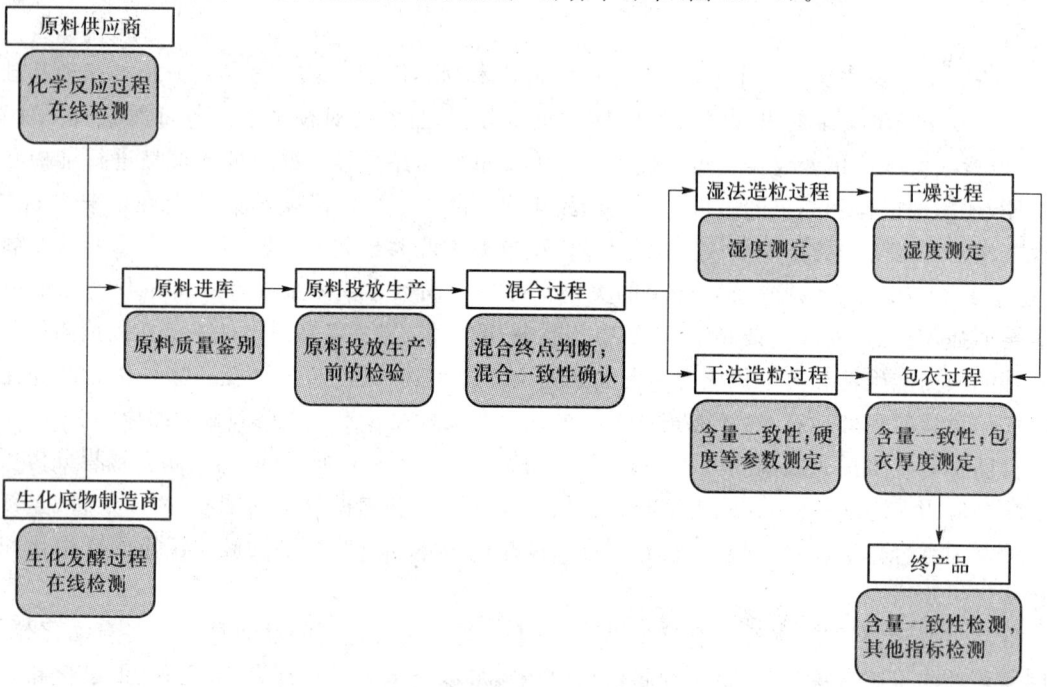

图 13-9　NIR 分析在药品生产过程中的应用

（一）基本原理

近红外光谱主要是由于分子振动的非谐振性使分子振动从基态向高能级跃迁时产生的，记录的主要是含氢基团 C—H、O—H、N—H、S—H、P—H 等振动的倍频和合频吸收。不同基团（如甲基、亚甲基、苯环等）或同一基团在不同化学环境中的近红外吸收波长与强度都有明显差别。近红外光谱的吸收强度远低于中红外光谱（$4000 \sim 400 \text{ cm}^{-1}$）的基频振动，弱 $10 \sim 100$ 倍。由于有不同级别的倍频谱带及不同形式组合的合频吸收，使得谱带复杂化，信息相当丰富，吸收峰重叠严重，并且受物质颗粒大小、多态、残留试剂和湿度等多种因素的影响。近红外吸收的这种弱强度和多影响因素的特征，使其无法像中红外技术那样采用常规的分析方法对待测物质进行定性、定量分析，而必须对测得的近红外光谱数据用验证过的化学计量学方法处理后，才能对待测物质进行定性、定量分析。

（二）测定模式

NIR 的常规分析技术可分为透射（transmittance）光谱和漫反射（diffuse reflectance）光谱两类。透射光谱一般用于均匀透明的真溶液或固体样品，吸光度与光程及样品的浓度之间遵守朗伯-比尔定律（Lambert-Beer law），样品置于光源与检测器之间，对于固体透光率的测量要选择合适的采样附件。另一种透射测试为透反射，检测器和光源在样品的同侧，在测量透反射率时，用一面镜子或一个漫反射的表面将穿透样品的近红外光第二次反射回样品，其结果可以由透光率（T）或吸光度（A）表示。

$$T = \frac{I}{I_0} \tag{13-1}$$

$$A = -\lg T = \lg\left(\frac{1}{T}\right) = \lg\left(\frac{I_0}{I}\right) \tag{13-2}$$

式中，I_0 为入射光强度，I 为透射光强度。

而 NIR 漫反射光谱分析一般用于固体和半固体样品，测量的是反射率（R），即从样品漫反射回的光强度（I），与由背景或参考物质表面反射回的光强度（I_r）的比例。样品置于适宜的装置中，近红外光进入物质内部一定距离，一部分光被样品的倍频及合频振动所吸收，未被吸收的光由样品反射回检测器。典型的近红外反射光谱可以通过计算，并以 $\lg\left(\frac{1}{R}\right)$ 对波长或波数作图得到。

$$R = \frac{I}{I_r} \tag{13-3}$$

$$A_R = \lg\left(\frac{1}{R}\right) = \lg\left(\frac{I_r}{I}\right) \tag{13-4}$$

（三）分析基本流程

NIR 分析的基本流程由建立模型和分析样品两部分构成，如图 13-10 所示。

1. 收集训练样本

选择适宜的、有一定数量样本的训练集样本非常重要，训练集样品浓度应能涵盖未来要分析的样品范围。样品的分析背景（如水分、pH 和辅料等）应与实际样品尽量一致，否则实测时背景干扰将非常严重，导致模型适用性变差甚至根本不能使用。理想的训练集应尽量包括具有充分代表性的样品。近红外光谱分析的准确度取决于模型准确与否，而模型的准确度很大程度上取

建立模型

Component	A	B	C
Units	%	%	%
spectrum1	71.30	7.03	21.67
spectrum2	79.30	3.06	17.64
spectrum3	78.40	8.34	13.26
spectrum4	84.03	4.32	11.65
spectrum11	65.02	1.34	13.54
spectrum12	78.34	3.65	17.81

标准方法分析样品　　　　采集光谱　　　　建立、优化和检验模型

分析样品

Report	
Sample #081897-049	
Component A	81.55%
Component B	5.39%
Component C	13.06%

未知样品　　　　采集光谱　　　　调用模型　　　　预测结果

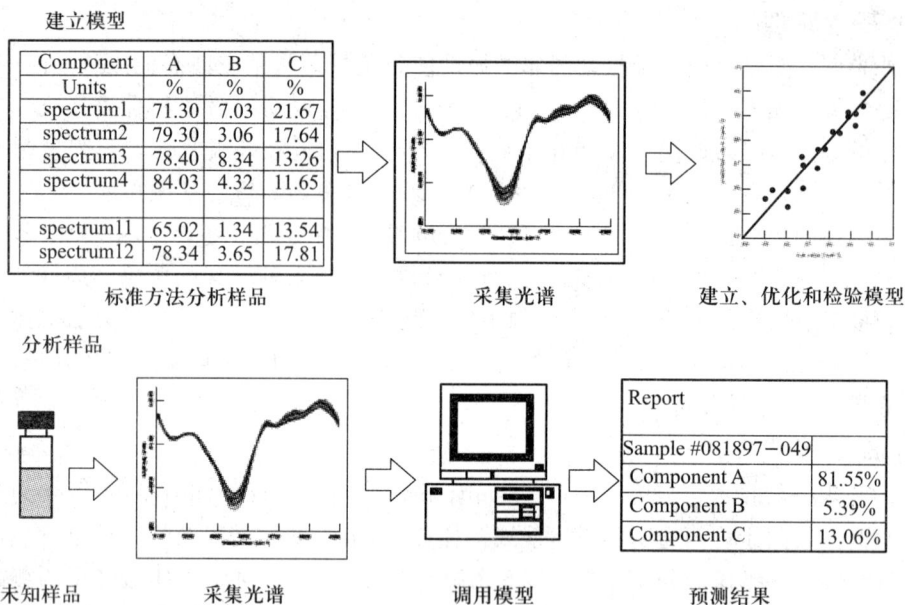

图 13-10　近红外光谱分析的流程与步骤

决于对照方法测量结果的准确性。故应选择公认的方法作为对照分析方法。

2. 光谱预处理

NIR 分析中产生的误差主要来自高频随机噪音、基线漂移、信号本底、样品不均匀与光散射等。为克服各种干扰,从光谱中充分提取有效特征信息,筛选用于建立校正模型的波数范围,必须对光谱进行预处理。常用的预处理方法有平滑处理、微分处理、归一化处理、小波变换等。

3. 建立 NIR 校正模型

在 NIR 分析中常用的建模方法有以下几种:

(1) 主成分回归分析(PCR):原理同主成分分析(PCA),目的是在尽可能保持原始变量更多信息的前提下,导出一组零均值随机变量相对少的不相关线性组分(主成分)。它是通过计算数据协方差矩阵的特征值和特征向量来实现的。保留相关具有最大特征值的特征向量,PCA 就可以用作一个降低数据维数,对数据进行白化处理以保留主变量、提取信号特征的工具。

(2) 偏最小二乘法(PLS):该法是一种全光谱分析方法,充分利用多个波长下的有用信息,无需刻意地选择波长,并能滤去原始数据噪音,提高信噪比,解决交互影响的非线性问题,很合适在 NIR 中使用。

(3) 人工神经网络法(ANN):是根据样品各组分的光谱数据建立人工神经网络模型,预测未知样品并讨论影响网络的各参数。ANN 法的最大优点是其抗干扰、抗噪音及强大的非线性转换能力,对于某些特殊情况 ANN 会得到更小的校正误差和预测误差,并且它的预示结果要稍优于 PLS(t 检验无显著差异)。

此外还有多元线性回归(MLR)、独立分量分析(ICA)、拓扑(topology)等方法也在近红外光谱分析中得到应用。显然,模型所适用的范围越宽越好,但是模型的范围大小与建立模型所使用的校正方法有关,与待测的性质数据有关,还与测量所要求达到的分析精度范围有关。

4. 定量校正模型评价

对建立好的模型必须通过预测集(或称验证集)样本的预测来判断校正模型的质量,一般采用如下指标来评定。

相关系数 R^2 (correlation coefficient),计算公式为

$$R^2 = 1 - \frac{\sum (C_i - \hat{C}_i)^2}{\sum (C_i - C_m)^2} \qquad (13-5)$$

R^2 越接近 1,校正模型的预测值与对照分析方法测定值之间的相关性越强。

交叉验证误差均方根(root mean square error of cross validation,RMSECV),计算公式为

$$\text{RMSECV} = \sqrt{\frac{\sum (\hat{C}_i - C_i)^2}{n-p}} \qquad (13-6)$$

预测误差均方根(root mean square error of prediction,RMSEP),计算公式为

$$\text{RMSEP} = \sqrt{\frac{\sum (\hat{C}_i - C_i)^2}{m}} \qquad (13-7)$$

相对预测误差(relative suspected error,RSE%),计算公式为

$$\text{RSE}\% = \sqrt{\frac{\sum (\hat{C}_i - C_i)^2}{\sum C_i^2}} \times 100 \qquad (13-8)$$

上面各式中,C_i 为对照分析方法测量值,$\hat{C}_i$ 为通过 NIRS 测量及数学模型预测的结果,C_m 为 C_i 均值,n 为建立模型用的训练集样本数,p 为模型所采用的因子数,m 为用于检验模型的预测集样本数。

PLSR 是近红外光谱分析中使用较多、效果较好的一种多变量校正方法,通过对变量系统中的信息进行综合筛选,从中选取若干个对系统具有最佳解释能力的新综合变量进行回归建模。在 PLSR 建模过程中,主因子数的选择是优化模型的关键步骤。如果建立模型时使用的主因子数过少,就不能反映未知样品待测组分产生的光谱变化,其模型预测准确度就会降低,这种情况称为不充分拟合;如果使用过多的主因子建立模型,就会将一些代表噪音的主成分加到模型中,使模型的预测能力下降,这种情况称为过度拟合。为充分提高光谱信号的有效信息利用率,同时避免出现"过拟合"现象,需要对主因子数进行合理选择。为此可采用内部交叉验证法,考察主因子数对交叉验证均方差(RMSECV)的影响,选取 RMSECV 最小时的主因子数建模。

5. 样品分析

若模型的预测精度可满足使用要求,则可将所建方法推广应用于实际过程。

(四)方法主要特点

(1)操作简便,可不经前处理直接分析液体、固体粉末、半固体、胶状体等多种物态样品。不使用化学试剂、不破坏样品性状而进行原位测量。分析快速,一个样品到获得结果不到 1 min。

(2)可对药品的活性成分、辅料、制剂、中间产物、化学原料及包装材料进行定性鉴别,例如:粒度、物料混合均匀程度的测定,片剂厚度、溶出行为、崩解模式、硬度的测定,薄膜包衣性质的测

定,也可同时测定样品的多项性能指标(最多可达十余项指标),此外还可进行定量测定药品活性成分、辅料、溶剂、水分在生产过程中的变化,快速进行过程控制,甚至还可用于已包装药品中活性成分的测定。

(3) NIR 测量信号可以用光纤远距离传输和分析;采用光纤多路转换器,可实现 1 台近红外光谱仪连接多条(2~6 条)光纤同时在线测定生产线上多个质量控制点,从而提高分析效率,节约分析成本;亦可通过计算机控制,依次切换不同管线物料进入分析器来实现多物流分析。

(4) 在一些常规分析方法无法即时检测的环境,如高温、高压、剧毒、易爆等条件或性质的样品,通过接入近红外光纤,可方便地实现在线分析和控制,也简化了整个系统。需要注意的是 NIR 由于检测极限一般为 0.1%,尚难进行痕量分析。

(五) 应用实例

示例 化学制药中反应过程底物与产物浓度的实时分析

在化学制药反应过程中,NIR 技术可以在线实时监测对反应釜底物的浓度和反应生成的产物浓度,借此可有效进行质量控制。作为一种化学中间体而广泛应用的卤代羧酸酯 2-氯丙酸乙酯其在制药、农药等精细品合成工业有着重要的用途,一般由原料 2-氯丙酸通过与乙醇在酸性离子交换树脂的催化下反应生成。反应液在工业输送泵的抽吸作用下,依次通过冷凝过滤器和 NIR 探头,然后返回反应釜内。光谱仪以透射方式采集吸光度,采用光程为 2 cm 的探头,以反应前混合物为背景储存参考值,积分时间为 280 ms,分辨率为 4 nm。每隔 30 s 采集光谱 3 次,取 3 次的平均吸光度为该时间点的 NIR 吸光度。按照上述方法采集 NIR 光谱图如图 13-11 所示。

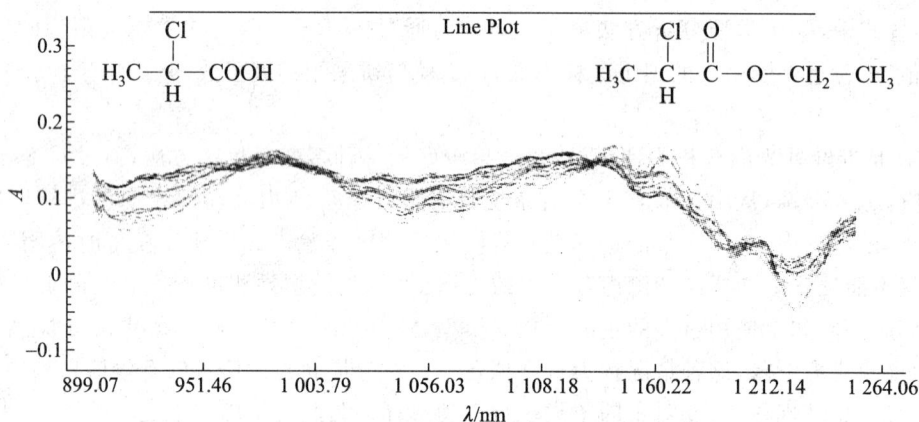

图 13-11 酯化过程在线 NIR 检测叠加图谱

由图可见,随着反应的进行,可以看出 1003.79~1134.40 nm 和 1212.14~1240.18 nm 随着 2-氯丙酸的浓度降低而呈现吸光度下降,这与基团—COOH 的浓度减小相关;而在 1134.40 nm 处出现拐点,使得在 1134~121.14 nm 波段内 NIR 吸光度随着 2-氯丙酸乙酯浓度升高而增大,这与基团—COOEt 的浓度增加相关。进而基于近红外在线检测,用偏最小二乘回归法(PLS 方法对 2-氯丙酸乙酯合成过程进行建模,通过验证集和训练集样品采用交叉验证(cross-validation)计算出残差平方和(prediction error sum of square, PRESS),结果如图 13-12 所示。

前7个主成分数的 PRESS 值一直在减小,说明了增加的主成分数与2-氯丙酸乙酯浓度的增大密切相关,同时可见少于7的主成分建立的模型是处于"欠拟合"的状态。而随着更多的主成分参与模型的建立,当主成分数大于8时 PRESS 值增大,此时说明有噪声环境因素等非测量光谱信息作为主成分参与了模型的建立,使得模型出现过拟合,故选择最优主成分数为8建立定量模型。最后根据上述建模条件对合成过程2-氯丙酸乙酯浓度建立近红外定量模型,结果如图13-13所示,相关系数 R^2 为0.9944,校正误差均方根 RMSEC＝0.018105 mol·L^{-1},预测误差均方根 RMSEP＝0.036429 mol·L^{-1},说明模型的性能良好。

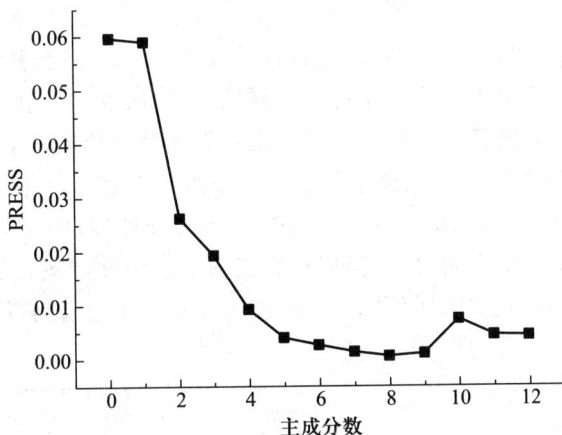

图13-12　2-氯丙酸乙酯合成过程用 PLSR 建模得到各主成分的 PRESS 分布图

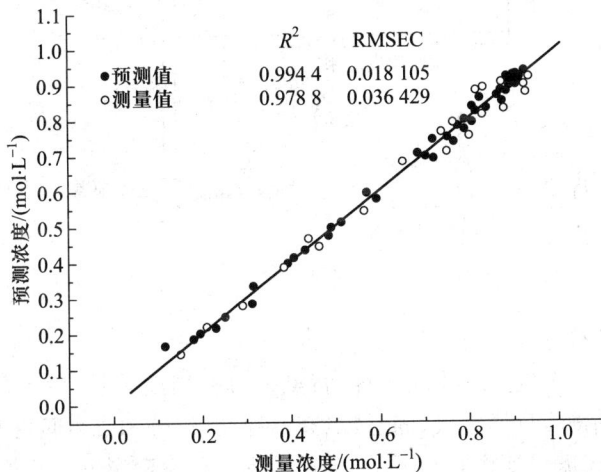

图13-13　2-氯丙酸乙酯浓度的测量值和近红外预测值相关图

示例　中药提取和浓缩过程药效组分在线监测和实时分析

中药提取是指利用适当溶剂和方法,从药材中将可溶性有效成分或部位浸出的过程,是中药生产的首要环节。中药生产在线监控可应用在线 NIR 分析的方法来解决,如刘全等研究提出一种快速在线测定中药三七渗漉提取液中有效组分的近红外光谱分析方法,所采用的仪器为

BRUKER IFS 28/N 傅里叶变换近红外光谱仪,附有光程 2 mm、长度 2 m 的石英光导纤维透射式探头。开发过程中,经过光谱数据的预处理、建模谱段的选择、模型参数的优化、交叉验证和预测效果等步骤,获得了成功应用。其中用径向基函数神经网络法(RBFNN)建立的校正模型比偏最小二乘回归法(PLSR)对渗漉提取过程中人参皂苷 Rg1、Rb1 和 Rd 的浓度预测准确度较好,用 RBFNN 建立的校正模型对人参皂苷 Rg1、Rb1 和 Rd 的 RMSEP(预测均方差)小于 RMSECV(交叉验证均方差),说明该模型稳定性良好。

中药提取液的浓缩过程是继提取之后的又一重要环节,浓缩过程的控制一直依靠经验方法,浓缩终点确定的不可控性成为中药不均一的重要因素,因而中药提取液浓缩过程的在线控制成了迫切需要。蔡绍松等研究以黄芪水提液为例,将近红外技术应用于中药水提液浓缩过程的生产在线检测。在浓缩车间管道上采用旁路在线检测的方式,从主管道引出一旁路,接有十字形流体测样器(图 13-14),利用光纤,通过透射的方式采集样品光谱数据,光程 4 mm。波长范围 1100～2300 nm,扫描间隔 1.0 nm,扫描平均次数 200 次。黄芪浓缩液密度则由在线密度仪直接测定。建模前,对扫描得到的原始吸收光谱进行一阶微分处理(图 13-15),以消除噪音和基线漂移的影响。模型校验结果表明,校正模型对黄芪浓缩液密度和黄芪甲苷含量的预测准确度较好,光谱预测值和测定值(人工采样预处理后由离线高效液相色谱测得)间的相关性良好,可实现在线监测黄芪浓缩过程的目的。

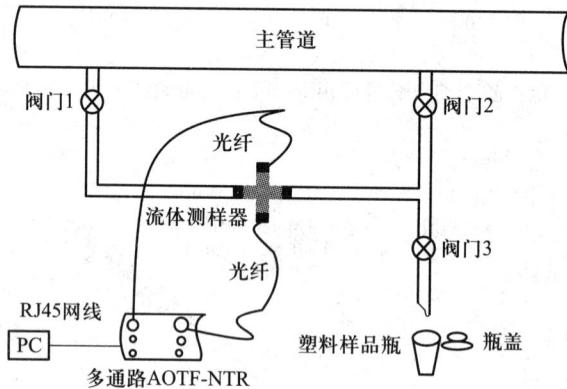

图 13-14　浓缩过程在线分析装置示意图

示例　生物制药发酵过程实时分析

微生物发酵过程是一个复杂的生化过程,特点是过程周期较长,以天甚至以周为单位,过程复杂副反应多,有生物活性,且通常气、固、液三态并存,其组分和含量具有时变性,测定基体干扰比较严重,同时培养过程需保证密封和无菌,全过程受多种因素影响。尽管在线检测整个发酵过程对优化生产过程极为重要,但其测控通常要求不能污染被测系统,许多传感技术由于不符合此条件或者其他方面的原因而不能用于原位监测,因此多数情况下需要把发酵液样品连续自动地从发酵罐中取出,然后对样品进行自动分析。S. Alison Arnold 等利用 NIR 在线光谱仪实现了对埃布氏菌、弗氏链霉菌、基因工程菌和仓鼠卵巢细胞四种制药工业常见微生物需氧发酵过程的在线监测与控制,发酵产物所处的由四相(油、水、气、固)所组成的复杂基质环境给获得代表性的 NIR 光谱和准确的分析结果带来了一定的困难,其中培养液有着较强的光吸收和光散射效果。

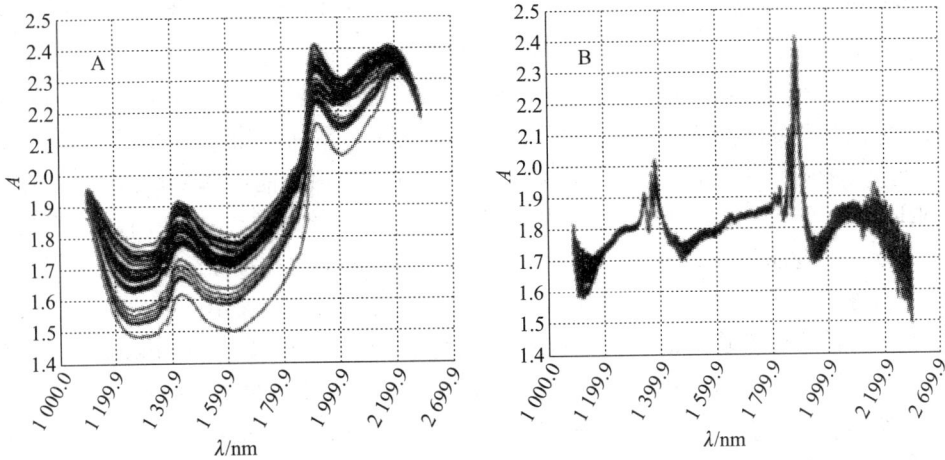

图 13-15　黄芪浓缩液 NIR 原始光谱图（A）和一阶导数光谱图（B）

他们采用近红外透射探头及光纤对发酵过程中葡萄糖、谷氨酸、油酸甲酯和氨含量进行了跟踪分析并建立了相关模型，其中对于油酸甲酯而言基于其 1718 nm 较强吸收所建立的较为简单的多元线性回归（MLR）模型预测准确度比偏最小二层（PLS）模型要高，氨由于和其他成分相比含量过低而较难获得同样理想的模型；以工业埃布氏菌发酵为例，过程中氨和生物产量的累积曲线如图 13-16 所示，表明所建立的在线分析方法较为可靠和有效。

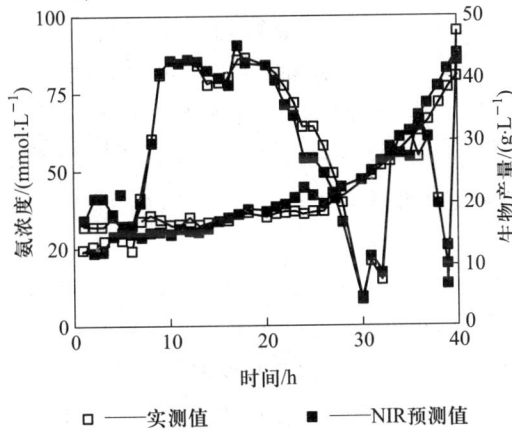

图 13-16　埃布氏菌发酵过程实测值与预测值变化曲线

示例　药品快速分析

近红外光谱技术在快速分析药品含量方面已逐步得到应用，能够对不同剂型进行快速、准确测定的同时可避免常规检验的前处理过程、检测耗时较长和需使用大量试剂的缺点。该快速分析包括采集建模的检测样品、建立近红外技术分析模型、调试模型数据、现场快速检测、得出分析结果和结论等主要步骤，能在几十秒甚至几秒内，仅通过对样品的一次近红外简单测量，就能同时测定一个样品的几种甚至几十种物质或浓度数据。比如漫反射分析是近红外光谱法测定片剂的常用测量方式，可直接用漫反射光纤探头压住药片，对不同厂家不同批次的硝酸甘油片在

12000～4000 cm^{-1}间扫描,分辨率为 8 cm^{-1}。然后用光谱仪附带的定量软件中提供的预处理方法对训练集样品进行模型优化,使用初步筛选出的若干模型对一系列未知样本(即预测集)进行预测,权衡模型的各参数及对预测集未知样本测定的准确性;根据结果选择其中的最优模型作为硝酸甘油片的近红外定量模型,并用该模型测定预测集中一系列未知样品的含量;进而通过与高效液相色谱法的测定结果进行比较发现,该模型具有较好的预测能力和专属性。除了上述的定量分析,NIR 还被用于药品的快速定性分析方面(如配备有近红外扫描枪的药品检测车)。相关设备可存储数千种药品的光谱模型。检测时,近红外扫描枪读取被检测药物的光谱,与仪器内存储的真药信息进行对比,如果药品主要成分、辅料、外包装等信息存在不匹配之处,就可以初步判断为假药。该方法不会破坏药品包装,损耗小,而且整个检测过程只需要 1 min,效率高。

中药材饮片同样也可以采用 NIR 技术进行快速分析和鉴别。例如:鹿茸是鹿科动物梅花鹿或马鹿雄鹿尚未骨化的幼角,也有来自驯鹿、赤鹿、麋鹿等其他鹿种的鹿茸。鹿茸质量的优劣主要看其种类及产地。目前其质量控制方法仍以形态学特征鉴定为主,辅以少量理化分析方法,这些方法程序烦琐,费时费力,成本较高。鹿茸的主要成分为氨基酸类、无机物、水分,还有少量脂类和糖类,从其近红外漫反射光谱图可以发现鹿茸有三个较突出的特征吸收峰:6700 cm^{-1}附近的吸收峰为氨基酸中 N—H 键伸缩振动的一级倍频峰;5800 cm^{-1}附近的吸收峰为 C—H 键伸缩振动的一级倍频峰;5100 cm^{-1}附近的吸收峰为 C=O 键的二级倍频及 O—H 的合频峰。此外在低频区的一些小吸收峰是 N—H、C—H、O—H、C—C 等的合频峰。不同产地、品种的鹿茸有着不同的化学组成,所以存在一定差异,为了更好地进行区别和比较并消除仪器背景或漂移的影响,可对谱图求一阶导数。可以发现内蒙古马鹿茸一阶导数谱在 6600 cm^{-1}左右的位置少一吸收峰,而且在 5500～5700 cm^{-1}只有一个吸收峰,而正品鹿茸则有两个小的吸收峰。而这两处分别正是 N—H 和 C—H 的一级倍频峰,这可能是与内蒙古马鹿茸与其他鹿茸样品含有的氨基酸的结构、种类及含量不同有关。此外,近年来将成像技术与近红外光谱技术相结合产生了近红外化学成像(NIR-Chemical Imaging)技术。该技术可以提供中药产品空间分布信息,也是一门有效的中药关键质量属性快速分析技术。

二、在线紫外分析

紫外分析作为分析化学的一种重要手段已在实验室研究中得到了相当广泛的应用。随着可用于传导紫外光的高质量光纤、阵列型检测器和化学计量学算法的引入,使经典的紫外-可见光分析技术跨入了在线测量的门槛,在工业在线监测中有着广泛的应用。常见在线紫外分析系统如图 13－17 所示。工业紫外分析仪对于液体样品常采用探头或流通式样品池进行检测,如果待测组分需要经过显色反应进行比色测定,则在取样器和检测仪之间再增加一个反应池,由自动采样器把样品从生产工艺流程中取出,进行过滤、显色、定容等预处理后注入反应池,定量加入显色剂在充分反应的情况下进入比色池测量。

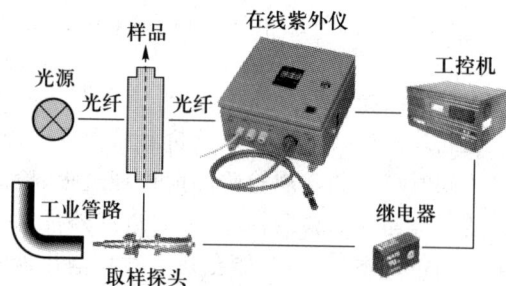

图 13－17 常见工业在线紫外分析系统

与实验室分析相比,在线紫外检测涉及的主要问题包括:如何直接测量不经稀释/浓缩的样品的吸光度;如何将所测得的吸光度转换成为相关成分的吸收系数;建立在线测量吸光度与待测物吸收系数之间的数学模型。模型不是一成不变的,样品性质差别较大时就会出现基于原样品的模型不能很好地预测新样品的情况。现代紫外分析仪多自带具有重新建模功能的软件。通过输入经过标准测定的新样品可修原模型,以解决因样品性质发生较大变化时模型不符的情况。

利用在线紫外分析所给出的样品紫外吸收数据及其变化趋势,已成功用于一些制药工业中诸如化学合成、发酵过程、中药的提取过程中相关成分的定量分析及过程监测,某制药工艺柱色谱分离过程中目标成分洗脱曲线如图 13-18 所示,根据该成分在线光谱吸收变化趋势可以清楚地掌握和控制相关进程。在线紫外分析凭借其廉价、易于操作维护等优势必定在制药过程在线分析领域拥有广阔前景。

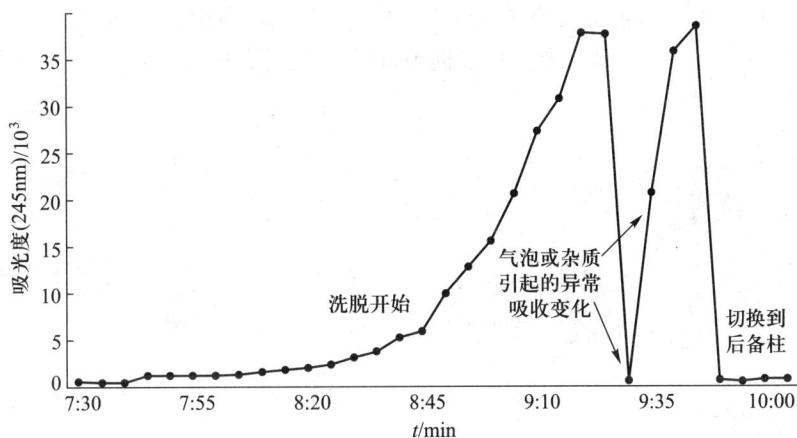

图 13-18 柱色谱过程在线检测

三、在线旋光分析

过程旋光分析仪(polarimeter)采用旋光分析法,即利用直线偏振光,在通过含有光学活性化合物的液体或溶液时引起旋光现象,使通过的偏振光学平面向左或向右旋转。因此,在一定条件下检测偏振光旋转的方向和度数,就可以区别某些化合物的旋光性,或检测出某些手性化合物的纯度和杂质含量。因此对于旋光活性化合物而言,它是通用型分析仪,当其用于工业过程糖含量分析时还和在线折光仪一起被专称为糖度仪。旋光检测器对手性化合物检测的专属性好,激光光源的波长适用于各种化合物,无需与吸收带的波长相符合。由于激光束的直径及发散度很小,可测旋光的灵敏度低达几个微弧度,定量的线性范围可达 $50\ \mu g \cdot mL^{-1} \sim 50\ mg \cdot mL^{-1}$。对旋光性化合物的检测灵敏度较高,如对果糖的检出限为 $< 100\ ng$。在线旋光分析应用范围极广,可用于制药、粮食、制糖、饮料、化工、纺织、造纸、金属加工和石化工业,同时也适用于废水控制和其他质量检查(见表 13-1)。

表 13-1　相关行业中在线旋光分析的应用举例

应用行业	应用方向	应用行业	应用方向
制药工业和化学工业	● 监控化学过程 ● 纯度控制 ● 浓度校正 ● 纯度控制和浓度校正 ● 光学活性组分分析(定性和定量) ● 控制构型变化	制糖工业 食品工业	● 中间体和最终产品的质控 ● 控制果糖和葡萄糖 ● 浓度控制 ● 纯度控制 ● 质量控制

　　现代在线旋光仪多由先进的微处理器进行数据处理、键盘功能自定义和数据变送传输,具有模拟量输出、报警显示、仪器诊断和温度修正等功能,而且多配备全天候的接线盒,使仪器适用于一般的工业环境。图 13-19 为两种常用的在线旋光分析仪(带光纤、探头,(a) 为 ThorLabs PA400 系列旋光仪;(b) 为 Saccharomat 系列旋光仪),根据不同的情况还提供多种测试管路和控温水浴以供选择。

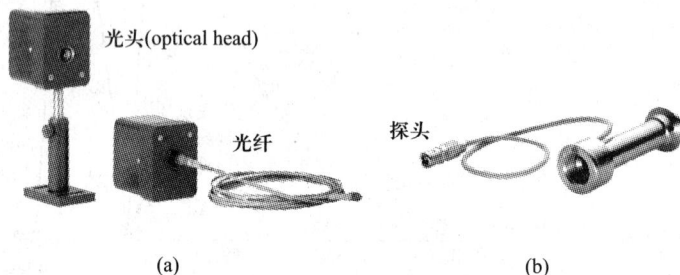

(a)　　　　　　　　　　　　　　　(b)

图 13-19　两种常见旋光分析仪

　　在手性药品的质量检测中,由于所分析的样品主要通过萃取制剂所获得,其中也含有一些其他杂质(如制剂过程中添加的赋形剂等),UV 色谱图上会出现不少干扰峰,尽管可以使用标准品定性,但一般仍需再测定其旋光度。如果使用旋光仪与过程色谱仪在线联用,在检测对映体的色谱流出曲线及其常规紫外峰出峰情况的同时检测到峰的旋光性,则可以大大提高检测效率和准确性。

　　但是,这种检测方式也存在缺点,如旋光度的测量会受到一些因素如偏振光波长、溶剂性质、溶液的浓度、温度等的影响,最主要的是,测量值会受到具有大比旋值的杂质的显著影响,同时化合物的旋光值必须足够大以获得可靠的数值。

四、在线拉曼光谱分析

　　1928 年印度物理学家拉曼(Raman)发现了一种新的分子辐射,被称为拉曼散射。当用波长比样品粒径小得多的单色光照射气体、液体或透明样品时,大部分的光会按原来的方向透射,而一小部分则按不同的角度散射开来,产生散射光。在垂直方向观察时,会发现一系列对称分布着若干条很弱的与入射光频率发生位移的拉曼谱线,这种现象称为拉曼效应。与分子红外光谱不同,极性分子和非极性分子都能产生拉曼光谱。在上述过程中:入射光子与分子发生非弹性散射,分子吸收频率为 ν_0 的光子,发射 $\nu_0-\nu_1$ 的光子(即吸收的能量大于释放的能量),同时分子从低能态跃迁到高能态;分子释放频率为 ν_0 的光子,发射 $\nu_0+\nu_1$ 的光子(即释放的能量大于吸收的能量),同时分子从高能态跃迁到低能态。分子能级的跃迁仅涉及转动能级,发射的是小拉曼光谱;涉及振动-转动能级,发射的是大拉曼光谱。电荷分布中心对称的化学键(如 C—C、N＝N、S—S 键等),它们的红外吸收很弱,而拉曼散射却很强,因此一些使用红外光谱仪无法检测的信息通过拉曼光谱能很好地表现出来。此外相比红外光谱技术而言,拉曼光谱技术还有以下优点:

(1) 由于水的拉曼散射很微弱,拉曼光谱是研究水溶液中的化学及生物样品的理想工具,相反水的红外吸收却非常强,容易掩盖被观察样品。

(2) 拉曼光谱一次可以同时覆盖 $50\sim4000~\mathrm{cm^{-1}}$ 的区间,可对有机物及无机物进行分析。相反,若让红外光谱覆盖相同的区间则必须改变光栅、光束分离器、滤波器和检测器。

(3) 拉曼光谱谱峰清晰尖锐,更适合定量研究、数据库搜索,以及运用差异分析进行定性研究。在化学结构分析中,独立的拉曼区间的强度可以和功能集团的数量相关。

(4) 因为激光束的直径在其聚焦部位通常只有 $0.2\sim2~\mathrm{mm}$,常规拉曼光谱只需要少量的样品就可以得到。这是拉曼光谱相对常规红外光谱一个很大的优势。

(5) 共振拉曼效应还可以用来有选择性地增强大分子中特定发色基团的振动,最大程度下能被选择性地增强 1000 到 10000 倍。

和前面的在线光谱技术一样,光纤的引入使拉曼光谱仪用于制药过程的工业在线分析及非现场监测成为可能。将光导纤维传感器用于拉曼光谱仪可使液体样品的拉曼信号增强 50 倍以上,目前该技术已应用于药物合成、晶化、高通量晶型筛选与形态筛选等原料药开发过程,以及制粒、混合、热熔挤出、包衣等药物制剂单元操作。如在水杨酸和乙酸酐合成解热镇痛药阿司匹林(副产物乙酸)的过程中,采用 532 nm 的激发光对反应体系进行在线检测(图 13-20 为预先测定的单一成分水杨酸、乙酸酐、阿司匹林和乙酸的拉曼光谱),其产生的拉曼光谱再由光学探头收集,然后通过光纤传输到光谱仪进行光谱分析,检测的数据送到计算机进行处理。具体为:在合成操作开始的同时开始采集光谱数据,每 10 s 采集一次,每次测量时间 10 s,在大约 30 min 的反应时间里共采集 192 个光谱数据(如图 13-21 所示)。然后将图 13-20 中对应数据作为各成分单位浓度的光谱数据,在 $500\sim2000~\mathrm{cm^{-1}}$ 范围内对得到的在线拉曼光谱数据做多波长回归分析,得到的各成分的回归系数变化可以代表浓度的相对变化。从图 13-22 中可以看出一开始未加入催化剂时随着温度的上升已经有反应发生,水杨酸和乙酸酐的含量逐渐下降,阿司匹林开始

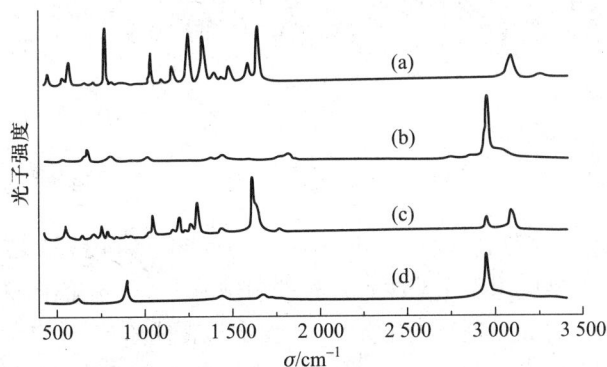

图 13-20　水杨酸(a)、乙酸酐(b)、阿司匹林(c)和乙酸(d)的拉曼光谱

产生,但速率较慢,所以曲线较平坦。在反应开始后 740 s 左右加入催化剂硫酸则引起了各组分相应曲线的突然变化,此时反应系统的温度为 60 ℃,可以看出在加入催化剂后水杨酸和乙酸酐的浓度迅速降低,乙酸的浓度升高,而阿司匹林的浓度却缓慢上升。最后各组分的浓度变化在 2000 s 左右趋于平缓,反应结束。

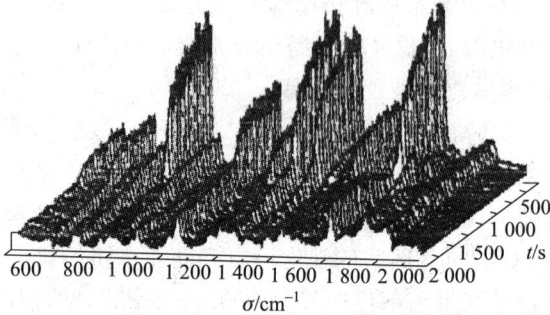

图 13-21 阿司匹林合成过程在线拉曼光谱图

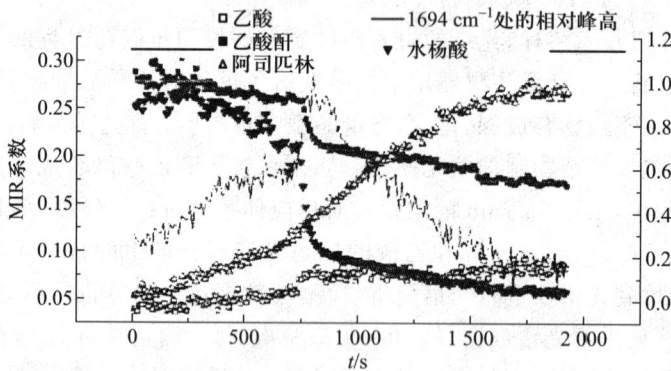

图 13-22 四组分在合成过程中的回归系数随时间变化趋势

第四节 制药过程其他在线分析方法

一、在线色谱分析

(一) 概述

在线色谱系统亦称工业色谱系统(industrial chromatography)或过程色谱系统(process chromatography),现已大量应用于工业生产过程控制领域中。工业色谱仪能连续对工艺过程的介质(原料、成品、半成品)的成分进行测定分析,从而实现在线监控,其自动化技术核心在于在线取样、预处理、进样和相应程序控制等方面。典型的在线色谱分析系统如图 13-23 所示。

在线色谱系统主要由取样与样品预处理装置、分析单元(包括进样器、色谱柱、检测器)和程

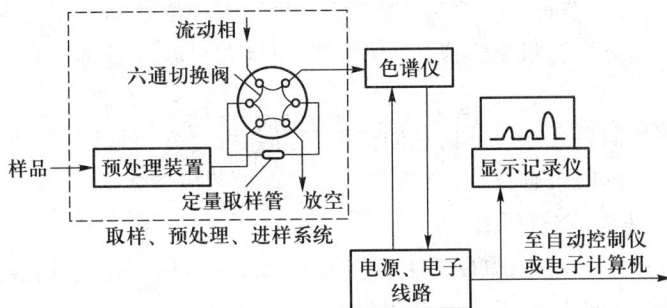

图 13 - 23 在线色谱系统基本组成示意图

序控制单元等几部分组成。由于色谱仪器对于测定样品的要求比光谱仪器要求更高,因此高效可靠的预处理装置和环节必不可少。预处理装置主要包括连续采样装置和样品汽化、富集、预纯化装置,色谱仪则主要进行样品的分离、检测及数据的处理。预处理装置与色谱仪之间通过若干个六通切换阀实现连接和切换。

1. 取样和样品预处理装置

样品预处理装置一般包括过滤器、调节器、控制阀、转子流量计、压力表和冷凝器等部分,对于复杂样品(如中药制品)往往还采用固相萃取等技术富集纯化样品。

2. 分析单元

分析单元中包括进样器、色谱柱和检测系统,其中进样器常用六通切换阀。过程色谱中的进样器应该保证在 4~6 大气压下能进行正常工作而无泄漏,切换时间短,至少能进行上万次无故障切换,易于清洗和更换。

过程分析要求快速,但色谱分离总要持续一定的时间,所以过程色谱实质上不能进行连续分析而是间歇式循环分析,一个循环从几分钟到几十分钟不等。为达到在线分析的目的,应尽可能缩短循环时间,主要通过多柱切换的方法。通常需采用两个或多个色谱柱,以提高色谱分离能力,缩短分析周期。按使用目的的不同可分为分离柱、保留柱、储存柱和选择柱等多种。保留柱主要起阻留样品中某些组分的作用;储存柱的作用是按照预定程序,在规定时间将某些组分排除于分析系统之外;选择柱用于排除不需测定的高浓度组分而使待分析的低浓度组分进入分离系统。色谱柱之间的切换是通过切换阀来完成的,切换阀按照规定的程序在分析过程将要测量的组分切入分析柱,而将无关物质排空。

峰重叠是过程色谱分析中常见的问题,在实验室分析中常常通过优化色谱条件来解决这个问题。但在过程色谱中受方法简单、快速要求的限制,优化的选择余地较小。为尽可能多地获得过程的可靠信息,常采用数学处理的方法来排除干扰。

3. 程序控制单元

程序控制单元控制过程色谱的操作,其核心部分是程序器。在按照工艺流程的监测要求来确定的分析循环周期内,程序器按照预先确定的分析程序向各部分发出动作指令,控制样品取样并进行样品预处理,完成样品注入、分析流路和色谱柱切换、信号衰减、基线校正、数据分析与存储、流路系统自动清洗等控制动作。当完成一个分析循环后,程序器又重新自动给出各种指令开始下一个循环。

按照结构的特点,程序器可分为步进式程序器、凸轮式程序器和数字式程序器等类型,目前大部分程序控制单元是靠计算机来完成的。程序器应具有良好的重现性和高度的可靠性,能保证长期无故障运行。

过程分析的程序控制单元还包括信息的传输、通信,可以方便地连接计算机,并通过软件迅速地得到包括色谱图在内的所有数据,也能进行远程维护和传送数据。

(二)在线气相色谱分析系统

较成熟的过程色谱是气相色谱(GC)法,气-固色谱(GSC)和气-液色谱(GLC)等色谱柱均有应用。在中药提取挥发性成分的工业生产环节中,或者是对某些辅料进行在线监控的过程中,都有可能运用到在线气相色谱。对于气体物流有简易的气体取样与预处理系统、能吸收干扰组分的气体取样与预处理系统、水抽吸的气体取样与预处理系统、隔膜泵气体取样与预处理系统和蒸气喷射气体取样与预处理系统等。

相对一般的实验室 GC 设备,工业在线分析对柱系统更强调以下要求:① 样品中的所有组分应能定量分离,并能在每周期内完成出柱;② 柱子的分离即适用于正常的情况也要适用于不正常情况;③ 柱子必须防止不可逆或具有强吸附能力的组分进入主柱;④ 柱温要比室温高出 20 ℃以上,以防干扰;⑤ 柱系统要尽量简单以便调整维护方便;⑥ 工业色谱柱的稳定性及寿命要高。工业 GC 色谱仪多采用热导池检测器和氢火焰电离检测器。有时也用密度检测器,或气相色谱-质谱(GC - MS)联用分析。

(三)在线液相色谱分析系统

受样品捕集、在线预处理等问题的限制,在相当长的一段时间里,一般的实验室用液相色谱(LC)并不是一种理想的 PAT 技术。其不可接受的过长分析时间,缺乏高效自动化和需经常删减复杂数据和分析等缺点无法克服,所以液相色谱法在过程分析中应用过去一直不如气相色谱法广泛。近年来,一方面一些新的样品处理方法如固相萃取(solid phase extraction,SPE)、超临界流体萃取(supercritical fluid extraction,SFE)、微透析(micro-dialysis)和膜分离(membrane separation)技术等的逐渐应用;另一方面,通过色谱仪本身的改进,LC 亦实现了从实验室仪器到过程分析仪器的转变。例如:超高压液相色谱(UPLC)过程分析仪就是通过超高压体系下达到超越一般 HPLC 的速度的实时 PAT 系统,能在生产现场快速直接检测和定量分析样品和成品中的复杂组分。UPLC 突破了液相色谱科学的瓶颈,充分利用了传统 HPLC 望尘莫及的小粒度色谱柱的优势,使色谱分离的解析度达到新的高度,同时分析时间可缩短到 1 min 以内,它的诞生使得液相色谱真正成为一种可靠高效的在线分析技术。以美国 Waters 公司 Patrol UPLC 过程分析仪(图 13 - 24)为例,其在外形上和常规 HPLC 已有所区别。以上两方面的发展,均为解决原来的问题提供了新的有效手段,从而使在线液相色谱获得重视。反相高效液相色谱、离子交换色谱、超临界流体色谱、毛细管电泳等方法在过程色谱中均有越来越多的应用。以体系较为复杂的分析对象为例,中药生产过程在线监控可应用在线液相色谱系统进行含量测定或者指纹图谱分析,以获得药材提取物分离纯化等过程中的即时信息,并以此来解决各批次提取物质量不够稳定均一的问题。通常待分析料液体积较大,成分混杂程度较高,有效成分浓度相对偏低,必须预先采取在线富集净化的方法进而进入对样品要求较高的在线液相色谱仪进行准确测定,不同的在线 LC 检测对象需要专门开发一套相应的有效前处理方法。又如 Tanya Jenkins 使用 UPLC 过程分析仪监测了常见制药工艺中乙酰水杨酸向水杨酸的转化过程(分析条件为 1.8 μm,

2.1×50 mmUPLC色谱柱,流动相为甲酸-乙腈-水梯度洗脱,流速0.8 mL·min⁻¹,进样体积1 μL,单针分析运行时间2.5 min,进样分析排液洗针一次循环时间为4.1 min),关于原料、产物及四种关键杂质的相对含量测定一次进样分析在1.5 min内完成(图13-25),其中1~45次进样分析的六种成分含量变化见表13-2。

图13-24　Waters Patrol UPLC 过程分析仪

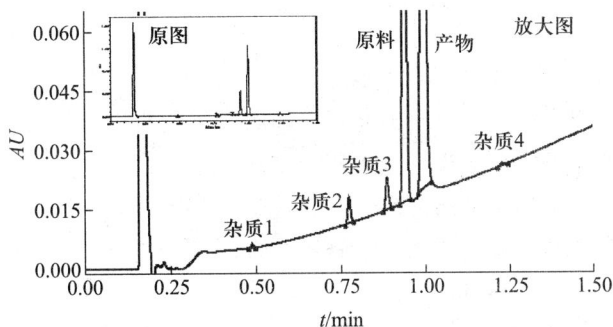

图13-25　第25次进样 UPLC 色谱图

表13-2　6种成分在不同进样次数中相对含量(%)的变化

进样次数	原料	产物	杂质1	杂质2	杂质3	杂质4
1	98.56	1.38				
5	89.54	10.43				
9	68.99	30.99				
13	51.03	48.84		0.04	0.06	
17	38.49	61.25	0.01	0.10	0.12	
21	29.56	69.90	0.03	0.20	0.26	0.02
25	23.09	75.83	0.05	0.43	0.55	0.04
29	18.27	79.74	0.09	0.81	1.02	0.07
33	14.58	81.96	0.13	1.42	1.77	0.13
37	11.67	82.88	0.14	2.26	2.82	0.21
41	9.44	82.53	0.14	3.36	4.18	0.31
45	7.66	81.16	0.12	4.66	5.88	0.43

(四) 在线离子色谱分析系统

在制药行业的某些领域,在线离子色谱(IC)正得到逐渐的应用。通过在线 IC 全程控制仪,可直接监控生产过程。单通道标准配置的在线离子色谱仪,既可测定阳离子,也可测定阴离子;双通道的配置则能同时测定阴阳离子。通过自由编程的样品处理程序,可于多个汇合阀门上自动采集样品。智能控制卡通过专用的软件将结果记录下来,能迅速提供数据信息以便迅速将信息再现。

最新仪器的分析通道可连续监控多达10个不同的独立样品流中的离子,所有的极限参数都在仪器上显示。一旦出现任何问题,仪器会自动触发报警系统。全部设备由内置的微机控制,还带有一个独立的不间断电源提供连续的电流。一旦系统被编程完毕,整个仪器就全由鼠标来控制,包括调用及执行校正程序及不同的样品程序,用以分析和监控每个样品流中大量的离子,即使非化学专业人士也能操作自如。因此具有操作简便、维护成本低、使用寿命长等诸多优点。

随着科学技术的飞速发展,作为重要的过程分析技术,在线色谱仪的检测手段及数据处理方法日渐先进、完善。越来越多地采用计算机技术,使工业色谱仪的功能越来越强大,而使用却越来越方便,从而在更多的领域尤其是制药行业里得到充分的应用。

二、在线质谱分析

历史上把基于电磁学原理设计而成的仪器称为质谱仪(MS)。质谱分析法则主要是通过对样品离子的质荷比进行分析从而实现对样品定性定量研究的一种方法,因此质谱仪都必须具备电离装置把样品电离为离子,然后依靠质量分析装置把不同质荷比的离子分开,经检测器检测之后得到样品的质谱图。由于有机、无机和同位素样品等具有不同形态、性质和不同分析要求,所用的电离装置、质量分析装置和检测装置会有所不同,但其基本原理都是相同的,都包括离子源、质量分析器、检测器和真空系统四大部件。常见的离子源有电子轰击型、化学电离型、快原子轰击型、电喷雾型和激光解析型;而质量分析器以单聚焦、双聚焦、四级杆、离子阱和飞行时间型较为常见。另外真空系统用以确保样品中的原子/分子在进行系统和离子源中正常运行。除了在实验室分析中发挥巨大的定性作用以外,由根据待测物的质量与电荷的比例关系,质谱仪还能提供样品中不同分子量物质的浓度数据,并在磁场中将离子化了的气态样品进行分离。质谱仪可以通过对间歇发酵罐中易挥发成分或尾气成分的分析间接得到培养液中化学组成变化的信息。当硅管探头与质谱仪一起使用时,它能对多级发酵罐进行精确测量。Srinivasan 等研究了一种耐酒精基因工程酵母 1400 对葡萄糖进行发酵,并采用膜进样质谱分析法(MIMS)结合流动注射分析(FIA)技术对发酵底物葡萄糖,主要产物乙醇及微量产物乳酸和甘油的浓度进行了在线监测,避免了由于底物葡萄糖浓度过高而阻碍乙醇生成的现象发生,从而提高了乙醇产量。Hansen 采用 MIMS 结合 FIA 技术对青霉素 V 发酵进行了在线监测,迅速简便,结果准确。

三、在线声谱分析

声谱分析是对声波或振动进行计算或测量,以取得关于它们的组成和能量的频率分布图形的技术及工作的统称。声谱分析方法并不是一项新颖的技术,但其作为过程分析手段被应用之后焕发了新的生命,凭借独特的分析原理和优势,它在制药工业领域应用的潜力相当巨大。由相应声波频率来划分,可以分为声谱(acoustic spectroscopy)与超声谱(ultrasonic spectroscopy)两种常用类型。如果是由被分析过程提供的声波来源,这种声谱属于声发射谱(acoustic emission spectroscopy,AES),声波可能源自颗粒与反应器壁和管道的撞击,晶型的转变或者气体流动气穴。基于该原理再加上专门配置的模式识别技术其可被应用于测定诸如制药工艺中粉碎及混合过程的终点。与之不同的是超声谱则是主动将超声波作用于被分析过程,通过分析其与样品作用后的衰减与速度变化间接地反映出样品本身的信息,因此也被称为声衰减谱(acoustic attenuation spectroscopy,AAS)。由于声波具备在线光谱仪中光波所没有的穿透性,超声谱常用于高黏度乳状液、浓浆液(如浸膏、流浸膏)、半固体(如发酵液)或固态样品的测定,由于不必进行稀释溶解等操作,其前处理过程大为简化,甚至可以直接测定。超声谱既可以用于测定颗粒大小,也可以测定体系分散相的浓度,因此在药物间歇结晶过程在线分析中作用较大,可全面反映晶体成核、生长及破碎一系列过程,同时实时给出晶体尺寸分布及固体浓度等动态变化数值。超声谱还可用于监测药用高分子辅料合成及熔融挤出(melt extrusion)过程,在这些应用中超声波穿过样品反应器上的塑料小窗到达传感器,穿透的速度与样品基质的模量和密度直接相关。穿透速度的改变,也就是超声信号穿透时间随样品体积弹性模量和密度的变化,可以灵敏地被传感器所捕获,从而在线获得全部反应和转变的过程信息,由此可准确获得反应动力学模型和相关参数数值。

四、在线电化学分析

电化学分析是仪器分析的一个重要组成部分,它是根据电位、电导、电流等参数与待测组分组成、浓度之间的关系进行定量的一类方法,用于制药工业过程检测的电化学检测器主要有电位检测器、电导检测器和自动电位滴定检测系统。

1. 酸度分析

制药工业生产中应用最多的电极电位检测器是工业酸度计,用于测量液体样品中的 pH,其检测原理与分析酸度计相同。工业酸度计输出电动势信号不仅与待测样品 pH 有关,而且与其温度亦有密切联系,因而往往需要进行温度补偿处理。除 pH 电极以外,已有钠离子、氯离子、溶解氧等在线检测电极。

2. 电位滴定

用于过程检测的自动电位滴定系统由自动取样器、滴定池、滴定试剂计量装置和滴定终点控制器等部分组成。电位滴定分析属于间歇分析,间隔一定时间由自动取样器从生产流程中采集样品,然后对样品进行过滤、定容、稀释等,启动滴定阀,在搅拌下进行滴定。当滴定达到终点时,终点控制器发出信号关闭滴定阀,计量装置显示出消耗的滴定剂量。电位滴定分析适用范围广,对于生产过程中的液体成分分析,凡是没有其他合适的分析仪器测量时均可以考虑采用电位滴定法。

本章提要

本章介绍了制药过程质量控制体系中的在线分析与质量监测原理及应用。基于过程分析技术的制药过程分析与质量控制即是从原料到成品的全部过程利用自动取样和样品预处理装置,在对药物性质、原料性状及中间体和半成品质量进行实时、连续、自动检测的基础上,设计、分析和控制药物制备的各个环节,通过对生产过程中各个方面的信息和数据的获取、整合和分析,深入了解和掌控药品工艺流程,从而保证药品质量的一类技术。目前得到应用的主要在线技术有流动注射分析、近红外分析、紫外分析、拉曼光谱分析、旋光分析、色谱分析、电化学分析、顺序注射法(化学发光法)分析等,普遍应用于原料单元、化学制药中反应过程底物与产物浓度的实时分析、中药制药中提取和浓缩过程药效组分在线监测和实时分析、中药提取物批次差异均一化控制、生物制药中发酵过程营养成分、菌体及发酵产物的实时分析、制剂过程中的有效成分及水分实时分析及成品质量监测领域。

关键词

过程分析；在线检测；质量控制

思考题

1. 目前有哪些主要分析技术应用于药物生产过程的在线检测？

2. 药物生产过程的在线检测与取样分析有何不同和特点？

3. 在线分析方法分为哪几大类？其与离线分析方法的内在联系与区别是什么？

4. 在线药物分析方法和技术可用于制药工程的哪些环节？在不同的应用中各有什么特点？有哪些具体要求？

（四川大学　宋航）

第十四章 制药工业排放物分析

环境是指影响人类生存和发展的各种天然的和经过人工改造的自然因素的总体,包括大气、水、海洋、土地、矿藏、森林、草原、野生生物、自然遗迹、人文遗迹、自然保护区、风景名胜区、城市和乡村等。环境保护是我国的一项基本国策。工业化过程中出现的环境问题主要是污染物排放总量大,超过环境的自净能力,环境污染和生态破坏问题突出。《中华人民共和国环境保护法》明确规定"造成环境污染事故的企事业单位,由环境保护行政主管部门或者其他依照法律规定行使环境监督管理权的部门根据所造成的危害后果处以罚款;情节较重的,对有关责任人员由其所在单位或者政府主管机关给予行政处分"。任何一个工业企业必须遵守国家的环保法律法规,执行排污申报登记与排污许可证制度,推行清洁生产,执行国家关于污染物排放标准,以实现生态可接受的、可持续的工业发展。

制药工业排放物分析是工业药物分析重要的组成部分。制药企业在对药品生产过程和最终产品进行质量控制的同时,必须对由生产过程所产生的废气、废水和废渣等排放物进行分析与监控,以保障排放达标,使制药企业科学发展。

第一节 制药工业污染物排放标准

环境标准(environmental standard)是政府为保护生态环境和人体健康,改善环境质量(environmental quality),有效控制污染物排放(pollutant discharge),从而获得最佳经济效益和环境效益而制订的环境保护技术法规。我国的环境标准是环境保护法规的重要组成部分和执法依据。没有环境标准,环境法规是不完整的,也难以具体执行。在环境的科学管理中,包括环境立法、环境政策、环境规划、环境影响评价和环境监测等方面,都离不开环境标准。

一、环境标准分类

我国自 1973 年诞生了第一部综合性环境标准《工业"三废"排放试行标准》以来,随着环境保护和经济发展的需要,已在不同的领域分别制订及修订了国家环境标准、行业环境标准和地方环境标准共计数百项,特别是这些标准已经形成较为完整、有效的环境标准体系,在我国的环境保护工作中发挥着重要的作用,并为环境标准体系的进一步发展奠定了基础。

我国的环境标准按照标准的类型的不同分为:环境质量标准、污染物排放标准、环境保护基础标准、环境保护方法标准、环境保护仪器设备标准、环境标准样品标准、污染报警标准。环境质量标准和污染物排放标准构成环境标准体系的主体部分,其相互关系为:环境质量标准是制定污染物排放标准的出发点,又是实施污染物排放标准的归宿;污染物排放标准是达到环境质量标准的手段;环境保护基础标准和环境保护方法标准是使各种环境质量标准和污染物排放标准能够协调统一,使其数据具有可比性的基本条件。环境标准按照标准的级别分类可分为:国家环境标准和地方环境标准,国家环境标准由国家环境保护总局制订,并与国家质检总局联合发布,是在全国范围内或在特定区域、特定行业中统一适用的标准,国家环境标准要向国家标准局备案;地方环境标准由省、自治区、直辖市环境保护部门组织制订,报请人民政府审批、颁布和废止,地方环境标准由地方环保部门归口管理。地方污染物排放标准一般严于国家排放标准,凡颁布了地方污染物排放标准的地区,应执行地方标准,地方标准未做规定的执行国家标准。环境标准还可以分为强制性环境标准和推荐性环境标准,环境质量标准和污染物排放标准属于强制性环境标准,除此之外的环境标准属于推荐性环境标准,推荐性标准若被强制性标准引用,则必须强制执行。环境标准的强制性是由法律、法规赋予的,即环境标准的适用对象和法律效力是由环境法或环境标准法规定,因此,强制性的环境标准应视同为技术法规,具有法律强制效力。环境标准与有关环境标准法结合在一起,共同形成环境法体系中一个独立的、特殊的、重要的组成部分。推荐性的环境标准作为国家环境经济政策的指导,鼓励和引导有条件的企业按照相关的标准实施。

(1) 环境质量标准:环境质量标准(environmental quality standard)是为了保护人群健康、社会物质财富和维持生态平衡而对有害物质或因素所做的规定,是环境政策目标,是制订污染排放标准的依据。如《环境空气质量标准》(GB 3095—2012)、《地表水环境质量标准》(GB 3838—2002)等。

(2) 污染物排放标准:污染物排放标准(pollutant discharge standard)是为实现环境质量标准,结合经济技术条件和环境特点,对污染物排入环境的浓度和数量所做的限制性规定。我国污染物排放标准分为综合排放标准和行业排放标准。2008年6月我国首次颁布六个制药行业水污染物排放标准,各类制药企业于2008年8月1日执行这些标准,不再执行《污水综合排放标准》(GB 8978—1996)中的相关规定。制药企业大气污染物(包括恶臭污染物)排放、环境噪声适用相应的国家污染物排放标准,固体废物的鉴别、处理和处置适用国家固体废物污染控制标准。与制药工业排放相关的主要标准见表14-1。

表 14 - 1 与制药工业相关的污染物排放标准

序号	标准名称	标准编号	实施日期
1	发酵类制药工业水污染物排放标准	GB 21903—2008	2008.08.01
2	化学合成类制药工业水污染物排放标准	GB 21904—2008	2008.08.01
3	提取类制药工业水污染物排放标准	GB 21905—2008	2008.08.01
4	中药类制药工业水污染物排放标准	GB 21906—2008	2008.08.01
5	生物工程类制药工业水污染物排放标准	GB 21907—2008	2008.08.01
6	混装制剂类制药工业水污染物排放标准	GB 21903—2008	2008.08.01
7	大气污染物综合排放标准	GB 16297—1996	1997.01.01
8	锅炉大气污染物排放标准	GB 13271—2001	2002.01.01
9	工业炉窑大气污染物排放标准	GB 9078—1996	1997.01.01
10	恶臭污染物排放标准	GB 14554—1993	1994.01.15
11	工业企业厂界环境噪声排放标准	GB 12348—2008	2008.10.01
12	一般工业固体废物贮存、处置场污染控制标准	GB 18599—2001	2002.07.01

制药行业污染物排放的新标准,一是重点控制对人体健康和生态环境造成危害的有毒有害物质;二是突出行业污染控制技术和清洁生产技术,促进先进技术在治理工程中的应用;三是不断提高环境准入门槛,促进制药行业结构调整,努力向先进国家生产水平、先进工艺靠齐。

环境标准中标准代号所表示的意思为:GB 为国家强制标准,GB/T 为国家推荐标准,GB/Z 为国家指导性技术文件,HJ 为国家环保总局标准,HJ/T 为国家环保总局推荐标准。

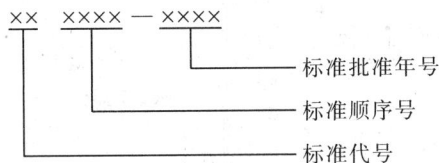

（3）环境基础标准:环境基础标准(environmental basic standard)是在环保工作范围内,对有指导意义的符号、指南、导则等所做的规定,是制订其他环保标准的基础。如《环境监测 分析方法标准制修订技术导则》(HJ 168—2010)、《废水排放去向代码》(HJ 523—2009)、《大气污染物名称代码》(HJ 524—2009)等。

（4）环境方法标准:环境方法标准(environmental technology standard)是在环境保护领域内,以取样、分析、实验操作规程、误差分析等方法为对象而制订的标准。如《水质采样样品的保存和管理技术规定》(HJ 493—2009)、《水质采样技术指导》(HJ 494—2009)、《水质采样方案设计技术规定》(HJ 495—2009)、《固定污染源废气硫酸雾的测定离子色谱法（暂行）》(HJ 544—2009)、《水质六价铬的测定 二苯碳酰二肼分光光度法》(GB/T 7467—1987)等。通用方法标准基本上采用国际标准。本节主要介绍制药工业废气与废水排放标准。

二、污染物排放标准

（一）《大气污染物综合排放标准》

《大气污染物综合排放标准》是在原有《工业"三废"排放试行标准》(GBJ 4—1973)废气部分和有关其他行业性国家大气污染物排放标准的基础上制订的。本标准规定了 33 种大气污染物的排放标准,在排放标准指标体系中,一般规定 4 项指标(有组织排放 3 项,无组织排放 1 项)。对于有组织排放,标准规定了通过排气筒排放废气的最高允许排放浓度、排气筒最低高度、对应排气筒之下的最高允许排放速率。除浓度达标外,任何 1 个排气筒必须同时遵守排气筒高度和最高允许排放速率两项指标,超过其中任何一项均为超标排放。对于以无组织方式排放的废气,规定了无组织排放的监控点及相应的监控浓度限值。这一指标体系不仅适用于现有污染源大气污染物排放管理,也适用于建设项目的环境影响评价、设计、环境保护设施竣工验收及其投产后的大气污染物排放管理。在本标准规定的最高允许排放速率中,现有污染源分一、二、三级,新污染源分为二、三级。按污染源所在的环境空气质量功能区类别,执行相应级别的排放速率标准,即:位于一类区的污染源执行一级标准(一类区禁止新、扩建污染源,现有污染源改建执行现有污染源的一级标准);位于二类区的污染源执行二级标准;位于三类区的污染源执行三级标准。排气量的测定应与排放浓度的采样监测同步进行。表 14-2 为现有污染源大气污染物排放限值(节选)。

表 14-2 现有污染源大气污染物排放限值(节选)

污染物	最高允许排放浓度 / mg·m⁻³	排气筒/m	一级	二级	三级
二氧化硫	1200(硫、二氧化硫、硫酸和其他含硫化合物生产) 700(硫、二氧化硫、硫酸和其他含硫化合物使用)	15	1.6	3.0	4.1
		20	2.6	5.1	7.7
		30	8.8	17	26
		40	15	30	45
		50	23	45	69
		60	33	64	98
		70	47	91	140
		80	63	120	190
		90	82	160	240
		100	100	200	310
颗粒物	22(炭黑尘、染料尘)	15	禁排	0.60	0.87
		20		1.0	1.5
		30		4.0	5.9
		40		6.8	10
	80(玻璃棉尘、石英粉尘、矿渣棉尘)	15	禁排	2.2	3.1
		20		3.7	5.3
		30		14	21
		40		25	37
	150(其他)	15	2.1	4.1	5.9
		20	3.5	6.9	10
		30	14	27	40
		40	24	46	69
		50	36	70	110
		60	51	100	150
氯气	85	25	禁排	0.60	0.90
		30		1.0	1.5
		40		3.4	5.2
		50		5.9	9.0
		60		9.1	14
		70		13	20
		80		18	28
苯胺类	25	15	禁排	0.61	0.92
		20		1.0	1.5
		30		3.4	5.2
		40		5.9	9.0
		50		9.1	14
		60		13	20

污染物	最高允许排放浓度 / mg·m⁻³	排气筒/m	一级	二级	三级
氮氧化物	1700(硝酸、氮肥和火、炸药生产) 420(硝酸使用和其他)	15	0.47	0.91	1.4
		20	0.77	1.5	2.3
		30	2.6	5.1	7.7
		40	4.6	8.9	14
		50	7.0	14	21
		60	9.9	19	29
		70	14	27	41
		80	19	37	56
		90	24	47	72
		100	31	61	92
苯	17	15	禁排	0.60	0.90
		20		1.0	1.5
		30		3.3	5.2
		40		6.0	9.0
甲苯	60	15	禁排	3.6	5.5
		20		6.1	9.3
		30		21	31
		40		36	54
二甲苯	90	15	禁排	1.2	1.8
		20		2.0	3.1
		30		6.9	10
		40		12	18
甲醛	30	15	禁排	0.30	0.46
		20		0.51	0.77
		30		1.7	2.6
		40		3.0	4.5
		50		4.5	6.9
		60		6.4	9.8
硝基苯类	20	15	禁排	0.06	0.09
		20		0.10	0.15
		30		0.34	0.52
		40		0.59	0.90
		50		0.91	1.4
		60		1.3	2.0

续表

污染物	最高允许排放浓度 mg·m⁻³	最高允许排放速率/(kg·h⁻¹)				污染物	最高允许排放浓度 mg·m⁻³	最高允许排放速率/(kg·h⁻¹)			
		排气筒/m	一级	二级	三级			排气筒/m	一级	二级	三级
氯苯类	85	15	禁排	0.67	0.92	氯化氢	2.3	25	禁排	0.18	0.28
		20		1.0	1.5			30		0.31	0.46
		30		2.9	4.4			40		1.0	1.6
		40		5.0	7.6			50		1.8	2.7
		50		7.7	12			60		2.7	4.1
		60		11	17			70		3.9	5.9
		70		15	23			80		5.5	8.3
		80		21	32	镍及其化合物	5.0	15	禁排	0.18	0.28
		90		27	41			20		0.31	0.46
		100		34	52			30		1.0	1.6
								40		1.8	2.7
								50		2.7	4.1
								60		3.9	5.9
								70		5.5	8.2
								80		7.4	11

标准中所涉及的几个概念：

(1) 污染源：指排放大气污染物的设施或指排放大气污染物的建筑构造(如车间等)。

(2) 最高允许排放浓度：指处理设施后排气筒中污染物任何1小时浓度平均值不得超过的限值；或指无处理设施排气筒中污染物任何1 h浓度平均值不得超过的限值。

(3) 最高允许排放速率：指一定高度的排气筒任何1 h排放污染物的质量不得超过的限值。

(4) 排气筒高度：指自排气筒(或其主体建筑构造)所在的地平面至排气筒出口计的高度。

(5) 环境空气质量功能区的分类(GB 3095—2012)：

一类区为自然保护区、风景名胜区和其他需要特殊保护的地区。

二类区为城镇规划中确定的居住区、商业交通居民混合区、文化区、一般工业区和农村地区。

三类区为特定工业区。

(二)《恶臭污染物排放标准》

恶臭污染物是指一切刺激嗅觉器官引起人们不愉快及损坏生活环境的气体物质。本标准规定了8种恶臭污染物的一次最大排放限值、臭气浓度限值。臭气浓度是指恶臭气体(包括异味)用无臭空气进行稀释，稀释到刚好无臭时，所需的稀释倍数。

(三)《制药工业水污染物排放标准》

根据制药工业的生产工艺和产品类型，制药企业水污染物排放标准分为发酵类、化学合成类、提取类、中药类、生物工程类和混装制剂类六大类。和原来的《污水综合排放标准》相比，对向环境水体(即自然水体)排放不再执行按一、二、三级排放标准，而是采用统一标准；向城镇污水处理厂排放的则主要以企业和当地污水处理厂协商为主。

制药工业废水通常具有组成复杂,有机污染物种类多、浓度高、色度深、毒性大等特征。在《制药工业水污染物排放标准》中,对水污染物排放浓度限值、单位产品基准排水量和污染物排放监控位置均作了规定。考虑到制药工业废水可能存在某些药物成分等有毒、有害物质,排放到水环境中,会对生态环境造成不良影响,在制药工业污染物排放标准中都选择了急性毒性的废水毒性控制指标,从而能有效地控制有毒、有害污染物对环境的影响。表 14-3 为恶臭污染物排放标准值。

表 14-3　恶臭污染物排放标准值

序号	控制项目	排气筒高度/m	排放量/(kg·h⁻¹)	序号	控制项目	排气筒高度/m	排放量/(kg·h⁻¹)	序号	控制项目	排气筒高度/m	排放量/(kg·h⁻¹)
1	硫化氢	15	0.33	4	二硫化碳	15	1.5	7	三甲胺	15	0.54
		20	0.58			20	2.7			20	0.97
		25	0.90			25	4.2			25	1.5
		23	1.3			23	6.1			23	2.2
		35	1.8			35	8.3			35	3.0
		40	2.3			40	11			40	3.9
		60	5.2			60	24			60	8.7
		80	9.3			80	43			80	15
		100	14			100	68			100	24
		120	21			120	97			120	35
2	甲硫醇	15	0.04	5	二甲二硫醚	15	0.43	8	苯乙烯	15	6.5
		20	0.08			20	0.77			20	12
		25	0.12			25	1.2			25	18
		23	0.17			23	1.7			23	26
		35	0.24			35	2.4			35	35
		40	0.31			40	3.1			40	46
		60	0.69			60	7.0			60	104
3	甲硫醚	15	0.33	6	氨	15	4.9	9	臭气		量纲为1
		20	0.58			20	8.7			15	2000
		25	0.90			25	14			25	6000
		30	1.3			23	20			35	15000
		35	1.8			35	27			40	20000
		40	2.3			40	35			50	40000
		60	5.2			60	75			60	60000

1. 定义与术语

(1) 排水量:指生产设施或企业向企业法定边界以外排放的废水量,包括与生产有直接或间接关系的各种外排废水(含厂区生活污水、冷却废水、厂区锅炉和电站排水等)。

(2) 单位产品基准排水量:指用于核定水污染物排放浓度而规定的生产单位产品的废水排放量上限值。

"基准排水量"是一个新指标,用来确定排放是否达标。当单位产品实际排水量超过单位产品基准排水量时,须按污染物单位产品基准排水量将实测水污染物浓度换算为水污染物基准水量排放浓度,并以水污染物基准水量排放浓度作为判定排放是否达标的依据。产品产量和排水量统计周期为一个工作日。

在企业的生产设施同时生产两种以上产品、可适用不同排放控制要求或不同行业国家污染物排放标准，且生产设施产生的污水混合处理排放的情况下，应执行排放标准中规定的最严格的浓度限值。

2. 各类制药企业水污染物排放标准

为了比较六类制药企业水污染物排放控制的异同点，表 14-4 和表 14-5 将对应的标准进行了总结。

表 14-4　各类制药企业水污染物排放浓度限值

序号	污染物项目	排放浓度限值/(mg·L^{-1})						排放监控位置
		发酵类	化学合成类	提取类	中药类	生物工程类	混装制剂类	
1	pH	6~9	6~9	6~9	6~9	6~9	6~9	企业废水总排放口
2	色度	60	50	50	50	50		
3	悬浮物	60	50	50	50	50	30	
4	五日生化需氧量	40(30)	25(20)	20	20	20	15	
5	化学需氧量	120(100)	120(100)	100	100	80	60	
6	氨氮	35(25)	25(20)	15	8	10	10	
7	总氮	70(50)	35(30)	30	20	30	20	
8	总磷	1.0	1.0	0.5	0.5	0.5	0.5	
9	总有机碳	40(30)	35(30)	30	25	30	20	
10	急性毒性	0.07	0.07	0.07	0.07	0.07	0.07	
11	总氰化物	0.5	0.5		0.5			
12	总锌	3.0	0.5					
13	动植物油			5	5	5		
14	总铜		0.5					
15	硫化物		1.0					
16	硝基苯类		2.0					
17	苯胺类		2.0					
18	二氯甲烷		0.3					
19	甲醛		0.2			2.0		
20	乙腈					3.0		
21	总余氯					0.5		
22	挥发酚		0.5			0.5		
23	总汞		0.05		0.05			车间或生产设施废水排放口
24	烷基汞		不得检出					
25	总镉		0.1					
26	六价铬		0.5					
27	总砷		0.5		0.5			
28	总铅		1.0					
29	总镍		1.0					

　　注：色度（稀释倍数）；急性毒性（HgCl$_2$毒性当量）；总余氯以 Cl 计；总氰化物检出限：0.25 mg·L^{-1}；烷基汞检出限：10 ng·L^{-1}。

表 14-5 各类制药企业单位产品基准排水量

企业类型	药品种类		代表性药物	单位产品基准排水量/(m³·t⁻¹)
发酵类	抗生素	β-内酰胺类	青霉素	1000
			头孢菌素	1900
			其他	1200
		四环素类	土霉素	750
			四环素	750
			去甲基金霉素	1200
			金霉素	500
			其他	500
		氨基糖苷类	链霉素,双氢链霉素	1450
			庆大霉素	6500
			大观霉素	1500
			其他	3000
		大环内酯类	红霉素	850
			麦白霉素	750
			其他	850
		多肽类	卷曲霉素	6500
			去甲万古霉素	5000
			其他	5000
		其他类	洁霉素、阿霉素、利福霉素等	6000
	维生素		维生素 C	300
			维生素 B₁₂	115000
			其他	30000
	氨基酸		谷氨酸	80
			赖氨酸	50
			其他	200
	其他			1500
化学合成类	神经系统类		安乃近	88
			阿司匹林	30
			咖啡因	248
			布洛芬	120
	抗微生物感染类		氯霉素	1000
			磺胺嘧啶	280
			阿莫西林	240
			头孢拉定	1200
	呼吸系统类		愈创木酚甘油醚	45
	心血管系统类		辛伐他丁	240
	激素及影响内分泌类		氢化可的松	4500
	维生素		维生素 E	45
			维生素 B₁	3400
	氨基酸		甘氨酸	401
	其他		盐酸赛庚啶	1894

续表

企业类型	药品种类	代表性药物	单位产品基准排水量/(m³·t⁻¹)
提取类			500
中药类			300
生物工程类	细胞因子、生长因子、人生长激素		80000
	治疗性酶		200
	基因工程疫苗		250
	其他类		80
混装制剂类			300

注:排水量计量位置与污染物排放监控位置相同。

生物工程类制药企业除了要控制表 14-4 中的项目指标外,还要控制粪大肠菌群数,其限制为 100 MPN·L⁻¹。

第二节　排放物采样

样品的采集是排放物分析的重要环节之一,采样的正确与否,决定着分析结果的准确性。为了保证样品采集的规范性和统一性,国家制订了有关的样品采集方法标准,各级环境监测部门和企业内部的环保单位要在国家标准的指导下,经实地调查后,确定监测项目、选择采样点、采样时间和采样频率。由于工业废气、废水具有腐蚀性、毒性、刺激性或易燃性,甚至是高温,采样必须有安全防护措施。

一、采样原则

样品的采集必须具有代表性。为此,在采样前要进行实地调查,掌握污染物的来源、性质、排放情况与污染物去向;这就需要事先了解工厂性质、产品和原材料、工艺流程、物料衡算、管道布局、排污口位置和数量、排污时间、空间和数量的变化规律,以便确定监测项目,设计监测网点,合理安排采样时间和频率,选定采样方法。所采集的样品量要与实验室分析方法相适应,样品数目要满足统计分析的要求。

二、工业废气的采样方法

制药企业所排出的废气通常属于固定污染源有组织排放,应按照《固定源废气监测技术规范》(HJ/T 397—2007)进行采样。气体污染源的样品采集方法按污染物在废气中存在的状态和浓度水平及所用的分析方法,分为气态污染物的采集法、颗粒态污染物采集法。采样系统应具有高吸入、高吸收(吸附)、高保留效率等特点。

1. 采样位置

理想情况下,烟道中尘粒或排气筒中的烟尘或颗粒物浓度分布是均匀的,但实际上污染源废气流量及废气中待测成分的浓度一般随工作状态而变化,所以必须在生产设备处于正常运行状态下进行采样。考虑到废气在排气筒中的物理运动,采样位置应优先选择垂直烟道或垂直管段,垂直烟道中尘粒浓度分布均匀性比水平烟道的好,且距弯头、阀门或变径管段下游方向不小于 6 倍直径处,在其上游方向不小于 3 倍直径处。对矩形烟道,其当量直径 $D = \dfrac{2AB}{A+B}$,式中 A、B 为矩形边长。采样断面的气流速度最好在 5 m·s^{-1} 以上。对于气态污染物,由于混合比较均匀,其采样位置不受上述规定限制,但应避开涡流区,如果同时测定排气流量,则需按照上述规定采样。

2. 采样孔与采样点

在选定的位置上开设采样孔,采样孔的内径不小于 80 mm,采样孔管长应不大于 50 mm。烟道内同一断面各点的气流速度和烟尘浓度分布通常是不均匀的,应按一定的规定在同一断面内进行多点测量,对圆形烟道,采样孔应设在包括各测点在内的互相垂直的直径线上(图 14-1)。对矩形或方形烟道,采样孔应设在包括各测点在内的延长线上(图 14-2)。不使用采样孔时应用盖板、管堵或管帽封闭。

采样点选在预期浓度变化最大的一条直径线上的测点处。

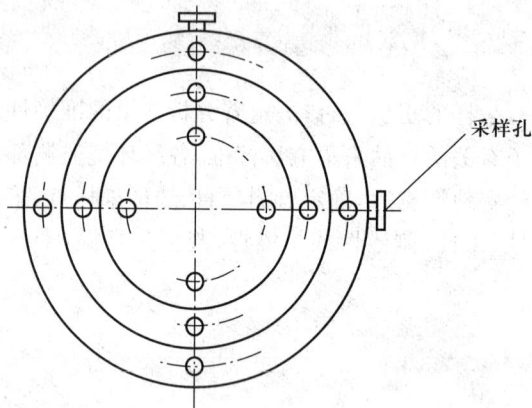

图 14-1　圆形烟道测定点图

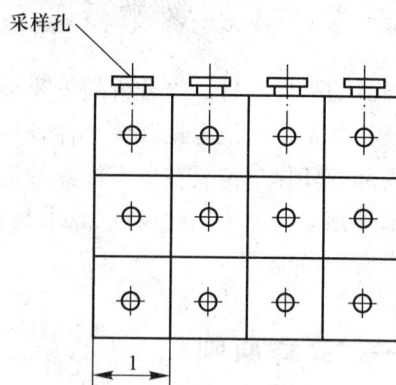

图 14-2　矩形烟道测定点

3. 采样时间和频次

采样时间和频次应注意掌握废气排放变化的周期性,采样的时间跨度与排放周期对应。应确定监测结果是为了获取待测污染成分的动态变化值、极值,还是周期内的平均值,从而安排合理的采样时间、频率。污染源废气中待测污染成分(如 SO_2、NO_x、HF、CO 等)的排放速度和排放浓度有可能是稳定的,也有可能不稳定,应根据排放情况确定采用等流量采样还是等比例采样。

示例　碘量法测定固定污染源排气中二氧化硫的采样

用两个 75 mL 多孔玻璃板吸收瓶串联采样,每瓶各加入 30～40 mL 吸收液,以 0.5 L·min^{-1} 流量采样。采样时间取决于烟气中二氧化硫的浓度,烟气中二氧化硫浓度低于 1000 mg·m^{-3},采样时间在 20～30 min;烟气中二氧化硫浓度高于 1000 mg·m^{-3},采样时间在 13～15 min;同一工作状态下应至少采取三个样品,取平均值。

4. 采样方法

制药工业企业的废气的排放大多是有组织排放,有组织排放的污染物的采集通常是用采样管从烟道或管道中抽取一定体积的烟气,通过捕集装置将污染物捕集下来后测定。

(1)气体污染物的采集:气态或蒸气态有害物质分子在烟道内分布一般是均匀的,不需要多点采样,可在靠近烟道中心位置采样。采样方法有化学采样法和仪器直接测试法。化学采样法是通过采样管将样品抽到装有吸收液的吸收瓶或装有固体吸附剂的吸附管、真空瓶、注射器或气袋中,然后采用适当的方法进行分析,装置如图 14-3 所示。仪器直接测试法是通过采样管和除湿器,用抽气泵将样气送入分析仪器中,直接指示待测气态污染物的含量,装置如图 14-4 所示。

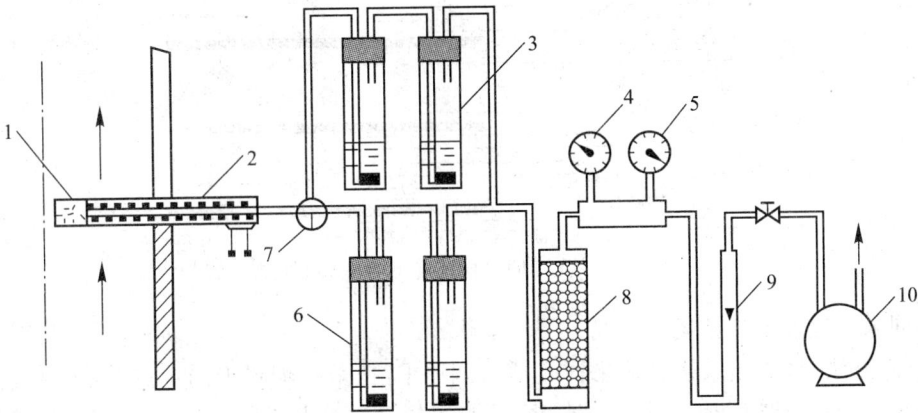

图 14-3 烟气采样系统

1—烟道;2—加热采样管;3—旁路吸收瓶;4—温度计;5—真空压力表;6—吸收瓶;
7—三通阀;8—干燥器;9—流量计;10—抽气泵

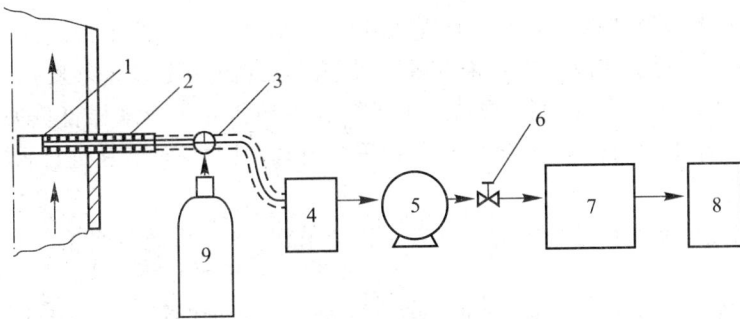

图 14-4 仪器测试法采样系统

1—滤料;2—加热采样管;3—三通阀;4—除湿器;5—抽气泵;6—调节阀;
7—分析仪;8—记录器;9—标准气瓶

(2)颗粒污染物的采集。

1)采样原则:颗粒物采样要满足等速采样的原则,即气体进入采样嘴的气流速度 v_n 与测定点处气流速度 v_s 相等(其相对误差应在 10% 以内),如果 $v_n>v_s$,处于采样嘴边缘以外的部分气流进入采样嘴,而其中的尘粒由于本身运动的惯性继续沿着原来的方向前进,不能随气流进入采样嘴内,使得采样浓度低于采样点的实际浓度;相反地,如果 $v_n<v_s$ 时,则采样浓度高于采样点的实际浓度;只有 $v_n=v_s$ 时,采样浓度等于采样点的实际浓度,所采样品才具有代表性。图 14-5

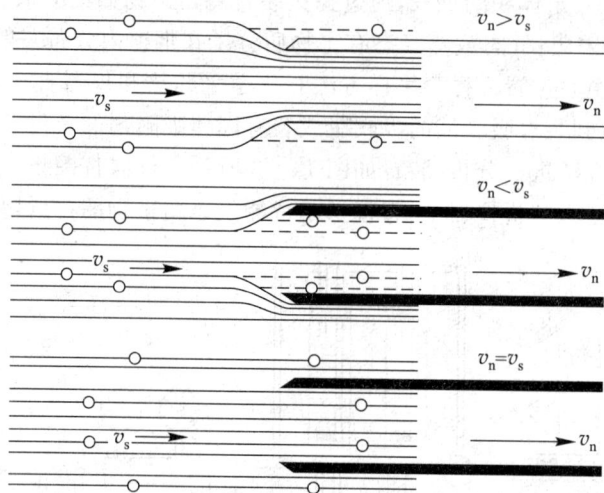

图 14 - 5 在不同采样速度下尘粒运动状况

表示了不同采样速度下尘粒运动状况。

2) 采样方法:将烟尘采样管由采样孔插入烟道中,使采样嘴置于测定点上,正对气流,按颗粒物等速采样原理,抽取一定量的含尘气体,根据采样管滤筒上所捕集到的颗粒物量和同时抽取的气体量,计算出排气中颗粒物的浓度。维持等速采样的方法有普通型采样管法和平行采样法。

普通型采样管法(预测流速法)　在采样前先测出采样点处的烟气温度、压力、含湿量等气体状态参数和采样点的气流速度,根据测得的气体状态参数和气流速度,结合选用的采样嘴直径,算出等速条件下各采样点所需的采样流量,然后按流量进行采样。

平行采样法　该法与普通型采样管法基本相同,不同之处在于测定流速和采样几乎同时进行,这就减少了由于烟道流速改变而带来的采样误差。具体方法是将 S 形皮托管和采样管固定在一起,插入烟道中的采样点处,利用预先绘制的皮托管动压和等速采样流量关系计算图,当与皮托管相连的微压计指示动压后,立即算出等速采样流量,及时调整流速进行采样。

3) 采样方式。

移动采样:用一个滤筒在已确定的采样点上移动采样,各点采样时间相等,求出采样断面的平均浓度。

定点采样:每个测点上采一个样,求出采样断面的平均浓度,可了解烟道断面上颗粒物浓度变化状况。

间断采样:对有周期性变化的排放源,根据工作状态变化及其延续时间,分段采集,然后求出其时间加权平均浓度。

当有毒或高温烟气,并且采样点处烟道内呈正压状态时,为了防止有毒或高温气体外喷,保护操作人员的安全,采样点应设有防喷装置。

三、工业废水的采样

工业废水的采样必须考虑废水的性质和每个采样点所处的位置,按照《水质采样方案设计技术规定》(HJ 495—2009)和《水质采样技术指导》(HJ 494—2009)中的规定进行。

1. 采样点的选择

通常,采样点可选在工业废水的排放口,① 第一类污染物,不分行业和污水排放方式,也不分受纳水体的功能类别,一律在车间或车间处理设施排放口采样,第二类污染物,在排污单位排放口;② 工业企业内部监测时,应在工厂的总排放口,车间或工段的排放口,工序或设备的排水点;③ 为了解污水处理厂的总处理效果,应分别采集总进水点和总出水点的水样;④ 从工厂排出的废水中可能含有生活污水,采样时应予以考虑所选采样点要避开这类污水;⑤ 当监测排出液对水体产生影响时,就要在排放点的上、下游同时采样。

2. 采样频率

根据监测目的的不同,采样频率是不一样的。

监督性监测由环保部门每年监测 1 次,对于重点排污单位每年监测 2~4 次。企业自我监测应按生产周期和生产特点确定监测频率,一般每个生产日至少 3 次。为了确认自行监测的采样频率,应按生产周期确定检测频率。污染出现的周期与采样频率要一致,采样频率比污染物出现的频率要高得多,生产周期在 8 h 以内的,每小时采样一次;生产周期大于 8 h 的,每 2 h 采样一次。根据监测结果绘制污水污染物排放曲线(浓度-时间,流量-时间,总量-时间),据此确定采样频率。水污染排放总量检测时,尽可能实现流量与污染物浓度的同步连续检测,不能实现连续检测的,采样及测流时间、频次应视生产周期和排污规律而定。采样的同时测定流量。

在厂区内采样,排放点容易接近,有时必须采用专门采样工具通过很深的人孔采样。为了安全起见,最好把人孔设计成无需人进入的采样点。

3. 水样类型

工业废水的采样种类和采集方法取决于生产工艺、排污规律和监测目的。对于生产工艺连续、稳定的企业,所排放废水中的污染物浓度及排放流量变化不大,仅采集瞬时水样就具有较好的代表性;对于排放废水中的污染物浓度及排放流量随时间变化无规律的情况,可采集等时混合水样、等比例混合水样或流量比例混合水样。

(1) 瞬时水样:指在某一定的时间和地点从水中随机采集的分散水样。

(2) 混合水样:指在同一采样点上以流量、时间、体积,按照已知比例混合在一起的样品。

有以下 3 种样品:

1) 等时混合水样:指某一定的时段内(一般为一昼夜或一个生产周期),在同一采样点按照相等时间间隔采集等体积的多个水样,经混合均匀后得到的水样。此采样方式适用于废水流量较稳定(变化小于 20%)但水体中污染物浓度随时间有变化的废水。

2) 等比例混合水样:指某一时段内,在同一采样点所采集的水样量随时间或流量成比例变化,经混合均匀后得到等比例水样。

3) 流量比例混合水样:在有自动连续采样器的条件下,在一段时间内按流量比例连续采集而混合均匀的水样。

4. 采样方法

(1) 手动采样:当废水排放到公共水域时,应设置适当的堰,用容器或长柄采水勺从堰溢流中直接采样。在排污管道或渠道中采样时,应在液体流动部位采样。当在废水或污水处理池中采样时,使用深水采样器。每采一次样,采样人员就得到现场一次。

(2) 自动采样:利用自动采样器或连续自动定时采样器采集样品。当污水排放量较稳定时,可采用时间等比例采样,否则必须按采样流量等比例采样。

5. 水质样品的保存

当采集水样不能在现场分析时,需要对水样进行保护,防止其变质和被污染。水样的保存应按《水质采样样品的保存和管理技术规定》(HJ 493—2009)中的规定进行。

第三节 废气中污染物分析

为贯彻《中华人民共和国环境保护法》和《中华人民共和国大气污染防治法》,防治大气环境污染,改善环境质量,国家首次发布《固定源废气监测技术规范》(HJ/T 397—2007),规定了在烟道、烟囱及排气筒等固定污染源排放废气中,颗粒物与气态污染物监测的手工采样和测定技术方法,以及便携式仪器监测方法。对固定源废气监测的准备、废气排放参数的测定、排气中颗粒物和气态污染物采样与测定方法、监测的质量保证等作了相应的规定。

一、大气污染物的来源与种类

大气污染是由于人类活动和自然过程引起的某种物质进入大气中,呈现足够浓度,停留一定时间并危害了人体的舒适和健康,或者危害环境的现象。大气污染物主要来自生活污染源,如燃煤、石油气、燃烧生活垃圾;工业污染源,主要来自于火力发电、炼钢、冶金、矿山、石料厂、建筑材料、玻璃烧制、石油炼制、化工、制药等工业企业;交通污染源,汽车尾气、飞机、火车、火箭、海轮、航天等。大气污染物主要有三类:

1. 颗粒污染物

颗粒污染物(particulates)是指染料和其他物质燃烧、合成、分解及各种物料在处理中所产生的悬浮于排放气体和烟气中的固体和液体颗粒状物质,粒径>75 μm 为尘粒;粒径<75 μm 为粉尘,其中粒径>10 μm 为降尘,粒径<10 μm 为飘尘;粒径< 1 μm 为烟尘;雾尘是粒径<10 μm 的粉尘与大气中的水蒸气形成水雾,可与 SO_2、NO_2 和水形成酸雾,亦可与碱性气体形成碱雾,还可与油粒形成油雾等;煤尘是燃烧过程中未被燃烧的煤粉尘,以及煤场、煤码头的煤扬尘,露天煤矿的煤尘等。

2. 气态污染物

气态污染物(gaseous pollutants)是指以气体状态分散在烟气中的各种污染物,有硫化物,主要是 SO_2、SO_3、H_2S 等,SO_2 危害最大;氮化物,主要是 NO、NO_2、NH_3 等;碳化物,主要是 CO_2、CO;碳氢化物,主要是烃(烷、烯、炔、芳烃、环烃)、醇、醛、酸、酮、酯、胺等有机化合物;卤化物,主要是含氟、氯的化合物,如 HF、HCl、SiF_4 等。

3. 二次污染物

二次污染物(secondary pollutants)指某些污染物在大气中经过一定物理、化学变化后进一步造成更严重污染的物质,主要有几种类型:①伦敦型烟雾:烟尘、煤尘、SO_2 等与大气中的水汽起化学作用所形成的烟雾,也称为硫酸烟雾。②洛杉矶型烟雾:汽车尾气、工厂有机废气中的氮氧化物与碳氢化物,经光化学作用所形成的烟雾,也称为光化学烟雾。③工业型光化学烟雾:氮肥厂、炼油厂、化工厂排放的碳氢化物,经光化学作用形成的光化学烟雾。

制药行业的废气主要来自锅炉烟气中的二氧化硫和烟尘、蒸发的溶剂、发酵尾气、药粉尘(例如中药饮片切制、粉碎等工序产生的药物粉尘和炮制过程中产生的药烟、粉针生产和分装过程中的粉尘)及恶臭气体等。制药企业废气的排放控制执行《大气污染物综合排放标准》和《恶臭污染物排放标准》,主要考核二氧化硫和颗粒物,同时,根据企业生产工艺特点和主要污染物排放情况,如所用的原料、催化剂等,考核其他特征污染物,如氮氧化物、氯化氢、苯、甲醛等。如果企业有锅炉,要执行《锅炉大气污染物排放标准》,监测项目为烟气黑度;如果制药企业有炉窑,如铸造某个机械部件,还要执行《工业炉窑大气污染物排放标准》,监测项目为烟(粉)尘浓度。

二、废气排放参数

测定废气排放参数时,一般情况下测点选在靠近烟道中心的一点。

1. 排气温度的测定

将热电偶或温度计插入测点处,封闭测孔,待温度稳定后读数。热电偶或电阻温度计的示值误差应不大于±3℃;水银玻璃温度计,精确度应不低于2.5%,最小精度值应不大于2℃。注意不可将温度计抽出烟道外读数。

2. 排气中水分含量的测定

测定方法有干湿球法、冷凝法和重量法。干湿球法的原理是使气体在一定流速下,流经干、湿球温度计,根据干、湿球温度计的读数和测点处排气的压力,计算出排气的水分含量。冷凝法的原理是由烟道中抽取一定体积的排气使之通过冷凝器,根据冷凝出来的水量,加上从冷凝器排出的饱和气体含有的水蒸气量,计算排气中的水分含量。重量法原理是由烟道中抽取一定体积的排气,使之通过装有吸湿剂的吸湿管,排气中的水分被吸湿剂吸收,吸湿管的增重即为已知体积排气中含有的水分量。

3. 排气流量、流速的测定

排气的流速与其动压力平方根成正比,在选定的测量位置和测点上用微压计或流速测定仪测定某点处的动压、静压及温度等参数,便可计算出测点气流速度。

$$v_s = K_p \sqrt{\frac{2p_d}{\rho_s}} = 128.9 K_p \sqrt{\frac{(273 + t_s) p_d}{M_s (p_a + p_s)}}$$

式中,v_s 为湿排气的气体流速(m·s^{-1}),p_a 为大气压力(Pa),K_p 为皮托管修正系数,p_d 为排气动压(Pa),p_s 为排气静压(Pa),ρ_s 为湿排气的密度(kg·m^{-3}),M_s 为湿排气气体的摩尔质量(kg·kmol^{-1}),t_s 为排气温度(℃)。

常温常压下通风管道的空气流速 v_a(m·s^{-1})为

$$v_a = 1.29 K_p \sqrt{p_d}$$

三、颗粒物

颗粒物(particulates)可随呼吸进入肺,并沉积于肺,引起呼吸系统的疾病。在颗粒物上容易附着多种有害物质,有些有致癌性,有些会诱发花粉过敏症。颗粒物沉积在绿色植物叶面,干扰植物的光合作用,影响植物的健康和生长;厚重的颗粒物遮挡阳光而可能改变气候,影响生态系统。固定污染源排气中颗粒物的测定主要采用重量法。

原理　按颗粒物等速采样原理,将烟尘取样管由采样孔插入烟道中,抽取一定量的含尘气体,根据采样管滤筒上所抽集到的颗粒物量和同时抽取的气体量,计算出排气中颗粒物浓度。采用普通型采样管法(预测流速型)进行样品的采集。

测定法 采样后的滤筒放入105℃干燥箱中烘1 h,取出后置于干燥器中,冷却至室温,用感量0.1 mg天平称量至恒重,采样前后滤筒质量之差,即为样品中颗粒物的质量。按下式计算:

$$颗粒物质量浓度/(mg \cdot m^{-3}) = \frac{m}{V_{nd}} \times 10^6$$

式中,m为滤筒捕集的颗粒物的质量(g),V_{nd}为标准状况下干气的采样体积(L)。

四、排气中 CO、CO₂、O₂ 等气体成分的测定

主要采用奥氏气体分析仪法测定 CO、CO_2、O_2。

原理 用不同的吸收液分别对排气的各成分逐一进行吸收,根据吸收前后排气体积的变化,计算出该成分在排气中所占的体积分数。用氢氧化钾溶液吸收CO_2,铜氨络离子溶液吸收CO,焦性没食子酸碱溶液吸收O_2。

O_2的测定还可采用电化学法测定、热磁式氧分析仪法和氧化锆氧分析仪法。

五、二氧化硫

二氧化硫(sulfur dioxide)主要来自于燃烧含硫的煤和石油等燃料,它可以形成工业烟雾,高浓度时使人呼吸困难,是著名的伦敦烟雾事件的元凶;进入大气层后,氧化为硫酸,在云中形成酸雨,对建筑、森林、湖泊、土壤造成危害;二氧化硫形成悬浮颗粒物,又称气溶胶,随着人的呼吸进入肺部,对肺有直接损伤作用。二氧化硫的测定方法有碘量法(iodine titration method)(HJ/T 56—2000)、定电位电解法(fixed-potential electrolysis method)(HJ/T 57—2000)、溶液电导率法、非分散红外吸收法、紫外吸收法等。

1. **碘量法(iodine titration method)**

原理 烟气中的二氧化硫被氨基磺酸铵和硫酸铵的混合溶液吸收,用碘滴定液滴定,按消耗碘滴定液的量计算二氧化硫浓度。

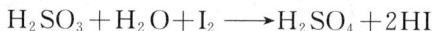

$$SO_2 + H_2O \longrightarrow H_2SO_3$$
$$H_2SO_3 + H_2O + I_2 \longrightarrow H_2SO_4 + 2HI$$

测定范围 该法适用于固定污染源排气中二氧化硫的浓度在$100\sim6000$ mg·m⁻³范围内的样品测定。

采样方法 用两个75 mL多孔玻璃板吸收瓶串联采样,每瓶各加入$30\sim40$ mL吸收液,以0.5 L·min⁻¹流量采样。采样时间取决于烟气中二氧化硫的浓度,当烟气中二氧化硫浓度低于1000 mg·m⁻³时,采样时间在$20\sim30$ min,当烟气中二氧化硫浓度高于1000 mg·m⁻³时,采样时间在$13\sim15$ min,同一工作状态下应连续测定三次,取平均值。

测定方法 将两吸收瓶中的样品全部转移至碘量瓶中,用少量吸收液分别洗涤吸收瓶两次,洗涤液并入碘量瓶,摇匀。加淀粉指示剂5.0 mL,用0.010 mol·L⁻¹碘滴定液滴定至蓝色。另取同体积吸收液,同法进行空白滴定。$\left[1\text{ L }1\text{ mol}\cdot\text{L}^{-1}\text{碘滴定液}\left(\frac{1}{2}I_2\right)\text{相当于}32.0\text{ g二氧化硫}\right.$

$$\left(\frac{1}{2}SO_2\right)\Big]。$$

$$\frac{SO_2\text{质量浓度}}{mg/m^3}=\frac{(V-V_0)\times c\times M\left(\frac{1}{2}SO_2\right)}{V_{nd}}\times 1000$$

式中，V、V_0 分别为滴定样品溶液、空白溶液所消耗的碘滴定液的体积（mL），c 为碘滴定液浓度（mol·L^{-1}），V_{nd} 为标准状况下干气的采样体积（L）。

注意事项　样品中存在硫化氢或二氧化氮，可干扰测定。采用装有醋酸铅棉的过滤管可将硫化氢吸收，以消除硫化氢的干扰；吸收液中加入氨基磺酸铵可消除二氧化氮的影响。采样管应加热至 120℃，防止二氧化硫被冷凝水吸收，使测定结果偏低。

2. 定电位电解法（fixed-potential electrolysis method）

原理　该法采用定电位电解传感器测定二氧化硫，仪器主要由电解槽、电解液和电极组成。烟气中二氧化硫扩散通过传感器渗透膜，进入电解槽，在恒电位工作电极上发生氧化反应，产生极限扩散电流 i，在一定范围内，电流的大小与二氧化硫浓度成正比。本方法适用于固定污染源排气中二氧化硫的测定。

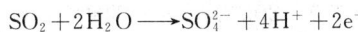

$$SO_2+2H_2O\longrightarrow SO_4^{2-}+4H^++2e^-$$

$$i=\frac{ZFSD}{\delta}\times C$$

式中，Z 为电子转移数，D 为扩散系数，F 为法拉第常数，δ 为扩散厚度，S 为扩散面积，D 和 δ 均为常数。

测定范围　该法适用于固定污染源排气中二氧化硫的浓度在 15～14300 mg·m^{-3} 范围内的样品测定。

测定步骤　将仪器的采样管插入烟道中，即可启动仪器抽气泵，抽取烟气进行测定，待仪器读数稳定后即可读数。同一工作状态下应连续测定三次，取平均值作为测量结果。

注意事项　氟化氢、硫化氢对二氧化硫的测定有干扰。采气流速的变化直接影响仪器的测试读数。

六、硫化氢、甲硫醇、甲硫醚、二甲二硫

硫化氢的气体具有臭味，对黏膜有局部刺激性，吸入体内后一部分很快氧化为无毒的硫酸盐和硫代硫酸盐等经尿排出；一部分游离的硫化氢则经肺排出。可出现流泪、眼痛、眼内异物感、畏光、视物模糊、流涕、咽喉部灼热感、咽干、咳嗽、胸闷、头痛、头晕、乏力、恶心、意识模糊，部分患者可有心脏损害。重症者会出现急性中毒，呼吸加快后呼吸麻痹而死亡。对这类废气的监测采用气相色谱法（GB/T 14678—1993）。图 14-6 为有害气体的标准色谱图。

色谱条件　担体 chromsorb-G（60～80 目），固定液为 25%β,β-氧二丙腈；火焰光度检测器，汽化室温度 150℃，检测器温度 200℃，柱温 70℃，程序升温初始温度 70℃至甲硫醚出完峰，以 20℃·min^{-1} 升温至 90℃，二甲二硫出完峰后返回初始温度；载气为氮气，流速 70 mL·min^{-1}，空气 50 mL·min^{-1}，氢气 60 mL·min^{-1}。

测定法　取采集的气体样品 1～2 mL 进样测定。取硫化氢、甲硫醇、甲硫醚、二甲二硫制备成标准气体样品进样测定标准曲线。以外标法计算样品气体的含量。

七、氮氧化物

氮氧化物(nitric oxids，NO$_x$)包括一氧化氮和二氧化氮等,可来自于制药工业中的亚硝化、硝化工艺。氮氧化物的主要危害有刺激人的眼、鼻、喉和肺,增加病毒感染的发病率,例如引起导致支气管炎和肺炎的流行性感冒,诱发肺细胞癌变;形成城市的烟雾,影响可见度;破坏树叶的组织,抑制植物生长;在空中形成硝酸小滴,产生酸雨。氮氧化物测定方法有盐酸萘乙二胺分光光度法、中和法和二磺酸酚法。

盐酸萘乙二胺分光光度法[N(1-naphtye)-ethylene diamine dihydrochloride spectrophotometric method](HJ 479—2009)介绍如下:

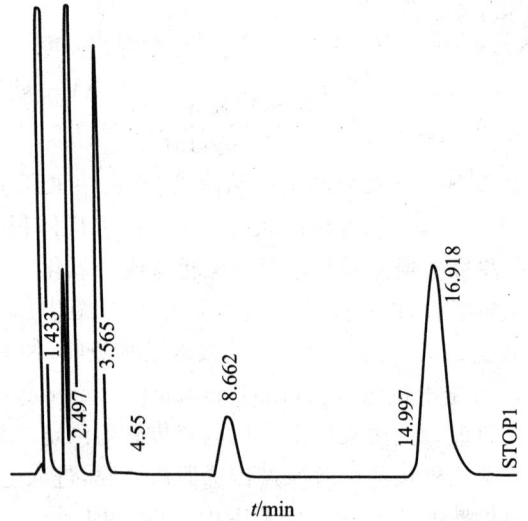

图14-6　有害气体的标准色谱图

出峰顺序:硫化氢、二硫化碳、甲硫醇、甲硫醚、苯(溶剂)、二甲二硫

原理　采样时,气体中的一氧化氮等低价氧化物可以被氧化瓶中的酸性高锰酸钾溶液氧化成二氧化氮,二氧化氮被吸收液吸收后,生成亚硝酸和硝酸,其中亚硝酸与对氨基苯磺酸发生重氮化反应,再与盐酸萘乙二胺偶合,呈玫瑰红色,然后进行比色测定。本法适用于固定污染源有组织排放的氮氧化物测定。吸收液组成为对氨基苯磺酸、乙酸、盐酸萘乙二胺。

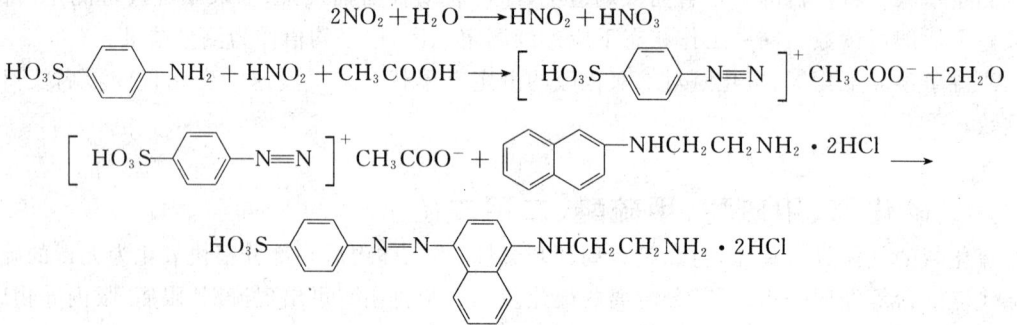

样品的采集与保存　将一个空的多孔玻璃板吸收瓶,一个氧化瓶和两个各装75 mL吸收液的多孔玻璃板吸收瓶串联在采样系统中(图14-3烟气采样系统),氧化瓶在两个吸收瓶之间,以0.4 L·min^{-1}流量采集气体4~24 L,或以0.2 L·min^{-1}流量采集气体288 L。样品应低温暗处存放。

测定法　采样后,分别取两个吸收瓶中的吸收液,避开直射光,放置15 min,以水为参比,在540 nm处测定吸光度,并测定空白吸收液的吸光度。用亚硝酸钠标准工作溶液系列建立标准曲线的回归方程。

二氧化氮的质量浓度(mg·m^{-3})计算

$$\rho(NO_2) = \frac{(A_1 - A_0 - a)VD}{bf V_0 K}$$

一氧化氮的质量浓度（mg·m⁻³）计算：

以二氧化氮计

$$\rho(NO) = \frac{(A_2 - A_0 - a)VD}{bf V_0 K}$$

以一氧化氮计

$$\rho'(NO) = \frac{\rho(NO) \times M(NO)}{M(NO_2)}$$

式中，A_1、A_2 分别为第一和第二个吸收瓶内样品的吸光度，A_0 为实验室空白的吸光度（实验室内未经采样的空白吸收液），b 为标准曲线的斜率，a 为标准曲线的截距，V 为采样用吸收液的体积（mL），V_0 为换算为标准状态（101.325 kPa，273 K）下的采样体积（L），K 为 NO 转化为 NO_2 的氧化系数，$K = 0.68$，D 为样品的稀释倍数，f 为 Saltzman 实验系数，$f = 0.88$。

八、氨

氨对人的上呼吸道有刺激和腐蚀作用，可出现流泪、咽痛、声音嘶哑、咳嗽、痰带血丝、胸闷、呼吸困难，并伴有头晕、头痛、恶心、呕吐、乏力等症状，严重者可发生肺水肿及呼吸窘迫综合征。氨的监测采用纳氏试剂分光光度法（Nessler's reagent spectrophotometry）（HJ 533—2009）。

原理 用稀硫酸吸收废气中的氨，生成的铵离子可与纳氏试剂反应生成黄棕色的配位化合物，在 420 nm 处测定其吸光度，便可对氨定量。

纳氏试剂的组成 氢氧化钠、氯化汞和碘化钾。

测定法 取样品溶液适量，置于 10 mL 比色管中，加吸收液至 10 mL，加入 0.50 mL 酒石酸钾钠溶液，摇匀，再加入纳氏试剂，摇匀，放置 10 min，以水为参比，在 420 nm 处测定溶液的吸光度。同法测定吸收液空白和采样全程空白。

氨质量浓度（mg·m⁻³）的计算

$$\rho(NH_3) = \frac{(A - A_0 - a)V_s D}{b V_{nd} V_0}$$

式中，A 为样品溶液的吸光度，A_0 为吸收液空白的吸光度，b 为标准曲线的斜率，a 为标准曲线的截距，V_s 为样品吸收液的总体积（mL），V_0 为分析时所取吸收液体积（L），D 为样品的稀释倍数，V_{nd} 为标准状况下干气的采样体积（L）。

九、氯化氢

氯化氢（hydrogen chloride）对皮肤、眼睛、鼻子、黏膜、呼吸道和胃肠道有刺激性和腐蚀作用。吸入氯化氢能引起鼻腔溃疡、皮肤炎症、眼黏膜炎症、牙釉质变色、上呼吸道损伤，高浓度的氯化氢能很快导致咽喉肿胀、痉挛和窒息。氯化氢的测定方法有离子色谱法（hydrogen-chloride-ion chromatography）（HJ 549—2009）、硫氰酸汞分光光度法（mercuric thiocyanate spectrophotometry）（HJ/T 27—1999）和硝酸银滴定法（silver nitrate titration method）（HJ 548—2009），后者适合于高浓度氯化氢的测定。

1. 离子色谱法

原理 用氢氧化钾-碳酸钠溶液吸收氯化氢气体生成氯化物后,采用离子色谱法分离出氯离子,以其响应值定量。

色谱条件 阴离子色谱柱,淋洗液为吸收液(氢氧化钾-碳酸钠溶液)-水(1∶49),流速1.00 mL·min^{-1},电导检测器,进样体积100 μL,柱温不低于18℃。

测定法 分别将两个吸收瓶的样品溶液置于50 mL具塞比色管中,用水稀释至刻度,摇匀,分别取10.00 mL置于另一50 mL具塞比色管中,用水稀释至刻度,摇匀,用微孔滤膜滤过,取样测定。以氯化钾标准系列同法测定标准曲线。

固定污染源废气中氯化氢浓度(mg·m^{-3})的计算:

$$\rho(HCl) = \frac{(\rho_1 + \rho_2 - 2\rho_0) \times V_1}{V_{nd}} \times \frac{50\ mL}{10.0\ mL} \times \frac{36.45\ g \cdot mol^{-1}}{35.45\ g \cdot mol^{-1}}$$

式中,ρ_1、ρ_2分别为第一和第二个吸收瓶内样品溶液中HCl的质量浓度(μg·mL^{-1}),ρ_0为空白溶液中HCl的质量浓度(μg·mL^{-1}),V_1为稀释后样品溶液的体积(mL),V_{nd}为标准状况下干气的采样体积(L),36.45 g·mol^{-1}为HCl的摩尔质量,35.45 g·mol^{-1}为Cl$^-$的摩尔质量。

2. 硝酸银滴定法

原理 用氢氧化钠溶液吸收氯化氢气体生成氯化物后,在中性条件下,用硝酸银滴定液滴定,使铬酸钾指示剂产生浅砖红色的铬酸银沉淀即为滴定终点。

$$Cl^- + AgNO_3 \longrightarrow NO_3^- + AgCl\downarrow$$

$$2Ag^+ + CrO_4^{2-} \longrightarrow Ag_2CrO_4\downarrow$$

$$(浅砖红色)$$

测定法 将样品溶液转移至白瓷皿中,加酚酞指示剂1滴,滴加0.1 mol·L^{-1}硝酸溶液至红色刚刚消失。加铬酸钾指示剂1.0 mL,不断搅拌,用0.01 mol·L^{-1}硝酸银滴定液滴定至产生浅砖红色沉淀。同法滴定空白溶液。

固定污染源废气中氯化氢浓度(mg·m^{-3})的计算:

$$\rho(HCl) = \frac{(V_1 - V_0) \times c \times 36.45\ g \cdot mol^{-1} \times 1000}{V_{nd}}$$

式中,V_1、V_0分别为样品溶液和空白溶液消耗滴定液的体积(mL),c为硝酸银滴定液的浓度(mol·L^{-1}),V_{nd}为标准状况下干气的采样体积(L),36.45g·mol^{-1}为HCl的摩尔质量。

3. 硫氰酸汞分光光度法

原理 用氢氧化钠溶液吸收氯化氢,吸收液中的氯离子与硫氰酸汞反应,生成难解离的氯化汞,置换出的硫氰酸根与三价铁离子反应,生成橙红色的硫氰酸铁络离子,于波长460 nm处测定吸光度,采用标准曲线法定量。此法适用于固定污染源有组织排放和无组织排放的氯化氢的测定。

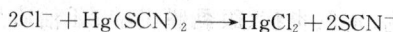

$$2Cl^- + Hg(SCN)_2 \longrightarrow HgCl_2 + 2SCN^-$$

$$SCN^- + Fe^{3+} \longrightarrow Fe(SCN)^{2+}$$

操作步骤 将样品溶液分别移入两个50 mL量瓶中,用少量氢氧化钠吸收液(0.05 mol·L^{-1})洗涤吸收瓶,洗涤溶液并入量瓶中,用吸收液定容,摇匀,取适量溶液置于10 mL比色管中,加吸收液至5.00 mL,加入3.0%硫酸铁铵溶液2.00 mL,混匀,加0.4 mg·mL^{-1}硫氰酸汞

1.00 mL,混匀,在室温下放置 20~30 min,以水为参比,于 460 nm 处测定吸光度。同法用氯化钾测定标准曲线(表 14-6)。

$$\frac{\rho(HCl)}{(mg \cdot m^{-3})} = \left[\frac{m_1}{V_1} + \frac{m_2}{V_2}\right] \times \frac{V_t}{V_{nd}}$$

式中,m_1、m_2 分别为从第一、第二吸收管所取样品溶液中氯化氢质量,(μg),V_1、V_2 分别为测定时从第一、第二吸收管所取溶液体积(mL),V_t 为定容体积(mL),V_{nd} 为标准状况下干气的采样体积(L)。

表 14-6 氯化钾标准系列

管号	0	1	2	3	4	5	6	7
10.0 $\mu g \cdot mL^{-1}$ KCl 溶液体积/mL	0	0.20	0.40	0.60	0.80	1.00	1.50	2.00
吸收液体积/mL	5.00	4.80	4.60	4.40	4.20	4.00	3.50	3.00
HCl 质量/μg	0	2.0	4.0	6.0	8.0	10.0	15.0	20.0

十、甲苯、二甲苯和苯乙烯

苯系物(benzene series)一般包括苯、甲苯、乙苯、邻二甲苯、间二甲苯、对二甲苯、苯乙烯和三甲苯。人在短时间内吸入高浓度甲苯和二甲苯时,可出现中枢神经系统麻醉作用,轻者头晕、头痛、恶心、胸闷、乏力、意识模糊,重者可致昏迷,以致呼吸循环衰竭而死亡。慢性中毒者,可出现头痛、失眠、精神萎靡、记忆力衰退;苯系物已经被世界卫生组织确定为强烈致癌物质。苯系物大多采用气相色谱法测定。测定前,需将采样时所吸附的样品进行解吸附,解吸附的方法有二硫化碳解吸附和热脱附法(HJ 583—2010)。

1. 活性炭吸附二硫化碳解吸气相色谱法

色谱条件 用于苯系物分析的色谱柱为毛细管柱或填充柱。毛细管柱一般为非极性或弱极性柱,如固定液为 DB—1、BD—5、SE—54;液膜厚度为 0.25~1.5 μm;柱规格为 30 m × 0.32 mm、30 m × 0.25 mm。进样口温度 200℃,检测器为 FID,温度为 250℃,柱温采用程序升温,40℃,维持 5 min,以 10℃ $\cdot$ min^{-1} 升温速度升至 80℃,载气为氮气,流量为 40 mL $\cdot$ min^{-1},氢气流速 46 mL $\cdot$ min^{-1},空气流量 400 mL $\cdot$ min^{-1}。

测定法 将采样管中活性炭的前段和后段分别转移至容量瓶中,加入 1.0 mL 经提纯的二硫化碳,放置 30 min,进样分析。以保留时间定性,以峰高或峰面积按标准曲线法定量。

2. 热脱附进样气相色谱法

原理 用充填了 Tenax—GC 的采样管,在常温条件下,富集空气或工业废气中的甲苯、二甲苯和苯乙烯,采样管连入气相色谱分析系统后,经加热将吸附组分全量导入 GC—FID 仪中进行测定。以同时处理但未经采样的采样管与经采样的采样管同批分析,做空白试验。

色谱条件 色谱柱为填充柱,担体 Chromosorb G,固定液为有机皂土—34(最高使用温度 200℃),或邻苯二甲酸二壬酯(最高使用温度 160℃),规格 4 mm × 2 m;汽化室温度 150℃,柱温 65℃,检测器温度 150℃,载气为氮气,流量 50 mL $\cdot$ min^{-1},氢气流速 40 mL $\cdot$ min^{-1},空气流速 400 mL $\cdot$ min^{-1}。

十一、硝基苯类化合物

硝基苯类化合物[nitrobenzene(mononitro- and dinitro-compound)]包括一硝基苯类和二硝基苯类化合物。硝基苯毒性大,主要引起高铁血红蛋白血症,还可引起溶血及肝损害。

锌还原-盐酸萘乙二胺分光光度法(reduction by zinc - N - 1(naphthyl)ethylene diamine dihydrochloride spectrophotometric method)(GB/T 15501—1995)适用于废气中能还原为苯胺类化合物的一硝基苯类和二硝基苯类化合物的测定。

原理 金属锌与酸生成新生态的氢,将吸收液中的硝基苯还原为苯胺,经重氮化后,与 N-盐酸萘乙二胺发生偶合反应,生成紫红色偶氮染料,于 550 nm 波长处测定有色溶液的吸光度,用标准曲线法计算硝基苯类化合物的含量。

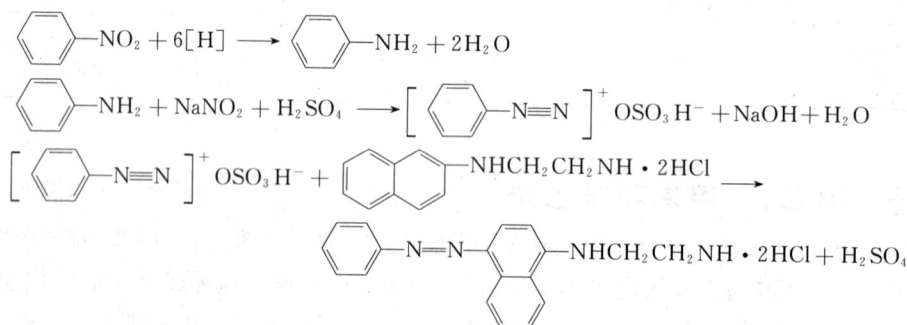

$$\text{C}_6\text{H}_5\text{-NO}_2 + 6[\text{H}] \longrightarrow \text{C}_6\text{H}_5\text{-NH}_2 + 2\text{H}_2\text{O}$$

$$\text{C}_6\text{H}_5\text{-NH}_2 + \text{NaNO}_2 + \text{H}_2\text{SO}_4 \longrightarrow [\text{C}_6\text{H}_5\text{-N}{=}\text{N}]^+ \text{OSO}_3\text{H}^- + \text{NaOH} + \text{H}_2\text{O}$$

$$[\text{C}_6\text{H}_5\text{-N}{=}\text{N}]^+ \text{OSO}_3\text{H}^- + \text{naphthyl-NHCH}_2\text{CH}_2\text{NH} \cdot 2\text{HCl} \longrightarrow$$

$$\text{C}_6\text{H}_5\text{-N}{=}\text{N-naphthyl-NHCH}_2\text{CH}_2\text{NH} \cdot 2\text{HCl} + \text{H}_2\text{SO}_4$$

测定法 用稀乙醇溶液吸收硝基苯,将吸收后的样品溶液转移至 50 mL 量瓶中,用吸收液定容,摇匀,取 2~8 mL 置于 10 mL 比色管中,加 2%硫酸铜溶液 1 滴,盐酸(1→2)1.0 mL,用 10%乙醇溶液稀释至 10.0 mL,加 0.2~0.3 g 锌粉,颠倒混匀。打开管塞放置 30 min,过滤,取 2.0 mL 续滤液于 25.0 mL 比色管中,用水稀释至 10.0 mL,pH 约为 2。将比色管置于 15~20℃水浴中,加入 2.5 mg·mL^{-1}亚硝酸钠溶液 0.5 mL,摇匀放置 10 min,再加入 25 mg·mL^{-1}氨基磺酸铵溶液 0.5 mL,摇匀振摇两次,放置 10 min,驱尽气泡后加入 7.5 g·mL^{-1}盐酸萘乙二胺 1.0 mL,摇匀放置 45 min,从水浴中取出于室温平衡,在波长 550 nm 波长处,以水为参比,测定样品溶液的吸光度。用现场未采样的空白吸收管同法做空白测定。用硝基苯标准系列溶液按上法测定标准曲线。样品中硝基苯的吸光度 A_y 的计算:

$$A_y = A_s - A_b$$

式中,A_s 为样品的吸光度,A_b 为空白的吸光度。

样品中硝基苯的质量浓度 ρ_y(μg·mL^{-1})的计算:

$$\rho_y = \frac{A_y - a}{b} \times \frac{V_1}{V_2}$$

式中,V_1 为定容体积(mL),V_2 为测定取样体积(mL),a 为标准曲线截距,b 为标准曲线斜率。

废气中硝基苯质量浓度 ρ(mg·m^{-3})的计算:

$$\rho = \frac{\rho_y}{V_{nd}}$$

式中,V_{nd} 为标准状况下的采样体积(m^3)。

十二、甲醛

甲醛(formaldehyde)是无色易溶的气体,可经呼吸道吸收,长期低剂量接触可引起慢性呼吸道疾病,高浓度甲醛对神经系统、肝脏都有毒性,甚至致癌。检测污染源中甲醛的方法主要是乙酰丙酮分光光度法(acetylacetone spectrophotometric method)(GB/T 15516—1995)。

原理　甲醛气体经水吸收后,在 pH6 的乙酸-乙酸铵缓冲溶液中,与乙酰丙酮作用,在沸水浴条件下,迅速生成稳定的黄色化合物,在波长 413 nm 处测定。

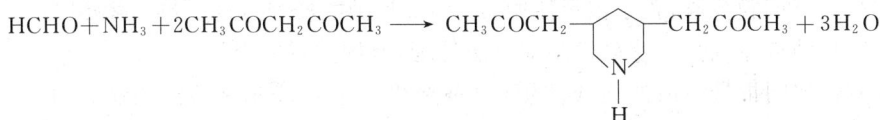

$$HCHO + NH_3 + 2CH_3COCH_2COCH_3 \longrightarrow CH_3COCH_2{-}\underset{\underset{H}{\overset{|}{N}}}{\bigcirc}{-}CH_2COCH_3 + 3H_2O$$

测定法　将吸收后的样品溶液移入 50 mL 或 100 mL 量瓶中,用水稀释定容,取少于 10 mL样品(吸取量视浓度而定),于 25 mL 比色管中,用水定容至 10.0 mL,加 0.25% 乙酰丙酮溶液2.0 mL,混匀,置于沸水浴加热 3 min,取出冷却至室温,以水为参比,于 413 nm 处测定吸光度。用现场未采样的空白吸收管的吸收液进行空白测定。用甲醛标准系列溶液测定标准曲线。

样品中甲醛的吸光度为

$$A_{甲醛} = A_s - A_b$$

式中,A_s 为样品的吸光度,A_b 为空白的吸光度。

样品中甲醛的质量浓度 $x(\mu g \cdot mL^{-1})$ 的计算:

$$x = \frac{y-a}{b} \times \frac{V_1}{V_2}$$

式中,V_1 为定容体积(mL),V_2 为测定取样体积(mL),a 为标准曲线截距,b 为标准曲线斜率。

废气中甲醛质量浓度 $\rho(mg \cdot m^{-3})$ 的计算:

$$\rho = \frac{m}{V_{nd}}$$

式中,V_{nd} 为标准状况下的采样体积(m^3)。

十三、镍

金属镍(nickel)的毒性小,镍盐的毒性强,特别是羰基镍(一氧化碳与镍粉在高温下可形成)有非常强的毒性,易挥发、易溶于脂肪组织,能进入细胞膜内,而且与蛋白质及核酸的结合力很强,它由呼吸道进入体内,首先伤害肺脏,引起肺水肿、急性肺炎,并诱发呼吸系统癌。制药企业的镍污染主要来自药物合成中所用的催化剂。废气中镍的测定方法主要有原子吸收分光光度法和丁二酮肟-正丁醇萃取分光光度法。下面介绍火焰原子吸收分光光度法(flame absorption spectrophotometric method)(HJ/T 63.1—2001)。

原理　用玻璃纤维滤筒或过氯乙烯滤膜采集的样品,经硝酸-高氯酸溶液加热浸取制备成样品溶液。将样品溶液喷入空气-乙炔贫燃火焰中,于 232.0 nm 处测定吸光度,根据特征谱线强度,采用标准曲线法确定样品溶液中镍的浓度。本法适用于大气固定污染源有组织和无组织排放中镍及其化合物的测定。

火焰原子吸收分光光度法工作条件 波长 232.0 nm,灯电流 10 mA,火焰类型为贫燃型,乙炔流量 2.2 L·min^{-1},狭缝 0.09 nm,火焰高度 7.5 mm,空气流量 9.51 L·min^{-1}。

样品溶液与空白溶液的制备:

滤筒样品 将滤筒剪碎,置于锥形瓶中,用少量水润湿,加 30 mL 硝酸和 5 mL 高氯酸,瓶口插入一短径玻璃漏斗,在电热板上加热至沸腾,蒸至近干时取下冷却。再加 10 mL 硝酸,继续加热至近干。稍冷,加少量水过滤,每次转移洗涤液时用玻璃棒将絮状纤维挤压干净,浓缩滤液至近干。冷却后,转移到 25 mL 容量瓶中,用水稀释至刻度,即可。

滤膜样品 将滤膜剪碎,置于锥形瓶中,加 10 mL 硝酸浸泡过夜。再加 2 mL 高氯酸,从"瓶口插入一短径玻璃漏斗"起,按滤筒样品的方法处理,所用酸量减半。

空白溶液 取同批号空白滤筒或滤膜(每种至少两个),按样品溶液的制备方法,制备空白溶液。

污染源中镍含量(mg·m^{-3})的计算:

$$\rho(\text{Ni}) = \frac{25\ \text{mL} \times (\rho - \rho_0)}{V_{nd} \times 1000} \times \frac{S_t}{S_a}$$

式中,ρ 为样品溶液中镍的质量浓度($\mu g·mL^{-1}$),ρ_0 为空白溶液中镍的质量浓度($\mu g·mL^{-1}$),V_{nd} 为标准状况下干气的采样体积(m^3),S_t 为样品滤膜总面积(cm^2),S_a 为测定时所取样品滤膜面积(cm^2),25 mL 为样品溶液体积。

对于滤筒样品,$S_t = S_a$。

第四节 废水中污染物分析

水污染源指工业废水源、生活污水源等。工业废水包括生产工艺过程的用水、机械设备用水、设备与场地洗涤水、延期洗涤水等。工业废水是我国水环境污染的重要污染源,由于原料、产品复杂多样,生产工艺千差万别,造成污染物种类繁多,其中石化材料、印染化纤、橡胶、塑料、树脂涂料、医药制药、火炮炸药、食品造纸等在生产过程中所产生的废水中有机物含量高,成分复杂,化学需氧量偏高。例:抗生素类生物制药工业的废水主要来自三个方面:① 提取工艺的结晶废母液,即采用沉淀法、萃取法、离子交换法等工艺提取抗生素后的废母液、废流出液等高浓度的有机废水;② 各种设备的洗涤水、冲洗水;③ 冷却水。中药饮片的生产废水,主要来自药材的清洗和浸泡水、机械的清洗水及炮制工段的其他废水。抗生素类药物的生产工艺流程与废水产生情况如图 14-7 所示。

工业点源的水污染物排放分为两类:一类是直接排放到环境水体,即"直接排放";另一类是通过污水管网,排入城市污水处理厂进行处理,然后排放到环境,这种排放称为"间接排放"。对于直接排放,一般通过污染物排放标准对点源进行控制;而对于"间接排放",则需要制订专门的预处理标准来进行管理。工业废水的监测执行《污水综合排放标准》,在标准所规定的 69 个项目中,制药工业废水必测项目有:pH、化学需氧量、五日生化需氧量、油类、总有机碳、悬浮物、挥发酚,另加企业生产特征性污染物测定项目,如苯胺类、硝基苯类、氯化物等。

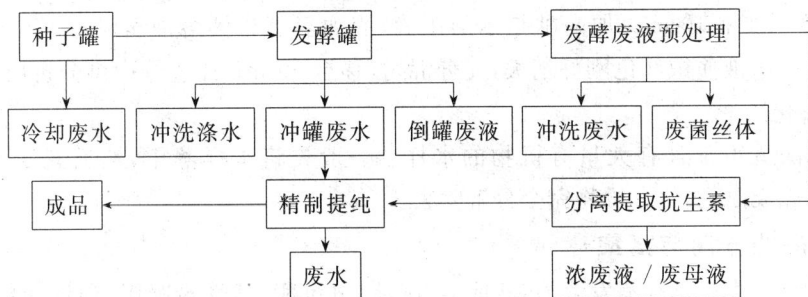

图 14 - 7　抗生素生产及废水产生示意图

一、样品处理

由于工业废水中污染物的种类繁多,存在的形态各异,含量极微,且还共存干扰物,难以直接测定,通常要根据测定的目的和所采用的测定方法,进行样品的预处理,以达到排除分析过程的干扰、富集样品及满足测定要求的目的。

(一) 样品的消解

在测定水样中的无机组分,尤其是金属元素时,如存在有机物的干扰,通常需要对样品进行消解处理,以破坏或分解有机物、溶解颗粒物,使金属元素氧化成单一价态,如果测定金属元素的总量,还要将有机结合态的金属元素转变为无机态。常用的消解方法有湿法消解法和干法灰化法。

1. 湿法消解法

采用强酸作为氧化剂,加热,分解破坏水中的有机物,效果较好,但所用试剂的纯度要求高,选取哪种酸进行消解,要考虑酸的性质和水样的组成。

(1) 硝酸消解法:该法适用于较清洁的水样的消解。

(2) 硝酸-硫酸消解法:两种酸均具有很强的氧化性,硫酸可以大大提高消解液的温度,对于不同的样品,两种酸的配比不同,硫酸和硝酸的配比可以在(5:100~1:1)的范围内,通常采用2:5的比例。该法适用范围广。

示例　水样中总铬测定时的样品消解

取水样适量(含铬少于 50 μg),置 100 mL 烧杯中,加 5 mL 硝酸和 3 mL 硫酸,蒸发至冒白烟,如溶液仍有色,再加入 5 mL 硝酸,重复上述操作,至溶液澄清,冷却。用水稀释至10 mL,用氢氧化钠中和至 pH 为 1~2,转移至 50 mL 量瓶中,用水稀释至刻度,摇匀,供测定。

(3) 硝酸-高氯酸消解法:两种酸均具有很强的氧化性,可消解含高浓度有机物的水样。此法必须注意高氯酸与含羟基的有机物反应非常剧烈,有发生爆炸的危险,故应先加入硝酸,将含羟基的有机物(如醇或糖)氧化后,稍冷后再加入高氯酸。

示例　废水中磷测定时水样的处理

吸取 25.0 mL 水样置于锥形瓶中,加数粒玻璃珠,加 2 mL 硝酸,在电热板上加热浓缩至约10 mL。冷却后加 5 mL 硝酸,再加热浓缩至约 10 mL,放冷。加 3 mL 高氯酸,加热至冒白烟时,可在锥形瓶上加一小漏斗或调解电热板温度,使消解液在锥形瓶内保持回流状态,直至剩下

3~4 mL,放冷。加水 10 mL,加酚酞指示剂 1 滴,滴加氢氧化钠溶液至刚好呈微红色,再滴加 1 mol·L⁻¹ 硫酸溶液使微红色刚好消失,充分混匀,移至 50 mL 比色管中供分析用。

2. 干法灰化法

干法灰化法适用于含有大量有机物的水样。一般先将水样蒸干,然后置于马福炉中,于 450~550℃ 灼烧成白灰,使有机物完全分解除去。

(二)样品的分离与富集

预分离富集方法主要有蒸发浓缩、萃取、共沉淀、电沉积、活性炭吸附、泡沫塑料富集和巯基棉吸附等,其中蒸发浓缩最为简单方便,是普遍采用的方法;萃取技术有液液萃取、固相萃取、固相微萃取等。液液萃取是传统的水样预处理技术,已作为许多有机污染物的标准预处理方法,但其萃取时间长,操作步骤烦琐,有机溶剂用量大,容易造成二次污染;固相萃取技术以其高效、可靠、溶剂用量少等优点,在许多领域得到了快速发展;固相微萃取技术无需有机溶剂,具有简单、快速、方便等优点,是目前水样预处理技术中的研究热点。

1. 挥发法

挥发法是将气体及易挥发组分从液体或固体样品中转移至气相的过程,它包括扩散、蒸发、蒸馏、升华等方式。在水质分析中,利用水溶液中欲分离组分的蒸气压的差异来进行分离,可以除去干扰物,也可以用于使待测组分定量分出或富集。物质的挥发性与分子结构有关,即与分子中原子间的化学键有关,大多数非金属单质都是挥发性的,无机物的挥发性随着共价程度的增加而增加。

(1)蒸发浓缩法:利用外加热源使样品的待测组分或基体加速挥发的过程称之为蒸发浓缩法。在水质分析中,蒸发多用来减少或除去溶剂,浓缩待测组分。可将水样置于表面皿、烧杯或坩埚中加热,要注意防止空气中的灰尘玷污样品,必要时应在超净间或清洁实验室的超净台上操作。

(2)蒸馏浓缩法:利用水样中各组分的沸点的不同,即蒸气压大小的不同来实现分离。加热时,较易挥发的组分富集在蒸气相,当蒸气被冷凝时,挥发性组分在馏出液中富集得到。蒸馏主要有常压蒸馏和减压蒸馏两类。常压蒸馏适合于沸点在 40~150℃ 的化合物的分离。减压蒸馏适合于沸点在高于 150℃ 或在 150℃ 以下易于分解的化合物的分离。

测定工业废水中的氨时,为了消除干扰,先将氨蒸馏出来,然后再测定。方法:调节水样的 pH 在 6.0~7.4 的范围内,加入适量的氧化镁使成微碱性,蒸馏出的氨被硼酸溶液或硫酸溶液吸收后,采用比色法或滴定法测定。

2. 萃取法

利用组分在不同的溶剂中分配系数的不同而进行分离与富集。萃取程度可用物质的分配系数(K)、分配比(D)、萃取百分数(E)和分离系数(β)来表示。

$$[M]_水 \rightleftharpoons [M]_{有机}$$

$$K = \frac{[M]_{有机}}{[M]_水}$$

如果组分在萃取溶剂中发生解离、缔合等作用,需要用分配比衡量被萃取的组分在一定条件下进入有机相的程度:

$$D = \frac{溶质在有机相中的总浓度}{溶质在水中的总浓度}$$

萃取百分数表示被萃取的物质有多少量已被萃取出来：

$$E = \frac{被萃取物质在有机相中的总量}{被萃取物质总量} \times 100\%$$

分离系数为两种溶质在有机相和水相中的分配比 D_A 和 D_B 之比：

$$\beta = \frac{D_A}{D_B}$$

（1）液-液萃取法：在被萃取的水样中加入与水互不混溶的有机溶剂，使水样中一种或几种组分进入有机相，而另一些组分留在水相，从而达到分离的目的。无机物的萃取可以采用形成金属离子螯合物、形成离子缔合物、形成三元络合物的方式，使之溶解于有机溶剂，将金属离子、无机盐等萃取出来。水样中的有机污染物易被有机溶剂所萃取，常用的有机溶剂有三氯甲烷、四氯甲烷和正己烷。

示例　含钴镍工业废水的萃取

三烷基胺 $[CH_3-(CH_2)_{6\sim10}-CH_2]_3N$，是一种国产叔胺型高效有机萃取剂，具有碱性，在酸性溶液中能生成相应的铵盐，用其盐酸铵盐 R_3NHCl 与某些金属的氯络阴离子作用时，可以形成络合物而溶于有机溶剂，达到分离的目的。金属离子在水相形成络阴离子后与胺类萃取时为离子交换反应，其过程亦与离子交换树脂相仿，萃取反应式如下：

$$2R_3NH^+Cl^- + MeCl_4^{2-} \longrightarrow (R_3NH)_2MeCl_4 + 2Cl^-$$

Me 代表 Co^{2+}、Cu^{2+}、Fe^{2+}、Zn^{2+} 等。根据上述反应，凡能与 Cl^- 形成络阴离子的金属离子则可用此类萃取剂提取，对不同的离子可选用适当的体系以提高分离的选择性。当溶液中氯离子浓度较高时，钴、铜、铁、锌等二价金属离子可以形成 $MeCl_4^{2-}$ 络离子，而镍不生成氯络离子，因此用三烷基胺盐酸盐可将钴等金属萃取而镍不被萃取，从而达到分离钴镍的目的。

（2）固相萃取法（solid phase extraction，SPE）：固相萃取法是利用多孔性的固体吸附剂将水样中的一种或多种组分吸附于表面，然后用少量的有机溶剂将被吸附的组分洗脱下来，以达到分离与富集的目的。常用的吸附剂有活性炭、硅胶、氧化铝、分子筛、大孔树脂等。

SPE柱结构：SPE 小柱的吸附剂通常装填于聚丙烯柱筒底部，并由上下两层聚丙烯或聚四氟乙烯筛板固定。所用的吸附剂也常与液相色谱常用的固定相相同，只是在填料的形状和粒径上有所区别。一般来讲，填料的粒径分布较液相色谱柱中的要宽，而且固相萃取小柱是一次性消耗品。

SPE 操作步骤：

1）预洗：用强溶剂预先淋洗小柱，以消除小柱上在生产或储存过程中可能带入的污染物。

2）活化：用洗脱能力较强的溶剂润湿吸附剂，而后再以洗脱能力较弱的溶剂润湿小柱，从而保证样品在小柱上有足够的保留。

3）上样：选择强度相对较弱的溶剂溶解样品。液体样品被加到 SPE 小柱上后，不保留或弱保留的组分随溶剂流出，待测组分和其他强保留组分保留在吸附柱上。

4）淋洗：用不会把待测组分洗脱出来的溶剂淋洗小柱，将一些杂质冲洗下来，随后通常采用抽真空或高速离心来排除残余溶剂。

5）洗脱：用尽量少的较强溶剂将待测组分洗脱出来，而剩余较强的基质组分仍然保留在填料中。收集到的洗脱液，可进一步吹干，用适当溶剂定容，也可用于直接进样。

示例　固相萃取工业废水中的二噁烷

水环境中的1,4-二噁烷的分析困难在于能否将其有效地从水中萃取、浓缩出来。采用固相萃法，对水样预处理。方法如下：取工业废水其pH为7左右，按100 mL水样中加入3 g氯化钠，搅拌混匀。将活化好的活性炭小柱与PS-2萃取小柱串联，放在富集装置上，控制洗脱液的流速为10 mL·min⁻¹左右；每个串联萃取小柱富集水样200～300 mL。富集结束后用10 mL纯水淋洗活性炭萃取柱小柱；然后用氮气加压吹干活性炭萃取柱中的水分；用3 mL丙酮以1 mL·min⁻¹速度自然淋洗到10 mL试管中，以GC-MS进行测定。

（3）固相微萃取法：固相微萃取法（solid phase microextraction，SPME）是在SPE的基础上发展起来的一种新的萃取分离技术，它保留了固相萃取的大部分优点，又克服了固相萃取回收率低、吸附剂孔道易堵塞的一些缺点。该技术无需有机溶剂，将取样、萃取、富集分离和进样结合为一体，特别适合于水样中挥发性及半挥发性物质的分离富集。

萃取方式和原理　用键合或涂附不同极性化合物的微型熔融石英纤维，选择性地吸附萃取水溶液中微量有机化合物，再于气相色谱、液相色谱或毛细管电泳进样系统将吸附物质脱附后进行分析。固相微萃取的取样方式有两种：一种是直接取样，另一种是顶空取样（head space SPME，HS-SPME）。直接取样是将萃取头直接插入液体样品中或暴露于气体中，尤其适于气态样品和分析背景较干净的液体样品。如果用液态聚合物涂层，当单组分单相体系达到平衡时，萃取头涂层上吸附的分析物的物质的量n由下式计算：

$$n = K_{fs}V_f c_0$$

式中，K_{fs}为分析物在涂层与样品间的分配系数，V_f为涂层的体积，c_0为样品中分析物的初始浓度。涂层萃取的分析物的量与样品的体积无关，与样品中分析物浓度呈线性关系，这是SPME的直接定量依据。方法的灵敏度和线性范围的大小，取决于K_{fs}和V_f这两个参数。涂层越厚（即V_f越大），萃取选择性越大（即K_{fs}越大），则该方法的灵敏度越高。由此可见，选择合适的涂层对于萃取结果是很重要的。顶空萃样适用于较"脏"的样品中挥发性和半挥发性有机物的萃取，可使色谱柱不被大分子物质、非挥发性物质污染。对于极易挥发的分析物，萃取头涂层上吸附的待测物的物质的量n为

$$n = [1 - e^{(-at)}]c_0$$

式中，t为萃取时间，a是与分析物在萃取涂层中扩散速率常数有关而与分析物从样品挥发至顶空的蒸发速率无关的常数。对于挥发性较低的分析物，萃取头涂层上吸附的待测物的物质的量n由下式计算：

$$n = btc_0$$

式中，b是与分析物蒸发速率常数及其在样品基底与顶空气相间分配系数都有关的一个常数。在涂层类型、萃取时间、萃取温度等操作条件固定的前提下，无论是否达到萃取平衡，分析物在萃取涂层中的萃取量都与其初始浓度成正比，这是HS-SPME的定量基础。

SPME装置结构　由手柄（holder）和萃取头（fiber）两部分构成，外观类似一支色谱注射器，萃取头是一根熔融的石英纤维，一般为1～3 cm长，石英纤维上涂有固相微萃取涂层，对有机物有吸附、富集的作用。熔融石英纤维接不锈钢丝，外套细的不锈钢针管（保护石英纤维不被折断

及进样),纤维头可在针管内伸缩,操作手柄用于调节萃取头定位,并完成萃取和色谱进样的实际
操作,手柄可永久使用(图14-8)。

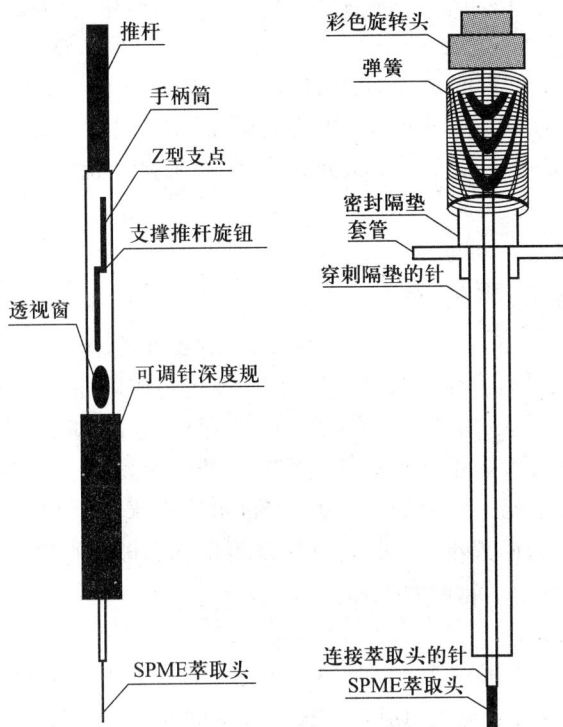

图14-8　固相微萃取装置示意图

左—固相微萃取手柄;右—固相微萃取头

　　常用的涂层材料为聚二甲基硅氧烷和聚甲基丙烯酸甲酯。萃取头涂层越厚,对分析物吸附
量越大,可降低最低检出限。但涂层越厚,所需平衡萃取时间越长,使分析速度减慢。因此应该
综合考虑。

　　SPME操作步骤:将SPME针管穿透样品瓶隔垫,插入瓶中;推手柄筒使纤维头伸出针管,
纤维头可以浸入水溶液中(浸入方式)或置于样品上部空间(顶空方式),萃取时间2~30 min;缩
回纤维头,然后将针管退出样品瓶。

　　将SPME装置与GC和HPLC仪联用,直接进行样品分析。

　　SPME在环境样品检测中的应用:SPME广泛用于液态(饮用水和废水等)、气态(空气、香料
和废气等)的样品分析。

　　在水体中的应用有环境水样中的1-萘酚、2,4-二硝基苯酚及其他苯系列化合物的分析,丙
溴磷、汽油、醇类、镉、砷、铅等有机金属及其他无机金属离子,有机磷、有机氯农药、除草剂、甲基
汞胺类物质、多环芳烃、羟基化合物及废水中烷烃、脂肪烃酯类、醇类和挥发性的芳香族化合物的
检测等。

　　在气态样品中的应用有气体中的胺类物质,脂肪酸的检测及和扩散管配合使用,应用于挥发
性有机物(苯、甲基环己烷、甲苯、四氯乙烯、氯苯、乙基苯、对二甲苯、苯乙烯、壬烷和异丙苯等)的

检测及石油烃化合物的检测。

在固态样品中的应用有在底泥中丁烯化合物的检测、土壤和沉积物中的有机氯及硝基化合物的检测、污泥等沉积物中脂肪酸类洗涤剂组分和苯系列及其卤代物等有机化合物的检测等。

3. 沉淀分离法

沉淀分离法是在一定条件下,向水样中加入适当的沉淀剂,与水样中某些组分反应生成沉淀,而达到分离目的。如果是待测污染物产生的沉淀,沉淀经过滤、洗涤、干燥、称重,便可计算出污染物的含量,但这种方法不能用于痕量组分的测定;如果是干扰组分产生的沉淀,可经过滤除去干扰物。

二、水样的物理性质的检验

水的物理性质一般包括水温、外观、颜色、臭、浊度、透明度、pH、残渣、矿化度、电导率、氧化还原电位。这些污染物能引起人体感官特殊反应,工业排出的碱性废水,使土壤盐碱化、结板、形成荒漠,对土壤、耕地危害很大;酸性废水降低水体的 pH,杀死幼鱼和其他水生动物种群,并使成年鱼类无法繁殖;酸化的水体使金属和其他有毒物质更易溶解于水中,这会进一步损害水体的生态系统;酸化作用会杀死一些大型的鱼类;酸化水体中水生生物的灭绝会使依赖它们为食物的其他物种(如一些鸟类)的灭绝。废水温度过高可熔化和破坏管道接头,破坏生物处理过程,加速水体富营养化,危害水生生物和农作物。

1. 颜色

色度是水样颜色深浅的量度。某些可溶性有机物、部分无机离子和有色悬浮微粒均可使水着色。工业污水因含多种有机、无机组分而呈现多种不同的颜色,而且常常因为排放使环境水体着色。有色废水常给人以不愉快感,还会降低水体的透光性,影响水生生物的生长。

在测定水的色度之前,应静置至澄清后取上清液,或离心后取上清液,或经孔径为 0.45 μm 的滤膜过滤后,以稀释倍数法测定颜色的强度。

稀释倍数法(GB/T 11903—1989)

原理 该法主要用于生活污水和工业废水颜色的测定。工业废水的颜色可用文字描述,如深蓝色、淡黄色等。为了定量说明工业废水色度的大小,将工业废水按一定的稀释倍数,用水稀释到接近无色时,记录稀释倍数,以此表示该水样的色度,单位是"倍"。

仪器 50 mL 具塞比色管,其标线高度要一致。

步骤 取 100~150 mL 澄清水样置烧杯中,在白色背景之上,观察颜色并描述。

分取澄清的水样,用水稀释成不同的倍数,分取 50 mL 分别置于 50 mL 比色管中,在白色背景之上,以蒸馏水为对照,由上向下观察,直至刚好看不出颜色,记录此时的稀释倍数。

2. 固体物质

固体污染物分为不同的种类,能透过孔径 3~10 μm 滤膜的固体称溶解性固体(dissolve solid);不能透过孔径大于 10 μm 滤膜的固体称悬浮固(suspension solid);两者合称为总固体(total solid)。悬浮物的主要危害是淤塞排水道和抽水设备,窒息水底栖生物,破坏鱼类的产卵地,悬浮小颗粒物会堵塞鱼类的腮,使之呼吸困难,导致死亡,颗粒物含量高时会使水中植物因见不到阳光而难以生长或死亡;悬浮固体物会降低水质,增加净化水的难度和成本;干扰废水处理设备的工作。水中固体物质的多少是水体受污染的一个标志,也是水处理一项重要的考核指标。水中固体物的测定常常采用重量法(GB/T 11901—1989),单位是"mg·L^{-1}"。

103~105℃烘干的总固体　将水样混合均匀,置于已干燥至恒重的蒸发皿中,于蒸汽浴或水浴上蒸干,放在 103~105℃烘箱内烘至恒重。该法适用于所取水样体积含 10~200 mg 固体。

$$总固体质量浓度 = \frac{(m_A - m_B) \times 1000}{V}$$

式中,m_A 为总固体和蒸发皿质量(mg),m_B 为蒸发皿质量(mg),V 为水样体积(mL)。

103~105℃烘干的总悬浮固体　用滤膜过滤水样,经 103~105℃烘干后,得到总悬浮固体的含量,计算方法参照总固体计算公式。

3. pH

pH 表示水的酸碱性的强弱,是最常用和最重要的检验项目之一,通常采用玻璃电极法(GB/T 6920—1986)。

三、水中有机物

需氧污染物是指能通过生物化学的作用而消耗水中溶解氧的化学物质,统称为需氧污染物,包括无机需氧污染物(主要有 Fe^{2+}、NH_4^+、NO_2^-、SO_3^{2-}、CN^-)等还原性物质和有机需氧污染物,后者又可分为可生化有机物和非生化有机物。

1. 化学需氧量

化学需氧量(chemical oxygen demand,COD)是指在一定条件下用氧化剂处理水样时所消耗氧化剂与等量氧相当的量(mg·L^{-1})。由于废水中有机物的数量远多于无机物,所以 COD 是表示水中还原性污染物,主要是有机物污染物的指标。COD 采用快速消解分光光度法(fast digestion spectrophotometric method)(HJ/T 399—2007)测定。

原理　用 $K_2Cr_2O_7$ 作氧化剂,H_2SO_4-Ag_2SO_4 作催化剂将水样加热消解,使定量水样中还原性物质(包括有机物和无机物)充分氧化,$K_2Cr_2O_7$ 被还原成三价铬,在 600 nm±20 nm 处测定三价铬的吸光度,或在 400 nm±20 nm 处测定未被还原的六价铬和三价铬总吸光度,水样中的 COD 值与三价铬的吸光度成正比关系。

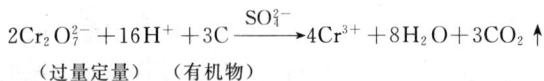

$$2Cr_2O_7^{2-} + 16H^+ + 3C \xrightarrow{SO_4^{2-}} 4Cr^{3+} + 8H_2O + 3CO_2 \uparrow$$
$$（过量定量）\qquad（有机物）$$

测定法　消解管中分别加入预装混合试剂和经稀释的水样,混匀,放入温度为 165℃±2℃加热器的加热孔中,加热 15 min,放冷至约 60℃时,混匀管内溶液;静置至室温,以水为空白,在 600 nm±20 nm 或 400 nm±20 nm 处测定吸光度。同法测定 COD 标准系列溶液的吸光度,计算水样 COD 值[ρ(COD)](mg·L^{-1}):

在 600 nm±20 nm 波长处测定时,水样 COD 的计算:
$$\rho(COD) = n[k(A_s - A_b) + a]$$

在 440 nm±20 nm 波长处测定时,水样 COD 的计算:
$$\rho(COD) = n[k(A_b - A_s) + a]$$

式中,n 为水样稀释倍数,k 为校准曲线灵敏度(mg·L^{-1}),A_s 为样品测定的吸光度值,A_b 为空白试验测定的吸光度值,a 为校准曲线截距(mg·L^{-1})。

注意事项　氯离子的存在对该法有干扰,氯离子能被重铬酸钾氧化,还可与硫酸银作用生成沉淀。利用硫酸汞与氯离子的络合反应来消除干扰。

重铬酸钾对直链脂肪烃类化合物有较强的氧化作用,但对苯、多环芳烃及含氮杂环化合物难以氧化。

2. 生化需氧量

生化需氧量(biochemical oxygen demand,BOD)是指在规定的条件下,水中有机物和无机物在生物氧化作用下所消耗的溶解氧(以质量浓度表示)。生物氧化实际上是好氧微生物分解水中可氧化的物质,尤其是有机物时所进行的生化过程,在这个过程中,要消耗水中的溶解氧。由于生物氧化过程进行的时间很长,所以国内外普遍规定用五日生化需氧量(biochemical oxygen demand after 5days)BOD_5表示。BOD能比较定性表示废水可被生物降解的性质。一般认为BOD_5/COD比值大于0.3是可生化的。BOD_5的测定可采用稀释与接种法(dilution and seeding method)(HJ 505—2009)。

原理　水样密封于培养瓶中,应不透气,在20℃±1℃培养5日,分别测定样品培养前后的溶解氧,二者之差即为BOD_5值,以氧的$mg \cdot L^{-1}$表示。工业废水因含较多的有机物,需要稀释后再培养测定,以降低其浓度和保证有充足的溶解氧。对于酸性、碱性工业废水、高温或经过氯化处理的工业废水,需先进行接种,引入能分解废水中有机物的微生物后再测定。

测定法

1) 采集的水样应充满并密封于培养瓶中。在0~4℃下保存。一般在6 h内进行分析。

2) 稀释水的组成:用蒸馏水配制稀释水,水温控制在20℃,通入氧气或空气进行曝气15 min,以保障微生物氧化分解有机物时有充足的氧气供应,为了保证微生物生长和正常的生理活动,用磷酸盐缓冲溶液控制稀释水的pH为7.2,并加入氯化钙、六水氯化铁、七水硫酸镁作为营养物质。

水样预处理　水样的pH若不在6~8范围内,需用盐酸或氢氧化钠溶液中和至7;含游离氯或结合氯的水样,用亚硫酸钠溶液去除氯。

水样的准备　将试验水样升温至20℃,然后在半充满的容器内摇动水样,以便消除可能存在的过饱和氧。将已知体积样品置于稀释容器中,用稀释水或接种稀释水稀释,轻轻地混合,避免夹杂空气泡。

稀释倍数的确定　水样用稀释水稀释多少倍对测定是非常重要的,稀释倍数是否合适,直接关系到测定结果的可靠性。合适的稀释倍数应使5天的培养中所消耗的溶解氧的质量浓度不小于2 $mg \cdot L^{-1}$,5天后剩余的溶解氧不小于2 $mg \cdot L^{-1}$。稀释倍数的确定可以采用估算法。根据样品的总有机碳(TOC)或化学需氧量(COD)计算比值R(表14-7),估计BOD_5的期望值。

表 14-7　典型的 R 比值

水样类型	TOC　$R=\dfrac{BOD_5}{TOC}$	COD　$R=\dfrac{BOD_5}{COD}$
未处理的废水	1.2~2.8	0.35~0.65
生化处理的废水	0.3~1.0	0.20~0.35

根据R值,计算估计BOD_5的期望值:

$$\rho = R \times Y$$

式中,ρ为BOD_5的浓度的期望值($mg \cdot L^{-1}$),Y为TOC值或COD值($mg \cdot L^{-1}$)。

由 BOD_5 的期望值,再根据表 14-8 确定样品的稀释倍数。

表 14-8　BOD_5 测定的稀释倍数

BOD_5 的期望值, 氧/(mg·L^{-1})	稀释倍数	水样类型	BOD_5 的期望值, 氧/(mg·L^{-1})	稀释倍数	水样类型
40~120	20	轻度污染的工业废水	400~1200	200	重度污染的工业废水
100~300	50	轻度污染的工业废水	1000~3000	500	重度污染的工业废水
200~600	100	轻度污染的工业废水	2000~6000	1000	重度污染的工业废水

水样的测定　按采用的稀释倍数用虹吸管将水样充满两个具塞培养瓶至稍溢出,应注意不产生气泡。将瓶子分为两组,每组含有一瓶选定稀释比的稀释水样和一瓶空白溶液。一组随即测定溶解氧浓度,另一组瓶置于培养箱里,在暗处放置 5 天,测定溶解氧浓度(详见本章第四节第四部分),计算样品 BOD_5 的测定结果:

$$\rho = \frac{(\rho_1 - \rho_2) - (\rho_3 - \rho_4) \times f_1}{f_2}$$

式中,ρ 为 BOD_5 的质量浓度(mg·L^{-1}),ρ_1 为接种稀释水样在培养前的溶解氧质量浓度(mg·L^{-1}),ρ_2 为接种稀释水样在培养后的溶解氧质量浓度(mg·L^{-1}),ρ_3 为空白在培养前的溶解氧质量浓度(mg·L^{-1}),ρ_4 为空白在培养后的溶解氧质量浓度(mg·L^{-1}),f_1 为接种稀释水或稀释水在培养液中所占的比例,f_2 为原样品在培养液中所占的比例。

3. 总有机碳

总有机碳(total organic carbon,TOC)是以碳的含量表示水体中有机物的含量,是水体中有机物质总量的综合指标,它对有机污染物的排放实施总量控制具有重要意义。TOC 的分析方法通常是先将有机物氧化为二氧化碳,再测定生成的二氧化碳。二氧化碳可以直接用非色散红外光谱法、电导法、化学滴定法进行测定,也可以把二氧化碳还原为甲烷后用气相色谱法测定。有机物氧化主要有燃烧氧化法、紫外催化氧化法和过硫酸钾湿式氧化法。下面主要介绍燃烧氧化-非分散红外吸收法(HJ 501—2009)。

原理　在 900℃ 高温下,使水样汽化燃烧,测定气体中的 CO_2 的增量,从而确定水样中总的含碳量。由于 TOC 的测定采用燃烧,因此能将有机物全部氧化,它比 BOD_5 或 COD 更能直接表示有机物的总量。因此常常被用来评价水体中有机物污染的程度。该法分为差减法和直接法。

(1)差减法:将一定体积的水样连同净化氧气或空气(干燥并除去二氧化碳)分别导入高温燃烧管(900℃)和低温反应管(160℃)中,水样中的有机物在高温燃烧管中以铂作催化剂,被氧化成二氧化碳,在低温反应管中水样被酸化,水样中的碳酸盐分解成二氧化碳。二氧化碳可选择性地吸收一定波长的红外线,在一定浓度范围内,吸收强度与二氧化碳浓度成正比,从而依次定量地测定水样中总碳量(total carbon,TC)和无机碳的量(inorganic carbon,IC)。本法适用于水样中易挥发性有机物含量较大的情况。

经酸化的水样,在测定前应以氢氧化钠溶液中和至中性,用 50.00 μL 微量注射器分别准确吸取一定体积,依次注入 TOC 分析仪的总燃烧管和无机碳反应管,测定记录仪上出现的相应的吸收峰高。用无二氧化碳的蒸馏水代替样品做空白试验。按标准曲线法定量。

$$\rho(\text{TOC}) = \rho(\text{TC}) - \rho(\text{IC})$$

式中,$\rho(\text{TOC})$为样品总有机碳质量浓度($\text{mg} \cdot \text{L}^{-1}$),$\rho(\text{TC})$为样品总碳质量浓度($\text{mg} \cdot \text{L}^{-1}$),$\rho(\text{IC})$为样品无机碳质量浓度($\text{mg} \cdot \text{L}^{-1}$)。

(2) 直接法:将水样酸化后曝气,无机碳酸盐分解生成的二氧化碳而被除去,然后水样进入高温燃烧管中,直接测定总有机碳。本法适用于水样中无机碳含量过高的情况。

$$\text{TOC}(\text{mg} \cdot \text{L}^{-1}) = \text{TC}(\text{mg} \cdot \text{L}^{-1})$$

直接测定法 取酸化的水样约 25 mL 置于 50 mL 烧杯中,在电磁搅拌器上剧烈搅拌数分钟,或通入无二氧化碳的氮气,以除去无机碳,吸取 20 μL,注入非色散红外吸收 TOC 分析仪的总燃烧管,测量吸收峰的峰高。

四、溶解氧

溶解氧(dissolved oxygen,DO)指溶解在水中的分子态氧。溶解氧的含量随温度、气压与水质状况而变化。工业废水中溶解氧的含量较低,污染严重的水体溶解氧的含量几乎为零,因为工业废水中的有机或无机还原性污染物在氧化过程中消耗溶解氧,所以通过测定溶解氧可以评价水质。测定溶解氧的方法有滴定法、比色法、光学分析法、色谱分析法和电化学分析法,电化学方法又分为以下几类:极谱法、电位法、电量法、电导法和隔膜电极法(传感器法),其中标准方法有碘量法(iondine titration method)(GB/T 7489—1987)和电化学探头法(electrochemical probe method)(HJ 506—2009)。

1. 碘量法

原理 水样中加入硫酸锰和碱性碘化物-叠氮化物试剂(由氢氧化钠或氢氧化钾、碘化钾和叠氮化钠组成),二价锰在碱性碘化钾溶液中,先产生白色 $Mn(OH)_2$ 沉淀,水中的溶解氧立即将 $Mn(OH)_2$ 氧化成棕色高价锰化合物[$MnO(OH)_2$]沉淀,此过程称为氧的固定。酸化后沉淀溶解,使碘离子氧化成碘,游离碘用 $Na_2S_2O_3$ 溶液滴定,由所消耗的 $Na_2S_2O_3$ 求出溶解氧的含量。在没有干扰的情况下,此方法适用于各种溶解氧浓度大于 0.2 $\text{mg} \cdot \text{L}^{-1}$ 和小于氧的饱和浓度两倍(约 20 $\text{mg} \cdot \text{L}^{-1}$)的水样。

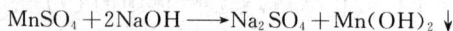
$$MnSO_4 + 2NaOH \longrightarrow Na_2SO_4 + Mn(OH)_2 \downarrow$$
$$2Mn(OH)_2 + O_2 \longrightarrow 2MnO(OH)_2 \downarrow$$

$$MnO(OH)_2 + 2H_2SO_4 \longrightarrow Mn(SO_4)_2 + 3H_2O$$
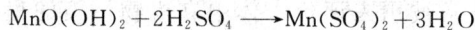
$$Mn(SO_4)_2 + 2KI \longrightarrow MnSO_4 + K_2SO_4 + I_2$$
$$I_2 + 2Na_2S_2O_3 \longrightarrow Na_2S_4O_6 + 2NaI$$

计算式为
$$\text{DO} = \frac{c \times V \times 8 \times 1000}{V_{水}}$$

式中,c 为 $Na_2S_2O_3$ 滴定液的浓度($\text{mol} \cdot \text{L}^{-1}$),$V$ 为消耗 $Na_2S_2O_3$ 滴定液的体积(mL),$V_{水}$ 为水样体积(mL)。

注意事项

(1) 若水样中有亚硝酸盐时,它能将碘化钾氧化成碘和 N_2O_2,后者又可与新溶在水中的氧作用形成亚硝酸盐,使更多碘化钾氧化成碘,从而干扰测定,可加入叠氮化钠排除其干扰。

$$2HNO_2 + 2KI + H_2SO_4 \longrightarrow K_2SO_4 + 2H_2O + N_2O_2 + I_2$$

$$2N_2O_2 + 2H_2O + O_2 \longrightarrow 4HNO_2$$
$$2NaN_3 + H_2SO_4 \longrightarrow 2HN_3 + Na_2SO_4$$
$$HNO_2 + HN_3 \longrightarrow N_2O + N_2 + H_2O$$

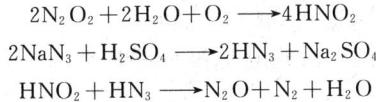

（2）若水样中有亚铁离子时，可用高锰酸钾氧化成高价铁离子，再用氟化钾除去高价铁离子，剩余的高锰酸钾用草酸钾除去。高锰酸钾在与亚铁离子作用的同时，也可将水样中的亚硝酸盐和有机物氧化除去。

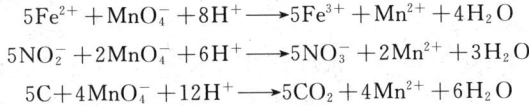

$$5Fe^{2+} + MnO_4^- + 8H^+ \longrightarrow 5Fe^{3+} + Mn^{2+} + 4H_2O$$
$$5NO_2^- + 2MnO_4^- + 6H^+ \longrightarrow 5NO_3^- + 2Mn^{2+} + 3H_2O$$
$$5C + 4MnO_4^- + 12H^+ \longrightarrow 5CO_2 + 4Mn^{2+} + 6H_2O$$

2. 电化学探头法

当水样中有干扰碘量法的组分存在时，可采用此法。

原理 极谱型探头由银-氯化银作阳极，金作为阴极，电解质溶液，具选择性的聚四氟乙烯薄膜，以及塑料壳体组成，如图 14-9 所示。薄膜将水样与电化学电池隔开，当探头插入水样后，只有水样中的氧气和其他气体能穿过薄膜，水和其他物质不能透过。穿过的氧在外加电压下，发生电极反应，产生扩散电流，在一定温度下，扩散电流与水样中溶解氧的浓度成正比。电极反应如下：

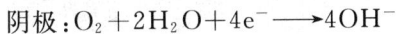

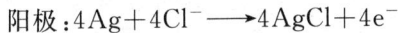

阴极：$O_2 + 2H_2O + 4e^- \longrightarrow 4OH^-$

阳极：$4Ag + 4Cl^- \longrightarrow 4AgCl + 4e^-$

　　　$4Ag^+ + 4OH^- \longrightarrow 4AgOH$

图 14-9　极谱式氧电极的
结构示意图
1—连接记录仪；2—塑料壳体；
3—密封圈；4—银-氯化银阳极；
5—氧半透膜；6—KCl 饱和溶液；
7—黄金阴极

注意事项 测定前，电极要用碘量法进行校正。校正方法为在一定温度下，向水中曝气，使水中氧的含量达到饱和或接近饱和，保持 15 min，用碘量法测定溶解氧的浓度；然后，将探头浸没在水中，在搅拌下稳定 10 min，调节仪器读数至已知的氧浓度。

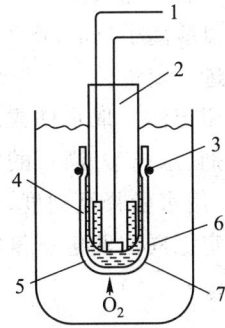

五、氨氮

污水中的含氮有机化合物在微生物的作用下分解成氨氮（ammonia nitrigen），氨氮以游离氨和铵盐的形式存在于水中，二者在合适的 pH 条件下可以相互转换，氨在氧的作用下还可以转换成亚硝酸盐，进一步还可以变成硝酸盐。人长期饮用含高浓度氨氮的水，亚硝酸盐在体内与蛋白结合成具有强致癌作用的亚硝胺。水中的氨可使鱼类发生毒血症。监测水中的氨氮可采用纳氏试剂分光光度法（Nessler's reagent spectrophotometry）（HJ 535—2009）、水杨酸分光光度法（salicylic acid spectrophotometry）（HJ 536—2009）和蒸馏-中和滴定法（distillation-neutralization titration）（HJ 537—2009）三个方法。

1. 纳氏试剂分光光度法

原理 水样中的氨和铵离子可与纳氏试剂反应，产生棕红色的配位化合物，在 420 nm 处有最大吸收，测定棕红色的配位化合物的吸光度对氨氮进行定量。

测定法 取水样用硫代硫酸钠进行除氯处理后，预蒸馏（蒸馏出氨），取蒸馏液 200 mL 加水稀释至 250 mL。取 50 mL 加 1.0 mL 酒石酸钾钠溶液，摇匀，加纳氏试剂（组成：氯化汞、碘化钾、氢氧化钾或氢氧化钠)1.5 mL,摇匀,放置 10 min,于 420 nm 处以水为空白,用 2 cm 的比色池测定。同法测定氨氮标准系列溶液,建立标准曲线回归方程,计算水样中氨氮的浓度以氮计 (mg·L^{-1}):

$$\rho_N = \frac{A_s - A_b - a}{b \times V}$$

式中,A_s 为水样的吸光度,A_b 为空白试验的吸光度,a 为标准曲线的截距,b 为标准曲线的斜率,V 为水样体积(mL)。

水样中余氯会干扰测定,故需除去。水样浑浊或有色,可用预蒸馏法处理。

2. 水杨酸分光光度法

原理 在碱性介质中(pH11.7)和亚硝基铁氰化钠存在下,水样中的氨和铵离子可与水杨酸和次氯酸离子反应,产生蓝色的化合物,在 697 nm 处有最大吸收,测定蓝色化合物的吸光度对氨氮进行定量。

测定法 取水样或水样经过预蒸馏的馏出液 8.0 mL,置于 10 mL 比色管中,加入 1.0 mL 显色剂(水杨酸-酒石酸钾钠溶液)和 2 滴亚硝基铁氰化钠溶液,混匀,再滴入次氯酸钠溶液,混匀,用水稀释至刻度,混匀。放置 60 min,于 697 nm 处以水为空白,用 1 cm 或 3 cm 的比色池测定。同法测定氨氮标准系列溶液,建立标准曲线回归方程,计算水样中氨氮的浓度以氮计(mg·L^{-1}):

$$\rho_N = \frac{A_s - A_b - a}{b \times V} \times D$$

式中,A_s 为水样的吸光度,A_b 为空白试验的吸光度,a 为标准曲线的截距,b 为标准曲线的斜率,V 为水样体积(mL),D 为稀释倍数。

3. 蒸馏-中和滴定法

该法与以上两个不同之处在于蒸馏出的氨是用滴定法测定的。

原理 水样经碱化,使得氨氮均以氨的形式存在,蒸馏出的氨用硼酸溶液吸收,以甲基红-亚甲蓝为指示剂,用盐酸滴定液滴定至终点,以消耗滴定液的体积计算水样中氨氮的浓度以氮计 (mg·L^{-1}):

$$\rho_N = \frac{V_s - V_b}{V} \times c \times 14.01 \times 1000$$

式中,V_s 为滴定水样消耗的滴定液的体积(mL),V_b 为滴定空白消耗的滴定液的体积(mL),V 为水样体积(mL),c 为滴定液的浓度(mol·L^{-1}),14.01 为氮的相对原子质量。

氨氮测定中所用的水应是无氨的水。无氨水的制备可采用离子交换法、蒸馏法或纯水器法。空白试验是用无氨水做的。

六、水中有毒有害物质

能引起毒性反应的化学物质,称为毒性污染物。工业上使用的有毒化学物质已超过 10 000 种,所造成的工业污染成为人们最关注的污染物类别。水中有毒有害物质分为三大类:化学性有毒有害物质、物理性有毒有害物质(如放射性物质——原子裂变、宇宙射线、X、α、β、γ 射线及质子束、中子束等)和生物性有毒有害物质(致病微生物、病源菌、病毒)。化学性有毒有害物质包括金属(重金属的盐类和络合物)、非金属(如砷、氰化物等)和有机物三类有毒有害物质,主要来自于工业污染。这种工业废水如果未经处理或处理不当排入水体,进入环境和食物链中,会造成严重后果,例如:重金属汞、镉、铅、六价铬、砷、氰化物等对人畜有直接的生理毒性,用含有重金属的水来灌溉庄稼,会使作物受到重金属污染,致使农产品有毒性,重金属若沉积到水体底部,通过水生植物或微生物进入食物链,经鱼类等水产品进入人体;酚类、多环芳烃、硝基化合物、多氯联苯等有机有毒有害物质多数难以降解,对水生动物和人有毒性,可致癌、干扰内分泌系统、扰乱生殖行为、影响免疫系统等,引起生物的繁殖行为发生明显变化,进而影响到整个水体的生态系统;它们的毒性会积累在水生生物体内,通过食物链进入其他生物体,最终进入人体;它们污染过的水体难以被净化,使人类的饮水安全和健康受到威胁。

1. 六价铬与总铬

铬的毒性与其价态密切相关。水中的铬(chromium)主要是三价铬[chromium(Ⅲ)]和六价铬[chromium(Ⅵ)],对于人类,六价铬的毒性比三价铬高约 100 倍,易被人体吸收和蓄积,导致肝癌;对于鱼类,三价铬的毒性比六价铬高。六价铬的测定方法有二苯碳酰二肼分光光度法,总铬的测定方法有高锰酸钾氧化-二苯碳酰二肼分光光度法(GB/T 7466—1987)、二苯碳酰二肼分光光度法(GB/T 7467—1987)和原子吸收分光光度法。

(1) 二苯碳酰二肼分光光度法。

原理　在酸性条件下,水样中的六价铬与二苯碳酰二肼反应生成紫红色化合物,于 540 nm 处测定吸收度,按标准曲线法计算六价铬的含量。

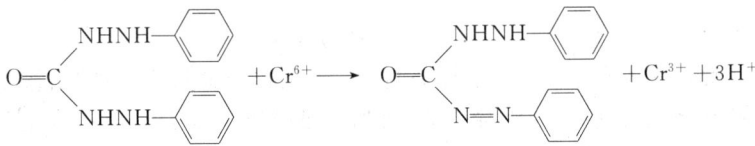

操作步骤　取适量(含六价铬少于 50 μg)无色透明水样,置于 50 mL 比色管中,用水稀释至标线,加入硫酸溶液(1→2)0.5 mL 和磷酸溶液(1→2)0.5 mL,摇匀,加入显色剂,摇匀,5~10 min 后,在 540 nm 处测定吸光度,同时测定空白溶液的吸光度。

六价铬的浓度计算

$$\rho = \frac{m}{V}$$

式中,ρ 单位为 mg·L^{-1},m 为由标准曲线查得的水样中含六价铬的量(μg),V 为水样的体积(mL)。

注意事项　控制显色酸度的酸用硫酸,不能用盐酸,因为在盐酸介质中,显色剂易与三价铁形成黄色络合物而干扰测定,酸度 0.12~0.24 mol·L^{-1} 为宜,最好为 0.2 mol·L^{-1},酸度过高颜色不稳定,过低则显色速度慢。加入磷酸溶液可掩蔽 50 mg·L^{-1} 三价铁盐。

不含悬浮物且色度低的水样可直接测定;颜色较浅的水样,需进行色度校正;浑浊、色度较深的水样,需采用锌盐沉淀法对水样进行预处理,做法是先将水样用氢氧化钠溶液调 pH 为 7~8,在不断搅拌下滴加氢氧化锌共沉淀剂至溶液 pH 为 8~9,用水稀释后过滤,取续滤液进行测定。

(2) 高锰酸钾氧化-二苯碳酰二肼分光光度法:在酸性溶液中,水样中的三价铬被高锰酸钾氧化成六价铬,然后再用二苯碳酰二肼分光光度法测定总铬的浓度。过量的高锰酸钾可用亚硝酸钠分解,过量的亚硝酸钠可用尿素分解。

$$5Cr_2(SO_4)_3+16KMnO_4+16H_2O \longrightarrow 10H_2CrO_4+6MnSO_4+3K_2SO_4+6H_2SO_4$$
$$2HMnO_4+5NaNO_2+2H_2SO_4 \longrightarrow 2MnSO_4+5NaNO_3+3H_2O$$
$$2NaNO_2+CO(NH_2)_2+H_2SO_4 \longrightarrow Na_2SO_4+3H_2O+CO_2\uparrow+2N_2\uparrow$$

采集水样时用玻璃瓶,并用硝酸调节水样的 pH 小于 2。采集后应尽快测定,如放置,不得超过 24 h。

2. 总氰化物

总氰化物(total cyanide)包括无机氰化物和有机氰化物,如简单氰化物 KCN、NaCN 和 NH_4CN 等,它们的水溶性强,毒性很强;络合氰化物 $[Zn(CN)_4]^{2-}$、$[Cd(CN)_4]^{2-}$、$[Fe(CN)_6]^{3-}$、$[Cu(CN)_4]^{2-}$ 等。制药工业中的氰化物可来自于维生素、咖啡因车间。

测定氰化物时,一般是将各种形式的氰化物转变成简单氰化物测定其总量,但有时需要分别测定单氰化物和络合氰化物,这就要在测定前对样品进行预蒸馏。预蒸馏的方法为向水样中加入磷酸和 EDTA-2Na,在 pH 小于 2 的条件下,加热蒸馏,利用金属离子与 EDTA 络合能力比与氰离子强的特性,使氰离子从络合氰化物中解离出来,以氰化氢形式被蒸馏出,用氢氧化钠溶液吸收后采用硝酸银滴定法(HJ 484—2009)、异烟酸-吡唑啉酮比色法(HJ 484—2009)、异烟酸-巴比妥酸比色法(HJ 484—2009)和吡啶-巴比妥酸比色法(HJ 484—2009)测定。这些方法适用于饮用水、地面水、生活污水和工业废水的监测。

(1) 硝酸银滴定法:氰离子与硝酸银作用生成可溶性的银氰络离子,以试银灵(对二甲氨基亚苄基罗丹宁)为指示剂,化学计量点时,溶液的颜色由黄色变为橙红色。此法的最低检测浓度为 0.25 mg·L^{-1}。

$$Ag^++2CN^- \longrightarrow [Ag(CN)_2]^-$$

(2) 异烟酸-吡唑啉酮比色法:在中性条件下,氰化物与氯胺 T 中的活泼氯反应生成氯化氰,再与异烟酸作用,经水解后生成戊烯二醛,最后与吡唑啉酮缩合生成蓝色染料,在 638 nm 处测定吸光度,用标准曲线法定量。此法的最低检测浓度为 0.004 mg·L^{-1}。

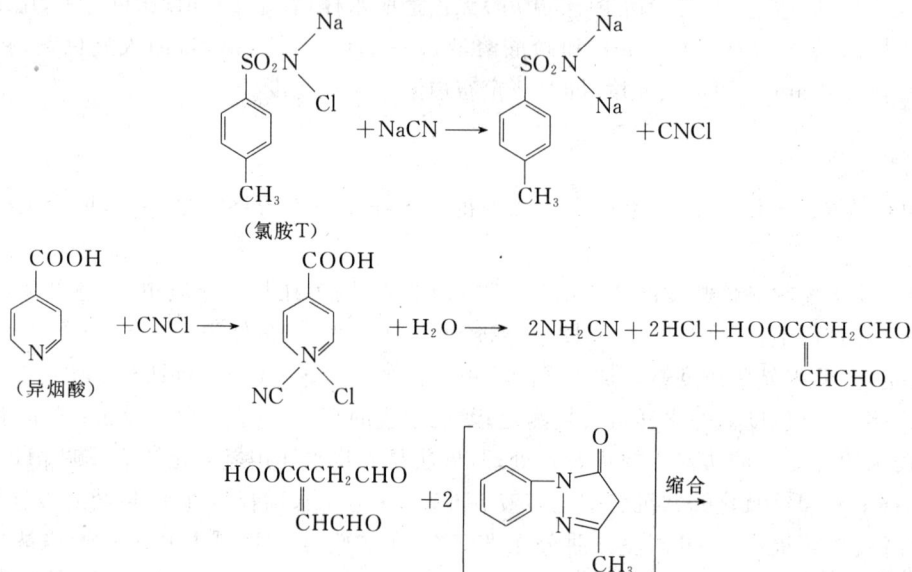

（蓝色染料）

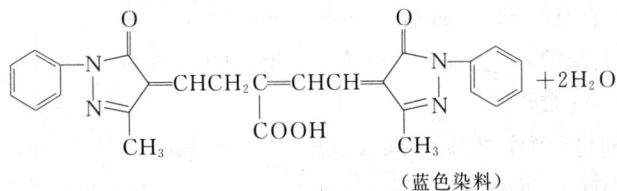

（3）异烟酸-巴比妥酸比色法：在弱酸性条件下，水样中氰化物与氯胺 T 作用生成氯化氰，然后与异烟酸反应，经水解生成戊烯二醛，最后与巴比妥酸作用生成紫蓝色化合物，在 600 nm 处测定吸光度，用标准曲线法定量。此法的最低检测浓度为 0.001 mg·L^{-1}。

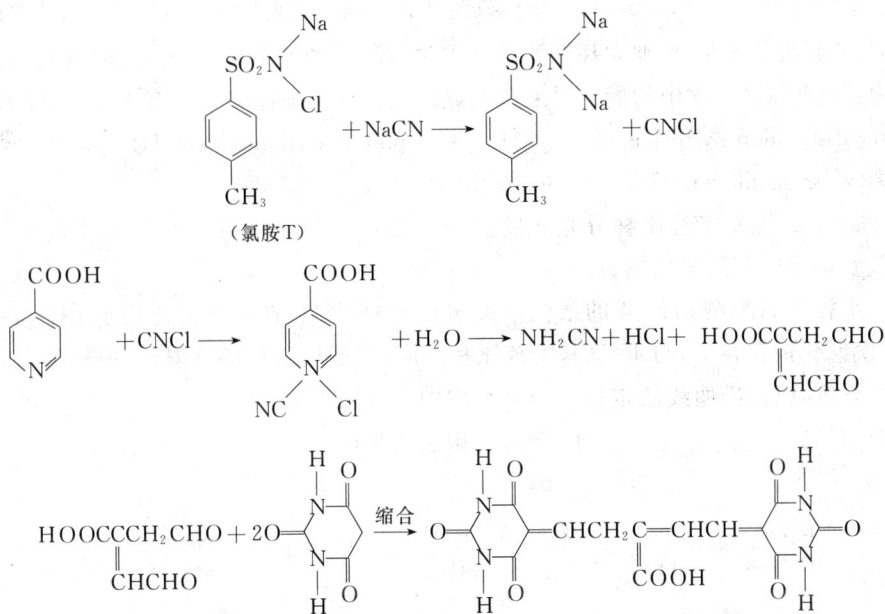

（氯胺T）

$+CNCl \longrightarrow$ ... $+H_2O \longrightarrow NH_2CN+HCl+ HOOCCCH_2CHO$ ... CHCHO

$HOOCCCH_2CHO + 2O$ ... $\xrightarrow{缩合}$ ... $CHCH_2-CHCH$ COOH

（4）吡啶-巴比妥酸比色法：在中性条件下，氰化物与氯胺 T 中的活泼氯反应生成氯化氰，氯化氰与吡啶作用，生成戊烯二醛，戊烯二醛再与巴比妥酸缩合生成红紫色染料，在波长 580 nm 处测定吸光度，用标准曲线法定量。此法的最低检测浓度为 0.002 mg·L^{-1}。

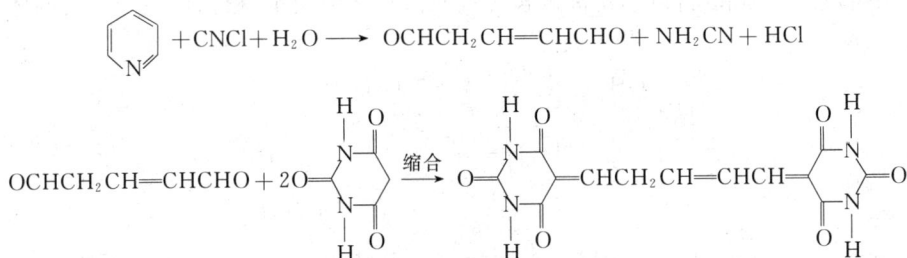

$+CNCl+H_2O \longrightarrow OCHCH_2CH=CHCHO + NH_2CN + HCl$

$OCHCH_2CH=CHCHO + 2O$ ... $\xrightarrow{缩合}$ ... $CHCH_2CH=CHCH$

采用上述四个方法测定氰化物时，应注意以下几点：

1）采集水样时应注意，必须立即加氢氧化钠固定氰化物。

2）干扰与排除：当水样中含有大量的硫化物时，需先加碳酸镉或碳酸铅，除去硫化物后，再加入氢氧化钠，否则，在碱性条件下，氰离子与硫离子作用形成硫氰酸离子从而干扰测定。若水样中存在活性氯,它具有氧化性,在蒸馏时会分解氰化物,使结果偏低,可在蒸馏前加亚硫酸钠排除干扰。若水样中有大量的亚硝酸离子,可在蒸馏前加入适量的氨基磺酸分解亚硝酸离子。

3. 挥发酚

酚按照沸点的不同可分为挥发酚(volatile phenolic compounds)和不挥发酚,在蒸馏时能与水蒸气一起蒸出,沸点在230℃以下的酚为挥发酚;沸点在230℃以上的酚为不挥发酚。挥发酚通常是一元酚,如苯酚、甲酚。酚类化合物是一种原型质毒物,对一切生物个体都有毒杀作用,其水溶液很易通过皮肤引起全身中毒;其蒸气由呼吸道吸入,对神经系统损害很大,可导致神经中枢麻痹。酚的慢性中毒常见有呕吐、腹泻、食欲不振、头晕、贫血和各种神经系病症。酚对水产和农作物都有一定的毒害。水中含酚 $0.1\sim0.2$ mg·L^{-1}时,鱼肉即有臭味不能食用;$6.5\sim9.3$ mg·L^{-1}时,能破坏鱼的鳃和咽,使其腹腔出血、脾肿大甚至死亡。用含酚浓度高于 100 mg·L^{-1} 的废水直接灌田,会引起农作物枯死和减产。水中的酚主要来自工业污染。挥发酚监测方法有 4-氨基安替比林分光光度法(after distillation by means of 4-AAP spectrophotometric method)(HJ 503—2009)和蒸馏后溴化滴定法(after distillation with bromine method)(HJ 502—2009)。

(1) 蒸馏后 4-氨基安替比林分光光度法:蒸馏后 4-氨基安替比林分光光度法是我国、日本、美国、俄罗斯等国家所采用的方法。

原理　水样中的酚在 pH=4 的条件下被蒸出,馏出液中的酚类化合物于 pH10.0±0.2 的介质中,在铁氰化钾存在下,与 4-氨基安替比林反应,生成橙红色的染料,在波长为 460 nm 处测定染料的吸光度,以标准曲线法定量。如果水样中酚的浓度高于 0.1 mg·L^{-1}时,可直接测定;如果水样中酚的浓度低于 0.1 mg·L^{-1}时,可用氯仿将橙红色的染料萃取后测定。

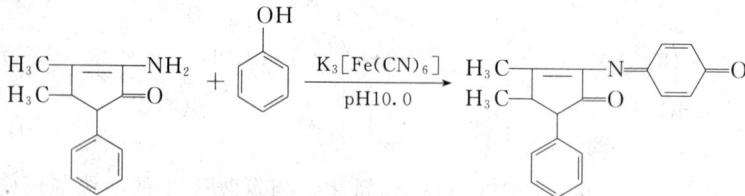

(2) 蒸馏后溴代滴定法:用蒸馏法蒸馏出的挥发酚与定量过量的溴反应,生成三溴酚,进一步反应生成溴代三溴酚,剩余的溴与碘化钾作用,将碘离子氧化成单质碘的同时,碘化钾与溴代三溴酚作用生成三溴酚和游离碘,游离碘被硫代硫酸钠溶液滴定,根据消耗滴定液的体积计算挥发酚的含量。

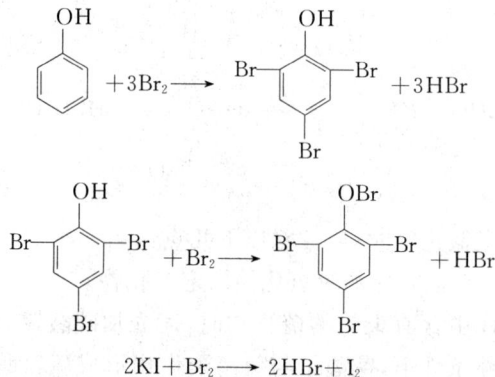

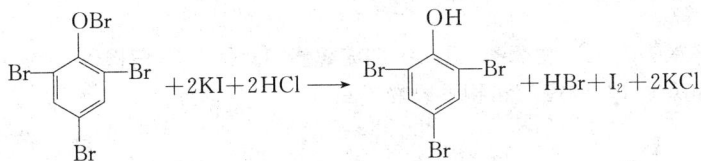

$$\text{(2,4,6-三溴苯基次溴酸酯, OBr)} + 2KI + 2HCl \longrightarrow \text{(2,4,6-三溴苯酚, OH)} + HBr + I_2 + 2KCl$$

$$2Na_2S_2O_3 + I_2 \longrightarrow Na_2S_4O_6 + 2NaI$$

计算式为

$$\rho = \frac{(V_1 - V_2)c_B \times 15.68\ \text{g} \cdot \text{mol}^{-1} \times 1000}{V}$$

式中,ρ 单位为 mg·L^{-1},V_1 为空白试验滴定所消耗的硫代硫酸钠溶液的体积(mL),V_2 为样品溶液滴定所消耗的硫代硫酸钠溶液的体积(mL),c_B 为硫代硫酸钠溶液的浓度(mol·L^{-1}),V 为样品溶液的体积(mL),15.68 g·mol^{-1} 为苯酚$\left(\frac{1}{6}C_6H_5OH\right)$摩尔质量。

本章提要

本章介绍了制药工业排放物监测的标准与方法。在排放标准中,介绍了制药企业主要执行的《大气污染物综合排放标准》、《恶臭污染物排放标准》和《制药工业水污染物排放标准》。依据标准介绍了制药企业废气排放与废水排放的主要监测项目和监测方法。废气与废水的监测程序一般为取样、样品预处理和样品的测定。取样位置、频率和方法应按照相关规定进行,确保所采集的样品具有代表性。水样的预处理包括对样品的消解、分离和浓集;水样的消解可采用湿法消解法和干法灰化法,水样的分离方法主要有挥发法、萃取法和沉淀法。废气污染物监测的基本项目有废气排放参数、颗粒物、一氧化碳、二氧化碳、二氧化硫和恶臭;废气污染物监测的基本项目有 pH、色度、悬浮物、五日生化需氧量、化学需氧量、氨氮、总氮、总磷、总有机碳和急性毒性。除基本监测项目外,还需根据排放特点监测其他项目。对各种污染物的分析测定均应按相关的方法标准进行。

关键词

污染物排放、排放标准、环境质量、废气、废水

思考题

1. 如何理解环境含义?环境问题是如何产生的?
2. 我国的环境标准是如何分类的?与制药工业相关的污染物排放标准主要有哪几个?
3. 《大气污染物综合排放标准》和《制药工业水污染物排放标准》是在哪几个方面控制污染物排放的?
4. 请分析一下制药工业废气和废水的主要来源。
5. 固定污染源的废气与废水的取样原则和方法各是什么?
6. 如何进行工业废水测定前的样品预处理?
7. 简述工业废气中的气体参数、颗粒物、一氧化碳、二氧化碳、二氧化硫、硫化氢的测定原理、方

法和污染物浓度计算。

8. 简述工业废水中的化学需氧量、五日生化需氧量、悬浮物、总有机碳、溶解氧、氨氮、六价铬、总氰化物、挥发酚的测定原理、测定方法和污染物浓度计算。

（山东大学　刘秀美）

第十五章 工业药物分析信息系统

近年来,随着信息社会的迅猛发展,信息所包含的内容也在不断扩展和延伸。信息(information)是指加工过的数据,是人们为了消除事物的不确定性,用来精确地描述事物并独立于质量和能量的自然的第三属性。信息具有普遍性、无限性、时效性、真伪性和保密性等多种特征。在工业药物分析工作中尤其应注意数据的完整性,只有完整的高质量的数据才是科学决策的坚实基础。此外,信息还具有依附性,信息的储存、传递和交流必须依附于一定的物质载体。按照载体的不同,信息可分为纸质印刷型和非纸质印刷型。纸质印刷型是目前最主要、最普遍的信息媒体类型,如图书、期刊等;非纸质印刷型利用的是光、电、磁技术所建立的现代信息媒体,如缩微胶片、计算机阅读型的各种文件、数据库及机读电子出版物等,特别是建立在现代计算机技术和通信技术基础上的网络系统可以使人们以前所未有的速度和容量获取信息。由于信息系统所包含的内容广泛,本章主要介绍工业药物分析常用的书刊,举例说明网络和数据库在工业药物分析中的应用,同时介绍以数据库为基础的数据仓库和数据挖掘技术。

第一节 工业药物分析常用书刊

文献检索是信息学的重要任务之一,是利用各种信息资源,迅速获得所需文献信息的过程。按照加工程度不同,文献可以分为零次文献、一次文献、二次文献和三次文献等四种。零次文献是指未公开发表的原始文献;一次文献是指以科研成果为依据写成的公开发表的论文、报告、学位论文和技术标准等;二次文献是指按一定规则对一次文献进行摘要整理后形成的有系统的文献;三次文献是指在二次文献的引导下,对所选择的一次文献内容的综合分析和评述。

一、专业期刊

期刊是指采用统一刊名、定期或不定期出版的连续性刊物。期刊属于一次文献,许多重要的科学研究成果都是以期刊形式公布于世。与图书比较,期刊具有报道快、种类多、内容广的特点。工业药物分析专门的期刊较少,大量文章发表于药物分析、分析化学和工业分析等方面的期刊,以下只以常用期刊为例作简要说明。

(一)工业药物分析方面的期刊

Drug Development and Industrial Pharmacy(药物开发与工业药学),ISSN:1520 - 5762(Electronic)0363 - 9045(Print),出版社为 Information Healthcare,每年出版 12 期,主要收载工业药学的研究、开发、分析和管理等方面的文章。

(二)药物分析方面的期刊

(1) Journal of Chromatography B(ISSN:1570 - 0232(Print)1873 - 376X(Electronic),

Elsevier Science)，该杂志常被称作色谱 B，原是 Journal of Chromatography 中分出来专门收载生物分析相关文章的，当时的名称为 Journal of Chromatography B：Biomedical Sciences and Applications，随着收载文章范围的不断扩大，原先的名称显得有些狭隘，故从 2002 年第一期开始，更名为 Journal of Chromatography B。主要收载分离技术在生物学和生物医学领域的基础研究和原创应用。

（2）Journal of Pharmaceutical and Biomedical Analysis(药物和生物医学分析杂志，ISSN：0731 - 7085(Print)1873 - 264X(Electronic)，Elsevier Science)，该杂志收录的文章范围相当广泛，与药学和分析相关的文章几乎都收录。

（3）Biomedical Chromatography(生物医学色谱，ISSN：0269 - 3879(Print)1099 - 0801(Electronic)，Wiley)，主要收载生物样品中重要化合物的分离与测定方面的文章，方法包括 TLC、GC、HPLC、HPLC-MS 和 CE 等。

（4）Journal of Pharmaceutical Analysis(ISSN：2095 - 1779)创刊于 2011 年，是世界上第一本英文版药物分析类的学术期刊，已具有一定的影响力。Journal of Pharmaceutical Analysis 旨在为药物分析学术交流与研讨搭建一个共享平台，比较集中地反映与药品质量、用药安全和分析方法等相关的最新研究成果，以促进交流，增进了解。

（5）药物分析杂志(ISSN：0254 - 1793，出版社：中国食品药品检定研究院《药物分析杂志》编辑部)，刊物收载药物分析理论、技术及有关展望性的文章。

（6）药学学报(ISSN：0513 - 4870，出版社：药学学报编辑部)，是我国药学方面权威的综合性期刊，栏目有研究论文、研究简报、综述等。

（三）分析化学方面的期刊

（1）Analytical Chemistry(分析化学，ISSN：0003 - 2700(Print)1520 - 6882(Electronic)，American Chemical Society)，美国化学会出版的顶级分析杂志，发表的文章需要在分析方法或分析手段上较之前方法有明显进步，具有重大的意义，或者应用的体系非常具有新意。

（2）Analytical Biochemistry(分析生物化学)，ISSN：0003 - 2697，出版社：Academic Press Inc. 。

（3）Analytical Letters(分析通信)，ISSN：0003 - 2719，出版社：Marcel Dekker Inc. 。

（4）Analytical Sciences(分析科学)，ISSN：0910 - 6340，出版社：Japan Soc. Analytical Chem. 。

（5）Chromatographia (色谱)，ISSN：0009 - 5893，出版社：Vieweg，Abraham-Lincoln-Strabe。

（6）Critical Review in Analytical Chemistry(分析化学评论)，ISSN：1040 - 8347，出版社：CRC Press Inc. 。

（7）Analytical and Bioanalytical Chemistry(分析和生物化学杂志)，ISSN：0937 - 0633，出版社：Springer Verlag。

（8）Journal of Chromatographic Science(色谱科学杂志)，ISSN：0021 - 9665，出版社：Preston Publication Inc. 。

二、专业书籍

书籍属于三次文献。工业药物分析常用的专业书籍可分为工具书和著作两大类。其中工具书有手册、药典和词典等,著作有专著和教材等多种形式。

工具书汇集了各种参数和数据。例如:从理化手册中可以获得药物的化学结构、熔点、沸点、比旋光度、最大吸收波长、最小吸收波长、吸收系数、波数和化学位移等信息。常用的工具书举例说明如下:

1.《分析化学手册》

《分析化学手册》(第 2 版)由周同惠等 27 位著名分析化学专家(包括 14 名两院院士)组成的编委会组织编写,是目前我国唯一概括分析化学各领域的系列工具书,内容包括化学分析与各类仪器分析方法,涉及多个领域,系统反映了我国分析化学领域取得的最新成果和世界范围内该学科的最新进展。2001 年获国家图书奖提名奖。

2. 药典

药典(pharmacopoeia)是记载药品标准的法典,是一个国家药品生产、供应、使用、检验和管理部门必须遵照执行的技术性法规。药典记载了各类药品和制剂的性状、鉴别、检查和含量测定方法,并介绍了药品的主要作用与用途、用法与用量、禁忌症与副作用、储藏与保管等内容。

第二节　信息网络与数据库在工业药物分析中的应用

随着互联网的大规模普及,原先呈现孤岛式的各种信息通过互联网汇集了起来,使得每个人都有机会接触到这些不分国界的海量信息。然而,信息的泛滥也导致了各种干扰信息的滋生。为了获得有价值的特定目标信息,催生了功能强大的网络搜索引擎(search engine),如谷歌和百度等。在专业领域也有各种全文数据库或文摘数据库等,供人们在信息的海洋中搜寻需要的信息和知识。正确使用这些网络工具将极大促进人们的搜索效率。本节将在介绍互联网的基础上,重点介绍搜索引擎和网络数据库等信息搜索工具。

一、信息网络

(一) 信息高速公路和互联网简介

信息高速公路是指"能给用户随时提供大量信息的,由通信、计算机、数据库及日用电子产品所组成的完备网络"。信息高速公路计划是美国于 1993 年首先提出的信息产业建设构想,它的目标是建设性能完善的信息网络,通过网络实现各种信息的传输、交换、处理和存储。该计划包括高性能计算机系统的开发、先进的软件技术和算法、人才培养、科研和教育网络建设等内容。美国建设信息高速公路的计划震动了世界,欧洲各国、日本和中国等纷纷做出相应的决定,标志着全球信息革命时代已经到来。目前,信息高速公路主要是通过全球性的互联网来实现的。

互联网,是由数以亿计的计算机、系统和网络通过系统协议所组成的计算机网络集成,它把世界上不同国家的大学、科研部门、公司、各种组织和政府机构的计算机网络连成一体,使得网上的计算机之间可以进行相互信息交流和资源共享。互联网上有关药物分析的信息存储形式是数据库,除此之外还有论文全文、摘要、学术会议通知和书讯等多种形式。互联网上的资源浩如烟海,散布于世界各地无数的服务器上,需要借助搜索引擎才能迅速地找到需要的信息。一个搜索引擎实际上就是互联网上的一个网站,它的主要任务是通过"网页搜索程序"在互联网上收集各种服务器上的信息资源,对所收集的信息进行分类整理并存储于可供查询的数据库之中,供用户进行检索。当用户输入关键词查询时,该网站会自动对数据库进行搜索,告诉用户在标题或正文中包含该关键词的所有文章(网页),并提供获取这些文章(网页)的网址链接。目前互联网上的搜索引擎数量已达数千个,按收集信息内容分类可分为综合性搜索引擎和专业性搜索引擎,这些搜索引擎以数据库为基础,许多专业数据库也具有非常强的信息搜索功能。

下面介绍一些通用搜索引擎和专业数据库。

(二)通用信息搜索引擎介绍

1. Google

Google(http://www.google.com)成立于1999年,在短短十几年内已迅速发展成为目前规模最大、速度最快、内容最丰富的搜索引擎。由于深得用户的信赖,Google每天处理的搜索请求多达数亿次。2010年又推出了SSL加密搜索服务(https://encrypted.google.com),可防止用户的搜索内容被劫持。

Google允许以多种语言进行搜索,在操作界面中提供多达30余种语言选择,包括英语和中文简繁体语等。Google会根据你的操作系统,确定它的搜索初始语言界面。Google可以对单个或多个关键词进行搜索,也可以用减号"—"表示不包含某个关键词的搜索。

Google提供常规及高级搜索功能。在高级搜索中,用户可限制某一搜索必须包含或排除特定的关键词或短语。Google以关键词搜索时,返回结果中包含全部或部分关键词;短语搜索时默认以精确匹配方式进行;字母无大小写之分,默认全部为小写。搜索结果显示网页标题,链接(URL)及网页字节数,匹配的关键词以粗体显示。特色功能包括"网页快照"(snap shot)等,如果原地址打开很慢,那么可以直接查看Google快照中的缓存页面,或者原链接已经死掉或者因为网络的原因暂时链接不通,那么可以通过Google快照看到该页面信息,再者如果打开的页面信息量巨大,一下子找不到关键词所在位置,那么可以通过Google快照中用黄色表明关键字位置迅速找到需要的内容。

2. Baidu(百度)

百度(http://www.baidu.com)于1999年底成立于美国硅谷,在中国提供搜索引擎的门户网站中,80%以上都由百度提供搜索引擎技术支持,百度的搜索范围涵盖了中国大陆、中国香港、中国台湾、中国澳门、新加坡等华语地区及北美、欧洲的部分站点。百度搜索引擎拥有目前世界上最大的中文信息库。

百度与Google相似,可以用关键词和短语进行搜索,百度快照等功能同样便于迅速地找到所需信息。同时作为专业的中文搜索引擎,百度还具有关键词自动提示、中文搜索自动纠错、中文人名识别、简繁体中文自动转换等中文特色功能。

相关搜索为百度的特色之一。"相关搜索"就是和你的搜索很相似的一系列查询词。当搜索结果不佳时,有时候可能是因为选择的查询词不很妥当,此时可以通过搜索结果页下方的"相关搜索"提示,参考其他人的搜索方式来获得一些启发。相关搜索的内容按搜索热门度排序。

更多功能请登录百度主页(http:∥www.baidu.com)进行查询。

3. 其他网络搜索引擎

其他搜索引擎还有许多,下面仅列出部分。

(1) 微软必应:http:∥cn.bing.com/

(2) 网易有道:http:∥www.youdao.com/

(3) 搜狐搜狗:http:∥www.sogou.com/

(4) Lycos:http:∥www.lycos.com/

(5) Excite:http:∥www.excite.com/

4. 集成搜索代理软件

常规的网络搜索引擎是用户在客户端提交关键词,搜索引擎在服务器端进行查询运算,然后将结果通过网络发送到客户端。在整个搜索过程中,客户端的计算机只是起着一个终端的作用,其强大的运算能力和存储空间无法发挥作用,从而造成如搜索结果很难精确匹配、无法在本地保存和组织搜索结果、无法对多次搜索结果进行综合逻辑运算的提炼、无法对不同搜索引擎的结果进行综合比较与提炼、各搜索引擎使用方法不同造成用户理解和使用困难等问题,解决这些问题的根本思路在于将客户端的计算机作为一个搜索结果的存储、管理、组织和后处理智能工具,充分利用客户端计算机的运算能力和存储空间,对服务器提交的搜索结果进行深加工。要做到这一点,就需要在客户端安装搜索代理工具。下面介绍一款集成搜索代理软件 Copernic(哥白尼)。

Copernic(http:∥www.copernic.com)是针对通用搜索引擎的最大问题即结果的精确度太低而发展起来的集成搜索软件。作为智能化的搜索代理工具软件,Copernic 能同时访问多个搜索引擎,在各个分类中快速查找网站、新闻组、电子邮件等信息;同时它能够保存用户查找的历史记录,从而将找到的信息更有效地管理和组织。商业版本的 Copernic 能访问多达上百个搜索引擎,提供广告、商业与金融、体育运动、健康医疗、生活、电影、音乐、报纸、科学、软件下载等搜索服务。

Copernic 提供了分布智能引导方式和传统方式两种方法,可以通过指定搜索类别、关键词、搜索方式、搜索计划来完成搜索功能,且能够存储和分类管理所有的搜索任务与结果,用户任何时候都可在相应的类别文件夹中选择一个旧的搜索任务,点击工具栏上的"开始搜索"(search)按钮。Copernic 不但能够快速地在互联网上进行检索,而且能够将所有的匹配文档下载到本地硬盘供用户进行离线浏览,这一功能使得 Copernic 成为一个功能完备的代理搜索工具。当在线搜索任务完成之后,用户仍然可以离线对初步搜索结果进行提炼(refine)。如果在线搜索结果数量很大,可以使用各种逻辑运算(and、or、except)对在线搜索的结果进行进一步的加工处理。Copernic 支持将搜索结果以超文本、纯文本、数据库等多种格式导出,以便使用其他分析工具进行深加工,并支持将搜索结果通过电子邮件发送给其他收信人,这也是 Copernic 的独特之处。

使用搜索代理工具,能够充分利用客户端计算机的运算能力和存储空间,将客户端计算机变为一个智能搜索终端,对服务器搜索结果的存放、整理和提炼是一个离线操作过程,节省了可观的网络通信费用,提高了搜索任务的精确度和效率,是重要的互联网工具。

二、专业数据库

计算机中的数据是广义的概念,是指计算机能够加工的对象,不仅包含通常意义上的数值、数据,也包括文字、声音、图形、图像等。按一定结构排列、存储于计算机可共享的相互关联数据的集合称为数据库(database,DB)。数据库中的数据按一定的数据模型描述、组织和储存,具有数据重复性少、易于查找、多用户共享的特点。许多数据库可以通过网络进行查询,研究者的数据积累到一定的程度也可自建数据库。我们可以从大量专业数据库中获取到所需要的文摘、全文等重要资料。下面举例说明与工业药物分析有关的网络数据库。

(一)文摘数据库

一次文献种类繁多,翻阅费时费力,且不容易得到全面信息,可借助于文摘等二次文献进行文献检索。

1. 荷兰《医学文摘》网络版(Embase.com)

EMBASE.com(荷兰医学文摘网络版,http://www.embase.com)是当前最具代表性的网络版的生物医学与药理学书目数据库,它旨在帮助不同水平的用户通过这一功能强大的专业检索平台,获取高质量的、最权威、最新的生物医学和药理学信息。该数据库将 Embase(1974 年—目前)中的超过二千万条生物医学记录与一千万条独特的 MEDLINE 记录(1966 年—目前)相结合,在直观友好的界面上同步检索 Embase 和 MEDLINE。它涵盖了整个临床医学和生命科学的范围,是最新、被引用最广泛和最全面的药理学与生物医学书目数据库。它可通过 STM 出版商将检索出的结果链接到全文。现在还通过交叉引用与来自超过一百多家著名出版商的文章建立了数字对象识别符 DOI 链接,也可将检索范围延伸至全文。此外,用户可通过 Infotrieve 文献传递服务功能快速有效地在线订购文章。Embase 每年新增记录超过 60 万条,涵盖 70 个国家/地区出版的 5000 多种刊物,特别是涵盖大量的欧洲和亚洲的医学刊物。

2. PubMed 与 MEDLINE

MEDLINE 是美国国立医学图书馆(NLM)系统中规模最大、权威性最高的生物医学文献数据库,包括 40 多个关于医学方面的数据库,收录了自 1966 年至今的相关文献,内容涉及基础医学、临床医学、职业病学、分子生物学、护理学、药学、心理学及卫生保健等诸多领域,是目前国际医学界使用最广泛的数据库之一,用户可分别检索网上的免费 MEDLINE 数据库和收费 MEDLINE 数据库。

MEDLINE 包括三种重要的索引:医学索引(index medicus)、牙科文献索引(index to dental literature)和国际护理索引(international nursing index)。应用 MEDLINE 有两种途径,一种是网络,另一种是光盘。世界上许多公司都发行 MEDLINE 的光盘产品,国内的光盘主要是 Silverplatter 的产品。随着网络技术的发展,网上也出现了免费的 MEDLINE 索引,众多的医学信息机构通过互联网提供免费的 MEDLINE 检索,如 NCBI(http://www.ncbi.nlm.nih.gov)、Healthgate(http://www.healthgate.com)和 NLM(http://www.nlm.gov)等。

PubMed(http://www.ncbi.nlm.nih.gov/pubmed)是美国国立生物技术信息中心(NCBI)开发的用于检索 MEDLINE 和 Pre-MEDLINE 的网上数据库,主要提供基于 web 的检索。PubMed 网络检索与传统的 MEDLINE 光盘检索相比,二者在内容上基本一致,只不过前者数据库更新速度快,内容新颖;后者为传统媒体形式,检索功能齐全,标引质量高,响应速度快,兼容性能强,可随机使用,二者具有优势互补的关系。

3. 美国《化学文摘》

美国的《化学文摘》(chemical abstracts,CA,http://www.cas.org)是由美国化学会(ACS)

化学文摘服务社(CAS)编辑并出版发行的大型专业数据库,该数据库收录了世界范围内有关生物化学、物理化学、无机、有机化学等许多有关化学及化工方面的科技文献,还收录生物、医学、药学、轻工、冶金、天体、物理等内容。收录的文献占世界化学化工文献总量的98%,每篇文献一般包括文献题录、文摘、CA卷期索引、化学物质索引、普通主题索引、专利、化学物质、CAS登记号、CA索引名及分子式等信息。

CA提供文本版、光盘版和网络版三种产品形式。文本版作为传统的产品,其检索方式可分为期索引、卷索引和辅助性索引三种。期索引是每一期后面的索引,包括关键词索引、专利索引和作者索引。卷索引是一卷全部刊出后编制的索引,包括化学物质索引、普通主题索引、分子式索引、作者索引和专利索引等。辅助性索引常用的是累积索引,1907—1956年每10年累积一次,1957年以后每5年累积一次。累积索引中的文摘号前注明CA的卷号,其余格式与卷索引相同。

CA光盘版提供索引浏览式检索(index browse)、词条检索(word search)、化学物质等级名称检索(substance hierarchy)和分子式检索(formula)四种基本索引方式。同纸版CA相比,光盘版在检索方面由于借助计算机和数据库等工具,在检索方法和检索效率上都有极大提高。

Scifinder scholar是CA的电子数据库学术网络版,它整合了MEDLINE医学数据库、欧洲和美国等30多家专利机构的全文专利资料及化学文摘自1907年至今的所有内容,可以通过网络直接查看"化学文摘"1907年以来的所有期刊文献和专利摘要,以及四千多万的化学物质记录和CAS注册号。

(二) 全文数据库

通过文摘数据库获取杂志相关的信息后,如需进一步了解文章的内容,就需要下载全文进行阅读。下面介绍与工业药物分析最相关的中文和外文全文数据库。

1. 中国期刊网

中国期刊网(http://www.cnki.net)即中国知网,是中国知识基础设施工程(CNKI)的主体部分,作为目前世界上最大的连续动态更新的中国期刊全文数据库,基本涵盖了我国自然科学、工程技术、人文与社会科学期刊等公共知识信息资源,数据的完整性达到98%。CNKI的产品有三种形式,包括《中国期刊全文数据库(web版)》、《中国学术期刊(光盘版)》和《中国期刊专题全文数据库光盘版》。

CNKI提供了初级检索、高级检索、二次检索和专业检索等几种检索方式。

(1) 初级检索:初级检索的功能是在指定的范围内,按单一的关键词检索,这一功能不能实现多关键词的逻辑组配检索。当在一个检索项中同时输入两个或两个以上的关键词时,在关键词之间可以用"+"(或)、"*"(与)进行连接。模式选择项分模糊匹配和精确匹配两种,通常情况下"模糊匹配"的结果范围比"精确匹配"的结果范围大些。

(2) 高级检索:高级检索的功能是在指定的范围内,按一个以上(含一个)关键词表达式检索,这一功能可以实现多表达式的逻辑组配检索。高级检索中可以指定多个检索项,多个检索项之间的连接方式有"并且、或者、不包含"等连接方式,分别相当于"与"、"或"和"非"的关系。

(3) 二次检索:二次检索是指在前一次检索结果的范围内继续进行检索,通过简单检索与二次检索完全可以满足复杂检索表达式达到的检索精度,这对于非专业人士尤为有用。二次检索操作同初级检索基本一致,只是前者可以使用两个条件组合,并可以同第一次检索结果进行

"与"、"或"或"非"的逻辑组合,逻辑运算符"＊"在混合使用时会优先于"＋"。

（4）专业检索:专业检索提供了一个按照自己需求来组合逻辑表达式以便进行更精确检索的功能入口。它的主要设计思想是在检索导航栏目中指定检索范围,可以精细到总目录下面的详细子目录,这样检索的结果更符合专业精神。

作为文本型全文数据库,CNKI提供了在线查看和下载全文的两种方式,为此 CNKI 提供了其专用文件格式 caj 和 kdh 及通用的 pdf 格式文件可供下载,前者需要在 CNKI 网站下载相应软件,后者可以通过 Adobe Acrobat 等软件查看。

2. 万方数据资源系统

万方数据(http://www.wanfangdata.com.cn)是由北京万方数据股份有限公司开发研制的大型信息资源系统,数字化期刊是其重要组成部分,内容涉及自然科学和社会科学的各个专业领域,其中绝大部分是进入科技部科技论文统计源的核心期刊,同中国期刊网和中国科技期刊网一样为互联网上展示传播中文期刊的重要窗口。在信息的检索方面,"数字化期刊"提供了浏览、简单检索及复杂检索等方式,其中浏览方式是该系统的特色之一。在浏览方式中,可以层层推进,直到找到某刊某期之某篇文献。

3. 维普中文科技期刊全文数据库

《中文科技期刊全文数据库》由重庆维普资讯有限公司于 1989 年创建,收录范围覆盖自然科学、工程技术、农业、医药卫生、经济、教育和图书情报等学科的中文期刊数据资源。相对而言,《中文科技期刊全文数据库》具有收录范围广、数据容量大、著录标准全和全文服务快等特点。《中文科技期刊全文数据库》可以实现两种功能的检索,源文献的检索和被引文献的检索。在检索方式上与中国期刊网基本相似,可以进行简单检索、复合检索和二次检索等,也支持通配符的使用。

4. 爱思唯尔 ScienceDirect 期刊全文网络数据库

ScienceDirect 期刊全文网络数据库(http://www.sciencedirect.com)是由荷兰著名的学术期刊出版商爱思唯尔(elsevier science)公司推出的电子期刊网络版,它是将该公司出版的全部印刷版期刊转换为电子版,并使用基于浏览器开发的检索系统 science server,通过互联网向用户提供检索和全文服务。该数据库提供 1995 年以来爱思唯尔公司 1800 余种电子期刊的全文,包括数学、物理学、生命科学、化学、计算机科学、临床医学、环境科学、材料科学、航空航天、工程与能源技术、地球科学、天文学及经济、商业管理、社会科学等学科领域。ScienceDirect 数据库具有直观友好的使用界面,使研究人员可以迅速链接到爱思唯尔出版社丰富的电子资源,包括期刊全文、单行本电子书、参考工具书、手册及图书系列等。用户可在线访问 24 个学科 2200 多种期刊和数千种图书,查看 900 多万篇全文文献。

ScienceDirect 数据库提供了浏览(browse)、快速检索(quick search)、高级检索(advanced search)和专家检索(expert search)等检索方式,具有多种数据库检索功能,像逻辑检索、限制检索、截词检索、位置检索、词组检索等常见的传统数据库检索功能和自然语言检索、区分大小写检索等。

（三）引文数据库

1. Web of science 引文数据库

Web of science 是美国汤姆森科技信息集团(thomson scientific)基于 web 开发的产品,是大型综合性、多学科、核心期刊引文索引数据库,包括三大引文数据库(科学引文索引(science citation index,简称 SCI)、社会科学引文索引(social sciences citation index,简称 SSCI)和艺术与人文科学引文索引(arts & humanities citation index,简称 A&HCI))和两个化学信息事实型数据库(current chemical reactions,简称 CCR 和 index chemicus,简称 IC),以 ISI web of knowledge(http://isiknowledge.com)作为检索平台。Web of science 凭借其独特的引文检索机制和强大的交叉检索功能,提供了自然科学、工程技术、生物医学、社会科学、艺术与人文等多个领域的学术信息。

Web of science 是目前世界上涵盖学科种类最多的文献信息数据库,集中了各个学科领域内的核心刊物。在传统索引服务的基础上,ISI 提供了独特的引文索引。Web of science 收录了论文中所引用的参考文献,并按照被引作者、出处和出版年代编制成索引。传统的检索系统是从著者、分类、标题等角度来提供检索途径;而引文索引却是从另一角度,即从文献之间相互引证的关系角度提供新的检索途径。通过引文检索,可以用一篇文章、一个专利号、一篇会议文献或者一本书的名字作为检索词,通过检索相关文献的被引用情况,了解引用这些文献的论文所做的研究工作,可以方便地回溯某一研究文献的起源与历史,或者追踪其最新的进展,既可以越查越旧,也可以越查越新、越查越深入,并且记录可直接输出到信息管理程序中去,方便管理和使用。

2. Scopus 文摘与引文数据库

爱思唯尔公司于 2004 年底推出的 Scopus(http://www.scopus.com)是目前全球规模最大的文摘和索引数据库,收录来自全球 4000 家出版社的 14000 多种经同行评议的出版物(主要是期刊)。学科覆盖数学、物理学、化学化工、生物学、生命科学、农业、地球和环境科学、材料、计算机、心理学、社会科学、工程技术等各个领域。涵盖了 2700 万条文摘,最早可回溯至 1966 年,与任何现有的单一文摘和索引数据库相比,Scopus 的内容更加全面,学科更加广泛,除了涵盖大量的期刊文摘索引,Scopus 还整合了互联网上的科学检索引擎 Scirus,向研究人员传送最好的网络数据。通过 Scirus 可在网络上获得数亿页的相关科学文献信息,包括作者的主页、大学网站、公司信息和其他信息资源,如世界知识产权组织及美国、日本、欧洲专利局的信息等。

第三节 工业药物分析信息体系的建立与管理

工业药物分析工作者在注重平时实际操作训练的同时,应不断积累知识,建立起自己部门的信息系统。工业药物分析信息从来源上看主要有两种途径,一类是从各种书刊、数据库、网络等途径所获得的间接信息,另一类是在生产实践过程中产生和积累起来的直接信息。按照要求,在生产过程中获得的所有数据都应该有最原始的记录,包括所有文字资料、图片及能保存的实验结果等。除此之外,利用计算机技术还可建立工业信息体系,收集药物原料、中间体和最终产品的有关基本信息,以及逐渐发展的工业分析方法等,建立相关的网络数据库,并提供安全保障措施,使其正常运行。

一、企业内部网

对于制药企业来说,仅有互联网是不够的,因为企业在注重获取资源的同时,更注重有效地保护自己企业信息的安全。因此,以企业内部作为主要使用范围的内部网(intranet)成为企业建网的主流。国内外企业纷纷建立自己的 intranet，利用其特有的信息集成、发布和浏览技术来加强企业的内部联系，增强企业的竞争力。

在企业的信息化中，intranet 是封闭的、企业所单独拥有的，网上存储有企业大量的数据，对企业的运作至关重要，因此它要求高度的安全性，不接受未经授权的访问；同时它是内部可控的，为内部管理的。在技术层面，intranet 是基于 TCP/IP 通信协议和互联网技术规范，通过简单的浏览器界面，实现资源共享和信息交流，免去了客户端操作界面的不统一和烦琐的工作，并方便地集成了各类已有系统；它采用防止外界侵入的安全措施，为企业内部服务，并有连接互联网的功能。

intranet 具有以下几个显著特点。首先，intranet 是根据企业的需要设置的，它的规模和功能是根据企业经营和发展的需要确定的；其次，intranet 不是一个信息孤岛，它可以方便地与外界连接，尤其是和互联网连接，它是一个开放的系统，企业员工和用户能方便地浏览和采掘企业内部信息及互联网上的丰富资源；再次，intranet 根据企业的安全要求，设置有防火墙、安全代理等，以保护企业的内部信息，防止外界的非法侵入；最后，intranet 客户机/服务器（Client/Server）方式的体系结构的先进性、开放性和信息交流方式的简单统一，使 intranet 型的信息系统开发和运行真正做到与硬件无关，保证信息系统在开发、扩展和升级上、在资金的投入上，都可由小到大循序渐进，使企业的信息系统在有效的控制和管理下具备自我完善和不断发展的能力，而不是束缚在任何一个软件商固有的模式里。我们所要建立的工业药物分析信息也是基于企业内部的 intranet 系统上的。

二、信息系统的建立

（一）信息系统建立的意义

工业药物分析是企业生产中的主要环节，在此基础上建立的分析信息系统也成为内部网构成的重要组成部分。在多数制药企业拥有相对成熟的企业资源规划（enterprise resourse planning，ERP）系统的今天，工业药物分析信息系统的建立不但使企业的资源得到充分的利用，而且对于更好地保障本企业产品的质量研究和提高都有着重要的意义。

ERP 系统是指建立在信息技术基础上，以系统化的管理思想为企业决策层及员工提供决策运行手段的管理平台。ERP 系统集信息技术与先进的管理思想于一身，成为现代企业的运行模式，反映时代对企业合理调配资源、最大化创造社会财富的要求，成为企业在信息时代生存、发展的基石。显然，ERP 系统是伴随企业管理需求的不断变化，同时借助信息技术发展支撑而迅速成熟起来的大型复杂管理软件。

随着国内制药企业的日益发展壮大，越来越多的企业希望能够在日常工作中引入信息化的管理手段，提高企业管理效率，提升企业管理水平，因此建立属于企业自己的 ERP 已成为企业信息化的主要手段。ERP 项目的实施是一个循序渐进的过程，制药企业要成功实施 ERP，可以遵循从财务、大物流和车间管理的顺序改造企业原有的工作流程。从 ERP 的角度讲，车间管理主要是物料（物流）、工序和质量三个环节，其中的质量环节即是建立工业药物分析信息系统的主要范围。因此，工业药物分析信息系统可以作为企业 ERP 项目的主要组成部分，为企业的整个资源规划提供服务和支持。

（二）信息系统的架构

由于 intranet 是采用互联网技术的企业内部网，因此它也是应用 IP 通信协议和基于 web 的应用系统。通过动态的交互式信息发布，企业可以快速地实现内部员工的信息交换、企业与外部客户的有效沟通，这些应用都基于分布式数据库、与用户及后台数据库交互的动态 web 应用程序、安全认证等技术。从网络的发展历史来看，随着互联网的流行，内部网的架构已经逐渐由 client/server 体系结构单一的两个层次扩展到由客户机、应用服务器、数据库服务器组成的三层结构，有了统一的通信协议 TCP/IP 和统一的基于 web 浏览器的用户界面。

在 client/server 结构中，它的数据及应用服务集中存储，可通过不同的平台存取，有较好的系统伸缩性；它把集中管理模式转化为一种服务器与客户机负荷均衡的分布式计算模式，解决了执行效率及容量不足的问题。web 技术的出现使得 intranet 的结构由 client/server 变成了 browser/server，数据及应用可通过不同平台、不同网络存取，具有易用性好、易于维护、信息共享度高、扩展性好、安全性好、广域网支持和保护企业投资等优点。从结构上看，browser/server 方式类似于主机/终端方式，但该体系结构是从封闭的集中式主机向开放的、与平台无关的环境过渡，此时的服务器端可以不只一台主机，而可以采用主机的群集技术构成。这种以服务器为中心的结构体系使企业摆脱了以往密集人才资源、高成本的操作管理方式，对用户最大的好处是客户端不需要安装特殊设备与软件，只需要一个 web 浏览器，相同的应用程序可以在不同硬件平台上运行，是一种由表示层（网络浏览器）、功能层（web 服务器）与数据库服务层（数据库服务器）构成的三层分布式结构。

intranet 的结构主要由 web 服务器、数据库服务器和网络浏览器等三部分组成。目前流行的 web 服务器软件有微软公司的 IIS(internet information system)和 apache 等。IIS 与微软的 windows 操作系统集成在一起，因其具有友好、通用的界面，以及所见即所得的诸多功能，使得 IIS 具有极强的方便性和易用性，也具有很高的管理能力和运行效率。IIS 具有较强的分布式事务处理的能力，可以支持多个 IP，可在一台服务器上支持多个 web 网站和 FTP 网站，而不会相互影响，是目前建立内部网常用的网络服务器软件。不过，由于 IIS 的安全性存在较多的漏洞，也使得其经常遭受攻击。apache(http://www.apache.org)服务器是互联网上应用最为广泛的 web 服务器软件之一，不仅是完全免费使用的，而且由于其具有良好的跨平台性、优秀的安全性和开放源代码特性，使得 apache 在服务器市场上占有很大的份额。作为开放源代码软件的代表产品，同 IIS 相比，apache 在设计上相对安全得多，具有非常可靠的性能。

client/server 的网络结构使得数据库服务器变得必不可少，目前市场上数据库的主流产品品种繁多，很多厂商都推出了各种类型的数据库软件，常见的有 oracle、SQL server、DB2 和 MySQL 等。

在浏览器方面占据市场份额较大的有微软公司的 internet explorer(IE)、mozilla 的 firefox、Google 公司的 chrome 和苹果(apple)公司的 safari 等。微软的浏览器 IE 由于具有与 windows 统一的界面和操作方式，因此具有较好的易用性和亲和性，是目前浏览器领域的主流。firefox 是 mozilla 公司推出的免费浏览器，它采用了与 IE 不同的内核技术，具有更强的易用性和安全性，目前已成为浏览器领域异军突起的生力军。

（三）关系数据库和结构化查询语言

目前在企业 intranet 网建设中应用最多的数据库产品仍然是关系数据库。关系数据库是以关系模型为基础的数据库,它利用关系来描述现实世界。一个关系既可以用来描述一个实体及其属性,也可以用来描述实体间的联系。关系实质上是一张二维表,每个表之间可以通过特定字段进行连接,使得整个数据库成为相互关联的完整系统。

大型关系数据库的应用已经成为企业 ERP 及其他管理信息系统开发的重要支撑平台,数据库性能的好坏直接影响到系统开发的成功与否。目前市场上数据库的主流厂商及产品有 oracle、SQLserver、MySQL 和 DB2 等。

Oracle 是甲骨文(oracle)公司推出的以结构化查询语言 SQL(structural query language)为基础的大型关系数据库,是目前最流行的 client/server 体系结构的数据库产品。作为成熟的大型关系数据库,oracle 具有诸如共享 SQL 和多线程服务器体系结构、提供基于角色分工和支持多媒体数据等特点,这使得其成为国内外大型企业首选的数据库产品。

SQL server 是微软公司的数据库产品,也为基于关系型数据库的大型数据库系统,它具有独立于硬件平台、对称的多处理器结构、抢占式多任务管理、完善的安全系统和容错等功能,并具有易于维护的特点。SQL server 可与微软 windows 紧密结合,使其具有很高的运行效率和较高的可靠程度,使得企业数据库不需要额外的费用就可具有极强的可扩展性和易用性,从而大大减少企业的成本。

DB2 是 IBM 公司的数据库产品,它采用了多进程、多线索体系结构,可以运行于多种操作系统之上,并分别根据相应平台环境作了调整和优化,以便能够达到较好的性能。DB2 数据库具有支持面向对象的编程、支持多媒体应用程序等功能。

MySQL(http://www.mysql.com)数据库是一个小型关系型数据库管理系统,开发者为瑞典 MySQL AB 公司,在 2008 年被 SUN 公司收购,2009 年 SUN 又被 oracle 收购。目前 MySQL 被广泛地应用在互联网上的中小型网站中。由于其体积小、速度快、总体拥有成本低,尤其是开放源代码这一特点,许多中小型网站为了降低网站总体拥有成本而选择了 MySQL 作为网站数据库。

SQL 是一种关系数据库操作和检索的标准计算机语言,不管是 oracle、MS SQL server、DB2、MySQL 或其他公司的关系数据库,也不管数据库建立在大型主机或个人计算机上,都可以使用 SQL 语言来访问和修改数据库的内容。SQL 语言不仅仅具有查询数据库的功能,而且可以对数据库进行选取、增删、更新与跳转等各种操作,根据数据库的变化触发响应的处理过程,并将用户的查询存储在程序或数据库中。虽然不同公司的数据库软件多多少少会增加一些专属的 SQL 语言,但大体上它们还是遵循美国国家标准协会(ASNI)制定的 SQL 标准。因为 SQL 语言具有易学习及阅读等特性,所以 SQL 逐渐被各种数据库厂商采用,而成为一种共通的标准查询语言。

以关系数据库为基础建立企业内部工业药物分析的信息系统,应用数据库自带的或第三方的 SQL 语言,可以非常方便、快捷、安全和有效地处理相关的事务,为实现资源的合理利用奠定基础。

(四) 工业药物分析系统的建立

工业药物分析信息系统是企业内部为了保证药品质量管理而建立的,其内容不但可为质量控制部门提供丰富和翔实的产品质量资料,同时也可将有价值的文献资料供企业内部所共享,成为现代企业信息管理系统的重要组成部分。分析系统的信息涵盖了药物从原料、原材料,到中间体、中间产品,以及最终产品的所有有价值信息,既包括化学药品的理化常数等基本性质,也包括了药品生产过程中的质量控制标准和方法等。

1. 药品基本信息数据库

对于许多制药企业来说,化学药品仍是生产的重心。对于药物原料、中间体和成品的各种理化常数等基本信息的收集是最基本的内容。这些内容可以从 CA、中国期刊网等相关的资源中获取,也可以从目前众多的化学产品性质手册中得到。

药品的基本性质包括外观与嗅味、溶解度、熔点、比旋光度、晶型、吸收系数、馏程、凝点、折射率、黏度、相对密度、酸值、碘值、羟值和皂化值等理化常数,既要收集这些常数的基本值,也要收集实际生产过程中可能会出现的允许误差值。这些性质都是药品质量的重要表征,可以通过专业软件如 Chemoffice 等建立专门数据库。

Chemoffice(http://www.chemoffice.com)是美国剑桥公司开发的优秀桌面化学软件,支持各种化学方面的绘图、3D 分子式建模和分析等功能,其组件一般包括 chemdraw ultra、chemdraw activeX/plugin pro、chem3D ultra、chem3D activeX pro、chemfinder ultra、e-notebook ultra 和 bioassay pro 等。chemoffice 具有强大的协同工作能力,可以用 chemdraw 进行化学结构、模型和相关信息的交流;用 e-notebook 整理化学信息、文件和数据,并从中取得所要的结果;chemnmr 可预示分子化学结构的^{13}C 和^{1}H-NMR 化学位移;chemfinder/word 则可以通过计算机或互联网,在 word、excel、powerpoint、chemdraw 和 ISIS 等文件中搜索化学结构,以便浏览或修改,并输出到相应的目标文件中。建立在 chemoffice 服务器上的数据库,有助于快速方便地推进相关研究部门的合作,并有效地共享信息。

2. 分析方法数据库

对于制药企业来说,一个成熟的产品都有一整套成熟的质量控制方法,包括已有的国家质量标准、可参考的国际质量标准,以及企业内部的质量控制标准等。随着制药技术的不断提高,各种新方法、新技术和新型仪器的不断涌现,企业有必要在已有方法的基础上提高药品生产水平和质量控制水平。因此,在药品基本化学性质数据库的基础上,增加分析方法数据库,纵览药品的发展历史过程,为更好地生产产品提供科学依据。分析方法专业数据库的内容以基本信息数据库为依托,此外应增加药物的分离、提取方法及常用的检测手段,药物的光谱、质谱和色谱等信息,各种分离分析检测方法的评估指标,以及药物有关信息的最新进展等内容。

3. 生产过程实时监测数据库

对于制药企业来说,不仅要求最终产品要符合国家质量标准的要求,而且应对整个生产过程进行质量监控,比如在原料或中间产物环节因批次不同而质量略有差异的情况下,应调整生产过程而使得成品仍符合要求。在利用近红外光谱分析等新技术进行生产的在线实时监测的情况下,建立生产企业的生产过程实时监测数据库,根据生产的实际情况来调整不同环节,尽可能地减少不必要的损失。

三、信息系统的管理

信息系统的建立仅是万里长征第一步,在此基础上进行系统的维护和管理是更为重要的环节,这其中涉及信息系统的安全管理、文献管理和内部流程管理等,每一环节都有各自不同的特色。

（一）安全管理

1. 安全管理的必要性

计算机系统由许多功能各异的物理部件组合而成。要使计算机系统正常工作，对计算机系统自身的各部件和各指令系统必须进行必要的维护和管理。计算机系统的技术管理是一个涉及面广、技术性强的领域。一般来说可以分为机房维护管理、硬件系统管理、软件管理和数据管理等方面。作为整个企业 ERP 组成部分的工业药物分析信息系统，需要在防止病毒入侵、黑客攻击和管理不健全等方面加大力度，防止数据库文件的恶意删除、修改和泄露。

2. 病毒防治

计算机病毒是一种人为编制的特殊计算机程序，它隐藏在计算机系统内部或依附于其他程序中，就像微生物病毒一样，在计算机系统内生存和传播，并伺机对计算机系统资源实施干扰或破坏，影响计算机系统的正常运行，危及计算机内数据、信息的完整和安全。

计算机病毒具有隐蔽性、发作性、潜伏性、传染性和破坏性等特点。常见的病毒感染现象有：程序装入时间长；程序运行比较慢；磁盘读写时间比较长；可用的存储空间突然变小；内存突然变小；原来能运行的程序突然不能运行；程序或数据突然丢失；磁盘突然间发现有很多坏簇；屏幕上出现一些无意义的画面或给出病毒的有关提示；系统启动后出现异常现象或者不能启动；经常莫名其妙地死机等。

为防护计算机病毒可采取以下措施：

（1）专机专用。

（2）系统引导固定。确定较固定的系统引导盘或从硬盘引导，尽量避免用各人自备启动盘引导。

（3）建立文件备份。无论是数据文件还是应用软件，建立备份可防止在系统出现故障（包括病毒和其他原因）时造成巨大损失。

（4）加写保护。病毒入侵磁盘必须往磁盘内写内容，因此利用磁盘的写保护，可以有效地防止重要文件遭受病毒的感染。

（5）慎用来历不明的软件。

（6）安装防病毒软件。此方面的防病毒产品有很多，比较著名的如 norton antivirus 和 360 杀毒等产品，虽然目前这些软件仍落后于病毒的发展，不能够实现主动防毒，但在防范许多已知病毒及其变种所可能造成的危害方面仍有一定的屏障作用，此时最重要的一点是杀毒软件要做到及时升级更新，只有及时升级才能保证防御新出现的病毒。防病毒软件分为网络版和单机版。单机版安装在单台计算机上，只能保护单台计算机，对于终端用户来说可以安装此类型软件；网络版安装在网络服务器上，管理着整个网络的安全，对于内部网来说需要安装此类型软件，如果只安装单机版，网络上个别计算机感染上病毒有时也会影响整个网段的正常工作。

3. 防范恶意黑客攻击

对于企业内部网来说，在安装防病毒软件的同时，也应该注意防范恶意黑客的攻击。黑客攻击是以窃取信息、破坏网络、制造干扰等为目的的攻击行为。随着互联网的发展，网络黑客的攻击方式也层出不穷，如假冒别人主机的欺骗攻击、监听和截取通信主机没有加密的信息（包括口令和账户在内的资料）、拒绝服务攻击（DOS 攻击）、恶意口令破解、利用系统漏洞和种植木马等。为了更好地防范此种类型的攻击，需要安装防火墙。防火墙是一种隔离控制技术，它可以在内部网和互联网之间设置屏障,阻止对保护信息资源的非法访问,也可以使用防火墙阻止重要信息从内部网上被非法输出。防火墙有硬件防火墙和软件防火墙。硬件防火墙安装在内部网的入口处,保护整个内部网的安全,以减少来自外部网络的攻击;软件防火墙一般安装在主机上,它既可以防止来自外网,也可以防止来自内网的攻击(局域网内部的攻击)。局域网内部攻击也是一个不可忽视的问题,企业内部重要的信息、产品信息、重要文件和专利信息等也易受到来自局域网内部的攻击和窃取。

4. 完善管理制度

管理漏洞往往出现在局域网内部,如计算机使用的是微软的 Windows 系列操作系统,这些操作系统在默认情况下 C 盘等硬盘是共享的,这个默认原本是为了方便管理远程计算机的操作,却极易给网络用户带来安全隐患;此外,在内部网中,有时为了资料共享方便,往往存在有共享文件夹但不设密码或只设了简单密码的情况,此种方式也容易被人攻击,整个硬盘资料有可能被完全公开,严重的甚至被删得一干二净。因此,在密码等重要信息的管理上要加强防范,如选用安全的口令,最好不要以个人姓名或生日等明显特征作为口令,且长度不要太短;用户口令应包含大小写,最好加上一些不常用的字符如 & 和@等;经常更换新密码;不要轻易浏览一些自己不了解的网站;养成经常备份重要文件的习惯,以备一旦遭到破坏后,将损失减少到最低。

对于局域网来说,不但在密码方面的管理需要完善,还需要考虑到给予不同用户以不同的权限,使得不同角色的人只可以在他所允许的范围内操作,而不能做出超出其权限的操作。对于工业药物分析系统来说更应该如此,对于质量管理的本部门,可以具有较高的权限,能够对数据进行修改、删除和移动等,但对于企业 intranet 以内的其他部门,可以有仅能浏览的权限,甚至某些部门没有任何权限。这将在很大程度上保障整个信息系统的安全。

(二) 文献管理

无论是通过网络搜索引擎,还是通过专业数据库,都可以搜索到大量的相关文献资料,对于资料的合理分类整理、方便和有效的管理,以及迅速和准确的调用等,都是工业药物分析信息系统完善与否的一个挑战。为此,可以采用一些文献管理软件帮助进行相应的管理工作。此处介绍一款流行的文献管理软件 Endnote。

Endnote(http://www.Endnote.com)是美国汤姆森科技信息集团推出的专门用于管理参考文献数据库的软件,用以收集储存所需的各种参考文献,包括文本、图像、表格和方程式等,用户可以根据需要重新排列并显示文献,可以对储存的文献数据库进行检索,还可以按照科技期刊对投稿论文的引用要求及参考文献目录格式和内容的要求,将引用内容和参考文献目录插入和输出到文字处理文件(可与 microsoft word、wordPerfect、mac、rtf 和 html 等文件格式兼容)中。

Endnote 首先可作为一个检索工具实现在线检索,其本身携带有几十个文献库或网上图书馆的链接,可以不必去记忆诸多网址,只要双击要访问的数据库,该软件可自动访问该数据库或图书馆,也可以按照个人要求和相应的提示去查询所需的文献。

Endnote 对参考文献等具有强大的管理功能。Endnote 可以用来建立个人文献图书馆,并可对该图书馆进行完善的管理。在 Endnote 中,文献条目的来源可以直接导入在互联网上检索 MEDLINE 后保存的文件(选择相应的过滤器,一般都用 PubMed)或者用 Endnote 直接链接 PubMed 数据库检索到的结果。导入的数据库条目可以被删除、排序、定位、查找重复的条目等;点击条目可以查看细节,包括摘要;也可以根据需要手工添加条目,即填入作者、题目、杂志名、发表的年、卷、期和页、摘要等信息。如通过 Endnote 在微软 word 中的插件，可以很方便地插入所引用的文献，软件自动根据文献出现的先后顺序编号，并根据指定的格式将引用的文献附在文章的最后。如果在文章中间插入了引用的新文献，软件将自动更新编号，并将引用的文献插入到文章最后参考文献中的适当位置。

Endnote 可以很方便地对检索到的文献数据按一定原则（如按内容、年代或杂志名称等）分类，从而很方便地对文献进行有效管理；利用搜索功能可以快速地从自己的数据库中查找所需文献资料，也可在文献条目中插入自己特有的标志，从而更有利于管理自己的文献数据。利用 Endnote 强大的文献管理功能，我们可以对从各种资源中搜集的文献进行管理，使之符合建立本部门信息化数据库的要求。

此外，reference manager 等软件也可以进行文献管理功能。

（三）内部信息管理

建立企业药品生产实时监测数据库以后，需要对生产过程进行管理和控制，也需要对结果数据进行完善和验证，为此一方面要保证数据的完整性，另一方面要保证数据的安全性。在完整性方面，需要做到从原料到终产品所有相关信息的不遗漏、不缺失，尽可能将所有收集到的数据进行整理和完善，这需要进行标准操作规范的管理和培训，在软硬件多方面尽力保证数据的质量。在安全性方面，为了使得数据不被随意修改，需要引入数字签名机制，对于数据的每一步操作，都需要操作者输入唯一的用户名和密码进行确认，使得数据变化的每一步都有专人对其负责。

（四）信息系统的集成和信息的再利用

1. 信息系统的集成——从数据库到数据仓库

传统的数据库技术以单一的数据资源，即以数据库为中心进行事务处理、批处理、决策分析等各种数据处理工作，其主要划分为两大类：操作型处理和分析型处理（或信息型处理）。操作型处理也叫事务处理，是指对数据库联机的日常操作，通常是对一个或一组记录的查询和修改，主要是为企业的特定应用服务的，注重响应时间、数据的安全性和完整性；分析型处理则用于管理人员的决策分析，经常要访问大量的历史数据。大多数企业都积累了大量数据，并已很好地进行了数据收集的自动化工作，在积累及存储方面运行良好。数据存储主要是在关系型数据库中，在这些系统中，大量的数据和数据模型都反映企业以往的工作。当企业在原有的众多不同类型的数据库基础上进行内部网架构时，为了更好地整合数据资源，需要应用到数据仓库技术。

数据仓库（data warehouse，DW）是企业建立内部网和 ERP 系统时必需的软件系统，它可以对企业内部原先已经建立的不同结构、不同特点的异质异构数据库进行整合和集成，使之成为具有同样类型数据、可为多种终端提供信息和数据服务的综合型数据平台。原先提供大型关系数据库的厂商目前基本上都提供了相应的数据仓库工具。如 IBM 公司提供了一套基于可视数据仓库的商业智能（business intelligence，BI）解决方案，既可用于数据仓库建模和元数据管理，又可用于数据抽取、转换、装载和调度。而 oracle 数据仓库解决方案主要利用多维模型，存储和管理多维数据库或多维高速缓存，同时也能够访问多种关系数据库。其前端数据分析工具提供了图形化建模和假设分析功能，支持可视化开发和事件驱动编程技术，提供了通用的、面向最终用户的报告和分析工具等。SAS（statistic analysis system，http://www.sas.com）公司在 20 世纪 70 年代以"统计分析"和"线性数学模型"而享誉业界，90 年代以后，SAS 公司也加入了数据仓库市场的竞争，并提供了特点鲜明的数据仓库解决方案，包括 30 多个专用模块。其中，SAS/WA （warehouse administrator）是建立数据仓库的集成管理工具，包括定义主题、数据转换与汇总、更新汇总数据、元数据管理、数据集市的实现等。SAS 系统的优点是功能强、性能高、特长突出，缺点是系统比较复杂。

2. 信息的再利用——数据挖掘技术

建立数据仓库的目的，一方面可以将异质异构的数据库进行整合，可以供企业用户在同样的网络终端就可以进行相应的操作，而不需要考虑原先数据库的情况；另一方面可以为进行信息的再利用提供数据支持。数据挖掘技术就是对数据仓库中储存的海量数据进行再加工的利器。

数据挖掘（data mining，DM）是为解决"数据丰富，知识贫乏"状况而兴起的边缘学科之一，是从海量数据中获取知识的可靠技术。随着数据库（特别是数据仓库）技术的飞速发展及数据库管理系统的广泛应用，各个领域的数据库或数据仓库里面都收集了海量数据，现在人们已经不再满足于对数据库进行简单的查询，而是希望借助现代信息处理技术，得到隐藏在数据中反映事物本质和预测事物发展趋势的有用知识，并以这些知识为基础辅助科学决策。

数据挖掘作为人工智能与数据库交叉融合的高级信息处理技术，在一定程度上可以帮助人们更好地实现这个目的。作为仍在迅速发展的领域，数据挖掘还没有形成统一的定义，比较公认的定义为"数据挖掘是从大量数据中抽取有效的、新颖的、潜在有用的及最终可被理解的模式的非平凡过程"。目前与数据挖掘相关的常见术语为数据库知识发现（knowledge discovery in databases ，KDD），一般认为数据挖掘是数据库知识发现的一个需要反复进行的重要步骤。

数据挖掘的两大支柱为数据库技术和人工智能技术。数据库技术侧重于对数据存储和高效率处理的方法研究，并对数据进行前端的结构化处理；而人工智能技术侧重于从数据中高效率提取知识的方法研究。大量的数据中隐含着许多很有价值的模式或规律，数据挖掘能够自动地发现隐藏在数据中的模式或规律，也更能偶然地发现一些非预期但很有价值的知识。这些知识是否可用，除去相关领域专家的指导和评价外，数据本身统计方面特性也是必不可少的，特别是对挖掘到的模式和关系进行解释和评价时，将会更多地应用到统计学方法和思想。

作为数据库知识发现的重要步骤，要首先对数据库中已有的数据进行整理，并抽取出其中用来进行特定挖掘目标的数据集，然后选择合适的挖掘方法和工具，在目标领域专家的指导下进行反复的知识获取研究，并对事物的发展趋势进行预测。在数据挖掘过程中，保证数据挖掘所用的数据质量是非常重要的，也是耗费时间和精力最多的步骤。在垃圾数据中不可能发现金子，因此，对噪声信号和缺省数据处理清理是很重要的过程。同时，由于数据挖掘应用的数据只是针对某项目标的数据子集，其中的数据必须具有代表性。一般情况下，数据挖掘不包括数据的采集或收集过程，而是假定数据库中已经存有进行挖掘所需要的原始数据。

数据挖掘方法有许多种，常用的有决策树（decision tree）、关联规则（association rule）、人工神经网络（artificial neural network，ANN）、支持向量机（support vector machine，SVM）、粗糙集理论（rough set theory，RS）和遗传算法（genetic algorithm，GA）等，各方法因其原理不同，所得结果有时并不一致，但都能够在不同侧面反映事物的本质。因此，在数据挖掘过程中多种方法的交互和混合应用，将比单一方法更能有效地挖掘出所需要的知识。

数据挖掘的结果必须在相应目标领域专家的指导下进行解释和评价。由于数据挖掘的目标一般是非预期的规则或模式，在很多情况下这种非预期目标的意义不大，因此更需要数据挖掘工作者和目标领域专家的密切配合，没有领域专家指导的数据挖掘结果评价是没有意义的。数据挖掘的结果要求具有一定的新颖性,有时候得到的结果也是所期望的,事实上如果没有应用数据挖掘进行分析,或许不能够验证这些结果的可靠性。

以数据挖掘为知识获取工具,对海量数据分析的目的,是以挖掘的知识为基础实现对事物的发展趋势进行预测和控制,使得事物朝着预期的目标发展。在很多情况下这个目标能够实现,但也会出现将已建好的模型在对实际数据进行预测时,结果与预期目标差别很大的情况。出现类似情况的原因是多方面的,除去数据挖掘工具有待进一步完善外,原始数据质量的高低与采样数据是否有充分代表性,以及模型是否充分考虑到具体领域特点等都可能影响到预测的结果,而且在对大型数据库进行数据挖掘时,其结果往往是数据本身统计特征的体现,所反映的是对事物整个发展趋势的预测,并不是所有的样本都符合这种趋势。为了更好地将挖掘结果应用于现实世界,要求数据挖掘反复地进行。

在制药行业,利用数据仓库和数据挖掘技术可以为企业在科研管理、文献再利用、专利管理和客户关系管理等方面提供有力工具,为企业的发展和优势领先提供帮助。例如:制药企业在将药品成功推向市场时的成本非常昂贵,虽然科技在不断进步,但是若在研发过程中就收集大量数据,利用数据挖掘技术迅速地确定最有发展前途的药品;而且数据仓库技术可以使得遗传学家、药剂师和毒物研究人员之间方便地共享、访问和使用研发数据,可以在新药研发阶段轻松共享和利用各种有用资源,以最大限度地提高新药研发的速度和准确率。文本挖掘是制药行业的新兴技术,这一项技术可以使得研究者能够发现大量文献中包含的基本的主题或概念,通过比较竞争对手的研究结果和自己的研究结果,文本挖掘可以在整个文档集中创建有价值的知识模式,使得企业快速地提升自己的研究精度并节约宝贵时间。

数据挖掘作为知识获取手段,同数据仓库的结合将使得制药企业从大量的已有宝贵数据中抽取出有用的知识,并将其应用到企业的长远发展中去。工业药物分析信息系统作为企业内部网的一部分,可提供大量的有价值数据,这些数据有必要应用数据挖掘技术进行信息的再加工和再利用,使之更好地为企业服务。

本章提要

在信息社会,知识的存储和获取方式与以前相比有了很大变化,网络成为信息的主要载体。本章首先主要介绍工业药物分析常用的书刊,主要网络搜索引擎(如 Google 和百度等)和专业数据库(如中国知网、ScienceDirect)等在工业药物分析中的应用,也对建立企业内部网(intranet)和信息系统进行了简介,最后介绍了以数据库为基础的数据仓库和数据挖掘技术。这些内容对于获取信息和建立完善的工业药物分析系统都是基本和必需的知识。

关键词

信息;网络;搜索引擎;数据库;企业内部网;数据挖掘

思 考 题

1. 试阐述不同网络搜索引擎的异同。
2. 试阐述网络搜索代理软件的优点。
3. 如何保护企业网络信息系统的安全?
4. 试阐述进行数据挖掘的意义。

（浙江大学　瞿海斌）

附　录

附表 1　常见弱电解质解离平衡常数

（$T = 298$ K）

化学式	解离平衡常数，K	pK
HAc	1.76×10^{-5}	4.75
H_2CO_3	$K_1 = 4.30 \times 10^{-7}$	6.37
	$K_2 = 5.61 \times 10^{-11}$	10.25
$H_2C_2O_4$	$K_1 = 5.90 \times 10^{-2}$	1.23
	$K_2 = 6.40 \times 10^{-5}$	4.19
HNO_2	4.6×10^{-4} (285.5 K)	3.37
H_3PO_4	$K_1 = 7.52 \times 10^{-3}$	2.12
	$K_2 = 6.23 \times 10^{-8}$	7.21
	$K_3 = 2.2 \times 10^{-13}$ (291 K)	12.67
H_2SO_3	$K_1 = 1.54 \times 10^{-2}$ (291 K)	1.81
	$K_2 = 1.02 \times 10^{-7}$	6.91
H_2SO_4	$K_2 = 1.20 \times 10^{-2}$	1.92
H_2S	$K_1 = 9.1 \times 10^{-8}$ (291 K)	7.04
	$K_2 = 1.1 \times 10^{-12}$	11.96
HCN	4.93×10^{-10}	9.31
H_2CrO_4	$K_1 = 1.8 \times 10^{-1}$	0.74
	$K_2 = 3.20 \times 10^{-7}$	6.49
H_3BO_3	5.8×10^{-10}	9.24
HF	3.53×10^{-4}	3.45
H_2O_2	2.4×10^{-12}	11.62
HClO	2.95×10^{-5} (291 K)	4.53
HBrO	2.06×10^{-9}	8.69
HIO	2.3×10^{-11}	10.64
HIO_3	1.69×10^{-1}	0.77

续表

化学式	解离平衡常数，K	pK
H_3AsO_4	$K_1 = 5.62 \times 10^{-3}$ (291 K)	2.25
	$K_2 = 1.70 \times 10^{-7}$	6.77
	$K_3 = 3.95 \times 10^{-12}$	11.40
$HAsO_2$	6×10^{-10}	9.22
NH_4^+	5.56×10^{-10}	9.25
$NH_3 \cdot H_2O$	1.79×10^{-5}	4.75
N_2H_4	8.91×10^{-7}	6.05
NH_2OH	9.12×10^{-9}	8.04
$Pb(OH)_2$	9.6×10^{-4}	3.02
$LiOH$	6.31×10^{-1}	0.2
$Be(OH)_2$	1.78×10^{-6}	5.75
$BeOH^+$	2.51×10^{-9}	8.6
$Al(OH)_3$	5.01×10^{-9}	8.3
$Al(OH)_2^+$	1.99×10^{-10}	9.7
$Zn(OH)_2$	7.94×10^{-7}	6.1
$Cd(OH)_2$	5.01×10^{-11}	10.3
$H_2NC_2H_4NH_2$	$K_1 = 8.5 \times 10^{-5}$	4.07
	$K_2 = 7.1 \times 10^{-8}$	7.15
$(CH_2)_6N_4$	1.35×10^{-9}	8.87
$CO(NH_2)_2$	1.3×10^{-14}	13.89
$(CH_2)_6N_4H^+$	7.1×10^{-6}	5.15
$HCOOH$	1.77×10^{-4} (293 K)	3.75
$ClCH_2COOH$	1.40×10^{-3}	2.85
NH_2CH_2COOH	1.67×10^{-10}	9.78
$C_6H_4(COOH)_2$	$K_1 = 1.12 \times 10^{-3}$	2.95
	$K_2 = 3.91 \times 10^{-6}$	5.41
$(HOOCCH_2)_2C(OH)COOH$	$K_1 = 7.1 \times 10^{-4}$	3.14
	$K_2 = 1.68 \times 10^{-5}$ (293 K)	4.77
	$K_3 = 4.1 \times 10^{-7}$	6.39
$(CH(OH)COOH)_2$	$K_1 = 1.04 \times 10^{-3}$	2.98
	$K_2 = 4.55 \times 10^{-5}$	4.34
C_9H_6NOH	$K_1 = 8 \times 10^{-6}$	5.1
	$K_2 = 1 \times 10^{-9}$	9.0

化学式	解离平衡常数,K	pK
C_6H_5OH	1.28×10^{-10} (293 K)	9.89
$H_2NC_6H_4SO_3H$	$K_1=2.6\times10^{-1}$	0.58
	$K_2=7.6\times10^{-4}$	3.12

附表2　化合物的溶度积常数

化合物	溶度积	化合物	溶度积	化合物	溶度积
AgAc	1.94×10^{-3}	$BaCO_3$	5.1×10^{-9}	$CaC_2O_4\cdot H_2O$	4×10^{-9}
AgBr	5.0×10^{-13}	$Be(OH)_2$(无定形)	1.6×10^{-22}	CuC_2O_4	4.43×10^{-10}
AgCl	1.8×10^{-10}	BaC_2O_4	1.6×10^{-7}	CdS	8.0×10^{-27}
AgI	8.3×10^{-17}	$BaCrO_4$	1.2×10^{-10}	CoS(α-型)	4.0×10^{-21}
Ag_2CO_3	8.45×10^{-12}	$BaSO_4$	1.1×10^{-10}	CoS(β-型)	2.0×10^{-25}
AgOH	2.0×10^{-8}	CaF_2	5.3×10^{-9}	Cu_2S	2.5×10^{-48}
$Al(OH)_3$(无定形)	1.3×10^{-33}	CuBr	5.3×10^{-9}	CuS	6.3×10^{-36}
$Ag_2C_2O_4$	5.4×10^{-12}	CuCl	1.2×10^{-6}	$CaHPO_4$	1×10^{-7}
Ag_3PO_4	1.4×10^{-16}	CuI	1.1×10^{-12}	$Ca_3(PO_4)_2$	2.0×10^{-29}
$AlPO_4$	6.3×10^{-19}	$CaCO_3$	3.36×10^{-9}	$Cd_3(PO_4)_2$	2.53×10^{-33}
$[Ag^+][Ag(CN)_2^-]$	7.2×10^{-11}	$CdCO_3$	1.0×10^{-12}	$Cu_3(PO_4)_2$	1.40×10^{-37}
$Ag_4[Fe(CN)_6]$	1.6×10^{-41}	$CuCO_3$	1.4×10^{-10}	$Cu_2[Fe(CN)_6]$	1.3×10^{-16}
AgSCN	1.03×10^{-12}	$Ca(OH)_2$	5.5×10^{-6}	CuSCN	4.8×10^{-15}
$AgBrO_3$	5.3×10^{-5}	$Cd(OH)_2$	5.27×10^{-15}	$CaCrO_4$	7.1×10^{-4}
$AgIO_3$	3.0×10^{-8}	$Co(OH)_2$(粉红色)	1.09×10^{-15}	$CuCrO_4$	3.6×10^{-6}
Ag_2CrO_4	1.12×10^{-12}	$Co(OH)_2$(蓝色)	5.92×10^{-15}	$CaSO_4$	9.1×10^{-6}
$Ag_2Cr_2O_7$	2.0×10^{-7}	$Co(OH)_3$	1.6×10^{-44}	$Cu(IO_3)_2\cdot H_2O$	7.4×10^{-8}
Ag_2SO_4	1.4×10^{-5}	$Cr(OH)_2$	2×10^{-16}	$FeCO_3$	3.13×10^{-11}
FeS	6.3×10^{-18}	NiS	1.07×10^{-21}	$SrC_2O_4\cdot H_2O$	1.6×10^{-7}
$FePO_4\cdot 2H_2O$	9.91×10^{-16}	$NiCO_3$	1.42×10^{-7}	ZnS	2.93×10^{-25}
Hg_2Cl_2	1.3×10^{-18}	$PbBr_2$	6.60×10^{-6}	$Zn(OH)_2$	1.2×10^{-17}
Hg_2I_2	4.5×10^{-29}	$PbCl_2$	1.6×10^{-5}	$Zn_3(PO_4)_2$	9.0×10^{-33}
HgI_2	2.9×10^{-29}	PbF_2	3.3×10^{-8}	$ZnCO_3$	1.46×10^{-10}
Hg_2CO_3	3.6×10^{-17}	PbI_2	7.1×10^{-9}	$ZnC_2O_4\cdot 2H_2O$	1.38×10^{-9}

续表

化合物	溶度积	化合物	溶度积	化合物	溶度积
$Hg_2C_2O_4$	1.75×10^{-13}	$MgCO_3$	6.82×10^{-6}	$PbSO_4$	1.6×10^{-8}
HgS(黑色)	1.6×10^{-52}	$MnCO_3$	2.24×10^{-11}	$PbCrO_4$	2.8×10^{-13}
HgS(红色)	4×10^{-53}	$MgC_2O_4\cdot2H_2O$	4.83×10^{-6}	SrF_2	4.33×10^{-9}
Hg_2CrO_4	2.0×10^{-9}	$MnC_2O_4\cdot2H_2O$	1.70×10^{-7}	$Sn(OH)_2$	1.4×10^{-28}
Hg_2SO_4	6.5×10^{-7}	$Pb(OH)_2$	1.2×10^{-15}	$Sr(OH)_2$	9×10^{-4}
$Mg(OH)_2$	1.8×10^{-11}	PbS	8.0×10^{-28}	$SrSO_4$	3.2×10^{-7}
$Mn(OH)_2$	1.9×10^{-13}	$Pb_3(PO_4)_2$	8.0×10^{-43}	SnS	1×10^{-25}
MnS(晶形)	2.5×10^{-13}	$PbCO_3$	7.4×10^{-14}	SnS_2	2×10^{-27}
$MgNH_4PO_4$	2.5×10^{-13}	PbC_2O_4	8.51×10^{-10}	$SrCO_3$	5.6×10^{-10}
$Mg_3(PO_4)_2$	1.04×10^{-24}				

附表 3　标准缓冲溶液于 0～50℃ 的 pH

（一）

温度/℃	草酸三氢钾标准缓冲液	邻苯二甲酸氢钾标准缓冲液
0	1.67	4.00
5	1.67	4.00
10	1.67	4.00
15	1.67	4.00
20	1.68	4.00
25	1.68	4.01
30	1.68	4.01
35	1.69	4.02
40	1.69	4.04
45	1.70	4.05
50	1.71	4.06

（二）

温度/℃	磷酸盐标准缓冲液（pH6.8）	磷酸盐标准缓冲液（pH7.4）	硼砂标准缓冲液
0	6.98	7.52	9.46
5	6.95	7.49	9.40
10	6.92	7.47	9.33
15	6.90	7.44	9.28

温度/℃	磷酸盐标准缓冲液(pH6.8)	磷酸盐标准缓冲液(pH7.4)	硼砂标准缓冲液
20	6.88	7.43	9.23
25	6.86	7.41	9.18
30	6.85	7.40	9.14
35	6.84	7.39	9.10
40	6.84	7.38	9.07
45	6.83	7.38	9.04
50	6.83	7.38	9.01

参考文献

[1] Gary D Christian.Analytical Chemistry.7 ed.New York：John Wiley & Sons Inc,2013.

[2] Katherine A Bakeev.Process Analytical Technology：Spectroscopic Tools and Implementation Strategies for the Chemical and Pharmaceutical Industries.Oxford：Wiley-Blackwell Publishing Ltd，2008.

[3] 李发美.分析化学.7 版.北京:人民卫生出版社,2011.

[4] 武汉大学化学系.仪器分析.北京:高等教育出版社,2001.

[5] 方惠群,等.仪器分析.北京:科学出版社,2015.

[6] 贺浪冲.工业药物分析.2 版.北京:高等教育出版社 ,2012.

[7] 朱世斌.药品生产质量管理工程.2 版.北京:化学工业出版社,2017.

[8] 杭太俊.药物分析.8 版.北京.人民卫生出版社,2016.

[9] 中华人民共和国药典委员会.中华人民共和国药典(2015 版).北京:中国医药科技出版社,2015.

[10] 戴连奎,等.过程控制工程.3 版.北京:化学工业出版社,2012.

[11] 潘卫三.工业药剂学.3 版.北京:中国医药科技出版社,2015.

[12] 傅强.药物分析实验方法学.北京:人民卫生出版社,2008.

[13] 魏复盛.水和废水监测分析方法.4 版.北京:中国环境科学出版社,2002.

[14] 李晓玲.医学信息检索与利用.5 版.上海:复旦大学出版社,2014.

索 引